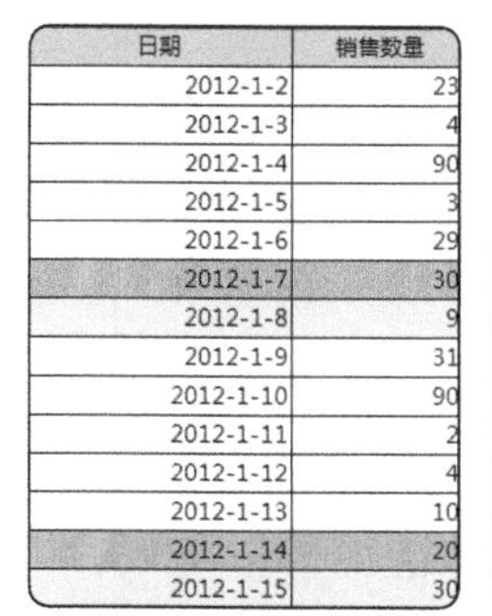

日期	销售数量
2012-1-2	23
2012-1-3	4
2012-1-4	90
2012-1-5	3
2012-1-6	29
2012-1-7	30
2012-1-8	9
2012-1-9	31
2012-1-10	90
2012-1-11	2
2012-1-12	4
2012-1-13	10
2012-1-14	20
2012-1-15	30

图 1-2-29

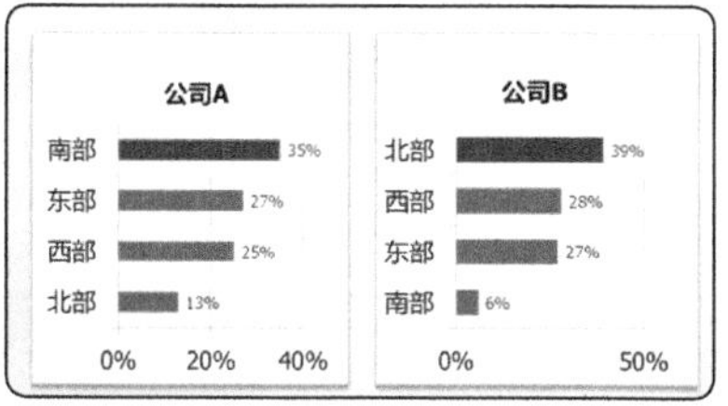

图 4-14-4

图 4-14-5

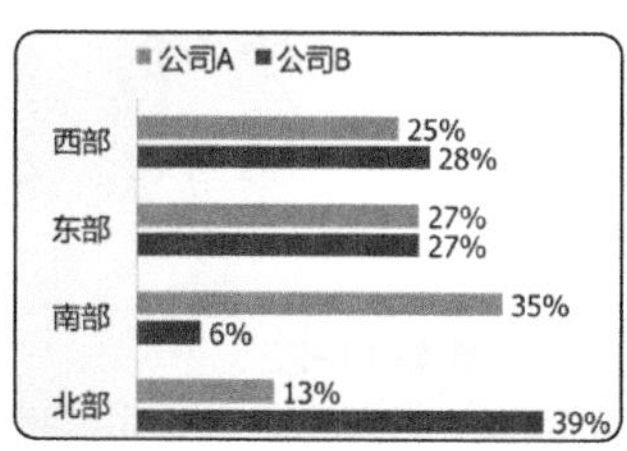
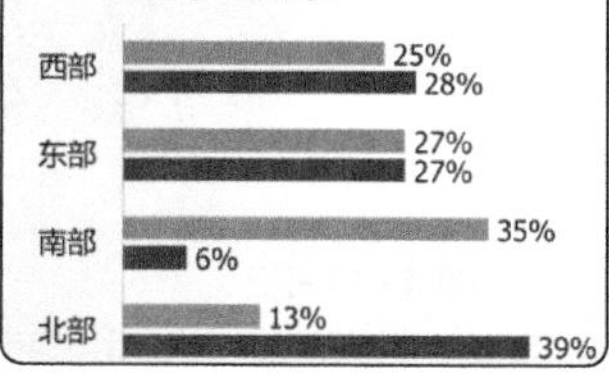

图 4-14-6

图 4-14-9

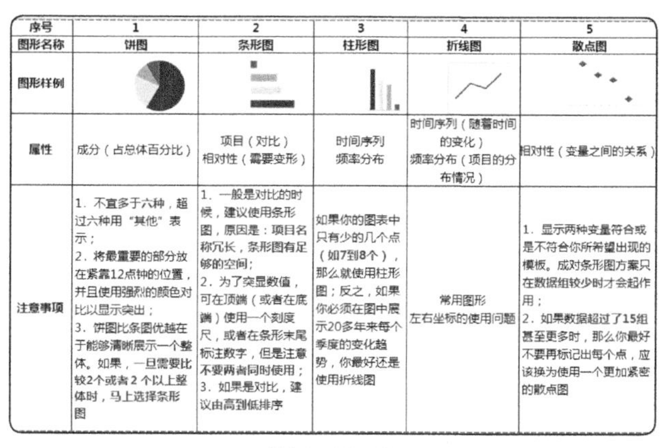

序号	1	2	3	4	5
图形名称	饼图	条形图	柱形图	折线图	散点图
图形样例					
属性	成分（占总体百分比）	项目（对比） 相对性（需要变形）	时间序列 频率分布	时间序列（随着时间的变化） 频率分布（项目的分布情况）	相对性（变量之间的关系）
注意事项	1．不宜多于六种，超过六种用"其他"表示； 2．将最重要的部分放在紧靠12点钟的位置，并且使用强烈的颜色对比以显示突出； 3．饼图比条图优越在于能够清晰展示一个整体。如果，一旦需要比较2个或者 2 个以上整体时，马上选择条形图	1．一般是对比的时候，建议使用条形图，原因是：项目名称冗长，条形图有足够的空间； 2．为了突显数值，可在顶端（或者在底端）使用一个刻度尺，或者在条形末尾标注数字，但是注意不要两者同时使用； 3．如果是对比，建议由高到低排序	如果你的图表中只有少的几个点（如7到8个），那么就使用柱形图；反之，如果你必须在图中展示20多年来每个季度的变化趋势，你最好还是使用折线图	常用图形 左右坐标的使用问题	1．显示两种变量符合或是不符合你所希望出现的模板。成对条形图方案只在数据组较少时才会起作用； 2．如果数据超过了15组甚至更多时，那么你最好不要再标记出每个点，应该换为使用一个更加紧密的散点图

图 4-14-10

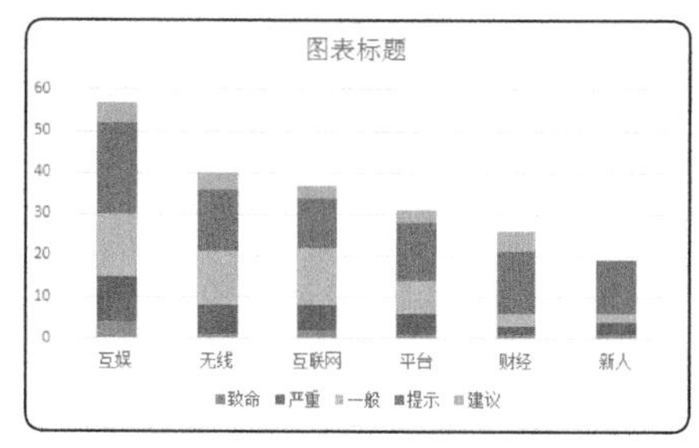

图 4-14-13

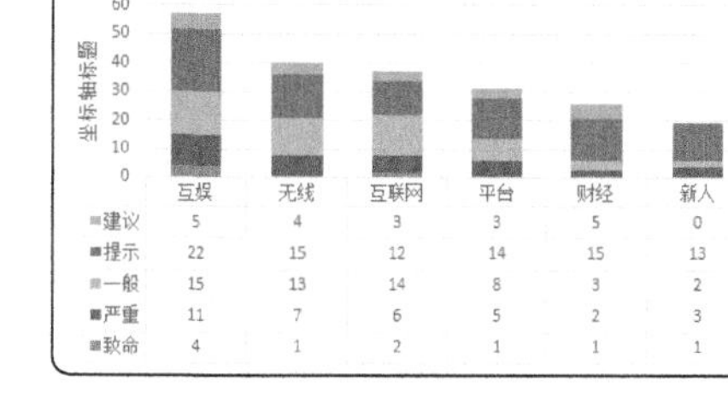

图 4-14-15

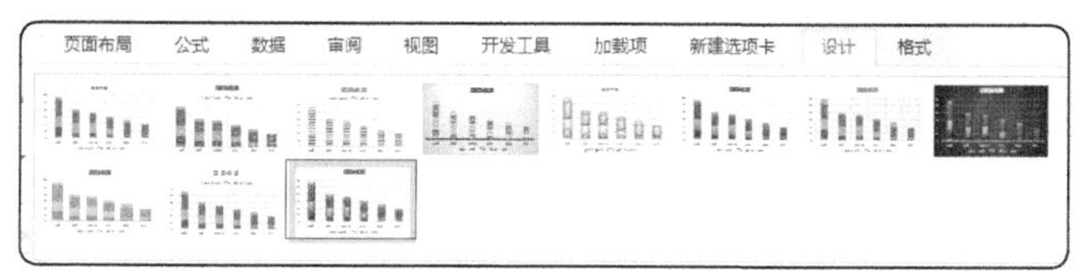

图 4-14-16

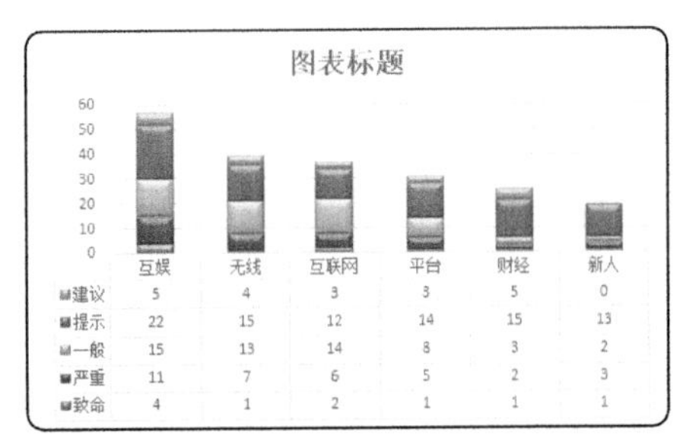

图 4-14-17

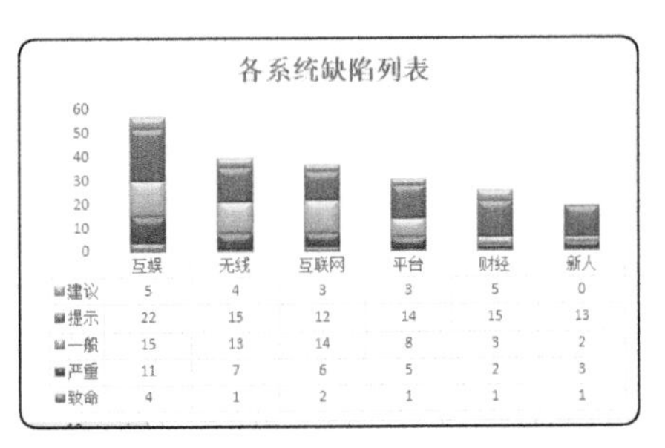

图 4-14-18

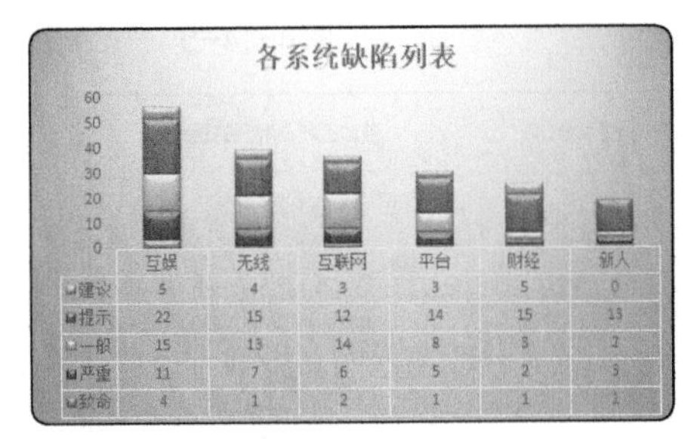

图 4-14-19

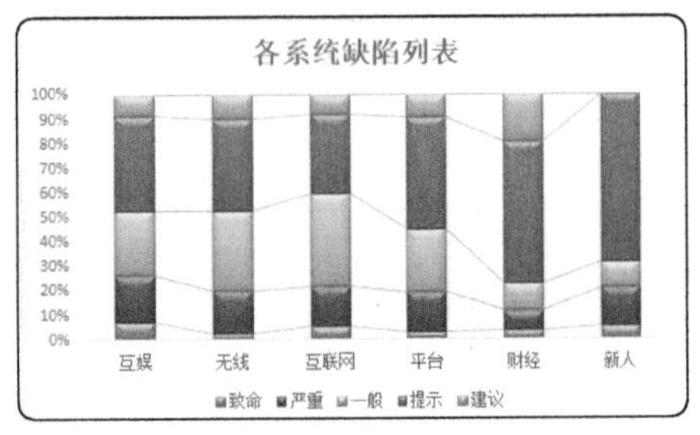

图 4-14-22

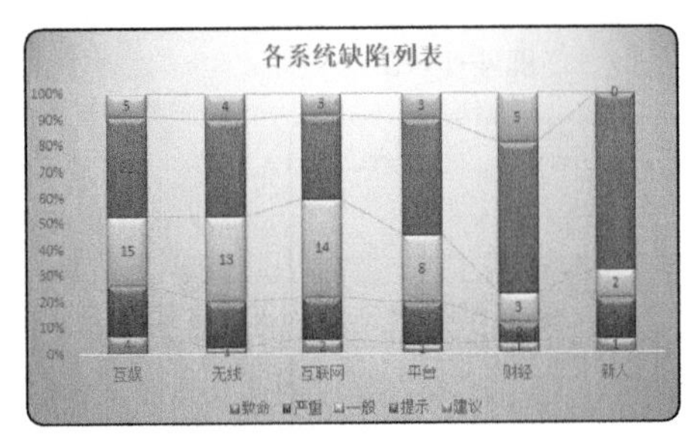

图 4-14-23

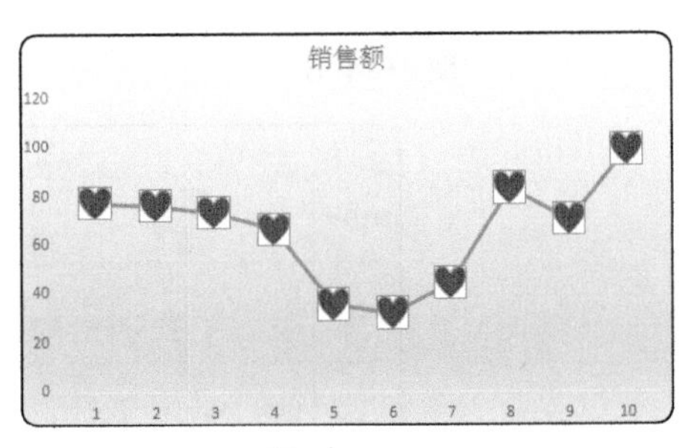

图 4-14-27

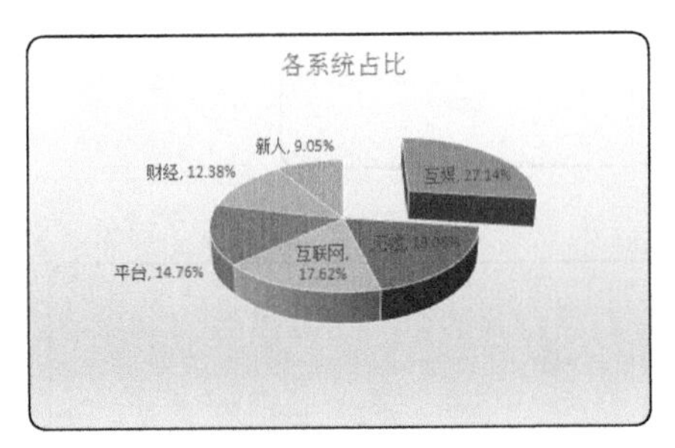

图 4-14-31

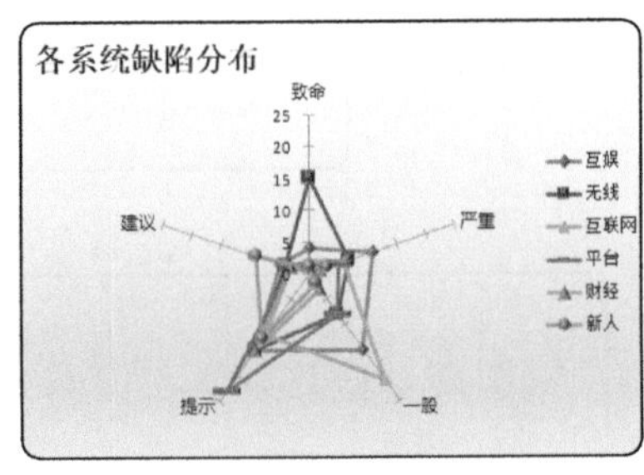

图 4-14-36

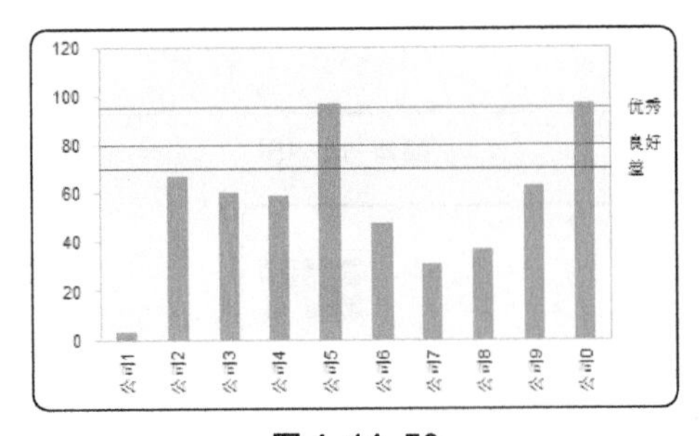

图 4-14-50

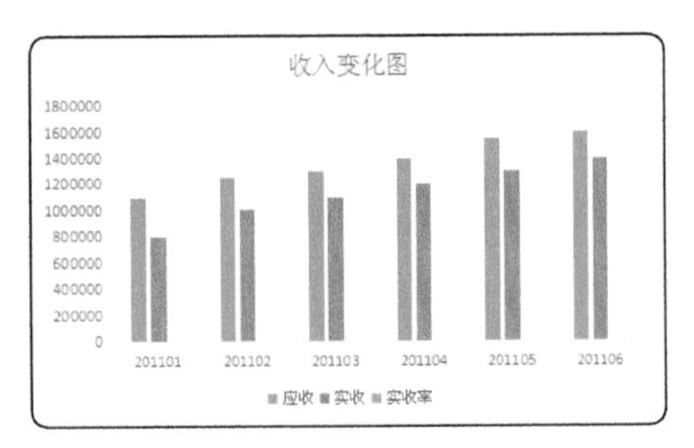

图 4-14-52

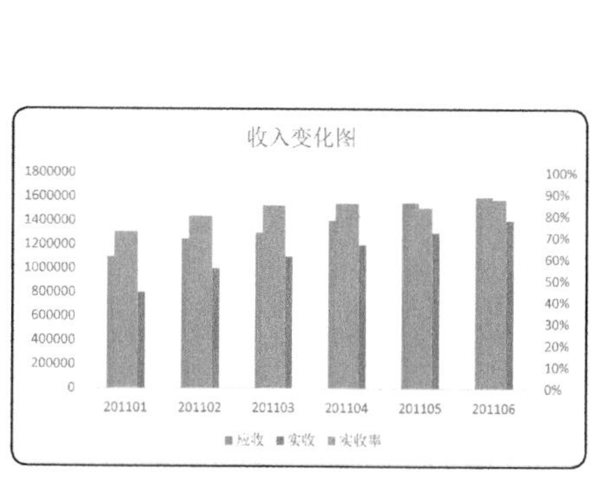

图 4-14-54

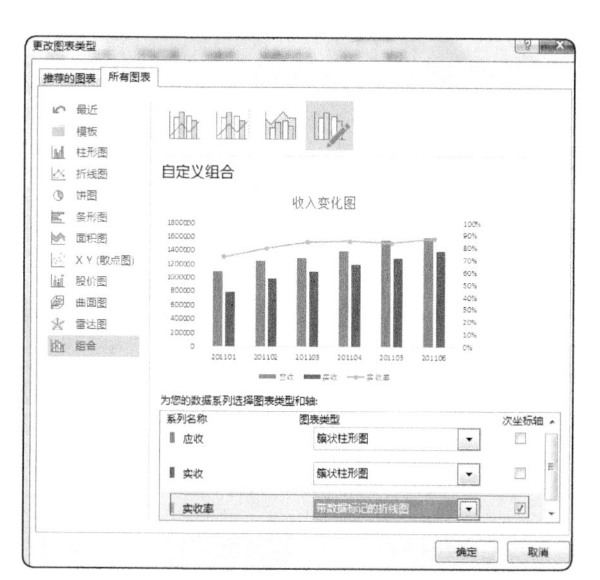

图 4-14-55

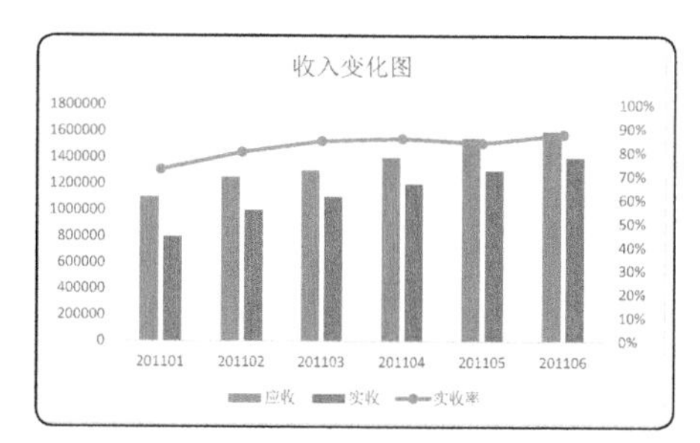

图 4-14-56

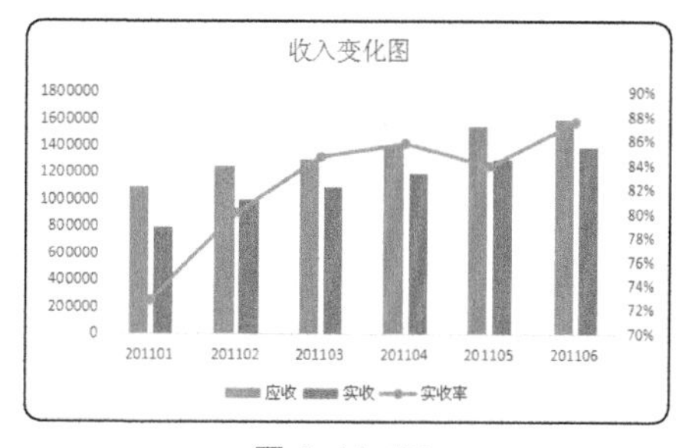

图 4-14-58

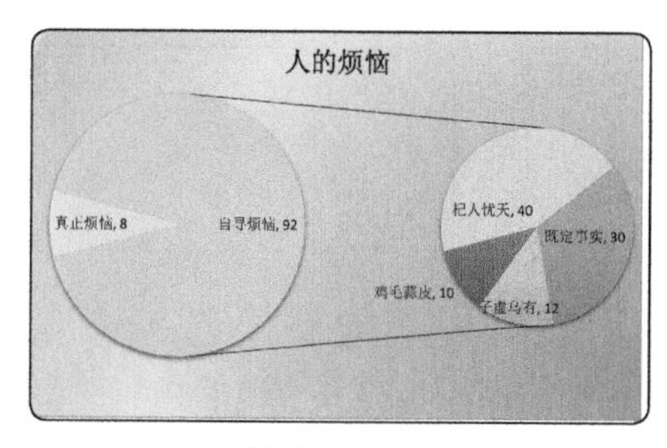

图 4-14-61

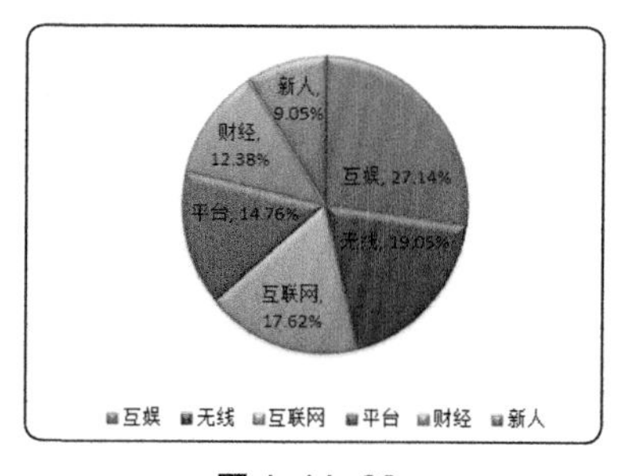

图 4-14-62

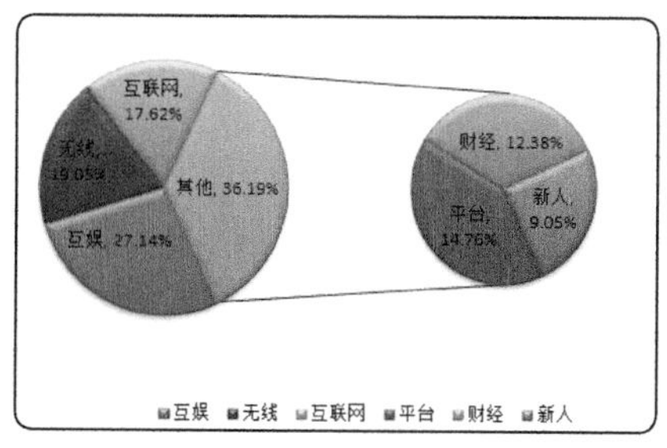

图 4-14-63

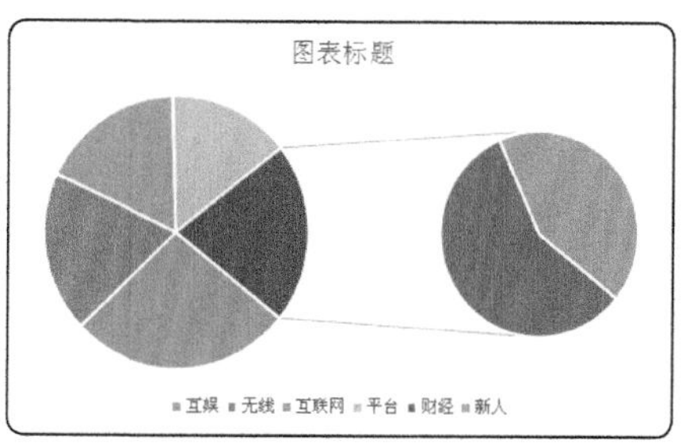

图 4-14-65

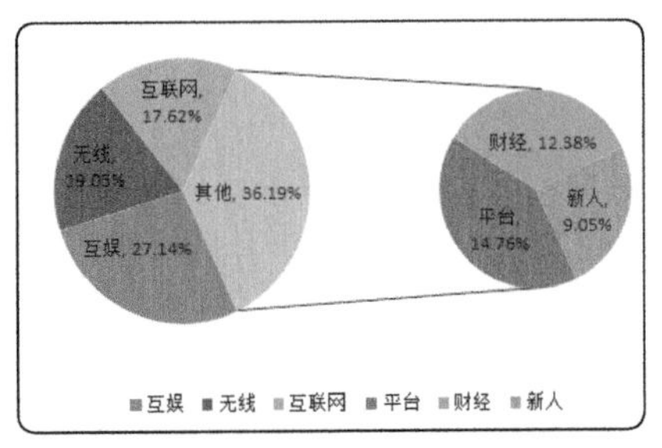

图 4-14-68

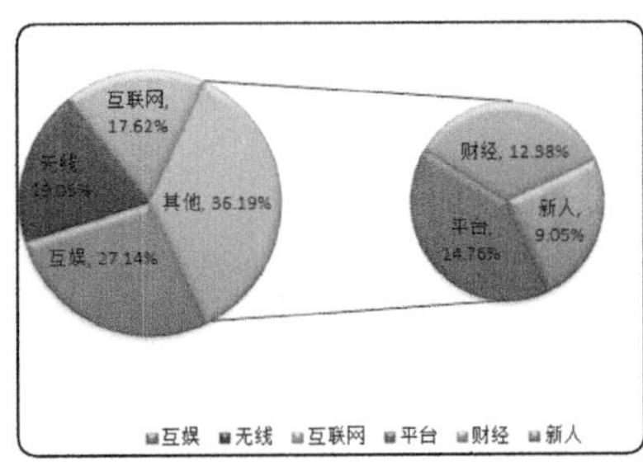

图 4-14-69

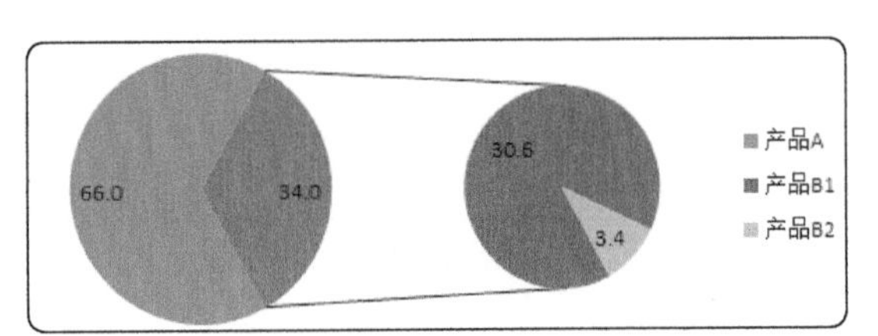

图 4-14-70

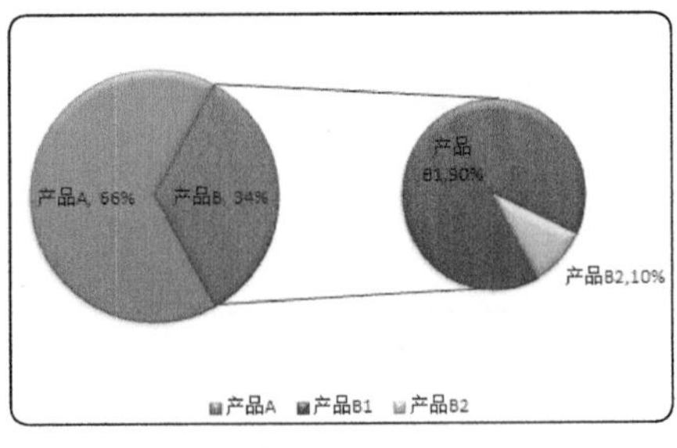

图 4-14-72

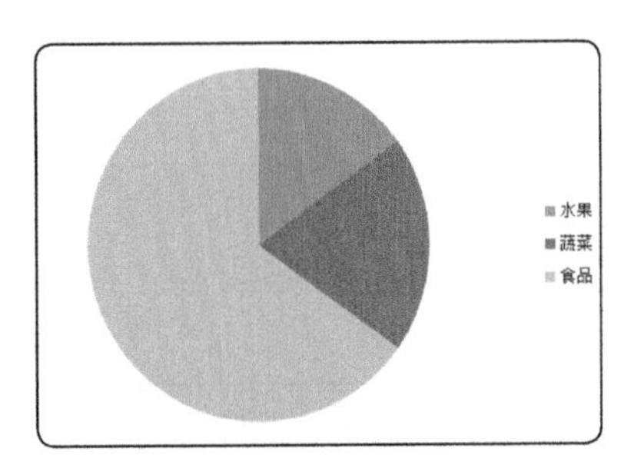

图 4-14-74

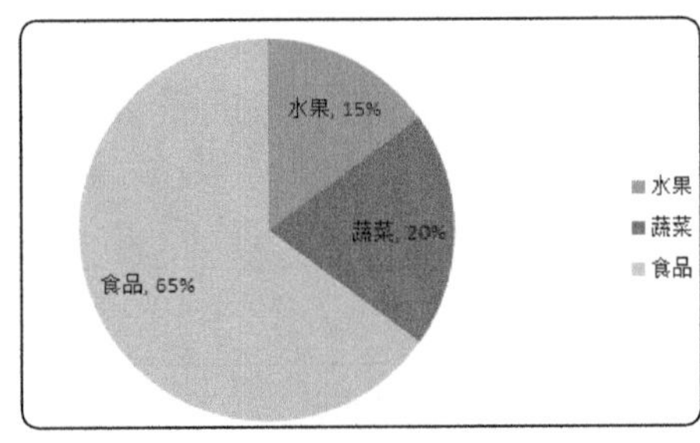

图 4-14-76

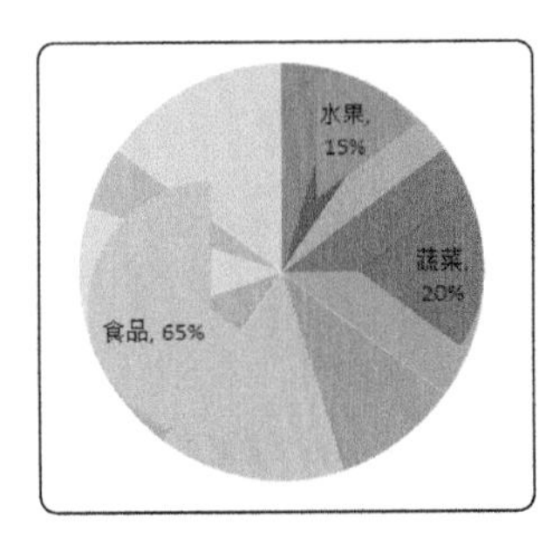

图 4-14-79

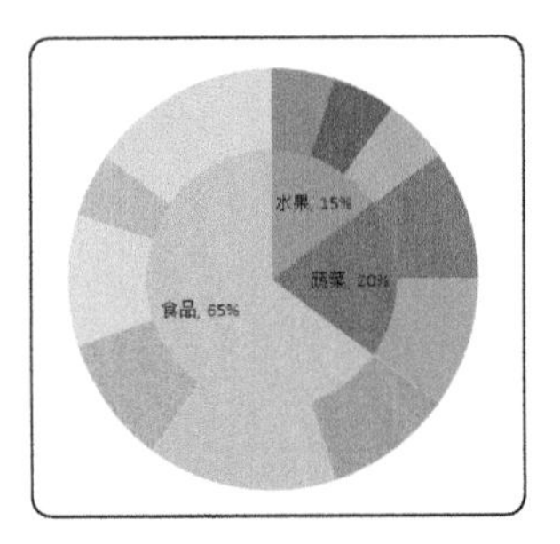

图 4-14-80

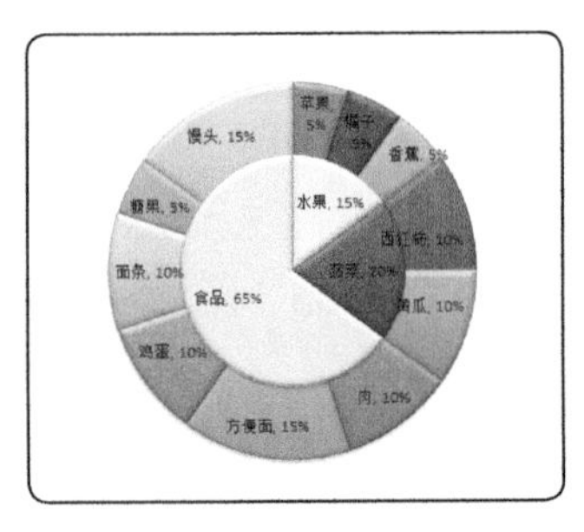

图 4-14-81

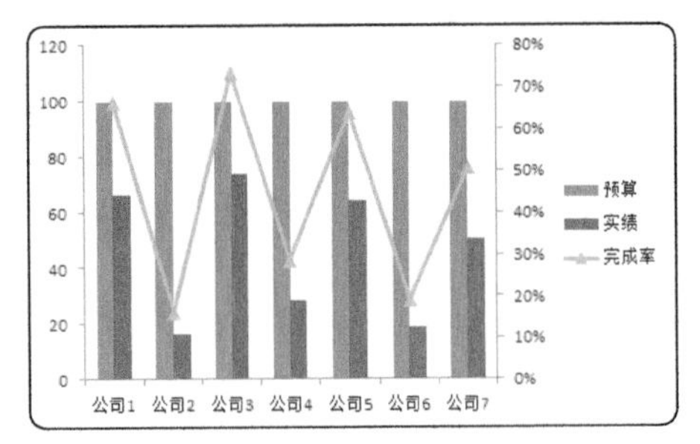

图 4-14-83

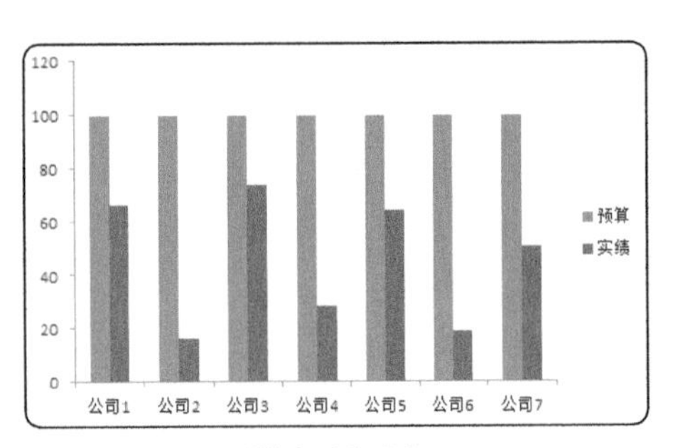

图 4-14-84

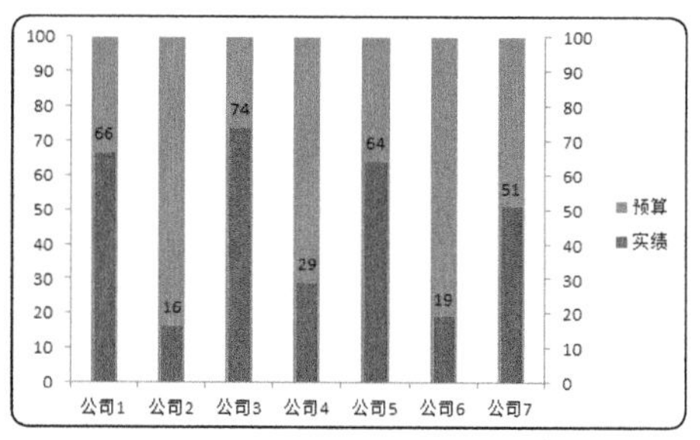

图 4-14-87

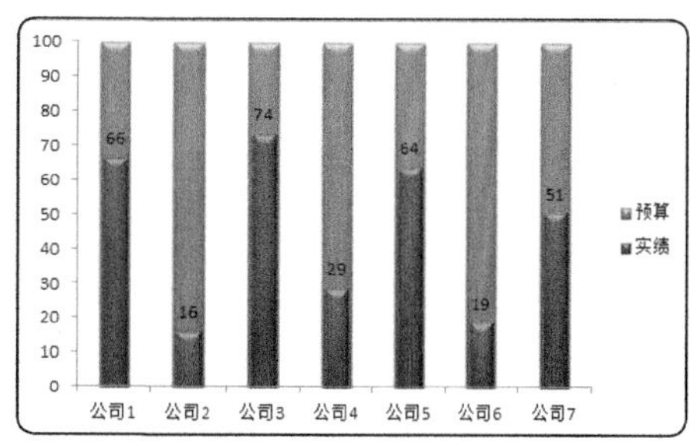

图 4-14-88

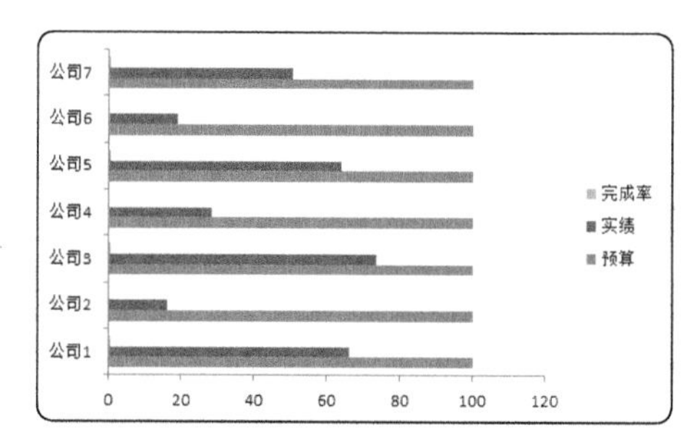

图 4-14-89

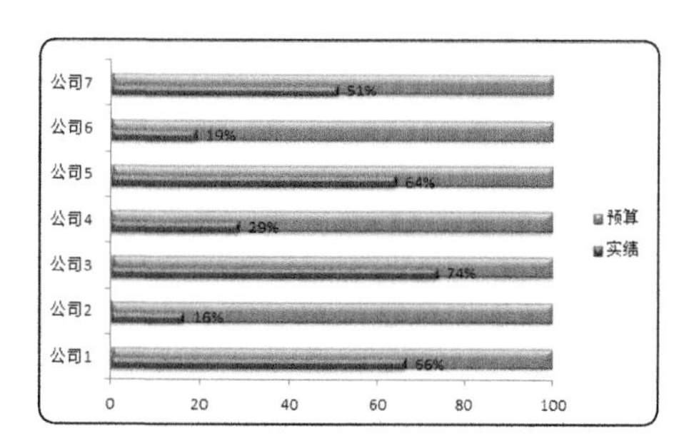

图 4-14-93

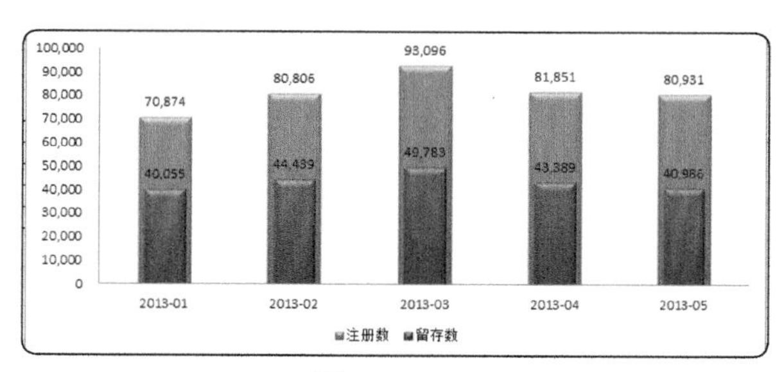

图 4-14-94

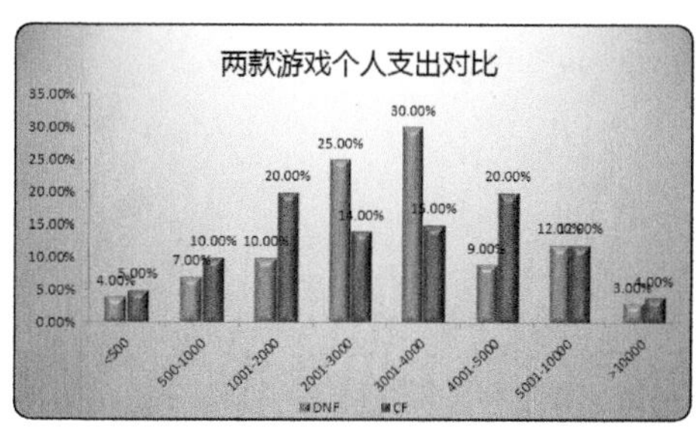

图 4-14-95

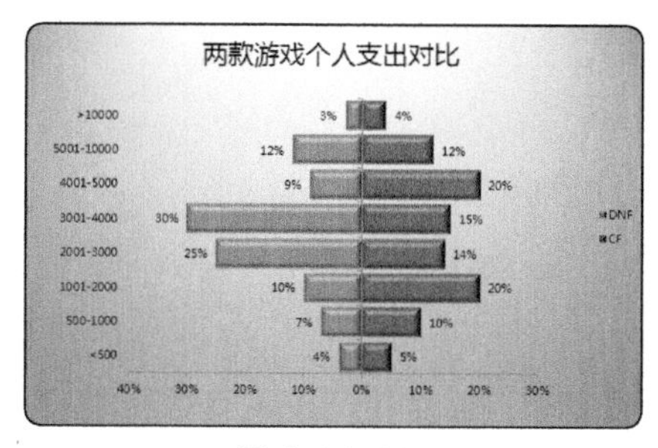

图 4-14-96

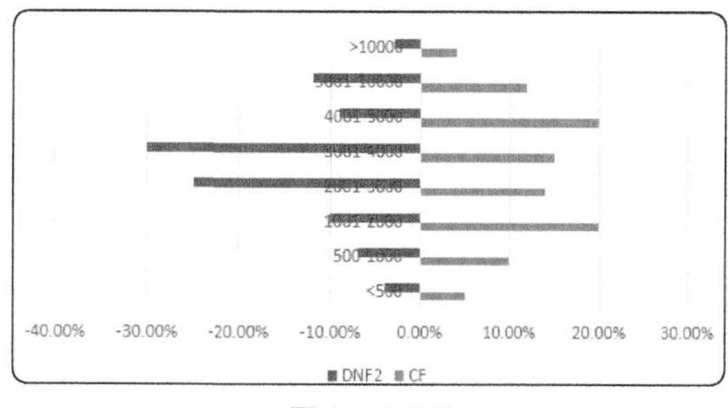

图 4-14-97

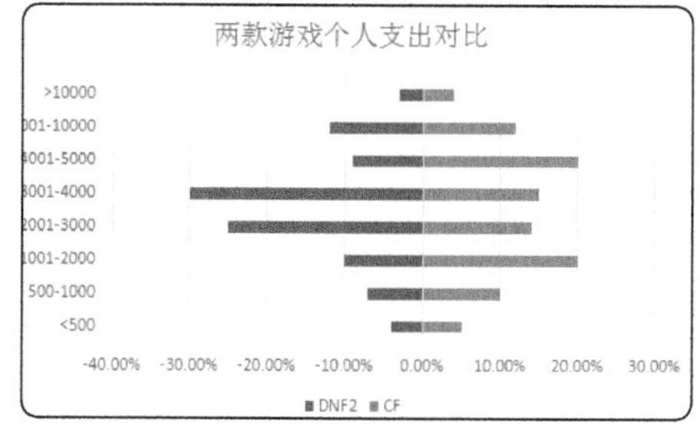

图 4-14-100

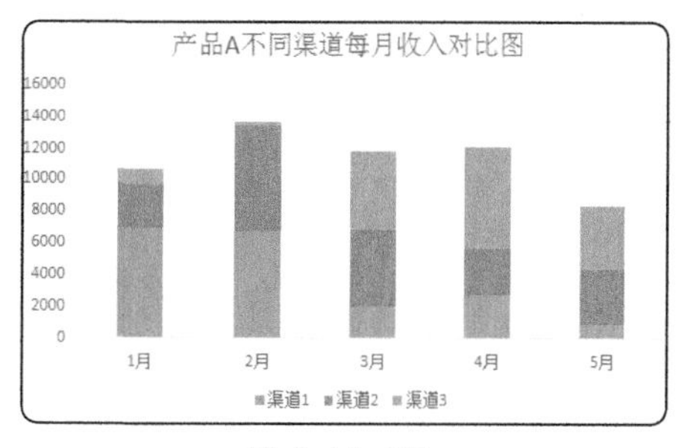

图 4-14-111

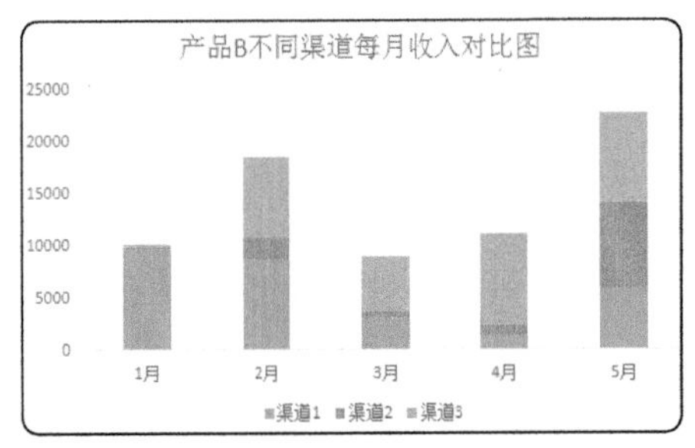

图 4-14-112

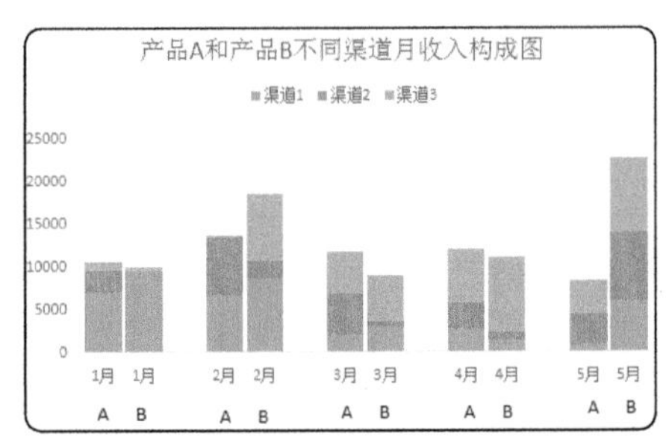

图 4-14-113

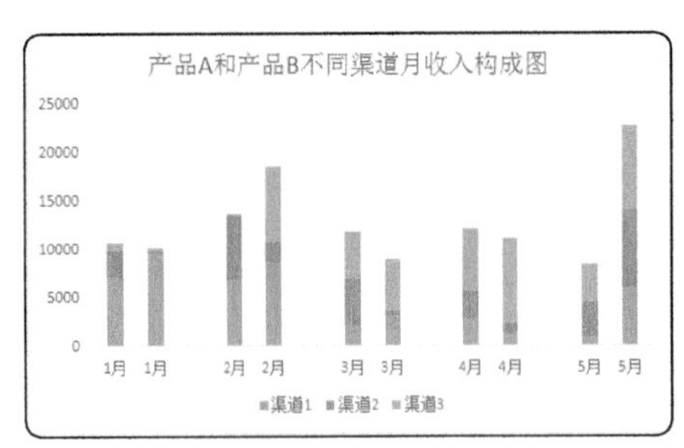

图 4-14-115

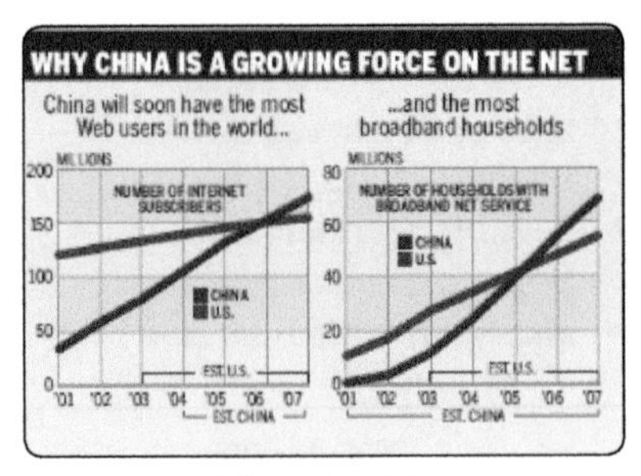

图 4-14-121

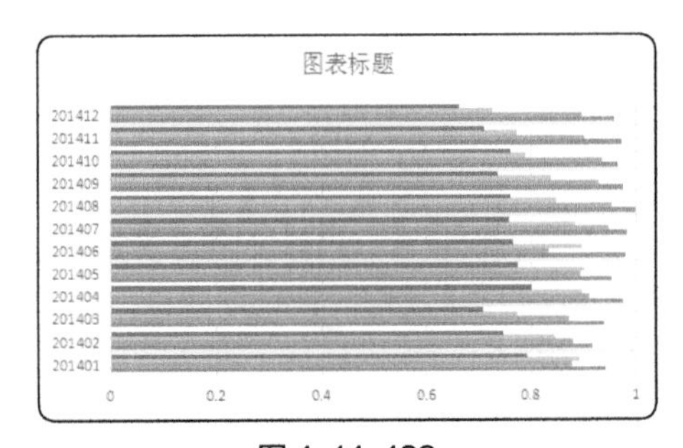

图 4-14-129

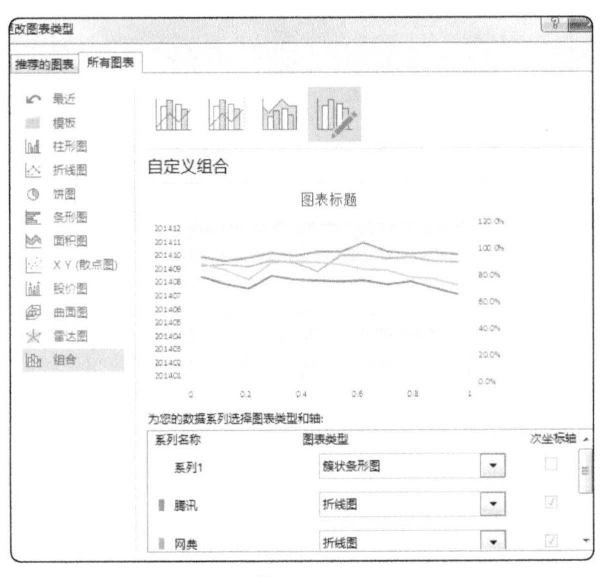

图 4-14-131

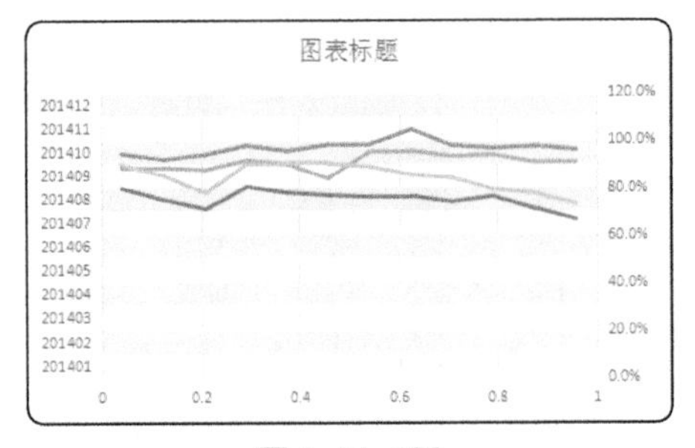

图 4-14-132

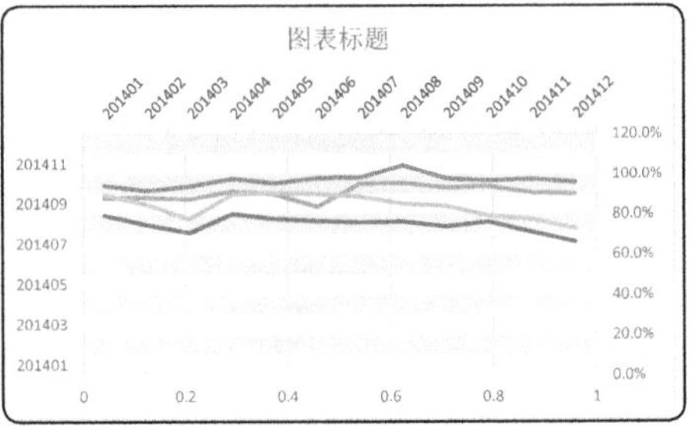

图 4-14-134

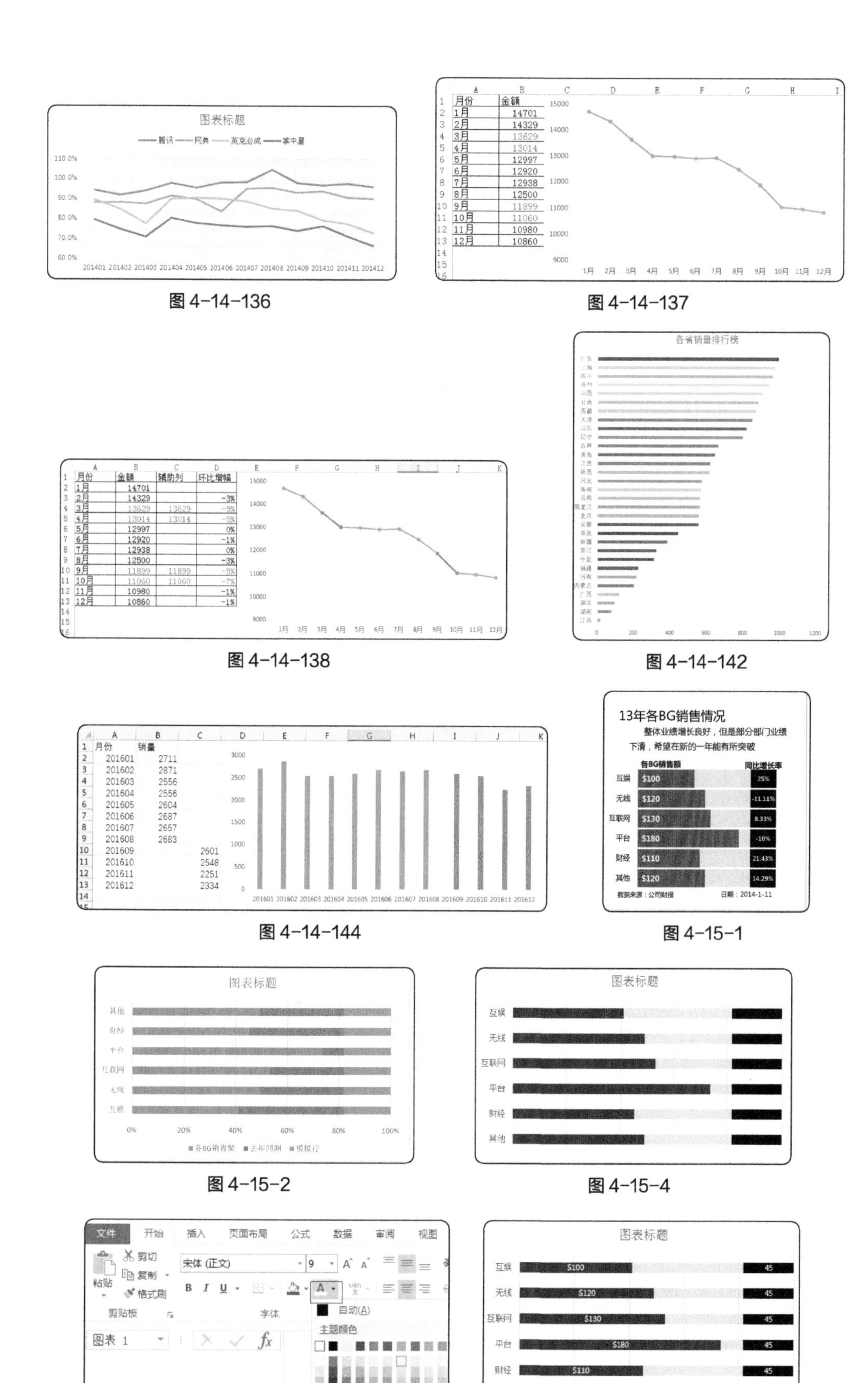

图 4-14-136

图 4-14-137

图 4-14-138

图 4-14-142

图 4-14-144

图 4-15-1

图 4-15-2

图 4-15-4

图 4-15-6

图 4-15-7

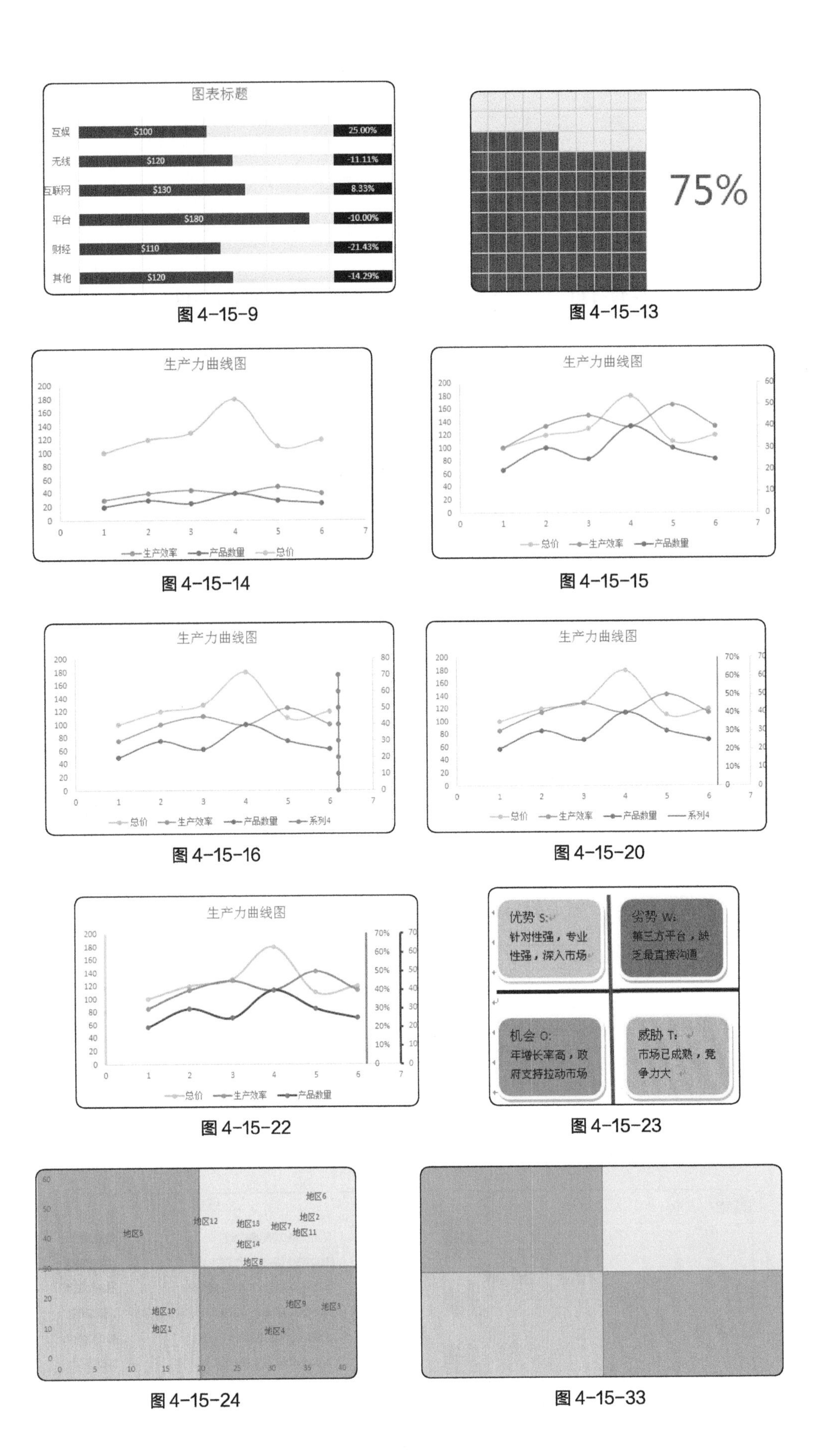

图 4-15-9

图 4-15-13

图 4-15-14

图 4-15-15

图 4-15-16

图 4-15-20

图 4-15-22

图 4-15-23

图 4-15-24

图 4-15-33

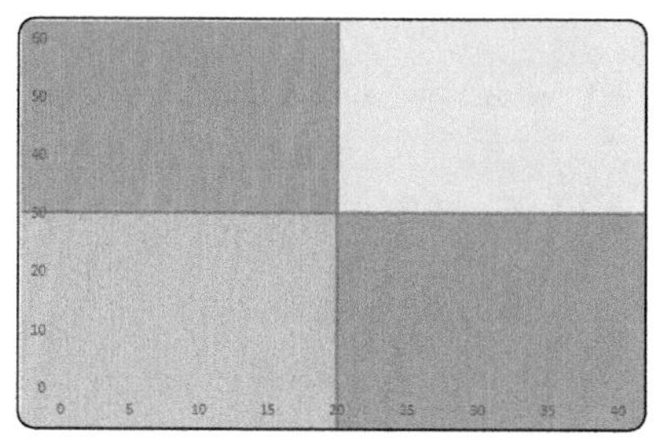

图 4-15-34

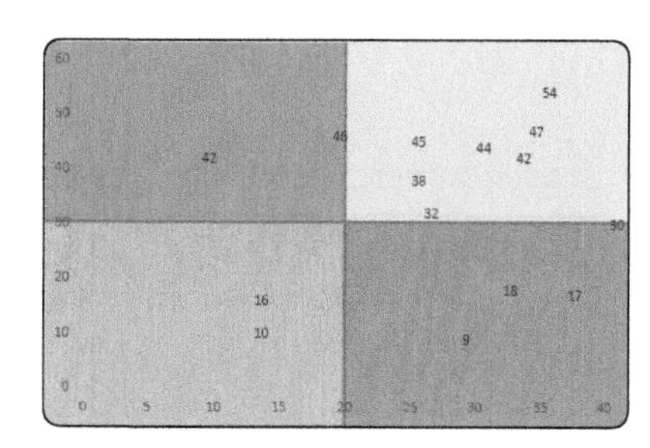

图 4-15-35

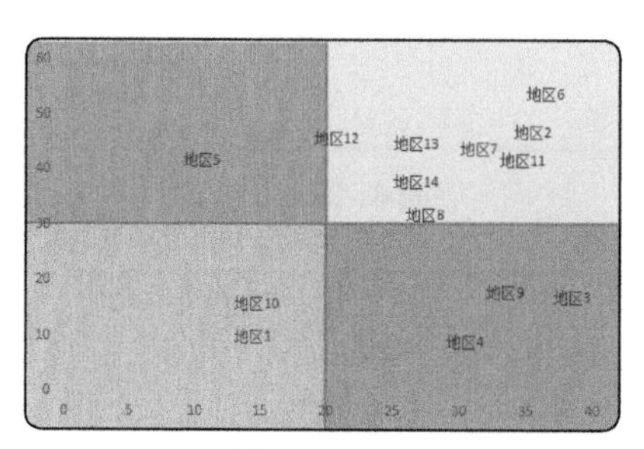

图 4-15-36

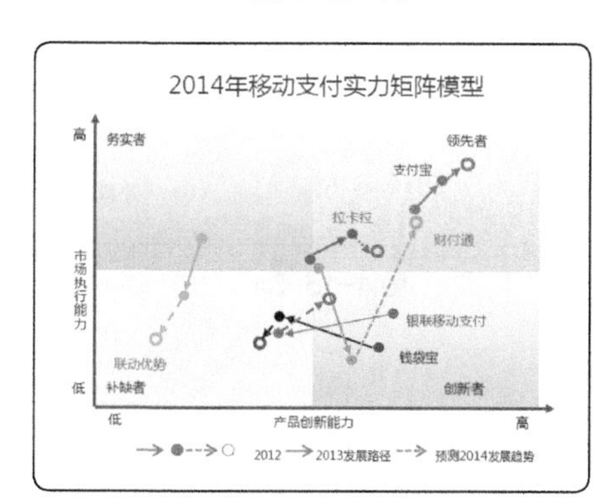

图 4-15-38

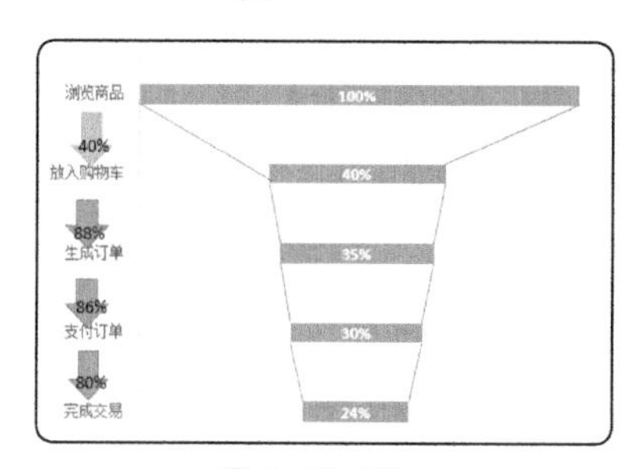

图 4-15-39

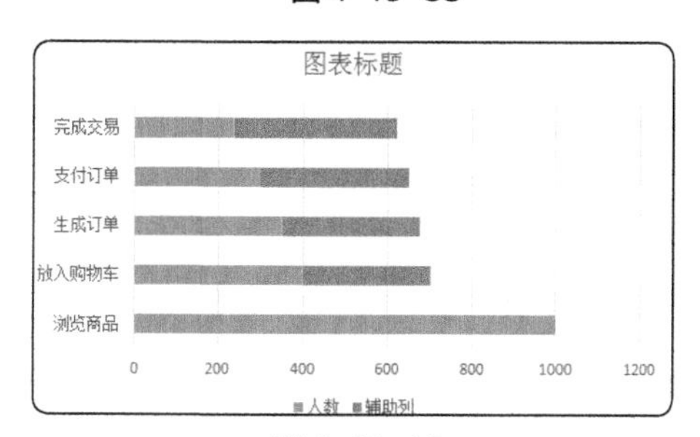

图 4-15-42

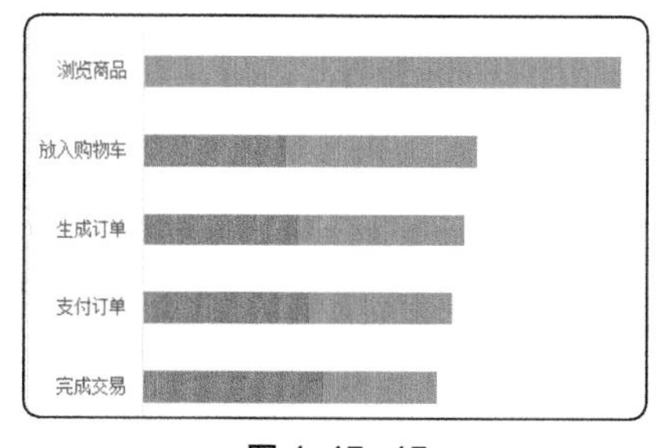

图 4-15-45

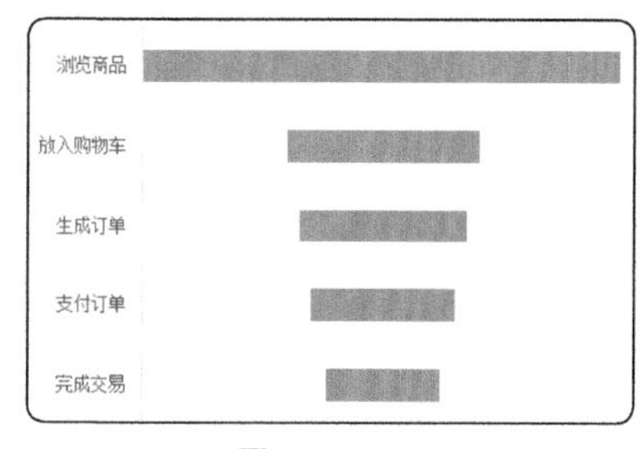

图 4-15-47

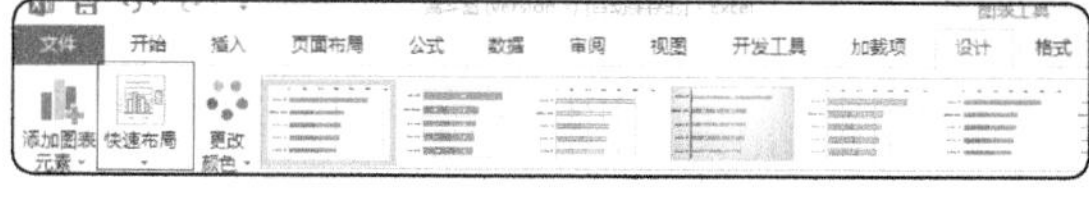

图 4-15-48

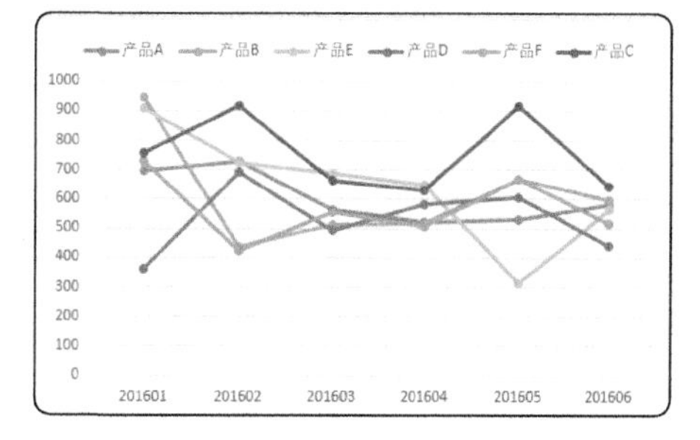

图 4-15-50

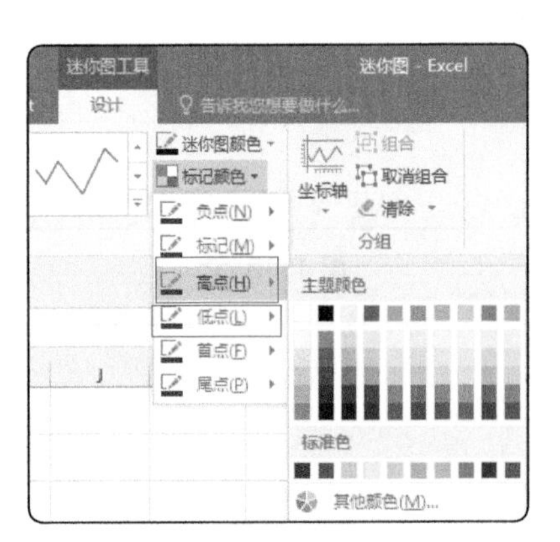

图 4-15-54

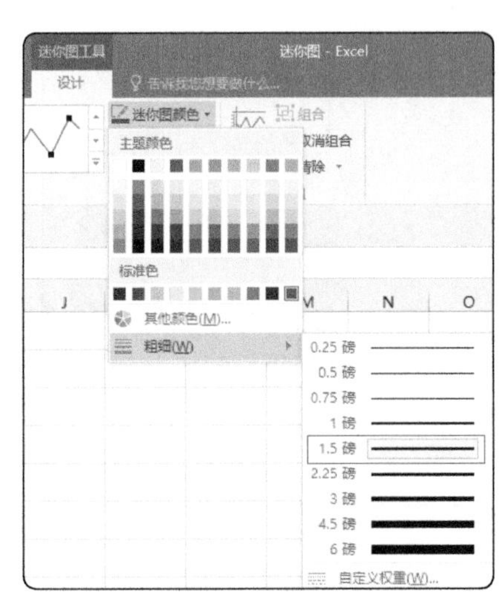

图 4-15-55

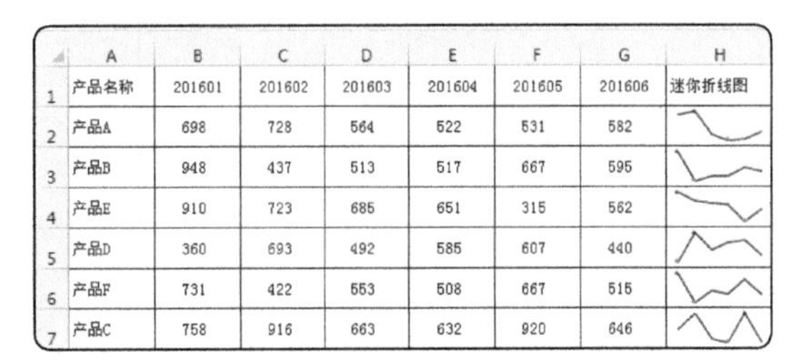

	A	B	C	D	E	F	G	H
1	产品名称	201601	201602	201603	201604	201605	201606	迷你折线图
2	产品A	698	728	564	522	531	582	
3	产品B	948	437	513	517	667	595	
4	产品E	910	723	685	651	315	562	
5	产品D	360	693	492	585	607	440	
6	产品F	731	422	553	508	667	515	
7	产品C	758	916	663	632	920	646	

图 4-15-56

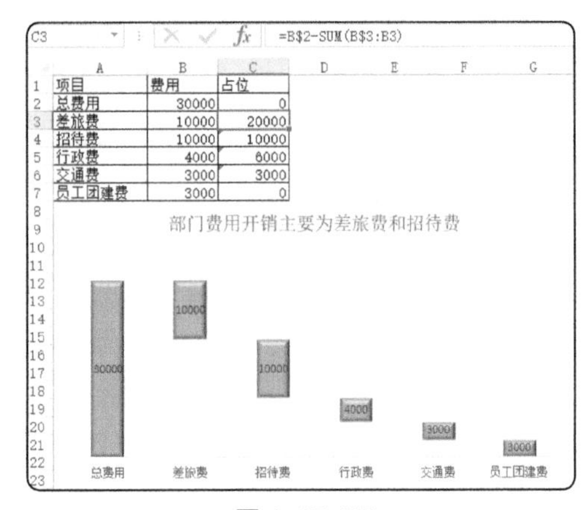

C3 =B$2-SUM(B$3:B3)

	A	B	C
1	项目	费用	占位
2	总费用	30000	0
3	差旅费	10000	20000
4	招待费	10000	10000
5	行政费	4000	6000
6	交通费	3000	3000
7	员工团建费	3000	0

图 4-15-57

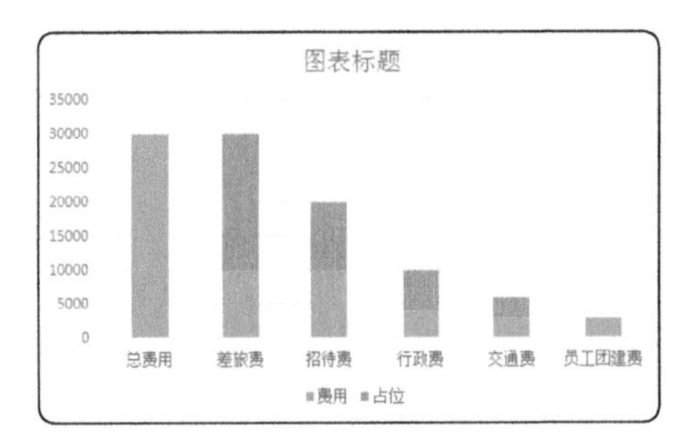

图 4-15-58

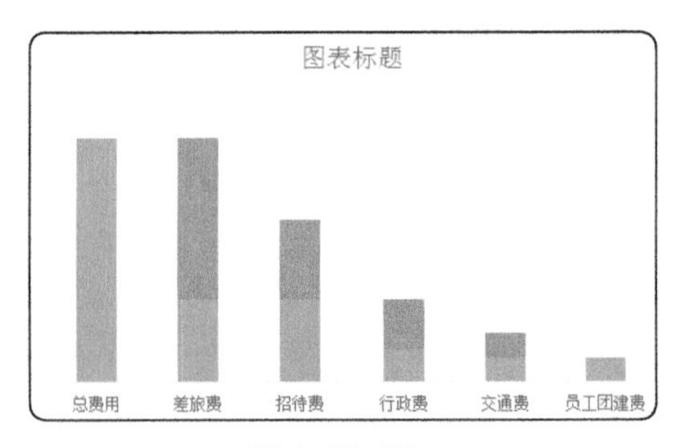

图 4-15-59

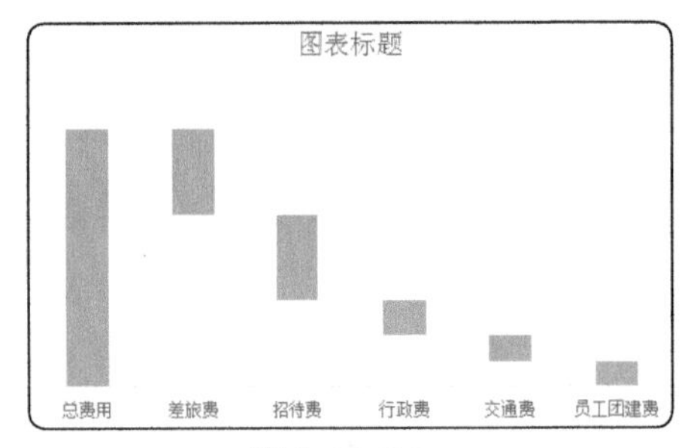

图 4-15-62

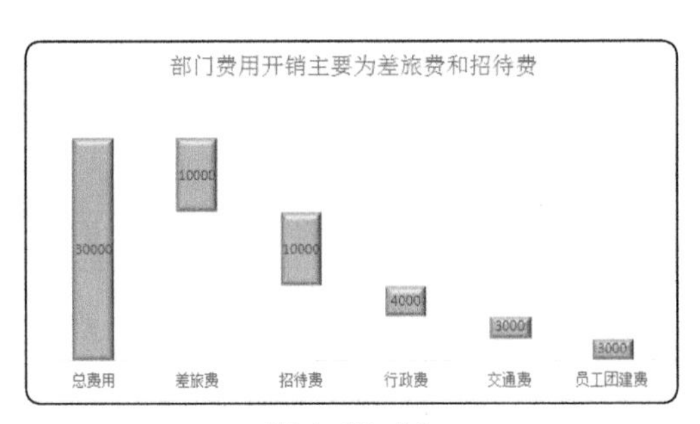

图 4-15-64

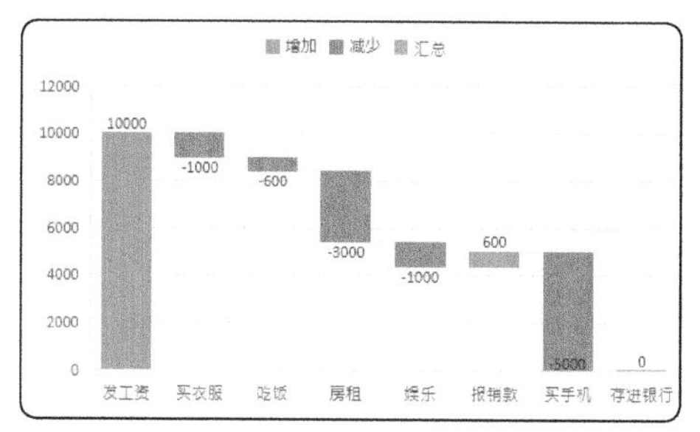

图 4-15-66

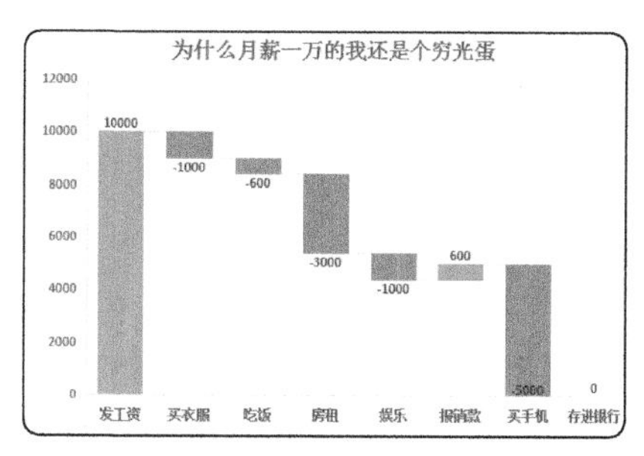

图 4-15-68

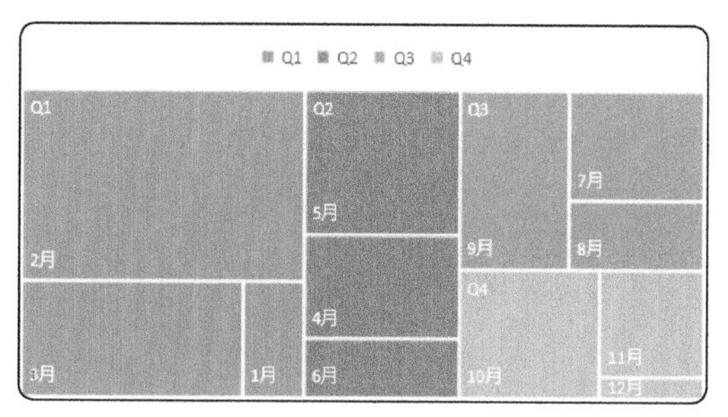

图 4-15-71

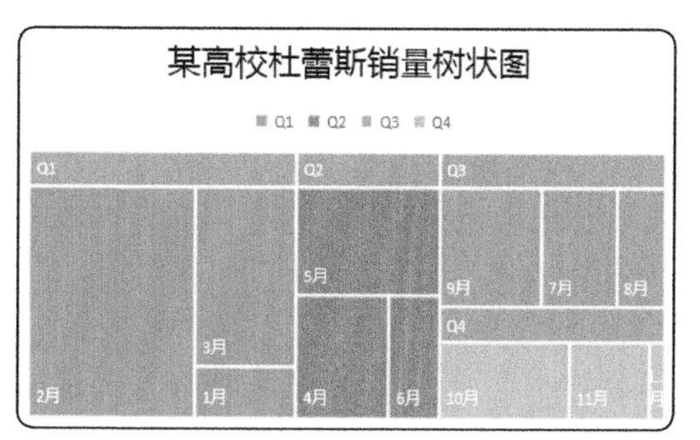

图 4-15-73

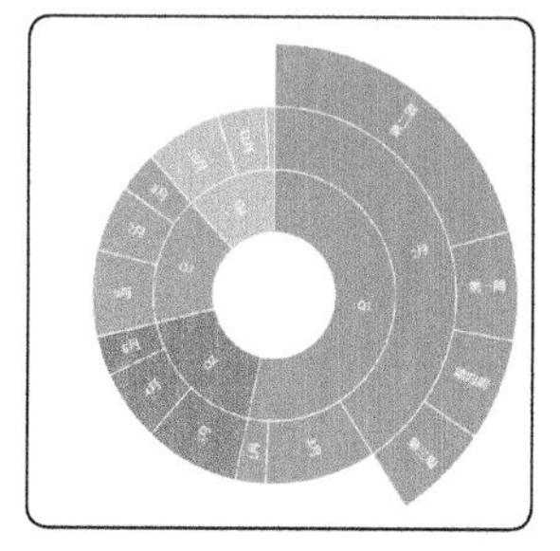

图 4-15-76

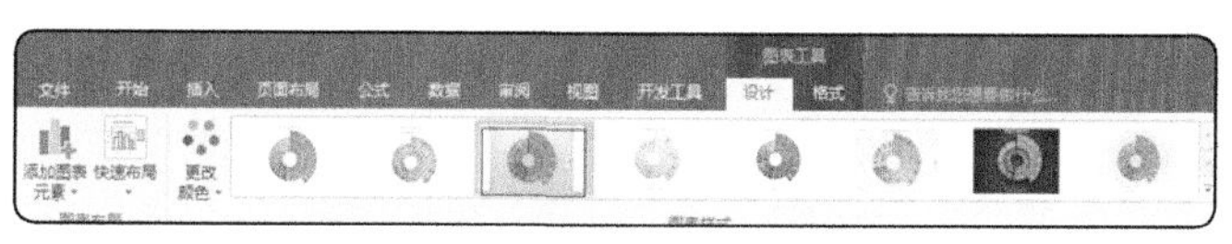

图 4-15-77

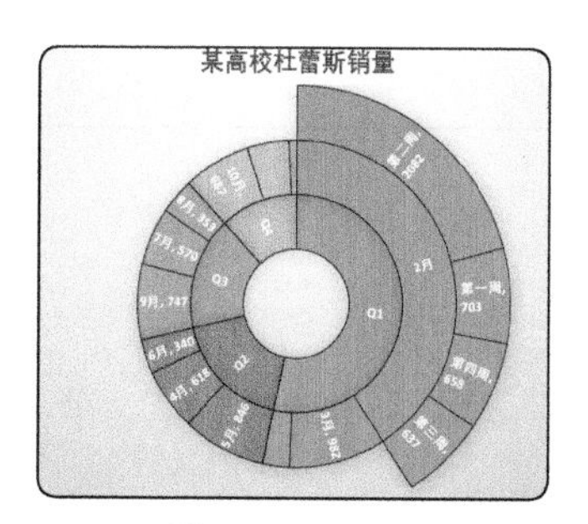

图 4-15-79

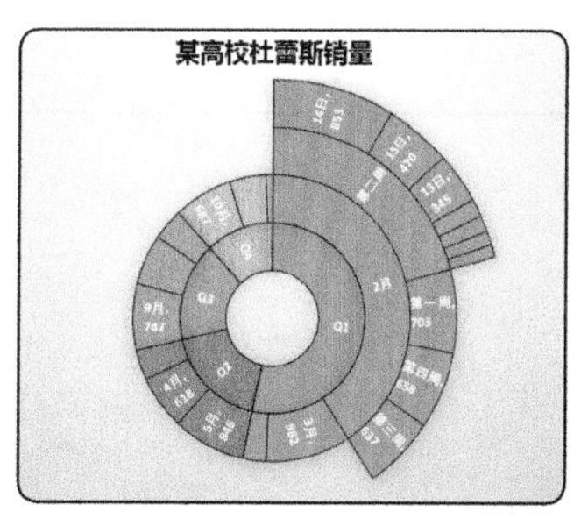

图 4-15-80

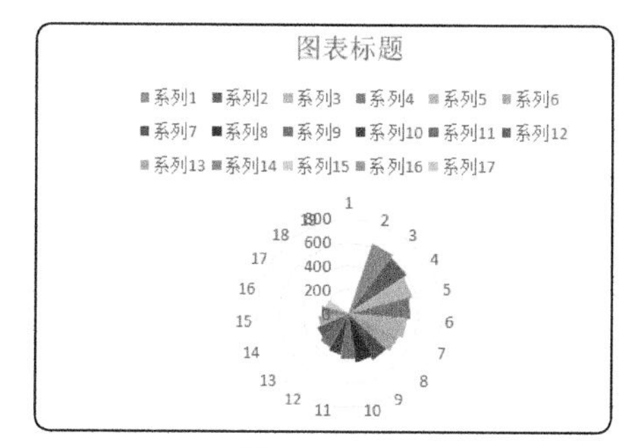

图 4-15-92

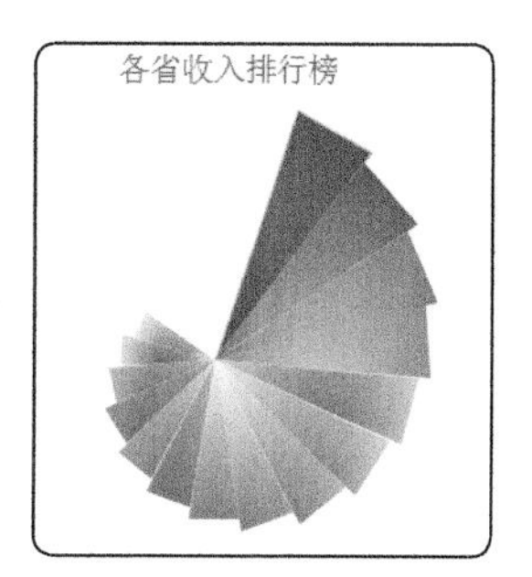

图 4-15-94

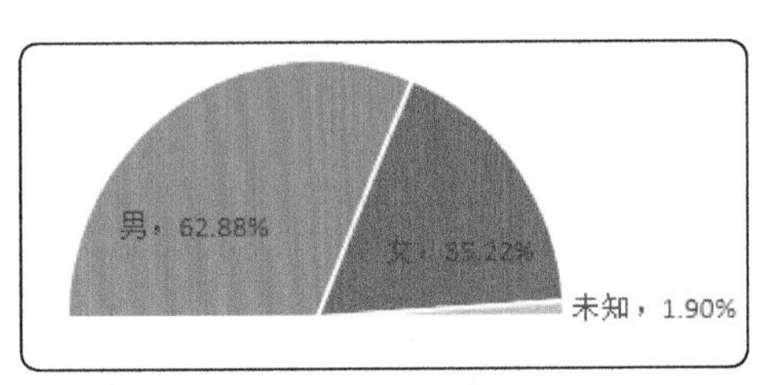

图 4-15-95

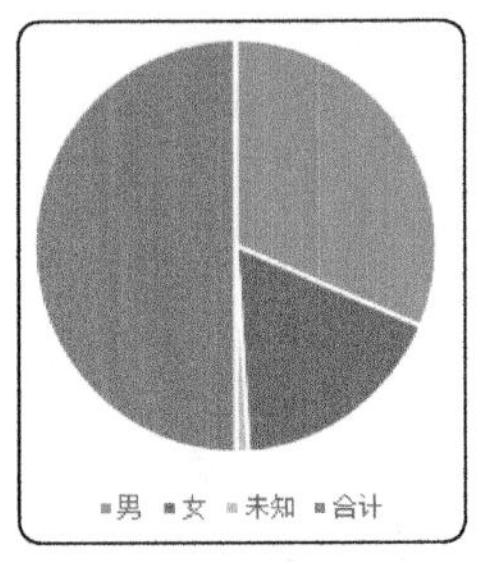

图 4-15-97

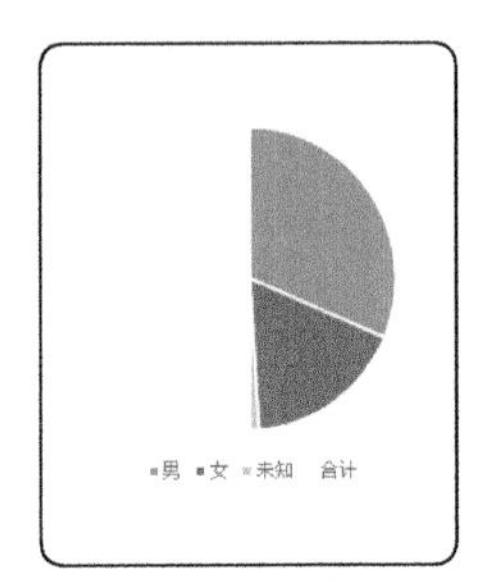

图 4-15-99

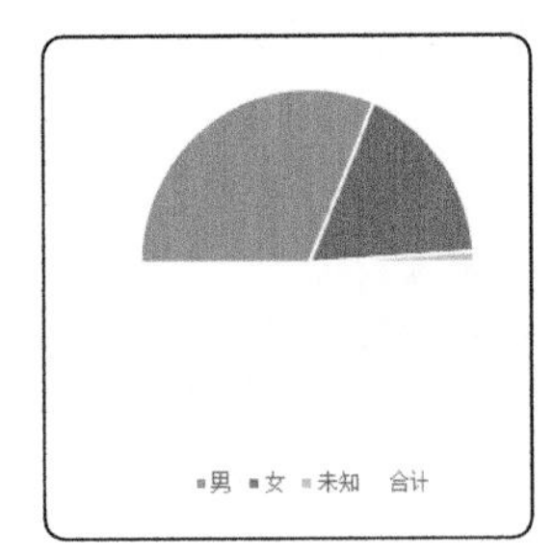

图 4-15-101

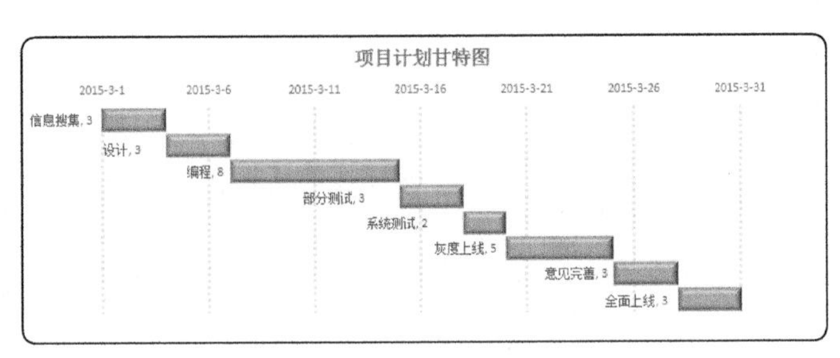

图 4-15-103

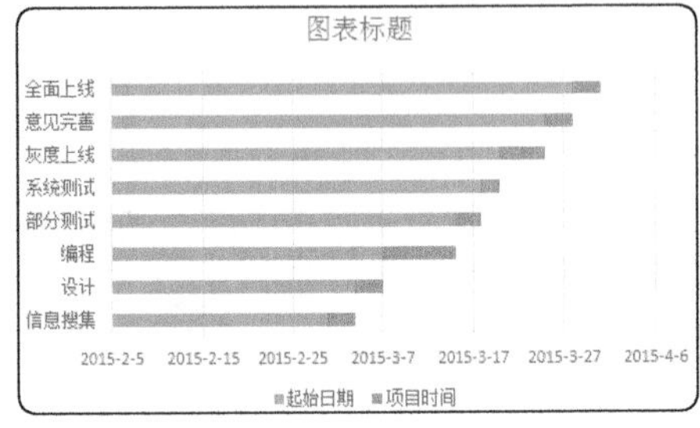

图 4-15-105

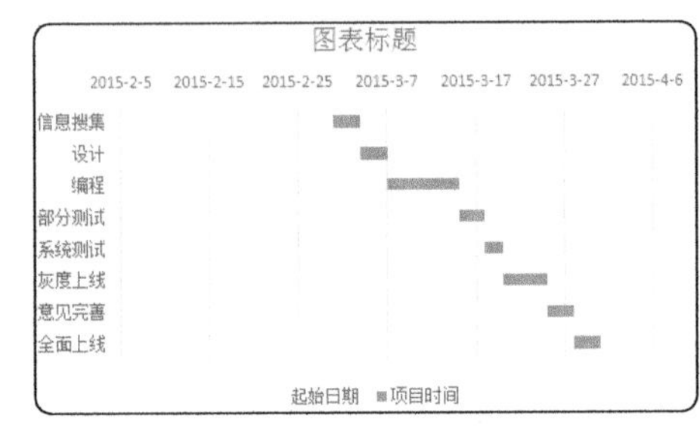

图 4-15-108

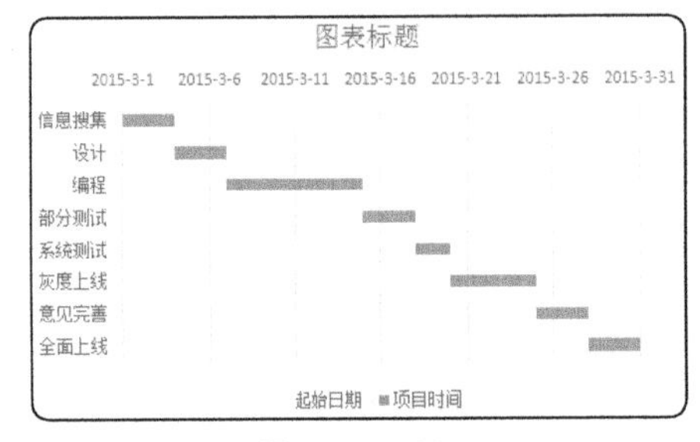

图 4-15-110

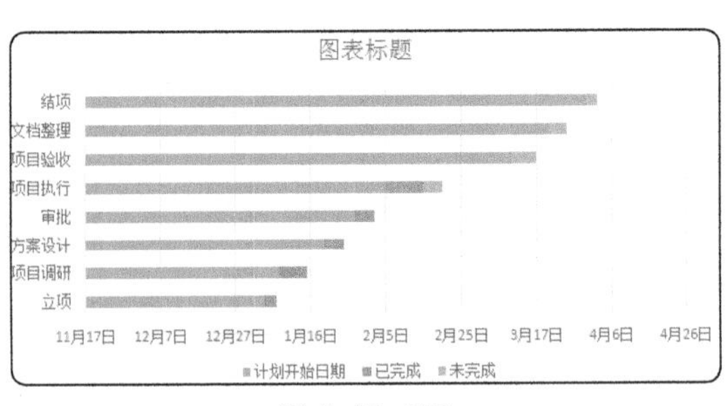

图 4-15-117

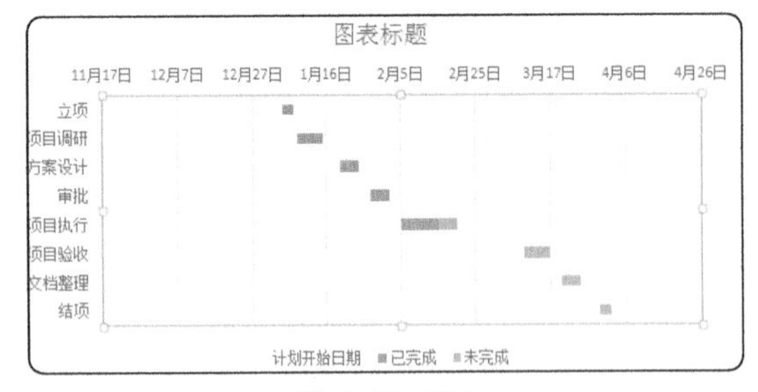

图 4-15-120

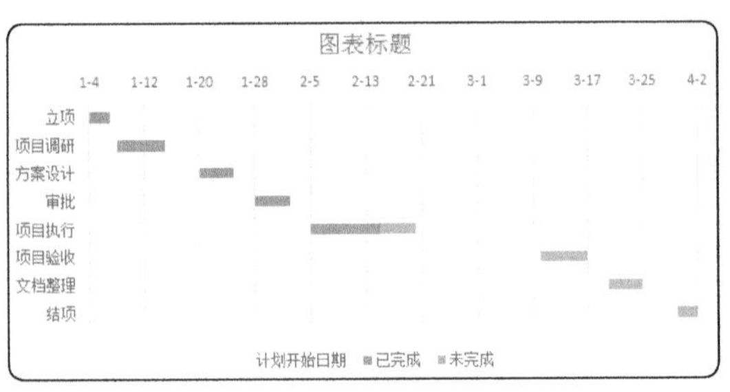

图 4-15-122

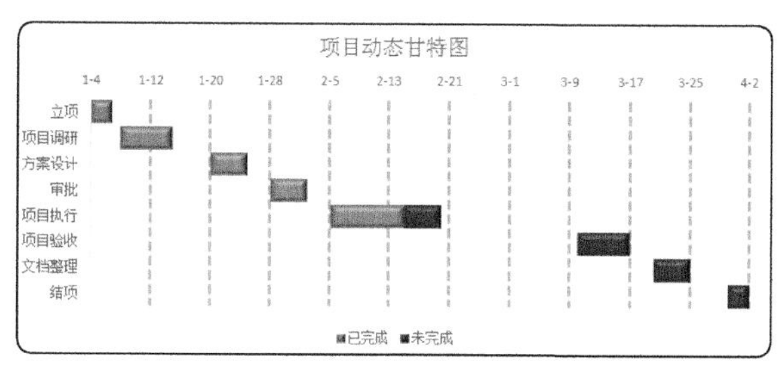

图 4-15-126

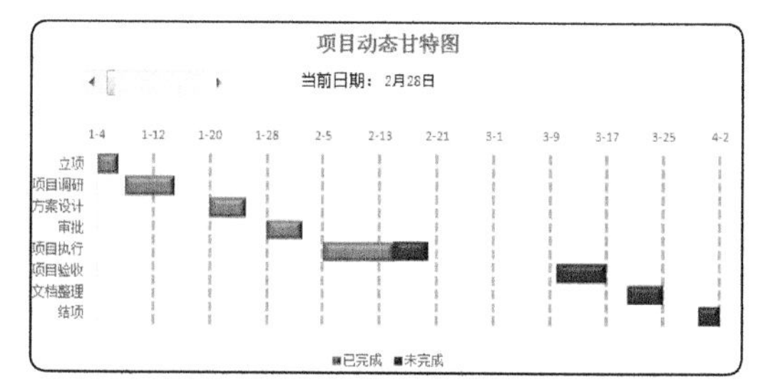

图 4-15-127

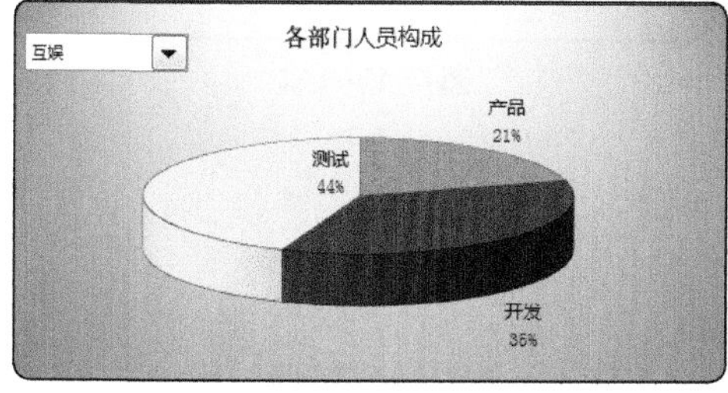

图 4-15-132

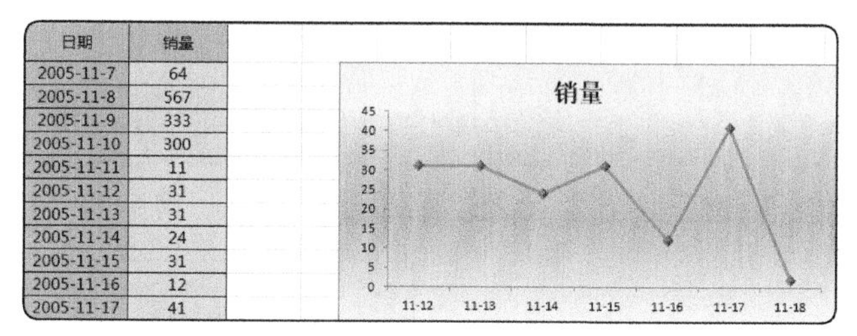

日期	销量
2005-11-7	64
2005-11-8	567
2005-11-9	333
2005-11-10	300
2005-11-11	11
2005-11-12	31
2005-11-13	31
2005-11-14	24
2005-11-15	31
2005-11-16	12
2005-11-17	41

图 4-15-136

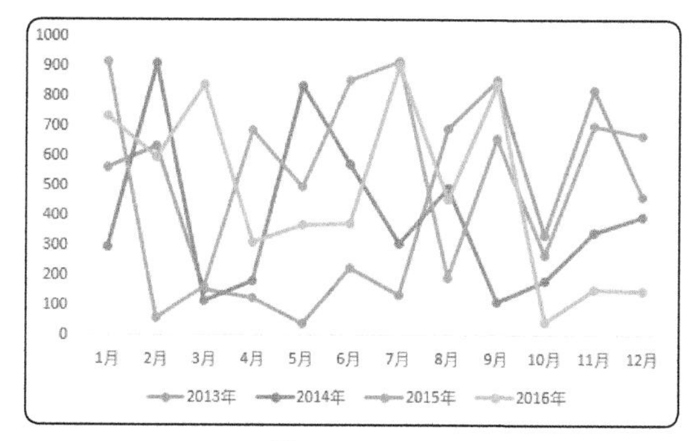

图 4-15-138

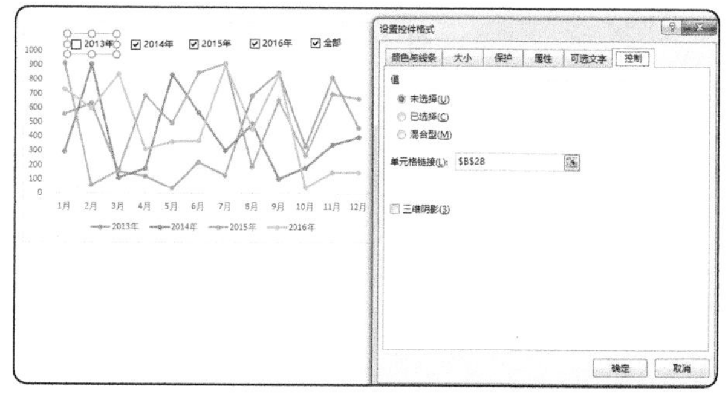

图 4-15-141

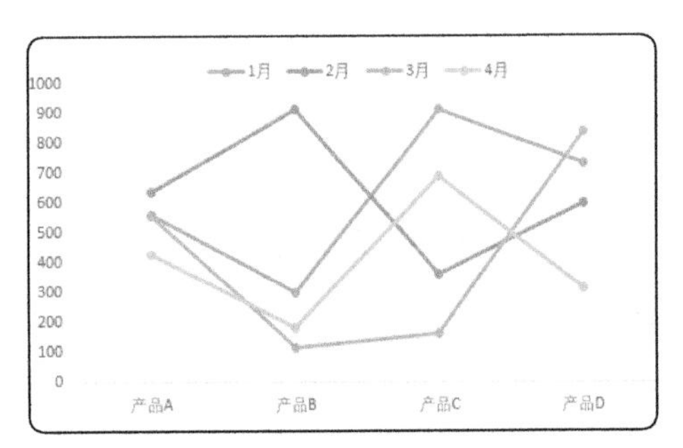

图 4-15-144

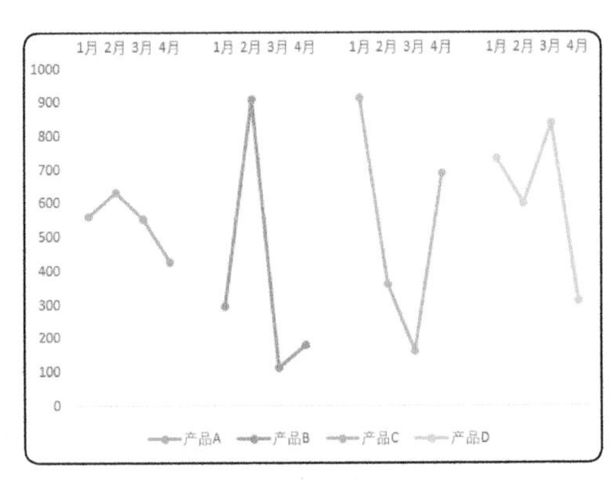

图 4-15-146

图 4-15-147

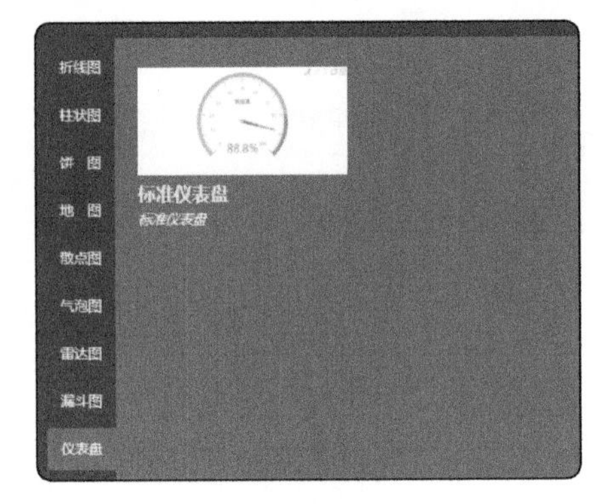

图 4-15-148

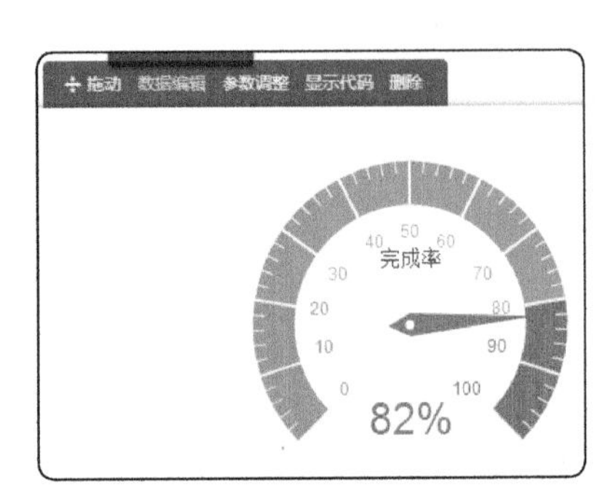

图 4-15-149

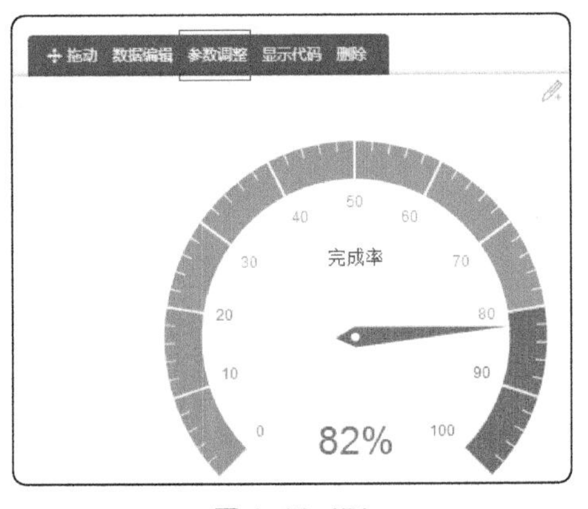

图 4-15-151

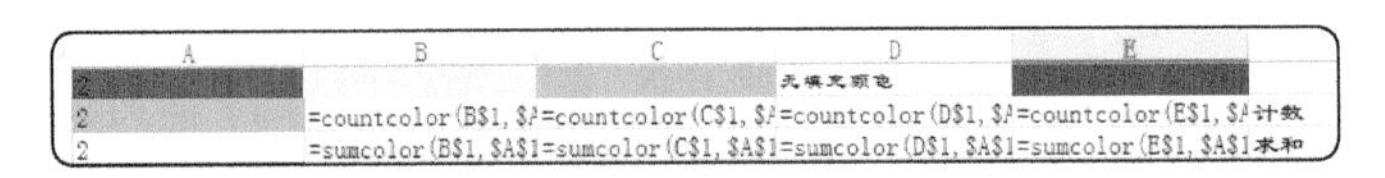

图 5-16-15

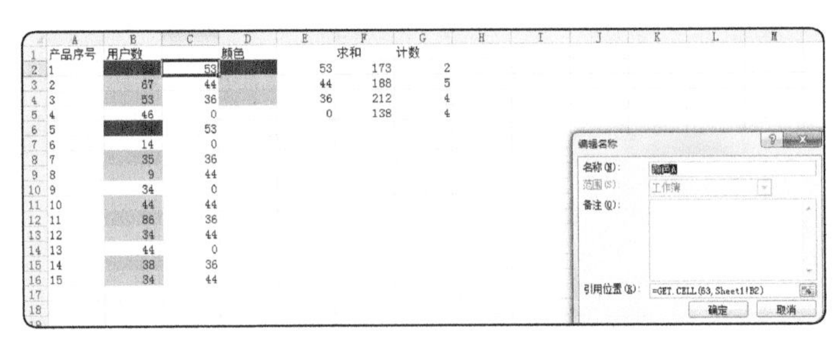

图 5-16-16

C2 | =颜色A

	A	B	C	D
1	产品序号	用户数		颜色
2	1	95	53	
3	2	67	44	
4	3	53	36	
5	4	46	0	
6	5	74	53	
7	6	14	0	
8	7	35	36	
9	8	9	44	
10	9	34	0	
11	10	44	44	
12	11	86	36	
13	12	34	44	
14	13	44	0	
15	14	38	36	
16	15	34	44	

图 5-16-17

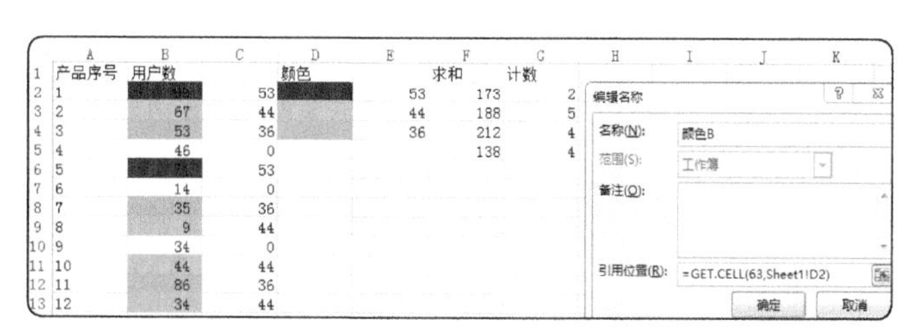

图 5-16-18

F2 | =SUMIF($C$2:$C$16,E2,$B$2:$B$16)

	A	B	C	D	E	F	G
1	产品序号	用户数		颜色		求和	计数
2	1	95	53		53	173	2
3	2	67	44		44	188	5
4	3	53	36		36	212	4
5	4	46	0		0	138	4
6	5	74	53				
7	6	14	0				
8	7	35	36				
9	8	9	44				
10	9	34	0				
11	10	44	44				
12	11	86	36				
13	12	34	44				
14	13	44	0				
15	14	38	36				
16	15	34	44				

图 5-16-19

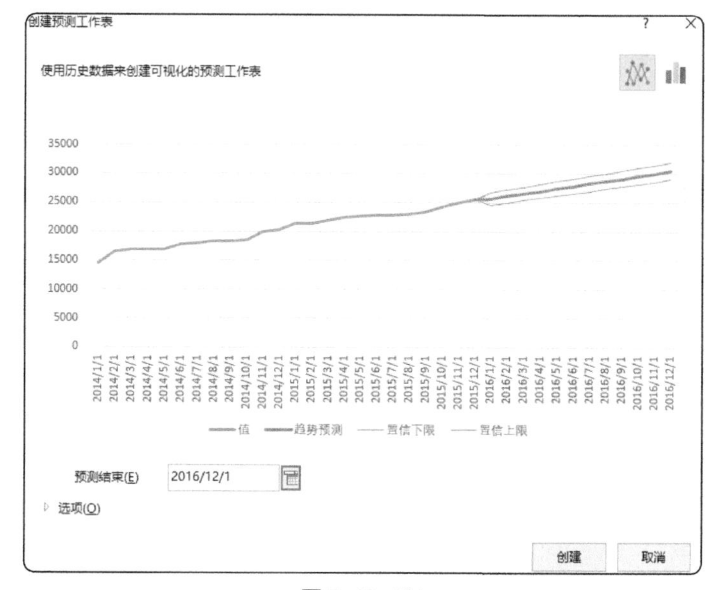

图 5-18-121

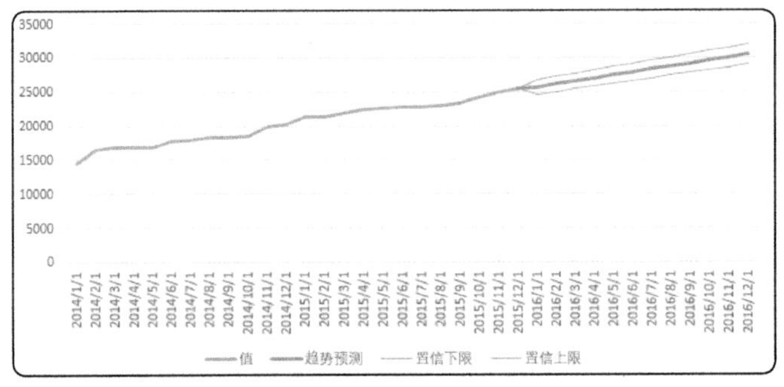

图 5-18-122

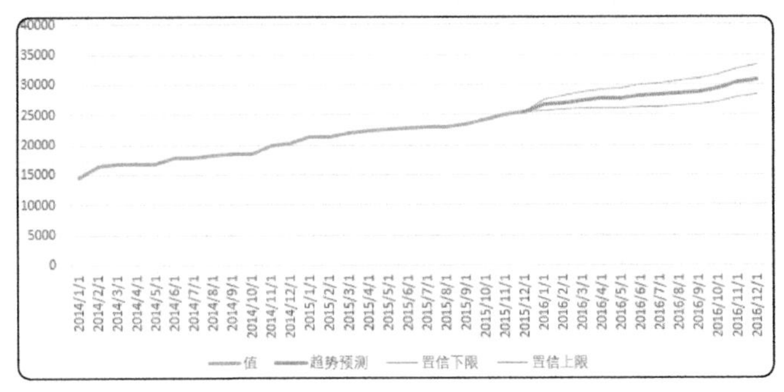

图 5-18-125

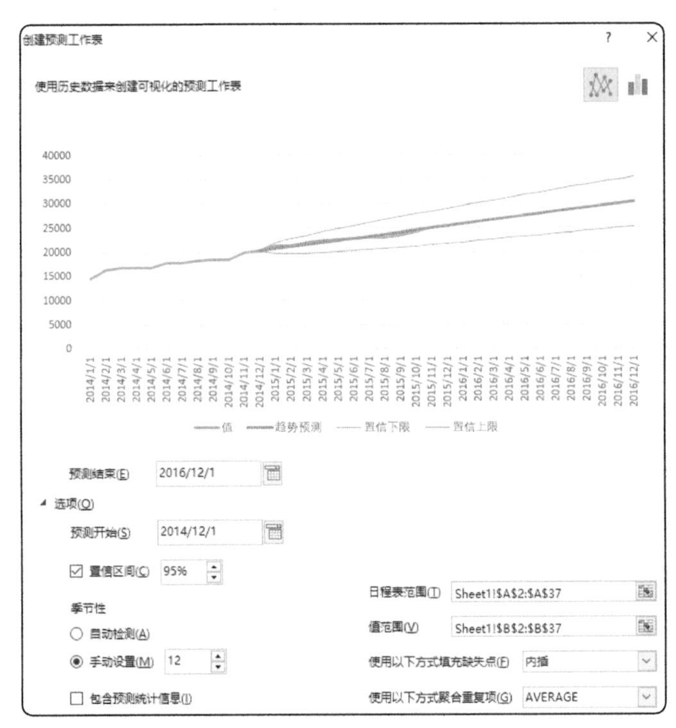

图 5-18-129

职场手册

聂春霞 佛山小老鼠 编著

260招菜鸟变达人

人民邮电出版社
北京

图书在版编目（CIP）数据

Excel职场手册：260招菜鸟变达人 / 聂春霞，佛山小老鼠编著. -- 北京：人民邮电出版社，2017.5
ISBN 978-7-115-45157-6

Ⅰ. ①E… Ⅱ. ①聂… ②佛… Ⅲ. ①表处理软件－手册 Ⅳ. ①TP391.13-62

中国版本图书馆CIP数据核字(2017)第068716号

内容提要

本书循序渐进、由浅入深地介绍了Excel丰富而又强大的功能。全书共18章，依次讲解了数据操作与处理、数据分析、公式与函数应用、图表制作，以及宏与VBA、Excel与Access双剑合璧等多种综合和高级使用技巧。每章都有大量的案例，在讲解操作方法和技巧时，采用了详细的步骤图解，部分内容还配有操作过程演示动画、示例文件和视频，读者可到“异步社区”网站下载。附录中提供Excel限制和规范及Excel常用快捷键，方便读者随时查阅。

本书适合各层次的Excel用户，对于Excel新手来说是一把进入Excel大门的金钥匙；对于有一定经验的人士来说，又是进一步提升的阶梯。书中大量的实例适合读者在日常工作中借鉴。

◆ 编　　著　聂春霞　佛山小老鼠
　责任编辑　王峰松
　责任印制　焦志炜

◆ 人民邮电出版社出版发行　　北京市丰台区成寿寺路11号
　邮编　100164　　电子邮件　315@ptpress.com.cn
　网址　http://www.ptpress.com.cn
　固安县铭成印刷有限公司印刷

◆ 开本：787×1092　1/16　　彩插：8
　印张：22　　2017年5月第1版
　字数：600千字　　2024年7月河北第10次印刷

定价：49.00元

读者服务热线：(010)81055410　印装质量热线：(010)81055316
反盗版热线：(010)81055315
广告经营许可证：京东市监广登字20170147号

对本书的赞誉

Excel作为常用的处理工具，对工作有很多帮助。本书介绍了Excel常用的功能，凝聚了作者多年的经验，文字、截图、动画相结合，简单易学。相信你读完本书，将很快成为Excel高手，工作效率将大幅提升。

——卓越强 腾讯公司WXG行业合作部总经理

有人说，从工作中学胜于从书本上看。本书的作者正是实践出真知的典型代表。作为普通员工，她在日常工作中每天使用Excel。熟能生巧，在她将Excel运用得非常娴熟的同时，也发现了很多的细节问题并总结了有针对性的案例。通过不断查阅资料和自己钻研，她找到了很多解决方法，并共享到公司论坛上，得到了同事们的高度关注。2011年她通过认证，成为腾讯公司Excel讲师。经过5年多的授课，她积累了大量来自各部门同事咨询的问题、案例，成为优秀Excel讲师。因为案例均来源于日常工作，所以实操性很强，而她讲授的这门看似枯燥的技能课程则场场爆满。这些总结出来的技巧、经验和案例，经过作者的甄选收录在本书中。通过循序渐进的方式让读者能更好地使用Excel，尤其是部分复杂的操作，采用“文字＋图解＋操作动画”的方式，相信能让大家用平凡的Excel做出不平凡的效果。

——李致峰 腾讯公司MIG运营商业务部助理总经理

本书是我读过的最接地气的工具书，没有冗余的理论章节，只有一个个由浅入深的实际案例。读完本书，发现Excel原来如此神奇！

——包玉杰 腾讯公司MIG运营商业务部业务运营中心副总监

对本书的赞誉

本书介绍了Excel常用的功能以及Excel和Access在数据处理方面的相互配合，作者在长期使用Excel的过程中积累了很多经验，在本书中用生动准确的方式呈现出来。寓教于乐，简单易学，相信你读完本书，你将很快成为Excel高手，工作效率将大幅提升。

——胡振东 腾讯公司MIG无线安全产品部总经理

学好Excel要先学会“偷懒”，当你只有20个数据时，会不会Excel并不重要；而当你要处理2000个甚至上百万个数据时，Excel就成了最好的利器。本书作者用自己多年来在顶尖科技公司的实战经验，教你如何做个幸福的“懒人”。

——陈广域 腾讯公司MIG无线合作开发部总经理

作为作者多年的好友，看到她自主开发的Excel课程集结成书，由衷地感到开心，更佩服她在兼顾忙碌的工作与家庭生活之余以极大的热情和毅力投入到教案研究、内部培训工作上的敬业精神。书中很多数据图表的技巧分享带给人眼前一亮的感觉，而文字背后所体现的作者执着、创新、专业、务实的人生追求更加值得我们学习。预祝今后有更多新课程、新感悟与我们分享！

——周文娟 中国移动通信集团公司

第 1 版推荐序　别小看这“一招鲜”

Excel 是职场中几乎人人都要用的工具，我很羡慕那些 Excel 用得特别好的同事。在腾讯学院为员工开设的培训课程中，Excel 系列的课程总是大受欢迎。看来，职场驰骋，这些工具的确很重要。而春霞老师作为个中高手，2011 年成为我们腾讯学院此类课程的公司级认证讲师。特别欣喜的是，她不仅仅是课程讲得棒，还不懈钻研，对很多问题不断寻找更多、更佳的解决方案，同时还特别善于总结。而所有这些，终于结晶成了今天呈现在大家面前的这本书。

我说的“别小看这本书，更别小看 Excel 这一招鲜”，不是随便说说。首先，较强的 Excel 技能，的确能让你的工作效率和工作质量提升不少，无论你从事哪个岗位；其次，我也看过一些讲 Excel 技巧的图书，与其他书相比，我喜欢这本“小”书的原因有以下三点。

❶ **源于实践：**Excel 的功能很多，不可能每人都完全掌握，而春霞老师自己作为职场人士，会更了解大家工作中最需要的场景和技能，介绍的技能更有针对性。所有培训，最有价值的莫过于此。

❷ **形式创新：**我自己就经常有学习这类课程半途而废的经历，就是因为教学方法太枯燥和不易学。这本书的一个亮点，就是配套提供直观、生动的操作动画。这种创新教学形式的好处，相信读者看过就知道了。

❸ **持续学习：**希望大家看过本书后，还可以利用微信、微博继续和春霞老师切磋交流。这种持续的学习过程，我本人特别看好，甚至还可以延伸到职场技能的很多方面。

最后，还特别想说的是，分享是一种美德。随着腾讯学院的发展，越来越多的腾讯同事加入了公司讲师队伍，这本身就是一件大好事。而有些老师不满足于单纯的授课，还把自己在工作中的心得与体会利用业余时间整理成书，从而惠及更多朋友。这非常值得尊敬，也算是互联网开放与分享精神的一个体现吧。

谢谢春霞老师。

腾讯学院院长　马永武

2014 年 11 月

前 言

2015年4月，我人生中的第一本书《Excel高手捷径：一招鲜，吃遍天》出版了。出版后的第一个月在当当网计算机新书热榜排名第一，这让我感到很意外。出书后向我请教问题的人更多了，不仅仅是腾讯内部的同事，还有公司外面的粉丝。在帮助大家解决问题的过程中，我钻研了更多的技巧，更加深刻地体会到Excel的博大精深。我特别想把这些技巧分享给大家，因此，两年后我准备再版。在此特别感谢腾讯公司以及老东家江西移动的领导和同事们对我的大力支持，感谢我的亲朋好友以及粉丝们的支持，感谢人民邮电出版社给予的指导和付出。

第2版与第1版不同之处有以下5点：

1. 应读者和出版社的要求，第2版书名变更，封面方案重新设计，尽可能以新的面貌出现在大家面前。

2. 增加了更多实用的技巧，全书共260招技巧，部分技巧是Excel 2016版本新增功能。

3. 第1版同样的问题增加了更多解决方法，读者可以选择自己喜欢的方法。

4. 细分目录，第1版分为7章，第2版分为5大篇18章，根据目录查找相对容易些。第一篇：数据操作与处理（共5章：单元格数据录入与编辑、整理单元格数据、查找与替换、行与列的操作、工作表以及文件的操作）；第二篇：数据分析（共2章：排序、筛选、分类汇总、合并计算以及数据透视表）；第三篇：公式与函数（共6章：公式与函数基础、常用的数学和统计函数、文本函数、查找与引用函数、日期与时间函数、其他函数的应用）；第四篇：图表制作（共2章：常用图表制作以及图表优化、高级图表的制作）；第五篇：高级应用与综合应用（共3章：宏与VBA、Excel与Access双剑合璧、多种技巧综合运用）。

5. 对部分技巧录制视频，读者可以结合书中的文字 + 截图以及操作动画、视频，边看边练，一步一步做出效果。光说不练假把式，一定要亲自实践才能体会Excel的美妙。欢迎读者到异步社区下载本书配套的示例文件、动画和视频。

由于本职工作很忙，时间仓促，水平有限，错误之处在所难免，欢迎读者批评指正。作者的个人微信公众号“Excel原来如此简单”，欢迎添加关注。Excel交流学习QQ群465693036，欢迎入群交流。

致谢

感谢腾讯公司COO任宇昕先生和腾讯学院院长马永武老师的推荐，感谢MIG副总裁王波先生、MIG运营商业务部总经理毛涛、助理总经理李致峰、业务运营中心崔岩、包玉杰、冯智等领导的大力支持，感谢部门片区片总和项目经理对我的支持。感谢腾讯学院刘建军老师一直以来的鼓励和信任，感谢腾讯学院Excel讲师团队梁悦、李欣蓝、林小玲等小伙伴们的分享和交流，感谢学员和粉丝对我的信任。感谢老领导谢平章、胡振东、陈广域、赵强、沈敏敏、辛建华、章显、唐卫民、王朝炜对我曾经的支持和帮助！感谢同事曹钟元对我出书提供的帮助。感谢ExcelHome和Excel精英论坛、Excel完美论坛提供的学习资源。

聂春霞

2016年11月

目 录

第一篇　数据操作与处理

第 1 章　单元格数据录入与编辑　2

第 1 招　快捷键的妙用（基于 Windows 操作系统）　2
第 2 招　常用快捷键 Windows 与 Mac 对照　4
第 3 招　怎样快速输入几十万相同数据　5
第 4 招　身份证号码、银行卡号等超过 15 位数据的录入技巧　5
第 5 招　录入的分数怎么变成日期了　5
第 6 招　带有上标的指数录入　5
第 7 招　等差与等比数列的录入技巧　6
第 8 招　怎样在多张工作表录入相同的数据——创建工作组　7
第 9 招　合并单元格取消后如何批量填充空白区域　7
第 10 招　神奇的快速填充　8
第 11 招　为单元格设置数据录入的范围——数据验证　9
第 12 招　数据验证引用序列不在同一行或同一列怎么办　10
第 13 招　利用数据验证给单元格添加注释，不用批注　11
第 14 招　利用数据验证记录数据录入时间　12
第 15 招　利用数据验证限制单元格数据类型　13
第 16 招　利用数据验证防止重复录入相同的内容　13
第 17 招　避免数据重复录入　14
第 18 招　怎样插入符号☑或☒　14
第 19 招　Excel 中汉字怎样加上拼音　15
第 20 招　怎样在单元格文字前加空白　16
第 21 招　怎样在单元格中添加项目符号　16
第 22 招　如何输入千分号　17
第 23 招　如何批量添加批注和删除批注　17

第 2 章　整理单元格数据　19

第 24 招　文本与数字格式的相互批量转换　19
第 25 招　如何快速把数据的单位从元转换为万元　20
第 26 招　对齐两个字的名字　21

第 27 招　单元格数值满足一定条件字体或背景颜色标红　21
第 28 招　单元格数值满足一定条件标上相应的图标　22
第 29 招　将单元格数字变成条形图　23
第 30 招　查找重复值或唯一值　23
第 31 招　国际象棋棋盘式底纹设置方法　24
第 32 招　奇偶行不同的斑马纹　25
第 33 招　永恒的间隔底纹　25
第 34 招　每隔 *N* 行批量填充颜色　26
第 35 招　突出显示符合要求的日期　28
第 36 招　自动实现生日提醒　29
第 37 招　用条件格式制作项目进度图　29
第 38 招　你知道你出生那天是星期几吗？——Excel 奇妙的自定义单元格格式　30
第 39 招　筛选后粘贴　34
第 40 招　从字母和数字的混合字符串中提取数字　36

第 3 章　查找与替换　38

第 41 招　把单元格的 0 替换为 9，其他非 0 单元格中的 0 也被替换了　38
第 42 招　单元格内容怎么显示 #NAME？　38
第 43 招　怎样查找通配符波形符 ~　39
第 44 招　怎样去掉数字中的小数　40
第 45 招　查找带有背景颜色的单元格　40
第 46 招　按住 Shift 键反方向查找　41
第 47 招　查找能区分大小写吗?　41
第 48 招　在公式、值、批注范围查找　41
第 49 招　在所有工作表中查找　42
第 50 招　多列按区间查找　42
第 51 招　查找所有合并单元格　43
第 52 招　借助 Word 分离不连续的数字和英文字母　45
第 53 招　怎样去掉不可见的换行符　45

第 4 章　行与列的操作　48

第 54 招　怎样把行变为列或列变为行　48
第 55 招　如何在每一行的下面一次性插入一个空白行　48
第 56 招　如何批量插入指定行数的空白行　50
第 57 招　快速把多列数据变为一列数据——利用剪贴板　53

第 58 招　快速把多列数据变为一列数据——巧妙利用错位引用　53
第 59 招　快速把多列数据变为一列数据——利用数据透视表多重合并计算　54
第 60 招　怎样将一个字段中的中文和英文分开为 2 个字段　55
第 61 招　怎样保持分列后的格式和分列前的一致　56
第 62 招　怎样把常规的数字格式变为日期格式　57
第 63 招　怎样把一个单元格内多行内容分成多个单元格　57
第 64 招　100 行数据全选为什么只有 80 行数据　58
第 65 招　隔列删除　59
第 66 招　隔列粘贴　60
第 67 招　怎样将表格首行和首列同时固定不动　61
第 68 招　怎样将表格首行和末行同时固定不动　62
第 69 招　Excel 中如何一次选中多个图表或图形对象　63
第 70 招　两列数据互换位置　64
第 71 招　复制表格怎样保持行高和列宽不变　64

第 5 章　工作表以及文件的操作　65

第 72 招　工作表标签的显示与隐藏　65
第 73 招　工作表的显示与隐藏　65
第 74 招　怎样将 Excel 工作表深度隐藏起来　65
第 75 招　怎样将 Excel 隐藏的所有工作表批量删除　67
第 76 招　Excel 工作表和工作簿的保护　67
第 77 招　Excel 不同版本最多能装载的行数与列数　70
第 78 招　Excel 不同版本的转换　71
第 79 招　快速关闭所有打开的 Excel 文件　71
第 80 招　Excel 文件保存显示信息不能通过“文档检查器”删除　72
第 81 招　Excel 文件减肥瘦身秘诀　74
第 82 招　Excel 打开 CSV 文件为乱码的解决方法　75
第 83 招　Excel 中外部数据链接无法删除怎么办　76
第 84 招　Excel 中鲜为人知的“照相机”功能　77
第 85 招　Excel 文件有很多页，每页打印标题行　79
第 86 招　Excel 文件打印怎样插入页码、页眉、页脚　80
第 87 招　Excel 文件行多列少，打印莫烦恼　82
第 88 招　Excel 文件工作表中的错误值不打印　83

第二篇　数据分析

第 6 章　排序、筛选、分类汇总、合并计算　86

第 89 招　按照自己的想法随心所欲地排序　86
第 90 招　为什么排序结果有时候不对　87
第 91 招　组内排序　88
第 92 招　隐藏数据更好的方法——创建组　89
第 93 招　让报表收放自如——分类汇总　89
第 94 招　像“傻瓜相机”一样简单易用的筛选　90
第 95 招　利用通配符根据模糊条件筛选　91
第 96 招　满足多条件中的一个或者任意个高级筛选　92
第 97 招　筛选不重复的记录　94
第 98 招　筛选 2 个或多个工作表相同数据　94
第 99 招　怎样筛选指定长度的文本　94
第 100 招　删除重复项　95
第 101 招　怎样汇总多张字段相同的工作表数据——强大的合并计算　96
第 102 招　怎样核对两张表数据是否一致　97

第 7 章　数据分析利器——数据透视表　99

第 103 招　利用数据透视表实现满足一定条件的计数和求和　99
第 104 招　Excel 2013 如何通过透视表实现不重复计数　102
第 105 招　为什么我的数据透视表不能按日期创建组　103
第 106 招　用数据透视表瞬间一表变多表　104
第 107 招　不会 VBA 也可以这样玩控件筛选——数据透视表切片器　106
第 108 招　在数据透视表中添加计算字段——计算字段之算术运用　108
第 109 招　在数据透视表中添加计算字段——计算字段之函数运用　109
第 110 招　用数据透视表将二维表转一维表　111
第 111 招　用 Excel 2016 逆透视将二维表转一维表　113
第 112 招　引用数据透视表的数据，为什么拖动公式结果没有变化　114

第三篇　公式与函数

第 8 章　公式与函数基础　118

第 113 招　公式类型（普通公式、数组公式、命名公式）　118

第 114 招 一个容易走火入魔的点：引用类型（相对引用、绝对引用、混合引用） 119
第 115 招 九九乘法口诀表的制作方法 120
第 116 招 三招走天下，三表概念（参数表、源数据表、汇总表） 120
第 117 招 Excel 单元格中为什么只显示公式不显示计算结果 121
第 118 招 函数不一定是解决问题的最佳办法 121

第 9 章 常用的数学和统计函数 123

第 119 招 COUNT、COUNTA、AVERAGE、MAX、MIN、LARGE、SMALL 等常用函数 123
第 120 招 根据多个小计项求总计 123
第 121 招 多表相同位置求和 124
第 122 招 如何批量输入求和公式 124
第 123 招 合并单元格求和 125
第 124 招 怎样给合并单元格添加连续序号 126
第 125 招 多个数值的乘积——PRODUCT 函数 126
第 126 招 多个乘积之和——SUMPRODUCT 函数 127
第 127 招 对角线求和 128
第 128 招 数值取舍函数——INT/TRUNC/ROUND/ROUNDUP/ROUNDDOWN 等 130
第 129 招 两数相除取余数函数——MOD 函数 131
第 130 招 统计出现频率最多的数值——MODE 函数 132
第 131 招 满足一定条件计数——COUNTIF 133
第 132 招 为什么不重复的身份证号码计数视为重复 134
第 133 招 满足一定条件求和——SUMIF 134
第 134 招 多条件统计函数（COUNTIFS、SUMIFS、AVERAGEIFS） 135
第 135 招 分类汇总——SUBTOTAL 函数 138
第 136 招 表格筛选后序号能连续显示吗 139
第 137 招 怎样计算给定数值的中值——MEDIAN 函数 139
第 138 招 如何将几百号名单随机分组——借助 RAND 函数 140
第 139 招 排序——RANK 函数 140
第 140 招 生成不重复随机整数 141

第 10 章 文本函数 142

第 141 招 怎样根据身份证号码提取出生日期、地区代码、性别 142
第 142 招 怎样把中英文分开 143
第 143 招 怎样统计字符串中分隔字符的个数 143

第 144 招　清除空格的美颜大师——TRIM 函数　143
第 145 招　清除不可见字符的美颜大师——CLEAN 函数　144
第 146 招　字母大小写的转换——LOWER、UPPER、PROPER 函数　144
第 147 招　如何判断 2 个字符串是否完全相同——EXACT 函数　144
第 148 招　多个文本合并——CONCATENATE 函数、& 和 PHONETIC 函数　145
第 149 招　如何查找某个字符串的位置——FIND 和 FINDB 函数　146
第 150 招　查找第一个字符串在第二个中起始位置编号——SEARCH 和 SEARCHB 函数　147
第 151 招　怎样分离姓名和电话号码　147
第 152 招　文本字符串的替换——SUBSTITUTE 函数　148
第 153 招　文本字符串指定次数的替换——REPLACE 函数　149
第 154 招　长相相似但功能相反的两个函数——CODE 和 CHAR 函数　149
第 155 招　将数值转换为指定的数字格式——TEXT 函数　150
第 156 招　怎样将带有小数点的小写数字转化为大写　151

第 11 章　查找与引用函数　152

第 157 招　VLOOKUP 函数基本用法　152
第 158 招　VLOOKUP 函数多列查找　153
第 159 招　VLOOKUP 函数多条件查找　153
第 160 招　VLOOKUP 函数模糊查找　153
第 161 招　VLOOKUP 函数一对多查找　154
第 162 招　怎样通过简称或关键字模糊匹配查找全称　157
第 163 招　VLOOKUP 查询常见错误　158
第 164 招　天生绝配——INDEX 函数和 MATCH 函数　162
第 165 招　从多个列表中选中指定的数值——CHOOSE 函数　163
第 166 招　VLOOKUP 函数的兄弟——LOOKUP 函数　164
第 167 招　怎样提取最后一列非空单元格内容——LOOKUP 函数　165
第 168 招　会漂移的函数——OFFSET 函数　166

第 12 章　日期与时间函数　168

第 169 招　日期与时间函数——TODAY、NOW、YEAR、MONTH、DAY　168
第 170 招　距离某天的第 20 个工作日是哪一天——WORKDAY 函数　168
第 171 招　员工工作了多少个工作日——NETWORKDAYS 函数　169
第 172 招　某日期是星期几——WEEKDAY 函数　169
第 173 招　某天是一年中的第几周——WEEKNUM 函数　170
第 174 招　返回特定日期的序列号——DATE 函数　170

第 175 招　如何统计两个日期之间的年数、月数、天数——DATEDIF 函数　170
第 176 招　根据日期计算季度（8 种方法）　171
第 177 招　根据日期判断闰年还是平年　173

第 13 章　其他函数的应用　174

第 178 招　逻辑函数 IF 和 IFERROR　174
第 179 招　Excel 中如何把全角字符转换为半角字符——ASC 函数　175
第 180 招　怎样使公式中不出现 #N/A 等错误值—— Excel IS 类函数介绍　175
第 181 招　计算贷款的月偿还金额——PMT 函数　177
第 182 招　转置函数——TRANSPOSE 函数　179
第 183 招　怎样批量给单元格地址添加超链接　180
第 184 招　在单元格中提取当前文件的路径、文件名或工作表　181
第 185 招　什么是宏表函数　182
第 186 招　常用宏表函数的应用　183

第四篇　图表制作

第 14 章　常用图表制作以及图表优化　188

第 187 招　图表制作的基本理论知识　188
第 188 招　基本图表的制作，柱形图、条形图、折线图、饼图、散点图等制作　190
第 189 招　给 Excel 条形图添加参考线　195
第 190 招　一个横坐标两个纵坐标图表　198
第 191 招　Excel 复合饼图制作技巧　200
第 192 招　Excel 二级关系复合饼图（母子饼图）制作技巧　203
第 193 招　Excel 预算与实绩对比图表（温度计式柱形图）　204
第 194 招　左右对比条形图（旋风图）　207
第 195 招　怎样修改 Excel 图表的图例系列次序　208
第 196 招　如何将 3 个柱形图放在一张图表中　209
第 197 招　堆积柱形图 2 个柱子怎样靠在一起　210
第 198 招　动态标出折线图中的最大值、最小值　211
第 199 招　Excel 数据标签实用小工具　212
第 200 招　Excel 图表绘图区背景按网格线隔行填色　213
第 201 招　怎样修改折线图部分折线的颜色　216
第 202 招　条形图每个条形能自动生成不同的颜色吗　217
第 203 招　一个纵坐标两个横坐标的柱形图　219

第 15 章　高级图表的制作　221

第 204 招　年报图表　221
第 205 招　矩阵式百分比图　223
第 206 招　多轴坐标图　224
第 207 招　四象限散点图　226
第 208 招　漏斗图　229
第 209 招　迷你图　231
第 210 招　瀑布图（Excel 2013 版本）　233
第 211 招　瀑布图（Excel 2016 版本）　235
第 212 招　超霸气的 Excel 2016 新图表——树状图　236
第 213 招　超霸气的 Excel 2016 新图表——旭日图　237
第 214 招　Excel 2016 新图表——直方图　238
第 215 招　玫瑰图　239
第 216 招　半圆饼图　241
第 217 招　甘特图　242
第 218 招　动态甘特图　244
第 219 招　利用 CHOOSE 函数制作 Excel 动态饼图　248
第 220 招　巧妙利用 OFFSET 函数制作 Excel 动态图表　249
第 221 招　折线图乱如麻，怎么破？（动态图表）　250
第 222 招　折线图乱如麻，怎么破？（静态图表）　251
第 223 招　仪表盘式图表　252

第五篇　高级应用与综合应用

第 16 章　宏与 VBA　256

第 224 招　Excel 中的宏是什么意思？有什么用途？　256
第 225 招　宏脚本结构和常用语句　256
第 226 招　在 Excel 中如何实现选择日历控件　256
第 227 招　会唱歌的 Excel 文档　258
第 228 招　Excel 中如何根据单元格的背景颜色来计数和求和　259
第 229 招　怎样快速给多个工作表创建超链接目录　261
第 230 招　多个工作簿合并到一个工作簿多个工作表　262
第 231 招　多个工作簿合并到一个工作簿一个工作表　263
第 232 招　怪哉，Excel 的 A 列跑到最右边了　264

第 17 章　Excel 与 Access 双剑合璧　266

第 233 招　初识 Access　266
第 234 招　SQL 语句基础　269
第 235 招　实际工作中的案例　271

第 18 章　多种技巧综合运用　275

第 236 招　如何批量实现 Excel 合并相同内容的单元格　275
第 237 招　如何批量实现 Excel 多个单元格内容合并到一个单元格并且换行　277
第 238 招　合并同类项　279
第 239 招　如何批量删除 Excel 单元格中的空格字符　280
第 240 招　Excel 与 Word 的并肩作战之邮件合并　282
第 241 招　创建动态数据透视表的五种方法　285
第 242 招　怎样在一张 Excel 工作表（含多个字段）找出重复的记录　290
第 243 招　如何在多个 Excel 工作簿中查找相同的数据——数据透视表方法　292
第 244 招　如何在多个 Excel 工作簿中查找相同的数据——VLOOKUP 函数方法　293
第 245 招　如何在多个 Excel 工作簿中查找相同的数据——高级筛选方法　293
第 246 招　如何在多个 Excel 工作簿中查找相同的数据——借助 Access 数据库处理　294
第 247 招　多表合并——借助 Power Query 工具　295
第 248 招　多表合并——SQL 方法　298
第 249 招　多表合并——函数与公式方法　299
第 250 招　多表合并——VBA 方法　300
第 251 招　用 Excel 做线性回归预测分析　301
第 252 招　Excel 2016 预测工作表　302
第 253 招　Excel 中的规划求解　306
第 254 招　Excel 二级联动下列菜单　307
第 255 招　Excel 三、四级甚至更多级联动下拉菜单　310
第 256 招　怎样把一列数据每个数据复制 3 次　311
第 257 招　怎样批量修改文件名　312
第 258 招　Excel 中强大的翻译功能　314
第 259 招　怎样找出不同类别前 5 位最大数值　315
第 260 招　HR 工作中常用的 Excel 操作　318

附录　323

附录 1　Excel 限制和规范　324
附录 2　Excel 常用快捷键　327

第一篇　数据操作与处理

本篇讲解单元格数据录入与编辑以及整理、查找与替换、行与列、工作表和文件等方面的操作技巧，主要内容包含快捷键的功能介绍、特殊数据的录入技巧、查找替换、条件格式、数据有效性定义、自定义单元格、合并单元格取消后快速输入空白区域、文本与数字格式的相互转换、工作表以及工作表标签的显示与隐藏、工作表和工作簿的保护、Excel 文件减肥瘦身秘诀、Excel 文件打印技巧等。

第1章 单元格数据录入与编辑

本章介绍单元格数据录入与编辑技巧，主要内容包含快捷键（组合键）、特殊数据的录入技巧、数据验证、快速填充、合并单元格取消后快速输入空白区域等。

第1招 快捷键的妙用（基于Windows操作系统）

Excel中常用的快捷键以及功能汇总参见附录2，下面我们重点介绍几个快捷键在日常工作中的应用。需要说明的是，下面介绍的这些快捷键基于Windows操作系统，如果是Mac，快捷键不一样。

1. 单元格内强制换行——Alt + Enter

比如，日常工作中需要在一个单元格写工作总结，分几行展示，在需要分行的地方按组合键【Alt + Enter】，就可以实现单元格内换行，如图1-1-1所示。

也许你通过鼠标右键设置单元格格式，把“自动换行”打钩也可以实现单元格换行，如图1-1-2所示，但是如果需要在某个固定的内容后面换行，还是无法实现。

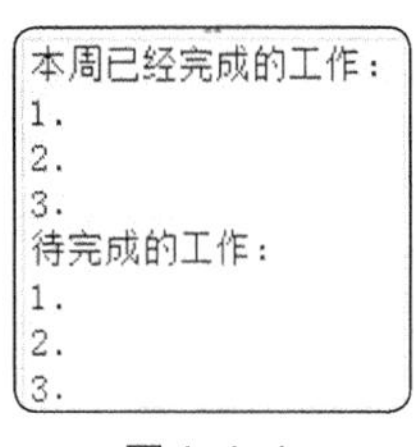

图1-1-1

图1-1-2

举个例子，单元格内有一首古诗，床前明月光疑是地上霜举头望明月低头思故乡，需要在每句诗的最后一个字换行，用自动换行，调整单元格的宽度和行高，能得到想要的结果，如图1-1-3所示。

但是如果单元格列宽或行高变了就不行，如图1-1-4所示。

如果在每句诗的末尾按组合键【Alt + Enter】，不管行高和列宽如何变化，单元格内始终会换行展示，如图1-1-5所示。

床前明月光
疑是地上霜
举头望明月
低头思故乡

图1-1-3

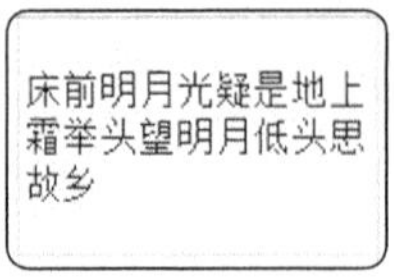

床前明月光疑是地上
霜举头望明月低头思
故乡

图1-1-4

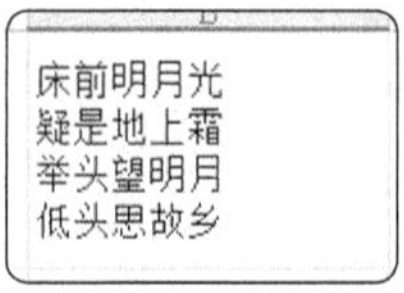

床前明月光
疑是地上霜
举头望明月
低头思故乡

图1-1-5

2. 批量输入相同的内容——Ctrl+ Enter

用鼠标左键选中某个区域，随便输入一个数字20，按组合键【Ctrl+Enter】，这些区域全部填充相同的内容 20，如图 1-1-6 所示。

内容可以是常量，也可以是单元格引用。

	A	B	C
1	20	20	20
2	20	20	20

图 1-1-6

3. 快速选中选择框内容——Ctrl + Shift + ↓（↑、←、→）

你是否碰到这样的情况，要选中 Excel 表格某一列或多列数据，行数多达几万甚至几十万行，用鼠标拖动好几分钟，右边的滚动条还没到底部，是不是觉得要崩溃了？用快捷键再多的行列都不怕。组合键【Ctrl + Shift + 向下键↓】可以快速拉动选择框到最后一行数据，一秒钟搞定。如果需要从数据区域的末端快速选中上面区域，用组合键【Ctrl + Shift + 向上键↑】。如果从数据区域的最左边开始，组合键【Ctrl + Shift + 向右键→】可以快速选中到最右边一列数据，相反，从最右边一列数据到最左边，就用组合键【Ctrl + Shift + 向左键←】，见表 1-1-1。

表 1-1-1

Ctrl + Shift + 向下键↓	快速拉动选择框到最后一行数据
Ctrl + Shift + 向上键↑	快速拉动选择框到最上面一行数据
Ctrl + Shift + 向左键←	快速拉动选择框到最左边一列数据
Ctrl + Shift + 向右键→	快速拉动选择框到最右边一列数据

4. 重复上次操作和切换单元格引用类型——F4

F4 键功能有 2 个，一是重复上一次的操作，一是切换单元格引用类型（绝对引用、相对引用、混合引用）。我们先看看第一个功能，如把某个单元格字体颜色标红，再选择其他单元格内容，按 F4 键，发现选中的这个单元格字体颜色也变了。

在使用公式与函数的时候需要引用单元格内容，有时候需要相对引用，有时候需要绝对引用，有时候相对和绝对引用同时用到。相对引用就是公式随着单元格的变化而变化，绝对引用就是单元格固定不变。就像初中物理课讲到的参照物，把车窗外的电线杆当参照物，电线杆是固定不动的，这个就相当于绝对引用，车行走过程中位置不断变化，这个就相当于相对引用。绝对引用前面有个 $，相对引用则没有。如果您手工录入 $，量少的时候估计还能接受，如果量很大，成千上万行的数据需要绝对引用，您还是手工录入，那就要崩溃了。告诉您一个很简单的办法，用 F4 键可以灵活自如地切换引用类型。如鼠标选中 G3 单元格，按 F4 键就是绝对引用，再按一次 F4 键就变成混合引用（行不变，列在变），再按一次 F4 键还是混合引用（行在变，列不变），再按一次 F4 键又变为相对引用，如图 1-1-7 所示。

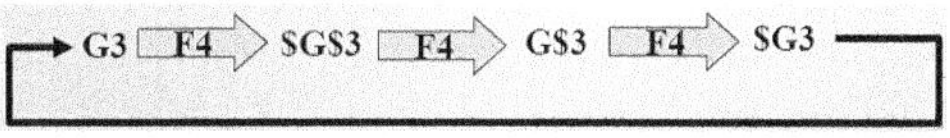

G3 → F4 → $G$3 → F4 → G$3 → F4 → $G3

图 1-1-7

5. 如何快速全部选中非连续区域的空白单元格——定位 F5

如图 1-1-8 所示的表格有空白单元格，需要在空白单元格全部填充 0，如果一个个空白单元格手工输入 0，效率非常低。

	A	B	C	D	E	F
1	1月	2月	3月	4月	5月	6月
2	26.19	84.92	52.33	59.17	82.07	7.78
3	57.52	8.52	75.91	10.35	2.64	51.74
4	28.05	80.49	60.04	52.52	94.89	37.9
5	0	42.04	36.39	46.73	2.59	
6	7.26	35.36	59.67	58.31		2.22
7	15.79	53.41		42.75	67.9	5.4
8	49.14		0.25	27.72	77.3	16.41
9	23.2	19.83	20.17	36.87	45.53	78.63
10		57.24	39.54	93.25	68.79	

图 1-1-8

选中数据区域，按 F5 键，弹出如图 1-1-9 所示对话框。

单击“定位条件”，选择“空值”，如图 1-1-10 所示，单击“确定”按钮。

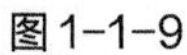
图 1-1-9

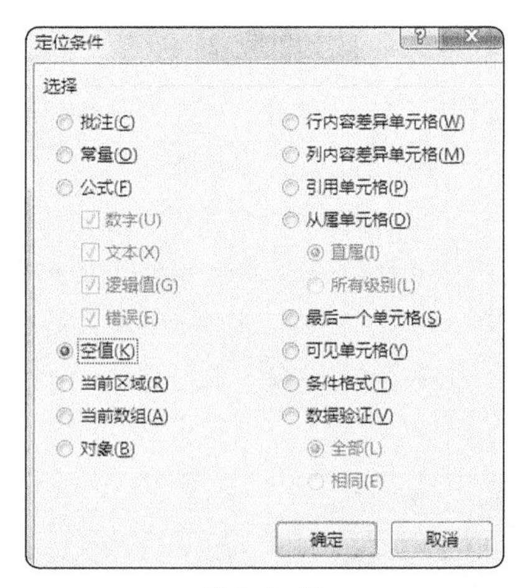

图 1-1-10

这样就可以把空白区域全部选中了，再在其中一个空白单元格输入 0，按组合键【Ctrl + Enter】，就可以批量填充空白单元格。

6. 快速输入当前日期——Ctrl + ;（分号）

在单元格输入【Ctrl + ；】显示系统今天的日期，对比下，比手工录入今天的日期是不是快多了？

7. 快速输入当前时间——Ctrl + Shift + ;（分号）

在单元格输入【Ctrl + Shift + ；】显示系统当前时间。

8. 切换公式和结果——Ctrl + ~

如果要查看单元格内的公式，按组合键【Ctrl + ~】，如果想看结果，再次按组合键【Ctrl + ~】。

9. Alt 键的妙用

在 Excel 中按住 Alt 键不放，再按小键盘上的数字键，能够快速输入一些特殊字符和符号。

例如，如果在单元格输入打钩符号√，按住 Alt 键不放，再按小键盘上的数字 41420，就可以输入√。如果输入打叉符号×，按住 Alt 键不放，再按小键盘上的数字 43127，就可以输入符号×。

打钩符号也可以在单元格输入 a 或 b，鼠标右键设置单元格格式，选择 Marlett 字体，如图 1-1-11 所示。

Alt+ 数字键输入其他特殊字符和符号见附录 2。

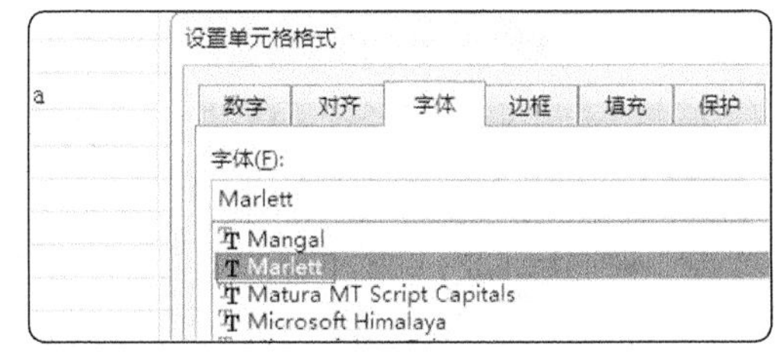

图 1-1-11

10. 快速找到表格最后一个单元格——Ctrl + End

无论你在哪个单元格编辑，按组合键【Ctrl+End】，都会回到最后一个单元格，可以用来查看表格中有没有多余的空白行或空白列。

第 2 招 常用快捷键 Windows 与 Mac 对照

以上快捷键都是基于 Windows 操作系统，Mac 操作系统里的快捷键对应如图 1-1-12 所示。

功能	Windows快捷键	Mac快捷键
自动求和	Alt+=（等号）	COMMAND+SHIFT+T
在单元格内换行	Alt + Enter	CONTROL+OPTION+RETURN
用当前输入项填充选定的单元格区域，即多个单元格输入相同内容	Ctrl + Enter	CONTROL+ENTER
重复上一次操作	F4 / Ctrl + Y	COMMAND+Y
切换单元格引用类型（绝对引用、相对引用、混合引用）	F4	COMMAND+T
输入当前日期	Ctrl + ;（分号）	CONTROL+ ;（分号）
输入当前时间	Ctrl + Shift +;（分号）	COMMAND+SHIFT+;（分号）
编辑活动单元格，并将插入点放置到单元格内容末尾	F2	CONTROL+U
定位，查找某个区域内适合定位条件的全部单元格	F5 / Ctrl + G	CONTROL + G或 F5
数组运算公式，显示为{}	Ctrl + Shift + Enter	COMMAND+SHIFT+ENTER
快速拉动选择框到最后一行数据	Ctrl + Shift +向下键↓	COMMAND+SHIFT+向下键↓
快速拉动选择框到最上面一行数据	Ctrl + Shift +向上键↑	COMMAND+SHIFT+向上键↑
快速拉动选择框到最左边一列数据	Ctrl + Shift +向左键←	COMMAND+SHIFT+向左键←
快速拉动选择框到最右边一列数据	Ctrl + Shift +向右键→	COMMAND+SHIFT+向右键→
复制	Ctrl+C	COMMAND+C 或 F3
粘贴	Ctrl+V	COMMAND+V 或 F4
剪切	Ctrl+X	COMMAND+X 或 F2
撤销	Ctrl+Z	COMMAND+Z
显示“单元格格式”对话框	Ctrl+1	COMMAND+1
帮助菜单	F1	COMMAND+/

图 1-1-12

第3招 怎样快速输入几十万相同数据

以 20 万行为例，要在空白工作表中批量输入 20 万行相同的数据，先在名称框输入单元格地址 A1:A200000，如图 1-1-13 所示，按 Enter 键，在任意单元格输入数据，再按组合键【Ctrl + Enter】，就可以批量填充 A1 到 A200000 为相同的数据。

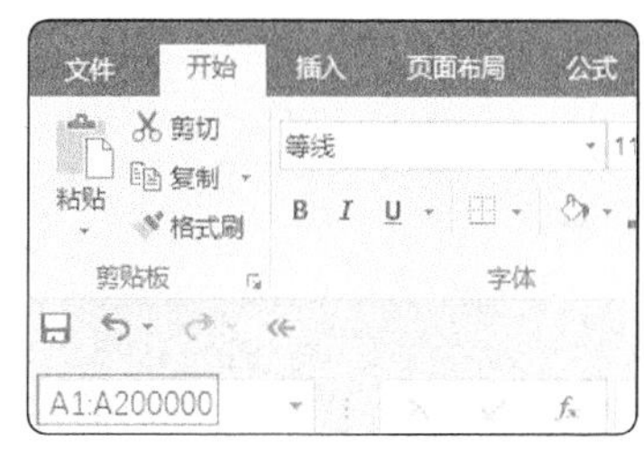

图 1-1-13

如果工作表中 A 列有数据，需要在 B 列输入同样行数的相同数据，只需在 B1 单元格输入数据，点击单元格右下角的黑色 + 双击就可以。

第4招 身份证号码、银行卡号等超过 15 位数据的录入技巧

身份证号码和银行卡号一般在 15 位以上，如果直接在单元格内输入数字后返回结果是科学记数的数值，如 3.20106E+17，如果在数值前面加个英文状态下的单引号'，就可以显示所有数字 320106197701012468。也可以先设置单元格格式为文本，再录入数字。Excel 单元格对数字的录入是有规范和限制的，超过 11 位自动显示科学记数，超过 15 位就无效，例如，在单元格输入 11 个 1，显示为 1.11111E+11，输入 16 个 1，第 16 个 1 就显示 0，1111111111111110。

第5招 录入的分数怎么变成日期了

分数输入之前先输入 0，再按空格键，再输入分数，如 3/4，如果直接输入分数，返回日期格式，3月4日。

第6招 带有上标的指数录入

比如，要在单元格内输入 M 的平方，先输入 M2，选中 2，单击鼠标右键，设置单元格格式，在“特

殊效果”中选中“上标”复选框，如图 1-1-14 所示。

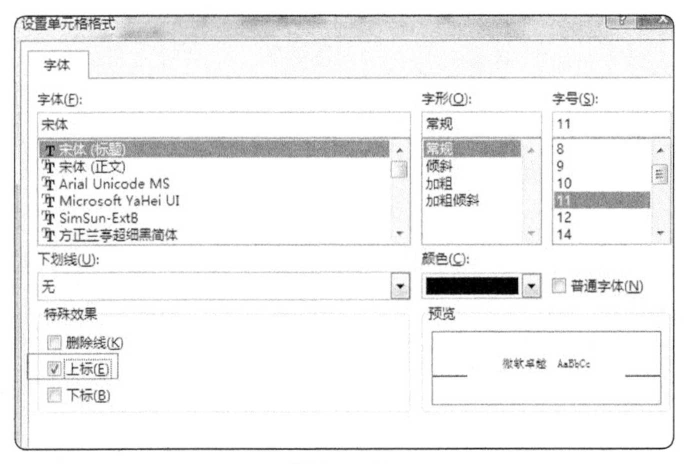

图 1-1-14

这样能在单元格输入 M 的平方，但是一旦用公式连接，上标就会失效，如图 1-1-15 所示。

如果想输入真正的平方，可以用组合键【Alt+178】，先输入 M，然后按住 Alt 键不放，再输入数字 178 即可，如图 1-1-16 所示。如果输入立方，用组合键【Alt+179】。

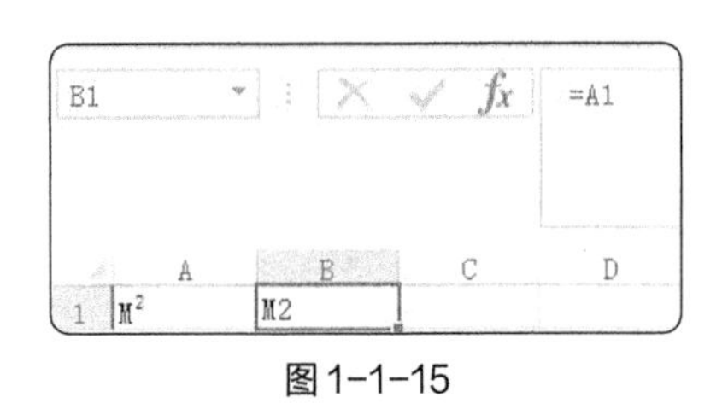

图 1-1-15

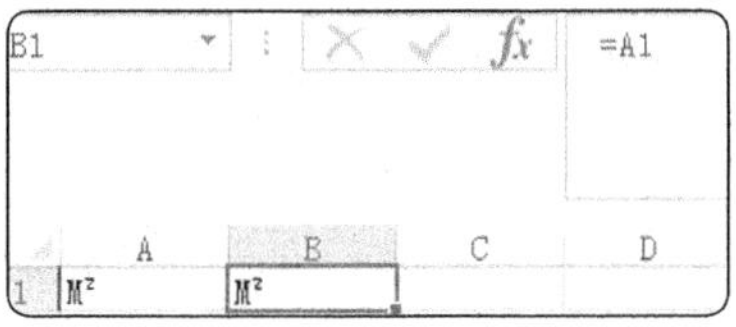

图 1-1-16

第 7 招 等差与等比数列的录入技巧

如果输入等差数列，只需要先在 2 个单元格输入内容，比如 A1、A2 分别输入 1、3，选中 A1、A2，单击单元格右下角 +，鼠标左键向下拖动就可以输入等差数列。“聪明”的 Excel 能够自动判断两个数之间的步长值（也就是差值），如图 1-1-17 所示。

如果输入等比数列，在 A1 单元格输入起点数据 2，单击单元格右下角黑色 +，右键拖动，松开，选择“序列”，序列类型选择“等比序列”，步长值改为 2，单击“确定”按钮，得到等比数列，如图 1-1-18 ～图 1-1-20 所示。

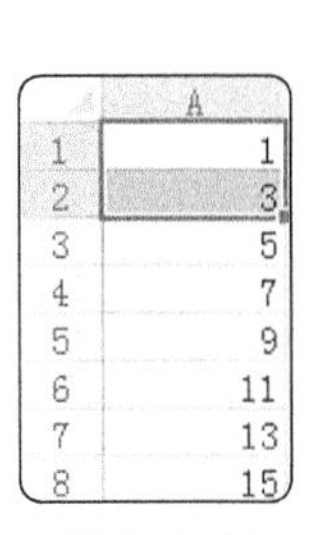

图 1-1-17

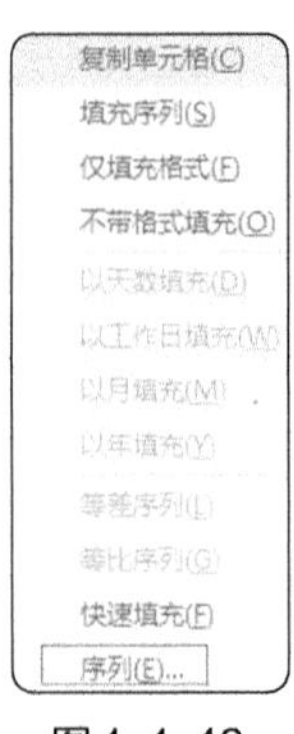

图 1-1-18

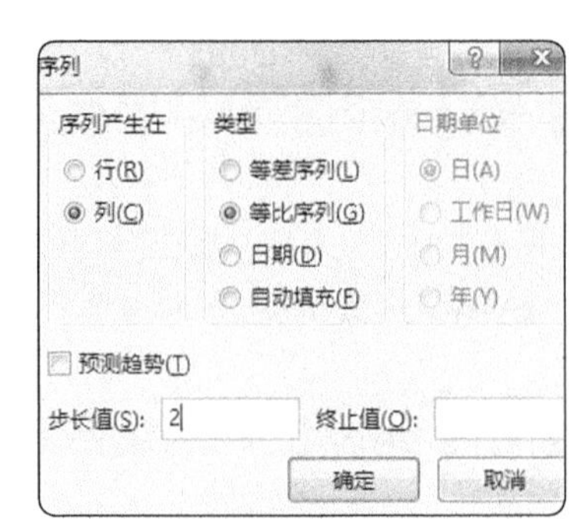

图 1-1-19

如果要输入几十万行的等差或等比数列，用这种方法就太慢了，试想一下，如果输入 30 万行，鼠标拖动 30 万行得花多少时间啊。只需要在单元格输入等差或等比数列的第一个数字，在“终止值”输入最后一个数字，“步长值”输入步长，就可以快速输入几十万行的数据，如图 1-1-21 所示。

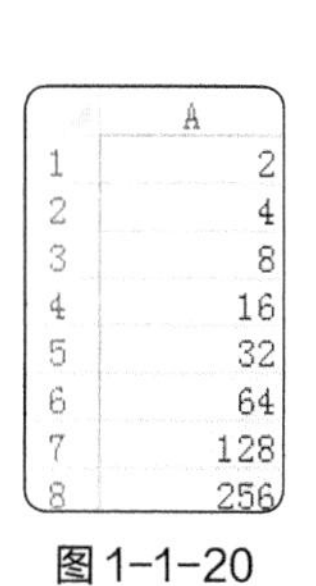

	A
1	2
2	4
3	8
4	16
5	32
6	64
7	128
8	256

图 1-1-20

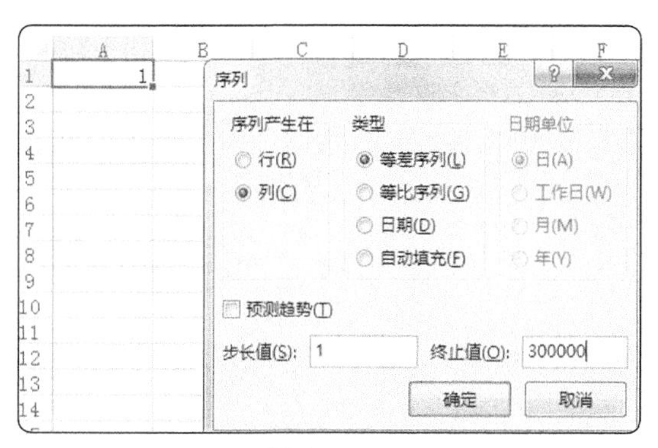

图 1-1-21

第 8 招 怎样在多张工作表录入相同的数据——创建工作组

一个工作簿有多张工作表，需要在多张工作表相同区域输入相同的数据，或者删除数据，如果一张张工作表操作，很费时间，我们可以把这些工作表创建一个工作组，在其中一个工作表做某个操作，在其他工作表也做同样的操作。怎样创建工作组呢？如果多个工作表是连续的，选中第一张工作表，按住 Shift 键，再用鼠标选中其他工作表，这些工作表就成了一个工作组。如果工作表不是连续的，选中其中一张工作表，按住 Ctrl 键，再用鼠标选中其他工作表。比如，工作簿有 Sheet1、Sheet2、Sheet3，想在 3 张工作表同样的单元格区域输入相同的数据，用鼠标左键选中 Sheet1，按住 Shift 键，再选中 Sheet2 和 Sheet3，在工作簿名称旁边看到 [工作组] 字样。如果要撤销工作组，操作方法同创建工作组一样。大家记住，Excel 有个特点，怎么来就怎么回去。

第 9 招 合并单元格取消后如何批量填充空白区域

在排序、组合、分类汇总等操作之前需要取消合并单元格，合并单元格取消后，空白的部分如何一次性填充呢？如果合并单元格有成千上万个，一个个手工填充，那就悲催了。在前面的快捷键我们讲到了【Ctrl+Enter】可以批量输入相同的内容，这个内容可以是常量，也可以是单元格引用，这里介绍一个很简单的方法来实现批量填充，如图 1-1-22 所示。

先选中 A 列，单击合并后居中按钮 合并后居中，可以批量取消合并单元格，得到图 1-1-23。

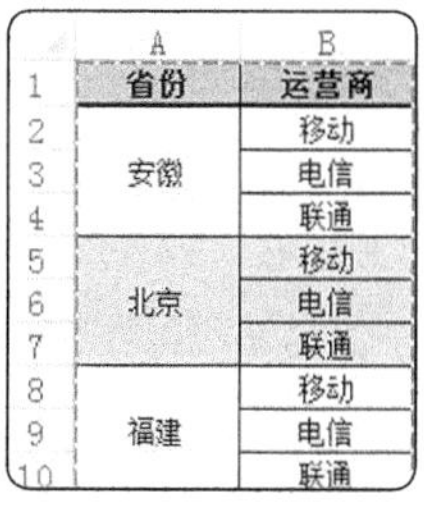

	A	B
1	省份	运营商
2	安徽	移动
3		电信
4		联通
5	北京	移动
6		电信
7		联通
8	福建	移动
9		电信
10		联通

图 1-1-22

	A	B
1	省份	运营商
2	安徽	移动
3		电信
4		联通
5	北京	移动
6		电信
7		联通
8	福建	移动
9		电信
10		联通

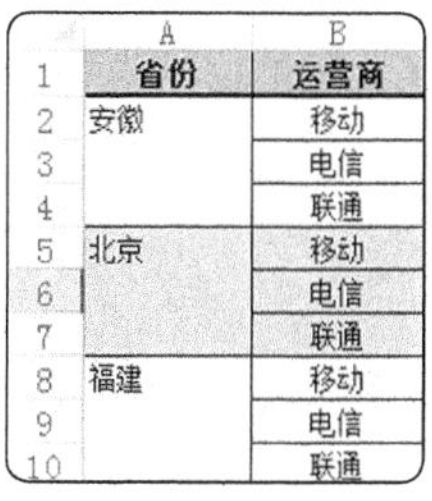

图 1-1-23

再按 F5 键，定位条件选择“空值”，如图 1-1-24 所示，这样就把空白的部分全部选中了。

在 A3 单元格输入公式 =A2，这个时候不要按回车键 Enter，按组合键【Ctrl+Enter】，就可以批量填充空白部分，如图 1-1-25 所示。

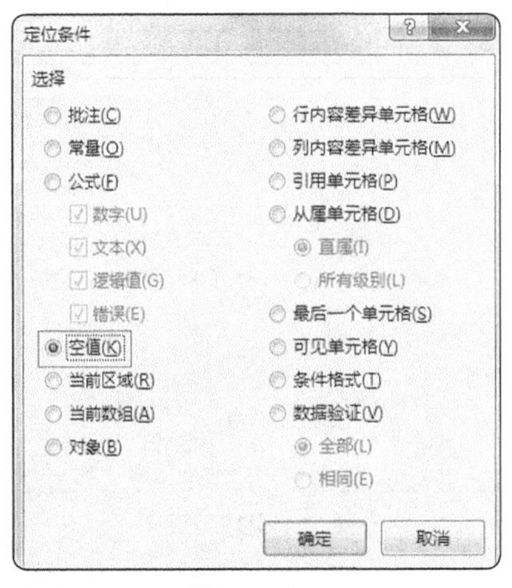

图 1-1-24

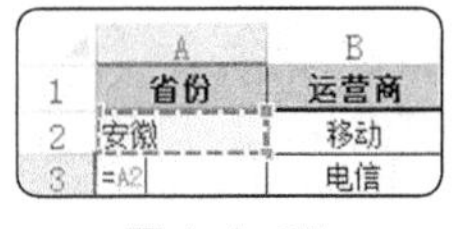

图 1-1-25

最后，因为空白部分带有公式，复制，再选择性粘贴为数值就可以了。

第 10 招 神奇的快速填充

正如每个人都有不同的脾气一样，Excel 单元格也有它的“脾气”，在数据录入的时候需要了解单元格的特点，数据录入要规范，如果不规范，后续数据统计和数据分析会非常麻烦。经常有人问到因为录入的数据不规范，要提取数字和字符串，用公式比较复杂，难以理解，如果你的 Excel 版本是 2013 或以上版本，用快速填充功能就可以搞定。这个功能智能到让你惊叹，强大到足以让分列功能和文本函数下岗，看完下面几个案例就能体会到。

1. 提取数字和字符串

如果要将图 1-1-26 中的字符串中的数字提取出来，由于原数据缺乏规律，无法使用 LEFT、RIGHT、MID、FIND 等文本函数来提取。使用“快速填充”功能则立刻搞定。

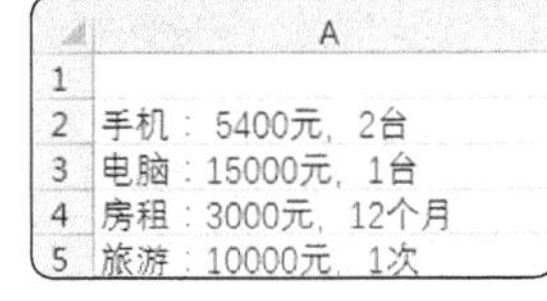

图 1-1-26

复制 A2 单元格的“手机”，粘贴到 B2 单元格，按组合键【Ctrl+E】，或者单击菜单开始→填充→快速填充，如图 1-1-27 所示。这样就可以把 A 列左边的文字提取出来。提取数字的方法类似，在 C2 单元格输入 A2 单元格中单位为元的数字 5400，C3 输入 15000，再按组合键【Ctrl+E】，其他单元格单位为元的数字就全部提取出来了。在 D2 输入 2，再按组合键【Ctrl+E】，A 列中最后的一个数字也提取出来了。

提示：如果输入一个单元格数字无法正确填充，就再输入一个单元格数字，根据两次输入的数字，快速填充就明白你的意思了。这好比你和别人解释某个问题，解释一遍人家没有明白，再解释一遍就明白了。

图 1-1-27

2. 提取身份证的出生日期

要把图 1-1-28 中 A 列身份证的出生日期提取出来，用函数和分列都可以实现，用快速填充更快，先设置 B 列单元格格式为日期格式，在 B1 输入 A1 的出生日期 1982-12-05，按组合键【Ctrl+E】就可以迅速填充所有 A 列身份证的出生日期。

3. 多列合并

例如，要把图 1-1-29 的 A 列和 B 列合并，通常用 & 连接，只要在 C1 单元格输入 A1 和 B1 的内容，按组合键【Ctrl+E】就可以快速合并。

4. 向字符串中添加字符

要把图 1-1-30 中 A 列的电话号码区号、总机、分机号码用“-”隔开，在 B1 和 B2 单元格输入分隔好的 A1、A2 内容，在 B3 单元格按组合键【Ctrl+E】就可以快速填充 A 列其他单元格的内容。

	A
1	320106198212052419
2	320106198212052419
3	440305200805099041

图 1-1-28

	A	B	C
1	江西	移动	江西移动
2	辽宁	联通	辽宁联通
3	北京	电信	北京电信

图 1-1-29

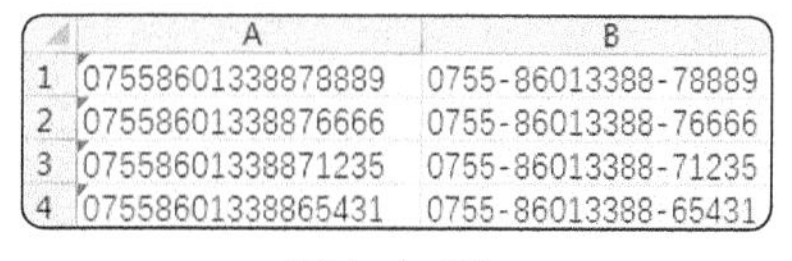

	A	B
1	07558601338878889	0755-86013388-78889
2	07558601338876666	0755-86013388-76666
3	07558601338871235	0755-86013388-71235
4	07558601338865431	0755-86013388-65431

图 1-1-30

需要提醒的是，如果只是在 B1 单元格输入分隔好的 A1 的内容，在 B2 单元格按组合键【Ctrl+E】，其他单元格填充的都是 B1 的内容，这里需要输入 2 次快速填充 Excel 才能理解你的意图。

5. 快速填充功能组合

“快速填充”功能不仅可以实现批量提取的效果，而且在提取的同时还可以将两列单元格的不同内容合并起来。例如提取图 1-1-31 中省市中的市，提取街道中的号码，将两者合并为新的地址，同样可以利用“快速填充”一步到位解决这一问题。

在 C1 单元格输入成都 198，按组合键【Ctrl+E】得到的默认是 A 列的城市名称和 B 列的数字。

6. 调整字符串的顺序

例如要把 A 列的中英文互换位置，在 B1 输入 A1 的互换内容，在 B2 按组合键【Ctrl+E】就可以快速填充 A 列其他单元格需要互换位置的内容，如图 1-1-32 所示。

7. 大小写的转换

A 列是大写字母，需要在 B 列转换为小写，C 列首字母大写，其他字母小写，只需要在 B1 和 C1 输入相应的内容，按组合键【Ctrl+E】就可以把 A 列其他单元格内容批量转换，如图 1-1-33 所示。

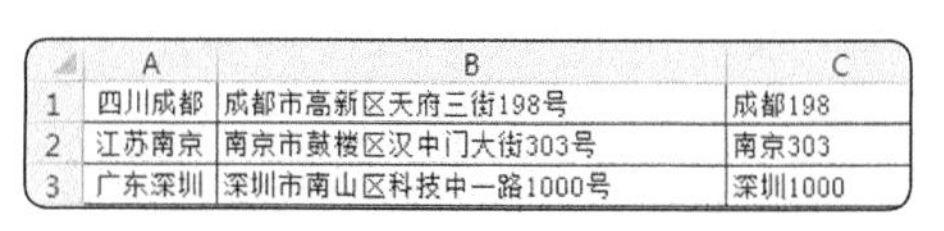

	A	B	C
1	四川成都	成都市高新区天府三街198号	成都198
2	江苏南京	南京市鼓楼区汉中门大街303号	南京303
3	广东深圳	深圳市南山区科技中一路1000号	深圳1000

图 1-1-31

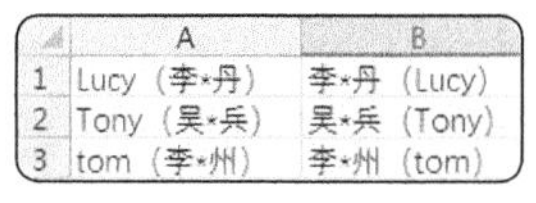

	A	B
1	Lucy（李•丹）	李•丹（Lucy）
2	Tony（吴•兵）	吴•兵（Tony）
3	tom（李•州）	李•州（tom）

图 1-1-32

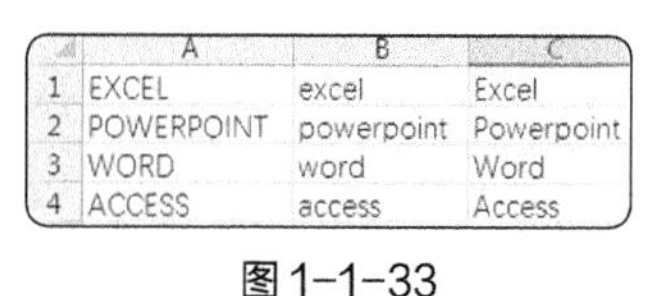

	A	B	C
1	EXCEL	excel	Excel
2	POWERPOINT	powerpoint	Powerpoint
3	WORD	word	Word
4	ACCESS	access	Access

图 1-1-33

看完以上案例，是不是感觉快速填充如此“懂你”，让你感觉这个功能真是太贴心了，真是“知心姐姐”。

第 11 招 为单元格设置数据录入的范围——数据验证

数据有效性在 Excel 2013 和 2016 版本菜单都为“数据验证”，是为特定单元格定义可以接受信息的范围的工具，这些信息可以是数值、序列、时间日期、文本等，也可以自定义。当输入单元格的信息不在可接受范围内，屏幕上就会出现出错信息提示的对话框，而其中的出错信息也是由自己来定义的。例如，用序列来定义单元格，打开菜单数据→数据验证，设置验证条件和输入信息、出错警告。

例如：对性别设置序列如图 1-1-34 所示。

单元格下拉框就可以选择序列男、女，如图 1-1-35 所示。

序列内容可以手工输入，注意不同序列之间一定要用英文状态下的逗号，也可以引用单元格地址，2013 及以上版本可以跨工作表引用。如在 Sheet1 设置数据验证，序列引用 Sheet2 内容，可以用鼠标选中 Sheet2 相应的单元格区域，如图 1-1-36 所示。

图 1-1-34

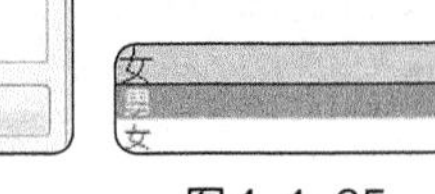

图 1-1-35

图 1-1-36

假如单元格内容为年龄，设置如图 1-1-37 所示的条件，数据只能输入 0 ～ 100 之间的数据。

如果要输入身份证号码，防止录入错误，可以设置文本长度为 18，如图 1-1-38 所示。

图 1-1-37

图 1-1-38

第 12 招 数据验证引用序列不在同一行或同一列怎么办

进行数据验证时需要引用的序列多行多列怎么办呢？可以把多列变为一列，方法见第 57 招到第 59 招。本招另辟蹊径，通过定义名称的方法实现，解决思路：定义一列或一行数据名称→数据验证定义→修改定义的名称引用位置为多行多列。如果要引用的序列是多行多列，如图 1-1-39 所示，序列有 3 行 2 列，进行数据验证定义鼠标选中后会提示错误，如图 1-1-40 所示。

选中需要引用的 B 列，输入定义的名称：业务，再对 A 列做数据验证定义，如图 1-1-41 和图 1-1-42 所示。

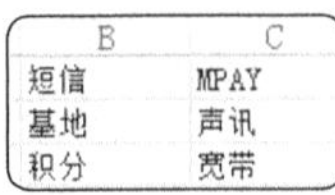

B	C
短信	MPAY
基地	声讯
积分	宽带

图 1-1-39

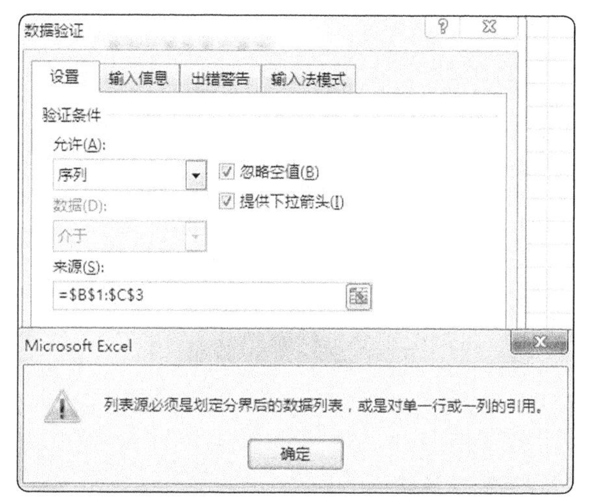

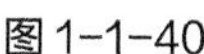
图 1-1-40

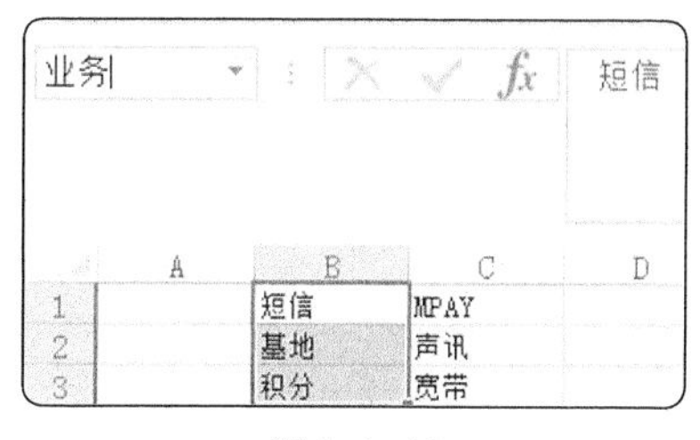

图 1-1-41

这时在 A 列做了数据有效性定义的单元格下拉框能选择的只有 B 列内容。单击公式→名称管理器，修改引用位置为 B 列和 C 列的数据区域 B1:C3，如图 1-1-43 所示。

图 1-1-42

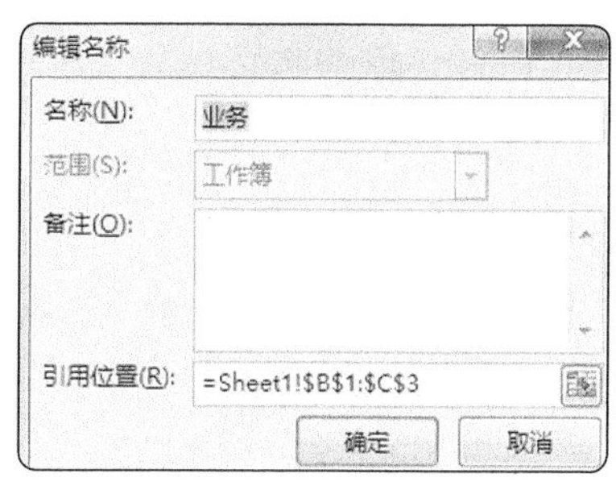

图 1-1-43

再来看看 A 列，下拉框中就有了 B 列和 C 列的内容。

第 13 招 利用数据验证给单元格添加注释，不用批注

在 Excel 中需要添加注释的时候，你可能毫不犹豫选择插入批注。但批注插入多了，有点眼花缭乱的感觉，而且不能批量插入。想给单元格加个注释怎么办？选取单元格，单击菜单数据→数据验证→输入信息→输入要注释的文字，如图 1-1-44 所示。

添加后的效果如图 1-1-45 所示。

如果有一列数据，需要提醒输入者不能输入大于 100 的数字，每个单元格插入批注是不现实的，用添加提示的方法则可以完美解决，如图 1-1-46 所示。

添加后的效果如图 1-1-47 所示。

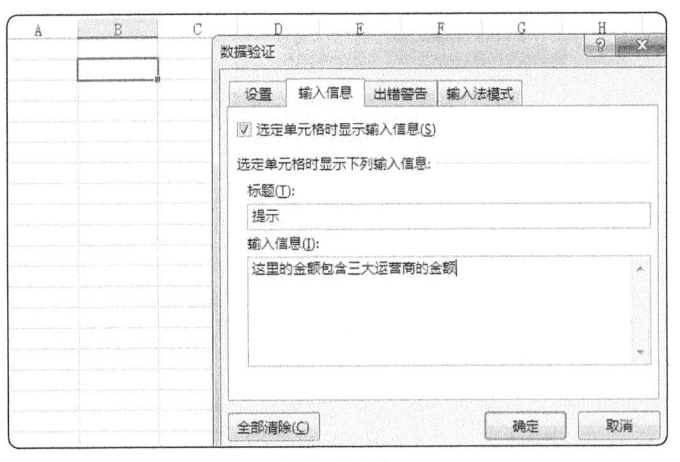

图 1-1-44

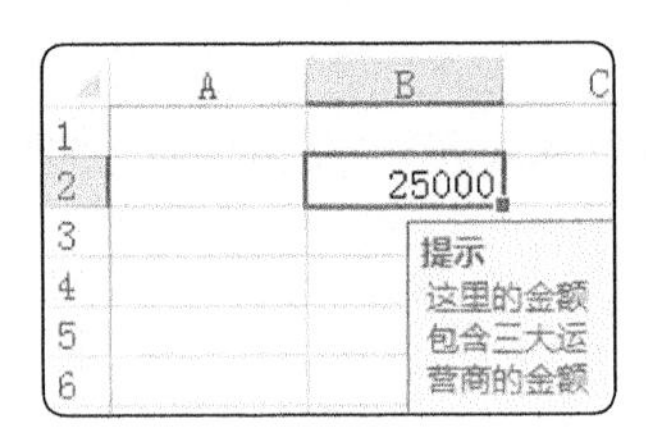

图 1-1-45

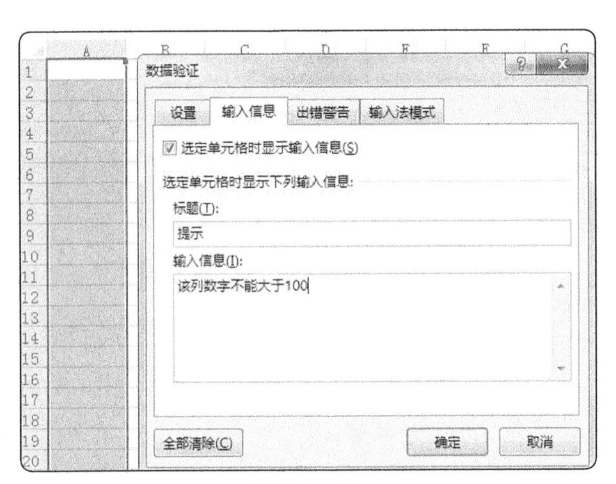

图 1-1-46

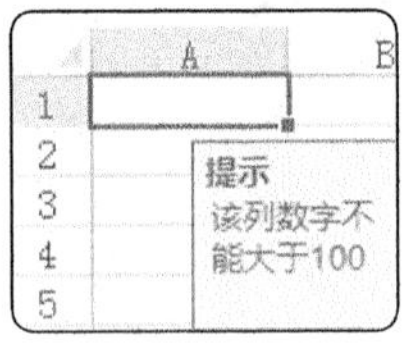

图 1-1-47

第 14 招 利用数据验证记录数据录入时间

如果需要记录数据录入时间，借助函数 NOW 和数据验证可以实现，比如，要记录每张申请单扫描时间，在 D2 单元格输入公式 =NOW()，并将单元格格式自定义为 yyyy-m-d h:mm:ss，在 B 列需要数据验证的单元格区域单击菜单数据→数据验证，数据来源处引用 D2 单元格内容。这样单击下拉框就可以记录申请单扫描时间，如图 1-1-48 所示。

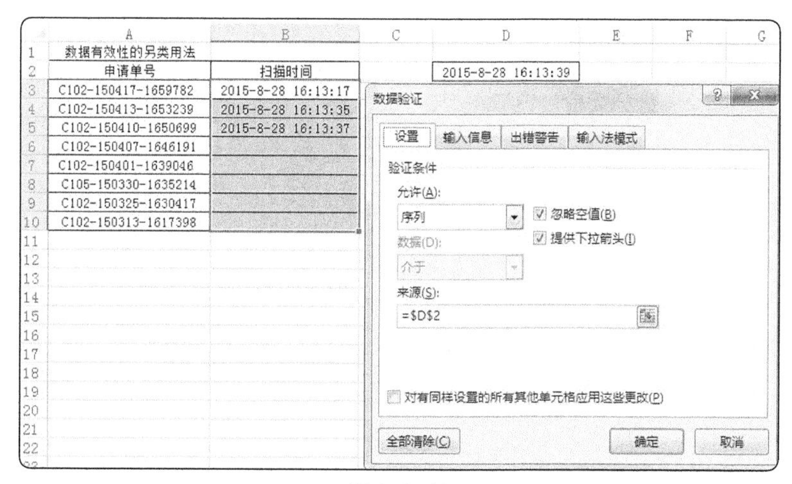

图 1-1-48

第 15 招 利用数据验证限制单元格数据类型

如果需要限制单元格只能输入文本，不能输入数字，借助函数 ISTEXT，该函数功能是检测单元格内容是否为文本，如果是文本则返回 TRUE，否则返回 FALSE。如果要限制单元格只能输入数字，不能输入文本，借助函数 ISNUMBER，该函数功能是检测单元格内容是否为数值，如图 1-1-49 所示。

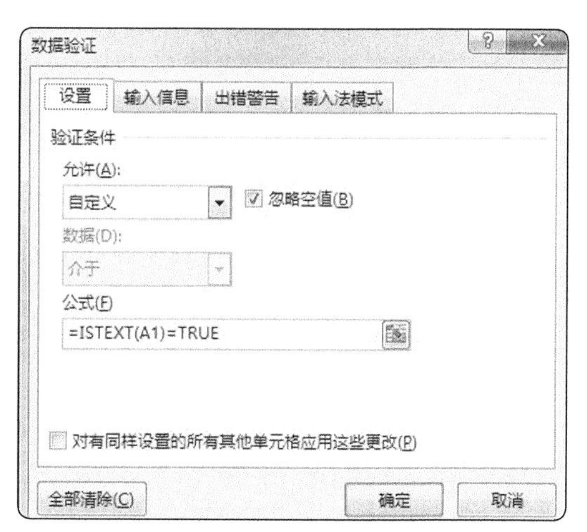

图 1-1-49

第 16 招 利用数据验证防止重复录入相同的内容

如果要在 A 列输入数据，为了防止数据重复录入，可以用数据验证定义，如图 1-1-50 所示。

这样，如果数据重复录入了就会提示，如图 1-1-51 所示错误。

图 1-1-50

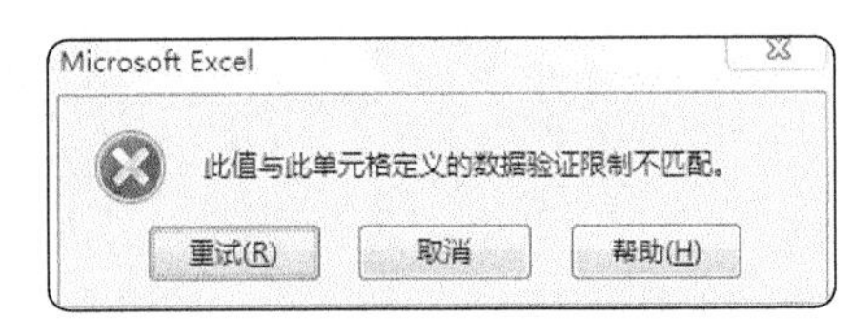

图 1-1-51

第 17 招 避免数据重复录入

在数据录入的时候为了避免数据重复录入，让 Excel 给出提示，设置条件格式如下，如果重复录入，字体颜色就变红，如图 1-1-52 所示。

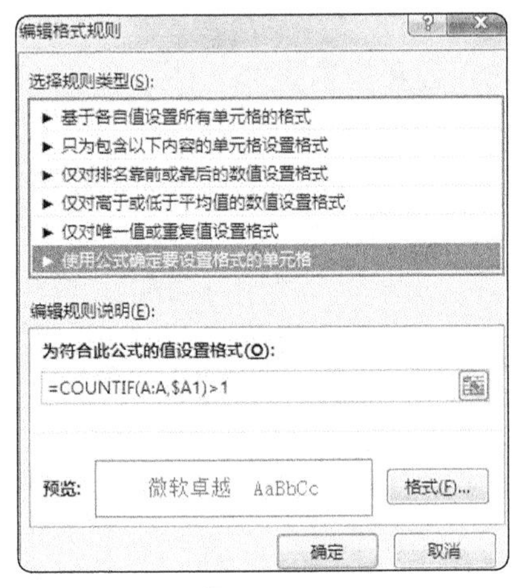

图 1-1-52

第 18 招 怎样插入符号☑或☒

要在 Excel 单元格内容为“是”和“否”后面插入方框，并且在方框内打钩，是☐ 否☑。

光标放在“是”后面，单击插入→符号，字体选择 Wingdings，选择方框符号，如图 1-1-53 所示。

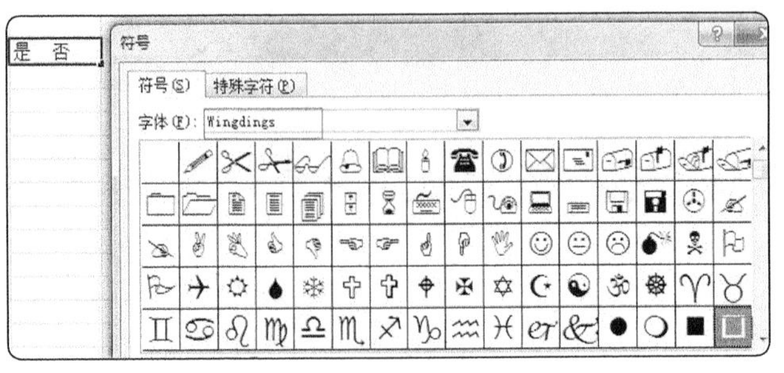

图 1-1-53

光标放在“否”后面，单击插入→符号，字体选择 Wingdings，拖动右边的滚动条，拖到最下面，倒数第二个符号就是方框内打钩符号，如图 1-1-54 所示。

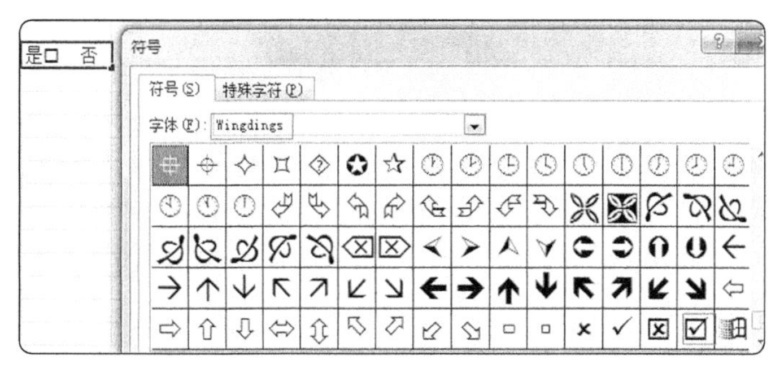

图 1-1-54

☑这个符号还有一个非常便捷的录入技巧，输入大写 R，字体选择 Wingdings2。如果输入大写 T，字体选择 Wingdings2，则显示为 ☒ 。

第 19 招 Excel 中汉字怎样加上拼音

给汉字加上拼音，好像是 Word 的特长吧？有没有想过在 Excel 里为汉字加上拼音呢？想到就能做到，不如现在就试试！你会发现，Excel 的拼音功能甚至比 Word 里更强大。我们在单元格内输入汉字“腾讯”，在工具栏上找到“文”字上带拼音的图标，如图 1-1-55 所示。

图 1-1-55

单击拼音图标右边的小箭头，展开功能，要显示拼音，单击第一项，此时允许显示和编辑拼音，拼音图标也会变成深色。单击第二项编辑拼音，第三项设置拼音格式，如图 1-1-56 所示。

了解了功能，下面开始设置，先单击要编辑的文字，再单击第一项，打开拼音，点第二项，编辑拼音，文字上方出现编辑框，输入拼音，注意：是输入拼音，不是自动生成。设置好后的效果为 teng xun 腾讯，单击拼音图标第三项，打开拼音设置，此页面设置拼音的排列方式，有左对齐、居中和分散对齐三种方式，设置拼音的字体、大小、颜色等属性，这样拼音就设置好了，如图 1-1-57 所示。

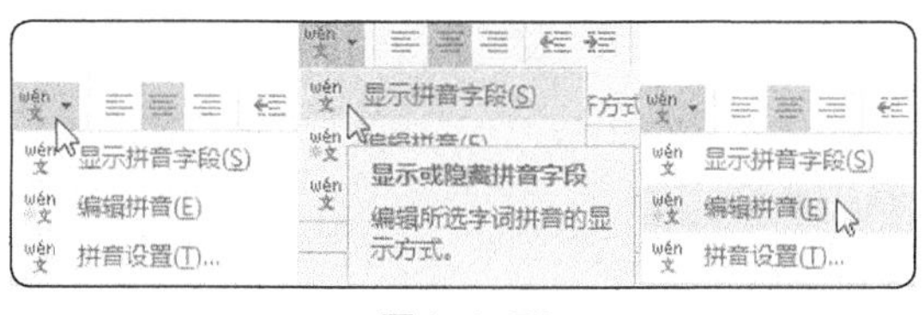

图 1-1-56

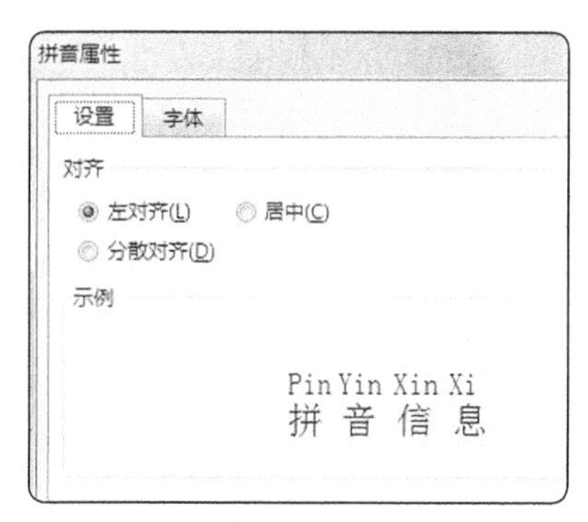

图 1-1-57

如果不想在汉字上方加拼音，想加上其他信息，也可以随意编辑，例如，在汉字上方添加文字：以用户价值为依归 腾讯 。

第20招 怎样在单元格文字前加空白

单元格文字前加空白，例如，从图 1-1-58 到图 1-1-59，可以在文字前面敲空格，如果需要加空白的单元格很多，一个个敲空格，很费时间，也许你会说我可以敲完一个单元格的空白，再用格式刷，这样比一个个单元格文字前敲空格进步了点。然而，这样做后续可能还是有问题，因为文字前有空格，如果其他表文字前没有空格，用 VLOOKUP 函数匹配明明两张表有相同内容就是匹配不到。怎样避免这个问题呢？选中 A2:A4，按住 Ctrl 键，再选中 A6:A9，单击菜单开始→对齐方式→增加缩进量，如图 1-1-60 所示，就可以完成从图 1-1-58 到图 1-1-59 的转换，而且单元格文字前面没有空格，后续 VLOOKUP 匹配也不会出问题。

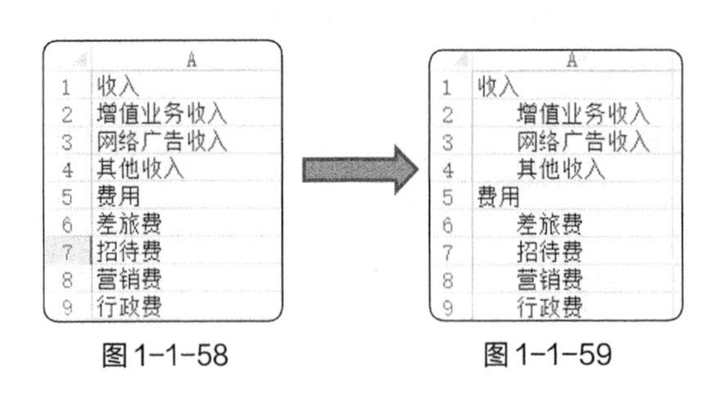

图 1-1-58　　图 1-1-59

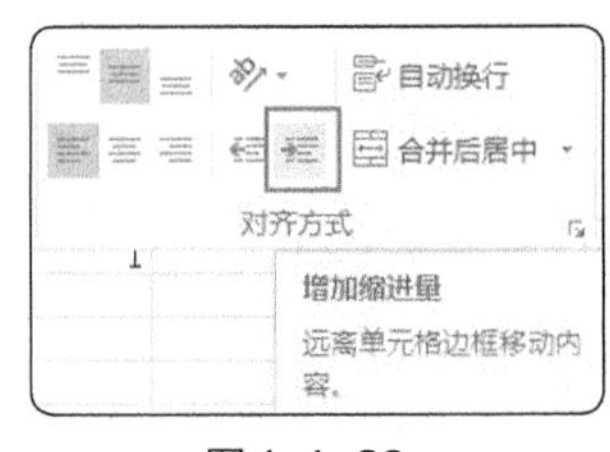

图 1-1-60

第21招 怎样在单元格中添加项目符号

项目符号是放在文本（多为列表中的项目）前以强调效果的点或其他符号。在 Word 文档中可以轻松建立或取消项目符号，如果要在 Excel 单元格内添加项目符号，该如何操作呢？

方法一：使用 Wingdings 字体

Wingdings 是一个符号字体系列，它将许多字母渲染成各式各样的符号。如果需要插入项目符号的单元格不多，可以手动逐一添加项目符号。单击菜单插入→符号，弹出“符号”对话框，选择“符号”选项卡，从“字体”右侧的下拉列表中选择 Wingdings 字体，然后选择所需的符号，如图 1-1-61 所示。

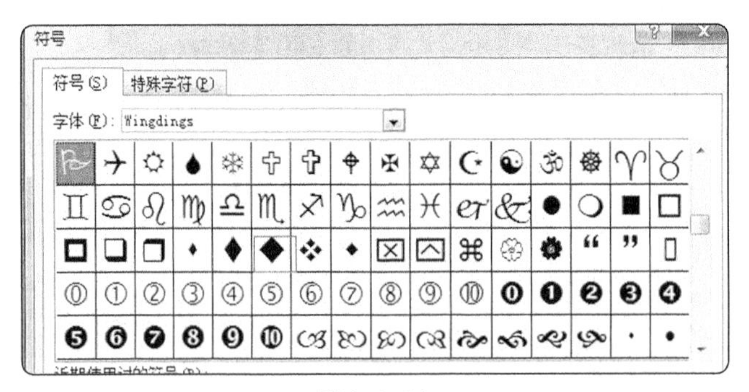

图 1-1-61

例如，在 A1 单元格内每行插入项目符号◆，得到图 1-1-62。

	A
1	◆“API”是指应用程序编程界面。 ◆“营业日”是指除周六或周日、或中华人民共和国境内或适用区域内公众假日以外的一天。 ◆“行为规范”针对根据电信机构批准和颁布的《滥用电子信息条例》发送商业电子信息的行为规范。

图 1-1-62

方法二：在 Word 中插入项目符号后粘贴到 Excel 中

当需要插入项目符号的单元格数量较多时，逐一添加项目符号有些烦琐。由于在 Word 中插入项目符号十分方便，可以先在 Word 中操作再粘贴到 Excel 中。

先复制需要添加项目符号的单元格区域，将其粘贴到 Word 中。

再选择所有文本内容，在 Word 中单击菜单格式→项目符号和编号，在弹出的对话框中选择“项目符号”选项卡，选择一种项目符号类型，单击“确定”按钮。

例如，上面那个例子是一个单元格，如果是很多个单元格，就可以用方法二。

方法三：巧妙利用 Alt+ 数字键

按组合键【Alt+41460】输入得到符号◆，Excel 自动在单元格中添加选定的项目编号。

第 22 招 如何输入千分号

在 Excel 中输入百分号（%）大家都会，如果需要在 Excel 中输入千分号（‰），你会吗？介绍两种方法。

方法一：快捷键

用组合键【Alt+41451】可以快速输入千分号，如果 B1 单元格内容是千分号，公式 =CODE(B1) 返回结果是 41451。

方法二

单击“插入”，选择“符号”，再选择字体和子集，即插入→符号→字体（Lucida Sans Unicode）→子集（广义标点），就可以找到千分号，如图 1-1-63 所示。

图 1-1-63

插入的符号只是文本，无法参与正常的数字运算，如果要参与运算，可以用 LEFT 和 LEN 函数截取千分号前面的数字，例如，A1 单元格内容是 20‰，要取数字 20，在 B1 单元格输入公式 =LEFT(A1,LEN(A1)-1)。

第 23 招 如何批量添加批注和删除批注

在 Excel 单元格添加批注可以对单元格内容详细解释说明，如何给多个单元格添加相同的批注呢？

一个一个添加太麻烦，如何批量添加、隐藏、删除批注呢?

操作步骤如下:

Step1 在一个单元格里面添加批注内容“2016-3-4”，复制此单元格，然后按 Ctrl 键选择好需要添加批注的单元格。

Step2 在需要添加批注的任意单元格里单击右键，选择选择性粘贴→批注，如图 1-1-64 所示。这样就把所选中的单元格批量添加批注了，如图 1-1-65 所示。

图 1-1-64

如何快速把这些批注批量隐藏或删除呢？

我们选中带有数据的单元格区域，按 F5 键，进入定位对话框，定位条件选择“批注”，再单击“确定”按钮，如图 1-1-66 所示。在其中任意一个带有批注的单元格上单击右键，选择“隐藏批注”(所有批注就被隐藏)或“删除批注”(所有批注就被立刻删除)。

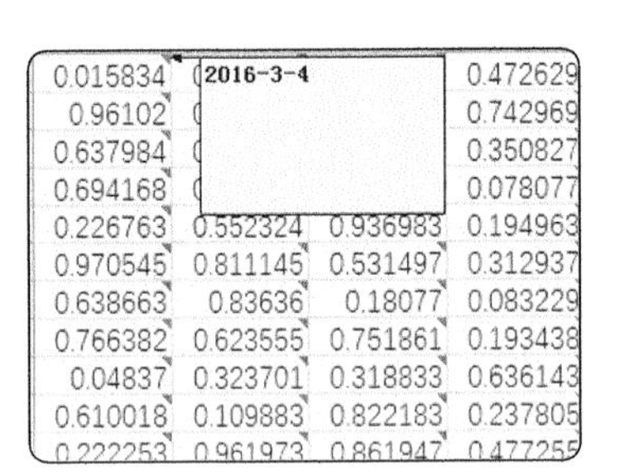

图 1-1-65

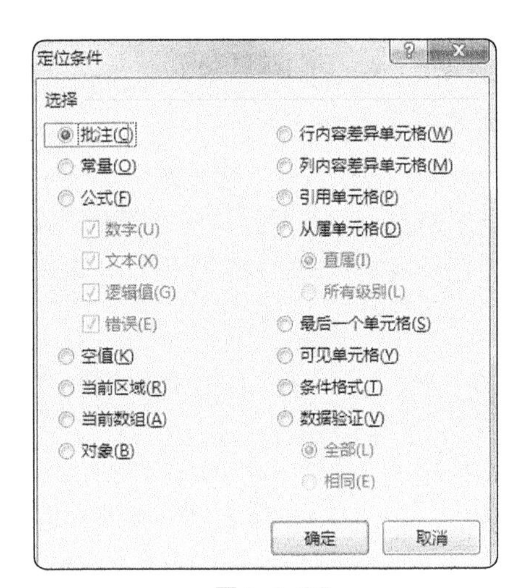

图 1-1-66

第 2 章　整理单元格数据

本章介绍单元格数据整理技巧，主要内容有单元格格式的转换、单元格醒目标识、自定义单元格等。

第 24 招　文本与数字格式的相互批量转换

如果数据格式是文本格式，只能计数，不能做求和等运算，需要转换为数字格式才可以。如果只是一个单元格文本转换为数字，只需删掉单元格数据前面的单引号；如果是一列或多列文本数据转换为数字格式，最简单的方法用组合键【Ctrl + Shift + 向下键↓】，再用组合键【Ctrl + Shift + 向右键→】选中需要转换为数字格式的数据区域，单击下拉框选择“转换为数字”，如图 1-2-1 所示。

文本转换为数字还有一种常用的方法，就是把文本数据乘以 1，除以 1 或者 +0，-0，如图 1-2-2 所示，A 列是文本格式的数据，B 列通过乘以 1 得到数字格式的数据。

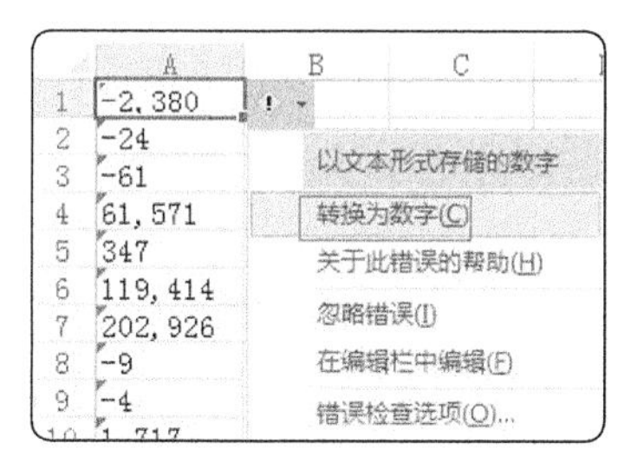

图 1-2-1

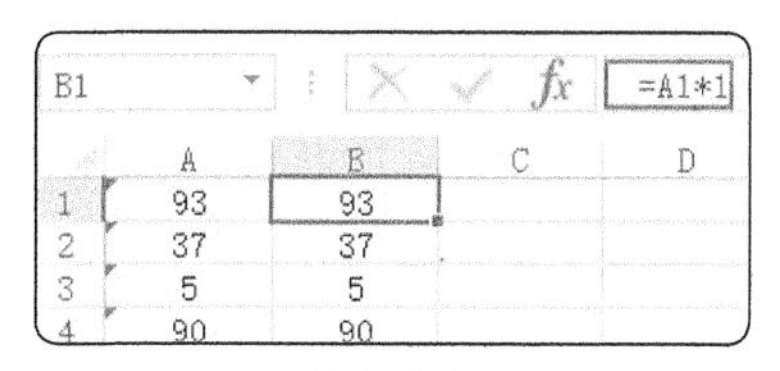

图 1-2-2

反过来，数字格式要转换为文本格式，如果只有一个单元格，在数据前面加单引号，记住，一定是英文状态下的单引号。如果要把一列数据由数字格式转换为文本格式，用分列功能实现，前两步选择默认的选择项，第三步把默认的“常规”改为“文本”，如图 1-2-3 到图 1-2-5 所示。

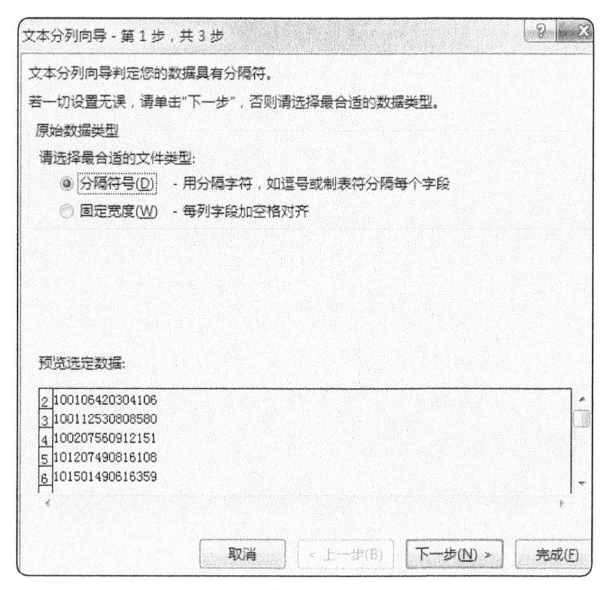

图 1-2-3

图1-2-4

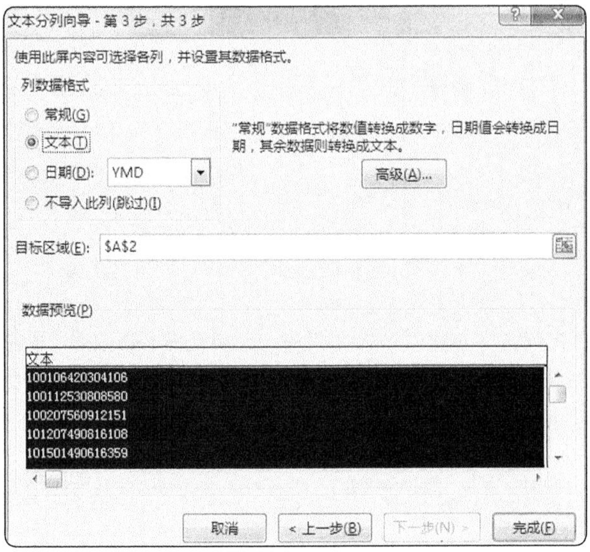

图1-2-5

单击“完成”即可。

第25招 如何快速把数据的单位从元转换为万元

若单元格内容带有公式，复制粘贴的时候需要用到选择性粘贴，这里介绍一个非常有用的技巧。我们工作中经常会遇到把以“元”为单位的数据转换为以“万元”为单位的数据，这个时候就需要用到选择性粘贴。如果数据多行多列，怎么办呢？如果一个个单元格用公式那也得复制粘贴多次，太麻烦了。例如：把表 1-2-1 的数据转换为以万为单位。

表1-2-1

3001414.3	2340865.6	60517.01
3417015.3	1113500	164809.91

续表

1963434.6	1357088.8	57336.75
3651511.1	2873985.5	161384.73
2589910.7	1386226.3	45124.23
2903621.7	1819778.7	97855.85
3930069.1	3179008.7	99105.4

在数据区域旁边任意一个空白单元格输入 10000，选中复制，然后选择性粘贴，选择运算的“除”，就得到想要的结果，如图 1-2-6 所示。

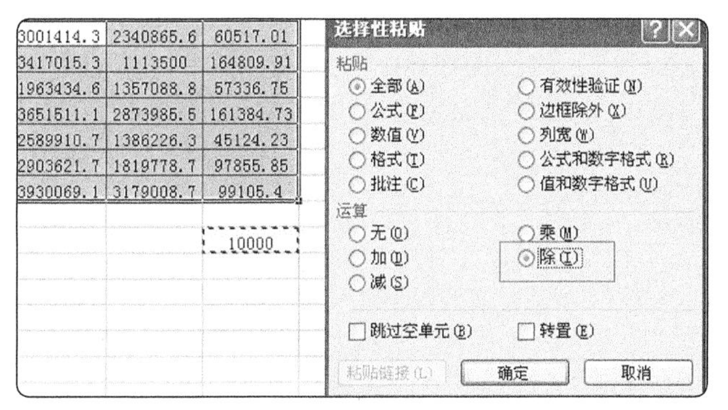

图 1-2-6

第 26 招 对齐两个字的名字

为了对称美观，在对齐两个字名字的时候，很多人会在两个字的中间敲空格键，其实用分散对齐就可以。选中需要设置对齐的单元格区域，按组合键【Ctrl+1】设置单元格格式，单击对齐→水平对齐→分散对齐（缩进）即可，如图 1-2-7 所示。

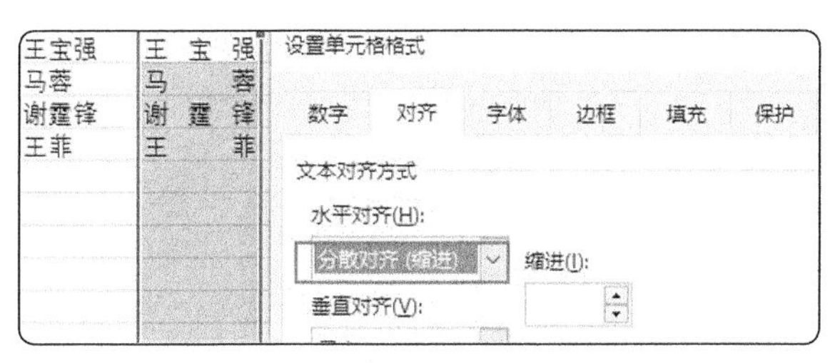

图 1-2-7

第 27 招 单元格数值满足一定条件字体或背景颜色标红

使用 Excel 条件格式可以直观地查看和分析数据，发现关键问题以及识别模式和趋势，用户可以为自己的数据区域设置精美而又宜于阅读的格式。这种设置效果不同于单元格格式，它是完全动态的，无论在数据区域中增加或删除行、列，格式都会自动进行相应调整，保持原有的风格。

例如，要把表 1-2-2 的超过 100% 的数字标红，以突出显示。

表 1-2-2

98.30%	95.29%	106.73%	115.20%
97.12%	92.46%	100.27%	101.33%
99.28%	97.22%	103.42%	104.33%
105.49%	101.94%	106.27%	110.02%
75.38%	75.41%	81.89%	83.39%
68.87%	66.18%	85.77%	0.00%

单击“开始”菜单下面的条件格式，新建格式规则，单击“格式”把字体颜色设为红色（见图 1-2-8）。单击“确定”后效果如图 1-2-9 所示。

新建格式规则
选择规则类型(S):
▶ 基于各自值设置所有单元格的格式
▶ 只为包含以下内容的单元格设置格式
▶ 仅对排名靠前或靠后的数值设置格式
▶ 仅对高于或低于平均值的数值设置格式
▶ 仅对唯一值或重复值设置格式
▶ 使用公式确定要设置格式的单元格
编辑规则说明(E):
只为满足以下条件的单元格设置格式(O):
单元格值
大于
100%
预览:
微软卓越 AaBbCc
格式(F)...
确定
取消

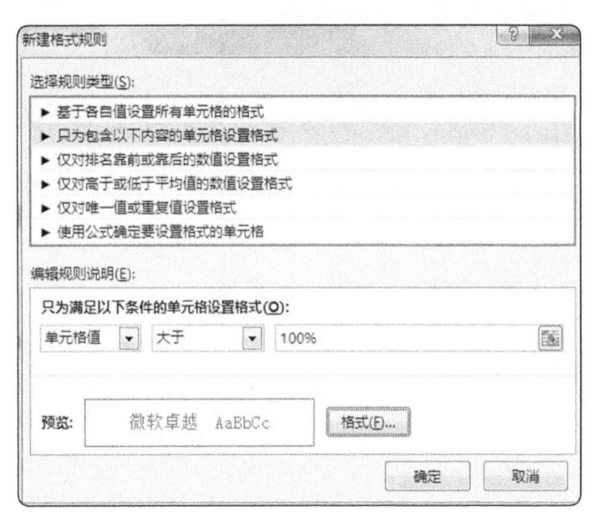

图 1-2-8

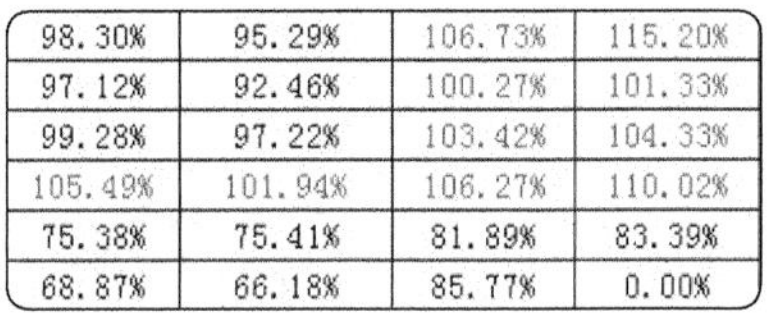

98.30%	95.29%	106.73%	115.20%
97.12%	92.46%	100.27%	101.33%
99.28%	97.22%	103.42%	104.33%
105.49%	101.94%	106.27%	110.02%
75.38%	75.41%	81.89%	83.39%
68.87%	66.18%	85.77%	0.00%

图 1-2-9

第 28 招 单元格数值满足一定条件标上相应的图标

财务上对应收账款的回笼总是希望越快越好，对于未回笼的账款根据账龄长短用三色交通灯提醒，账龄小于 1 个月用绿色交通灯，表示账款目前安全；2 个月黄色预警，表示有点危险；3 个月及以上红色告警，表示账龄太久，需要加紧催款，如图 1-2-10 所示。

选择图标集，找到交通灯图标，设置如图 1-2-11 所示。

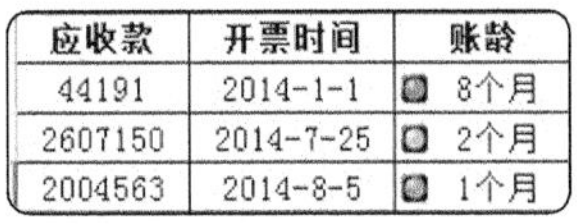

应收款	开票时间	账龄
44191	2014-1-1	8个月
2607150	2014-7-25	2个月
2004563	2014-8-5	1个月

图 1-2-10

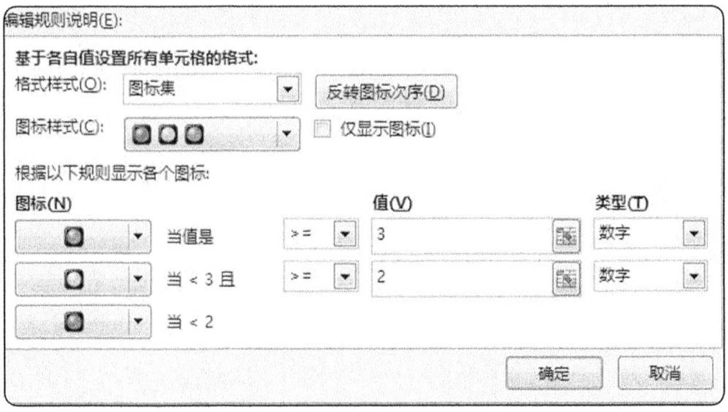
编辑规则说明(E):
基于各自值设置所有单元格的格式:
格式样式(O): 图标集
反转图标次序(D)
图标样式(C):
仅显示图标(I)
根据以下规则显示各个图标:
图标(N)
值(V)
类型(T)
当值是 >= 3 数字
当 < 3 且 >= 2 数字
当 < 2
确定
取消

图 1-2-11

再举个比较常见的例子，数据增长和下降用图标突出显示，如图 1-2-12 所示，设置方法如图 1-2-13 所示。

本月	上月	环比增长	环比增幅
100	80	⇧ 20	⇧25.00%
160	200	⇩ -40	⇩-20.00%

图 1-2-12

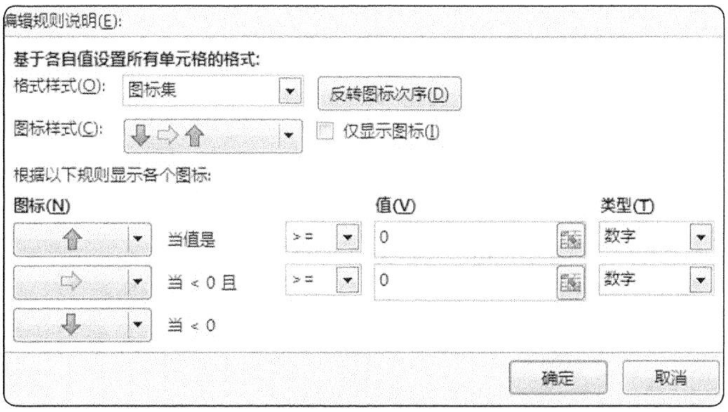

编辑规则说明(E):
基于各自值设置所有单元格的格式:
格式样式(O): 图标集 反转图标次序(D)
图标样式(C): 仅显示图标(I)
根据以下规则显示各个图标:
图标(N) 值(V) 类型(T)
当值是 >= 0 数字
当 < 0 且 >= 0 数字
当 < 0
确定 取消

图 1-2-13

看到这个例子，有人可能会问为什么不能做到像股市的“红涨绿跌”呢？如果想要箭头的颜色变换，可以通过“插入”形状，设置形状的填充颜色，⇩-100。

第 29 招 将单元格数字变成条形图

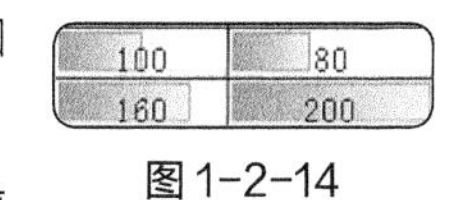

100	80
160	200

图 1-2-14

用数据条可以清晰看到数据的大小，不需要通过制作图表就能看出来，如图 1-2-14 所示。

如果只想显示数据条，不显示数字，在编辑格式规则时在“仅显示数据条”前面方框内打钩，如图 1-2-15 所示。

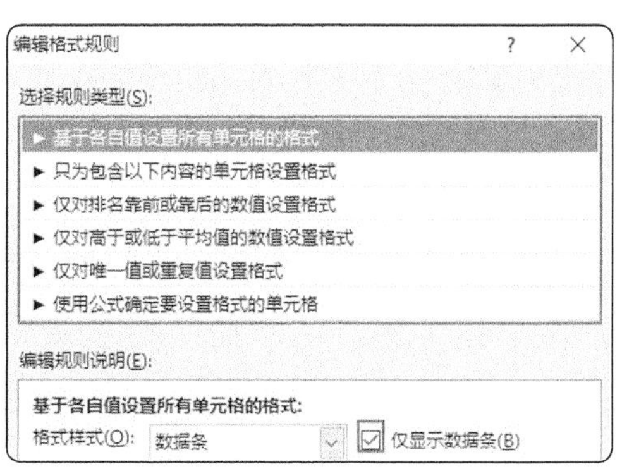

图 1-2-15

第 30 招 查找重复值或唯一值

如果需要查找某数据区域是否存在重复值，将重复值醒目标识，单击条件格式→突出显示单元格规则→重复值，设置为自己想要的格式，如图 1-2-16 所示。如果选中“唯一”，则把唯一值醒目标识，如图 1-2-17 所示。

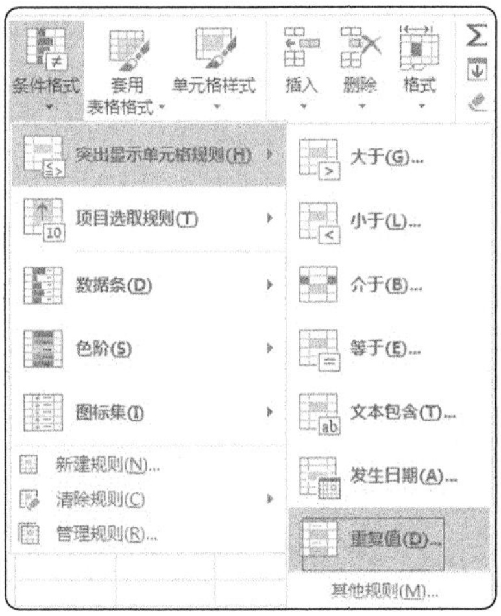

图 1-2-16

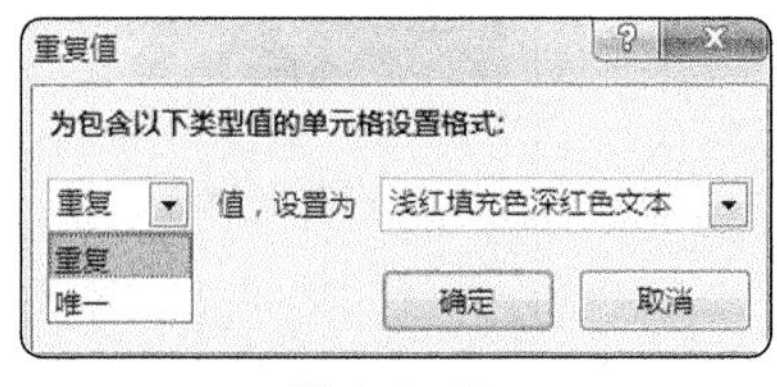

图 1-2-17

第 31 招 国际象棋棋盘式底纹设置方法

要设置如图 1-2-18 所示的国际象棋棋盘式底纹，方法如下。

选中要设置底纹的数据区域，单击条件格式。

单击新建规则，选择最下面的“使用公式确定要设置格式的单元格”，输入公式 =MOD(ROW()+COLUMN(),2)=0，单击“格式”按钮，在“单元格格式”对话框的“图案”选项卡中选择单元格底纹颜色为浅橙色，单击“确定”按钮，如图 1-2-19 所示。

	A	B	C	D	E	F
1	0	1月	2月	3月	4月	5月
2	产品A	26.19	84.92	52.33	59.17	82.07
3	产品B	57.52	8.52	75.91	10.35	2.64
4	产品C	28.05	80.49	60.04	52.52	94.89
5	产品D		42.04	36.39	46.73	2.59
6	产品E	7.26	35.36	59.67	58.31	
7	产品F	15.79	53.41		42.75	67.90
8	产品G	49.14		0.25	27.72	77.30
9	产品H	23.20	19.83	20.17	36.87	45.53
10	产品I		57.24	39.54	93.25	68.79
11	产品J	19.43	28.77	39.39	7.84	
12	产品K	99.13			40.79	9.89
13	产品L	14.81	76.37	11.91		94.67
14	产品M		45.95	59.54	21.32	97.88

图 1-2-18

函数 ROW 返回行号，COLUMN 返回列号，MOD 是两数相除求余数，该条件格式的公式用于判断行号与列号之和除以 2 的余数是否为 0。如果为 0，说明行数与列数的奇偶性相同，则填充单元格为浅橙色，否则就不填充。

同样的方法，再设置第 2 种颜色，如图 1-2-20 所示。

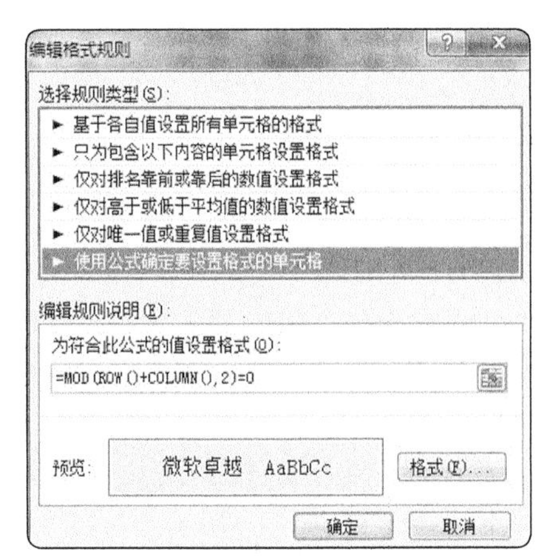

图 1-2-19

图 1-2-20

第32招 奇偶行不同的斑马纹

当单元格数据行较多时，我们为了让显示效果更加醒目，可以让工作表间隔固定行显示阴影，效果如图 1-2-21 所示。

条件格式公式设置方法如图 1-2-22 所示。

	A	B	C	D	E	F	G
1	0	1月	2月	3月	4月	5月	6月
2	产品A	26.19	84.92	52.33	59.17	82.07	7.78
3	产品B	57.52	8.52	75.91	10.35	2.64	51.74
4	产品C	28.05	80.49	60.04	52.52	94.89	37.90
5	产品D		42.04	36.39	46.73	2.59	
6	产品E	7.26	35.36	59.67	58.31		2.22
7	产品F	15.79	53.41		42.75	67.90	5.40
8	产品G	49.14		0.25	27.72	77.30	16.41
9	产品H	23.20	19.83	20.17	36.87	45.53	78.63
10	产品I		57.24	39.54	93.25	68.79	
11	产品J	19.43	28.77	39.39	7.84		37.10
12	产品K	99.13			40.79	9.89	56.21
13	产品L	14.81	76.37	11.91		94.67	64.86
14	产品M		45.95	59.54	21.32	97.88	24.79

图 1-2-21

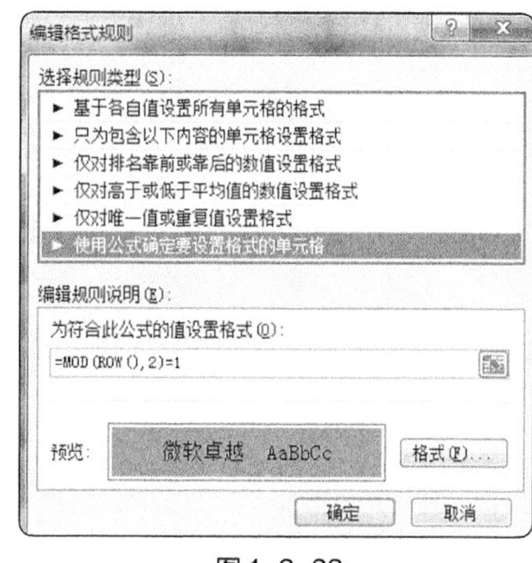

图 1-2-22

该条件格式的公式用于判断行号是否被 2 整除。如果公式返回结果为 1，则对奇数行填充灰色底纹；如果公式返回结果为 0，偶数行不填充。

隔行填充颜色除了传统的条件格式公式设置，还有一个最简单的方法，只需要 1 秒钟就可以轻松搞定，单击数据区域任意单元格，按组合键【Ctrl+T】创建表，2007 版本以及以上的表默认就自动隔行填充颜色，可以在“表格样式”中选择自己喜欢的颜色。

第33招 永恒的间隔底纹

上一招的斑马纹是完全动态的，无论在数据表中插入行或者删除行，其风格都不会改变。但是有一种情况会例外。如果对此数据表进行自动筛选操作，并设置 A 列的筛选，则间隔底纹效果就被破坏了，如图 1-2-23 所示。

如果不希望自动筛选对间隔底纹效果产生不良影响，可以通过下面的方法来实现，如图 1-2-24 所示。

	A	B	C	D	E	F	G
1	0	1月	2月	3月	4月	5月	6月
2	产品A	26.19	84.92	52.33	59.17	82.07	7.78
5	产品D		42.04	36.39	46.73	2.59	
6	产品E	7.26	35.36	59.67	58.31		2.22
8	产品G	49.14		0.25	27.72	77.30	16.41

图 1-2-23

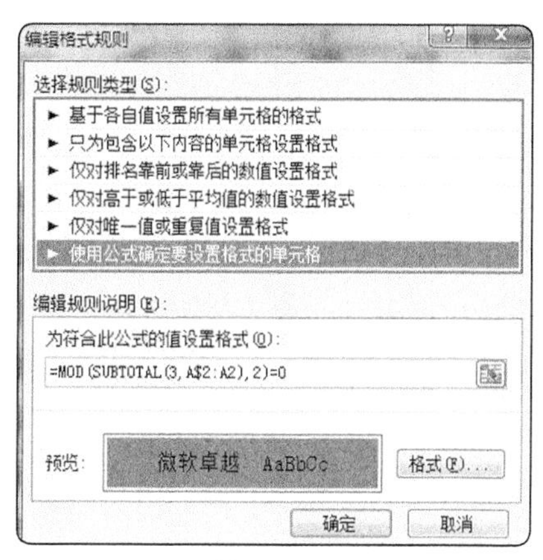

图 1-2-24

利用 SUBTOTAL 函数来判断可见行的奇偶次序，另外，在条件格式的公式中，使用的是相对引用，这会让条件格式的判断对象随着行的变化而自动改变，达到“只判断当前行的序号”的目的。关于 SUBTOTAL 函数的功能参考公式与函数篇第 9 章第 135 招。

第 34 招 每隔 *N* 行批量填充颜色

第 32 招和第 33 招的隔行填色，只是隔一行，如果需要每隔 *N* 行批量指定单元格格式，如何做？比如，每隔 5 行为一个项目区域，如图 1-2-25 所示。为了方便辨别每个项目而不是每行，我们需要按照每隔 5 行的规则填充单元格。

	A	B	C	D	E	F	G	H	I	J	K
1											
2											
3	项目1										
4											
5											
6											
7											
8	项目2										
9											
10											
11											
12											
13	项目3										
14											
15											

图 1-2-25

编辑规则“为符合此公式的值设置格式”中输入以下公式 =MOD(ROUNDUP(ROW()/5,0),2)=1（或等于 0），挑选合适的格式，单击“确定”按钮，随后输入该条件格式应用范围，本例为 =$B$1:$K$30，随后应用，即可得到如图 1-2-26 所示中格式的单元格。

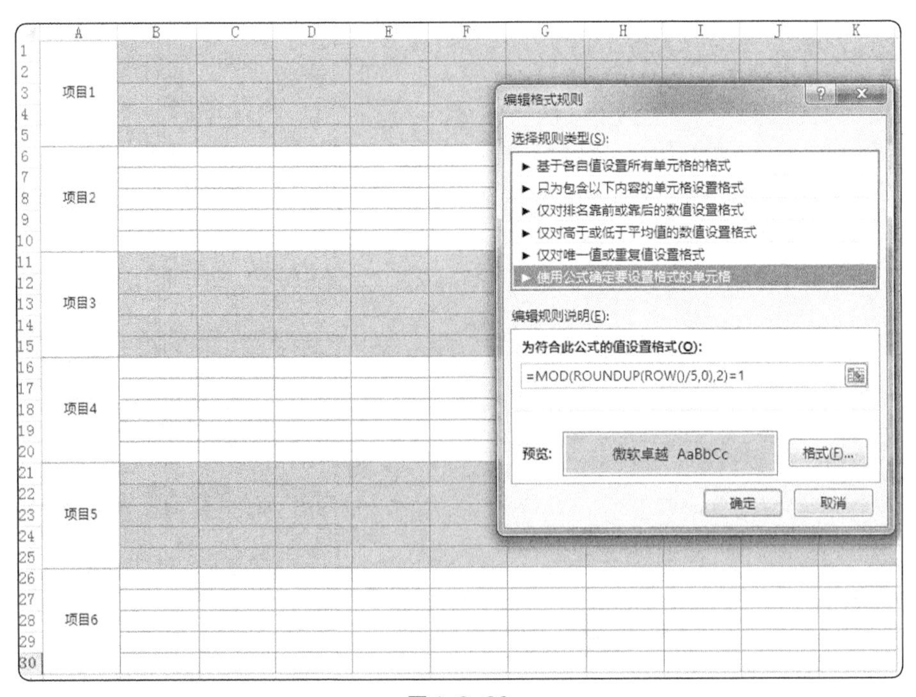

图 1-2-26

公式解释：用行号除以 5，得到的值针对个位进行向上取整，随后针对该整数对 2 求余，结果为 1

的行进行格式变化。也就是说，如行号为 1、2、3、4、5，除以 5 分别得到 0.2、0.4、0.6、0.8、1，对它们进行个位的向上取整为 1、1、1、1、1；结果对 2 求余皆为 1，因此前 5 行满足公式全部填充。以此类推，由于 6 ～ 10 行结果对 2 求余为 0，因此不填充。所以当需要每隔 *N* 行批量填充时，我们利用行号除以 *N*，将结果圈定在 (0,1]、(1,2]、…之间，再用 ROUNDUP() 函数统一成 1、2、…。因此我们应用通用公式 =MOD(ROUNDUP(ROW()/N,0),2)=1（或等于 0）即可达到每隔 *N* 行批量填充的目的。为什么这里不能使用 ROUNDDOWN() 函数?

让我们用刚才的例子想一下：行号为 1、2、3、4、5 的行除以 5 分别得到 0.2、0.4、0.6、0.8、1，对它们进行个位的向下取整为 0、0、0、0、1，因此对 2 求余的结果不统一，无法满足我们的填充要求。大家可以在图 1-2-27 红框中查看使用 ROUNDUP() 及 ROUNDDOWN() 函数所得到公式结果的区别，图 1-2-28 即为使用 ROUNDDOWN() 函数得到的错误填充结果。关于 ROUNDUP 和 ROUNDDOWN 函数功能和用法参考公式与函数篇第 9 章第 128 招。

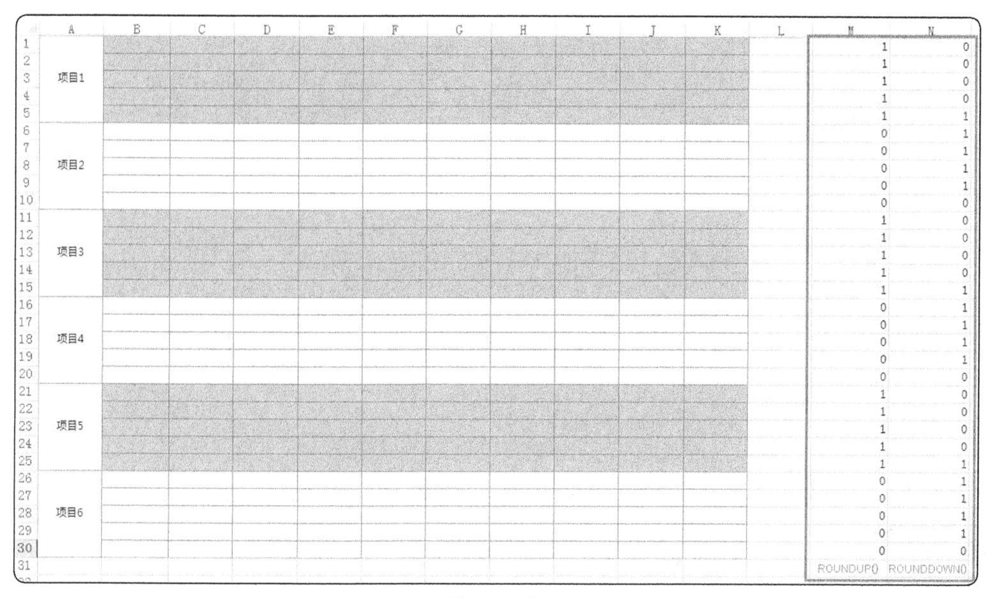

图 1-2-27

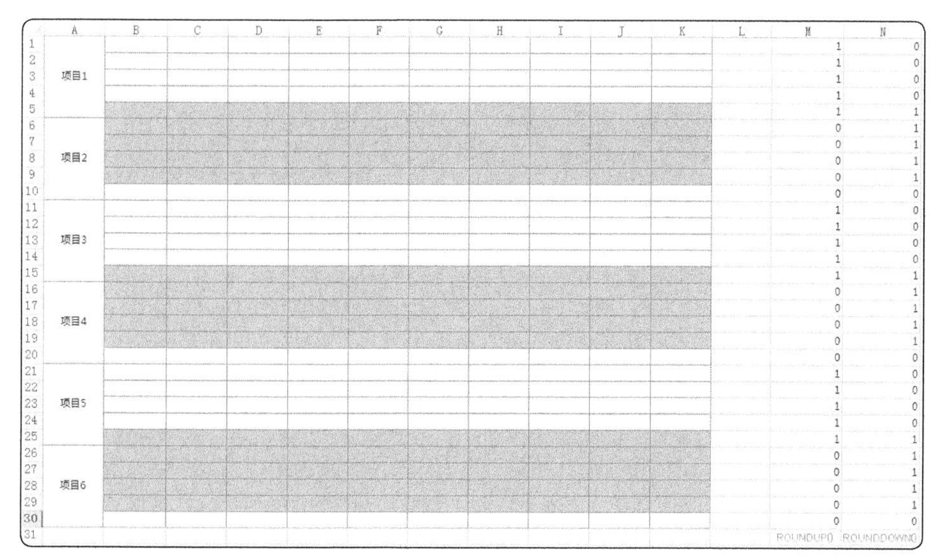

图 1-2-28

第35招 突出显示符合要求的日期

把下面的日期设置条件格式，周六用粉色标识，周日用绿色标识，其他不变，如图 1-2-29 所示。条件格式公式设置如图 1-2-30 和图 1-2-31 所示。

日期	销售数量
2012-1-2	23
2012-1-3	4
2012-1-4	90
2012-1-5	3
2012-1-6	29
2012-1-7	30
2012-1-8	9
2012-1-9	31
2012-1-10	90
2012-1-11	2
2012-1-12	4
2012-1-13	10
2012-1-14	20
2012-1-15	30

图 1-2-29

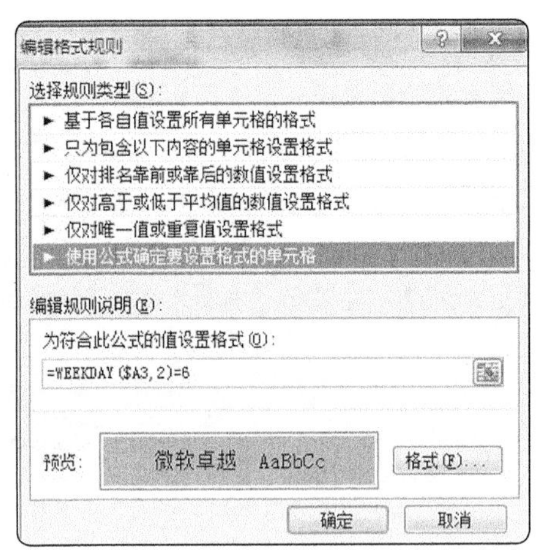

图 1-2-30

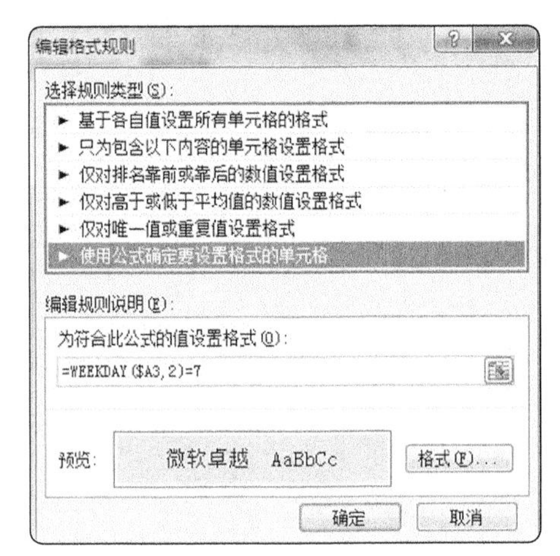

图 1-2-31

注意：条件格式设置公式需要把应用范围固定，如图 1-2-32 所示。

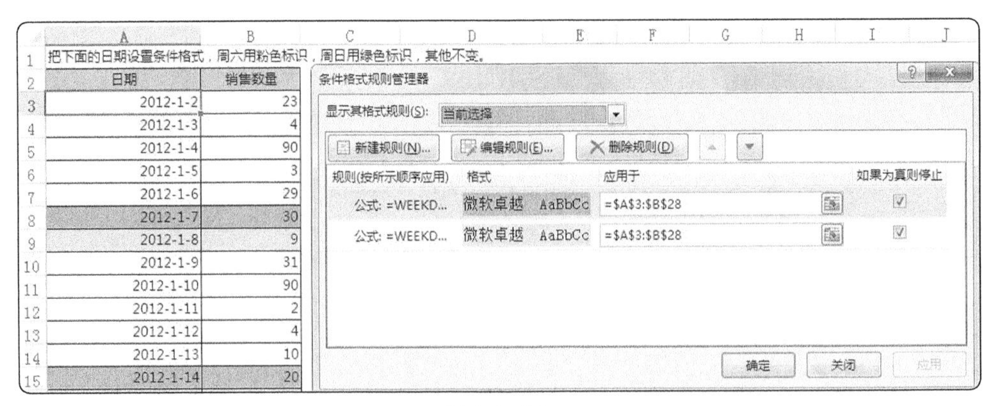

图 1-2-32

如果应用范围是 A、B 整列，如图 1-2-33 所示，公式还是 =WEEKDAY($A3,2)=6，则得到错误的结果，把不是周末的标识颜色，例如，如图 1-2-34 所示，2012-1-5 是周四却标识粉色的周六，2012-1-6 是周五却标识绿色的周日。

条件格式规则管理器

显示其格式规则(S): 当前工作表

新建规则(N)... 编辑规则(E)... 删除规则(D)

规则(按所示顺序应用)	格式	应用于	如果为真则停止
公式: =WEEKD...	微软卓越 AaBbCc	=$A:$B	☑
公式: =WEEKD...	微软卓越 AaBbCc	=$A:$B	☑

图 1-2-33

	A	B	C	D
1	把下面的日期设置条件格式，周六用粉色标识，周日用绿色标识，其他不变。			
2	日期	销售数量		
3	2012-1-2	23	1	
4	2012-1-3	4	2	
5	2012-1-4	90	3	
6	2012-1-5	3	4	
7	2012-1-6	29	5	

图 1-2-34

第 36 招 自动实现生日提醒

如果需要对员工的生日实现按周自动提醒，可以这样设置公式：=ABS(DATE(YEAR(TODAY()),MONTH($B2),DAY($B2))-TODAY())<=7，如图 1-2-35 所示。

设置后的表格自动显示最近一周过生日的名单，如图 1-2-36 所示。

编辑格式规则

选择规则类型(S):

- 基于各自值设置所有单元格的格式
- 只为包含以下内容的单元格设置格式
- 仅对排名靠前或靠后的数值设置格式
- 仅对高于或低于平均值的数值设置格式
- 仅对唯一值或重复值设置格式
- 使用公式确定要设置格式的单元格

编辑规则说明(E):

为符合此公式的值设置格式(O):

=ABS(DATE(YEAR(TODAY()),MONTH($B2),DAY($B2))-TODAY

预览: 微软卓越 AaBbCc 格式(F)...

确定 取消

图 1-2-35

	A	B
1	姓名	出生日期
2	牛召明	1976-2-29
3	王俊东	1975-5-8
4	王浦泉	1955-10-29
5	刘蔚	1977-4-21
6	孙安才	1976-10-2
7	张威	1976-2-10
8	李仁杰	1982-7-8
9	李丽娟	1976-3-29
10	李呈选	1975-3-20
11	李青	1988-10-30
12	杨贶	1977-7-6
13	苏会志	1956-4-23
14	周小伦	1979-5-27

图 1-2-36

第 37 招 用条件格式制作项目进度图

制作进度图的数据源如图 1-2-37 所示。

	A	B	C
1	项目	计划	
2		开始日	结束日
3	项目调研	7月5日	7月8日
4	方案制作	7月9日	7月12日
5	审批	7月13日	7月17日
6	项目执行	7月18日	7月19日
7	项目验收	7月20日	7月21日
8	结项	7月22日	7月25日

图 1-2-37

首先准备数据并进行初步的单元格格式设置，调整列宽，去掉网格线和边框，如图 1-2-38 所示。

	A	B	C	D	E	F	G	H	I	J	K	L	M	N	O	P	Q	R	S	T	U	V	W	X
1	项目	计划		进度																				
2		开始日	结束日	7月5日	7月6日	7月7日	7月8日	7月9日	7月10日	7月11日	7月12日	7月13日	7月14日	7月15日	7月16日	7月17日	7月18日	7月19日	7月20日	7月21日	7月22日	7月23日	7月24日	7月25日
3	项目调研	7月5日	7月8日																					
4	方案制作	7月9日	7月12日																					
5	审批	7月13日	7月17日																					
6	项目执行	7月18日	7月19日																					
7	项目验收	7月20日	7月21日																					
8	结项	7月22日	7月25日																					

图 1-2-38

选择 D3:X8 数据区域，单击开始菜单→条件格式→新建规则→使用公式确定要设置格式的单元格，输入公式 =(D$2>=$B3)*(D$2<=$C3)，设置单元格背景颜色，公式意思是如果第 2 行日期大于等于起始日小于等于结束日就表示项目某进程的完成时间，如图 1-2-39 所示。

再新建规则，输入公式 =D$2=TODAY()，这个公式目的是突出显示整个项目进程中的当前日期。单击格式，设置虚线边框和字体颜色，如图 1-2-40 所示，最终效果如图 1-2-41 所示。

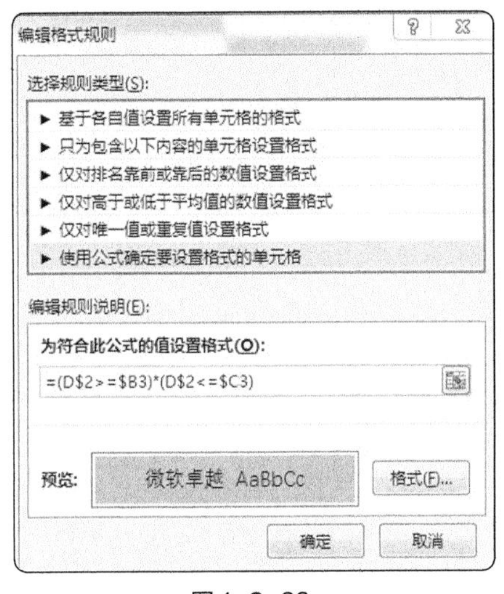

图 1-2-39

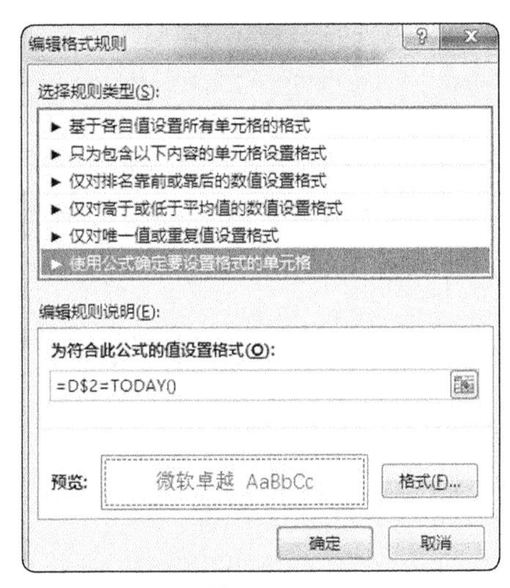

图 1-2-40

项目	计划		进度																				
	开始日	结束日	7月5日	7月6日	7月7日	7月8日	7月9日	7月10日	7月11日	7月12日	7月13日	7月14日	7月15日	7月16日	7月17日	7月18日	7月19日	7月20日	7月21日	7月22日	7月23日	7月24日	7月25日
项目调研	7月5日	7月8日																					
方案制作	7月9日	7月12日																					
审批	7月13日	7月17日																					
项目执行	7月18日	7月19日																					
项目验收	7月20日	7月21日																					
结项	7月22日	7月25日																					

图 1-2-41

第 38 招 你知道你出生那天是星期几吗？——Excel 奇妙的自定义单元格格式

相信每个人都知道自己的生日，但是如果问你生日那天是星期几，估计没有几个人知道，一般人都需要查万年历。其实，不用查万年历，用 Excel 自定义单元格格式就知道，我们在单元格中输入出生日期，比如，1990-5-31，右键设置单元格格式，在自定义里输入 aaaa，示例就提示星期四，如图 1-2-42 所示，如果自定义格式输入 dddd，就显示日期的英文 Thursday，如果输入 ddd，显示日期英文简称 Thu。

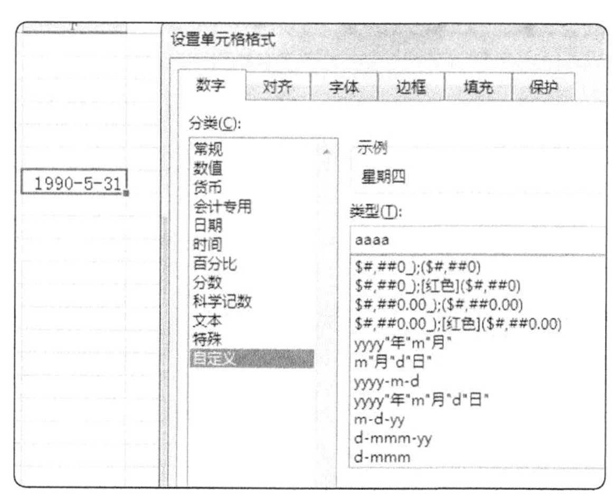

图 1-2-42

自定义格式代码可以为 4 种类型的数值指定不同的格式：正数、负数、零值和文本。在代码中，用分号来分隔不同的区段，每个区段的代码作用于不同类型的数值。完整格式代码的组成结构为："大于条件值"格式；"小于条件值"格式；"等于条件值"格式；文本格式，在没有特别指定条件值的时候，默认的条件值为 0，因此，格式代码的组成结构也可视作：正数格式、负数格式、零值格式和文本格式，用户并不需要每次都严格按照 4 个区段来编写格式代码，只写 1 个或 2 个区段也是可以的。常用自定义格式代码与示例如表 1-2-3 所示。

表 1-2-3

代码	注释	示例		
		显示为	原始数值	自定义格式代码
G/ 通用格式	不设置任何格式，按原始输入的数值显示	5.678	5.678	G/ 通用格式
#	数字占位符，只显示有效数字，不显示无意义的零值，小数点后数字如大于"#"的数量，则按"#"的位数四舍五入	5.68	5.678	####.##
0	数字占位符，当数字比代码的数量少时，显示无意义的 0	0005.68	5.678	0000.00
?	数字占位符，需要的时候在小数点两侧增加空格，也可以用于具有不同位数的分数	5.68	5.678	??????.??
.	小数点			
%	百分数	567.80%	5.678	0.00%
,	千位分隔符	123,456,789	123456789	#,###
E	科学记数符号，超过 11 位数字自动显示科学记数形式	1.23457E+11	123456789999	

续表

代码	注释	示例		
		显示为	原始数值	自定义格式代码
\	显示格式里的下一个字符	ABC	ABC	\ABC
*	重复下一个字符来填充列宽，可用于单元格内容加密	***************	123456	**;**;**
" 文本 "	显示双引号里面的文本	tencent0123	123	"tencent"0000
@	文本占位符，如果只使用单个 @，作用是引用原始文本；如果使用多个 @，则可以重复文本	集团公司财务部	财务	" 集团公司 "@" 部 "
[颜色]	颜色代码，[颜色] 可以是 [black]/[黑色]、[white]/[白色]、[red]/[红色]、[cyan]/[青色]、[blue]/[蓝色]、[yellow]/[黄色]、[magenta]/[洋红色] 或 [green]/[绿色]，要注意的是，在英文版用英文代码，在中文版则必须用中文代码	500	-500	[蓝色][>0]G/ 通用格式 ;[红色][<0]G/ 通用格式
[颜色 *n*]	显示 Excel 调色板上的颜色，*n* 是 0 ～ 56 之间的一个数值	500	500	[颜色 30]
[条件值]	设置格式的条件	900	900	[红色][<500]G/ 通用格式 ;[蓝色][>=500]G/ 通用格式
!	显示双引号 "	10""	10	#!"!"
YYYY 或 YY	按四位（1900 ～ 9999）或两位（00 ～ 99）显示年	2012	2012-3-27	YYYY
MM 或 M	按两位（01 ～ 12）或一位（1 ～ 12）表示月	03	2012-3-27	MM
DD 或 D	以两位（01 ～ 31）或一位（1 ～ 31）来表示天	27	2012-3-27	DD
AAAA	日期显示为星期（中文）	星期二	2012-3-27	AAAA
AAA	日期显示为一星期的第几天	二	2012-3-27	AAA
DDDD	日期显示为星期（英文）的全称	Tuesday	2012-3-27	DDDD
DDD	日期显示为星期（英文）的简称	Tue	2012-3-27	DDD
HH 或 H	以一位（0 ～ 23）或两位（01 ～ 23）显示小时	16	16:18:10	HH
MM 或 M	以一位（0 ～ 59）或两位（01 ～ 59）显示分钟	18	16:18:10	MM
SS 或 S	以一位（0 ～ 59）或两位（01 ～ 59）显示秒	10	16:18:10	SS

自定义格式常见的几种应用。

1. 自动添加文本

在输入数据之后自动添加文本，使用自定义格式为：@ " 文本内容 "；要在输入数据之前自动添加文本，使用自定义格式为：" 文本内容 " @。@ 符号的位置决定了 Excel 输入的数字数据相对于添加文本的位置，双引号得用英文状态下的。

实例一：" 腾讯公司 "@" 办事处 "，在单元格输入郑州，单元格内容显示为“腾讯公司郑州办事处”。

在输入数字之后自动添加文本。

实例二：如在日常财务工作中，常常需要在金额数字后加单位“元”，这时就可以使用：0.00" 元 " 或 0" 元 "，这种通过自定义单元格设置的数字格式是可以做加减乘除等运算的，而如果直接在数字后面加文本，就变成文本格式了，不能做运算。

常见的单位设置如表 1-2-4 所示，原始数据为 100000000，不同设置显示内容如下。

表 1-2-4

单元格设置的内容		显示内容
元单位	#" 元 "	100000000 元
百元单位	#!.00" 百元 "	1000000.00 百元
千元单位	#!.000 " 千元 "	100000.000 千元
	0, " 千元 "	100000 千元
万元单位	#!.0," 万元 "	10000.0 万元
	#!.0000" 万元 "	10000.0000 万元
百万元单位	#,," 百万元 "	100 百万元
	0.00,," 百万元 "	100.00 百万元

数字前自动加前后缀。

数字前自动加前后缀，正数和负数显示如表 1-2-5。

表 1-2-5

单元格设置的内容	5	-5
$0.00" 剩余 ";$-0.00" 不足 "	$5.00 剩余	$-5.00 不足
$0.00" 不足 ";$-0.00" 剩余 "	$5.00 不足	$-5.00 剩余
$0.00" 买啥啊？ ";$-0.00" 不足 "	$5.00 买啥啊?	$-5.00 不足
0.00" 买啥啊？ ";-0.00" 不足 "	5.00 买啥啊?	-5.00 不足
" ↑ "0.00" 买啥啊？ ";" ↓ "-0.00" 不足 "	↑ 5.00 买啥啊?	↓ -5.00 不足

2. 在自定义格式中使用颜色

要设置格式中某一部分的颜色，只要在该部分对应位置用方括号键入颜色名称或颜色编号即可。Excel 中可以使用的颜色名称有 [黑色]、[蓝色]、[青色]、[绿色]、[洋红]、[红色]、[白色]、[黄色] 8 种不同的颜色。此外 Excel 还可以使用 [颜色 *X*] 的方式来设置颜色，其中 *X* 为 1 ～ 56 的数字，代表了 56 种不同的颜色。例如：当用户需要将单元格中的负数数字用蓝色来表示，只要使用“#,##0.00;[蓝色]-#,##0.00”自定义数字格式，用户在单元格中录入负数时，Excel 就会将数字以蓝色显示。

3. 在自定义格式中使用条件格式

在 Excel 自定义数字格式中用户可以进行条件格式的设置。例如：在学生成绩工作表中，当我们想以红色字体显示大于等于 90 分的成绩，以蓝色字体显示小于 60 分的成绩时，其余的成绩则以黑色字体显示，这时只需将自定义数字格式设置为“[红色][>=90];[蓝色][<60];[黑色]”即可。

值得注意的是，当以后需要继续使用刚才所创建的成绩条件自定义数字格式时，你会发现在“单元格格式”的“自定义”分类类型中找不到“[红色][>=90];[蓝色][<60];[黑色]”格式，这是因为 Excel 自动将你所创建的“[红色][>=90];[蓝色][<60];[黑色]”格式修改成“[红色][>=90]G/ 通用格式 ;[蓝色][<60]G/ 通用格式 ;[黑色]G/ 通用格式”，你只需选择此格式即可达到同样的使用效果。实例：把“数学”“语文”成绩中 90 分以上的替换成“优”: [>=90]" 优 "。

4. 隐藏单元格中的数值

在 Excel 工作表中，有时为了表格的美观或者别的因素，我们希望将单元格中的数值隐藏起来，这时我们使用“;;;”（3 个分号）的自定义数字格式就可达到此目的。这样单元格中的值只会在编辑栏出现，并且被隐藏单元格中的数值还不会被打印出来，但该单元格中的数值可以被其他单元格正常引用，如表 1-2-6 所示。

表 1-2-6

单元格设置的内容	zhangsan1000	zhangsan56	111	0	-5	功能
;;;						隐藏单元格所有文本
;;	zhangsan1000	zhangsan56				隐藏数值，但不隐藏文本
##;;;			111			只显示正数
;;0;				0		只显示零
;##;;					5	负数显示为正
???	zhangsan1000	zhangsan56	111		-5	仅隐藏零值

其他常见设置如表 1-2-7 所示。

表 1-2-7

单元格设置的内容	1000	56	111	说明
000000	001000	000056	000111	补足
;;**	********************	******************	*****************	加密
" 隐 "" 蔽 "	隐蔽	隐蔽	隐蔽	显示固定的内容
[<500]000;00--00	10--00	056	111	根据数字的大小设定显示格式

无论为单元格应用何种数字格式，都只会改变单元格的显示形式，而不会改变单元格存储的真正内容。反之，用户在工作表上看到的单元格内容，并不一定是其真正的内容，而可能是原始内容经过各种变化后的一种表现形式。

第 39 招 筛选后粘贴

筛选后粘贴分为两种情况，一是从其他表复制粘贴到筛选后的表中，二是筛选后在本表格中把一列内容复制粘贴到另一列。

我们先看看第一种情况。表格一部分内容截图如图 1-2-43 所示；表格二是工作地点为深圳总部的员工，如图 1-2-44 所示，现在要把图 1-2-44 内容复制粘贴到表格一筛选后结果为深圳总部对应的英文名列。对表格一筛选出工作地点为深圳总部，由于筛选后不符合条件的行隐藏了，如果直接把图 1-2-44 英文名复制粘贴到筛选后的表格一，则隐藏行也会粘贴上。想要完成筛选后粘贴，在图 1-2-43 表格增加一个字段自然数列，如图 1-2-45 所示，再按照工作地点进行排序，如图 1-2-46 所示，再把图 1-2-44 的英文名复制粘贴到排序后的结果处，如图 1-2-47 所示。

工作地点	英文名
深圳总部	
深圳总部	
上海	
深圳总部	

图 1-2-43

深圳总部	deedee
深圳总部	bone
深圳总部	zoe
深圳总部	simple
深圳总部	sunny

图 1-2-44

序号	工作地点	英文名
1	深圳总部	
2	深圳总部	
3	上海	
4	深圳总部	

图 1-2-45

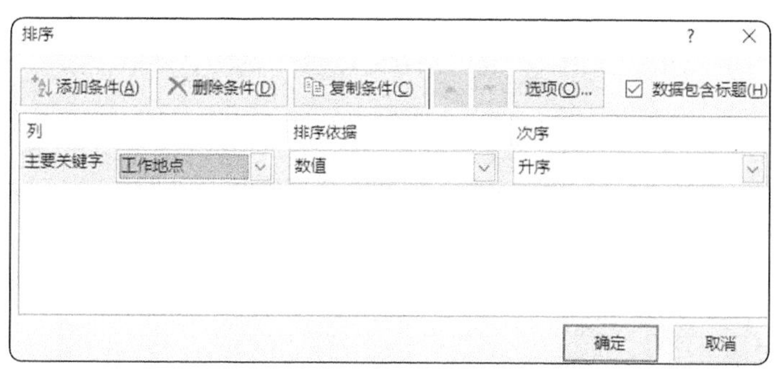

图 1-2-46

1	深圳总部	deedee
2	深圳总部	bone
4	深圳总部	zoe
6	深圳总部	simple
7	深圳总部	sunny
9	深圳总部	tony

图 1-2-47

如果筛选后要填充的内容在筛选后的表格里，要怎样快速填充呢？如图 1-2-48 所示，要把 D 列筛选后结果为√的对应 B 列内容填充到 F 列。

	A	B	C	D	E	F
1				员工工作地点调动		
2	序号	工作地点	英文名	是否有变动	调动前	调动后
3	1	深圳总部	deedee	√	北京	
4	2	深圳总部	bone			

图 1-2-48

筛选后结果如图 1-2-49 所示。

	A	B	C	D	E	F
1				员工工作地点调动		
2	序号	工作地点	英文名	是否有变动	调动前	调动后
3	1	深圳总部	deedee	√	北京	
5	3	上海	Mary	√	深圳总部	
6	4	深圳总部	zoe	√	上海	
10	8	广州	sam	√	深圳总部	
13	11	深圳总部	terry	√	成都	
16	14	深圳总部	flexrong	√	杭州	

图 1-2-49

按住 Ctrl 键，选取筛选后的 B 列和 F 列，按组合键【Ctrl+R】，可以快速填充 F 列，如图 1-2-50 所示。

	A	B	C	D	E	F
1				员工工作地点调动		
2	序号	工作地点	英文名	是否有变动	调动前	调动后
3	1	深圳总部	deedee	√	北京	深圳总部
5	3	上海	Mary	√	深圳总部	上海
6	4	深圳总部	zoe	√	上海	深圳总部
10	8	广州	sam	√	深圳总部	广州
13	11	深圳总部	terry	√	成都	深圳总部
16	14	深圳总部	flexrong	√	杭州	深圳总部

图 1-2-50

第40招 从字母和数字的混合字符串中提取数字

从字母和数字的混合字符串中提取数字，一般用复杂的函数公式完成，本招介绍一个很简单的方法来实现，如图 1-2-51 所示，要求把 A 列的数字提取出来放在 B ~ D 列。

	A	B	C	D
1		不含税	税额	含税
2	不含税金额1749506.6元，税额104970.4元，含税金额1854477元	1749506.6	104970.4	1854477
3	不含税金额1141946.61元，税额68516.8元，含税金额1210463.41元	1141946.61	68516.8	1210463.41
4	不含税金额851609.55元，税额51096.57元，含税金额902706.12元	851609.55	51096.57	902706.12
5	不含税金额5887.74元，税额353.26元，含税金额6241元	5887.74	353.26	6241

图 1-2-51

操作步骤：

Step1 复制 A 列的字符到 E 列，然后把 E 列的列宽调整为一个汉字大小的宽度，如图 1-2-52 所示。

	A	B	C	D	E
1		不含税	税额	含税	
2	不含税金额1749506.6元，税额104970.4元，含税金额1854477元	1749506.6	104970.4	1854477	不
3	不含税金额1141946.61元，税额68516.8元，含税金额1210463.41元	1141946.61	68516.8	1210463.41	不
4	不含税金额851609.55元，税额51096.57元，含税金额902706.12元	851609.55	51096.57	902706.12	不
5	不含税金额5887.74元，税额353.26元，含税金额6241元	5887.74	353.26	6241	不

图 1-2-52

Step2 选中 E 列，选择菜单开始→编辑→填充→两端对齐，如图 1-2-53 所示，执行操作后字符串和数字就会被拆分显示，如图 1-2-54 所示。

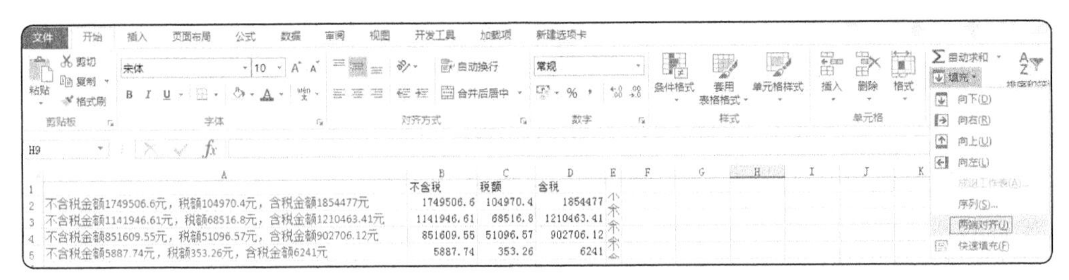

图 1-2-53

	A	B	C	D	E	F
1		不含税	税额	含税		
2	不含税金额1749506.6元，税额104970.4元，含税金额1854477元	1749506.6	104970.4	1854477	不	
3	不含税金额1141946.61元，税额68516.8元，含税金额1210463.41元	1141946.61	68516.8	1210463.41	含	
4	不含税金额851609.55元，税额51096.57元，含税金额902706.12元	851609.55	51096.57	902706.12	税	
5	不含税金额5887.74元，税额353.26元，含税金额6241元	5887.74	353.26	6241	金	
6					额	
7					1749506.6	
8					元，	
9					税	
10					额	
11					104970.4	

图 1-2-54

Step3 从 E 列的第一个数字按组合键【Ctrl+ Shift+ 向下键↓】向下选取全部，打开下拉提示，单击转换为数字，如图 1-2-55 所示。

Step4 选中 E 列，按 F5 键，定位条件选“文本”，如图 1-2-56 所示，执行这一步会选取所有非数字的行，然后单击右键选择删除文本就行了，如图 1-2-57 所示，得到的结果如图 1-2-58 所示。

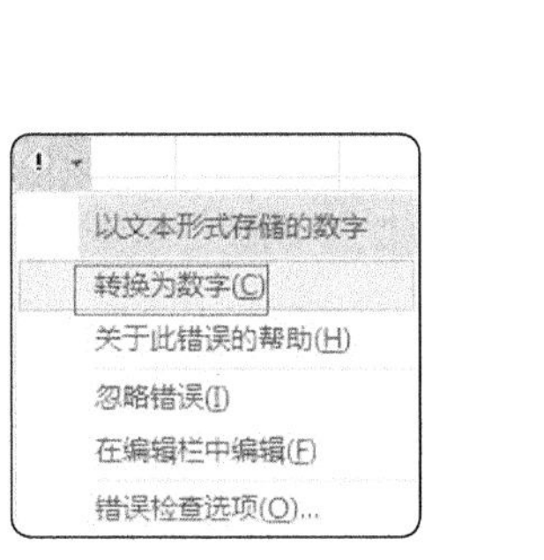

图 1-2-55

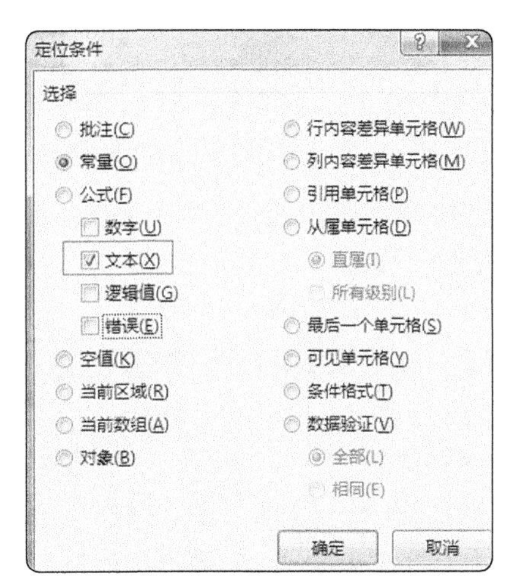

图 1-2-56

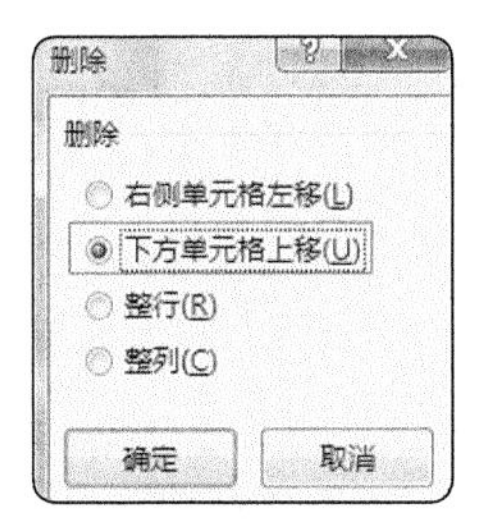

图 1-2-57

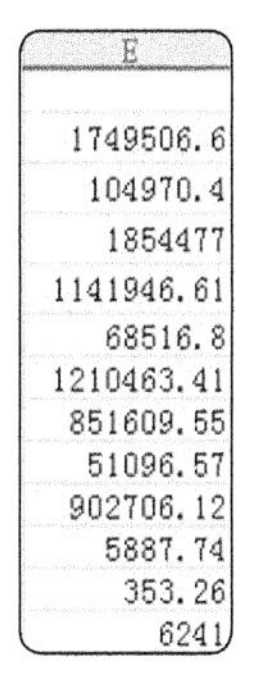

图 1-2-58

Step5 最后再将数字复制，选择性粘贴，把“转置”打钩。

这个案例也可以用第 10 招介绍的快速填充，但是如果数字和文字完全没有规律，快速填充不一定能实现，此时用两端对齐再删除文本的方法就很简单。

第3章　查找与替换

Excel查找替换功能相信很多人都用过，也许你觉得这个功能太简单了，谁都会用啊，不值一提，看看本章介绍的这些例子，看完你会感叹原来查找替换功能水也很深呀。

第41招 把单元格的0替换为9，其他非0单元格中的0也被替换了

某单元格区域内容为数字，要把其中的0替换为9，怎么替换呢？如图1-3-1所示。

800	895
900	758
0	45
600	0
0	23
326	0

图1-3-1

按组合键【Ctrl+H】弹出“查找和替换”对话框，“查找内容”输入0，“替换为”输入9，如图1-3-2所示。

单击“全部替换”，傻眼了吧，所有的0都替换为9了！如图1-3-3所示。Excel是不是太“偏激”了，我只是希望把单元格为0的替换，而不是所有的0都替换！

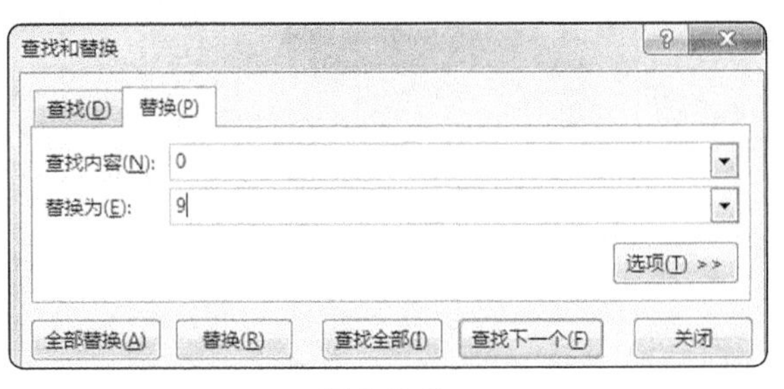

图1-3-2

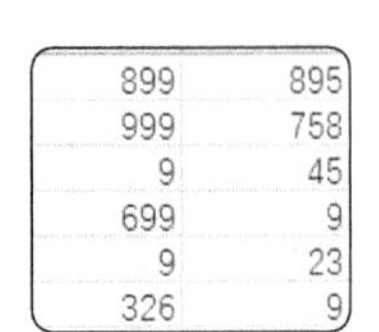

899	895
999	758
9	45
699	9
9	23
326	9

图1-3-3

这点是不是类似于生活中看问题比较偏激的人呢？有人对自己不喜欢的人批判得一无是处，其实每个人都有优点和缺点。怎样才能让Excel“辩证”地看问题呢？很简单，单击“查找和替换”对话框“选项”，把“单元格匹配”打钩，再单击“全部替换”，如图1-3-4所示。

得到的结果只有单元格内容为0的才替换为9，如图1-3-5所示。

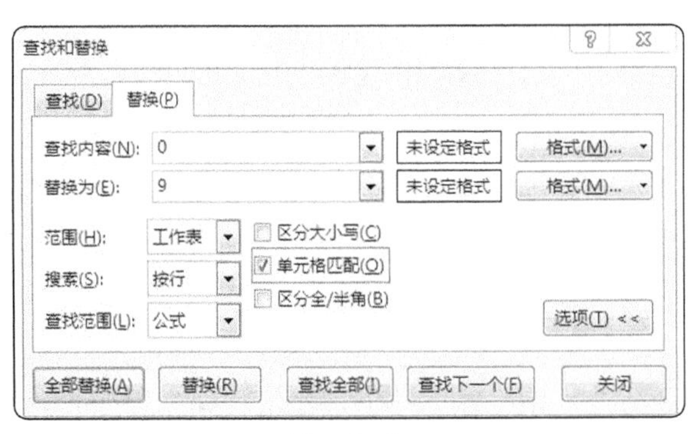

图1-3-4

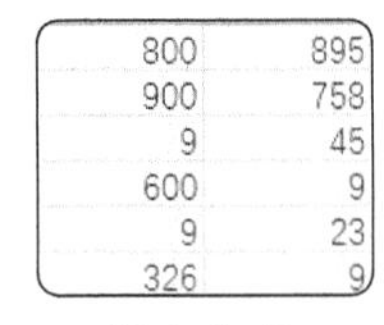

800	895
900	758
9	45
600	9
9	23
326	9

图1-3-5

单元格匹配是什么意思呢？就是查找的单元格内容必须和查找内容一致，如果不选中该复选框，则在单元格中包含查找内容就可以。

第42招 单元格内容怎么显示#NAME？

单元格内容显示#NAME?，如图1-3-6所示。鼠标放在单元格，在地址栏看到内容为＝和英文字

母组成，如图 1-3-7 所示。怎样才能正常显示呢？把 = 全部替换为空，如图 1-3-8 所示，就能显示了，如图 1-3-9 所示。

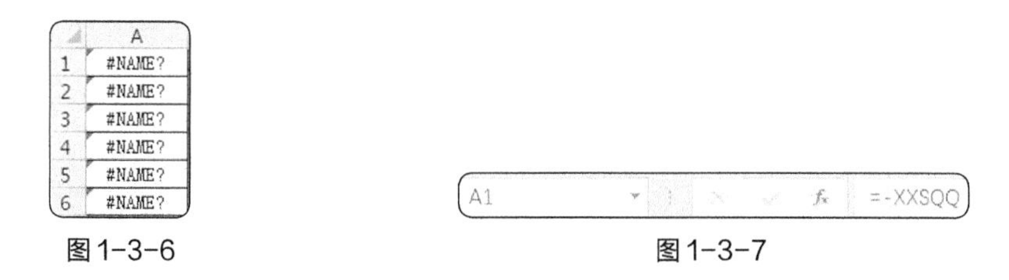

图 1-3-6　　图 1-3-7

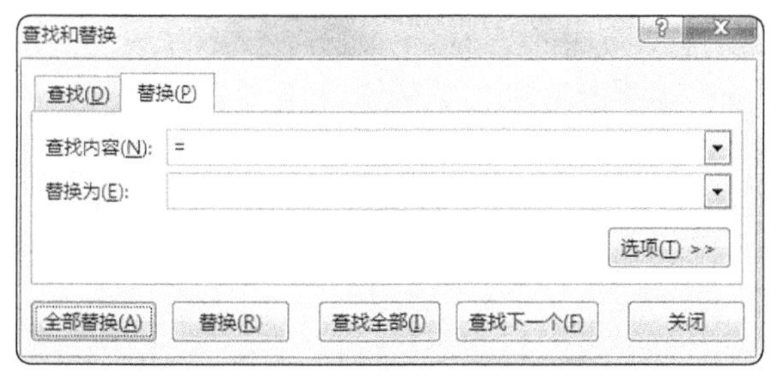

图 1-3-8

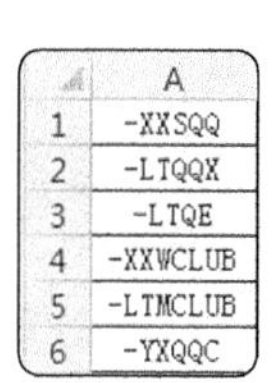

图 1-3-9

第 43 招　怎样查找通配符波形符 ~

通配符是一种特殊语句，主要有星号（*）、问号（?）、波形符（~），用来模糊搜索文件。例如，要查找波形符 ~ 的表格内容如图 1-3-10 所示。

[603930](闻)~这是石币的味道！只要有可以换成石币的宠物，那里就是我的乐园♡!

图 1-3-10

按组合键【Ctrl+H】，弹出“查找和替换”对话框，在“查找内容”输入 ~，“替换为”输入 -，如图 1-3-11 所示，提示找不到匹配项，如图 1-3-12 所示。

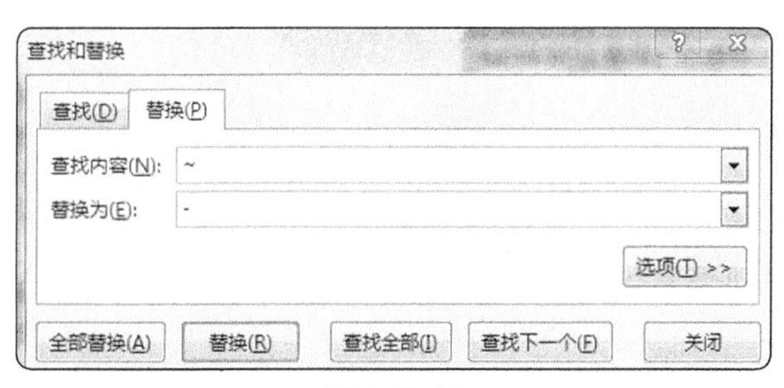

图 1-3-11

图 1-3-12

Excel 将波形符 ~ 用作表示下一个字符是文本的标记。在查找替换搜索波形符 ~、星号 * 或问号?

时，字符前必须有波形符～。要替换 Excel 工作表单元格中的波形符～，需要在查找内容输入双波形符～～，如图 1-3-13 所示。

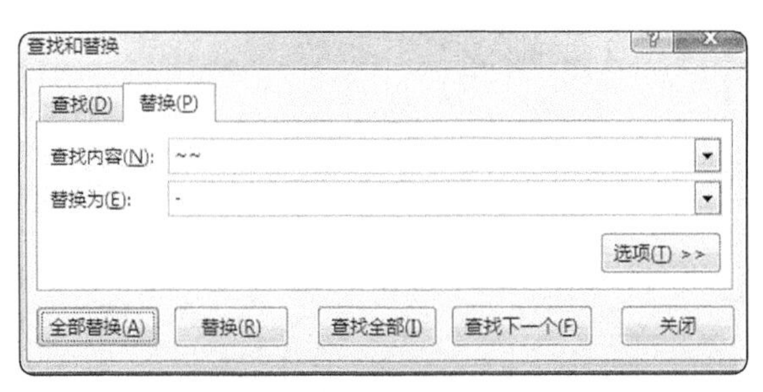

图 1-3-13

第 44 招 怎样去掉数字中的小数

数字中带有小数点，如图 1-3-14 所示，不四舍五入，怎样去掉小数？通常想到的是用函数解决，其实查找替换就可以快速实现。在“查找内容”输入 .*，替换为空，单击“全部替换”就可以瞬间把小数点后面的数字去掉了，如图 1-3-15 所示。这里 * 是通配符，表示小数点后面的任意字符。

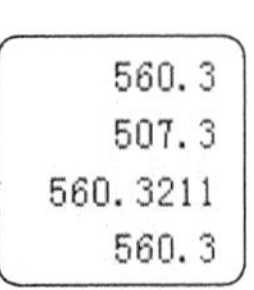

560.3
507.3
560.3211
560.3

图 1-3-14

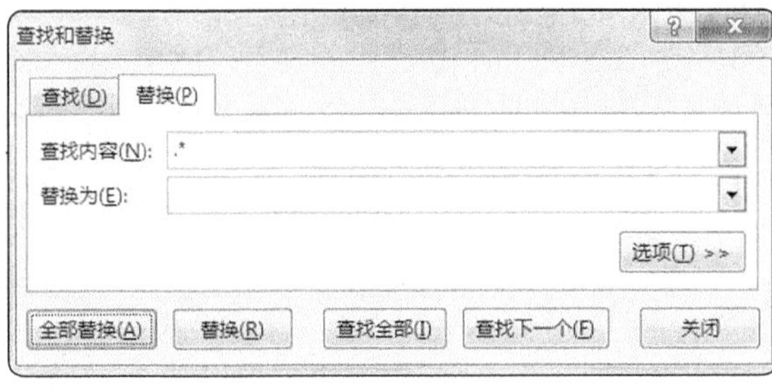

图 1-3-15

第 45 招 查找带有背景颜色的单元格

单击“查找和替换”对话框中“格式”按钮右侧的小箭头，在弹出的下拉列表中选择“从单元格选择格式”，然后选择一个包含所需查找格式的单元格，即可按选定的格式进行查找。然后单击“替换为”的“格式”，进行单元格格式设定。例如图 1-3-16 所示操作将填充颜色由黄色替换为蓝色。

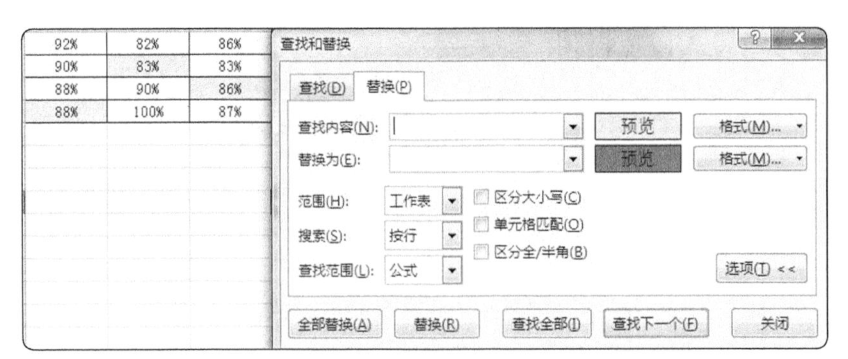

图 1-3-16

第46招 按住 Shift 键反方向查找

在“查找和替换”对话框中单击“查找下一个”按钮时，Excel 会按照某个方向进行查找。如果在单击“查找下一个”按钮前，按住 Shift 键，Excel 将按照与原查找方向相反的方向进行查找。

第47招 查找能区分大小写吗?

可以指定 Excel 只查找具有某种大写格式的特殊文字。比如，可以查找“Tencent”，而不查找“tencent”。查找时，把“区分大小写”打钩，如图 1-3-17 所示。

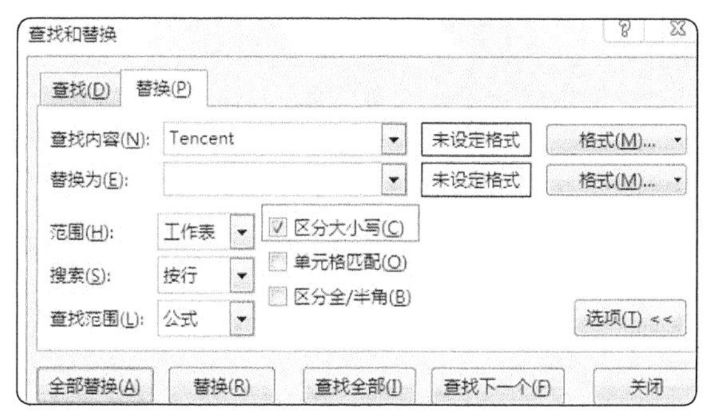

图 1-3-17

第48招 在公式、值、批注范围查找

Excel 提供了公式、值、批注的查找，在实际使用时，可以按需查找，如图 1-3-18 所示。

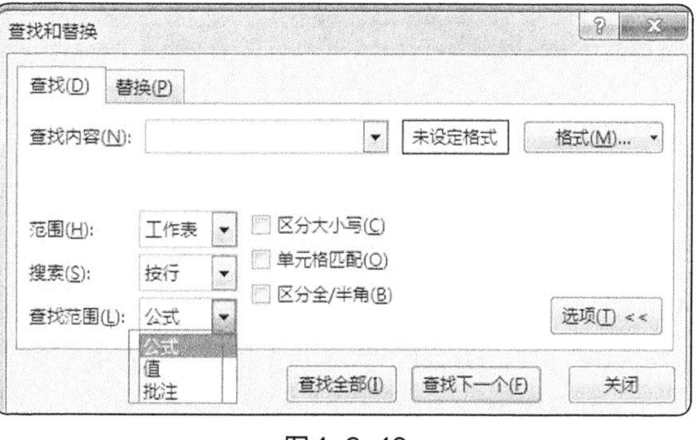

图 1-3-18

比如，单元格公式 ='[移动结算收入汇总（2016）.xlsx] 腾讯应收 '!AE2，需要把公式中引用的单元格 AE 替换为 AA，可以在查找和替换对话框“查找内容”输入 AE，“替换为”输入 AA，单击“全部替换”，如图 1-3-19 所示，这样单元格区域的公式全部替换了，而不用重新写公式。

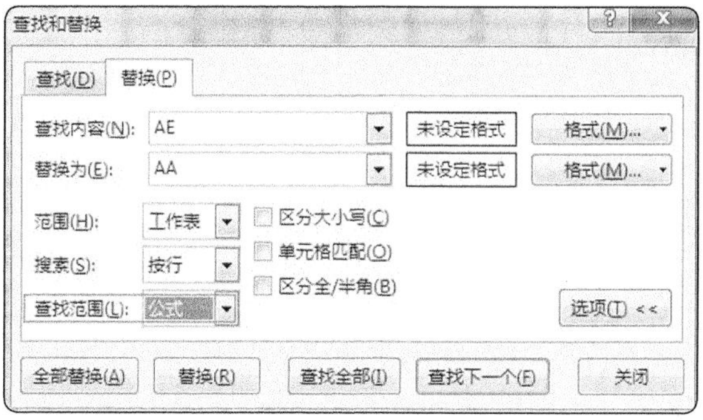

图 1-3-19

第49招 在所有工作表中查找

查找范围有全局和局部查找。如果查找是在整个工作表进行，随意单击任意单元格进行查找。如果是局部查找，首先确定查找范围，比如只在A列查找，可以先选中A列，然后再打开“查找和替换”对话框。在“查找和替换”对话框中单击“选项”按钮，在“范围”的下拉列表中可以根据需要选择“工作簿”和“工作表”，如图1-3-20所示。

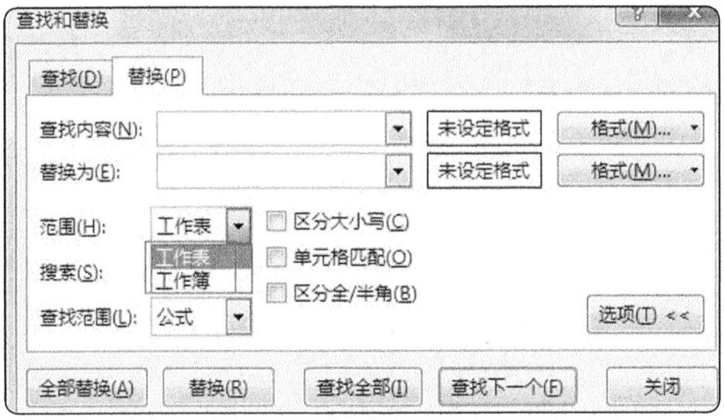

图1-3-20

第50招 多列按区间查找

如图1-3-21所示表中，要求选取1～6月大于100%的单元格，并填充绿色背景。

201601	201602	201603	201604	201605	201606
118.99%	129.22%	124.63%	100.82%	94.87%	95.42%
87.88%	84.97%	81.91%	103.55%	99.34%	95.14%
110.33%	105.80%	136.39%	107.02%	103.16%	107.08%
96.89%	95.74%	96.33%	97.03%	96.52%	95.99%
99.59%	99.46%	99.17%	94.92%	99.25%	99.27%
120.46%	99.25%	107.94%	110.03%	115.67%	115.07%
78.31%	83.65%	85.77%	86.20%	87.28%	90.78%
93.39%	93.36%	90.81%	86.90%	74.90%	86.00%

图1-3-21

选取数据区域，按组合键【Ctrl+F】打开“查找和替换”对话框，并进行如下设置。

查找框中输入*，如图1-3-22所示。

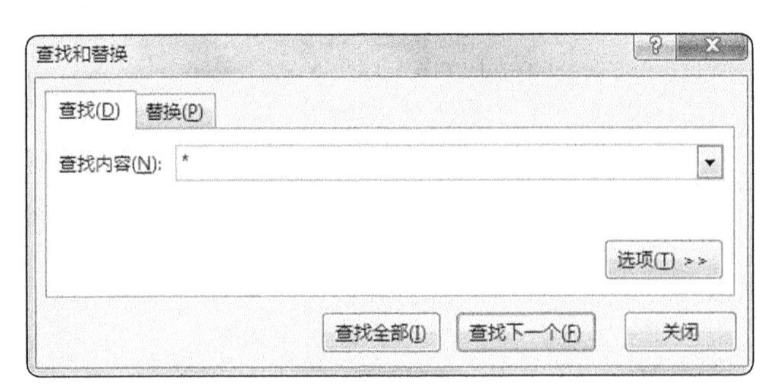

图1-3-22

单击“查找全部”，单击标题“值”排序，选取第一个大于100%的行，按住Shift键再选中最后一行，如图 1-3-23 所示。

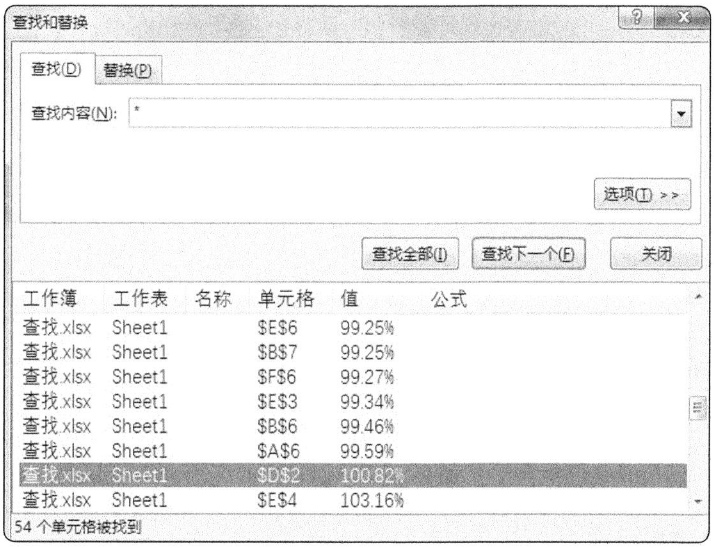

查找和替换
查找(D)
替换(P)
查找内容(N): *
选项(T) >>
查找全部(I)
查找下一个(F)
关闭
工作簿 工作表 名称 单元格 值 公式
查找.xlsx Sheet1 $E$6 99.25%
查找.xlsx Sheet1 $B$7 99.25%
查找.xlsx Sheet1 $F$6 99.27%
查找.xlsx Sheet1 $E$3 99.34%
查找.xlsx Sheet1 $B$6 99.46%
查找.xlsx Sheet1 $A$6 99.59%
查找.xlsx Sheet1 $D$2 100.82%
查找.xlsx Sheet1 $E$4 103.16%
54 个单元格被找到

图 1-3-23

关闭“查找和替换”对话框，填充单元格背景颜色为绿色，如图 1-3-24 所示。

201601	201602	201603	201604	201605	201606
118.99%	129.22%	124.63%	100.82%	94.87%	95.42%
87.88%	84.97%	81.91%	103.55%	99.34%	95.14%
110.33%	105.80%	136.39%	107.02%	103.16%	107.08%
96.89%	95.74%	96.33%	97.03%	96.52%	95.99%
99.59%	99.46%	99.17%	94.92%	99.25%	99.27%
120.46%	99.25%	107.94%	110.03%	115.67%	115.07%
78.31%	83.65%	85.77%	86.20%	87.28%	90.78%
93.39%	93.36%	90.81%	86.90%	74.90%	86.00%

图 1-3-24

第 51 招 查找所有合并单元格

在 Excel 表排序的时候，经常能碰到有合并单元格，不能排序。那么如何快速查找出表中的合并单元格都分布在什么位置呢？按组合键【Ctrl+F】打开查找对话框，单击“选项”，如图 1-3-25 所示，单击“格式”，如图 1-3-26 所示，在查找格式中把“合并单元格”打钩，单击“确定”，如图 1-3-27 所示，然后单击“查找全部”，工作表中的所有已经合并过的单元格就全出来了，如图 1-3-28 所示。

查找和替换
查找(D)
替换(P)
查找内容(N):
选项(T) >>
查找全部(I)
查找下一个(F)
关闭

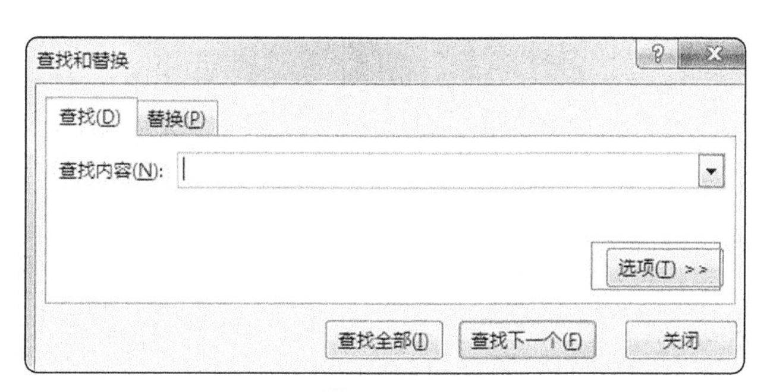

图 1-3-25

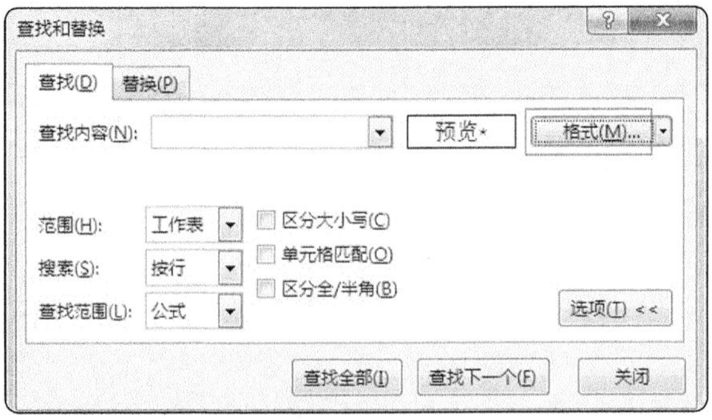

查找和替换
查找(D)
替换(P)
查找内容(N):
预览*
格式(M)...
范围(H):
工作表
区分大小写(C)
搜索(S):
按行
单元格匹配(O)
查找范围(L):
公式
区分全/半角(B)
选项(T) <<
查找全部(I)
查找下一个(F)
关闭

图1-3-26

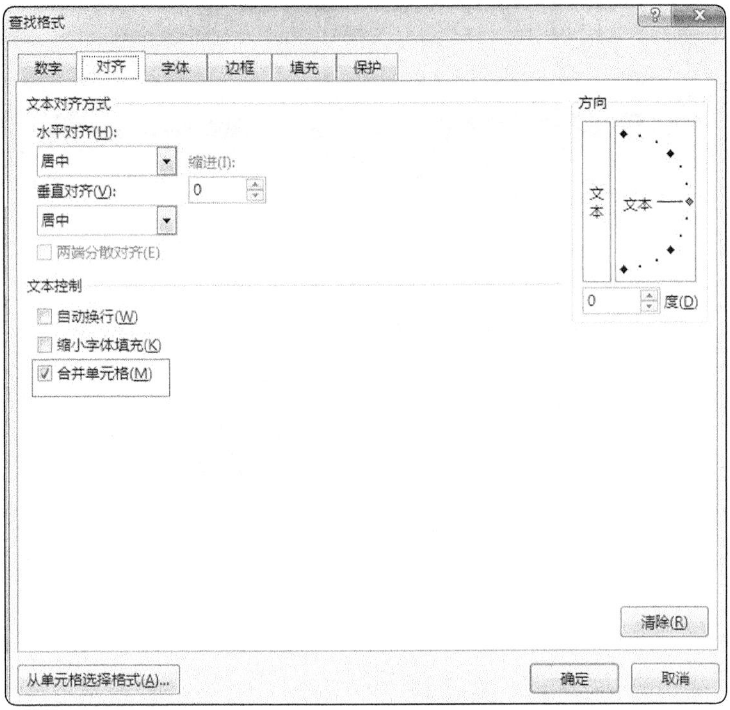

查找格式
数字
对齐
字体
边框
填充
保护
文本对齐方式
水平对齐(H):
居中
缩进(I):
0
垂直对齐(V):
居中
两端分散对齐(E)
文本控制
自动换行(W)
缩小字体填充(K)
合并单元格(M)
方向
文本
文本
0
度(D)
清除(R)
从单元格选择格式(A)...
确定
取消

图1-3-27

查找和替换
查找(D)
替换(P)
查找内容(N):
预览*
格式(M)...
范围(H):
工作表
区分大小写(C)
搜索(S):
按行
单元格匹配(O)
查找范围(L):
公式
区分全/半角(B)
选项(T) <<
查找全部(I)
查找下一个(F)
关闭
工作簿 工作表 名称 单元格 值 公式
工作簿1 Sheet1 $A$1
工作簿1 Sheet1 $B$4
2 个单元格被找到

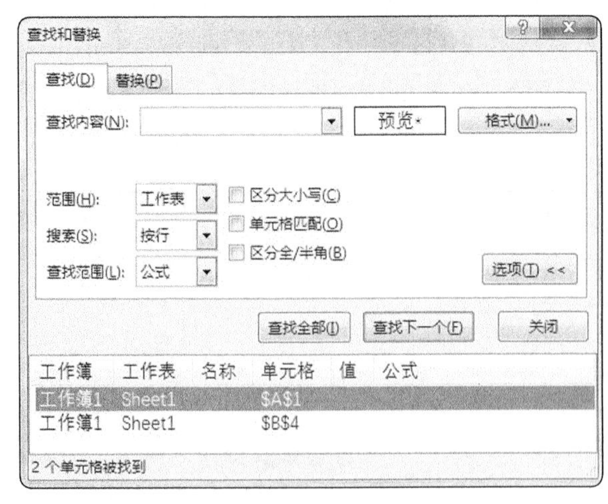

图1-3-28

第52招 借助 Word 分离不连续的数字和英文字母

单元格中的数字间断出现，如图 1-3-29 所示，如何把数字和英文字母分离开呢？

	A
1	1ten2cen3t
2	7a8b9c
3	8mob0ile6

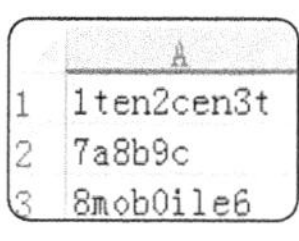

图 1-3-29

如果用 Excel 函数公式很复杂，但借助 Word 就非常简单，把 Excel 单元格字符串内容复制粘贴到 Word 中，打开“查找和替换”对话框，单击“特殊格式”，单击“任意字母”，如图 1-3-30 所示，替换为空，这样就只剩下数字了，同样的方法，再单击“任意数字”，全部替换为空，这样就只剩下字母了。这样就实现了字母和数字的分离。

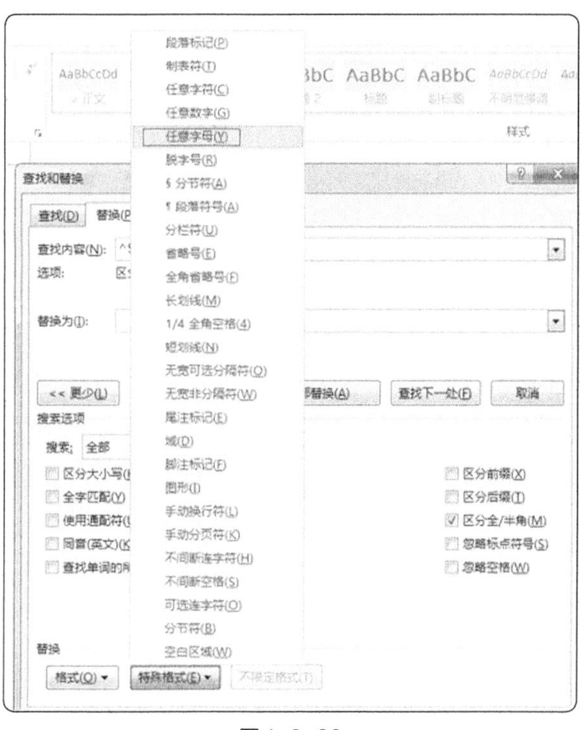

图 1-3-30

第53招 怎样去掉不可见的换行符

Word 表格有时候有换行符，如图 1-3-31 所示。

手机号码	伪码	qq	交易流水
135****7977	1079995494	1002052600	交易 2013-01-15 08:40:35 200 交易 2013-01-15 08:40:43 200 交易 2013-01-15 08:40:49 200

图 1-3-31

交易流水那个字段有 3 行，如果把这个表格拷贝到 Excel，Word 里交易流水这个单元格内容在 Excel 中分成了三个单元格，如图 1-3-32 所示。

1	手机号码	伪码	qq	交易流水
2				交易2013-01-15 08:40:35 200
3	135****7977	1079995494	1002052600	交易2013-01-15 08:40:43 200
4				交易2013-01-15 08:40:49 200

图 1-3-32

怎样使 Word 里这样的表格拷贝到 Excel，还是在一个单元格里分成三行呢？即要显示这样的截图，如图 1-3-33 所示。

	手机号码	伪码	qq	交易流水
2	135****7977	1079995494	1002052600	交易2013-01-15 08:40:35 200 交易2013-01-15 08:40:43 200 交易2013-01-15 08:40:49 200

图 1-3-33

操作步骤如下：

Step1 先在 Word 里将段落行标记替换成特殊字符，如图 1-3-34 所示。

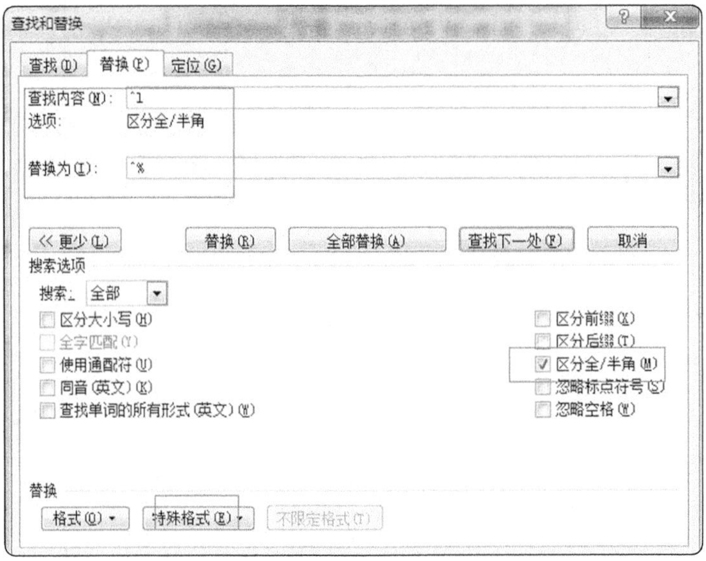

查找和替换
查找(D)
替换(P)
定位(G)
查找内容(N)： ^l
选项： 区分全/半角
替换为(I)： ^%
<< 更少(L)
替换(R)
全部替换(A)
查找下一处(F)
取消
搜索选项
搜索： 全部
区分大小写(H)
全字匹配(Y)
使用通配符(U)
同音(英文)(K)
查找单词的所有形式(英文)(W)
区分前缀(X)
区分后缀(T)
区分全/半角(M)
忽略标点符号(S)
忽略空格(W)
替换
格式(O)
特殊格式(E)
不限定格式(T)

图 1-3-34

这里将行标记 ^l（注意，这个是英文小写字母 l，不是阿拉伯数字 1），替换为特殊字符 ^%，单击“全部替换”，显示如图 1-3-35 所示。

Microsoft Word
Word 已完成对 文档 的搜索并已完成 34 处替换。
确定
帮助(H)

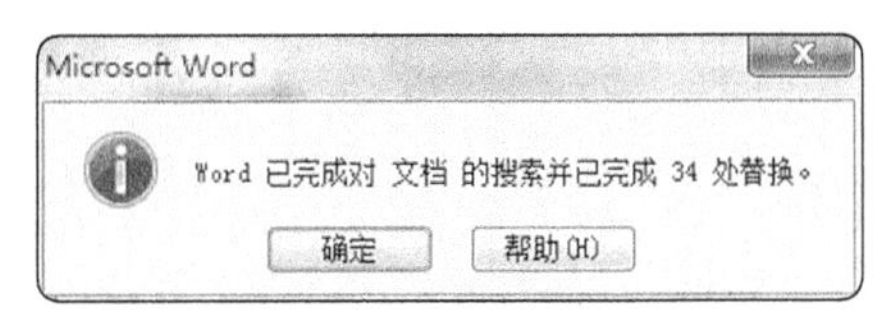

图 1-3-35

单击“确定”按钮后，显示的 Word 文档内容部分截图如图 1-3-36 所示。

手机号码	伪码	qq	交易流水
135****7977	1079995494	1002052600	交易 2013-01-15 08:40:35 200§交易 2013-01-15 08:40:43 200§交易 2013-01-15 08:40:49 200

图 1-3-36

将替换后的 Word 表格复制粘贴到 Excel 中，内容如图 1-3-37 所示。

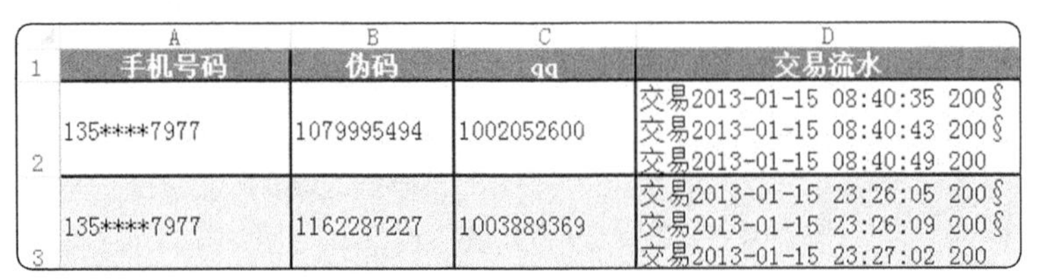

	A	B	C	D
1	手机号码	伪码	qq	交易流水
2	135****7977	1079995494	1002052600	交易2013-01-15 08:40:35 200§ 交易2013-01-15 08:40:43 200§ 交易2013-01-15 08:40:49 200
3	135****7977	1162287227	1003889369	交易2013-01-15 23:26:05 200§ 交易2013-01-15 23:26:09 200§ 交易2013-01-15 23:27:02 200

图 1-3-37

这样就把 Word 表格中有换行的内容拷贝到 Excel 中仍然是一个单元格内容。

Step2 在 Excel 中将需要做单元格内换行的内容进行换行，如图 1-3-38 所示。

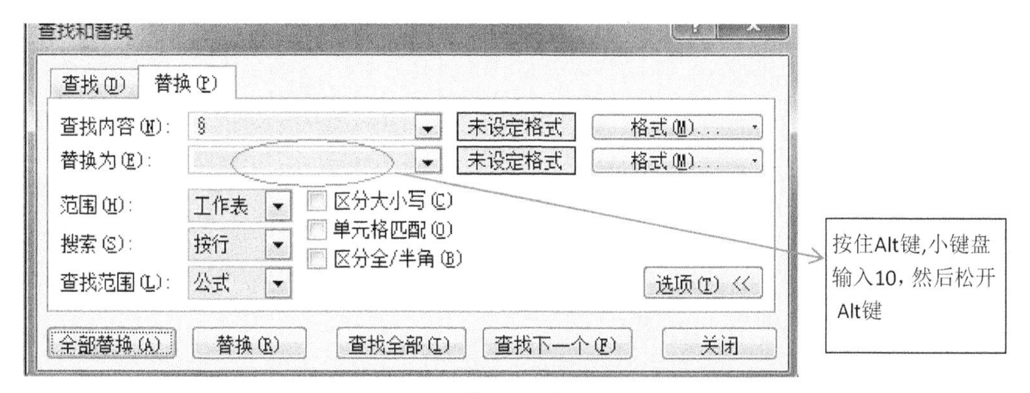

图 1-3-38

红色框里按住 Alt 键，小键盘输入 10，然后松开 Alt 键，单击“全部替换”，显示如图 1-3-39 所示。

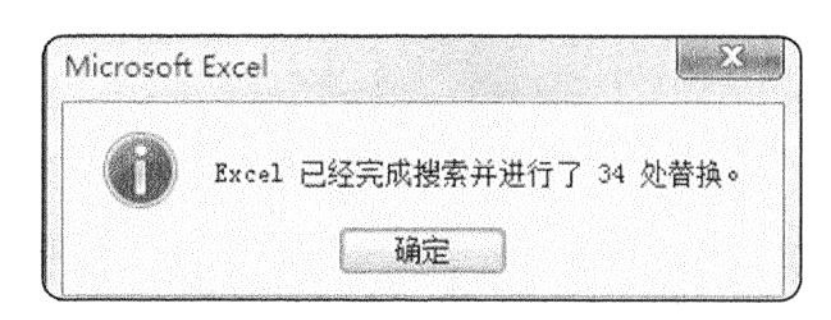

图 1-3-39

单击“确定”，显示如图 1-3-40 所示。

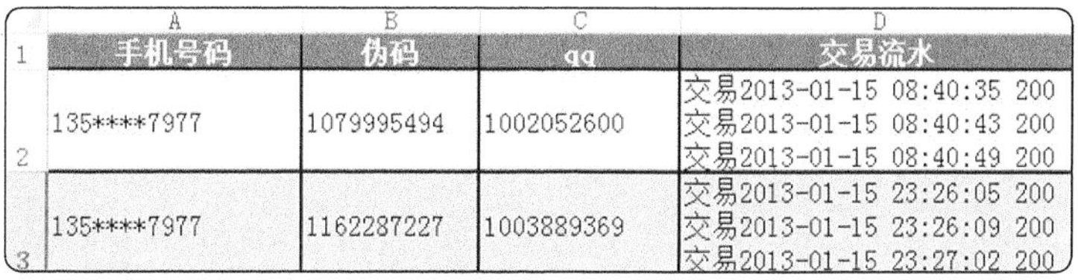

	A	B	C	D
1	手机号码	伪码	qq	交易流水
2	135****7977	1079995494	1002052600	交易2013-01-15 08:40:35 200 交易2013-01-15 08:40:43 200 交易2013-01-15 08:40:49 200
3	135****7977	1162287227	1003889369	交易2013-01-15 23:26:05 200 交易2013-01-15 23:26:09 200 交易2013-01-15 23:27:02 200

图 1-3-40

这样就将需要换行的单元格批量进行换行。

第 4 章 行与列的操作

本章介绍行与列的操作技巧，主要内容包含行列转置和互换位置、插入空白行、多列变一列、隔列操作等。

第 54 招 怎样把行变为列或列变为行

通过选择性粘贴转置功能可以把行变为列，列变为行。选中数据，复制，再选“选择性粘贴”，把“转置”打钩，如图 1-4-1 所示。

图 1-4-1

第 55 招 如何在每一行的下面一次性插入一个空白行

工作中有时需要在 Excel 表格中插入空白行，那么如何在 Excel 中插入空白行呢？介绍两种方法。

方法一：按住 Ctrl 键，并依次单击要插入新行的整行内容，单击鼠标右键，在弹出的右键菜单中选择插入即可。这种方法适合数据量比较少的情况，如果数据量大，一个个单击很慢，如图 1-4-2 和图 1-4-3 所示。

	A	B	C	D	E	F	G	H	I	J	K	L	M
1		1月	2月	3月	4月	5月	6月	7月	8月	9月	10月	11月	12月
2	产品A	59.09	28.39	1.06	8.88	17.18	93.33	68.78	91.01	24.11	24.42	35.91	82.60
3	产品B	36.37	83.67	60.44	96.88	67.14	83.35	55.71	29.21	79.61	0.27	58.34	35.57
4	产品C	20.50	95.08	83.04	4.40	57.68	7.73	57.01	40.46	27.96	22.12	97.20	6.59
5	产品D	2.22	90.62	92.24	73.70	68.48	63.54	89.77	59.67	30.34	38.20	43.05	29.82
6	产品E	37.87	33.60	97.52	48.98	35.96	79.84	52.71	40.37	31.02	78.47	19.04	45.30
7	产品F	31.15	55.14	19.80	89.14	13.53	24.98	47.28	82.02	89.48	80.54	43.28	31.22
8	产品G	34.73	59.57	10.14	36.12	74.49	87.80	83.73	3.16	54.76	29.11	95.54	63.54
9	产品H	94.84	35.25	58.38	33.41	58.22	47.44	32.96	56.70	56.37	17.88	42.54	17.57
10	产品I	17.86	9.38	10.63	30.79	12.96	47.09	52.43	22.68	40.43	94.46	25.45	82.68
11	产品J	65.27	50.36	95.01	28.39	40.88	39.71	39.62	16.29	81.73	9.30	82.15	49.62
12	产品K	39.52	40.64	86.21	23.02	98.60	64.53	63.11	29.95	3.62	66.88	11.30	93.52
13	产品L	92.16	62.76	58.89	29.44	70.17	33.53	98.03	34.33	27.05	90.62	64.21	44.49
14	产品M	44.53	43.08	26.43	63.51	66.35	49.62	13.13	6.16	50.93	76.66	47.51	80.53
15	产品N	36.69	85.68	32.33	52.13	48.56	73.82	41.66	31.06	66.37	20.39	1.34	28.41
16	产品O	16.51	12.31	41.54	87.27	85.25	81.60	79.09	51.79	30.18	63.81	88.86	42.48
17	产品P	27.41	78.13	52.06	55.71	29.34	58.38	6.14	3.79	70.23	59.33	2.30	50.47
18	产品Q	1.70	43.95	96.76	13.13	54.07	41.10	68.46	90.62	89.93	81.25	83.80	24.80
19	产品R	26.38	66.35	69.68	16.86	25.83	87.98	98.39	99.97	72.09	85.34	76.33	10.60
20	产品S	22.27	46.62	62.00	54.53	96.49	72.64	43.81	24.76	32.43	95.00	19.43	36.73
21	产品T	10.48	41.32	98.98	8.88	22.10	7.30	67.59	12.09	95.46	34.82	85.51	46.18

图 1-4-2

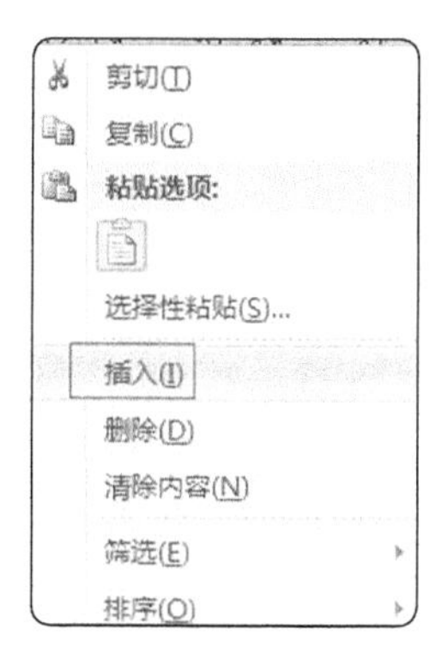

图1-4-3

方法二：添加辅助列，在现有的数据最后一列添加一列，输入等差数列 1，3，5，7，9，…，再在数据区域下方的空白行对应的辅助列输入等差数列 2，4，6，8，10，…，最后对辅助列排序。这种方式适合数据量大的情况，当数据量大的时候这种方法就比方法一简单快速。

有数据的区域添加的数据以及辅助列，如图 1-4-4 所示。

	A	B	C	D	E	F	G	H	I	J	K	L	M	N
1		1月	2月	3月	4月	5月	6月	7月	8月	9月	10月	11月	12月	
2	产品A	33.01	90.06	67.44	12.52	57.21	50.99	30.64	80.82	73.82	39.18	31.04	20.00	1
3	产品B	1.32	27.73	25.56	14.69	64.84	41.95	10.39	76.07	80.56	37.35	22.93	39.79	3
4	产品C	20.31	78.67	19.57	92.21	17.47	9.05	1.56	51.94	89.35	61.07	10.59	34.00	5
5	产品D	2.72	53.11	39.49	26.53	9.12	55.65	75.51	38.66	42.82	34.31	8.19	47.67	7
6	产品E	82.48	36.90	7.36	73.27	58.60	58.65	79.39	3.14	32.08	17.05	86.95	66.15	9
7	产品F	58.17	44.43	85.03	25.06	5.44	73.91	51.38	81.99	13.65	93.56	40.16	3.91	11
8	产品G	42.33	10.19	70.33	67.06	82.79	51.89	81.99	25.77	62.42	93.72	63.50	21.48	13
9	产品H	48.12	42.47	72.38	63.89	35.78	81.87	20.50	59.05	4.11	16.91	49.96	61.01	15
10	产品I	60.55	82.42	91.79	86.82	42.68	79.28	11.79	95.27	46.33	17.50	42.76	4.25	17
11	产品J	56.25	56.05	87.36	16.23	80.78	77.99	64.32	16.00	45.84	34.40	56.43	20.56	19
12	产品K	89.39	11.20	27.98	90.60	18.57	18.97	52.12	76.90	81.13	3.08	97.08	64.63	21
13	产品L	86.65	35.56	16.79	23.09	59.24	71.46	8.29	32.86	9.75	25.46	69.47	2.33	23
14	产品M	43.08	43.85	35.67	68.13	21.48	17.52	37.92	66.31	64.29	13.62	52.45	7.57	25
15	产品N	77.15	98.80	43.93	78.27	26.78	11.02	55.97	56.87	0.63	90.36	99.49	65.79	27
16	产品O	35.79	84.63	10.76	54.44	70.06	59.03	41.69	44.14	73.75	11.79	1.55	7.37	29
17	产品P	25.16	80.93	65.62	89.64	57.45	78.43	50.30	81.02	8.70	37.32	44.27	29.18	31
18	产品Q	80.90	20.34	63.89	39.27	78.60	3.63	86.10	17.78	21.07	20.73	32.15	23.66	33
19	产品R	45.82	4.01	15.92	34.10	88.10	80.93	71.56	62.82	61.56	94.57	1.52	19.80	35
20	产品S	29.29	10.87	79.51	29.75	65.32	2.48	72.65	31.21	90.18	35.79	53.84	44.83	37
21	产品T	17.34	9.91	57.67	3.37	77.86	6.62	21.96	67.05	37.69	93.64	92.39	80.56	39

图1-4-4

空白行的辅助列内容如图 1-4-5 所示。

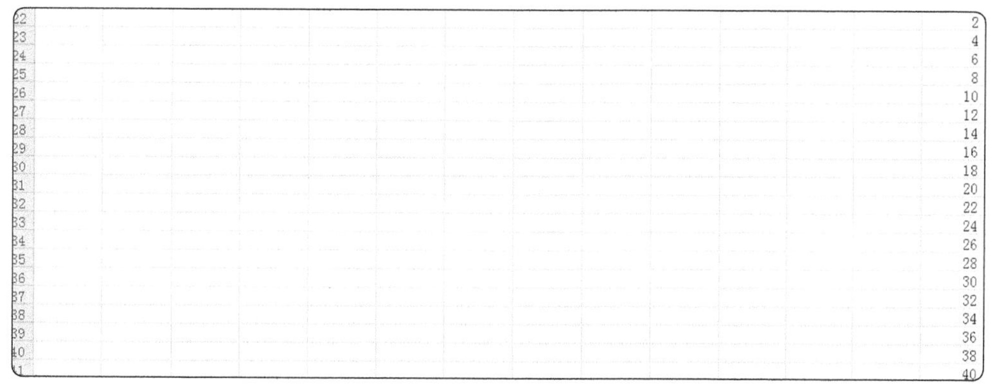

图1-4-5

辅助列排序后的结果部分截图如图 1-4-6 所示。

	1月	2月	3月	4月	5月	6月	7月	8月	9月	10月	11月	12月	
产品A	51.84	58.68	0.87	66.13	19.15	36.78	48.26	86.58	21.45	31.77	58.03	36.63	1
													2
产品B	39.32	59.05	92.49	12.17	48.68	56.54	36.38	52.62	55.94	7.10	24.50	73.43	3
													4
产品C	28.30	8.06	13.11	98.09	25.37	80.93	20.65	56.27	19.63	13.33	94.33	74.34	5
													6
产品D	1.01	99.61	54.70	83.41	54.52	5.66	86.50	93.65	46.45	67.86	43.59	87.91	7
													8
产品E	47.86	84.05	82.65	93.27	54.80	69.11	66.59	47.23	95.68	75.36	52.62	46.17	9
													10
产品F	35.31	58.09	65.43	7.68	89.66	47.60	23.41	51.91	55.71	76.05	56.46	62.23	11
													12
产品G	48.49	31.43	61.04	13.76	62.64	81.11	11.26	58.00	80.57	44.59	93.50	60.62	13
													14
产品H	95.50	63.41	16.48	55.86	55.15	51.30	89.88	78.81	94.26	22.06	26.94	74.97	15
													16
产品I	54.63	77.75	38.90	92.91	66.57	13.92	28.64	51.71	73.37	93.48	43.35	89.99	17
													18
产品J	91.08	0.51	73.73	3.38	27.80	74.45	60.33	52.96	91.17	8.49	50.11	82.32	19
													20
产品K	75.79	87.22	48.54	86.53	96.82	3.74	44.81	93.44	3.56	41.30	26.15	93.60	21
													22
产品L	43.37	46.53	9.04	48.19	41.09	16.24	20.42	46.95	72.11	27.61	21.45	21.49	23
													24
产品M	62.60	44.33	91.08	53.25	8.52	27.64	46.66	16.19	70.26	76.24	19.65	88.47	25
													26
产品N	67.90	49.87	91.58	98.12	87.77	51.95	88.82	2.57	36.88	85.40	99.63	13.15	27
													28
产品O	65.85	4.96	78.23	71.80	99.39	81.43	4.85	90.74	28.40	10.23	84.89	79.67	29

图1-4-6

第56招 如何批量插入指定行数的空白行

Excel 中一行内容需细化扩展成多行内容，要批量插入指定空白行填充。如果数量不多我们一般解决的办法是选择一行或多行后通过按组合键【Ctrl+Shift+ =】插入空白行。但是，如果需要插入的行数皆不同，需要插入的数量比较多的时候，手动就不是最好的选择了，这时我们通过创建辅助列批量插入空白行。

操作步骤如下：

Step1 如图 1-4-7 所示，E 列的“投放周期”所代表的就是我们需要将这一行内容扩展成的行数，如第二行“投放周期”为 16，则我们要在 2、3 行中间插入 15 个空白行，以此类推；对此列加总，得到我们包含目前已有内容的 16 行内容，总计会扩展至 373 行。

投放序号	投放时间	投放时间起始	投放时间截止	投放周期
1	2014-01-03~2014-01-18	2014-01-03	2014-01-18	16
2	2014-01-06~2014-02-20	2014-01-06	2014-02-20	46
3	2014-01-07~2014-02-20	2014-01-07	2014-02-20	45
4	2014-01-15~2014-01-19	2014-01-15	2014-01-19	5
5	2014-01-16~2014-01-16	2014-01-16	2014-01-16	1
6	2014-01-20~2014-01-21	2014-01-20	2014-01-21	2
7	2014-01-23~2014-02-16	2014-01-23	2014-02-16	25
8	2014-01-24~2014-03-23	2014-01-24	2014-03-23	59
9	2014-01-28~2014-02-03	2014-01-28	2014-02-03	7
10	2014-01-30~2014-01-31	2014-01-30	2014-01-31	2
11	2014-02-01~2014-02-28	2014-02-01	2014-02-28	28
12	2014-02-08~2014-02-23	2014-02-08	2014-02-23	16
13	2014-02-13~2014-02-23	2014-02-13	2014-02-23	11
14	2014-02-13~2014-03-23	2014-02-13	2014-03-23	39
15	2014-02-14~2014-03-23	2014-02-14	2014-03-23	38
16	2014-02-17~2014-03-21	2014-02-17	2014-03-21	33

图1-4-7

Step2 计算每行内容在扩展时，前面所有周期数 +1，即为此行应该所处的行数。因此计算时辅助列第一项默认为 1，从第二项开始，公式是 =SUM($E$2:E2)+1，注意要对起始项进行绝对引用。填好公式后双击单元格右下角黑色 +，自动填充其余辅助列单元格公式，如图 1-4-8 和图 1-4-9 所示。

F3 =SUM($E$2:E2)+1

	A	B	C	D	E	F
1	投放序号	投放时间	投放时间起始	投放时间截止	投放周期	辅助列
2	1	2014-01-03~2014-01-18	2014-01-03	2014-01-18	16	1
3	2	2014-01-06~2014-02-20	2014-01-06	2014-02-20	46	17
4	3	2014-01-07~2014-02-20	2014-01-07	2014-02-20	45	63
5	4	2014-01-15~2014-01-19	2014-01-15	2014-01-19	5	108
6	5	2014-01-16~2014-01-16	2014-01-16	2014-01-16	1	113
7	6	2014-01-20~2014-01-21	2014-01-20	2014-01-21	2	114
8	7	2014-01-23~2014-02-16	2014-01-23	2014-02-16	25	116
9	8	2014-01-24~2014-03-23	2014-01-24	2014-03-23	59	141
10	9	2014-01-28~2014-02-03	2014-01-28	2014-02-03	7	200
11	10	2014-01-30~2014-01-31	2014-01-30	2014-01-31	2	207
12	11	2014-02-01~2014-02-28	2014-02-01	2014-02-28	28	209
13	12	2014-02-08~2014-02-23	2014-02-08	2014-02-23	16	237
14	13	2014-02-13~2014-02-23	2014-02-13	2014-02-23	11	253
15	14	2014-02-13~2014-03-23	2014-02-13	2014-03-23	39	264
16	15	2014-02-14~2014-03-23	2014-02-14	2014-03-23	38	303
17	16	2014-02-17~2014-03-21	2014-02-17	2014-03-21	33	341

图 1-4-8

SUM =SUM($E$2:E16)+1

	A	B	C	D	E	F	G	H
1	投放序号	投放时间	投放时间起始	投放时间截止	投放周期	辅助列		
2	1	2014-01-03~2014-01-18	2014-01-03	2014-01-18	16	1		
3	2	2014-01-06~2014-02-20	2014-01-06	2014-02-20	46	17		
4	3	2014-01-07~2014-02-20	2014-01-07	2014-02-20	45	63		
5	4	2014-01-15~2014-01-19	2014-01-15	2014-01-19	5	108		
6	5	2014-01-16~2014-01-16	2014-01-16	2014-01-16	1	113		
7	6	2014-01-20~2014-01-21	2014-01-20	2014-01-21	2	114		
8	7	2014-01-23~2014-02-16	2014-01-23	2014-02-16	25	116		
9	8	2014-01-24~2014-03-23	2014-01-24	2014-03-23	59	141		
10	9	2014-01-28~2014-02-03	2014-01-28	2014-02-03	7	200		
11	10	2014-01-30~2014-01-31	2014-01-30	2014-01-31	2	207		
12	11	2014-02-01~2014-02-28	2014-02-01	2014-02-28	28	209		
13	12	2014-02-08~2014-02-23	2014-02-08	2014-02-23	16	237		
14	13	2014-02-13~2014-02-23	2014-02-13	2014-02-23	11	253		
15	14	2014-02-13~2014-03-23	2014-02-13	2014-03-23	39	264		
16	15	2014-02-14~2014-03-23	2014-02-14	2014-03-23	38	303		
17	16	2014-02-17~2014-03-21	2014-02-17	2014-03-21	33	=SUM($E$2:E16)+1		
18						SUM(number1, [number2], ...)		

图 1-4-9

Step3 在辅助列空白行填充序列，起始值为 2，单击菜单开始→填充→序列，步长值输入 1，终止值为总行数 373，序列产生改在列，类型为“等差序列”，填写好后单击“确定”，完成第 2 行到第 373 行的填充，如图 1-4-10 所示。

	A	B	C	D	E	F
1	投放序号	投放时间	投放时间起始	投放时间截止	投放周期	辅助列
2	1	2014-01-03~2014-01-18	2014-01-03	2014-01-18	16	1
3	2	2014-01-06~2014-02-20	2014-01-06	2014-02-20	46	17
4	3	2014-01-07~2014-02-20	2014-01-07	2014-02-20	45	63
5	4	2014-01-15~2014-01-19	2014-01-15	2014-01-19	5	108
6	5	2014-01-16~2014-01-16	2014-01-16	2014-01-16	1	113
7	6	2014-01-20~2014-01-21	2014-01-20	2014-01-21	2	114
8	7	2014-01-23~2014-02-16	2014-01-23	2014-02-16	25	116
9	8	2014-01-24~2014-03-23	2014-01-24	2014-03-23	59	141
10	9	2014-01-28~2014-02-03	2014-01-28	2014-02-03	7	200
11	10	2014-01-30~2014-01-31	2014-01-30	2014-01-31	2	207
12	11	2014-02-01~2014-02-28	2014-02-01	2014-02-28	28	209
13	12	2014-02-08~2014-02-23	2014-02-08	2014-02-23	16	237
14	13	2014-02-13~2014-02-23	2014-02-13	2014-02-23	11	253
15	14	2014-02-13~2014-03-23	2014-02-13	2014-03-23	39	264
16	15	2014-02-14~2014-03-23	2014-02-14	2014-03-23	38	303
17	16	2014-02-17~2014-03-21	2014-02-17	2014-03-21	33	341
18						2
19						3
20						4
21						5
22						6
23						7
24						8
25						9

序列
序列产生在：行(R) 列(C)
类型：等差序列(L) 等比序列(G) 日期(D) 自动填充(F)
日期单位：日(A) 工作日(W) 月(M) 年(Y)
预测趋势(T)
步长值(S): 1 终止值(O): 373
确定 取消

图 1-4-10

Step4 针对 F 列进行删除重复值操作（因为从 2 开始，2 ～ 373 中有 15 个数与标黄的辅助列数字重复，因此需要删除）。单击数据→删除重复项，如图 1-4-11 所示，结果如图 1-4-12 所示。

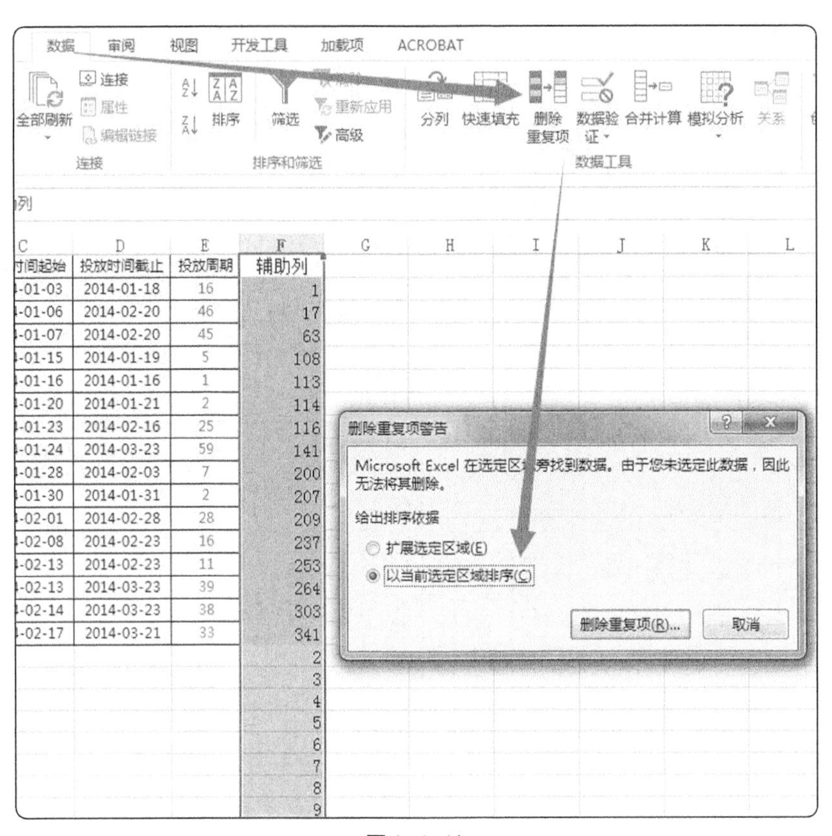

图 1-4-11

Step5 扩展选定区域，对 F 列进行升序排列，大功告成。最后，我们还可以根据辅助列进行检查，查看到原内容行及插入行的总数与待细化的"投放周期"总数一致，插入正确，如图 1-4-13 所示。

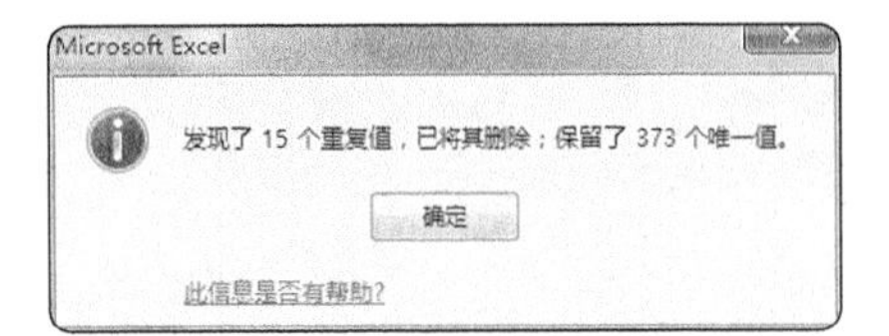

图 1-4-12

	A	B	C	D	E	F
1	投放序号	投放时间	投放时间起始	投放时间截止	投放周期	辅助列
2	1	2014-01-03~2014-01-18	2014-01-03	2014-01-18	16	1
3						2
4						3
5						4
6						5
7						6
8						7
9						8
10						9
11						10
12						11
13						12
14						13
15						14
16						15
17						16
18	2	2014-01-06~2014-02-20	2014-01-06	2014-02-20	46	17
19						18
20						19
21						20
22						21
23						22
24						23
25						24
26						25

图 1-4-13

第57招 快速把多列数据变为一列数据——利用剪贴板

如图 1-4-14 所示，一张表格中有多列数据，想把这些数据全部复制粘贴到一列，每列数据行数不一样。如果一列列数据选中后复制粘贴，很慢，这里介绍三种方法快速实现。

	A	B	C	D	E	F
1	134****0000	134****0001	134****0002	134****0003	134****0004	134****0005
2	135****0000	135****0001	135****0002	135****0003	135****0004	135****0005
3	136****0000	136****0001	136****0002	136****0003	136****0004	136****0005
4	137****0000	137****0001	137****0002	137****0003	137****0004	137****0005
5	138****0000	138****0001	138****0002	138****0003	138****0004	138****0005
6	139****0000	139****0001	139****0002	139****0003	139****0004	139****0005

图 1-4-14

方法一：利用剪贴板

首先，我们打开“剪贴板”，单击下面截图中标红的那个按钮，如图 1-4-15 所示。

选中第一列数据，单击“复制”，再依次选中其他列数据，依次复制，剪贴板上就显示全部要粘贴的项目，如图 1-4-16 所示。

最后在空白列中单击剪贴板上的“全部粘贴”，这样多列数据就粘贴到一列了。

由于各列行数不一样，粘贴后的数据有空白行，按 F5 键定位，定位条件选择空值，把空白行一次性删除。

图 1-4-15

图 1-4-16

第58招 快速把多列数据变为一列数据——巧妙利用错位引用

方法二：巧妙利用错位引用

在 A7 单元格输入公式 =B1，单击单元格右下角的黑色 +，向右拖动公式，再向下拖动公式，原始数据有多少个，就拖动到多少行，这里原始数据有 36 个，鼠标就拖动到第 36 行，如图 1-4-17 所示。

7	134****0001	134****0002	134****0003	134****0004	134****0005	0
8	135****0001	135****0002	135****0003	135****0004	135****0005	0
9	136****0001	136****0002	136****0003	136****0004	136****0005	0
10	137****0001	137****0002	137****0003	137****0004	137****0005	0
11	138****0001	138****0002	138****0003	138****0004	138****0005	0
12	139****0001	139****0002	139****0003	139****0004	139****0005	0
13	134****0002	134****0003	134****0004	134****0005	0	0
14	135****0002	135****0003	135****0004	135****0005	0	0
15	136****0002	136****0003	136****0004	136****0005	0	0
16	137****0002	137****0003	137****0004	137****0005	0	0
17	138****0002	138****0003	138****0004	138****0005	0	0
18	139****0002	139****0003	139****0004	139****0005	0	0
19	134****0003	134****0004	134****0005	0	0	0
20	135****0003	135****0004	135****0005	0	0	0
21	136****0003	136****0004	136****0005	0	0	0
22	137****0003	137****0004	137****0005	0	0	0
23	138****0003	138****0004	138****0005	0	0	0
24	139****0003	139****0004	139****0005	0	0	0
25	134****0004	134****0005	0	0	0	0
26	135****0004	135****0005	0	0	0	0
27	136****0004	136****0005	0	0	0	0
28	137****0004	137****0005	0	0	0	0
29	138****0004	138****0005	0	0	0	0
30	139****0004	139****0005	0	0	0	0
31	134****0005	0	0	0	0	0
32	135****0005	0	0	0	0	0
33	136****0005	0	0	0	0	0
34	137****0005	0	0	0	0	0
35	138****0005	0	0	0	0	0
36	139****0005	0	0	0	0	0

图 1-4-17

再复制粘贴 A 列，选择性粘贴为数值，再用鼠标选中 B 列至 F 列，删除整列即可，最后剩下的 A1

到 A36 就是将 A1:F6 这 6 列数据转换为一列的结果。

第 59 招　快速把多列数据变为一列数据——利用数据透视表多重合并计算

方法三：数据透视表

操作步骤如下：

Step1 把要合并的多列每列添加字段名，注意：一定要增加字段名，数据透视表要有字段名才能得到正确的结果，在 A 列前面插入一空白列，如图 1-4-18 所示，再按组合键【Alt+D+P】，进入数据透视表向导，如图 1-4-19 所示。

	A	B	C	D	E	F	G
1		号码1	号码2	号码3	号码4	号码5	号码6
2		134****0000	134****0001	134****0002	134****0003	134****0004	134****0005
3		135****0000	135****0001	135****0002	135****0003	135****0004	135****0005
4		136****0000	136****0001	136****0002	136****0003	136****0004	136****0005
5		137****0000	137****0001	137****0002	137****0003	137****0004	137****0005
6		138****0000	138****0001	138****0002	138****0003	138****0004	138****0005
7		139****0000	139****0001	139****0002	139****0003	139****0004	139****0005

图 1-4-18

Step2 根据向导选择“创建单页字段”，单击“下一步”，如图 1-4-20 所示，选定区域，单击“添加”，如图 1-4-21 所示，数据透视表放在新工作表，如图 1-4-22 所示。

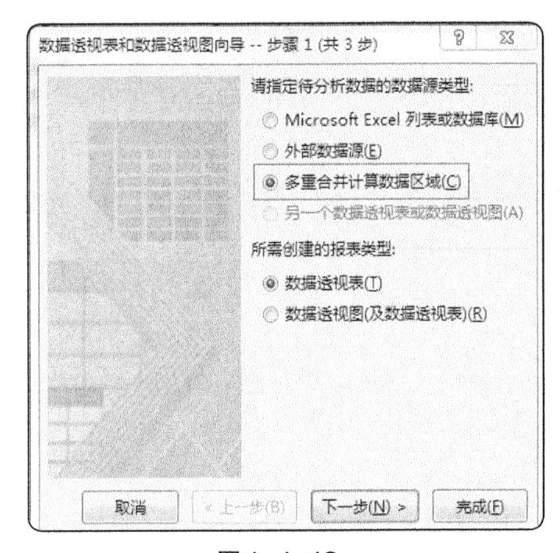

图 1-4-19

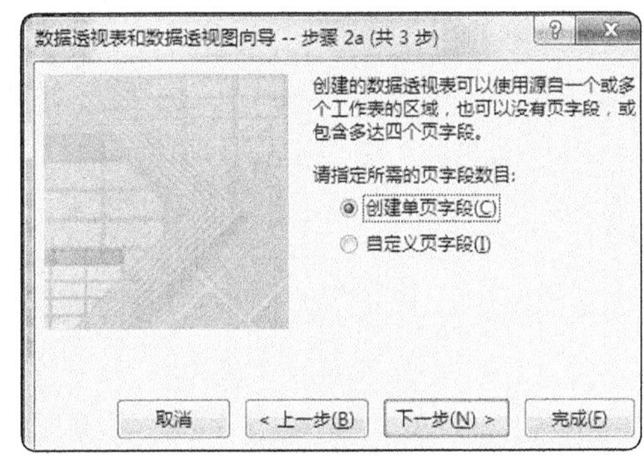

图 1-4-20

图 1-4-21

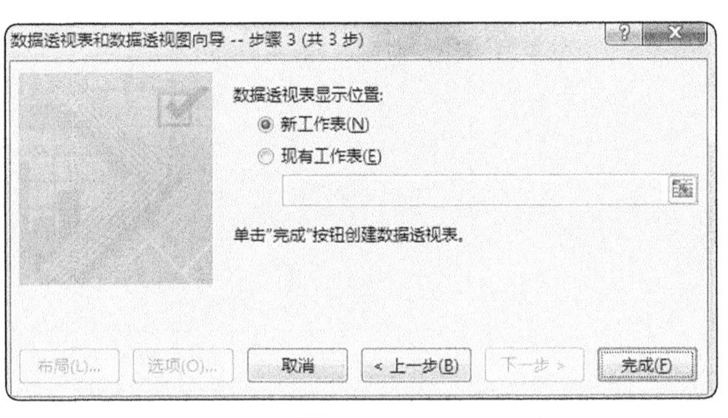

图 1-4-22

Step3 把数据透视表字段前面的钩都去掉，再把“值”拉到行标签，如图 1-4-23 所示，奇迹出现了，多列变为一列了，部分内容截图如图 1-4-24 所示。

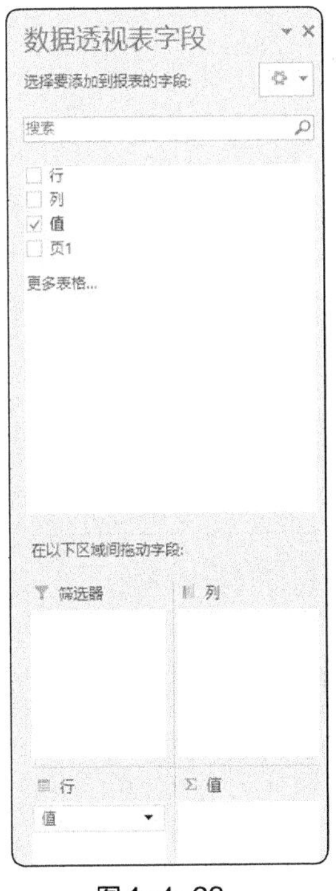

图 1-4-23

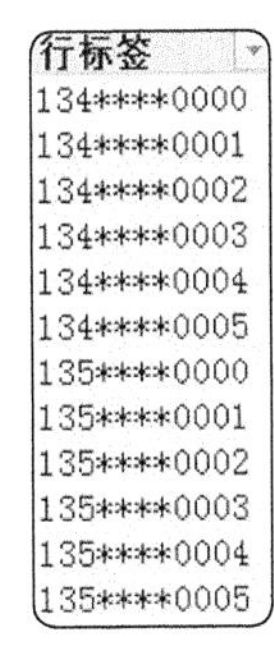

行标签
134****0000
134****0001
134****0002
134****0003
134****0004
134****0005
135****0000
135****0001
135****0002
135****0003
135****0004
135****0005

图 1-4-24

温馨提示：用这种方法会删除重复项，如果需要保留原数据多列全部内容，可以采用第 57 招或第 58 招方法。

第 60 招 怎样将一个字段中的中文和英文分开为 2 个字段

如果一个字段中既有英文又有中文，需要把中文和英文分开为 2 个字段，如何利用 Excel 操作呢？可以用数据的分列功能分开，例如，字段内容如下：

倪张春（black2）

胡铁山（black3）

张勇（black4）

陈峰（black5）

要将中文和英文分开，只需用分列就可以，操作步骤如图 1-4-25 所示。

单击“下一步”后，分隔符号选择其他，手工输入左括号（，如图 1-4-26 所示。

再单击“下一步”就可以完成。

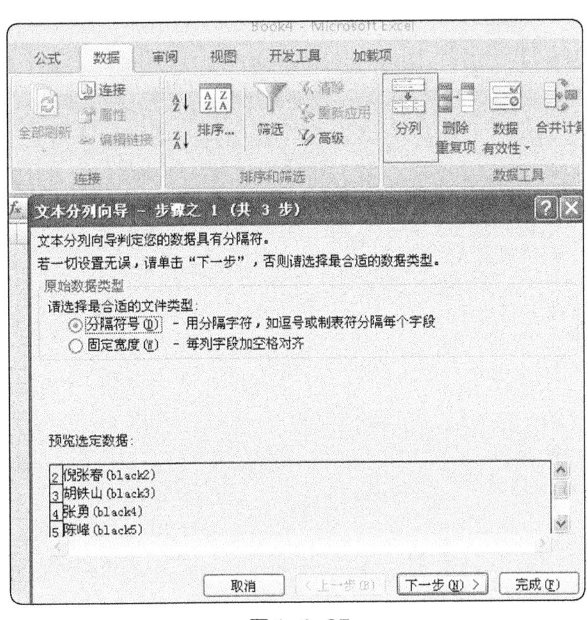

图 1-4-25

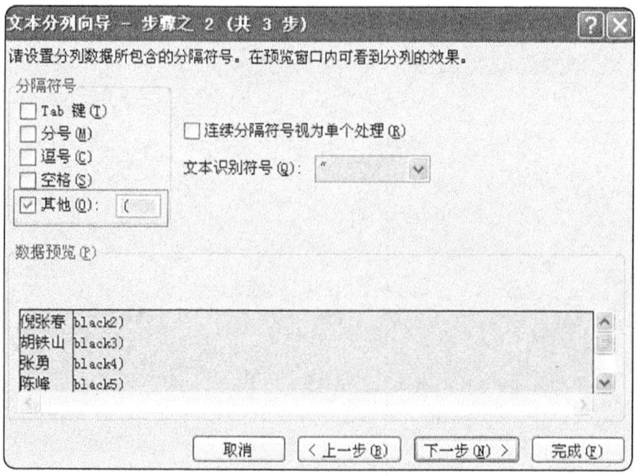

文本分列向导 - 步骤之 2 (共 3 步)
请设置分列数据所包含的分隔符号。在预览窗口内可看到分列的效果。
分隔符号
Tab 键(T)
分号(M)
逗号(C)
空格(S)
其他(O): (
连续分隔符号视为单个处理(R)
文本识别符号(Q): "
数据预览(P)
倪张春 black2)
胡铁山 black3)
张勇 black4)
陈峰 black5)
取消
< 上一步(B)
下一步(N) >
完成(F)

图1-4-26

第61招 怎样保持分列后的格式和分列前的一致

Excel文本数据分列功能非常好用，有时候分列后的格式和分列前的不一致，例如，把文本数据表格分列后格式变了，不再是文本格式了。

分列前的文本数据如图 1-4-27 所示。

分列后的数据如图 1-4-28 所示。

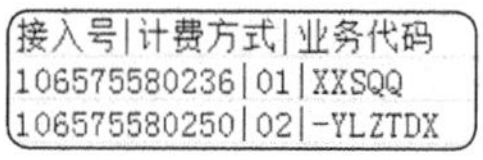

接入号|计费方式|业务代码
106575580236|01|XXSQQ
106575580250|02|-YLZTDX

图1-4-27

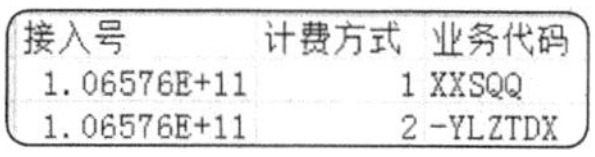

接入号 计费方式 业务代码
1.06576E+11 1 XXSQQ
1.06576E+11 2 -YLZTDX

图1-4-28

分列后的接入号字段变为科学记数了，计费方式前面的 0 也不见了，如何保持分列后格式与分列前一致呢？操作步骤如下：

Step1 单击“数据”菜单下的“分列”，选择“分隔符号”，如图 1-4-29 所示。

Step2 分隔符号选择其他 |，如图 1-4-30 所示。

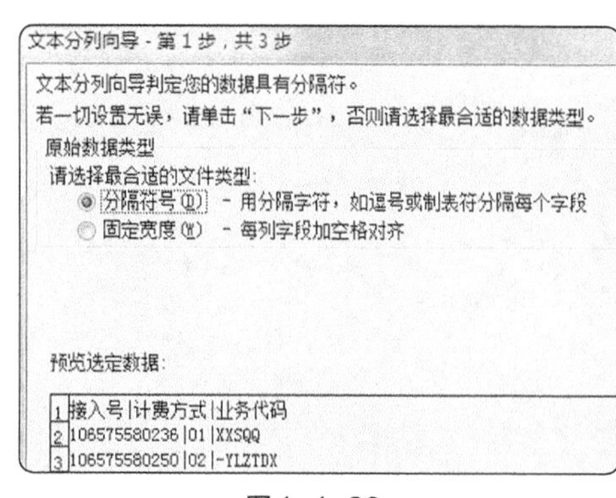

文本分列向导 - 第 1 步，共 3 步
文本分列向导判定您的数据具有分隔符。
若一切设置无误，请单击“下一步”，否则请选择最合适的数据类型。
原始数据类型
请选择最合适的文件类型：
分隔符号(D) - 用分隔字符，如逗号或制表符分隔每个字段
固定宽度(W) - 每列字段加空格对齐
预览选定数据：
1 接入号|计费方式|业务代码
2 106575580236|01|XXSQQ
3 106575580250|02|-YLZTDX

图1-4-29

文本分列向导 - 第 2 步，共 3 步
请设置分列数据所包含的分隔符号。在预览窗口内可看到分列的效果。
分隔符号
Tab 键(T)
分号(M)
逗号(C)
空格(S)
其他(O): |
连续分隔符号视为单个处理(R)
文本识别符号(Q): "
数据预览(P)
接入号 计费方式 业务代码
106575580236 01 XXSQQ
106575580250 02 -YLZTDX

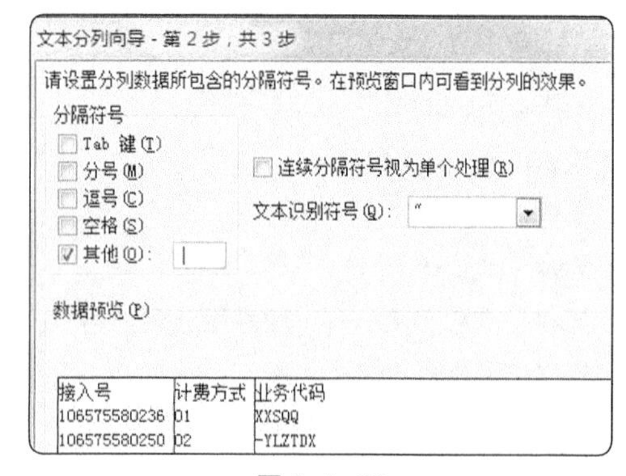

图1-4-30

Step3 第三步最关键，每一个字段格式都由“常规”改为“文本”，如图 1-4-31 和图 1-4-32 所示。得到分列后的结果如图 1-4-33 所示。

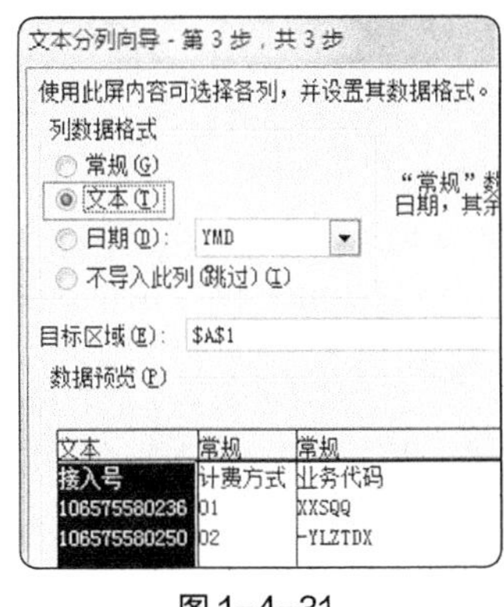

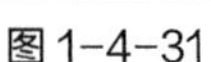
图1-4-31

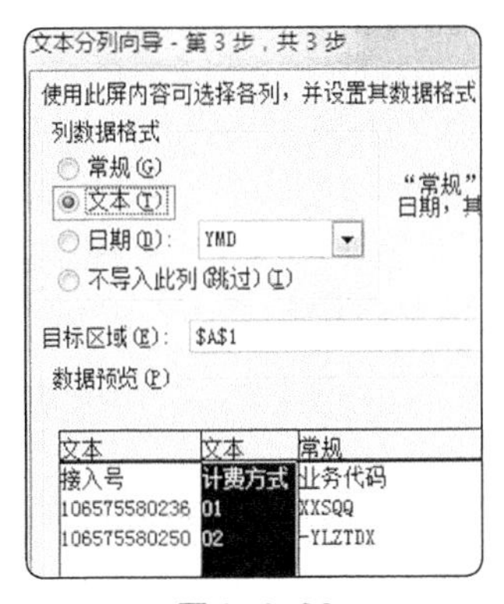

图1-4-32

接入号	计费方式	业务代码
106575580236	01	XXSQQ
106575580250	02	-YLZTDX

图1-4-33

这样分列后的格式都是文本格式，与分列前各个字段格式一样。

第62招 怎样把常规的数字格式变为日期格式

如图 1-4-34 所示，数据都是常规的数字格式，要转换为日期格式，如果通过设置单元格格式把常规改为日期，变为如图 1-4-35 所示，怎样才能变为日期格式呢？

还是用分列功能，前 2 步默认选择，第 3 步把“常规”改为“日期”，选择 YMD 格式，如图 1-4-36 所示，单击完成，得到日期格式，如图 1-4-37 所示。

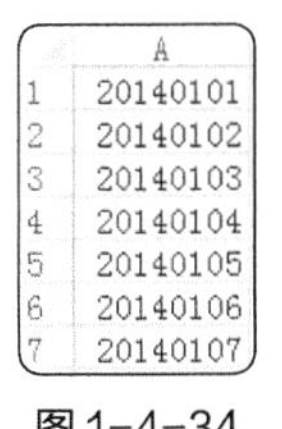

	A
1	20140101
2	20140102
3	20140103
4	20140104
5	20140105
6	20140106
7	20140107

图1-4-34

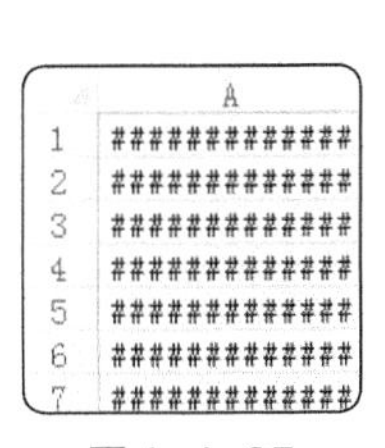

	A
1	############
2	############
3	############
4	############
5	############
6	############
7	############

图1-4-35

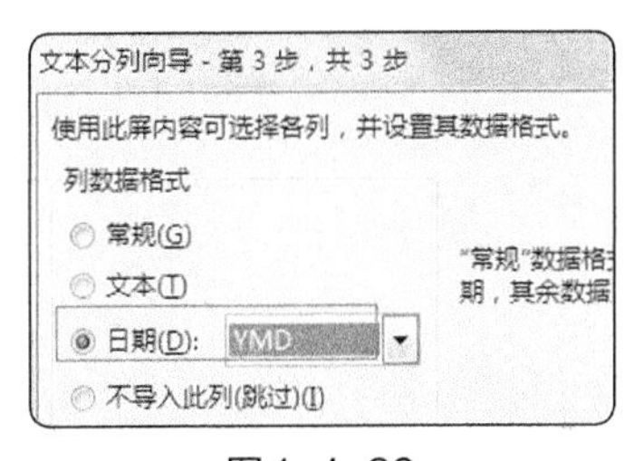

图1-4-36

	A
1	2014-1-1
2	2014-1-2
3	2014-1-3
4	2014-1-4
5	2014-1-5
6	2014-1-6
7	2014-1-7

图1-4-37

这个问题也可以用第 10 招介绍的快速填充实现，在 A2 单元格输入日期格式 2014-01-01，单击“快速填充”就可以将整列全部变为日期格式。

分列功能还用于数字格式和文本格式的批量相互转换，见第 2 章第 24 招内容。

第63招 怎样把一个单元格内多行内容分成多个单元格

如图 1-4-38 所示，如何将上面的显示变为箭头下面的？

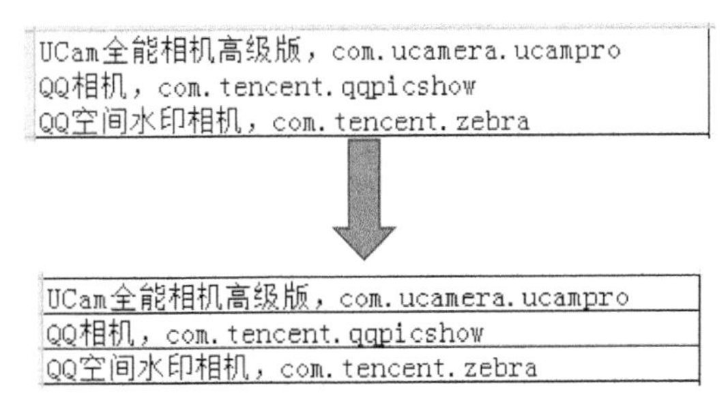

图1-4-38

这里介绍几种方法。

方法一

Step1 将单元格内内容复制到 Word。

Step2 在 Word 中使用“替换”功能，将换行标记（光标定位到查找栏，单击高级→特殊字符→手动换行符）替换为段落标记“^p”（光标定位到替换栏，单击高级→特殊字符→段落标记），如图 1-4-39 所示。

Step3 所选内容已经变为几行，直接复制几行文字粘贴到 Excel 即可。

Step4 如果粘贴后不能分行，先在 Word 中将几行文字转换为表格（使用表格菜单中的文本转换成表格），文字分隔位置选“段落标记”，然后将表格内容复制到 Excel，如图 1-4-40 所示。

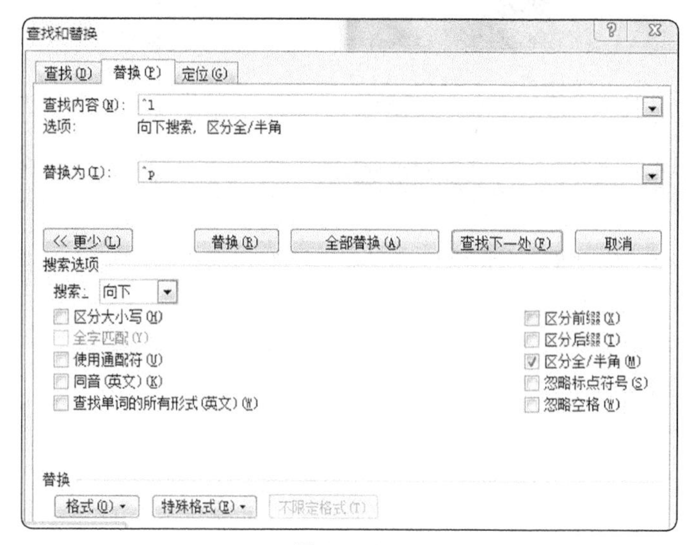

图 1-4-39

图 1-4-40

方法二

Step1 将 Excel 表格内容粘贴到写字板上。

Step2 再将写字板内容粘贴到 Excel 中，如图 1-4-41 所示。

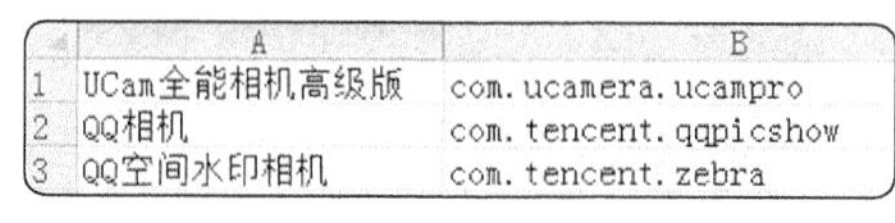

	A	B
1	UCam全能相机高级版	com.ucamera.ucampro
2	QQ相机	com.tencent.qqpicshow
3	QQ空间水印相机	com.tencent.zebra

图 1-4-41

Step3 C 列公式 =A1&","&B1，如图 1-4-42 所示。

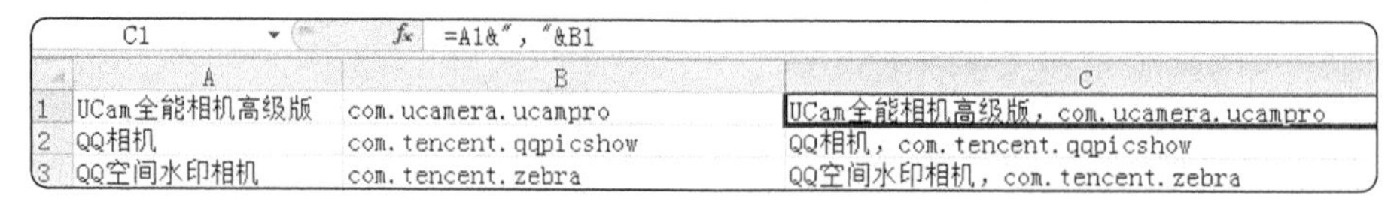

C1 =A1&","&B1

	A	B	C
1	UCam全能相机高级版	com.ucamera.ucampro	UCam全能相机高级版，com.ucamera.ucampro
2	QQ相机	com.tencent.qqpicshow	QQ相机，com.tencent.qqpicshow
3	QQ空间水印相机	com.tencent.zebra	QQ空间水印相机，com.tencent.zebra

图 1-4-42

方法三

在“数据”中选择“分列”，用分隔符号分列，完成之后是横着的，再用选择性粘贴，转置一下。

第 64 招 100 行数据全选为什么只有 80 行数据

单击“数据”菜单下的“筛选”，不符合条件的记录也筛选出来了，按组合键【Ctrl+A】全选看到只有 80 行数据，可是表格明明有 100 行数据，这是为什么呢？

按组合键【Ctrl+A】全选后看到表格上方有个“表格工具”，单击“设计”，看到“属性”里面显示“表名称”，如图 1-4-43 所示，再单击“调整表格大小”，发现 A1:H80 创建了列表，如图 1-4-44 所示。

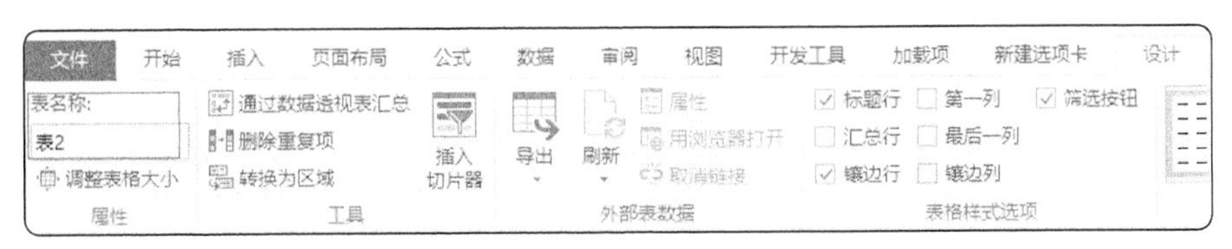

图1-4-43

第 81 行到 100 行没有创建列表，所以按组合键【Ctrl+A】全选的时候选不到，因此筛选的时候第 81 行以后的数据全部显示。

怎样取消创建的列表呢？单击表格上方“工具”的“转换为区域”，如图 1-4-45 所示，转换为普通区域，这样按组合键【Ctrl+A】全选就可以选中全部数据区域。

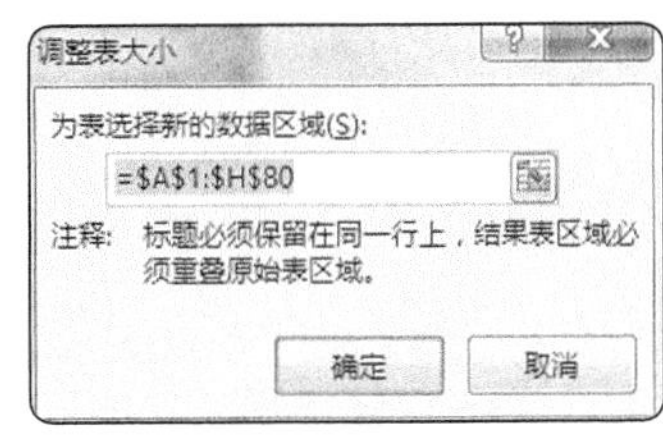

图1-4-44

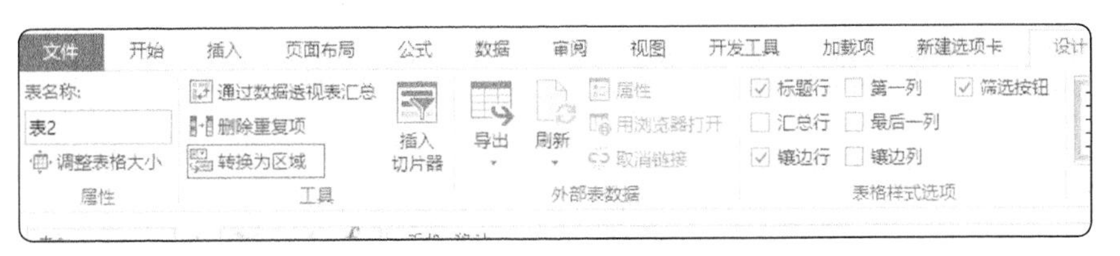

图1-4-45

第 65 招 隔列删除

一张工作表有很多列，需要删除奇数列，如果手工一列列删除，效率很低，本招介绍一个非常简单的方法。原始数据部分截图如图 1-4-46 所示。

	A	B	C	D	E	F
1	201501	201502	201503	201504	201505	201506
2	1276069.3	1081082.2	993417.51	1113413.3	1113413.3	1113413.3
3	234219.15	235678.4	229726.85	225199	225199	225199
4	327986.2	348680.68	309649.75	287235.42	287235.42	287235.42
5	431093.43	831417.06	1039210.4	810972.81	810972.81	810972.81
6	491298.19	672272.22	546876.6	839369.6	839369.6	839369.6
7	38149.69	43544.6	42686.85	41557.65	41557.65	41557.65
8	523433.68	551367.05	709985.3	686887.82	686887.82	686887.82
9	149597.87	142713.5	135721.22	125435.11	125435.11	125435.11
10	133546.92	112314.24	151821.39	149125.28	149125.28	149125.28
11	0	607021.45	561795.15	566793.14	566793.14	566793.14
12	25428.04	24811	23878.86	23298.64	23298.64	23298.64
13	796419.94	814346.27	787548.53	709311.15	709311.15	709311.15
14	286480.79	274169.41	264672.58	249863.98	249863.98	249863.98
15	24249539	28238943	25677411	25968348	25968348	25968348

图1-4-46

先在表格上方插入一行，A1 单元格输入公式 =A2:A16，B1 单元格为空，选中 A1:B1，单击右下角的 +，往右拖动，得到如图 1-4-47 所示结果，这样奇数列就带有公式，偶数列不带公式。

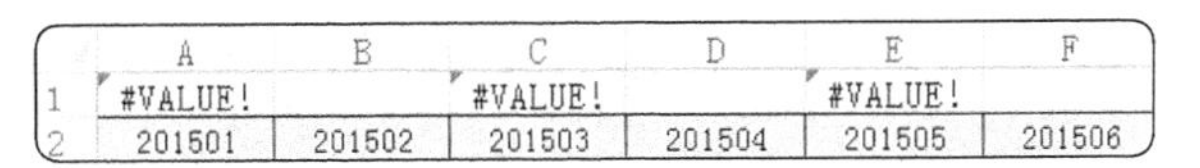

	A	B	C	D	E	F
1	#VALUE!		#VALUE!		#VALUE!	
2	201501	201502	201503	201504	201505	201506

图1-4-47

再选中工作表有数据的区域，按 F5 键，定位条件选择“引用单元格”，如图 1-4-48 所示。

单击“确定”，即可选中奇数列，单击右键选择“删除”即可删除全部的奇数列，如图 1-4-49 所示。

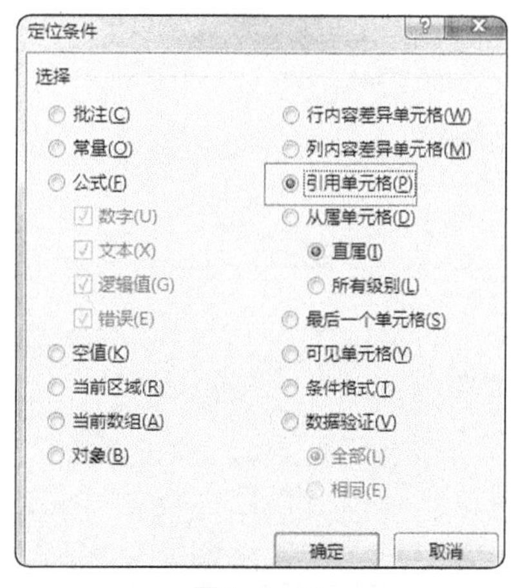

图 1-4-48

	A	B	C	D	E
1	#VALUE!		#VALUE!		#VAL
2	201501	201502	201503	201504	201505
3	1276069.3	1081082.2	993417.51	1113413.3	11134
4	234219.15	235678.4	229726.85	225199	2251
5	327986.2	348680.68	309649.75	287235.42	28723
6	431093.43	831417.06	1039210.4	810972.81	81097
7	491298.19	672272.22	546876.6	839369.6	83936
8	38149.69	43544.6	42686.85	41557.65	41557
9	523433.68	551367.05	709985.3	686887.82	686887
10	149597.87	142713.5	135721.22	125435.11	125435
11	133546.92	112314.24	151821.39	149125.28	149125
12	0	607021.45	561795.15	566793.14	566793
13	25428.04	24811	23878.86	23298.64	23298
14	796419.94	814346.27	787548.53	709311.15	70931
15	286480.79	274169.41	264672.58	249863.98	249863
16	24249539	28238943	25677411	25968348	25968

宋体 10 201506
剪切(T)
复制(C)
粘贴选项:
选择性粘贴(S)...
插入(I)...
删除(D)...
清除内容(N)
快速分析(Q)
筛选(E)

图 1-4-49

第 66 招 隔列粘贴

Sheet1 工作表数据是各个产品的 1 ～ 6 月预算的数据，如图 1-4-50 所示，Sheet2 工作表是各个产品 1 ～ 6 月的实际数据，如图 1-4-51 所示。

产品	1月		2月		3月		4月		5月		6月	
	预算	实际	预算	实际	预算	实际	预算	实际	预算	实际	预算	实际
产品1	936		958		473		327		594		311	
产品2	440		25		331		770		186		241	
产品3	921		941		105		170		945		226	
产品4	788		542		685		778		925		848	
产品5	598		82		142		649		415		394	
产品6	75		380		777		60		86		826	
产品7	728		872		570		998		530		730	
产品8	668		525		907		80		461		843	
产品9	787		369		485		773		460		818	
产品10	586		896		103		849		120		705	

图 1-4-50

要把 Sheet2 的数据复制粘贴到 Sheet1 的实际列的空白处。如果手工一列列复制粘贴，如果要复制的列数多达几十列，那效率太低了。那有什么办法可以快速粘贴呢？请看以下操作步骤。

Step1 在 Sheet2 表格上方插入两行，对角输入 1，1，选中这 2 列往右拖动鼠标复制，如图 1-4-52 所示。

产品	1月	2月	3月	4月	5月	6月
产品1	417	36	153	952	693	524
产品2	525	802	140	312	33	192
产品3	175	960	832	170	985	382
产品4	460	84	24	595	555	597
产品5	979	519	230	508	125	372
产品6	148	381	451	663	800	512
产品7	751	999	913	553	592	671
产品8	235	644	210	766	148	86
产品9	13	596	555	60	934	248
产品10	999	671	146	904	528	196

图 1-4-51

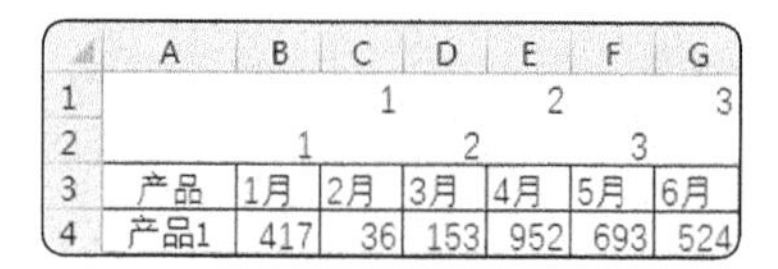

	A	B	C	D	E	F	G
1			1		2		3
2		1		2		3	
3	产品	1月	2月	3月	4月	5月	6月
4	产品1	417	36	153	952	693	524

图 1-4-52

Step2 选中 C 列到 G 列数据，按 F5 键，定位条件选择“空值”，单击右键，选择插入整列，如

图 1-4-53 所示，得到图 1-4-54 结果，这样每列数据都插入一空白列了。

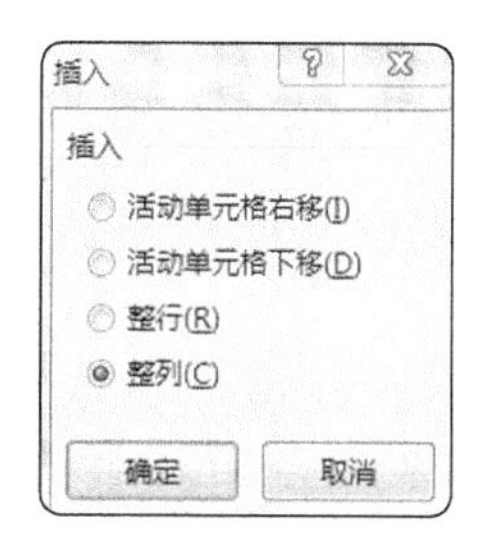

图 1-4-53

	A	B	C	D	E	F	G	H	I	J	K	L
1				1				2				3
2		1				2				3		
3	产品	1月		2月		3月		4月		5月		6月
4	产品1	417		36		153		952		693		524

图 1-4-54

Step3 复制 B4:L13 数据，在 Sheet1 实际那列空白处，右键选择性粘贴“数值”，把“跳过空单元”打钩，如图 1-4-55 所示，单击“确定”按钮，就可以批量填充实际那列空白处的数据了，结果部分截图如图 1-4-56 所示。

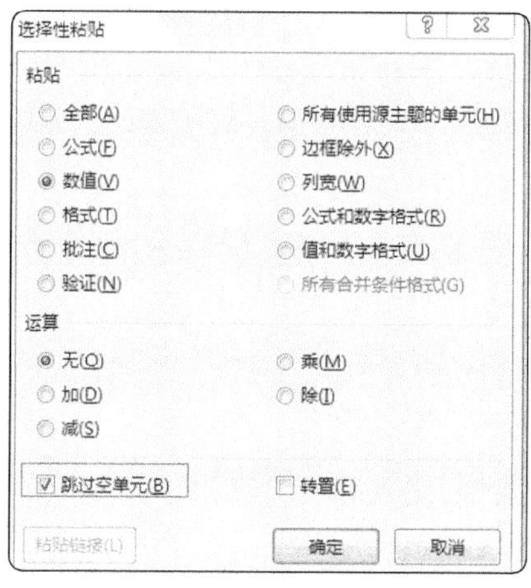

图 1-4-55

产品	1月		2月		3月		4月		5月		6月	
	预算	实际	预算	实际	预算	实际	预算	实际	预算	实际	预算	实际
产品1	936	417	958	36	473	153	327	952	594	693	311	524
产品2	440	525	25	802	331	140	770	312	186	33	241	192
产品3	921	175	941	960	105	832	170	170	945	985	226	382

图 1-4-56

第 67 招 怎样将表格首行和首列同时固定不动

如果把表格首行固定，单击菜单视图→冻结窗格→冻结首行，如果把表格首列固定，单击菜单视图→冻结窗格→冻结首列，如果首行和首列同时固定，单击菜单视图→冻结窗格→冻结拆分窗格，如图 1-4-57 所示。

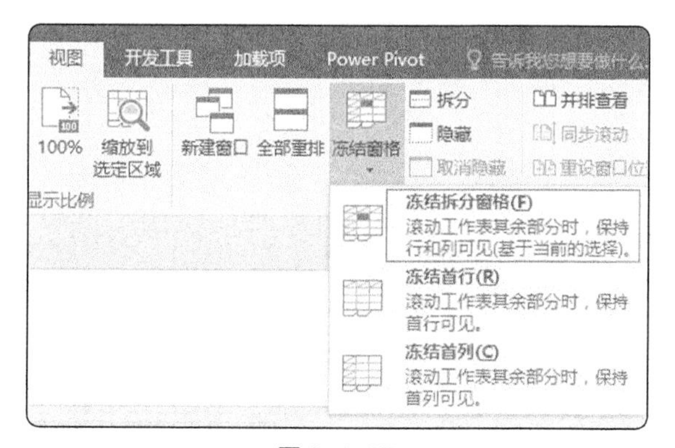

图 1-4-57

第68招 怎样将表格首行和末行同时固定不动

当一个表格数据量很大，如果需要查看明细数据，我们可以通过“视图”菜单“冻结首行”，这样当鼠标往下拖动的时候首行字段名始终能显示。可是，这样查看明细数据只能神龙见首不见尾，怎样既冻结首行（表头），又冻结最后一行的合计数（表尾）呢？

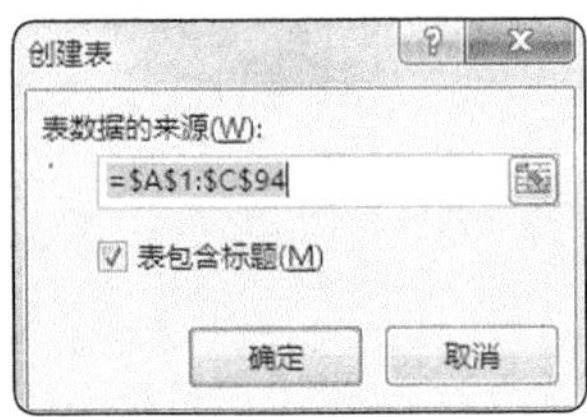

图1-4-58

Step1 单击数据区域任意单元格，按组合键【Ctrl+T】插入表格，如图1-4-58所示。

Step2 拖动右侧滚动条，单击数据表最后一行的行号，再单击视图→拆分，如图1-4-59所示。

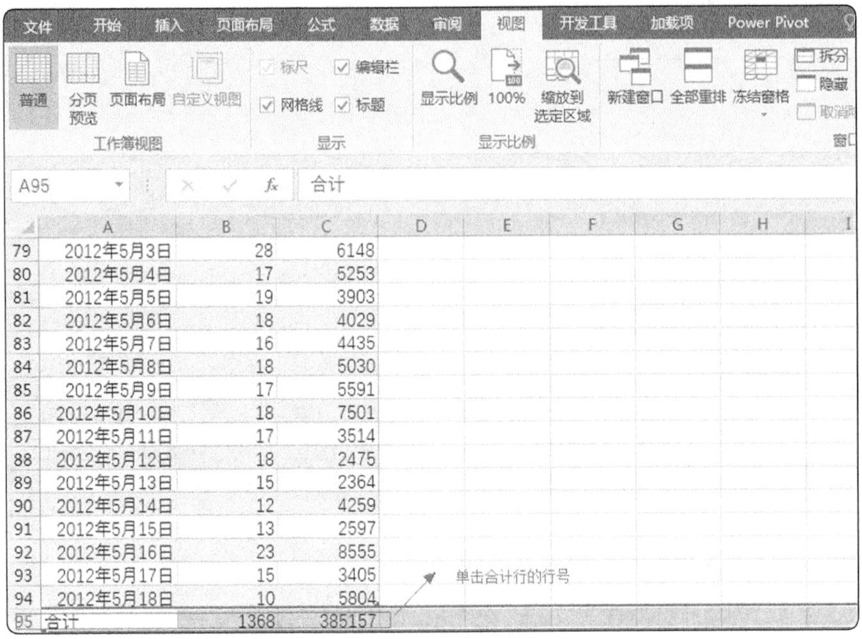

A95 合计

	A	B	C
79	2012年5月3日	28	6148
80	2012年5月4日	17	5253
81	2012年5月5日	19	3903
82	2012年5月6日	18	4029
83	2012年5月7日	16	4435
84	2012年5月8日	18	5030
85	2012年5月9日	17	5591
86	2012年5月10日	18	7501
87	2012年5月11日	17	3514
88	2012年5月12日	18	2475
89	2012年5月13日	15	2364
90	2012年5月14日	12	4259
91	2012年5月15日	13	2597
92	2012年5月16日	23	8555
93	2012年5月17日	15	3405
94	2012年5月18日	10	5804
95	合计	1368	385157

单击合计行的行号

图1-4-59

操作完成，单击数据区域任意单元格，拖动右侧滚动条就可以固定头尾查看明细数据了，如图1-4-60所示。

	A	B	C
1	日期	成交笔数	成交金额
2	2012年2月16日	2	384
3	2012年2月17日	10	1238
4	2012年2月18日	4	1380
5	2012年2月19日	5	2300
6	2012年2月20日	4	1790
7	2012年2月21日	14	5268
8	2012年2月22日	12	2901
9	2012年2月23日	5	2298
10	2012年2月24日	13	3948
11	2012年2月25日	8	2039
12	2012年2月26日	12	2903
13	2012年2月27日	17	4306
14	2012年2月28日	11	1367
15	2012年2月29日	15	3602
16	2012年3月1日	16	5593
95	合计	1368	385157

图1-4-60

第69招 Excel中如何一次选中多个图表或图形对象

如何在表格中一次删除多个图形（不是全部图形），表格部分截图如图 1-4-61 所示。

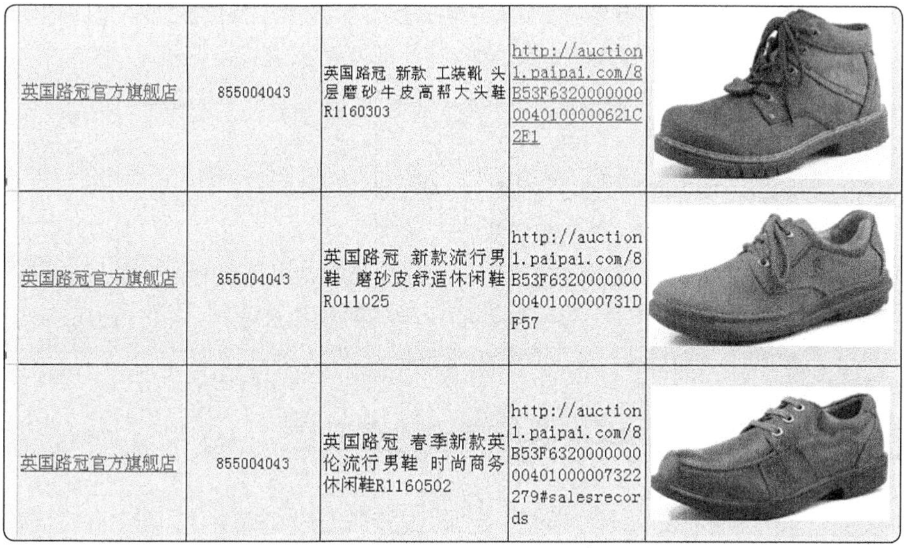

英国路冠官方旗舰店	855004043	英国路冠 新款 工装靴 头层磨砂牛皮高帮大头鞋R1160303	http://auction1.paipai.com/8B53F63200000000040100000621C2E1	
英国路冠官方旗舰店	855004043	英国路冠 新款流行男鞋 磨砂皮舒适休闲鞋R011025	http://auction1.paipai.com/8B53F63200000000040100000731DF57	
英国路冠官方旗舰店	855004043	英国路冠 春季新款英伦流行男鞋 时尚商务休闲鞋R1160502	http://auction1.paipai.com/8B53F6320000000040100000732227 9#salesrecords	

图 1-4-61

如何同时删除多个图片？方法如下。

单击“开始”选项卡中的“查找和选择”下拉菜单，单击“选择对象”菜单项，如图 1-4-62 所示。

鼠标指针变为一个空心键形，然后再用其在工作表中框取一个包含图形对象的范围，即可选中多个对象，再按 Delete 键即可，如图 1-4-63 所示。

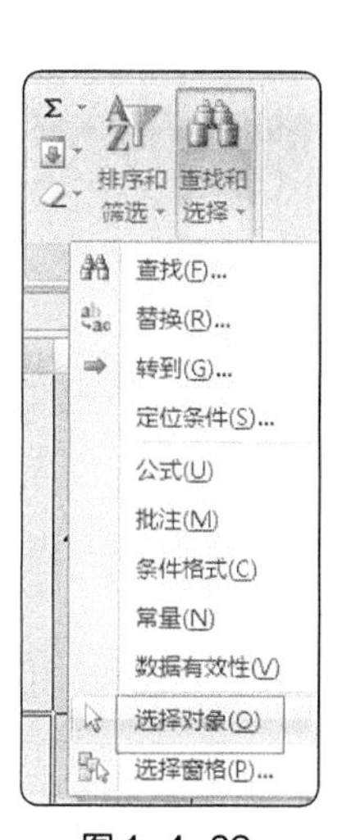

图 1-4-62

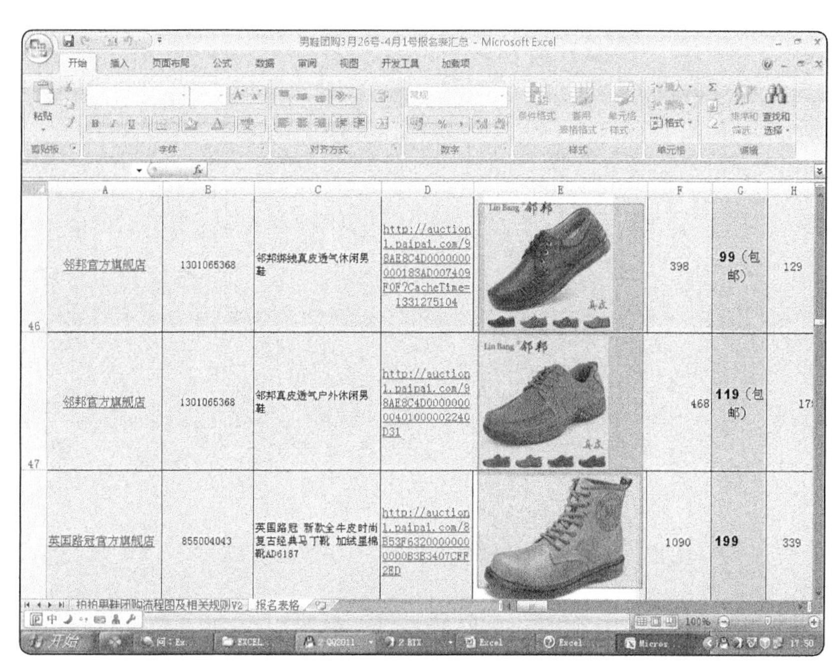

图 1-4-63

如果要删除表格中全部图片，按 F5 键，定位条件选择对象，就可以选中全部图片，再按 Delete 键即可删除全部图片。

第70招 两列数据互换位置

在平时处理表格数据过程中，常常会发生需要将 Excel 两列数据互换位置的情况。此时如果重新通过复制粘贴是可以实现的，但是在数据量庞大的前提下，通过复制、粘贴会很慢，严重的情况表格出现假死机现象。本招介绍一个 Excel 两列互换位置的非常简单的方法。

Step1 打开表格，找到需要互换位置的数据，如图 1-4-64 所示。

Step2 选中其中的一列数据，此时鼠标是“十”字形。

Step3 按住 Shift 键 + 鼠标左键，拖动鼠标，此时注意在表格界面处会出现一个虚线，这是表格移动后的位置，继续移动鼠标，当虚线由行变成列，且在需要互换的数据列一侧时，放开鼠标。此时在 Excel 中两列位置互换成功。

	A	B
1	实收	应收
2	21310026	23424496
3	29066190	31114417
4	22087235	25359843
5	16568197	19582696
6	14359564	18060126
7	12634492	15475728
8	12867412	14014593
9	11611409	12617624
10	6434159	7972123.6
11	6690584	7818405
12	7151920.5	7405974.8
13	6103947.5	6421016

图 1-4-64

第71招 复制表格怎样保持行高和列宽不变

复制表格时，选中单元格区域，单击复制，发现行高和列宽都发生变化了，图 1-4-65 是要复制的表格，图 1-4-66 是粘贴后的表格。怎样保持复制粘贴行高和列宽不变呢?

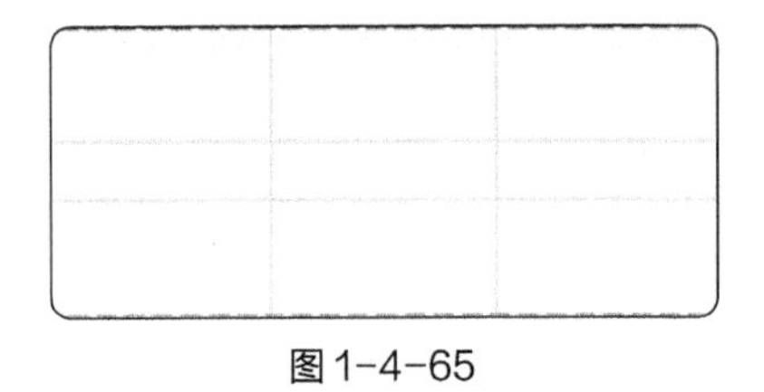

图 1-4-65

图 1-4-66

从行标处选取表格所在行，即整行选取，如图 1-4-67 所示，粘贴后从粘贴下拉列表中单击“保留源列宽”，如图 1-4-68 所示。这样粘贴后的表格行高和列宽与原表完全一致。

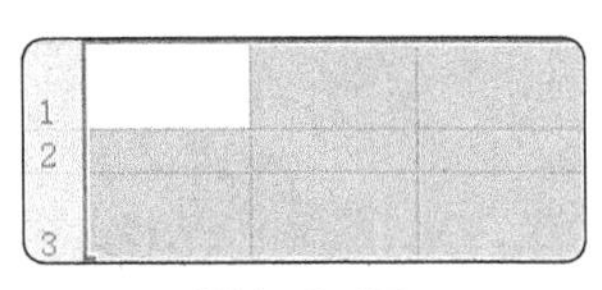

图 1-4-67

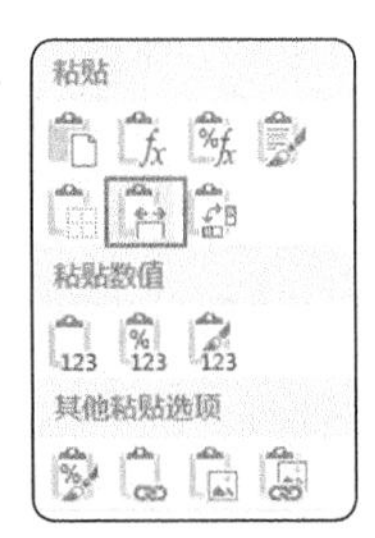

图 1-4-68

第 5 章　工作表以及文件的操作

本章介绍工作表和文件的操作技巧，主要内容包含工作表的显示与隐藏、工作表保护、工作表的最大行数与列数、文件减肥瘦身秘诀、文件打印技巧等。

第 72 招　工作表标签的显示与隐藏

一般情况下，打开工作簿，会看到各个工作表的标签，如果需要隐藏工作表标签，打开“文件”菜单下的“Excel 选项”，单击“高级”，把“显示工作表标签”前面的钩去掉，就会发现工作表标签不见了，相反，如果要显示工作表标签，就把该项打钩，如图 1-5-1 所示。

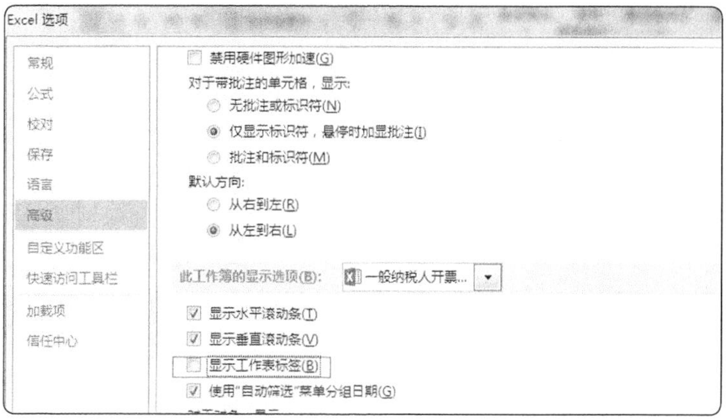

图 1-5-1

第 73 招　工作表的显示与隐藏

日常工作中我们发给别人报表，有些工作表不希望别人看到，但又不想删掉，单击工作表标签，右键，选择“隐藏”，工作表就隐藏了，相反如果选择“取消隐藏”就可以看到隐藏的所有工作表，如图 1-5-2所示。

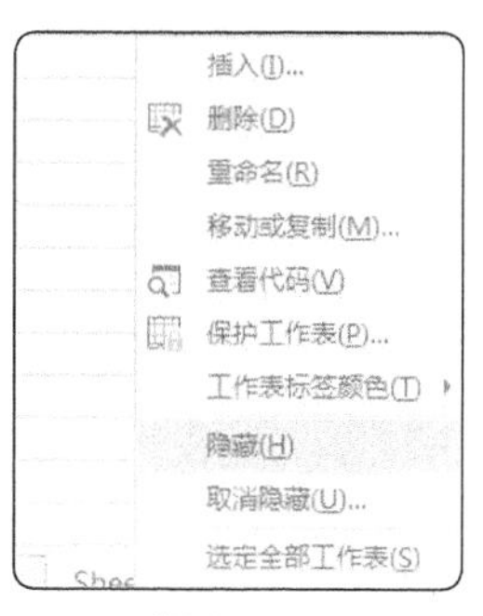

图 1-5-2

第 74 招　怎样将 Excel 工作表深度隐藏起来

第 73 招提到的工作表显示与隐藏，阅读者通过取消隐藏还是可以看到隐藏的内容。怎样才能将工作表深度隐藏呢？

操作步骤如下：

Step1 在工具栏菜单增加“开发工具”选项卡；打开文件→选项→自定义功能区，把开发工具打钩，如图 1-5-3 所示。

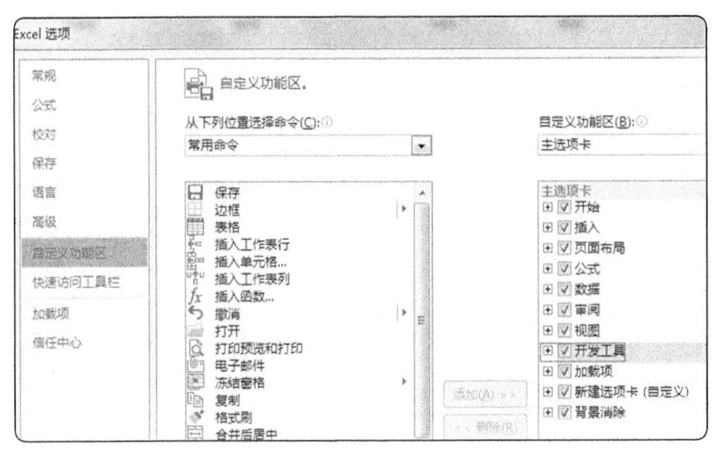

图 1-5-3

Step2 选中要彻底隐藏的工作表，单击“开发工具”下面的查看代码，如图 1-5-4 所示。在 VBA 编辑界面修改 Visible，选择 2-xlSheetVeryHidden，如图 1-5-5 所示。

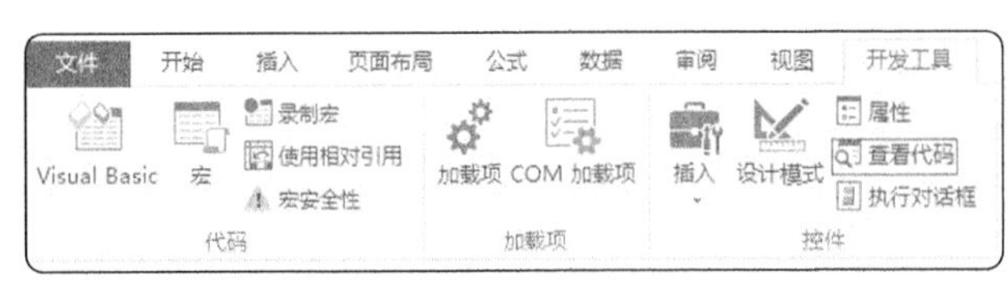

图 1-5-4

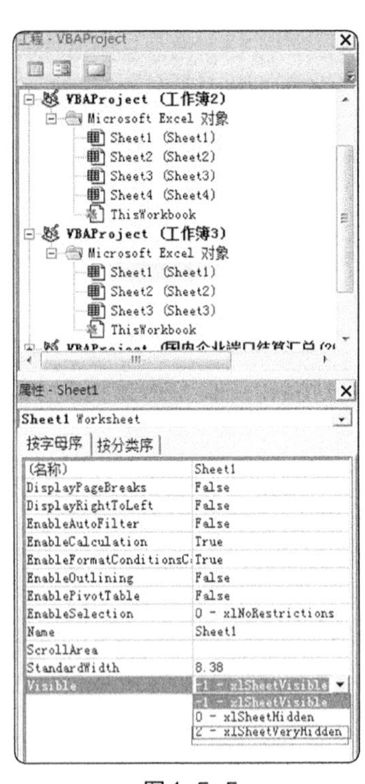

图 1-5-5

这 3 个属性分别代表显示（-1），隐藏（0），超级隐藏（2），选择 2 就可以将工作表深度隐藏。深度隐藏了之后，“取消隐藏工作表”这个菜单变成灰色的了，不能取消隐藏，如图 1-5-6 所示。

取消这种隐藏的唯一办法是按组合键【Alt+F11】进入 VBA 编辑器，将 Visible 属性改为 -1。

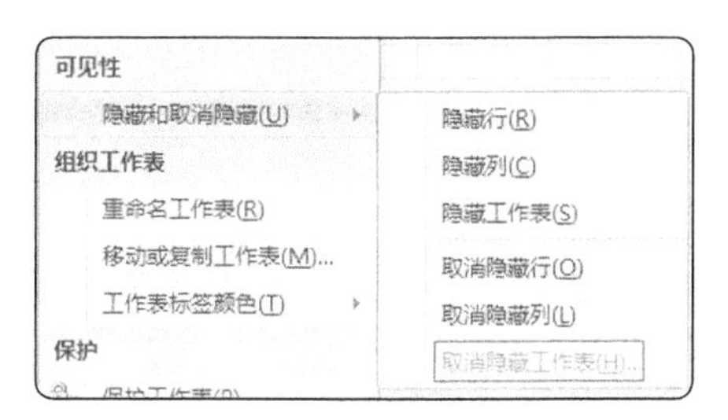

图 1-5-6

第 75 招 怎样将 Excel 隐藏的所有工作表批量删除

如果一个 Excel 文件中隐藏着众多无用的工作表，删除还是很麻烦，首先你要一张张工作表取消隐藏，然后才能删除。怎样批量删除呢？文件→选项→信任中心→信任中心设置→隐私选项→文档检查器，单击“检查”，如图 1-5-7 所示，进入文档检查器，单击“全部删除”，如图 1-5-8 所示，即可删除所有隐藏工作表，如图 1-5-9 所示。此方法不仅能删除隐藏的工作表，同样也可以删除隐藏的行列批注等。只是在删除时一定要谨慎，别把重要的内容删除了。

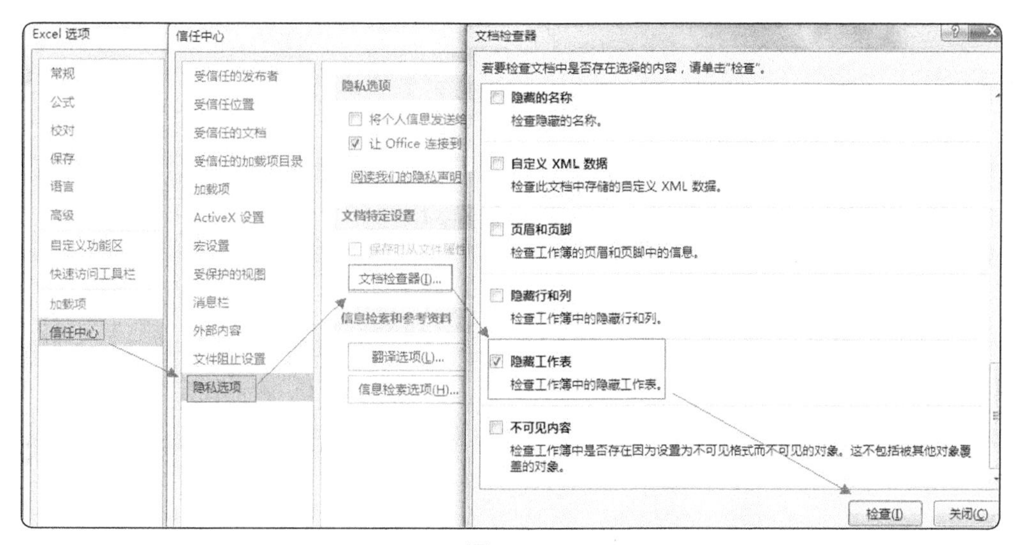

图 1-5-7

图 1-5-8

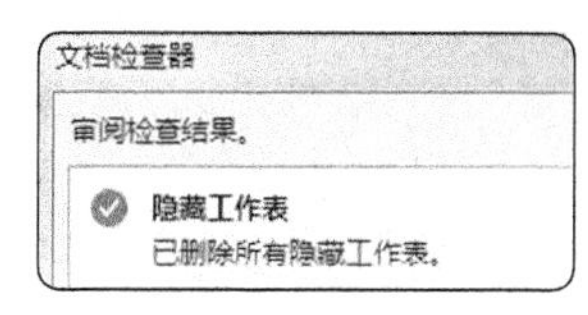

图 1-5-9

第 76 招 Excel 工作表和工作簿的保护

1. 保护工作表

通过设置单元格的“锁定”状态，并使用“保护工作表”功能，可以禁止对单元格的编辑，此部分

在实际工作中，对单元格内容的编辑，只是工作表编辑方式中的一项，除此以外，Excel 允许用户设置更明确的保护方案。

设置工作表的可用编辑方式

单击“审阅”选项卡中的“保护工作表”按钮，可以执行对工作表的保护，如图 1-5-10 所示。弹出的“保护工作表”对话框中有很多选项。它们决定了当前工作表在进入保护状态后，除了禁止编辑锁定单元格以外，还可以进行其他操作，如表 1-5-1 所示。

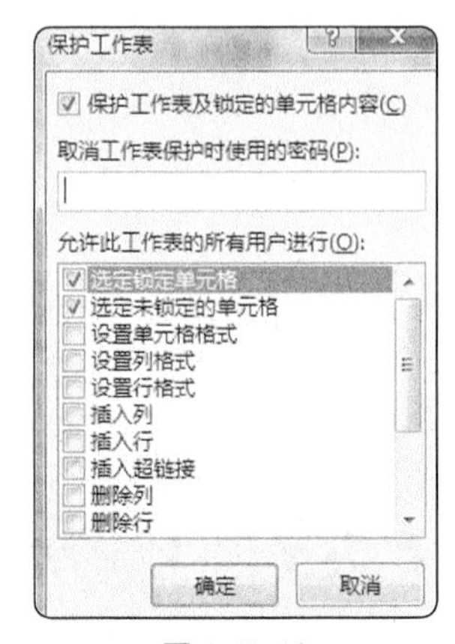

图 1-5-10

表 1-5-1

选项	含义
选定锁定单元格	使用鼠标或键盘选定设置为锁定状态的单元格
选定未锁定的单元格	使用鼠标或键盘选定未被设置为锁定状态的单元格
设置单元格格式	设置单元格的格式（无论单元格是否锁定）
设置列格式	设置列的宽度，或者隐藏列
设置行格式	设置行的高度，或者隐藏行
插入列	插入列
插入行	插入行
插入超链接	插入超链接（无论单元格是否锁定）
删除列	删除列
删除行	删除行
排序	对选定区域进行排序（该区域中不能有锁定单元格）
使用自动筛选	使用现有的自动筛选，但不能打开或关闭现有表格的自动筛选
使用数据透视表	创建或修改数据透视表
编辑对象	修改图表、图形、图片，插入或删除批注
编辑方案	使用方案

凭密码或权限编辑工作表的不同区域

Excel 的“保护工作表”功能默认情况下作用于整张工作表，如果希望对工作表中的不同区域设置独立的密码或权限来进行保护，可以按下面的方法来操作。

Step1　单击“审阅”选项卡中的“允许用户编辑区域”按钮，弹出“允许用户编辑区域”对话框，如图 1-5-11 所示。

Step2　在此对话框中单击“新建”按钮，弹出“新区域”对话框。可以在“标题”栏中输入区域名称（或使用系统默认名称），然后在“引用单元格”栏中输入或选择区域的范围，再输入区域密码，如图 1-5-12 所示。

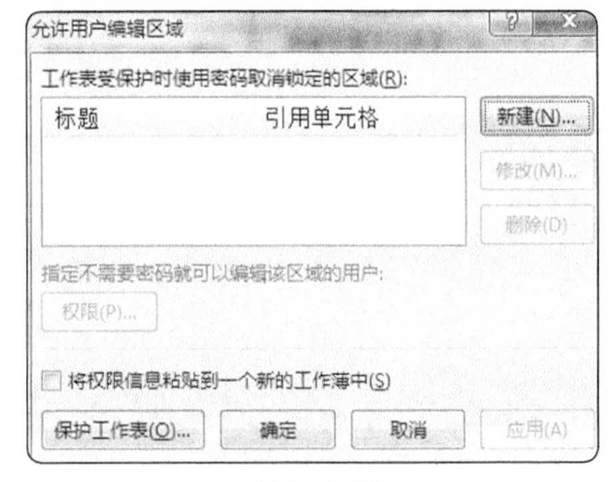

图 1-5-11

如果要针对指定计算机用户（组）设置权限，可以单击“权限”按钮，在弹出的“区域 1 的权限”对话框中进行设置，如图 1-5-13 所示。

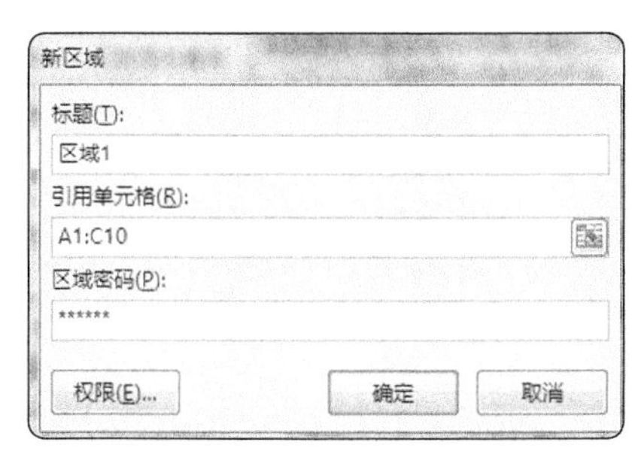

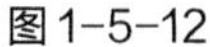
图1-5-12

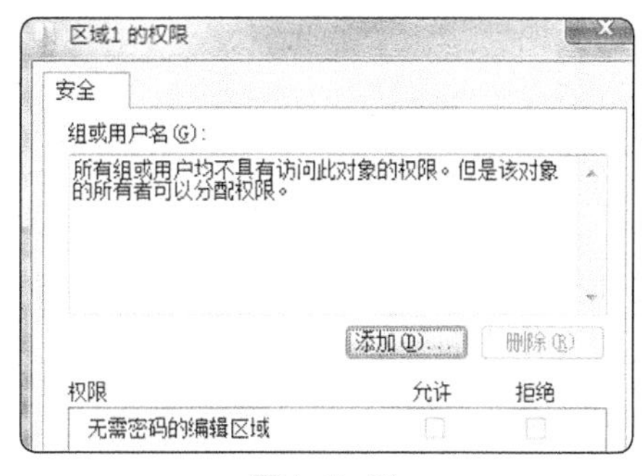

图1-5-13

Step3 单击“新区域”对话框的“确定”按钮，在根据提示重复输入密码后，返回“允许用户编辑区域”对话框。今后，用户可凭此密码对上面所选定的单元格和区域进行编辑操作。此密码与工作表保护密码可以完全不同。

Step4 如果需要，使用同样的方法可以创建多个使用不同密码访问的区域。

Step5 在“允许用户编辑区域”对话框中单击“保护工作表”按钮，执行工作表保护。

完成以上单元格保护设置后，在试图对保护的单元格或区域内容进行编辑操作时，会弹出“取消锁定区域”对话框，要求用户提供针对该区域的保护密码。只有在输入正确密码后才能对其进行编辑，如图 1-5-14 所示。

如果在 Step2 中设置了指定用户（组）对某区域拥有“允许”的权限，则该用户或用户组成员可以直接编辑此区域，不会再弹出要求输入密码的提示。

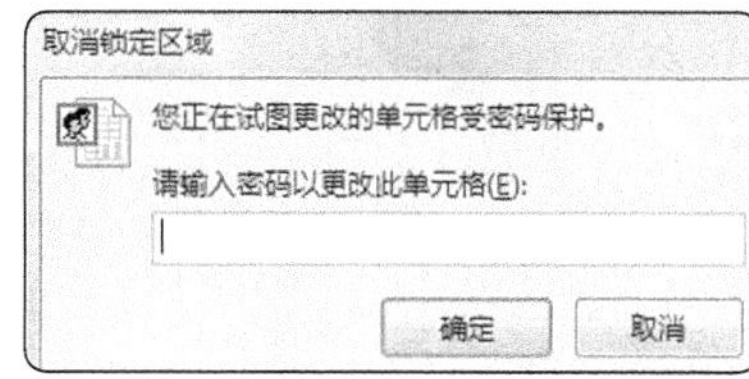

图1-5-14

2. 保护工作簿

Excel 允许对整个工作簿进行保护，这种保护分为两种方式。一种是保护工作簿的结构和窗口，另一种则是加密工作簿，设置打开密码。

保护工作簿结构和窗口

在“审阅”选项卡上单击“保护工作簿”按钮，弹出“保护结构和窗口”对话框。在此对话框中，用户可为当前工作簿设置两项保护内容。

结构：把此复选框打钩后，禁止在当前工作簿中插入、删除、移动、复制、隐藏或取消隐藏工作表，禁止重新命名工作表。

窗口：把此复选框打钩后，当前工作簿的窗口按钮不再显示，禁止新建、放大、缩小、移动或拆分工作簿窗口，“全部重排”命令也对此工作簿不再有效，如图 1-5-15 所示。

根据需要把相应的复选框打钩后，单击“确定”按钮即可。如有必要，可以设置密码，此密码与工作表保护密码和工作簿打开密码没有任何关系。

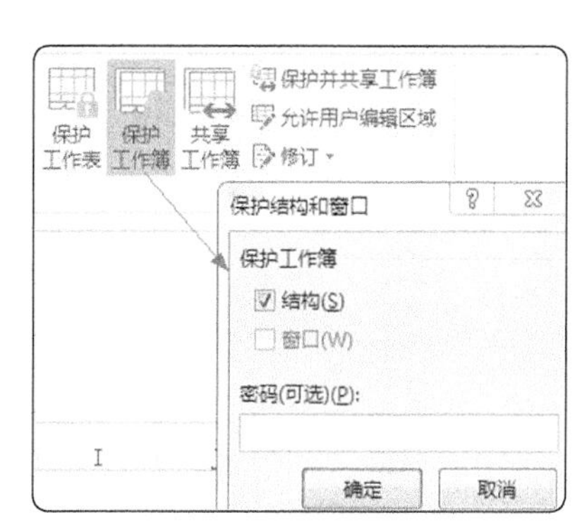

图1-5-15

加密工作簿

如果希望限定必须使用密码才能打开工作簿，除了在工作簿另存为操作时进行设置外，也可以在工作簿处于打开状态时进行设置。

单击“文件”，在下拉列表中单击“信息”，然后在右侧依次单击保护工作簿→用密码进行加密，将弹出“用密码进行加密”对话框。输入密码，单击确定后，Excel 会要求再次输入密码进行确认。确认密码后，此工作簿下次被打开时将提示输入密码，如果不能输入正确的密码，Excel 将无法打开此工作簿，如图 1-5-16 和图 1-5-17 所示。

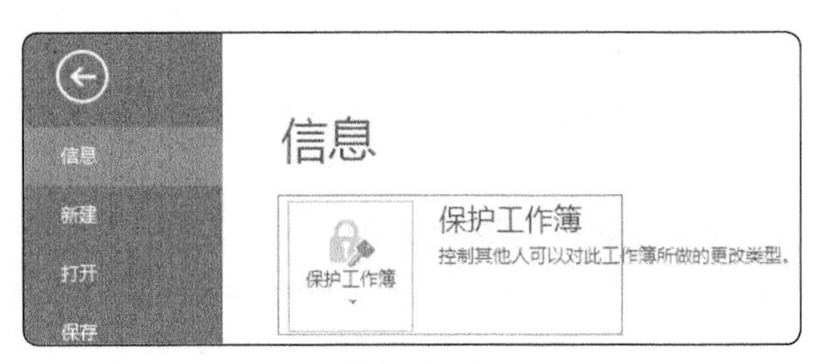

图 1-5-16

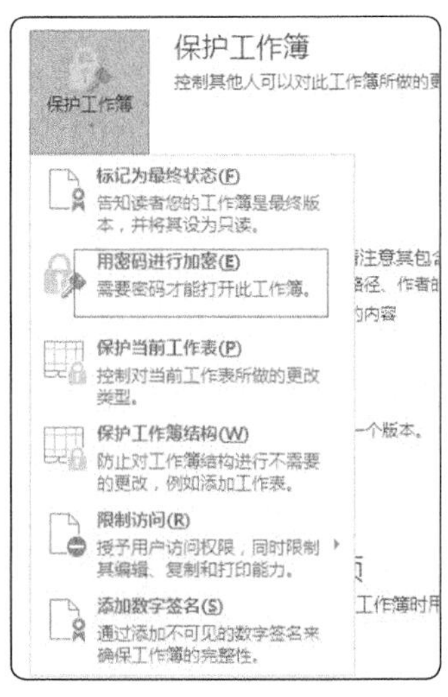

图 1-5-17

如果要解除工作簿的打开密码，可以按上述步骤再次打开加密文档对话框，删除现有密码即可。

第 77 招 Excel 不同版本最多能装载的行数与列数

也许你每天都在用 Excel，却不一定知道 Excel 最多承载的行数与列数，为什么要了解这个概念呢？因为不同版本的 Excel，如果数据量超过了该版本最大的行数或列数，系统会提示数据无法完全装载。Excel 不同版本最多能装载的行数与列数不一样，2003 版本最多 65536 行 256 列，2007-2016 版本最多能装载的行数与列数相同。

Excel 2003　2^{16}=65536 行，2^{8}=256 列；

Excel 2007/2010/2013/2016　2^{20}=1048576 行，2^{14}=16384 列。

怎样查看你的表格最多能装载多少行和多少列呢？以 2013 版本为例，我们打开左上角文件菜单下的 Excel 选项，把“公式”里面的“使用公式”中“R1C1 引用样式”打钩，如图 1-5-18 所示。

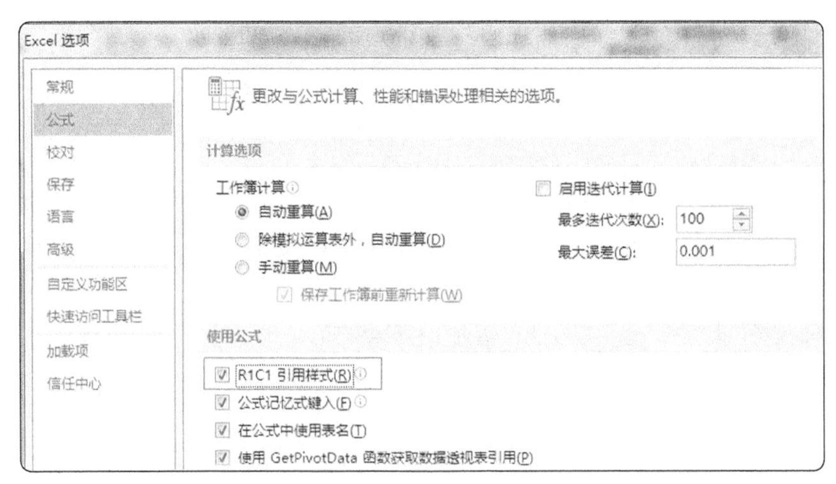

图 1-5-18

鼠标放在 A1 单元格，按组合键【Ctrl+ 向下键↓】，可以看到表格最下面的行数显示 1048576，再按组合键【Ctrl+ 向右键→】，可以看到表格最上面右边的列数显示为 16384。

第 78 招 Excel 不同版本的转换

Excel 2003 文件后缀为 *.xls，Excel 2007 及以上版本文件后缀为 *.xlsx，如果要保存带有宏的文件格式为 *.xlsm，如果在 2013 版本编辑文件，想要保存为 2003 版本的格式，只需要在文件→选项，保存格式为 Excel 97-2003 工作簿（*.xls），如图 1-5-19 所示。

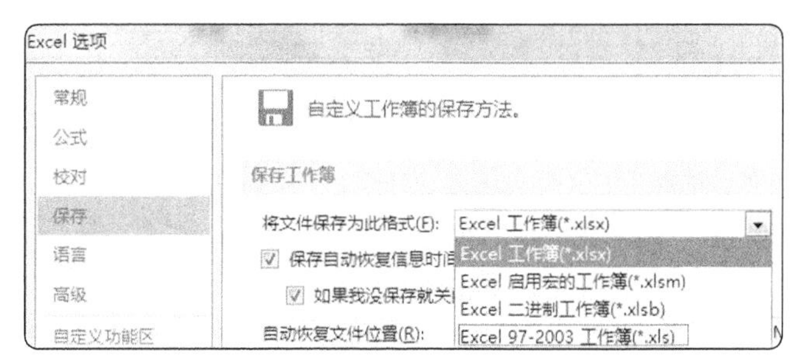

图 1-5-19

如果 2003 版本文件要转换为 2013 版本文件，单击“文件”下面的“信息”，单击“转换”，如图 1-5-20 所示，即可把 2003 版本文件转换为更高级版本。

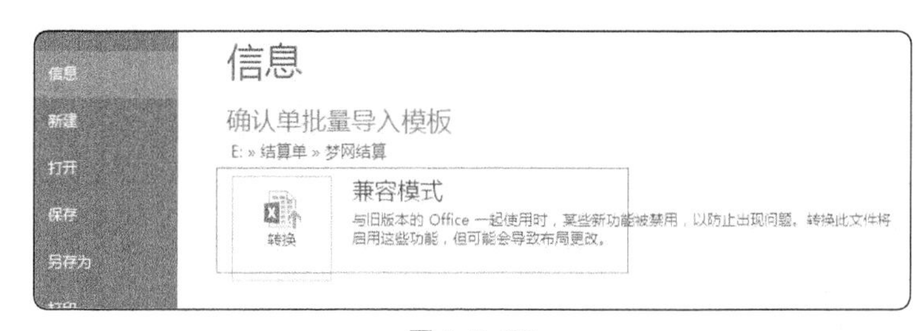

图 1-5-20

2003 版本的文件转换为 2013 版本，文件会大大缩小。例如，如图 1-5-21 所示的 2003 版本的文件大小是 107KB，转换为 2013 版本后，文件只有 47KB，文件缩小了 56%。

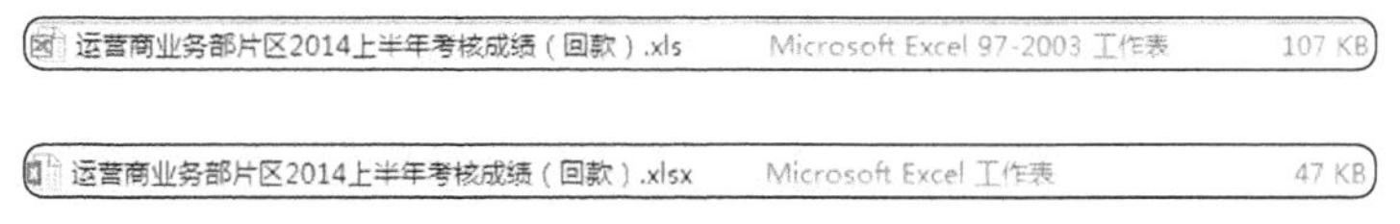

图 1-5-21

第 79 招 快速关闭所有打开的 Excel 文件

快下班啦，要赶公司班车回家了，赶紧关机，计算机打开了好多个 Excel 文件，单击菜单文件→关闭命令或者单击 Excel 文件的“关闭窗口”按钮时，每一次操作只能关闭一个 Excel 文件，等一个个文件关闭完后，糟糕，班车走了，匆匆跑到楼下，只能望车兴叹了。其实，我们不用那么傻傻地一个个关闭文件，按住 Shift 键不放，单击“关闭”按钮，就可以将所有打开的 Excel 文件快速关闭。执行快速关闭指令，Excel 会根据打开的 Excel 文件的新建和修改状态弹出相应的消息框，分为几种情况。

（1）如果在打开的多个 Excel 文件中，只新建或修改了一个 Excel 文件，就会弹出消息框。单击“保存”，保存对提示文件所做的修改，然后关闭所有打开的 Excel 文件；单击“不保存”，则不保存对提示文件所做的修改，然后关闭所有打开的 Excel 文件；选择取消则所有文件仍处于打开状态，如图 1-5-22 所示。

（2）如果在打开的多个 Excel 文件中，新建或修改了一个以上的 Excel 文件，执行“关闭所有文件”命令后就会弹出消息框，如图 1-5-23 所示。

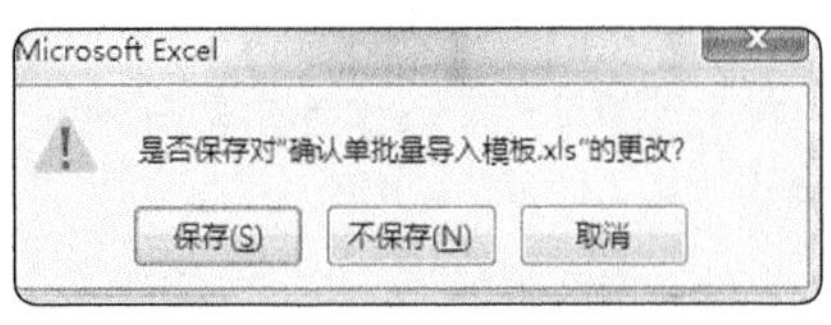

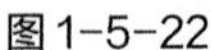
图1-5-22

图1-5-23

当选择“保存”或“全部保存”后，Excel 就会保存所有进行过修改或新建的 Excel 文件，然后关闭所有打开的 Excel 文件。选择“不保存”，Excel 不保存对提示文件所做的修改，并关闭此文件。

（3）如果打开的多个 Excel 文件都未进行修改，执行关闭所有文件命令后 Excel 会迅速关闭所有打开的 Excel 文件，此时不会出现消息提示框。

快速关闭所有打开的 Excel 文件，在 Excel 2013 版本还有一个非常简单的方法，打开菜单文件→Excel 选项→快速访问工具栏，从“文件”选项卡中找到“退出”命令，单击“添加”按钮将其添加到右侧区域中，单击“确定”按钮，如图 1-5-24 所示。在快速访问工具栏中就可以看到“退出”按钮。打开了多个工作簿后，只需单击快速访问工具栏中的“退出”按钮即可一次关闭全部工作簿并退出 Excel。

图1-5-24

第80招 Excel 文件保存显示信息不能通过“文档检查器”删除

从网页上复制粘贴到表格变成这样，单元格内有个空格，删除不了，如图 1-5-25 所示。

用 F5 键定位对象，提示找不到对象，保存关闭提示“此文档中包含宏、ActiveX 控件、XML 扩展包信息或 Web 组件，其中可能包含个人信息，并且这些信息不能通过‘文档检查器’进行删除”，如图 1-5-26 所示。

图 1-5-25　　图 1-5-26

出现这个问题的原因是工作簿包含宏、ActiveX 控件等内容，而 Excel 被设置为在保存文件时自动删除文件属性中的个人信息，因而出现该提示框。如果要避免出现这个提示，可进行如下设置。

Excel 2007/2010/2013：单击 Office 按钮（或文件菜单）→ Excel 选项（或选项）→信任中心，单击“信任中心设置”按钮，选择“个人信息选项”，在“文档特定设置”下取消选择“保存时从文件属性中删除个人信息”后确定。该选项仅对当前工作簿有效，如图 1-5-27 所示。

单击文档检查器，对文档属性和个人信息检查，如图 1-5-28 所示。

图 1-5-27　　图 1-5-28

检查后单击全部删除。

最后再按 F5 键定位，定位条件选择“对象”，删除即可，如图 1-5-29 所示。

按 Delete 键后原来的空格不见了，如图 1-5-30 所示。

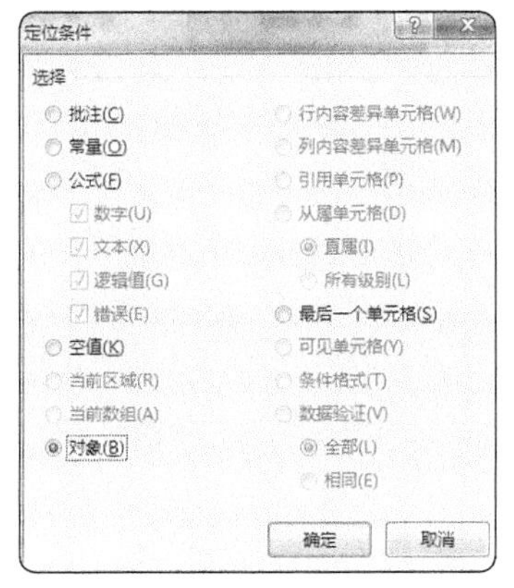

图 1-5-29

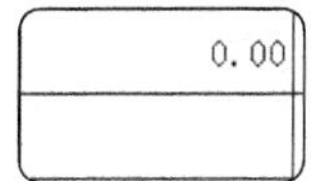

图 1-5-30

第81招 Excel文件减肥瘦身秘诀

爱美的人士总是热衷于减肥，生活中随处可见各种减肥广告。对于 Excel 文件也一样，给文件减肥，能提高效率。在实际使用 Excel 过程中发现存在这种现象，Excel 文件不明原因增大，文件内容很少，可是文件高达几兆，打开、计算、保存都很缓慢，甚至死机，有时甚至造成文件损坏，无法打开的情况，造成文件虚胖的原因及减肥瘦身办法有以下几种情况。

（1）工作表中有大量的细小图片对象造成文件增大，这是最常见的文件虚胖原因。

可能的原因：

从网页上复制内容直接粘贴到工作表中，而没有使用选择性粘贴；

无意中点了绘图工具栏的直线或其他绘图对象，不知不觉中在文件中插入了小的直线或其他图形，由于很小，肉眼几乎无法看到，又通过单元格的复制产生了大量的小绘图对象；

在工作表中插入了图片、其他绘图对象，操作中又将其高度宽度设为 0 或很小的值，通过复制产生了大量的对象；

在行或列的位置中插入了绘图对象，然后隐藏行或列，或设置行高或列宽为很小的值，从而使插入的对象不能看到；

工作表中的对象设置了不可见属性或对象的线条和填充色均设为与底色相同，使对象无法看到。

解决办法：

按 F5 键，定位条件选择“对象”，再按 Delete 键删除。

图 1-5-31 是从一个表格中用 F5 键定位对象得到的结果，标红的部分就是对象，按 Delete 键删除即可。

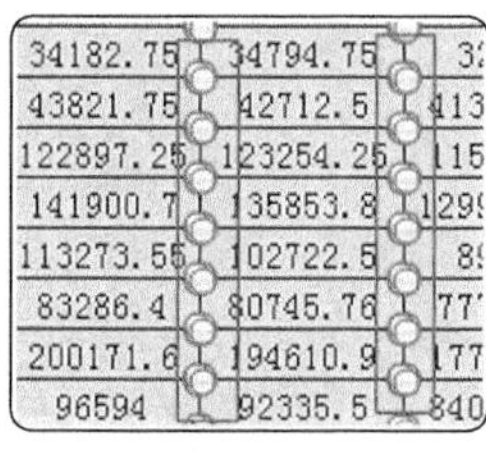

图 1-5-31

文件删除对象之前有 5MB，删除后只有 50 多 KB 了，文件大大瘦身了。

（2）工作表中在很大的范围内设置了单元格的格式或者条件格式。

可能的原因：

操作时选择在很大的区域设置或复制了单元格的格式或条件格式，而真正用的区域并不很多，造成工作表内容不多，文件却很大。

判断方法：按组合键【Ctrl+ End】看看光标落在哪里，有些表只有一两行，格式设置、公式却到了最后一行。

解决办法：定位真正需要的行号下一行，按组合键【Ctrl + Shift + 向下键↓】，选择所有的多余行，删除，真正需要的列号下一列，【Ctrl + Shift + 向右键→】，选择所有多余列，删除。对条件格式也可用编辑→定位，定位条件中选“条件格式”，然后在格式→条件格式中删除条件格式。

例如，减肥之前的文件有 5MB，虚胖的EXCEL文件.xlsx 5,065 KB，打开文件，按组合键【Ctrl+ End】，发现光标到了表格最下面的一行，而数据区域只有 79 行，鼠标选中第 80 行，按组合键【Ctrl + Shift + 向下键↓】，右键删除多余的行，保存文件，发现文件只有 21KB，虚胖的EXCEL文件减肥后效果.xlsx 21 KB。

（3）为很大的区域设置了数据验证。

形成原因：选择很大的区域设置了数据验证，或将有数据验证设置的单元格复制到很大的区域，尤其是在数据验证设置中进行了“输入法”“输入信息”“出错警告”的设置，更具有隐蔽性，一般不易发现。

判断方法：

与由于单元格格式造成文件虚胖的原因相同，在清除多余区域的单元格格式后文件大小仍没有减下来，就应该考虑是不是数据验证设置原因引起。

解决办法：

选择多余的单元格区域，数据→数据验证，在“设置”“输入信息”“出错警告”“输入法”页面分别执行“全部清除”。

（4）公式和名称较多或者公式、名称、数据透视表等所引用的单元格范围过大。

我们在定义名称，编写公式，指定数据透视表的数据源时往往图一时方便，而指定了过大的单元格范围。例如在 A 列中有包括标题在内的 10 个数据（A1:A10），标题为“data”，我们现在要定义一个名称，例如“data”，名称管理器“data”这个名称就引用了 A 列整列，而不是实际的 A2:A10。你能想象到两者的差别吗，如图 1-5-32 所示。

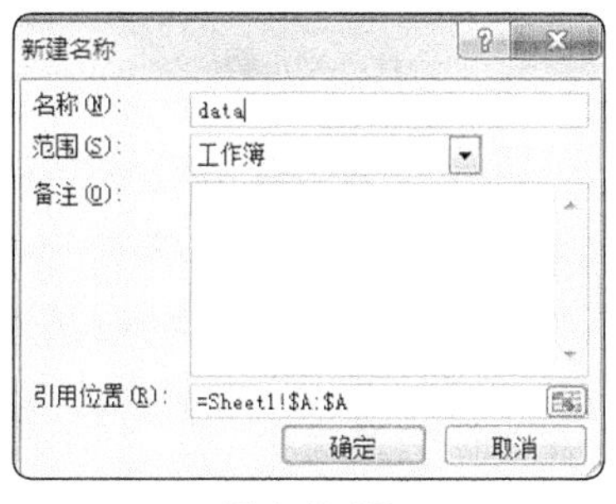

图 1-5-32

解决方法:

针对大量重复使用的公式（包括相对引用的公式），用定义名称的方法简化;

公式或定义名称注意引用单元格范围不要超出数据区域。

再补充下，文件中有图片、宏、数据链接等也会使文件增大。

第 82 招 Excel 打开 CSV 文件为乱码的解决方法

从网页上导出数据文件存储为 CSV 格式的文件，使用记事本打开文字显示没有问题，使用 Excel 打开出现乱码的情况，如图 1-5-33 所示。

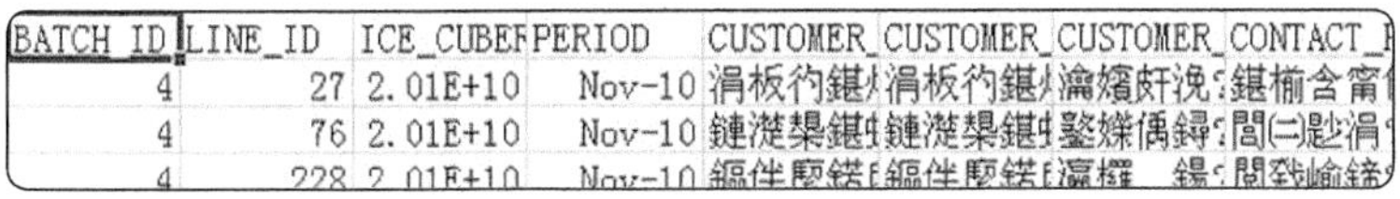

BATCH_ID	LINE_ID	ICE_CUBEF	PERIOD	CUSTOMER_	CUSTOMER_	CUSTOMER_	CONTACT_
4	27	2.01E+10	Nov-10	涓板叿鍖	涓板叿鍖	瀹嬪皬浼	鍖椾含甯
4	76	2.01E+10	Nov-10	鏈濋槼鍖	鏈濋槼鍖	鐜嬫倠鍏	閭㈠彴涓
4	228	2.01E+10	Nov-10	[illegible]	[illegible]	[illegible]	[illegible]

图 1-5-33

此种情况一般是导出的文件编码的问题。在简体中文环境下，Excel 打开 CSV 文件默认是 ANSI 编码，如果 CSV 文件的编码方式为 UTF-8、Unicode 等编码可能就会出现文件乱码情况。

解决方法:

设置 Office 语言环境（以 Office 2013 为例）:

文件→ Excel 选项→语言，将 Microsoft Office 应用程序默认方式的语言设为“中文（简体）”，这也是 Office 2013 的默认设置，如图 1-5-34 所示。

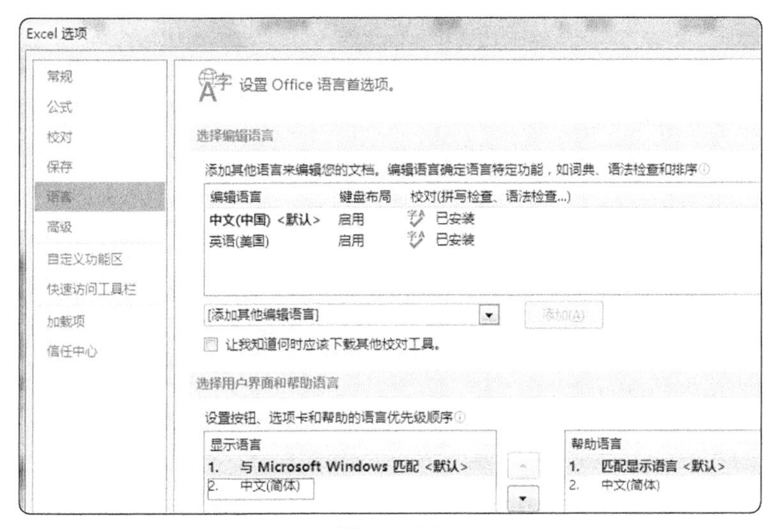

图 1-5-34

使用记事本打开 CSV 文件，文件→另存为，编码方式选择 ANSI，如图 1-5-35 所示。

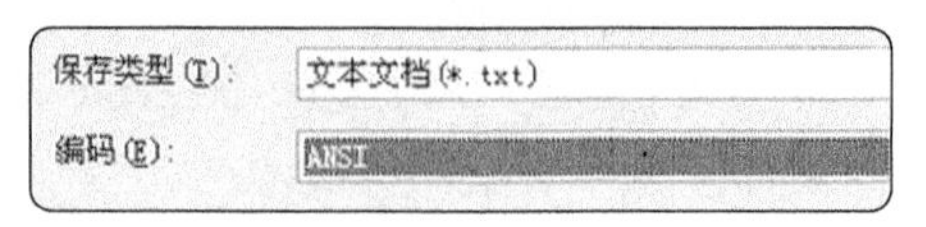

图 1-5-35

保存完毕后，用 Excel 打开这个文件就不会出现乱码的情况。

第 83 招 Excel 中外部数据链接无法删除怎么办

当 Excel 中公式引用了外部数据，每次打开时，总是弹出更新链接的对话框，如图 1-5-36 所示。

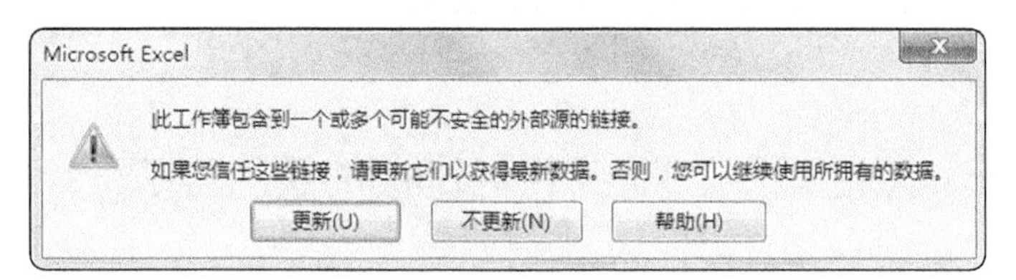

图 1-5-36

如何找到这些链接？单击菜单数据→编辑链接，就可以看到引用的链接位置，如图 1-5-37 所示。

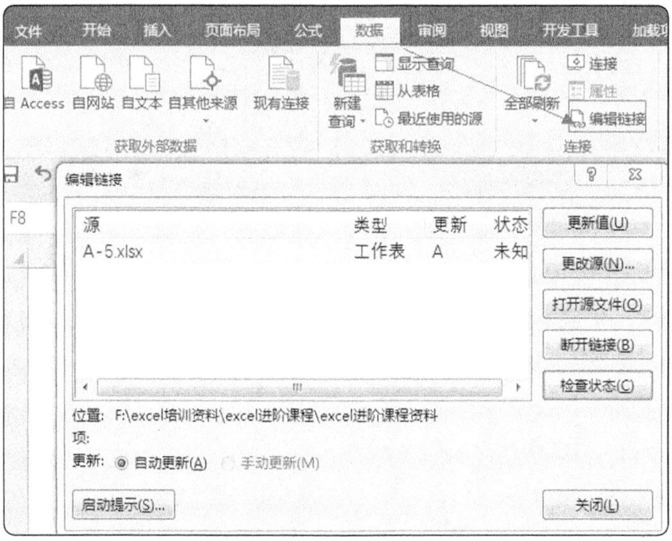

图 1-5-37

每次打开这个文件，总要弹出提醒对话框，每次都要选择“更新”或“不更新”，烦不胜烦，有没有办法避免这种情况？单击图 1-5-37 中的“启动提示”，如果需要更新链接就选择最下面的“不显示该警告，但是更新链接”，如果不更新链接，就选择“不显示该警告，同时也不更新自动链接”，如图 1-5-38 所示。从此就再没有更新对话框的提醒了，世界瞬间清静了。

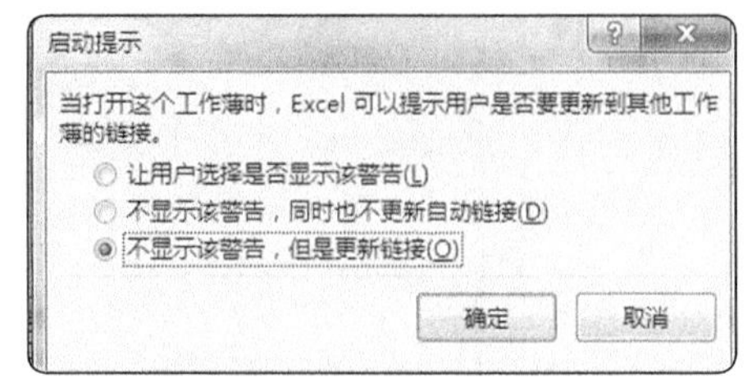

图 1-5-38

有没有办法实现断开原有链接，而保持数值不变？

单击“断开链接”，如图 1-5-39 和图 1-5-40 所示，可以看到菜单“编辑链接”成了灰色按钮，如图 1-5-41 所示。

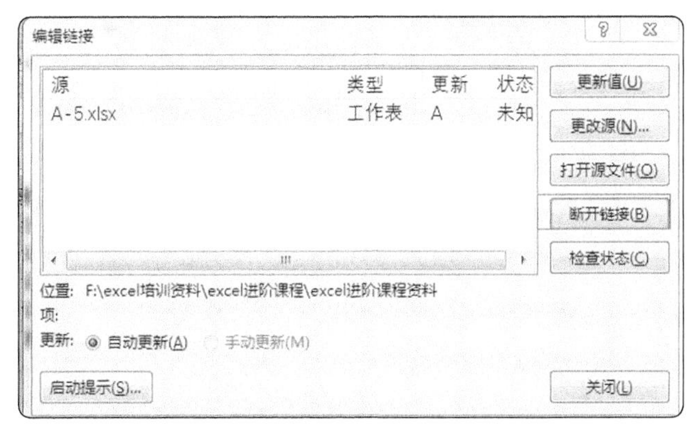

图 1-5-39

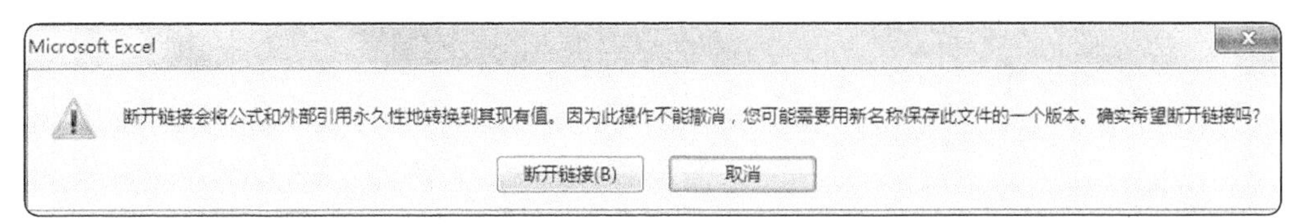

图 1-5-40

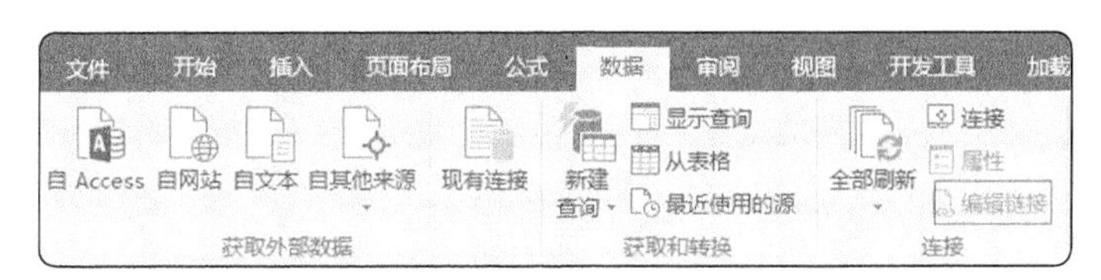

图 1-5-41

第 84 招 Excel 中鲜为人知的“照相机”功能

Excel 中有一个“照相机”的功能，但是几乎 80% 使用 Excel 的人并不知道这个很有效的“摄影”工具，更别提使用了。我们开会之前经常要打印一些数据表格，如果把不在同一张工作表的表格打印在一张 A4 纸，通常我们复制粘贴再打印，如果用“照相机”功能更简单。在 Excel 中，如果需要在一个页面中同步反映另外一个页面的更改，我们一般用粘贴连接等方式来实现。但是，如果需要反映的内容比较多，特别是目标位置的格式编排也必须反映出来的时候，再使用连接数据的方式就行不通了。天无绝人之路，Excel 早为我们准备了“照相机”，你只要把希望反映出来的那部分内容“照”下来，然后把“照片”粘贴到其他的页面即可。而且注意：插入的的确是一幅同步自动更新的图像文件，数据和格式会同步更新，同时可以使用“图片”工具栏对这个照片进行编辑。

1. 准备“照相机”

打开 Excel 2013，单击菜单文件→ Excel 选项→自定义，找到照相机功能，单击“添加”按钮，再单击“确定”按钮，如图 1-5-42 所示。

2.“照相机”的用法

假设我们在一个工作簿中有两个工作表 Sheet1 与 Sheet2，平时我们在 Sheet1 表中输入数据，但需要同步观察 Sheet2 表中的数据变化。Sheet1 为各产品的数量，如图 1-5-43 所示。

图 1-5-42

数量	1月	2月	3月	4月	5月	6月
产品 A	26.19	84.92	52.33	59.17	82.07	7.78
产品 B	57.52	8.52	75.91	10.35	2.64	51.74
产品 C	28.05	80.49	60.04	52.52	94.89	37.90
产品 D		42.04	36.39	46.73	2.59	
产品 E	7.26	35.36	59.67	58.31		2.22
产品 F	15.79	53.41		42.75	67.90	5.40
产品 G	49.14		0.25	27.72	77.30	16.41
产品 H	23.20	19.83	20.17	36.87	45.53	78.63
产品 I		57.24	39.54	93.25	68.79	
产品 J	19.43	28.77	39.39	7.84		37.10
产品 K	99.13			40.79	9.89	56.21

图 1-5-43

Sheet2 为各产品的销售收入（带有公式），如图 1-5-44 所示。

销售收入	1月	2月	3月	4月	5月	6月
产品 A	261.90	849.20	523.30	591.70	820.70	77.80
产品 B	575.20	85.20	759.10	103.50	26.40	517.40
产品 C	280.50	804.90	600.40	525.20	948.90	379.00
产品 D	-	420.40	363.90	467.30	25.90	-
产品 E	72.60	353.60	596.70	583.10	-	22.20
产品 F	157.90	534.10	-	427.50	679.00	54.00
产品 G	491.40	-	2.50	277.20	773.00	164.10
产品 H	232.00	198.30	201.70	368.70	455.30	786.30
产品 I	-	572.40	395.40	932.50	687.90	-
产品 J	194.30	287.70	393.90	78.40	-	371.00
产品 K	991.30	-	-	407.90	98.90	562.10

图 1-5-44

我们想修改 Sheet1 的数据，观察 Sheet2 的数据变化情况。

打开 Sheet2 表，选中需要在 Sheet1 表同步显示的区域，单击上面添加的“照相机”按钮，紧接着打开 Sheet1 工作表，在表格的任意位置单击，此时，在单击位置出现一张“照片”，显示的内容跟刚才在 Sheet2 表中的选区完全一样，如图 1-5-45 所示。

	A	B	C	D	E	F	G
1	数量	1月	2月	3月	4月	5月	6月
2	产品A	26.19	84.92	52.33	59.17	82.07	7.78
3	产品B	57.52	8.52	75.91	10.35	2.64	51.74
4	产品C	28.05	80.49	60.04	52.52	94.89	37.90
5	产品D		42.04	36.39	46.73	2.59	
6	产品E	7.26	35.36	59.67	58.31		2.22
7	产品F	15.79	53.41		42.75	67.90	5.40
8	产品G	49.14		0.25	27.72	77.30	16.41
9	产品H	23.20	19.83	20.17	36.87	45.53	78.63
10	产品I		57.24	39.54	93.25	68.79	
11	产品J	19.43	28.77	39.39	7.84		37.10
12	产品K	99.13			40.79	9.89	56.21
13							
14	销售收入	1月	2月	3月	4月	5月	6月
15	产品A	261.90	849.20	523.30	591.70	820.70	77.80
16	产品B	575.20	85.20	759.10	103.50	26.40	517.40
17	产品C	280.50	804.90	600.40	525.20	948.90	379.00
18	产品D	-	420.40	363.90	467.30	25.90	-
19	产品E	72.60	353.60	596.70	583.10	-	22.20
20	产品F	157.90	534.10	-	427.50	679.00	54.00
21	产品G	491.40	-	2.50	277.20	773.00	164.10
22	产品H	232.00	198.30	201.70	368.70	455.30	786.30
23	产品I	-	572.40	395.40	932.50	687.90	-
24	产品J	194.30	287.70	393.90	78.40	-	371.00
25	产品K	991.30	-	-	407.90	98.90	562.10

图 1-5-45

第 14 ～ 26 行数据是用“照相机”拍下来的，最神奇的地方是，这张“照片”是动态的，它与 Sheet1 选区中的数据是同步的。只要 Sheet1 表区域中的数据一改变，“照片”中显示的内容也会同时改变。同时这张“照片”是可以任意改变大小的，可用鼠标选中“照片”后，拉动四周的调整点来改变它的大小。使用这个方法可以在输入数据的同时，观察另一个表格中数据变化。尤其是当两个表格数据之间是通过公式连接时，更能及时知道数据变化情况。

再举个例子，把一列数据（见微云示例文件的 Sheet3）仿照 Word 里的分栏功能进行排版，用“照相机”功能变通一下就可以实现。先用鼠标选中照相区域，然后单击照相机的按钮，在想要显示的地方随便画一个框，就会形成一个照相图片。原数据区域的格式和数据变化，在照相图片里会自动变化。Sheet3 原始数据部分截图如图 1-5-46 所示。

用照相机拍摄后的截图如图 1-5-47 所示。

	A
1	陈XX139********
2	赵XX136********
3	李XX139********
4	陈XX140********
5	赵XX137********
6	李XX140********

图 1-5-46

B	D	F
陈XX139********	陈XX149********	陈XX159********
赵XX136********	赵XX146********	赵XX156********
李XX139********	李XX149********	李XX159********
陈XX140********	陈XX150********	陈XX160********

图 1-5-47

第 85 招 Excel 文件有很多页，每页打印标题行

当一个工作表打印的时候需要多页纸，需要在每页显示标题行，如何操作呢？单击菜单“页面布局”下面的“打印标题”，设置要打印的标题，如图 1-5-48 和图 1-5-49 所示。

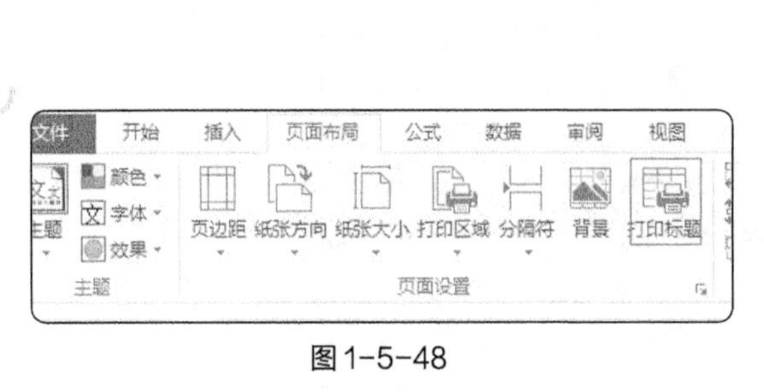

图1-5-48

图1-5-49

第86招 Excel文件打印怎样插入页码、页眉、页脚

Excel表格打印到页面上显示页码、页眉和页脚等内容似乎不像Word中那么方便。其实，只要了解是怎么回事，用起来还是很简单，Excel中怎样插入页码、页眉、页脚呢?

操作步骤如下:

Step1 打开自己需要插入页码或页眉的Excel文档，单击菜单文件→打印→页面设置→页眉/页脚，如图1-5-50所示。

图1-5-50

Step2 单击“页眉”下拉菜单，在下拉菜单中选择想要插入的页眉格式，也可以单击“自定义页眉”，页眉可以放置于页面的左、中、右，比如，输入页眉内容“内部资料，请勿外传”，单击“确定”，如图 1-5-51 所示。

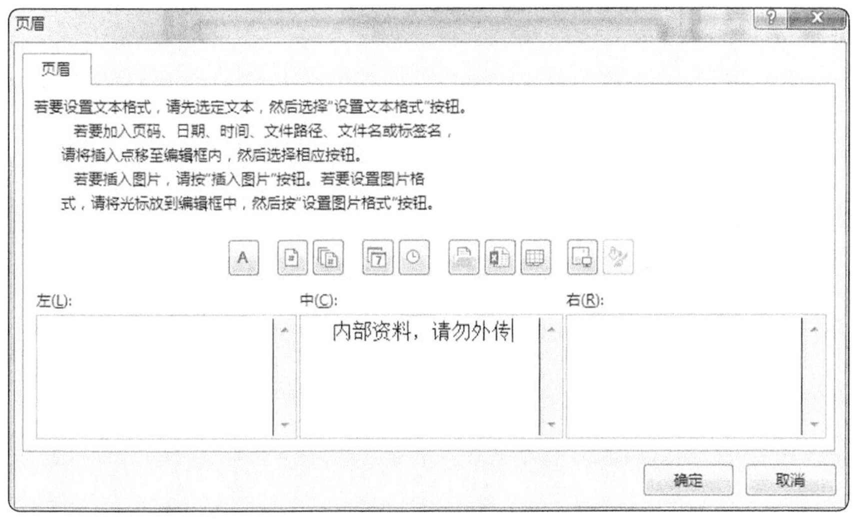

图 1-5-51

单击“页脚”下拉菜单，在下拉菜单中选择想要插入的页脚格式，如图 1-5-52 所示。

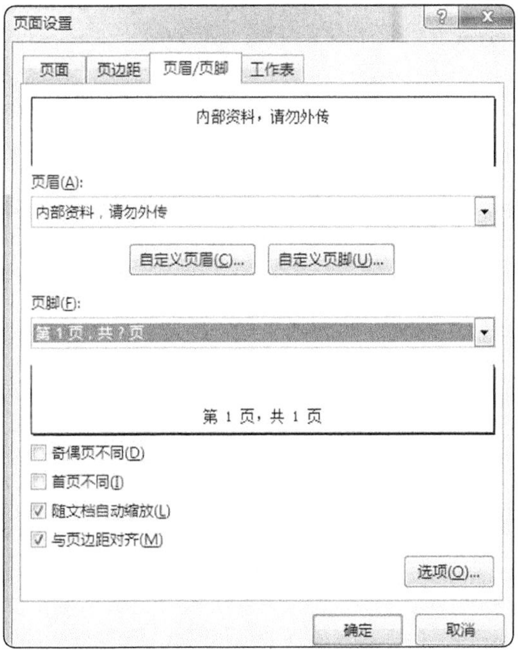

图 1-5-52

页眉和页脚都插入页码、总页码、日期、时间、图片等，如图 1-5-53 所示。

Step3 页眉页脚设置好了，在页面设置窗口的预览区域可以看到设置效果，也可以单击“打印预览”查看打印效果。

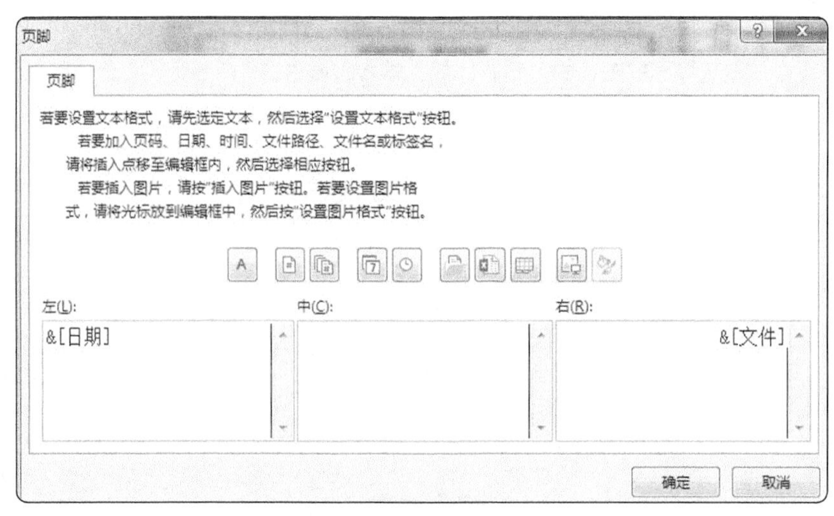

图1-5-53

第87招 Excel文件行多列少，打印莫烦恼

工作中有时候会遇到一些行数很多而列数较少的表格需要打印，由于列数很少，行数多，如图 1-5-54 所示，表格只有 2 列，行数有几百行，打印在纸上内容集中在纸张左侧，这样打印会浪费纸张。

如果在 Excel 中排版的话，需要多次复制粘贴。既然同为微软 Office 组件之一的 Word 具有分栏功能，我们可以把 Excel 中表格粘到 Word 中来分栏、打印输出。按组合键【Ctrl+A】全选表格所有数据，粘贴到 Word 中，如图 1-5-55 所示，单击菜单布局→分栏→两栏就可以实现两栏的效果了。

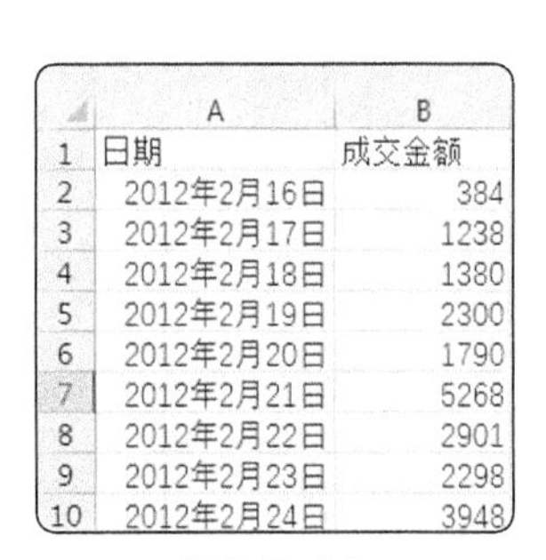

	A	B
1	日期	成交金额
2	2012年2月16日	384
3	2012年2月17日	1238
4	2012年2月18日	1380
5	2012年2月19日	2300
6	2012年2月20日	1790
7	2012年2月21日	5268
8	2012年2月22日	2901
9	2012年2月23日	2298
10	2012年2月24日	3948

图1-5-54

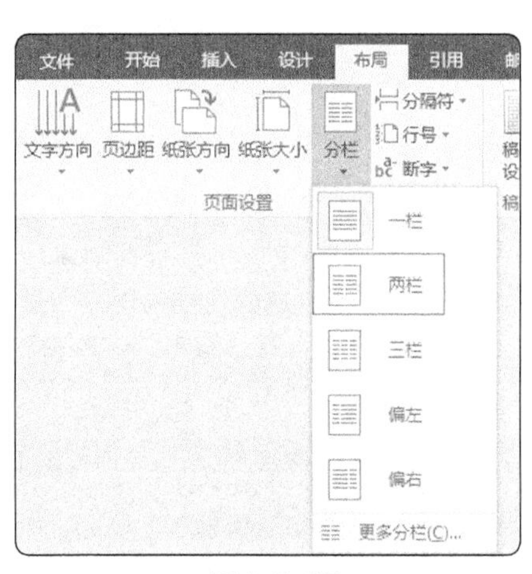

图1-5-55

如果要在每页加上标题行，选中首页的标题，单击布局→重复标题行，如图 1-5-56 所示。打印预览效果如图 1-5-57 所示。

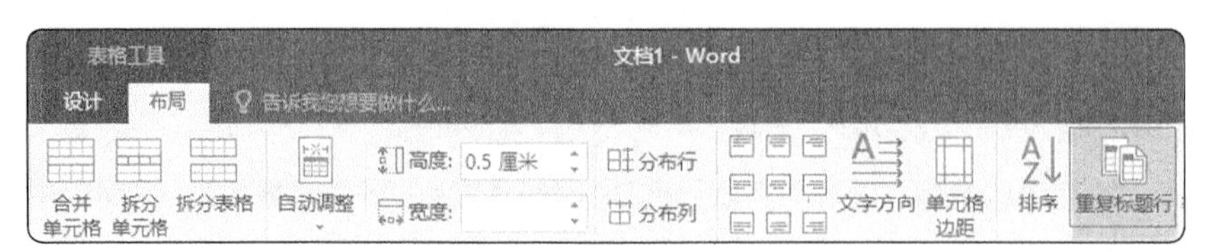

图1-5-56

日期	成交金额
2012年2月16日	384
2012年2月17日	1238
2012年2月18日	1380
2012年2月19日	2300
2012年2月20日	1790
2012年2月21日	5268

日期	成交金额
2012年3月29日	5346
2012年3月30日	1749
2012年3月31日	6133
2012年4月1日	2444
2012年4月2日	5318
2012年4月3日	5306

图1-5-57

第88招 Excel文件工作表中的错误值不打印

如图1-5-58所示，工作表中有错误值#N/A，如果数据源中不删除，打印时为美观不显示错误值，只需单击菜单文件→打印→页面设置→工作表，“错误单元格打印为”下拉框选择“空白”，这样显示错误值的打印出来显示空白，如图1-5-59所示。

	A	B	C	D
1	部门	姓名	地址	职务
2	互娱	石峰(black13)	西安	测试人员
3	无线	赵晋(black16)	西安	测试人员
4	互联网	#N/A	上海	产品经理
5	互联网	胡铁山(black3)	哈尔滨	产品经理
6	互联网	#N/A	南宁	产品经理
7	互联网	#N/A	南京市	产品经理
8	互联网	任冰(black10)	齐齐哈尔	产品经理
9	互联网	#N/A	沈阳	产品经理

图1-5-58

页面设置
页面 页边距 页眉/页脚 工作表
打印区域(A):
打印标题
顶端标题行(R):
左端标题列(C):
打印
网格线(G) 批注(M): (无)
单色打印(B) 错误单元格打印为(E): <空白>
草稿品质(Q)
行号列标(L)
打印顺序
先列后行(D)
先行后列(V)

图1-5-59

Excel

第二篇　数据分析

本篇介绍数据分析经常用到的数据排序、筛选、创建组、分类汇总、数据透视表、合并计算等技巧。

2

第 6 章　排序、筛选、分类汇总、合并计算

本章介绍数据分析常用的排序、筛选、分类汇总、合并计算技巧。

第 89 招　按照自己的想法随心所欲地排序

排序有升序、降序、自定义排序，可以设置多个关键字，如果设置多个关键字排序，按照关键字的次序来排序，如图 2-6-1 和图 2-6-2 所示。如果有多个字段，需要按照某个字段排序，需要把数据区域全部选中。注意：排序不能有合并单元格，如果有合并单元格，需要先取消合并单元格。

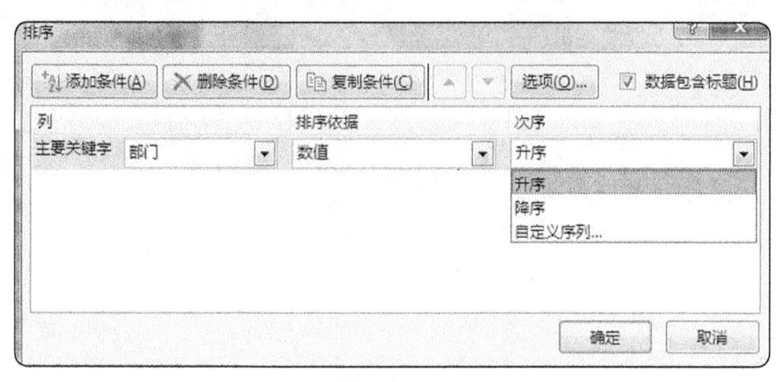

图 2-6-1

图 2-6-2

单击“选项”按钮，排序有方向和方法可以选择，比如通常姓名按照笔画和字母排序，如图 2-6-3 所示。

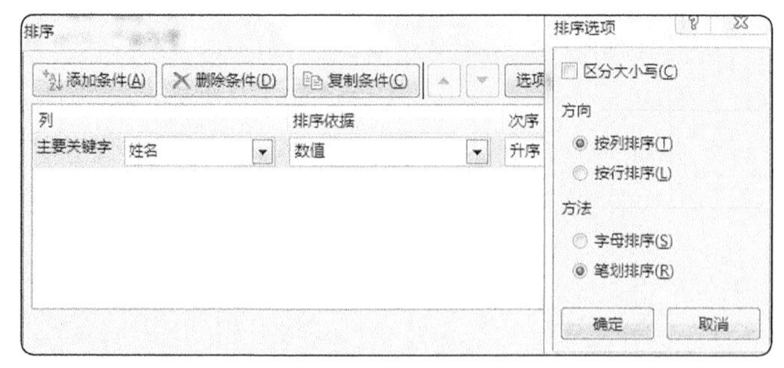

图 2-6-3

排序依据可以按照数值，也可以按照单元格颜色、字体颜色、单元格图标排序，例如，单元格姓名字段有红、黄、蓝三种颜色，各种颜色杂乱无章，要把三种颜色按顺序排序，排序关键字设置如图 2-6-4 所示。

自定义排序之前要先自定义序列，不同序列值间要用英文状态下的逗号隔开，如图 2-6-5 所示。

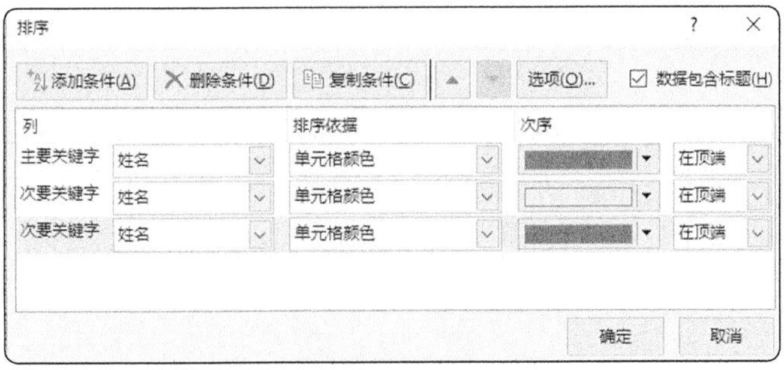

图 2-6-4

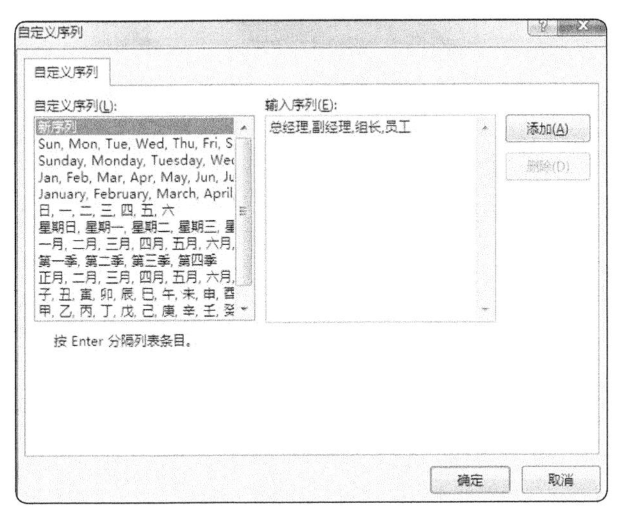

图 2-6-5

定义好序列后，排序的时候选择那个序列即可。

第 90 招 为什么排序结果有时候不对

排序有时候会遇到内容明明相同，但是排序还是不能排在一起，如图 2-6-6 所示，A2:A5 内容和 A11:A13 内容看上去一样，按照 A 列排序，得到的结果还是和图 2-6-6 一样，这个排序结果显示是错误的。为什么会这样呢？鼠标双击 A2 单元格，发现在内容前面有个空格，而 A11:A13 内容前面没有空格。如何解决这个问题呢？最简单的方法就是复制空格，在查找里粘贴空格，全部替换为空，这样空格没有了，如图 2-6-7 和图 2-6-8 所示，再排序就得到想要的结果，如图 2-6-9 所示。

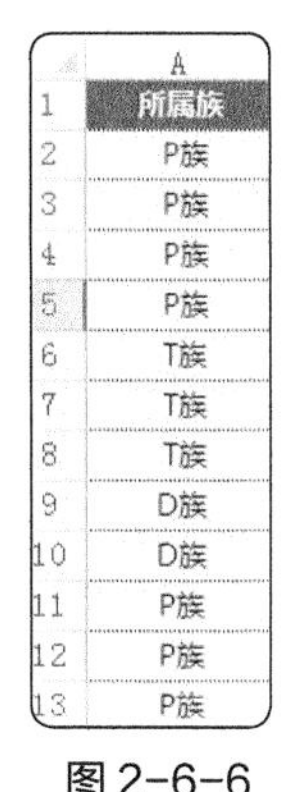

图 2-6-6

图 2-6-7

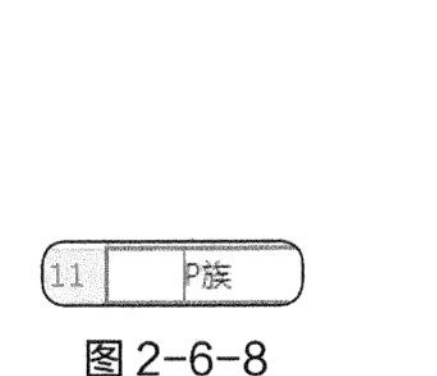

图 2-6-8

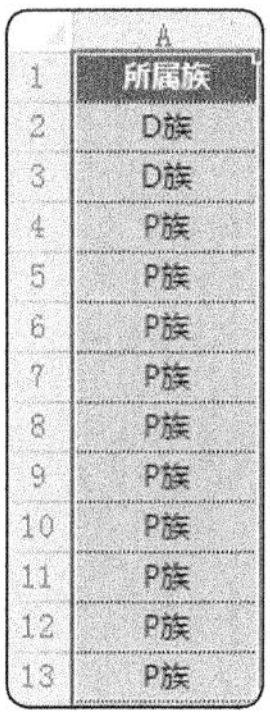

图 2-6-9

第91招 组内排序

如图 2-6-10 所示，要实现先按片区总收入由大到小排序，再按省份由大到小排序。

先把合并单元格取消，填充空白部分，方法见第 1 章第 9 招，再选中表格所有数据，单击插入→数据透视表，先把“片区”拉到行标签，再把“省份”拉到行标签，“收入”拉到数值，如图 2-6-11 所示。

结果截图如图 2-6-12 所示。

片区	省份	收入
华南	广东	7717
	海南	5267
西北	新疆	4834
	甘肃	3177
	宁夏	2883
	青海	2330
	内蒙古	1910
	陕西	1653
西南	云南	8488
	四川	5768
	重庆	5506
	贵州	2533
	西藏	1217

图 2-6-10

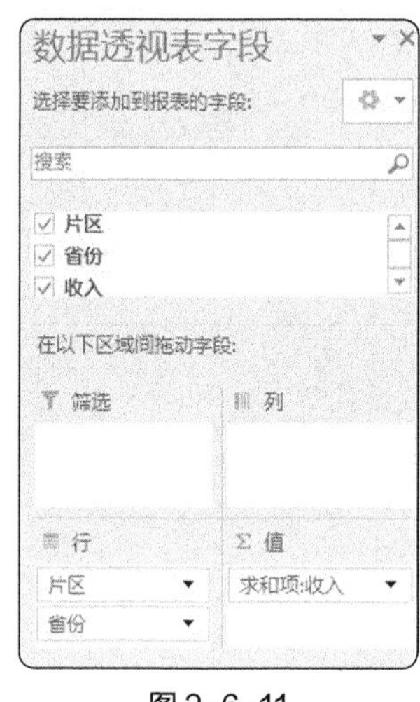

图 2-6-11

行标签	求和项:收入
⊟华南	12984
广东	7717
海南	5267
⊟西北	16787
甘肃	3177
内蒙古	1910
宁夏	2883
青海	2330
陕西	1653
新疆	4834
⊟西南	23512
贵州	2533
四川	5768
西藏	1217
云南	8488
重庆	5506

图 2-6-12

鼠标放在华南片区的总收入数据处，右键单击“排序”，按降序排序，这样就按照片区的总收入排序了，如图 2-6-13 所示。

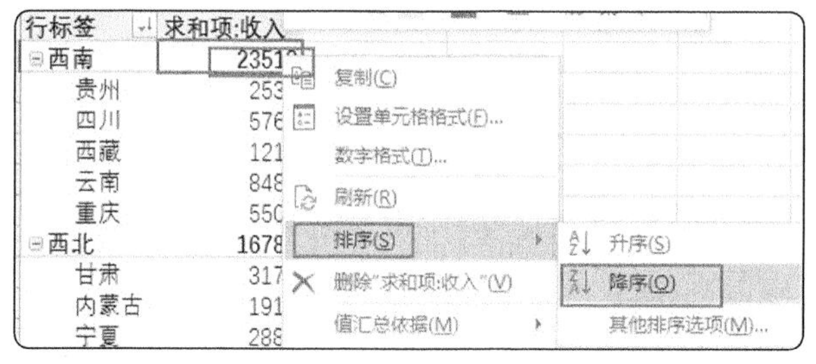

图 2-6-13

再看看各片区省份的排序，单击西南片区下面的任意省份，单击右键选择排序，按降序排序，这样各片区都按照省份收入数据排序了，如图 2-6-14 所示。

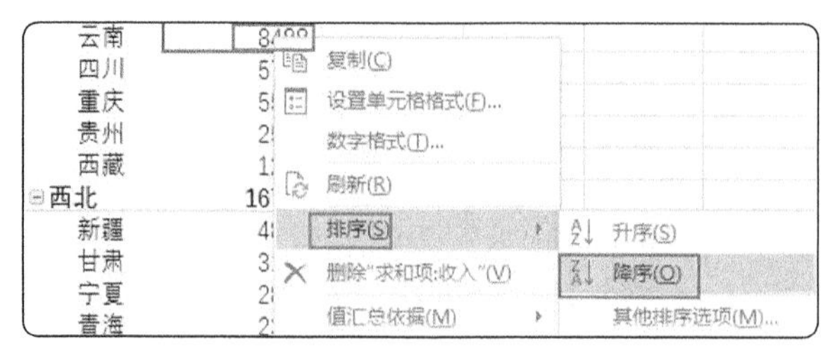

图 2-6-14

第 92 招 隐藏数据更好的方法——创建组

使用分级显示可以快速显示摘要行或摘要列，或者显示每组的明细数据。可创建行的分级显示、列的分级显示或者行和列的分级显示。通过单击代表分级显示级别的加号、减号和数字 1、2、3 或 4，可以显示或隐藏明细数据。创建组及分级显示功能可以实现数据的隐藏或显示，比隐藏功能要好用。当对行或列做了隐藏，有时候又需要打开明细数据，还要取消隐藏，而创建组及分级显示只要单击数字 1、2、3、4 就可以显示。

注意：创建组之前要先排序。排序后选中要创建组的行或列，单击“数据”菜单下的“创建组”，选中行或列，单击“确定”即可创建组。图 2-6-15 做了组及分级显示，单击左边的 2 可以看到明细数据，单击 1 可以看到汇总数据。

	A	EW	FD	FK	FR	FY
1		201008	201009	201010	201011	201012
2	地区	合计	合计	合计	合计	合计

图 2-6-15

单击月份上面的 + 可以看到明细数据，如图 2-6-16 所示。

	A	FK	FR	FS	FT	FU	FV	FW	FX	FY
1		201010	201011				201012			
2	地区	合计	合计	腾讯	网典	英克必成	掌中星	EMARK	云讯	合计

图 2-6-16

第 93 招 让报表收放自如——分类汇总

Excel 可自动计算列表中的分类汇总和总计值。当插入自动分类汇总时，Excel 将分级显示列表，以便为每个分类汇总显示和隐藏明细数据行。分类汇总之前先按照分类字段排序，如图 2-6-17 所示。

图 2-6-17

分类汇总后效果如图 2-6-18 所示。

如果想看明细数据，单击 3，想看小计数据，单击 2，想看总计数据，单击 1，让报表收放自如。工作中经常需要把分类汇总后的 2 级汇总内容拷贝到其他地方，如果直接复制粘贴，会把所有明细数据拷贝出来，需要按 F5 键定位，定位条件选择“可见单元格”，如图 2-6-19 所示。

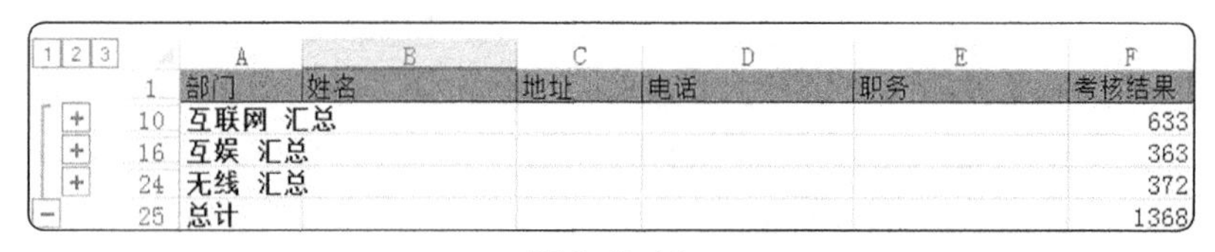

	A	B	C	D	E	F
1	部门	姓名	地址	电话	职务	考核结果
10	互联网 汇总					633
16	互娱 汇总					363
24	无线 汇总					372
25	总计					1368

图 2-6-18

复制粘贴后效果如图 2-6-20 所示。

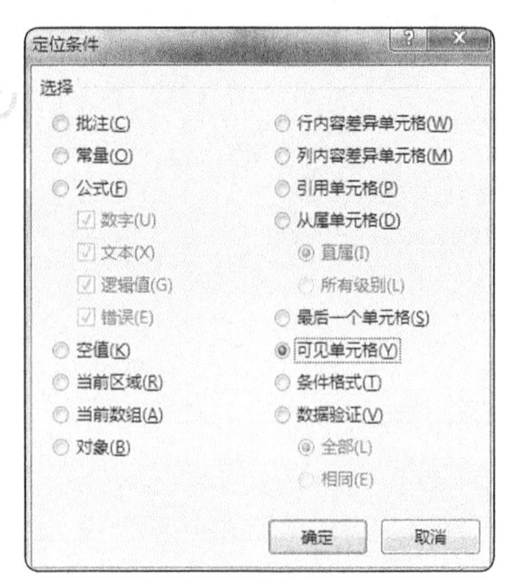

图 2-6-19

30	部门	姓名	地址	电话	职务	考核结果
31	互联网 汇总					633
32	互娱 汇总					363
33	无线 汇总					372

图 2-6-20

第 94 招 像“傻瓜相机”一样简单易用的筛选

单击“数据”菜单下的“筛选”，所有字段有下拉框可以选择，把想要筛选出的内容打钩，就可以筛选出想要的内容，如图 2-6-21 所示。

自定义筛选支持通配符，* 代表任意个字符，? 代表单个字符。

比如，图 2-6-22 这个筛选可以筛选出姓名以“石”开头的全部内容。

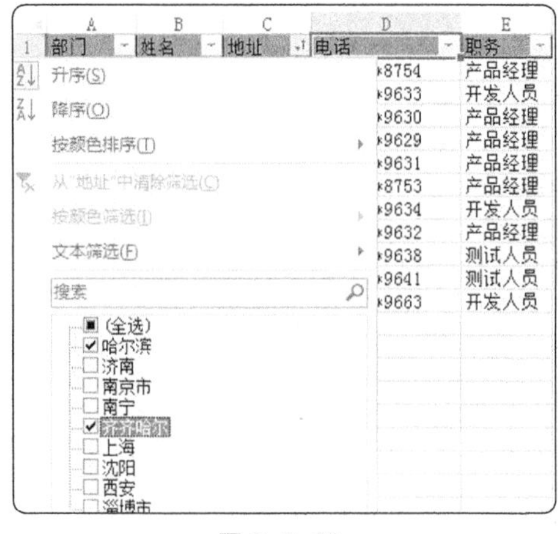

图 2-6-21

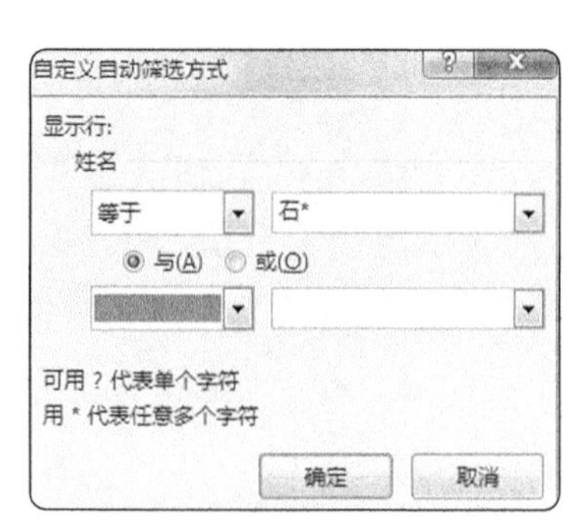

图 2-6-22

第 95 招 利用通配符根据模糊条件筛选

Excel 中使用自动筛选来筛选数据，可以快速而又方便地查找和使用单元格区域或表列中数据的子集。对于简单条件的筛选操作，自动筛选基本可以应付，但是，最后符合条件的结果只能显示在原有的数据表格中，不符合条件的将自动隐藏。若要筛选含有指定关键字的记录，并且将结果显示在两个表中进行数据比对或其他情况，“自动筛选”就显得有些捉襟见肘了。“傻瓜相机”毕竟功能有限，让我们来试试“高级相机”吧。熟练运用“高级筛选”，无论条件多么复杂，都能一网筛尽。

Excel 高级筛选功能之所以强大，主要是因为其条件区域设置非常灵活。

条件区域中可使用操作符如下。

基本比较操作符：

大于 >

小于 <

等于 =

大于等于 >=

小于等于 <=

不等于 <>

文本通配符：

匹配 0 或多个字符 *

匹配单个字符？

波形符 ~

如：要查找含？的数据，应该使用 ~ ？；要查找含 * 的数据行，应该使用 ~ *。

例如，“tencent ~ ?”可以找到“tencent?”。

下面来举例介绍高级筛选在日常工作中的应用。

比如，要筛选出下表中含有腾讯以及腾讯旗下子公司的公司字样的内容，并把结果存在其他工作表，如图 2-6-23 所示。

在 B 列输入条件，如图 2-6-24 所示。

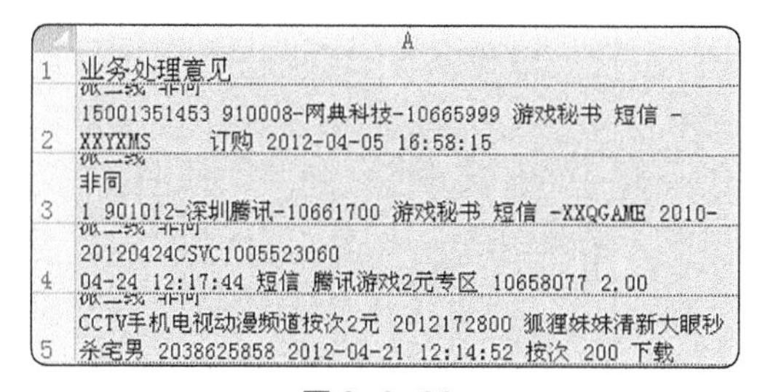

图 2-6-23

图 2-6-24

打开新工作表，高级筛选，如图 2-6-25 所示。

这样就可以把 Sheet1 里 A 列含有腾讯以及子公司字样的内容筛选出来，并且把结果保存在 Sheet2 工作表。

再举个例子，把下面的姓名列表中姓“石”且姓名为 3 个字符的姓名找出来，如图 2-6-26 所示。

条件区域输入，如图 2-6-27 所示。

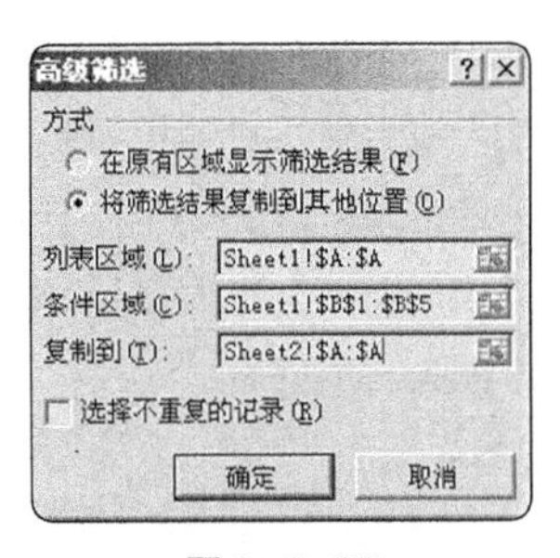

图 2-6-25

	A
1	姓名
2	石峰
3	赵晋
4	倪张春
5	胡铁山
6	张勇
7	袁建华
8	王承礼
9	秦国强
10	于贤成
11	黄廷
12	张光玲
13	石小峰

图 2-6-26

B
姓名
石??

图 2-6-27

高级筛选，如图 2-6-28 所示。

筛选结果如 C 列，如图 2-6-29 所示。

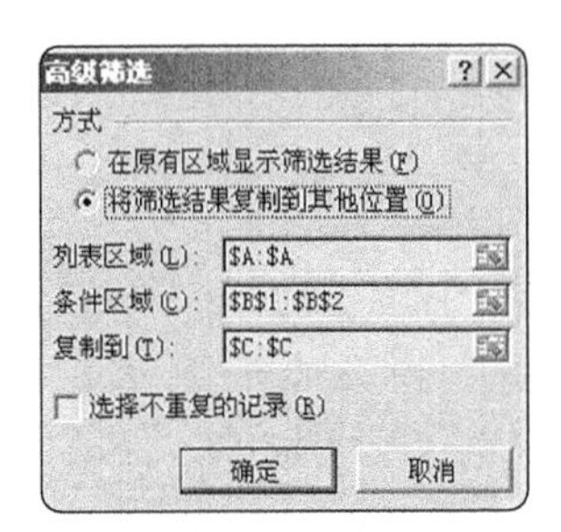

图 2-6-28

	A	B	C
1	姓名	姓名	姓名
2	石峰	石??	石小峰
3	赵晋		
4	倪张春		
5	胡铁山		
6	张勇		
7	袁建华		
8	王承礼		
9	秦国强		
10	于贤成		
11	黄廷		
12	张光玲		
13	石小峰		

图 2-6-29

第 96 招 满足多条件中的一个或者任意个高级筛选

下表中要筛选出性别为男，年龄在 30 岁以上，职称含工程师字样的内容，如图 2-6-30 所示。

条件区域内容如图 2-6-31 所示。

	A	B	C	D
1	姓名	职称	年龄	性别
2	石峰	高级工程师	35	男
3	赵晋	助理工程师	25	男
4	倪张春	会计师	30	女
5	胡铁山		24	女
6	张勇	助理工程师	32	女
7	袁建华		21	男
8	王承礼	高级工程师	40	男
9	秦国强	会计师	26	女
10	于贤成	助理工程师	29	男
11	黄廷		23	男
12	张光玲		21	女
13	石小峰		30	女

图 2-6-30

E	F	G
年龄	性别	职称
>=30	男	*工程师

图 2-6-31

高级筛选如图 2-6-32 所示。

	A	B	C	D	E	F	G
1	姓名	职称	年龄	性别	年龄	性别	职称
2	石峰	高级工程师	35	男	>=30	男	*工程师
3	赵晋	助理工程师	25	男			
4	倪张春	会计师	30	女			
5	胡铁山		24	女			
6	张勇	助理工程师	32	女			
7	袁建华		21	男			
8	王承礼	高级工程师	40	男			
9	秦国强	会计师	26	女			
10	于贤成	助理工程师	29	男			
11	黄廷		23	男			
12	张光玲		21	女			
13	石小峰		30	女			

高级筛选

方式

在原有区域显示筛选结果(F)

将筛选结果复制到其他位置(O)

列表区域(L): $A$1:$D$13

条件区域(C): $E$1:$G$2

复制到(T): Sheet1!$H:$K

选择不重复的记录(R)

确定 取消

图 2-6-32

筛选结果如图 2-6-33 所示。

还是上面的例子，如果要筛选出“性别为男，年龄在 30 岁以上，职称含工程师字样”三个条件只要有一个满足的内容，需要把 3 个条件放在不同的行，如图 2-6-34 所示。

H	I	J	K
姓名	职称	年龄	性别
石峰	高级工程师	35	男
王承礼	高级工程师	40	男

图 2-6-33

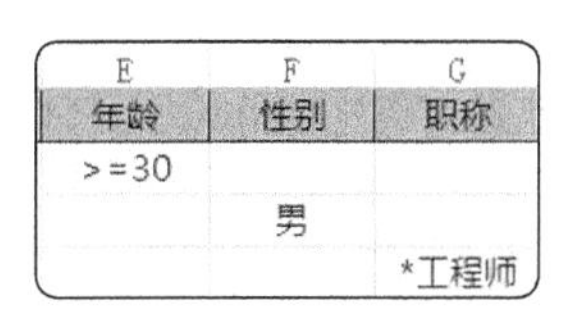

E	F	G
年龄	性别	职称
>=30		
	男	
		*工程师

图 2-6-34

高级筛选如图 2-6-35 所示。

	A	B	C	D	E	F	G
1	姓名	职称	年龄	性别	年龄	性别	职称
2	石峰	高级工程师	35	男	>=30		
3	赵晋	助理工程师	25	男		男	
4	倪张春	会计师	30	女			*工程师
6	张勇	助理工程师	32	女			
7	袁建华		21	男			
8	王承礼	高级工程师	40	男			
10	于贤成	助理工程师	29	男			
11	黄廷		23	男			
13	石小峰		30	女			
14							
15							
16							

高级筛选

方式

在原有区域显示筛选结果(F)

将筛选结果复制到其他位置(O)

列表区域(L): $A$1:$D$13

条件区域(C): $E$1:$G$4

复制到(T): Sheet2!$H:$K

选择不重复的记录(R)

确定 取消

图 2-6-35

筛选结果如图 2-6-36 所示。

H	I	J	K
姓名	职称	年龄	性别
石峰	高级工程师	35	男
赵晋	助理工程师	25	男
倪张春	会计师	30	女
张勇	助理工程师	32	女
袁建华		21	男
王承礼	高级工程师	40	男
于贤成	助理工程师	29	男
石小峰		30	女
黄廷		23	男

图 2-6-36

总结：要筛选条件是并且关系，即多个条件同时满足的，筛选条件要写在同一行内；要筛选条件是或者关系，即多个条件只要有一个满足的，筛选条件要写在不同行。

第97招 筛选不重复的记录

当工作表有重复记录，需要筛选出不重复的记录，只要把“选择不重复的记录”打钩即可，如图 2-6-37 所示。

例如图 2-6-38 所示有重复记录，利用上面的截图就可以筛选出不重复的记录。

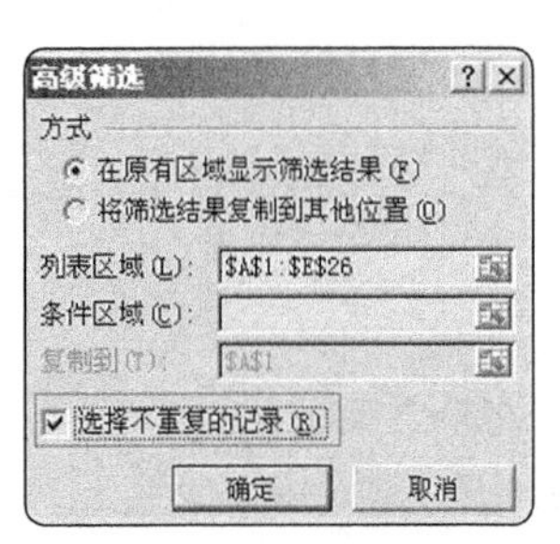

图 2-6-37

	A	B	C	D	E
1	部门	姓名	地址	电话	职务
2	互联网	胡铁山(bl	哈尔滨	136****8754	产品经理
3	互联网	孔令哲(bl	济南	138****9633	开发人员
4	互联网	陈峰(blac	南京市	138****9630	产品经理
5	互联网	张勇(blac	南宁	138****9629	产品经理
6	互联网	梁斯博(bl	齐齐哈尔	138****9631	产品经理
7	互联网	倪张春(bl	上海	137****8753	产品经理
8	互娱	梅强(blac	上海	138****9634	开发人员
9	互联网	钱东(blac	沈阳	138****9632	产品经理
10	互娱	石峰(blac	西安	138****9638	测试人员
11	无线	赵晋(blac	西安	138****9641	测试人员
12	互联网	陈超(blac	淄博市	139****9663	开发人员
13	互联网	陈峰(blac	南京市	138****9630	产品经理
14	互娱	石峰(blac	西安	138****9638	测试人员

图 2-6-38

第98招 筛选 2 个或多个工作表相同数据

Excel 中比较两列并提取两列中相同数据的方法有很多，例如数据透视表、VLOOKUP 函数、VBA 等。这里介绍用高级筛选提取两列中的相同数据的方法。例如，A，B 两列都是 QQ 号码，要提取两列相同的 QQ 号码，如图 2-6-39 所示。

操作步骤如下：

先将字段名改为相同的，比如，都改为号码。

A 列作为列表区域，B 列有数据区域的部分作为条件区域，如图 2-6-40 所示。

	A	B
1	号码1	号码2
2	10238	855002000
3	15177	120519329
4	20933	29077929
5	24640	611968736
6	24640	469438020
7	25570	27069738
8	27552	540761807
9	31658	253858178
10	33660	279683412
11	39522	1174572384
12	42096	514879731

图 2-6-39

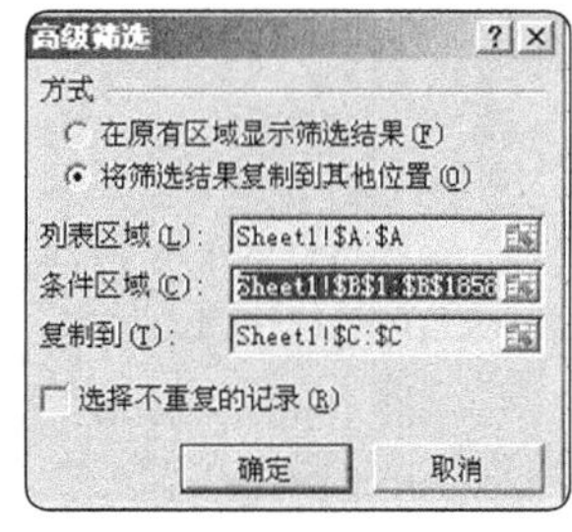

图 2-6-40

单击“确定”即可将 A，B 两列相同的结果提取到 C 列。

第99招 怎样筛选指定长度的文本

一列文本字符串中要筛选出文本长度在 10 个以上的，文本内容部分截图如图 2-6-41 所示。

计算文本字符串长度有个函数 LEN，在 B 列添加辅助列字符长度，B2 单元格输入公式 =LEN(A2)，双击右下角黑色 +，可以计算出 A 列每个单元格字符长度，如图 2-6-42 所示。

再根据 B 列的数据进行筛选，如果数据不多，比如只有 20 个数据，可以用筛选，把符合条件的数字前面方框打钩，如果数据比较多，尤其是成千上万行数据，则需要用高级筛选，在 C 列输入筛选的条件，注意 C 列字段名和 B 列字段名要完全一致，C2 单元格条件设置为 >=10，单击高级筛选，列表区域选中 A 列数据区域，条件区域选中 C 列设置的条件，这样就可以筛选出 A 列字符数在 10 个以上的内容，如图 2-6-43 所示。

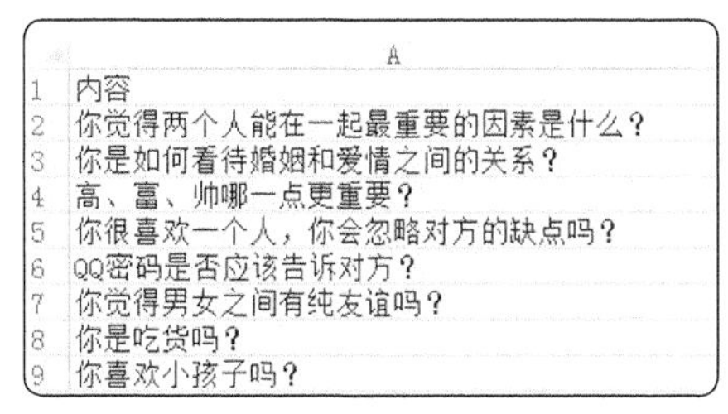

	A
1	内容
2	你觉得两个人能在一起最重要的因素是什么？
3	你是如何看待婚姻和爱情之间的关系？
4	高、富、帅哪一点更重要？
5	你很喜欢一个人，你会忽略对方的缺点吗？
6	QQ密码是否应该告诉对方？
7	你觉得男女之间有纯友谊吗？
8	你是吃货吗？
9	你喜欢小孩子吗？

图 2-6-41

	A	B
1	内容	字符长度
2	你觉得两个人能在一起最重要的因素是什么？	20
3	你是如何看待婚姻和爱情之间的关系？	17
4	高、富、帅哪一点更重要？	12
5	你很喜欢一个人，你会忽略对方的缺点吗？	19
6	QQ密码是否应该告诉对方？	13
7	你觉得男女之间有纯友谊吗？	13
8	你是吃货吗？	6
9	你喜欢小孩子吗？	8

图 2-6-42

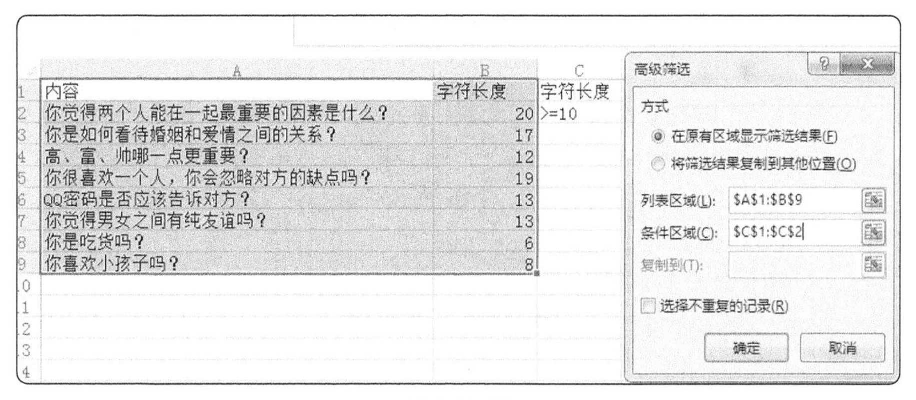

	A	B	C
1	内容	字符长度	字符长度
2	你觉得两个人能在一起最重要的因素是什么？	20	>=10
3	你是如何看待婚姻和爱情之间的关系？	17	
4	高、富、帅哪一点更重要？	12	
5	你很喜欢一个人，你会忽略对方的缺点吗？	19	
6	QQ密码是否应该告诉对方？	13	
7	你觉得男女之间有纯友谊吗？	13	
8	你是吃货吗？	6	
9	你喜欢小孩子吗？	8	

图 2-6-43

如果要筛选具体长度的文本内容，可以用自定义筛选。

单击“筛选”菜单下的“文本筛选”，选择“自定义筛选”，如图 2-6-44 所示。比如，要筛选文本长度为 6 的内容，在自定义筛选内容等于处输入 6 个？，一个？代表一个字符，如图 2-6-45 所示。

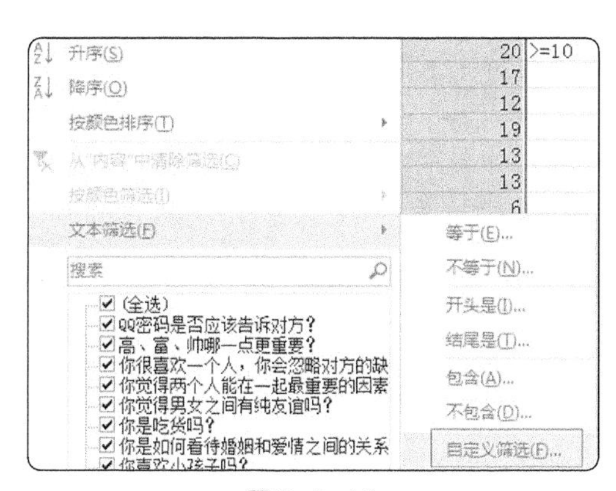

图 2-6-44

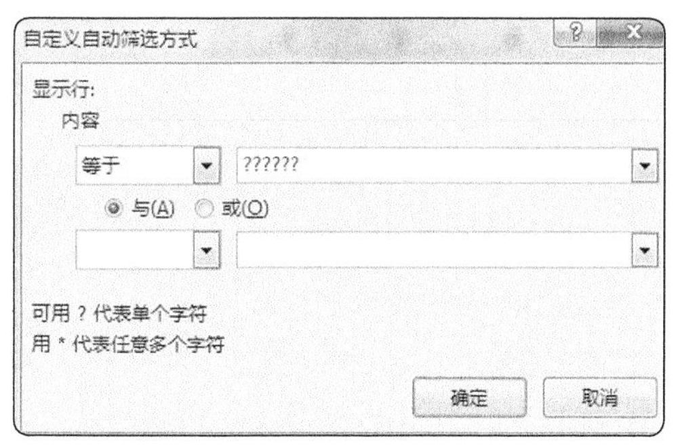

图 2-6-45

第 100 招 删除重复项

删除重复项可以选择一个或多个包含重复值的列，例如，如果把部门和姓名打钩，则只要这 2 个字段内容完全相同就视为重复项，如果全选，则每个字段都要相同才视为重复项，如图 2-6-46 所示。

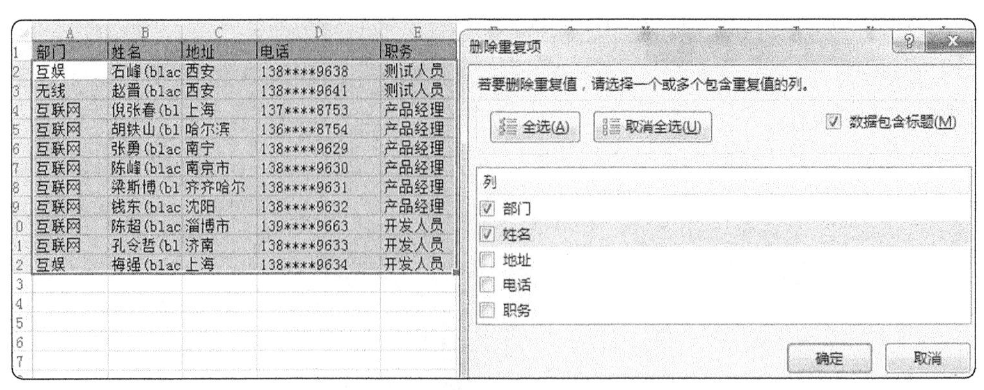

图 2-6-46

第 101 招 怎样汇总多张字段相同的工作表数据——强大的合并计算

Excel 中的合并计算功能经常被忽视，其实它具备非常强大的合并功能，包括求和、平均值、计数、最大值、最小值等一系列合并计算功能，下面以一个实例来说明 Excel 中合并计算的使用方法。

有 6 张工作表，每张工作表字段内容相同，但是产品顺序不一致，要计算 6 张工作表各个产品的销售数量和销售额，如图 2-6-47 所示。

单击“数据”下面的“合并计算”，在引用位置用鼠标选中工作表的数据区域，单击“添加”，把所有工作表都添加完，标签位置“首行”和“最左列”打钩，如图 2-6-48 所示。

	A	B	C
1		销售数量	销售额
2	产品A	12	248.93
3	产品B	45	900.07
4	产品C	37	744.88
5	产品D	31	610.05
6	产品E	55	1,095.89
7	产品F	10	208.41
8	产品G	94	1,879.52

图 2-6-47

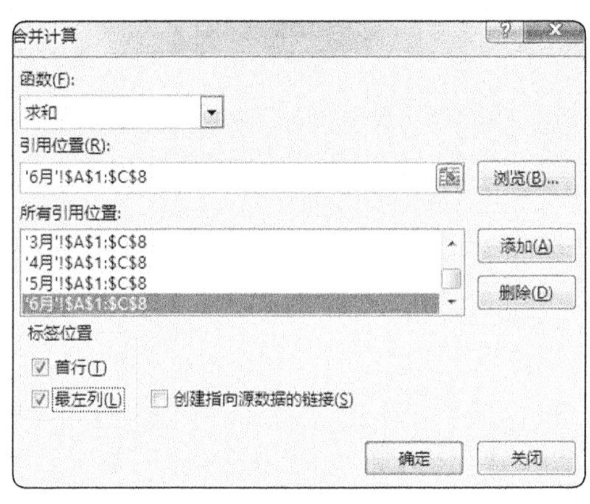

图 2-6-48

结果如图 2-6-49 所示。

如果“创建指向源数据的链接”也打钩，则结果如图 2-6-50 所示。

	A	B	C
1		销售数量	销售额
2	产品A	318	6,356.72
3	产品B	281	5,626.99
4	产品C	230	4,591.81
5	产品D	407	8,133.81
6	产品E	307	6,144.00
7	产品F	301	6,014.22
8	产品G	193	3,854.46

图 2-6-49

1 2		A	B	C
	1		销售数量	销售额
+	8	产品A	106	2,128.84
+	15	产品B	355	7,101.24
+	22	产品C	169	3,370.93
+	29	产品D	362	7,237.79
+	36	产品E	280	5,599.07
+	43	产品F	420	8,400.48
+	50	产品G	348	6,950.18

图 2-6-50

单击左上角的 2，可以看到各个产品合计数引用的各个工作表的明细数据，如图 2-6-51 所示。

	A	B	C
1		销售数量	销售额
2		68	1,361.30
3		52	1,035.57
4		24	487.30
5		18	369.06
6		95	1,898.36
7		25	496.08
8	产品A	282	5,647.69
9		100	1,991.37
10		54	1,072.79
11		1	20.27
12		84	1,676.38
13		63	1,257.60
14		75	1,503.13
15	产品B	376	7,521.53
16		84	1,683.51
17		0	9.18
18		38	761.92
19		59	1,189.66
20		75	1,497.44
21		33	667.71

图 2-6-51

第102招 怎样核对两张表数据是否一致

合并计算除了有多表汇总的功能，还可以用于核对两张表数据是否一致。要把长相非常相似的两个双胞胎孩子区分开来，对于他们的家人以外的人来说确实不易。同样，要把结构一样数据看似相同的两张工作表数据不一致的找出来也难倒了不少人。我们来看看合并计算怎样比对两张表数据是否一致。

Sheet1 数据如图 2-6-52 所示，Sheet2 的数据如图 2-6-53 所示。

产品	销售数量	销售额
产品A	42	835.21
产品B	67	1,344.73
产品D	66	1,323.41
产品C	8	164.25
产品E	48	962.61
产品F	91	1,812.65
产品G	26	511.88

图 2-6-52

产品	销售数量	销售额
产品D	66	1,323.41
产品A	42	835.21
产品B	67	1,345.73
产品C	8	164.25
产品E	48	962.61
产品G	26	511.90
产品F	91	1,812.65

图 2-6-53

操作步骤如下:

Step1 在 Sheet3 的 A1 单元格，单击数据→合并计算，函数选择“标准偏差”，如图 2-6-54 所示。

Step2 选取 Sheet1 表中要对比的数据区域，单击“添加”按钮，再把 Sheet2 要对比的数据添加进来。标签位置“首行”和“最左列”打钩，如图 2-6-55 所示，单击“确定”按钮，Sheet3 中的差异表已经生成，C 列为“_”的表示数据一致，非 0 的即是数据不一致的，如图 2-6-56 所示。

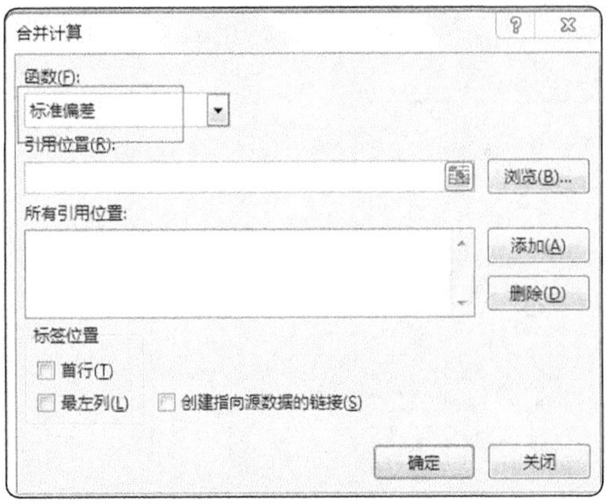

图 2-6-54

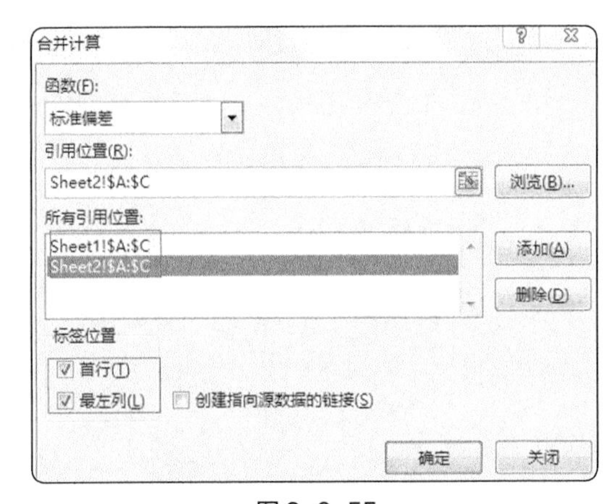

图 2-6-55

如果要核对的 2 张表产品顺序完全一致，要核对数据是否一致用选择性粘贴，运算选择“减”，如图 2-6-57 所示。

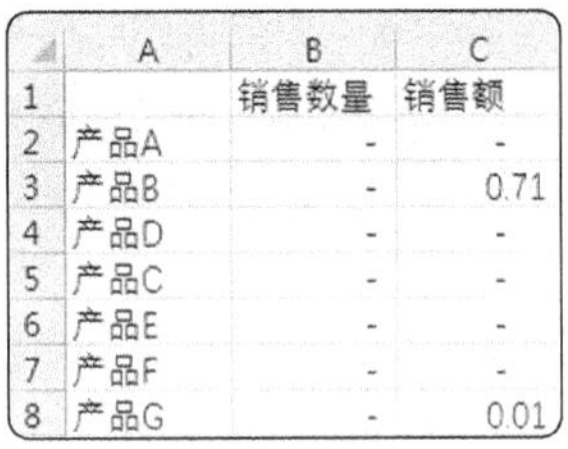

	A	B	C
1		销售数量	销售额
2	产品A	-	-
3	产品B	-	0.71
4	产品D	-	-
5	产品C	-	-
6	产品E	-	-
7	产品F	-	-
8	产品G	-	0.01

图 2-6-56

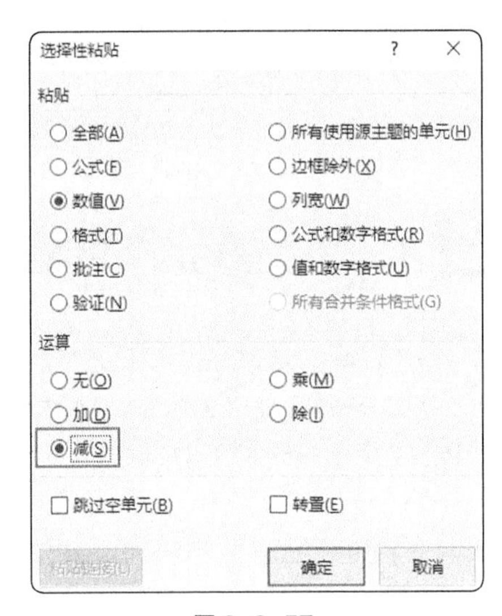

图 2-6-57

第 7 章　数据分析利器——数据透视表

本章介绍数据分析利器——数据透视表，零基础的小白用户都能学会的一个非常有用的技巧。

第 103 招　利用数据透视表实现满足一定条件的计数和求和

数据透视表是一种交互式的表，可以进行某些计算，如求和与计数等。所进行的计算与数据跟数据透视表中的排列有关。下面我们看个例子，要分析的数据部分截图如图 2-7-1 所示。

	A	B	C	D	E
1	身份证号码	文化程度	职业	年龄	得分
2	100106420304106	大学专科	医生	35	5.9
3	100112530808580	研究生	医生	44	7.6
4	100207560912151	大学本科	公务员	55	6.5
5	101207490816108	文盲	店员	31	8.6
6	101501490616359	研究生	医生	27	5.2
7	101711310509245	文盲	农民	34	7.2
8	101902670418543	初中	司机	29	5.1
9	110612411127477	文盲	店员	33	8.7
0	110701500129452	小学	公务员	27	9.7

图 2-7-1

要根据这个数据计算不同文化程度的人数以及占比。

选中数据源，插入“数据透视表”，选择放置数据透视表的位置为新工作表，如图 2-7-2 所示。

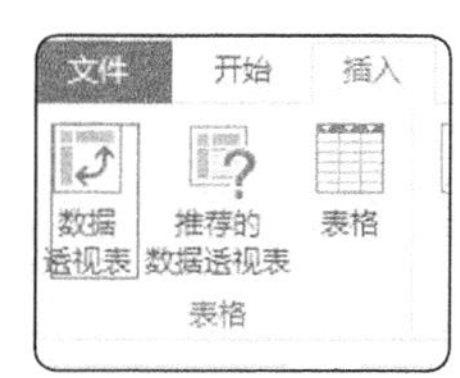

创建数据透视表

请选择要分析的数据

◉ 选择一个表或区域(S)

表/区域(T): 数据透视表!$A:$E

○ 使用外部数据源(U)

选择连接(C)...

连接名称:

选择放置数据透视表的位置

◉ 新工作表(N)

○ 现有工作表(E)

位置(L):

选择是否想要分析多个表

☐ 将此数据添加到数据模型(M)

确定　取消

图 2-7-2

把文化程度用鼠标拖到行标签，身份证号码拖到数值，拖 2 次，如图 2-7-3 所示。

得到如图 2-7-4 所示报表。

图 2-7-3

行标签	计数项:身份证号码	计数项:身份证号码2
初中	28	28
大学本科	43	43
大学专科	32	32
高中	17	17
文盲	38	38
小学	18	18
研究生	10	10
(空白)		
总计	186	186

图 2-7-4

这样，不同文化程度的人数计算出来了，但是占比还没有显示。

鼠标放在身份证号码 2 处，右键值显示方式，选择列汇总的百分比，如图 2-7-5 所示。

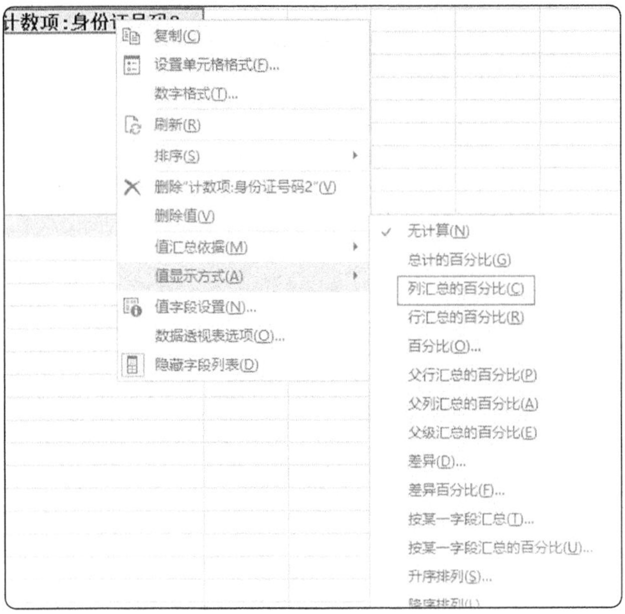

图 2-7-5

结果如图 2-7-6 所示。

如果要计算大学本科不同年龄的总得分，把文化程度拉到筛选器，如图 2-7-7 所示。

行标签	计数项:身份证号码	计数项:身份证号码2
初中	28	15.05%
大学本科	43	23.12%
大学专科	32	17.20%
高中	17	9.14%
文盲	38	20.43%
小学	18	9.68%
研究生	10	5.38%
(空白)		0.00%
总计	186	100.00%

图 2-7-6

图 2-7-7

得到默认的计数项改为求和，如图 2-7-8 所示。

在得到的数据透视表文化程度选择大学本科，得到结果如图 2-7-9 所示。

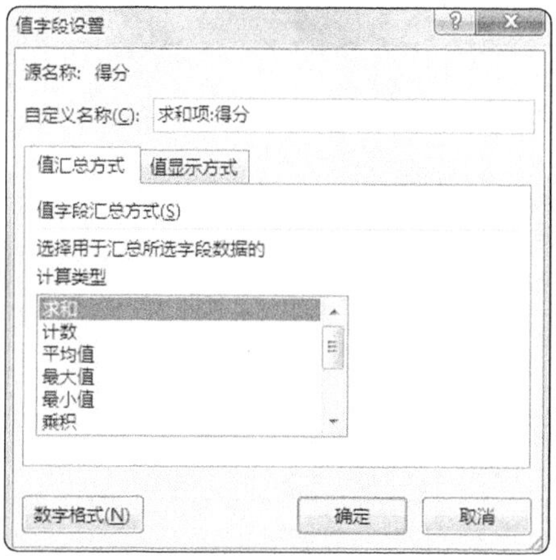

值字段设置
源名称：得分
自定义名称(C)：求和项:得分
值汇总方式
值显示方式
值字段汇总方式(S)
选择用于汇总所选字段数据的
计算类型
求和
计数
平均值
最大值
最小值
乘积
数字格式(N)
确定
取消

图 2-7-8

文化程度	大学本科
行标签	求和项:得分
27	11.3
29	28.3
31	46.3
32	30.8
34	22.9
35	24.8
36	4.3
37	16.7
38	16.9
42	14.7
43	5.4
44	17.6
47	5.6
49	17.5
52	8.4
55	33.6
总计	305.1

图 2-7-9

还是上面的例子，要计算大学本科得分在 4 ～ 6 分的人数，数据透视表设置如图 2-7-10 所示。在行标签下面的任意单元格右键创建组，如图 2-7-11 所示。

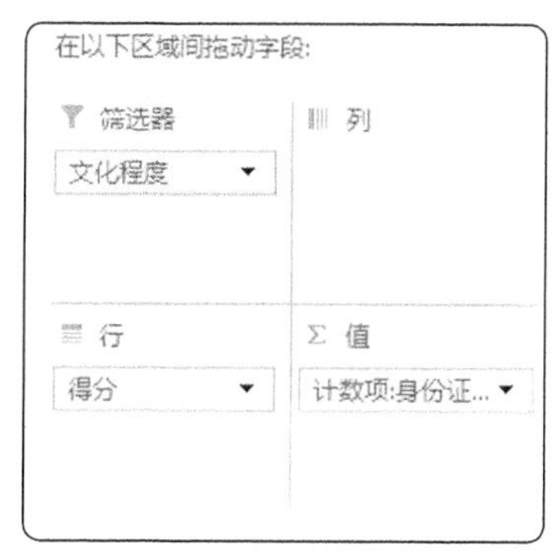

在以下区域间拖动字段：
筛选器
列
文化程度
行
值
得分
计数项:身份证...

图 2-7-10

复制(C)
设置单元格格式(F)...
刷新(R)
排序(S)
筛选(T)
分类汇总"得分"(B)
展开/折叠(E)
创建组(G)...
取消组合(U)...
移动(M)
删除"得分"(V)
字段设置(N)...
数据透视表选项(O)...
隐藏字段列表(D)

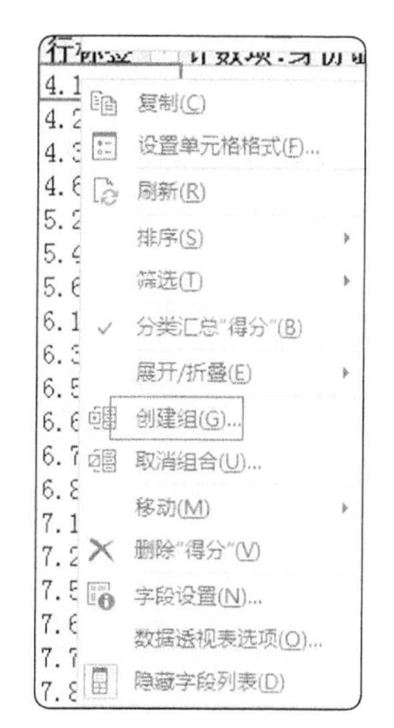

图 2-7-11

步长改为 2，如图 2-7-12 所示。

得到透视表如图 2-7-13 所示。

组合
自动
起始于(S)：4
终止于(E)：9.9
步长(B)：2
确定
取消

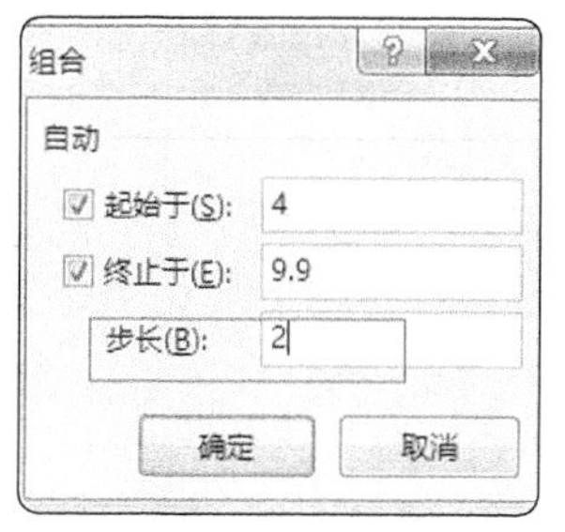

图 2-7-12

文化程度	大学本科
行标签	计数项:身份证号码
4-6	9
6-8	22
8-10	12
总计	43

图 2-7-13

如果要计算 4 ～ 8 分的人数，把步长改为 4 即可。

第 104 招 Excel 2013 如何通过透视表实现不重复计数

不重复计数很容易让人联想到用公式和函数解决，用数据透视表更简单。看下面的例子，如表 2-7-1 所示，供应商和端口号都存在重复的，要求不同供应商端口数量。

表 2-7-1

供应商	端口号
A	10660200
A	10660201
A	10660200
B	10620088
B	10620089
C	10650101
D	10690011
D	10690011
C	10650101

选中数据源，单击插入→数据透视表，在“创建数据透视表”对话框中把下方的“将此数据添加到数据模型”打钩，如图 2-7-14 所示。

将供应商和端口号拖动到相应行标签和数值位置，如图 2-7-15 所示。

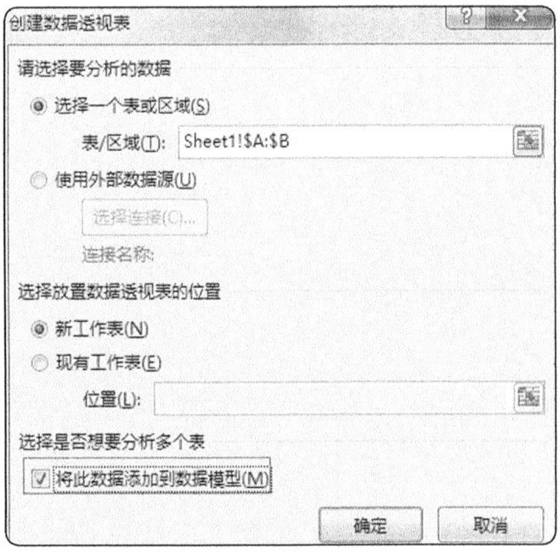

图 2-7-14

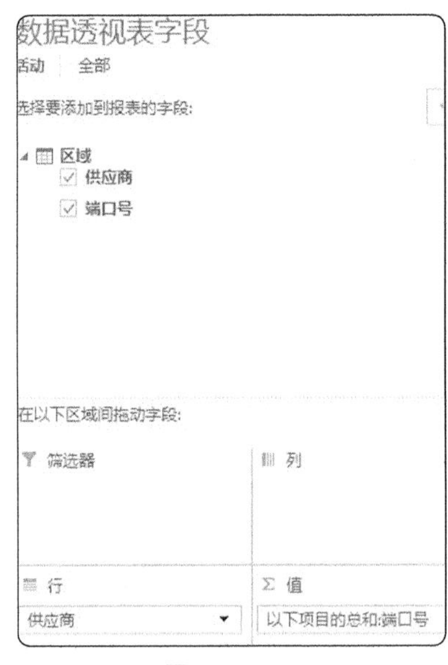

图 2-7-15

在刚刚产生的数据透视表单击右键，在弹出的菜单中选择“值字段设置”，值字段汇总方式选中“非重复计数”，如图 2-7-16 所示。

得到想要的结果，如图 2-7-17 所示。

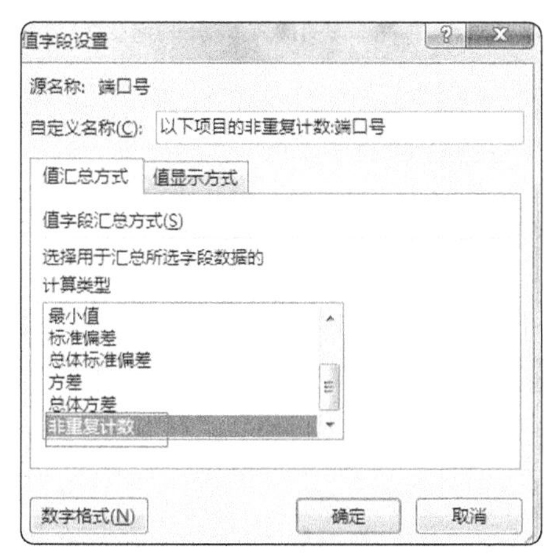

图 2-7-16

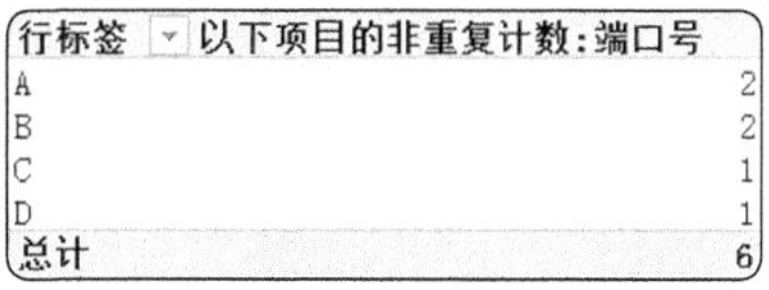

行标签	以下项目的非重复计数:端口号
A	2
B	2
C	1
D	1
总计	6

图 2-7-17

第105招 为什么我的数据透视表不能按日期创建组

数据透视表的创建组功能在第 103 招介绍过，对于有日期的数据，可以通过创建组实现按月、按季度、按年统计，但是工作中常常遇到这样的问题，单击创建组提示选定区域不能分组，这是为什么呢?我们来看这个例子，原始数据部分截图如图 2-7-18 所示。

单击插入“数据透视表”，收款日期用鼠标拉到行标签，收款金额拉到数值，得到数据透视表，在日期处右键“创建组”，如图 2-7-19 所示，提示“选定区域不能分组”，如图 2-7-20 所示。

	A	B
1	收款日期	收款金额
2	2015-06-30	2,717.54
3	2015-06-30	20,782.34
4	2015-06-15	90,140.54
5	2015-06-15	31,477.77
6	2015-06-30	84,050.65
7	2015-06-29	91,695.96
8	2015-06-29	66,797.94

图 2-7-18

复制(C)
设置单元格格式(F)...
刷新(R)
排序(S)
筛选(T)
分类汇总"收款日期"(B)
展开/折叠(E)
创建组(G)...
取消组合(U)...
移动(M)
删除"收款日期"(V)
字段设置(N)...
数据透视表选项(O)...
隐藏字段列表(D)

图 2-7-19

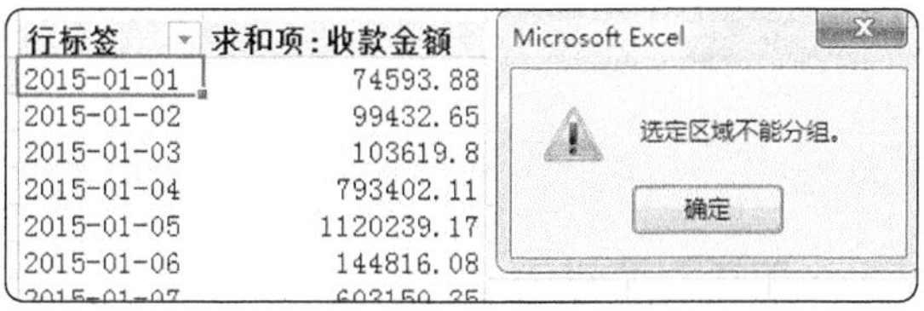

行标签	求和项:收款金额
2015-01-01	74593.88
2015-01-02	99432.65
2015-01-03	103619.8
2015-01-04	793402.11
2015-01-05	1120239.17
2015-01-06	144816.08

Microsoft Excel

选定区域不能分组。

确定

图 2-7-20

单击原始数据收款日期的任意单元格，右键设置单元格格式，查看数字分类是“常规”，不是真正的日期格式，所以数据透视表日期不能分组。原因找到了，怎么解决呢？选中原始数据的 A 列，单击菜单“数据”下面的“分列”，前 2 步选择默认的，单击下一步，第 3 步把默认的“常规”改为“日期”，如图 2-7-21 所示，这样就可以把 A 列看上去是日期格式的常规数字变为真正的日期格式。

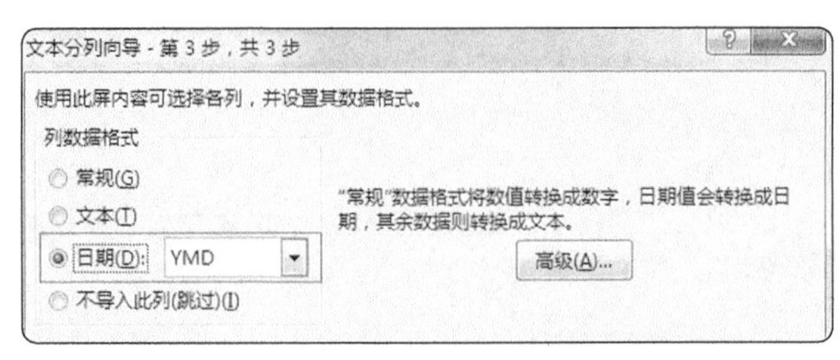

图 2-7-21

再刷新数据透视表，单击数据透视表行标签下面的任意日期，单击右键选择“创建组”，弹出“组合”对话框，选择按月组合，如图 2-7-22 所示，得到数据透视表如图 2-7-23 所示。

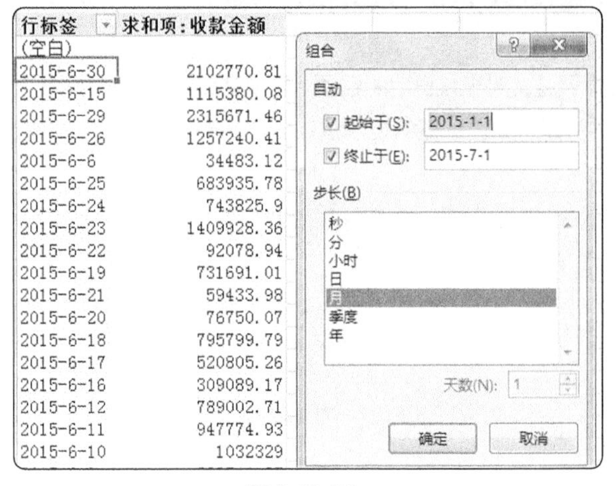

行标签	求和项：收款金额
(空白)	
2015-6-30	2102770.81
2015-6-15	1115380.08
2015-6-29	2315671.46
2015-6-26	1257240.41
2015-6-6	34483.12
2015-6-25	683935.78
2015-6-24	743825.9
2015-6-23	1409928.36
2015-6-22	92078.94
2015-6-19	731691.01
2015-6-21	59433.98
2015-6-20	76750.07
2015-6-18	795799.79
2015-6-17	520805.26
2015-6-16	309089.17
2015-6-12	789002.71
2015-6-11	947774.93
2015-6-10	1032329

图 2-7-22

行标签	求和项：收款金额
(空白)	
1月	16605335.02
2月	16753050.68
3月	17760990.1
4月	17231292.39
5月	18229526.33
6月	19176564.38
总计	105756758.9

图 2-7-23

第 106 招 用数据透视表瞬间一表变多表

工作中有时候需要根据一张明细表变出 *N* 张表，比如，全年的销售数据需要分月生成按月统计的工作表，全国的销售数据需要分片区展示各片区的报表。如果通过对明细表筛选后再复制粘贴也可以实现，但是如果要生成的新表多达 100 个以上，一个个复制粘贴岂不是要哭了？请跟我来，一起玩个小“魔术”，利用数据透视表实现瞬间一表变 *N* 表。

明细表内容部分截图如图 2-7-24 所示。

	A	B	C
1	片区	客户名称	金额
2	东北	中国移动通信集团黑龙江有限公司	67430
3	东北	中国移动通信集团吉林有限公司	70522
4	东北	中国移动通信集团辽宁有限公司	47567
5	东南	中国移动通信集团安徽有限公司	65639
6	东南	中国移动通信集团江苏有限公司	59868
7	东南	中国移动通信集团山东有限公司	82247
8	华北	中国移动通信集团河北有限公司	62892

图 2-7-24

现在要根据字段片区生成多张工作表，有多少个片区就生成多少张工作表。

Step1 单击插入→数据透视表，选择放置数据透视表的位置为新工作表，如图 2-7-25 所示。

Step2 把字段片区拖到筛选器，客户名称拖到行标签，金额拖到数值，如图 2-7-26 所示。

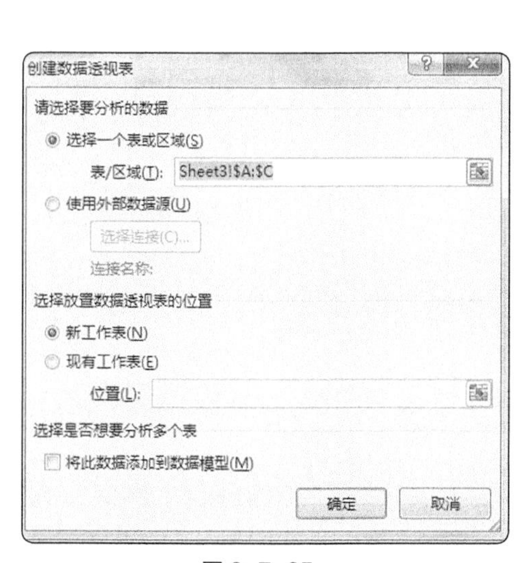

图 2-7-25

图 2-7-26

Step3 单击“数据透视表”中选项→显示报表筛选页，如图 2-7-27 到图 2-7-29 所示。

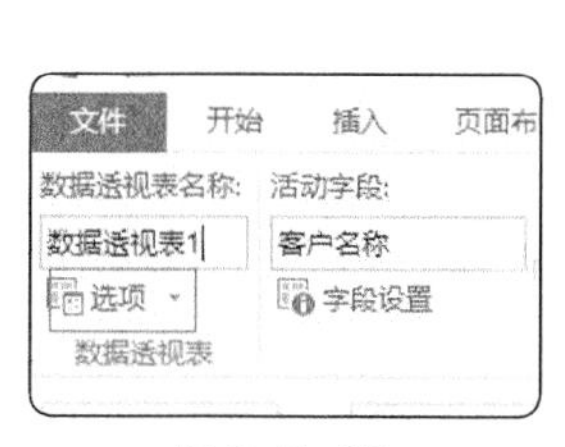

图 2-7-27

图 2-7-28

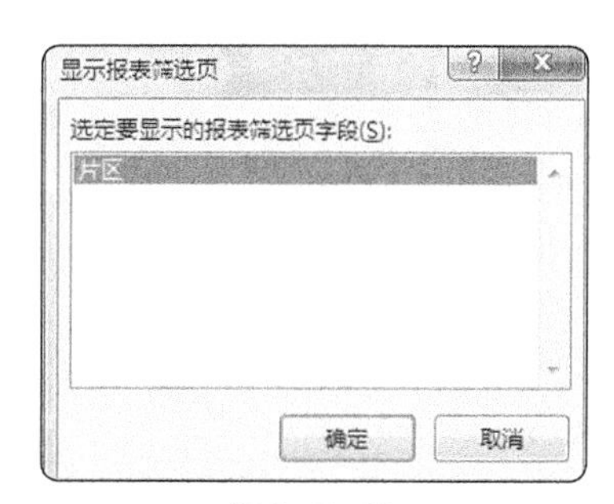

图 2-7-29

单击“确定”，见证奇迹的时候到了，瞬间一张表变成了多张工作表，工作表名如图 2-7-30 所示。

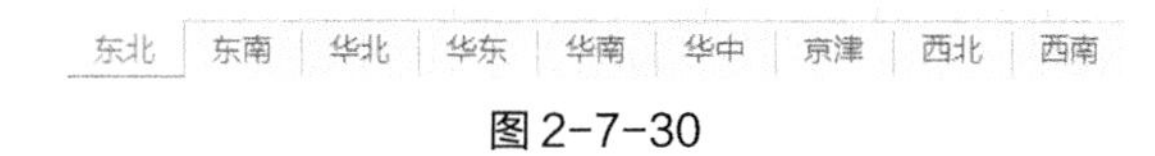

图 2-7-30

利用数据透视表这个功能也可以快速给工作表命名，例如，要生成以月份为名称的 12 张工作表，把需要命名的工作表名称创建数据，如图 2-7-31 所示，插入数据透视表，把工作表名称拖到筛选器，按照上面的方法就可以瞬间给 12 张工作表命名，最后按住 Shift 键选中第一张表和最后一张表，单击图 2-7-32 所示的 A1 左上角位置，单击菜单开始→清除→全部清除，如图 2-7-33 所示，就可以清除所有工作表的数据透视表筛选页。

	A
1	月份
2	201601
3	201602
4	201603
5	201604
6	201605
7	201606
8	201607
9	201608
10	201609
11	201610
12	201611
13	201612

图 2-7-31

图 2-7-32

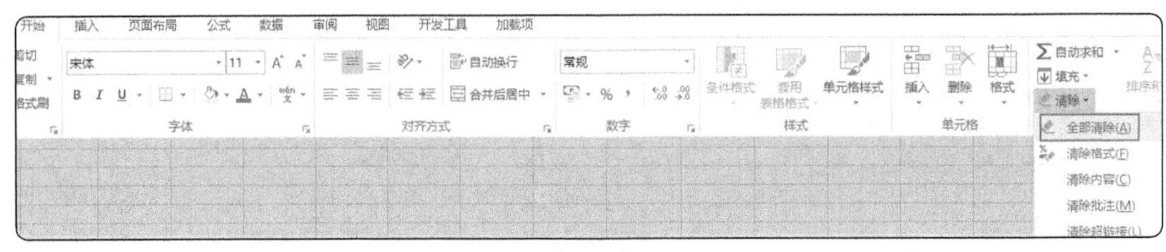

图 2-7-33

第 107 招 不会 VBA 也可以这样玩控件筛选——数据透视表切片器

单击不同的控件得到不同的图表和对应的明细数据，如此高大上的动态图表，是不是一定得用 VBA 才能实现呀？也许你会说我不会 VBA 啊。别怕，不用 VBA，用 Excel 简单易用的数据透视表就可以实现。

操作步骤如下：

Step1 原始表格有产品名称、季度、收入三个字段，单击插入→数据透视表，将相应字段拖到相应区域，如图 2-7-34 所示。

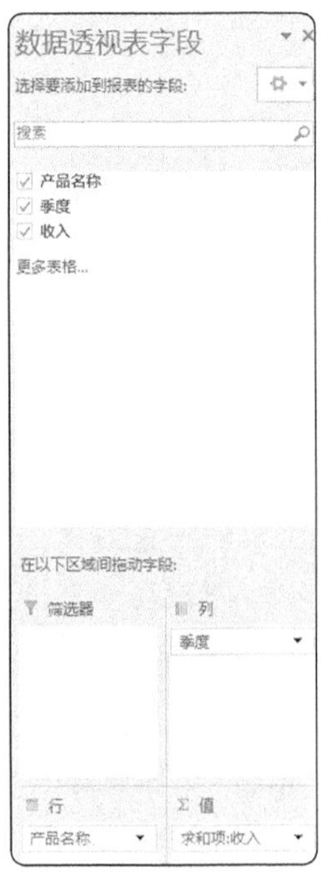

图 2-7-34

Step2 单击数据透视表工具→插入切片器，把产品名称打钩，单击“确定”按钮，如图 2-7-35 和图 2-7-36 所示，得到图 2-7-37 结果。

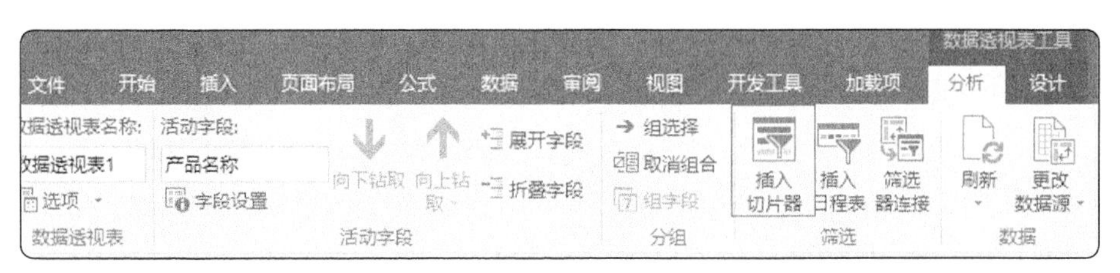

图 2-7-35

Step3 修改切片器的列数，如图 2-7-38 所示，有多少个产品就修改列数为多少，这里修改为 6，拖动鼠标，得到图 2-7-39 结果。

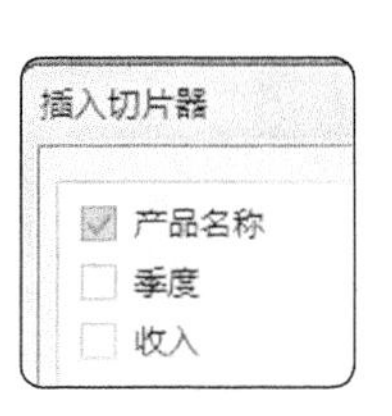

图 2-7-36

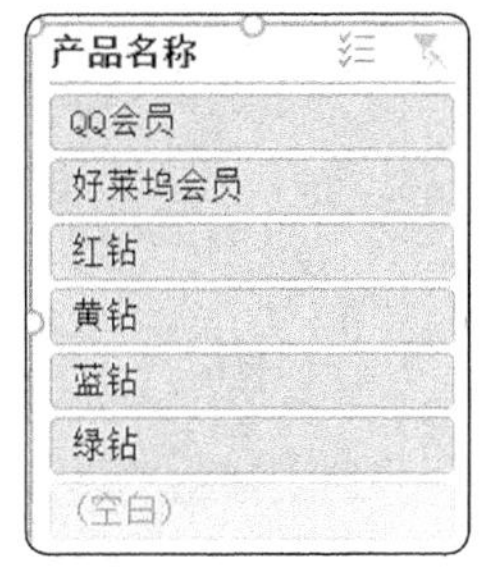

图 2-7-37

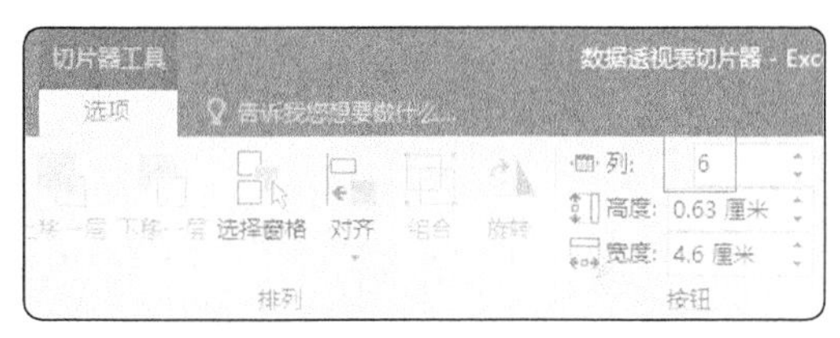

图 2-7-38

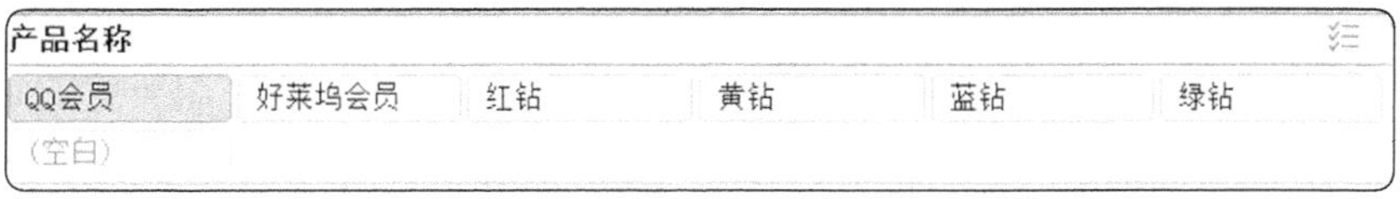

产品名称					
QQ会员	好莱坞会员	红钻	黄钻	蓝钻	绿钻
(空白)					

图 2-7-39

切片器还可以根据自身需要修改设置，选中切片器，单击鼠标右键，选择“切片器设置”，比如，不想显示空白数据，可以把“隐藏没有数据的项”打钩，如图 2-7-40 所示。

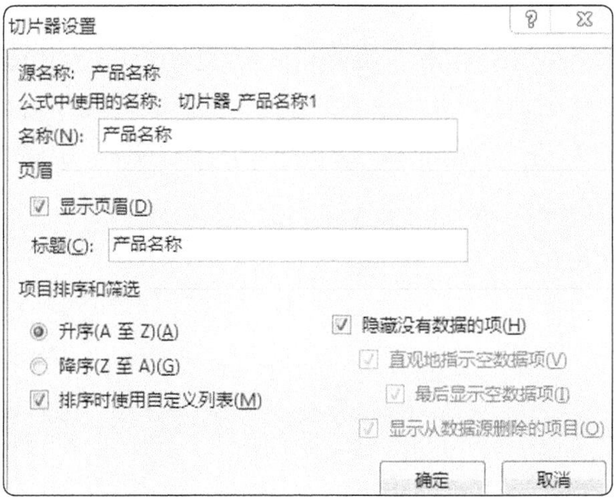

切片器设置

源名称：产品名称
公式中使用的名称：切片器_产品名称1
名称(N)：产品名称
页眉
☑ 显示页眉(D)
标题(C)：产品名称
项目排序和筛选
◉ 升序(A 至 Z)(A)
○ 降序(Z 至 A)(G)
☑ 排序时使用自定义列表(M)
☑ 隐藏没有数据的项(H)
☑ 直观地指示空数据项(V)
☑ 最后显示空数据项(I)
☑ 显示从数据源删除的项目(O)
确定 取消

图 2-7-40

最后再插入图表，选中切片器不同按钮就可以得到不同的图表。

第108招 在数据透视表中添加计算字段——计算字段之算术运用

很多时候数据透视表做出结果以后，我们仍希望数据透视表中的内容进一步运算以得到更多的信息，虽然通过创建辅助列也可以实现，但借助数据透视表中的添加字段功能，可以快速计算字段结果。何为计算字段？通过现有字段进行计算后，产生新的字段，在数据源中看不到新增的字段，但是在数据透视表字段中可以看到。

我们先看看计算字段之算术运算。

原始数据部分截图如图 2-7-41 所示。

要计算各商品的总金额，按组合键【Ctrl+A】选中全部数据，单击插入→数据透视表，把字段商品拉到行标签，单价和数量拉到数值，如图 2-7-42 所示，得到数据透视表结果如图 2-7-43 所示。

	A	B	C
1	商品	单价	数量
2	A1	2	384
3	A2	10	1238
4	A3	4	1380
5	A4	5	2300
6	A5	4	1790
7	A6	14	5268
8	A7	12	2901
9	A8	5	2298
10	A9	13	3948
11	A1	8	2039
12	A2	12	2903

图 2-7-41

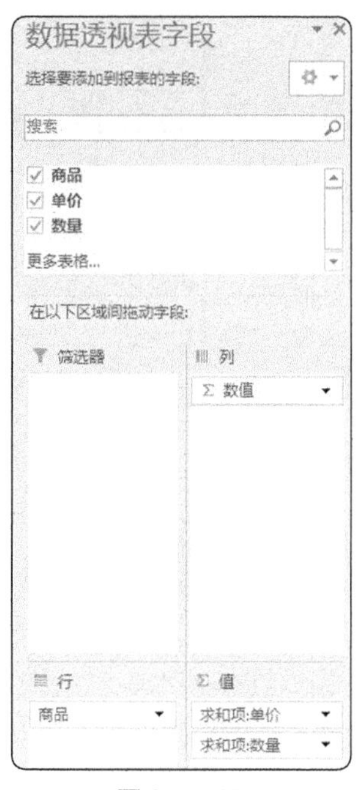

图 2-7-42

在图 2-7-44 数据透视表任意单元格点击数据透视表工具→字段、项目和集→计算字段，插入计算字段，名称改为金额，公式 = 单价 * 数量，如图 2-7-45 所示，这里的单价和数量不需要手工输入，只需双击字段中的单价和数量，单击“添加”即可，再单击“确定”按钮，得到图 2-7-46 结果。

行标签	求和项:单价	求和项:数量
A1	10	2423
A10	8	4693
A2	22	4141
A3	21	5686
A4	16	3667
A5	19	5392
A6	30	10861
A7	23	4819
A8	19	8832
A9	19	7107
总计	187	57621

图 2-7-43

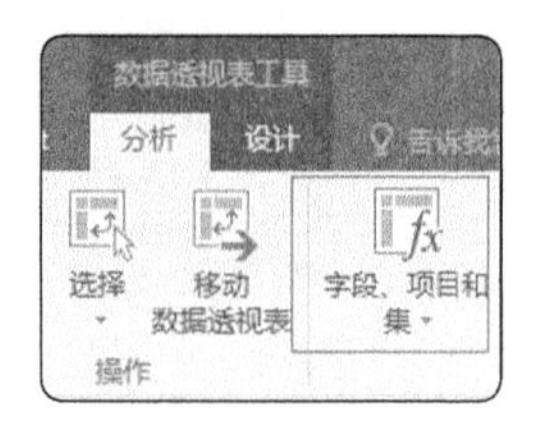

图 2-7-44

最后，我们把透视表的结果单价字段由求和项改为求平均值，单击透视表的单价值字段设置，把单价字段计算类型改为平均值，或者把单价字段删除，如图 2-7-47 所示，得到图 2-7-48 所示结果。

图 2-7-45

行标签	求和项:单价	求和项:数量	求和项:金额
A1	10	2423	24230
A10	8	4693	37544
A2	22	4141	91102
A3	21	5686	119406
A4	16	3667	58672
A5	19	5392	102448
A6	30	10861	325830
A7	23	4819	110837
A8	19	8832	167808
A9	19	7107	135033
总计	187	57621	10775127

图 2-7-46

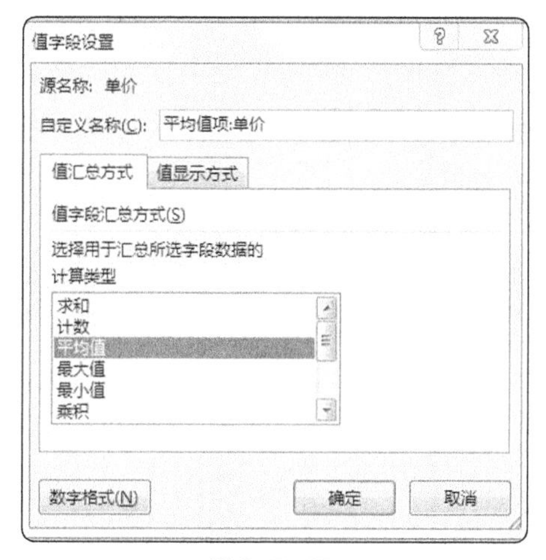

图 2-7-47

行标签	平均值项:单价	求和项:数量	求和项:金额
A1	5	2423	24230
A10	8	4693	37544
A2	11	4141	91102
A3	10.5	5686	119406
A4	8	3667	58672
A5	9.5	5392	102448
A6	15	10861	325830
A7	11.5	4819	110837
A8	9.5	8832	167808
A9	9.5	7107	135033
总计	9.842105263	57621	10775127

图 2-7-48

第 109 招 在数据透视表中添加计算字段——计算字段之函数运用

计算字段是否可以用函数和公式呢？答案是可以的。在计算字段中可以使用函数，但不能使用有引用单元格参数的函数，比如 COUNTIF 函数第一个参数就是引用单元格。我们来看看下面这个例子。原始数据部分截图如图 2-7-49 所示。

现在要求不同产品在 A、B、C 三种不同渠道的总收入、渠道数量、平均每种渠道的收入。

按组合键【Ctrl+A 】选中全部数据，单击插入→数据透视表，把字段产品拉到行标签，A、B、C 拉到数值，如图 2-7-50 所示，得到数据透视表结果如图 2-7-51 所示。

在图 2-7-51 数据透视表任意单元格单击数据透视表工具→字段、项目和集→计算字段，插入计算字段 1，名称改为计数，公式 = (A>0)+(B>0)+(C>0)，公式意思是如果 A、B、C 都大于 0 就计数，如果等于 0 就不计数，也可以用 IF 函数来实现，公式 =IF（A>0,1,0）+ IF（B>0,1,0）+ IF（C>0,1,0），考虑到用 IF 函数公式较长，直接用逻辑判断式 A>0，返回结果要么是 1，要么是 0，如图 2-7-52 所示。

	A	B	C	D
1	产品	A	B	C
2	A1	63	53	89
3	A2	48	97	33
4	A3	27	69	49
5	A4	37	68	97
6	A5	21		84
7	A6	14	39	89
8	A7	20	73	26
9	A8	66	18	79
10	A9	85		85
11	A1	31	67	49
12	A2	45	37	17

图 2-7-49

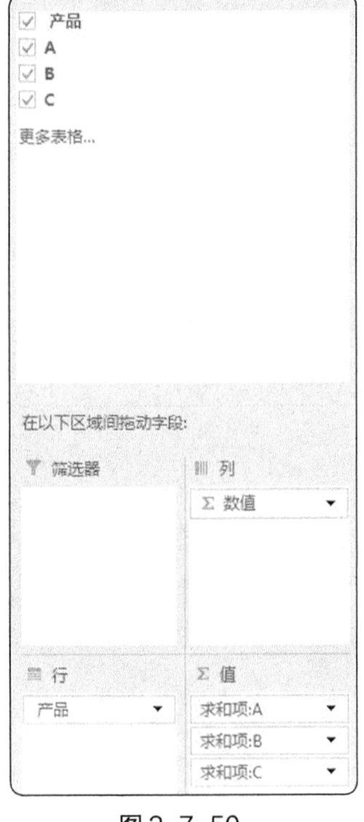

图 2-7-50

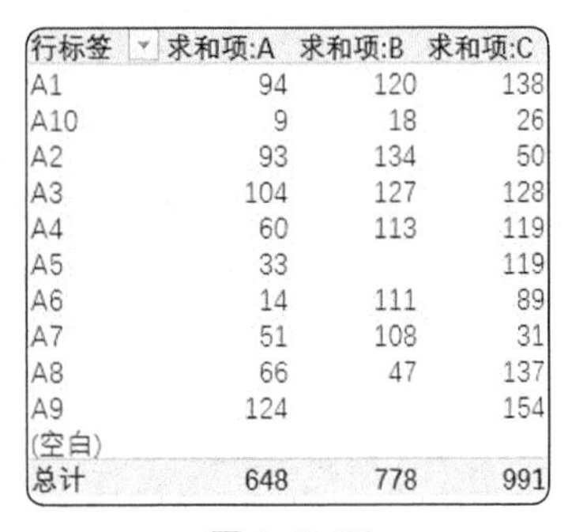

行标签	求和项:A	求和项:B	求和项:C
A1	94	120	138
A10	9	18	26
A2	93	134	50
A3	104	127	128
A4	60	113	119
A5	33		119
A6	14	111	89
A7	51	108	31
A8	66	47	137
A9	124		154
(空白)			
总计	648	778	991

图 2-7-51

再插入计算字段 2，名称改为总和，公式 =A+B+C，如图 2-7-53 所示。

再插入计算字段 3，名称改为平均值，公式 = 总和 / 计数，如图 2-7-54 所示，再单击“确定”按钮，得到的数据透视表对平均值设置单元格显示小数位为 2 位，结果如图 2-7-55 所示。

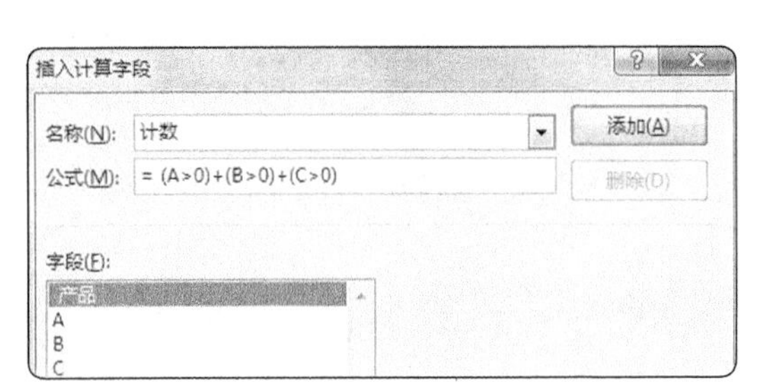

图 2-7-52

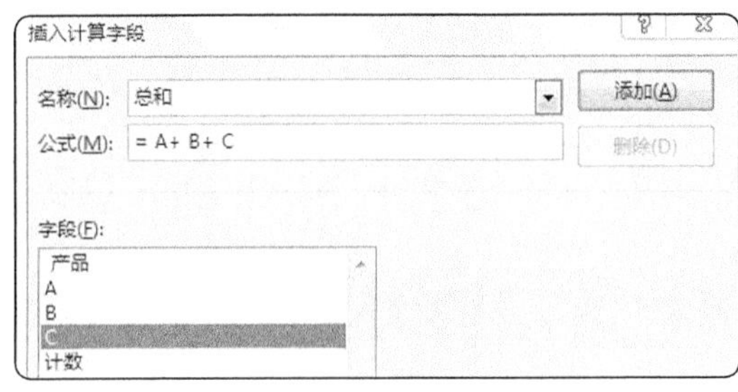

图 2-7-53

图 2-7-54

行标签	求和项:A	求和项:B	求和项:C	求和项:计数	求和项:总和	求和项:平均值
A1	94	120	138	3	352	117.33
A10	9	18	26	3	53	17.67
A2	93	134	50	3	277	92.33
A3	104	127	128	3	359	119.67
A4	60	113	119	3	292	97.33
A5	33		119	2	152	76.00
A6	14	111	89	3	214	71.33
A7	51	108	31	3	190	63.33
A8	66	47	137	3	250	83.33
A9	124		154	2	278	139.00

图 2-7-55

需要提醒的是，如果平均值用公式 =AVERAGE(A,B,C)，如图 2-7-56 所示，计算出来的结果与实际不符，我们可以插入计算字段平均值 2，来对比下结果，如图 2-7-57 所示，这是因为在数据透视表中插入计算字段，AVERAGE 函数不管字段结果是否为空。

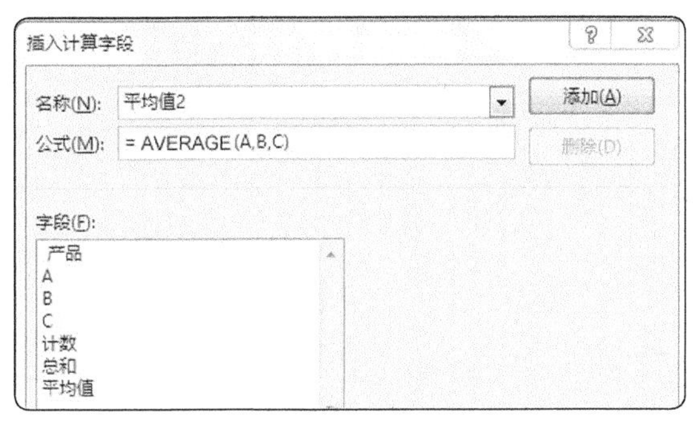

图 2-7-56

行标签	求和项:A	求和项:B	求和项:C	求和项:计数	求和项:总和	求和项:平均值	求和项:平均值2
A1	94	120	138	3	352	117.33	117.33
A10	9	18	26	3	53	17.67	17.67
A2	93	134	50	3	277	92.33	92.33
A3	104	127	128	3	359	119.67	119.67
A4	60	113	119	3	292	97.33	97.33
A5	33		119	2	152	76.00	50.67
A6	14	111	89	3	214	71.33	71.33
A7	51	108	31	3	190	63.33	63.33
A8	66	47	137	3	250	83.33	83.33
A9	124		154	2	278	139.00	92.67

图 2-7-57

第 110 招 用数据透视表将二维表转一维表

“维”是指物质在时空中的衡量参数，一维是线，二维是面。判断数据表是一维表还是二维表，只需看列的内容，看每一列是否是一个独立的参数。如果每一列都是独立的参数就是一维表，如果有两列及以上都是同类参数就是二维表。在数据统计分析中，要求所有的表都是一维，以便于数据能够方便地进行管理。原则上，一维表的数据再加工比二维表的要简单得多，所以我们在数据管理的时候，基础数据要采用一维表。如果数据表是二维表，那要怎样才能转为一维表呢？本招介绍数据透视表的方法。

操作步骤如下：

Step1 准备原始数据，如图 2-7-58 所示。

Step2 在 Excel 中按组合键【Alt+D+P】，调出“数据透视表和数据透视图向导”，选“多重合并计算数据区域”，单击“下一步”，如图 2-7-59 所示。

Step3 在“请指定所需的页字段数目”中选择“创建单页字段”，如图 2-7-60 所示。

产品	201601	201602	201603	201604	201605	201606	201607	201608
会员	2262	4033	3873	3776	3754	1366	1203	3958
黄钻	9595	6088	1264	8733	3333	8313	8841	1445
蓝钻	4123	2683	4616	1854	6072	5764	2876	1617
红钻	5992	4378	7322	541	4705	3599	5864	2529
紫钻	2739	731	579	5445	2689	2502	7075	7832
视频VIP	3399	3443	4227	2176	2178	1101	8385	1173

图 2-7-58

图 2-7-59

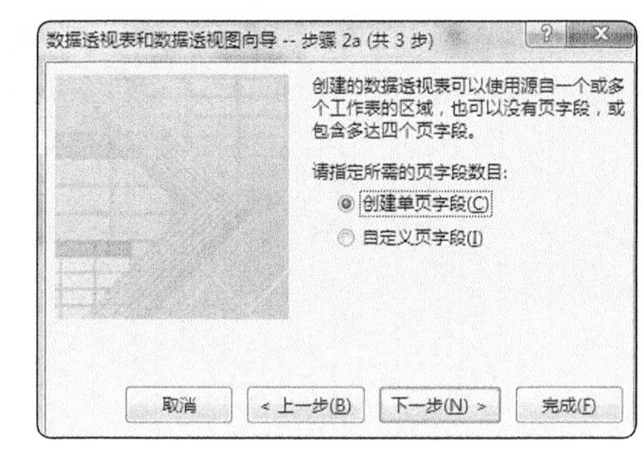

图 2-7-60

Step4 将数据源添加到选定区域，单击“下一步”，如图 2-7-61 所示。

Step5 数据透视表显示位置如图 2-7-62 所示，单击“完成”。

图 2-7-61

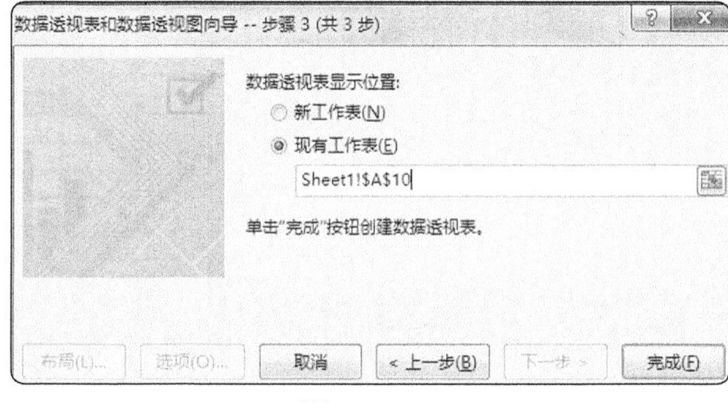

图 2-7-62

Step6 双击“求和项：值”的数值，如图 2-7-63 所示，即可以看到二维表已经转化成了一维表，如图 2-7-64 所示。

求和项:值	列标签								
行标签	201601	201602	201603	201604	201605	201606	201607	201608	总计
红钻	5992	4378	7322	541	4705	3599	5864	2529	34930
黄钻	9595	6088	1264	8733	3333	8313	8841	1445	47612
会员	2262	4033	3873	3776	3754	1366	1203	3958	24225
蓝钻	4123	2683	4616	1854	6072	5764	2876	1617	29605
视频VIP	3399	3443	4227	2176	2178	1101	8385	1173	26082
紫钻	2739	731	579	5445	2689	2502	7075	7832	29592
总计	28110	21356	21881	22525	22731	22645	34244	18554	192046

图 2-7-63

Step7 将表进行部分美化和修改即可，如图 2-7-65 所示。

行	列	值	项1
红钻	201601	5992	项1
红钻	201602	4378	项1
红钻	201603	7322	项1
红钻	201604	541	项1
红钻	201605	4705	项1
红钻	201606	3599	项1
红钻	201607	5864	项1
红钻	201608	2529	项1
黄钻	201601	9595	项1
黄钻	201602	6088	项1
黄钻	201603	1264	项1

图 2-7-64

产品	月份	金额
红钻	201601	5992
红钻	201602	4378
红钻	201603	7322
红钻	201604	541
红钻	201605	4705
红钻	201606	3599
红钻	201607	5864
红钻	201608	2529
黄钻	201601	9595
黄钻	201602	6088
黄钻	201603	1264

图 2-7-65

第 111 招 用 Excel 2016 逆透视将二维表转一维表

上一招的操作是在 2013 版本里操作，我们再来看看 Excel 2016 怎样让二维表快速转为一维表。

操作步骤如下：

Step1 单击数据区域任意表格，单击菜单数据→从表格，如图 2-7-66 所示，这样 Excel 就会自动将区域转换为“表”，如图 2-7-67 所示，并且弹出“表 1 查询编辑器”，单击转换→将第一行用作标题，如图 2-7-68 所示。

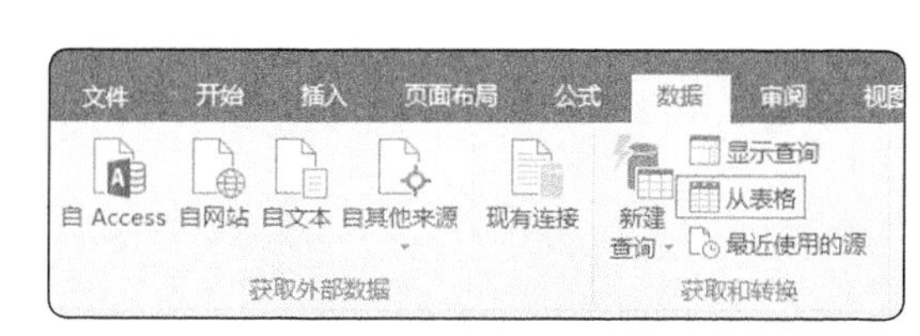

图 2-7-66

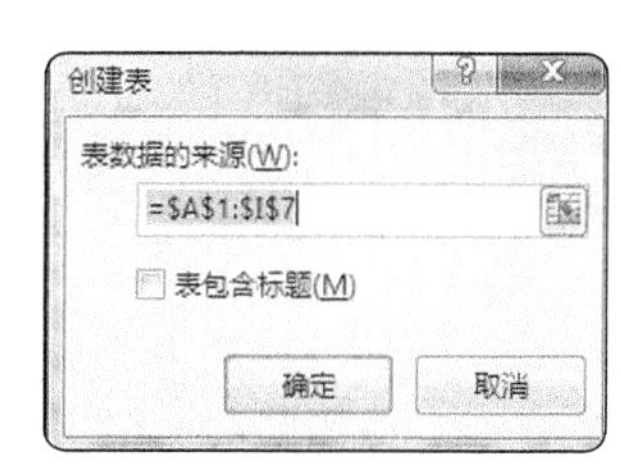

图 2-7-67

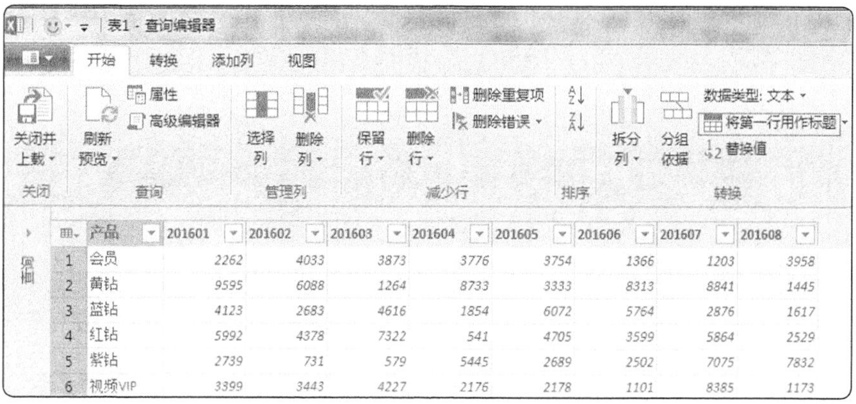

产品	201601	201602	201603	201604	201605	201606	201607	201608
会员	2262	4033	3873	3776	3754	1366	1203	3958
黄钻	9595	6088	1264	8733	3333	8313	8841	1445
蓝钻	4123	2683	4616	1854	6072	5764	2876	1617
红钻	5992	4378	7322	541	4705	3599	5864	2529
紫钻	2739	731	579	5445	2689	2502	7075	7832
视频VIP	3399	3443	4227	2176	2178	1101	8385	1173

图 2-7-68

Step2 单击首列任意单元格，单击查询编辑器→转换→逆透视列→逆透视其他列，如图 2-7-69 所示，得到图 2-7-70 结果。

Step3 单击开始→关闭并上载，如图 2-7-71 所示，这样自动生成了一个查询工作表，看看数据，已经转换为一维的列表了，如图 2-7-72 所示，最后修改字段名称就好了。

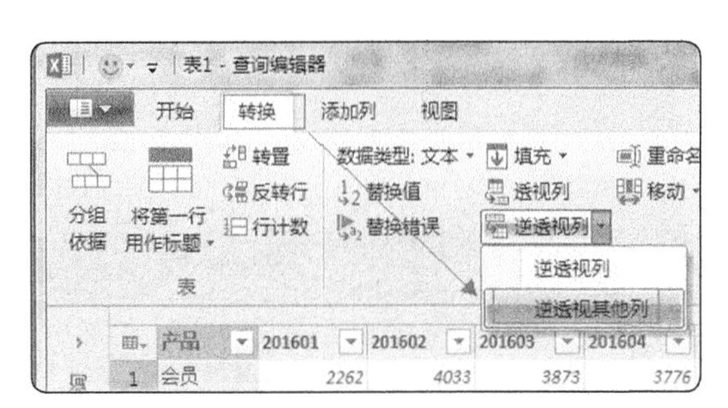

图 2-7-69

图 2-7-70

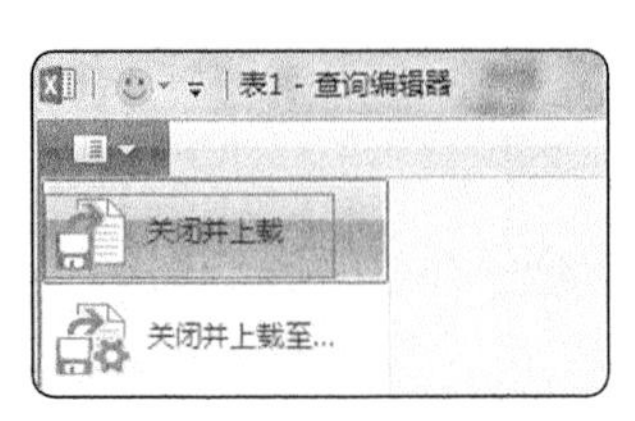

图 2-7-71

图 2-7-72

第 112 招 引用数据透视表的数据，为什么拖动公式结果没有变化

数据透视表的数据引用与普通的表格数据引用不太一样，如图 2-7-73 所示是数据透视表的结果，如果要计算超级 QQ 和 QQ 会员两种产品每月的数量，要引用数据透视表的数据，如果直接单击数据透视表的单元格，B14 单元格公式显示为 =GETPIVOTDATA(" 数量 ",$A$1," 账期 ","2016-01"," 产品 ","QQ 会员 ")+GETPIVOTDATA(" 数量 ",$A$1," 账期 ","2016-01"," 产品 "," 超级 QQ")，往右拖动公式发现结果一样，没有任何变化，如图 2-7-74 所示。怎么办呢？

	A	B	C	D	E	F	G	H	I
1	求和项:数量	列标签							
2	行标签	2016-01	2016-02	2016-03	2016-04	2016-05	2016-06	(空白)	总计
3	QQ会员	398	1421	1935	2687	2476	1781		10698
4	QQ音乐	213	414	1999	4970	3471	1532		12599
5	超级QQ	345	556	410	595	861	59		2826
6	超级会员	1080	1459	1857	304	2958	3595		11253
7	黄钻	3442	2798	4179	4414	5467	2520		22820
8	蓝钻	647	1381	366	1723	2090	3457		9664
9	其他	1482	418	2086	404	1489	1684		7563
10	书城	1531	1257	1766	1758	2575	1885		10772
11	腾讯视频	3272	3092	4185	3122	5171	4831		23673
12	(空白)								
13	总计	12410	12796	18783	19977	26558	21344		111868

图 2-7-73

修改 B14 单元格公式 =B3+B5，手工写，不要单击单元格引用，往右拖动公式结果就自动变了，如图 2-7-75 所示。

当然，你也可以将数据透视表复制再选择性粘贴，得到数值，但这样不能保证数据的更新了。所以最好采用引用方式。GETPIVOTDATA() 函数的作用，保证引用的数值不会随着透视表排布形式的变化而变化，因此修改一下公式是值得的。

B14 =GETPIVOTDATA("数量",$A$1,"账期","2016-01","产品",

	A	B	C	D	E	F	G	H	I
1	求和项:数量	列标签							
2	行标签	2016-01	2016-02	2016-03	2016-04	2016-05	2016-06	(空白)	总计
3	QQ会员	398	1421	1935	2687	2476	1781		10698
4	QQ音乐	213	414	1999	4970	3471	1532		12599
5	超级QQ	345	556	410	595	861	59		2826
6	超级会员	1080	1459	1857	304	2958	3595		11253
7	黄钻	3442	2798	4179	4414	5467	2520		22820
8	蓝钻	647	1381	366	1723	2090	3457		9664
9	其他	1482	418	2086	404	1489	1684		7563
10	书城	1531	1257	1766	1758	2575	1885		10772
11	腾讯视频	3272	3092	4185	3122	5171	4831		23673
12	(空白)								
13	总计	12410	12796	18783	19977	26558	21344		111868
14		743	743	743	743	743	743	743	743

图 2-7-74

B14 =B3+B5

	A	B	C	D	E	F	G	H	I
1	求和项:数量	列标签							
2	行标签	2016-01	2016-02	2016-03	2016-04	2016-05	2016-06	(空白)	总计
3	QQ会员	398	1421	1935	2687	2476	1781		10698
4	QQ音乐	213	414	1999	4970	3471	1532		12599
5	超级QQ	345	556	410	595	861	59		2826
6	超级会员	1080	1459	1857	304	2958	3595		11253
7	黄钻	3442	2798	4179	4414	5467	2520		22820
8	蓝钻	647	1381	366	1723	2090	3457		9664
9	其他	1482	418	2086	404	1489	1684		7563
10	书城	1531	1257	1766	1758	2575	1885		10772
11	腾讯视频	3272	3092	4185	3122	5171	4831		23673
12	(空白)								
13	总计	12410	12796	18783	19977	26558	21344		111868
14		743	1977	2345	3282	3337	1840	0	13524

图 2-7-75

还有一种方法，打开文件→ Excel 选项→公式，把“使用 GetPivotData 函数获取数据透视表引用”前面的钩去掉，如图 2-7-76 所示。

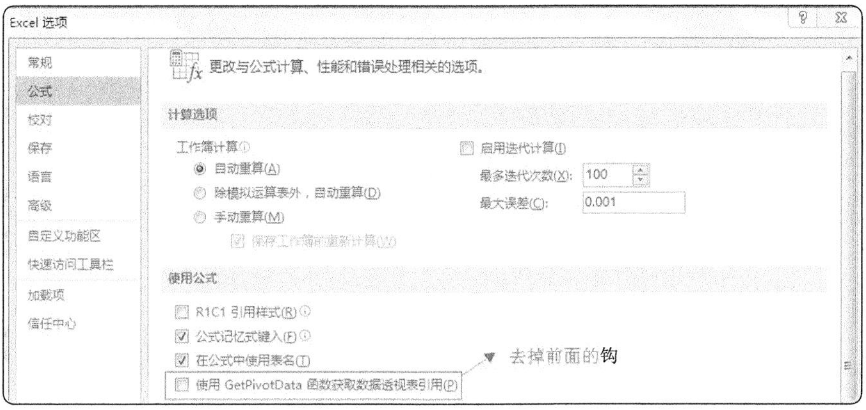

Excel 选项

常规
公式
校对
保存
语言
高级
自定义功能区
快速访问工具栏
加载项
信任中心

更改与公式计算、性能和错误处理相关的选项。

计算选项

工作簿计算
自动重算(A)
除模拟运算表外，自动重算(D)
手动重算(M)
保存工作簿前重新计算(W)
启用迭代计算(I)
最多迭代次数(X): 100
最大误差(C): 0.001

使用公式

R1C1 引用样式(R)
公式记忆式键入(F)
在公式中使用表名(T)
使用 GetPivotData 函数获取数据透视表引用(P)
去掉前面的钩

图 2-7-76

第三篇　公式与函数

Excel公式与函数具有强大的计算功能，公式类型分为普通公式、数组公式、命名公式。函数的种类分为12种：逻辑函数、查询与引用函数、统计函数、数学和三角函数、文本函数、日期与时间函数、数据库函数、工程函数、信息函数、财务函数、Web函数、用户自定义函数。除了自定义函数和宏表函数，2003版本自带的函数有300多个，2007及以上版本增加到400多个函数，本篇主要介绍日常用得比较多的60多个函数。微云示例文件中有多个函数的综合运用，请下载练习。

第 8 章　公式与函数基础

本章介绍公式与函数基础知识，包含公式类型、引用类型、公式的显示等。

第 113 招　公式类型（普通公式、数组公式、命名公式）

所有公式是以“=”号为引导，通过运算符按照一定的顺序组合进行数据运算处理的等式。简单的公式有加、减、乘、除等计算。函数则是按照特定算法进行计算的产生一个或者一组结果的预定义的特殊公式。公式类型有下面几种，如图 3-8-1 所示。

序号	公式	说明
1	=15*3+20*2	包含常量运算的公式
2	=A1*3+A2*2	包含单元格引用的公式
3	=sum(A1*3,A2*2)	包含函数的公式
4	=单价*数量	包含名称的公式
5	{ =A1:A10+B1:B20}	包含数组运算的公式

图 3-8-1

数组公式的 { } 不是手工录入，是输入公式后按组合键【Ctrl+Shift+Enter】结束。公式写完后如果要判断是否正确可以通过公式菜单下的错误检查，根据提示的错误来修改公式，如图3-8-2和图3-8-3所示。

公式应避免循环引用，包含直接和间接引用自己，下面这个单元格公式带有循环引用，显示如图 3-8-4 所示。

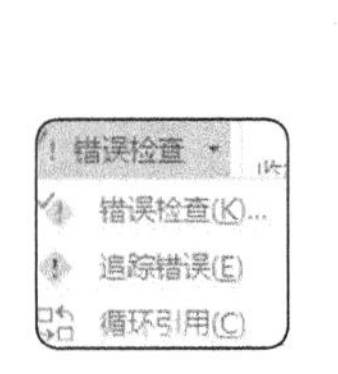

图 3-8-2

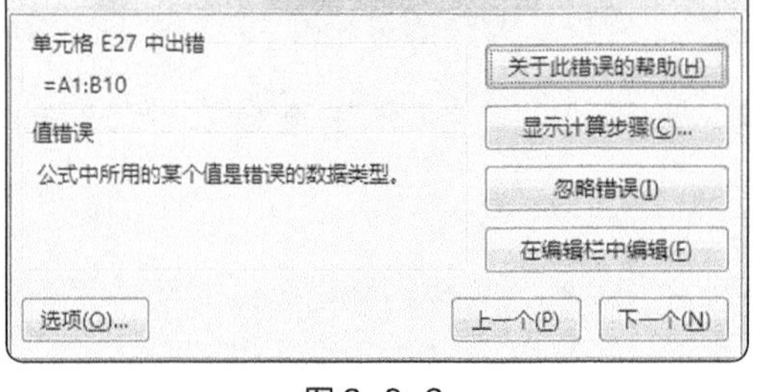

图 3-8-3

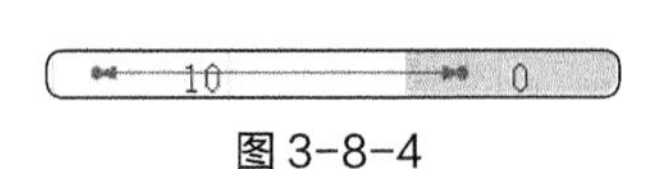

图 3-8-4

函数共 12 种，如图 3-8-5 所示，除了自定义函数之外，2003 版本自带的函数有 300 多个，2007 以及以上版本函数有 400 多个，一般来说，掌握常用的 30～50 个函数基本可以应对工作中的日常需求。

图 3-8-5

第114招 一个容易走火入魔的点：引用类型（相对引用、绝对引用、混合引用）

引用类型是公式与函数中一个容易走火入魔的点，如果没有理解引用类型，很容易写出错误的公式。相对引用就是公式随着单元格的变化而变化，引用的地址不固定，绝对引用就是单元格固定不变。绝对引用前面有个 $，相对引用则没有，混合引用就是行与列一个是相对引用，一个是绝对引用。我们在第 1 章快捷键讲到 F4 键，利用 F4 键可以灵活切换相对引用和绝对引用。对于初学者，可以这样去记忆，“有钱能使鬼推磨”，有 $ 就是绝对引用，一心一意跟着你不跑，没有 $ 就是相对引用，像墙头草随风倒。

例如，要计算各个业务类型收入占总收入的比重，C2 输入公式 =B2/B6，单击 C2 右下角 +，往下拖动公式，返回 #DIV/0!，如图 3-8-6 所示。

	A	B	C
1	收入类型	收入	各类型收入占比
2	增值服务收入	14,413	=B2/B6
3	网络广告收入	1,177	#DIV/0!
4	电商	2,524	#DIV/0!
5	其他	286	#DIV/0!
6	合计	18,400	#DIV/0!

图 3-8-6

单击公式菜单的显示公式，我们看到 C 列公式分子在变化，分母也在变化，如图 3-8-7 所示，而这里引用的地址是 B6 单元格合计数，需要固定不变。

	A	B	C
1	收入类型	收入	各类型收入占比
2	增值服务收入	14413	=B2/B6
3	网络广告收入	1177	=B3/B7
4	电商	2524	=B4/B8
5	其他	286	=B5/B9
6	合计	=SUM(B2:B5)	=B6/B10

图 3-8-7

因此，我们 C2 单元格公式需要改为 =B2/$B$6，单击 C2 右下角 +，往下拖动公式，得到图 3-8-8 所示结果。

这里公式分子就是相对引用，分母是绝对引用，再来看看混合引用，就是行或列中有一个是相对引用，另一个是绝对引用。

	A	B	C
1	收入类型	收入	各类型收入占比
2	增值服务收入	14,413	78.33%
3	网络广告收入	1,177	6.40%
4	电商	2,524	13.72%
5	其他	286	1.55%
6	合计	18,400	100.00%

图 3-8-8

我们看看下面这个例子，要求不同类别每月占小计的比重，如图 3-8-9 所示。公式的分子用相对引用，分母用了混合引用，列固定行不固定，因为小计都在 H 列，不同类别的小计位于不同的行，如图 3-8-10 所示。

	A	B	C	D	E	F	G	H
1	类别	1月	2月	3月	4月	5月	6月	小计
2	A1	26.19	84.92	52.33	59.17	82.07	7.78	312.46
3	A2	57.52	8.52	75.91	10.35	2.64	51.74	206.68
4	A3	28.05	80.49	60.04	52.52	94.89	37.90	353.89
5	A类小计	111.76	173.93	188.28	122.04	179.60	97.42	873.03

图 3-8-9

7	类别	1月	2月	3月	4月	5月	6月	小计
8	A1	=B2/$H2	=C2/$H2	=D2/$H2	=E2/$H2	=F2/$H2	=G2/$H2	=H2/$H2
9	A2	=B3/$H3	=C3/$H3	=D3/$H3	=E3/$H3	=F3/$H3	=G3/$H3	=H3/$H3
10	A3	=B4/$H4	=C4/$H4	=D4/$H4	=E4/$H4	=F4/$H4	=G4/$H4	=H4/$H4
11	A类小计	=B5/$H5	=C5/$H5	=D5/$H5	=E5/$H5	=F5/$H5	=G5/$H5	=H5/$H5

图 3-8-10

第115招 九九乘法口诀表的制作方法

上一招介绍了引用类型，本招我们一起来制作九九乘法口诀表，步骤如下：

Step1 在 B1:J1 和 A2:A10 单元格区域输入数字 1 ～ 9，输入方法见第 1 章第 7 招。

Step2 在 B2 单元格输入公式 =B$1&"x"&$A2&"="&B$1*$A2，拖动 B2 单元格右下角黑色 + 往右再往下复制公式到 B2:J10 单元格区域，这样就可以得到一个简单的九九乘法口诀表，如图 3-8-11 所示。

B2 　 fx =B$1&"x"&$A2&"="&B$1*$A2

	A	B	C	D	E	F	G	H	I	J
1		1	2	3	4	5	6	7	8	9
2	1	1x1=1	2x1=2	3x1=3	4x1=4	5x1=5	6x1=6	7x1=7	8x1=8	9x1=9
3	2	1x2=2	2x2=4	3x2=6	4x2=8	5x2=10	6x2=12	7x2=14	8x2=16	9x2=18
4	3	1x3=3	2x3=6	3x3=9	4x3=12	5x3=15	6x3=18	7x3=21	8x3=24	9x3=27
5	4	1x4=4	2x4=8	3x4=12	4x4=16	5x4=20	6x4=24	7x4=28	8x4=32	9x4=36
6	5	1x5=5	2x5=10	3x5=15	4x5=20	5x5=25	6x5=30	7x5=35	8x5=40	9x5=45
7	6	1x6=6	2x6=12	3x6=18	4x6=24	5x6=30	6x6=36	7x6=42	8x6=48	9x6=54
8	7	1x7=7	2x7=14	3x7=21	4x7=28	5x7=35	6x7=42	7x7=49	8x7=56	9x7=63
9	8	1x8=8	2x8=16	3x8=24	4x8=32	5x8=40	6x8=48	7x8=56	8x8=64	9x8=72
10	9	1x9=9	2x9=18	3x9=27	4x9=36	5x9=45	6x9=54	7x9=63	8x9=72	9x9=81

图 3-8-11

公式中 B$1 表示对行绝对引用对列相对引用，$A2 表示对列绝对引用对行相对引用，用连接符 & 分别连接 B$1、“x”、$A2、“=”，以及 B$1*$A2 的计算结果。

第116招 三招走天下，三表概念（参数表、源数据表、汇总表）

实际工作中公式引用经常需要跨工作表或跨工作簿引用。把 Excel 看作一个系统，这个系统由三表组成，何为三表？即参数表、源数据表、汇总表。

第一张表：

参数表配置参数，如图 3-8-12 所示，供源数据表和分类汇总表调用，属于基础数据。设置参数表的好处是如果相关参数发生变化，不用修改汇总表的公式。

严重级别	分值			上限	下限
致命	10		S	100	95
严重	3		A	95	80
一般	1		B	80	60
提示	0.1		C	60	0
建议	0				

图 3-8-12

第二张表：

源数据表可以编辑录入数据，我们日常工作最主要就是做好源数据表，如图 3-8-13 所示。

序号	文件名	位置	问题描述	严重级别	状态	评审人	问题分类	责任人	责任部门	电话
1	A文件	位置	这个问题	致命	已确认	A大师	需求	石峰(blac	互娱	138****9638
2	A文件	位置	这个问题	提示	已确认	A大师	设计	赵晋(blac	互娱	138****9641
3	A文件	位置	这个问题	提示	已确认	A大师	编码	倪张春(bl	互娱	137*****8753
4	A文件	位置	这个问题	一般	已确认	A大师	测试	胡铁山(bl	互娱	0451-887***2
5	A文件	位置	这个问题	提示	已确认	A大师	测试	张勇(blac	互娱	138****9629
6	A文件	位置	这个问题	建议	已确认	A大师	运维	陈峰(blac	互娱	138****9630

图 3-8-13

第三张表：

Excel 工作的最终目的是得到分类汇总结果，第三张表就是分类汇总表，如图 3-8-14 所示。汇总表公式引用了参数表和源数据表的数据。

文件名 / 级别	互娱		财经		新人		总计
	数量	占比	数量	占比	数量	占比	
致命	5	25.00%	3	25.00%	1	16.67%	9
严重	3	15.00%	3	25.00%	3	50.00%	9
一般	5	25.00%	4	33.33%	2	33.33%	11
提示	0	0.00%	0	0.00%	0	0.00%	0
建议	7	35.00%	2	16.67%	0	0.00%	9
总计	20		12		6		38
部门评分	36		57		79		
部门评级	C		C		B		

图 3-8-14

第117招 Excel单元格中为什么只显示公式不显示计算结果

Excel单元格中为什么只显示公式不显示计算结果？有两种可能：单元格是文本格式；选取了显示公式，取消方法是按组合键【Ctrl+ ~】。

我们来看看第一种情况，下表的B8单元格只显示公式不显示计算结果，双击单元格B8，发现公式前面有个单引号，' =SUM(B2:B7)，如图3-8-15所示，这个单元格格式是文本格式，这种情况只要删掉单引号，或者右键单元格格式，把“文本”改为“常规”，如图3-8-16所示。

	A	B
1	产品类别	数量
2	A	12
3	B	55
4	C	48
5	D	43
6	E	76
7	F	54
8	合计	=SUM(B2:B7)

图 3-8-15

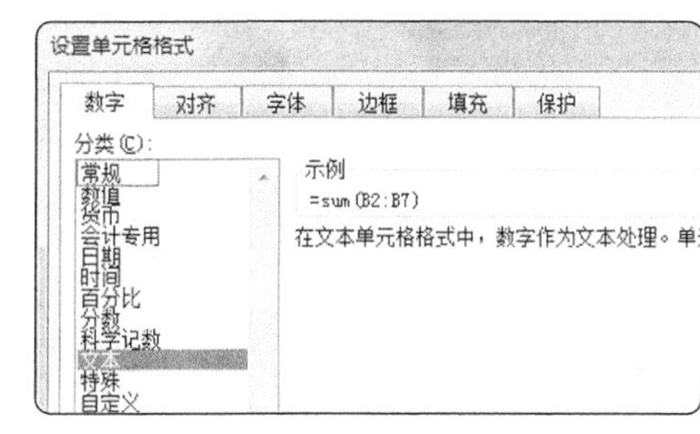

图 3-8-16

我们再看看第二种情况，单元格格式是常规，但是还是只显示公式，这是因为选取了显示公式，要取消显示公式。

方法一：组合键【Ctrl+ ~】。

方法二：直接找到菜单（公式→公式审核→显示公式），取消“显示公式”，如图3-8-17所示。

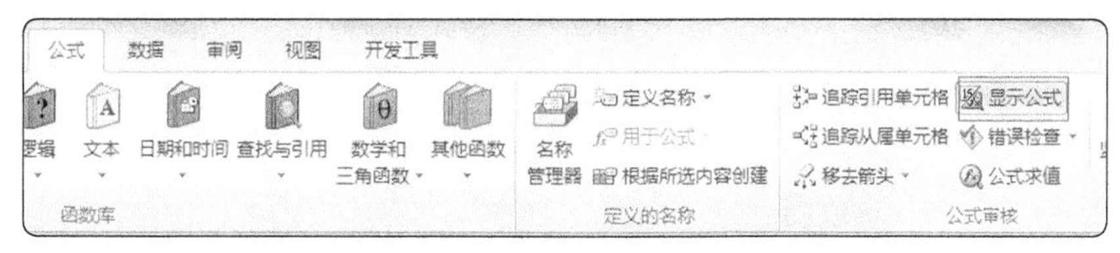

图 3-8-17

第118招 函数不一定是解决问题的最佳办法

如图3-8-18所示，要求不同国家最低单价，通常情况我们用函数MIN解决，但是当国家数量有

200 多个，一个个写公式，非常慢，最简单的方法是用数据透视表。

	A	B	C
1	Country Name	Network Name	Price (EUR) / message
2	Afghanistan	Roshan TDCA	0.011
3	Afghanistan	AWCC	0.011
4	Afghanistan	Areeba	0.011
5	Afghanistan	Etisalat Afghanistan	0.011
6	Albania	PLUS	0.015
7	Albania	Eagle Mobile	0.011
8	Albania	VODAFONE	0.011
9	Albania	AMC MOBIL	0.011
10	Algeria	ATM Mobilis	0.011
11	Algeria	Djezzy	0.011
12	Algeria	Nedjma	0.0583
13	American Samoa	Blue AmericaSamoa Telecom	0.05
14	Andorra	Mobiland	0.011
15	Angola	Movicel	0.025
16	Angola	Unitel	0.011
17	Anguilla	LIME	0.02
18	Anguilla	Weblinks	0.05
19	Antigua and Barbuda	Wireless Ventures	0.05
20	Antigua and Barbuda	APUA PCS	0.011

图 3-8-18

插入“数据透视表”，把 A 列国家名称拖到行标签，C 列单价拖到数值，把默认的计数改为最小值，如图 3-8-19 所示。

图 3-8-19

这个例子告诉我们遇到问题要学会打破常规思维，学会“偷懒”，用最简单方法解决。

第 9 章　常用的数学和统计函数

本章介绍常用的数学和统计函数，主要内容包括求和计数函数、条件求和和条件计数函数、乘积求和函数、随机数函数、排序函数等。

第 119 招　COUNT、COUNTA、AVERAGE、MAX、MIN、LARGE、SMALL 等常用函数

COUNT 只计数，文本、逻辑值、错误信息、空单元格都不统计。

COUNTA 统计非空单元格，只要单元格有内容，就会被统计，包括有些看不见的字符。以图 3-9-1 数据为例，公式 =COUNT(B2:B7) 返回结果 5，公式 =COUNTA(B2:B7) 返回结果 6。

	A	B
1	Name	Chinese
2	Thomas	74
3	Michael	65
4	Stella	46
5	Richard	82
6	Ivy	73
7	John	缺席考试

图 3-9-1

AVERAGE 是求平均值，如果单元格为空，求平均值不包含空值。

MAX 求最大值，MIN 求最小值。

LARGE 返回某一个数据集中的某个最大值。如果第 2 个参数是 2，则返回数据集中的第 2 大值，当第 2 个参数为 1，返回结果和 MAX 一样。

SMALL 返回某一个数据集中的某个最小值。如果第 2 个参数是 3，则返回数据集中的第 3 小值，当第 2 个参数为 1，返回结果和 MIN 一样。

第 120 招　根据多个小计项求总计

对于单元格连续的区域求和，用鼠标拖动选中，对于非连续单元格，公式中不同单元格用逗号隔开。

如图 3-9-2 所示。如果要求 B2 和 D2 的和，公式为 =SUM(B2,D2)。

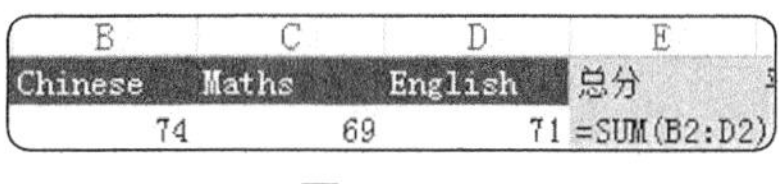

B	C	D	E
Chinese	Maths	English	总分
74	69	71	=SUM(B2:D2)

图 3-9-2

如果要求和的行数很多，用鼠标拖动效率太低，SUM 函数有个快捷键【Alt+=】，能快速对单元格上方非空单元格进行求和。

如果数据中有多项明细和小计数，如图 3-9-3 所示，要对所有明细数据求和，可以对整列求和，再除以 2，例如，下面的 139 邮箱、积分查询是下方明细数据的小计，这样的小计有很多项，要求所有 PV 和用户数，通常的做法是用鼠标一个个选中小计项的单元格，如果小计项非常多，很容易漏掉一

些，造成计算结果错误。这里介绍一个非常巧妙的方法可以快速计算结果，并且保证结果不会出错。我们在表格最下方输入【Alt+=】，再除以 2，公式为 =SUM(B2:B127)/2。温馨提示：仅限于 Windows，Mac 不适合。

	A	B	C
1		PV	用户数
2	**139邮箱**	**1232**	**1041**
3	20120607	24	21
4	20120608	145	101
5	20120609	109	100
6	20120610	113	96
7	20120611	112	100
8	20120612	136	111
9	20120613	138	111
10	20120614	96	91
11	20120615	103	93
12	20120616	146	120
13	20120617	110	97
14	**积分查询**	**3277**	**3019**
15	20120607	198	186
16	20120608	364	337
17	20120609	304	282
18	20120610	304	281
19	20120611	274	262
20	20120612	344	312
21	20120613	308	282
22	20120614	332	305
23	20120615	297	282
24	20120616	289	258
25	20120617	263	232
26	**流量查询**	**11689**	**9518**
27	20120607	475	421
28	20120608	941	788
29	20120609	997	810
30	20120610	1087	893

图 3-9-3

第 121 招 多表相同位置求和

如果一个工作簿包含多张工作表，每张工作表内容为一个月的产品销售情况数据，表格结构相同，每张表 C9 单元格为当月的销售额小计，要对全年的销售额数据进行汇总，通常求和公式这样写：

='1 月 '!C9+'2 月 '!C9+'3 月 '!C9+'4 月 '!C9+'5 月 '!C9+'6 月 '!C9+'7 月 '!C9+'8 月 '!C9+'9 月 '!C9+'10 月 '!C9+'11 月 '!C9+'12 月 '!C9

公式好长啊，如果有更多的工作表要求和，公式就更长了。告诉你一个非常简单的公式，=SUM('1 月 :12 月 '!C9) 就可以实现对全年的销售额数据求和。如果有更多的工作表，我们只需要在第一张工作表名称和最后一张工作表名称中间加冒号，再用单引号和感叹号以及需要引用的单元格即可，例如，对 Sheet1,Sheet2,…,Sheet100 共 100 张工作表的 A10 单元格求和，公式为 =SUM('Sheet1:Sheet100'!A10)。

第 122 招 如何批量输入求和公式

如图 3-9-4 所示，有多个项目要汇总数据，如何批量将需要求和的单元格输入公式呢？如果一行行输入公式，当需要求和的行数很多时，效率就比较低了，这里介绍组合键【Alt+=】批量输入求和公式。

类别	1月	2月	3月	4月	5月	6月
A1	26.19	84.92	52.33	59.17	82.07	7.78
A2	57.52	8.52	75.91	10.35	2.64	51.74
A3	28.05	80.49	60.04	52.52	94.89	37.90
A类小计						
B1	7.26	35.36	59.67	58.31		2.22
B2	15.79	53.41		42.75	67.90	5.40
B类小计						
C1	20.03	57.24	39.54	93.25	68.79	
C2	19.43	28.77	39.39	7.84		37.10
C3	99.13			40.79	9.89	56.21
C类小计						
D1	91.43	80.46			20.23	33.20
D2	85.55	23.40	58.85	8.20	57.02	83.18
D3	98.05		53.23	23.86	88.21	
D4	72.20	71.82		93.54	85.21	0.76
D类小计						

图 3-9-4

操作方法：先选中要求和的第一个区域，按住 Ctrl 键，再选中其他要求和的区域，按组合键【Alt+=】就可以实现。

如果要求和的数据没有空值，如图 3-9-5 所示。

类别	1 月	2 月	3 月	4 月	5 月	6 月
A1	26.19	84.92	52.33	59.17	82.07	7.78
A2	57.52	8.52	75.91	10.35	2.64	51.74
A3	28.05	80.49	60.04	52.52	94.89	37.90
A 类小计						
B1	7.26	35.36	59.67	58.31	25.00	2.22
B2	15.79	53.41	42.00	42.75	67.90	5.40
B 类小计						
C1	20.03	57.24	39.54	93.25	68.79	26.00
C2	19.43	28.77	39.39	7.84	35.00	37.10
C3	99.13	75.00	45.00	40.79	9.89	56.21
C 类小计						
D1	91.43	80.46	63.00	36.00	20.23	33.20
D2	85.55	23.40	58.85	8.20	57.02	83.18
D3	98.05	32.00	53.23	23.86	88.21	86.00
D4	72.20	71.82	75.00	93.54	85.21	0.76
D 类小计						

图 3-9-5

全部选中数据，按 F5 键，定位条件选择“空值”，这样可以快速选中要求和的单元格，再按组合键【Alt+=】。

第 123 招 合并单元格求和

Excel 合并单元格真是让人又爱又恨，它可以美化表格，然而也给数据统计等带来麻烦。如下面的例子中，如果类别不是合并单元格，我们直接使用 SUMIF 函数就可以在 D 列计算该类别的和，但合并后求和就不那么容易了。

例：如图 3-9-6 所示，要求在 D 列对 A 列的类别求和。

D2 单元格公式 =SUM(C2:$C$10)-SUM(D3:$D$10)，如图 3-9-7 所示，选中 D 列全部合并单元格，把光标放在地址栏的公式最后，按组合键【Ctrl+Enter】，就可以对全部合并单元格求和。

	A	B	C	D
1	产品大类	产品小类	收入	小计
2	A	A1	723	
3		A2	954	
4		A3	544	
5		A4	262	
6	B	B1	578	
7		B2	873	
8	C	C1	464	
9		C2	321	
10		C3	143	

图 3-9-6

SUM　=SUM(C2:$C$10)-SUM(D3:$D$10)

	A	B	C	D	E	F	G
1	产品大类	产品小类	收入	小计			
2	A	A1	723	:$D$10)			
3		A2	954				
4		A3	544				
5		A4	262				
6	B	B1	578	1451			
7		B2	873				
8	C	C1	464	928			
9		C2	321				
10		C3	143				

图 3-9-7

公式原理：倒算原理，SUM(C2:$C$10) 即所有数据的和，SUM(D3:$D$10) 是本类别以后所有类别之和，如果二者相减，正好是本类别的和。

第 124 招　怎样给合并单元格添加连续序号

如图 3-9-8 所示，A 列序号带有合并单元格，怎样给这些合并单元格添加连续的序号呢？

如果我们按照传统的往下拖动填充方法添加序号，系统会弹出这样的提示“若要执行此操作，所有合并单元格需大小相同”，如图 3-9-9 所示。

	A	B	C
1	序号	产品名称	金额
2		产品1	435
3		产品2	373
4		产品3	388
5		产品4	307
6		产品5	75
7		产品6	993
8		产品7	246
9		产品8	514
10		产品9	428

图 3-9-8

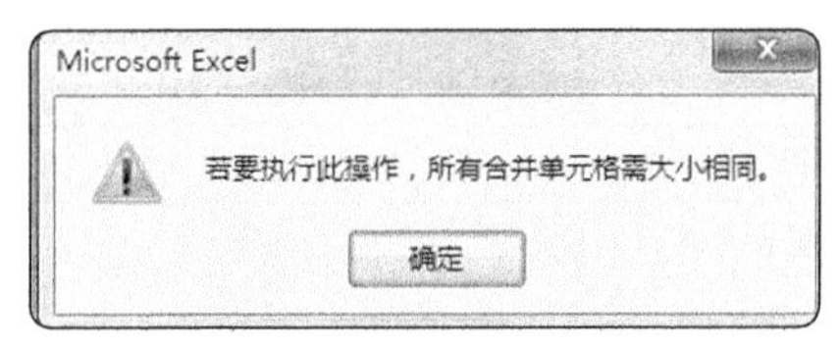

图 3-9-9

既不能对数据源格式进行修改，又不能用常规填充方法，如果数据量太大的话，一个个手工添加效率太低了。选中要添加序号的合并单元格，在编辑栏输入公式 =MAX($A$1:A1)+1，如图 3-9-10 所示，再按组合键【Ctrl+Enter】，这一步非常关键。

公式说明：计算自 $A$1 单元格至公式所在行的上一行的最大值，再用计算结果加 1，从而实现连续序号的效果。

A2　=MAX($A$1:A1)+1

	A	B	C	D	E
1	序号	产品名称	金额		
2	1	产品1	224		
3		产品2	623		
4		产品3	82		
5		产品4	167		

图 3-9-10

第 125 招　多个数值的乘积——PRODUCT 函数

PRODUCT 函数用于计算给出的数字的乘积，也就是将所有以参数形式给出的数字相乘，并返回乘积值。

语法：

PRODUCT（number1,number2,…）

number1, number2,… 为 1 到 30 个需要相乘的数字参数。

说明：当参数为数字、逻辑值或数字的文字型表达式时可以被计算；当参数为错误值或是不能转换成数字的文字时，将导致错误。比如，A1:D1 单元格分别存放文本格式的数字 10、20、30、40，公式 =PRODUCT(A1:D1) 返回结果是 0，如果把文本格式转换为数字格式，公式 =PRODUCT(A1:D1) 返回结果是 240000。如果参数为数组或引用，只有其中的数字将被计算。数组或引用中的空白单元格、逻辑值、文本或错误值将被忽略。

示例见表 3-9-1。

表 3-9-1

A1	数据
A2	5
A3	15
A4	30
公式	说明（结果）
=PRODUCT(A2:A4)	将以上数字相乘（2250）
=PRODUCT(A2:A4,2)	将以上数字及 2 相乘（4500）

PRODUCT 函数也可以用来求除法：

语法

PRODUCT（number1,number2^（-1）)，示例见表 3-9-2。

表 3-9-2

公式	说明（结果）
=PRODUCT(A3,A2^(-1))	将以上数字相除（3）

第 126 招 多个乘积之和——SUMPRODUCT 函数

SUMPRODUCT 函数在给定的几组数组中，将数组间对应的元素相乘，并返回乘积之和。

语法：

SUMPRODUCT（array1,array2,array3, …）

array1,array2,array3, … 为 2 到 30 个数组，其相应元素需要进行相乘并求和。

示例如图 3-9-11 所示。

	A	B	C	D
1		数量	单价	
2		1	10	=B2*C2
3		2	10	=B3*C3
4		3	10	=B4*C4
5		4	10	=B5*C5
6		5	10	=B6*C6
7		6	10	=B7*C7

图 3-9-11

图 3-9-12 和图 3-9-13 公式返回结果都是 210，即 D 列乘积之和。

再看看下面这个例子，如图 3-9-14 所示，要求 A 产品销量，公式为 =SUMPRODUCT((B2:B8="A")*C2:C8)，公式分解如图 3-9-15 所示。

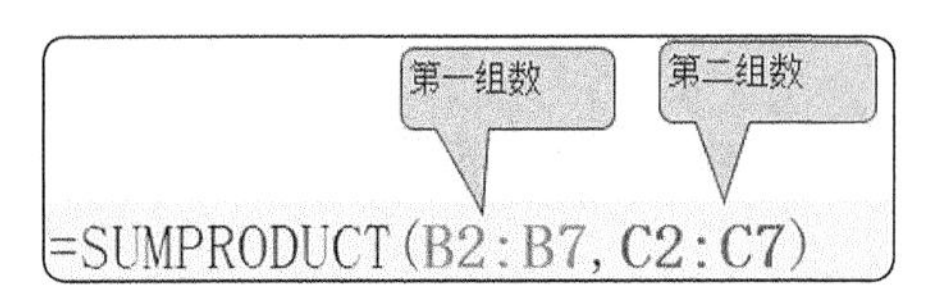

图 3-9-12

=SUMPRODUCT(B2:B7*C2:C7)

用*等于于两组数相乘后作为SUMPRODUCT的一个参数，其计算结果等同于两个参数

图 3-9-13

	A	B	C
1	日期	产品名称	销售量
2	2012-1-3	A	10
3	2012-1-20	B	2
4	2012-2-6	C	4
5	2012-2-23	D	6
6	2012-3-11	A	7
7	2012-3-28	A	2
8	2012-4-14	E	10

图 3-9-14

			第1步		第2步	第3步
公式分解	A	A	TRUE	10	10	19
	B	A	FALSE	2	0	
	C	A	FALSE	4	0	
	D	A	FALSE	6	0	
	A	A	TRUE	7	7	
	A	A	TRUE	2	2	
	E	A	FALSE	10	0	

图 3-9-15

在四则运算里，TRUE 等同于 1，FALSE 等同于 0。如果要求 A 产品 3 月的销售量，公式为 =SUMPRODUCT((MONTH(A2:A8)=3)*(B2:B8="A")*C2:C8)，公式分解如图 3-9-16 所示。

公式分解

2012-1-3	1	3	FALSE
2012-1-20	1	3	FALSE
2012-2-6	2	3	FALSE
2012-2-23	2	3	FALSE
2012-3-11	3	3	TRUE
2012-3-28	3	3	TRUE
2012-4-14	4	3	FALSE

A	A	TRUE
B	A	FALSE
C	A	FALSE
D	A	FALSE
A	A	TRUE
A	A	TRUE
E	A	FALSE

0	10	0
0	2	0
0	4	0
0	6	0
1	7	7
1	2	2
0	10	0

9

TRUE*TRUE=1
TRUE*FALSE=0
FALSE*FALSE=0

图 3-9-16

第 127 招 对角线求和

怎样计算一个长方形区域中的对角线之和？如果用 SUM 求和函数一个个相加当然能得到结果，可是如果数据量很大，怎样用公式更简单呢？

图 3-9-17 是原始数据部分截图。

	A	B	C	D	E	F	G	H	I	J	K	L	M	N	O
1		87664	44553	36505	32799	30405	28415	26946	25801	24705	23801	22873	22147	21639	21264
2		116288	59100	48425	43508	40333	37694	35745	34226	32772	31572	30342	29379	28705	28207
3		93081	47306	38761	34825	32284	30171	28611	27396	26232	25272	24287	23516	22976	22578
4		71057	36113	29590	26585	24645	23032	21841	20913	20025	19292	18540	17952	17540	17236
5		63754	32401	26548	23853	22112	20665	19597	18764	17967	17309	16635	16107	15737	15464
6		72745	36970	30292	27217	25231	23579	22360	21410	20501	19750	18981	18378	17956	17645
7		63932	32491	26622	23919	22174	20723	19651	18816	18017	17357	16681	16152	15781	15507
8		56186	25428	20835	18719	17353	16218	15379	14726	14100	13584	13055	12640	12350	12136
9		58885	26649	21835	19618	18187	16997	16118	15433	14777	14236	13682	13247	12943	12719
10		50766	22974	18825	16913	15679	14653	13895	13305	12740	12273	11795	11421	11159	10965
11		53204	24078	19729	17726	16432	15357	14563	13944	13352	12863	12362	11969	11695	11492
12		56424	25535	20923	18798	17427	16286	15444	14788	14160	13641	13110	12694	12402	12187
13		69633	31513	25821	23199	21506	20099	19060	18250	17475	16835	16179	15665	15306	15040
14		57716	26120	21402	19229	17826	16659	15798	15127	14484	13954	13410	12985	12686	12466
15		63302	28648	23473	21090	19551	18271	17327	16591	15886	15304	14708	14241	13914	13673
16		69428	31420	25745	23131	21443	20040	19004	18196	17423	16785	16131	15619	15261	14996
17		63893	28915	23692	21287	19734	18442	17488	16745	16034	15447	14845	14374	14044	13800

图 3-9-17

求从左上角到右下角的对角线之和

要计算颜色为绿色、黄色、蓝色等对角线数据之和，如图 3-9-18 所示，看看对角线行号与列号有什么规律，公式为 =COLUMN(B1:$O$17)-ROW(B1:$O$17)，COLUMN 函数返回列数，ROW 返回行数。列数与行数之差为等差数列，规律找到了，先创建辅助列 A 列，再用 SUMPRODUCT 函数求和。

	A	B	C	D	E	F	G	H	I
1		87664	44553	36505	32799	30405	28415	26946	25801
2		116288	59100	48425	43508	40333	37694	35745	34226
3		93081	47306	38761	34825	32284	30171	28611	27396
4		71057	36113	29590	26585	24645	23032	21841	20913
5		63754	32401	26548	23853	22112	20665	19597	18764
6		72745	36970	30292	27217	25231	23579	22360	21410
7		63932	32491	26622	23919	22174	20723	19651	18816
8		56186	25428	20835	18719	17353	16218	15379	14726
9		58885	26649	21835	19618	18187	16997	16118	15433
10		50766	22974	18825	16913	15679	14653	13895	13305
11		53204	24078	19729	17726	16432	15357	14563	13944
12		56424	25535	20923	18798	17427	16286	15444	14788
13		69633	31513	25821	23199	21506	20099	19060	18250
14		57716	26120	21402	19229	17826	16659	15798	15127
15		63302	28648	23473	21090	19551	18271	17327	16591
16		69428	31420	25745	23131	21443	20040	19004	18196
17		63893	28915	23692	21287	19734	18442	17488	16745
18	列数-行数								
19	1	372057	372057						
20	0	374539	374539						
21	-1	335840	335840						

图 3-9-18

C19 单元格公式为 =SUMPRODUCT((COLUMN(B1:$O$17)-ROW(B1:$O$17)=A19)*(B1:$O$17))，公式返回结果是绿色单元格那个对角线之和，向下拖动即可计算其他对角线之和。

A19 为添加辅助列的内容，公式的意思是如果列数 - 行数和创建的辅助列相等就对这些单元格求和。对比下把对角线单元格一个个相加，如图 3-9-19 所示，公式简单多了吧。

B19 fx =B1+C2+D3+E4+F5+G6+H7+I8+J9+K10+L11+M12+N13+O14

	A	B	C	D	E	F	G	H	I
1		87664	44553	36505	32799	30405	28415	26946	2580
2		116288	59100	48425	43508	40333	37694	35745	3422
3		93081	47306	38761	34825	32284	30171	28611	2739
4		71057	36113	29590	26585	24645	23032	21841	2091
5		63754	32401	26548	23853	22112	20665	19597	1876
6		72745	36970	30292	27217	25231	23579	22360	2141
7		63932	32491	26622	23919	22174	20723	19651	1881
8		56186	25428	20835	18719	17353	16218	15379	1472
9		58885	26649	21835	19618	18187	16997	16118	1543
10		50766	22974	18825	16913	15679	14653	13895	1330
11		53204	24078	19729	17726	16432	15357	14563	1394
12		56424	25535	20923	18798	17427	16286	15444	1478
13		69633	31513	25821	23199	21506	20099	19060	1825
14		57716	26120	21402	19229	17826	16659	15798	1512
15		63302	28648	23473	21090	19551	18271	17327	1659
16		69428	31420	25745	23131	21443	20040	19004	1819
17		63893	28915	23692	21287	19734	18442	17488	1674
18	列数-行数								
19	1	372057	372057						
20	0	374539	374539						
21	-1	335840	335840						

图 3-9-19

求从左下角到右上角的对角线之和

上面的例子是从左上角到右下角的对角线，我们再来看一个例子，数据还是原来的数据，要求从左下角到右上角对角线数字之和，如图 3-9-20 所示中的橙色、黄色、蓝色。

	A	B	C	D	E	F	G	H	I
1		87664	44553	36505	32799	30405	28415	26946	25801
2		116288	59100	48425	43508	40333	37694	35745	34226
3		93081	47306	38761	34825	32284	30171	28611	27396
4		71057	36113	29590	26585	24645	23032	21841	20913
5		63754	32401	26548	23853	22112	20665	19597	18764
6		72745	36970	30292	27217	25231	23579	22360	21410
7		63932	32491	26622	23919	22174	20723	19651	18816
8		56186	25428	20835	18719	17353	16218	15379	14726

图 3-9-20

先找出对角线行号与列号的规律，发现对角线的行号与列号之和相等，比如，B2 和 C1，行号与列号之和都是 4；B3、C2、D1 行号与列号之和都是 5，依次类推，后面的对角线行号与列号之和都相等。因此，我们创建辅助列，行号 + 列号，如果行号 + 列号与辅助列内容相等就求和。用 SUM 求和在公式里按组合键【Ctrl+ Shift+ Enter】形成数组公式，B22 单元格公式为 {=SUM((ROW(B$1:B$17)+COLUMN(B$1:B$17)=$A22)*(B$1:B$17))}，复制拖曳红色字体列到最后一列，最后即可合计对角线的值，如图 3-9-21 所示。

B22　fx　{=SUM((ROW(B$1:B$17)+COLUMN(B$1:B$17)=$A22)*(B$1:B$17))}

方法：
1.增加"行+列"
2.用数组公式构造红色字体列，完成后在公式里按组合键【Ctrl+ Shift+Enter】形成数组
3.复制拖曳红色字体列到最后列
4.最后即可合计对角线的值

	A	B	C	D	E	F	G	H	I	J	K	L	M	N	O	P
21	行+列	此列符合"行+列"的值	此列符合"行+列"的值	此列符合"行+列"的值	此列符合"行+列"的值	此列符合"行+列"的值	此列符合"行+列"的值	此列符合"行+列"的值	此列符合"行+列"的值	此列符合"行+列"的值	此列符合"行+列"的值	此列符合"行+列"的值	此列符合"行+列"的值	此列符合"行+列"的值	此列符合"行+列"的值	合计
22	2	0	0	0	0	0	0	0	0	0	0	0	0	0	0	0
23	3	87664	0	0	0	0	0	0	0	0	0	0	0	0	0	87664
24	4	116288	44553	0	0	0	0	0	0	0	0	0	0	0	0	160841
25	5	93081	59100	36505	0	0	0	0	0	0	0	0	0	0	0	188686
26	6	71057	47306	48425	32799	0	0	0	0	0	0	0	0	0	0	199586
27	7	63754	36113	38761	43508	30405	0	0	0	0	0	0	0	0	0	212541
28	8	72745	32401	29590	34825	40333	28415	0	0	0	0	0	0	0	0	238309
29	9	63932	36970	26548	26585	32284	37694	26946	0	0	0	0	0	0	0	250960
30	10	56186	32491	30292	23853	24645	30171	35745	25801	0	0	0	0	0	0	259186

图 3-9-21

第 128 招　数值取舍函数——INT/TRUNC/ROUND/ROUNDUP/ROUNDDOWN 等

常用的数值取舍函数以及功能描述见表 3-9-3，示例见表 3-9-4。

表 3-9-3

函数名称	功能描述
INT	取整函数，将数字向下舍入为最接近的整数
TRUNC	将数字直接截尾取整，与数值符合无关
ROUND	将数字四舍五入到指定位数
ROUNDUP	将数字朝远离 0 的方向舍入，即向上舍入

续表

函数名称	功能描述
ROUNDDOWN	将数字朝向 0 的方向舍入，即向下舍入
CEILING	将数字向上舍入为最接近的整数，或最接近的指定基数的整数倍
FLOOR	将数字向下舍入为最接近的整数，或最接近的指定基数的整数倍
EVEN	将正数向上舍入、负数向下舍入为最接近的偶数
ODD	将正数向上舍入、负数向下舍入为最接近的奇数
ABS	取绝对值

表 3-9-4

公式	公式结果
=INT(5.64)	5
=TRUNC(5.64)	5
=INT(-5.8)	-6
=TRUNC(-5.8)	-5
=CEILING(5.2,3)	6
=FLOOR(5.3,3)	3
=ROUND(3.2,0)	3
=ROUND(325,-1)	330
=ROUNDUP(3.2,0)	4
=ROUNDUP(76.9,0)	77
=ROUNDUP(3.14159, 3)	3.142
=ROUNDUP(-3.14159, 1)	-3.2
=ROUNDUP(31415.92654, -2)	31500
=ROUNDDOWN(3.2,0)	3
=ROUNDDOWN(76.9,0)	76
=ROUNDDOWN(3.14159, 3)	3.141
=ROUNDDOWN(-3.14159, 1)	-3.1
=ROUNDDOWN(31415.92654, -2)	31400
=ABS(-7)	7

第 129 招 两数相除取余数函数——MOD 函数

MOD 函数用来返回两数相除后的余数，其结果的正负号与除数相同，函数语法如下：

MOD(number,divisor)，其中 number 是被除数，divisor 是除数。

如公式 =MOD(16,5) 结果为 1，公式 =MOD(15,5) 结果为 0。

MOD 函数的被除数和除数允许使用负数，如公式 =MOD(33,-8) 结果为 -7，MOD 函数结果的正负号与除数相同。

第130招 统计出现频率最多的数值——MODE 函数

MODE 函数返回在某一数组或数据区域中出现频率最多的数值。MODE 是一个位置测量函数。

语法：

```
MODE (number1, number2, …)
```

number1, number2, … 是用于众数计算的 1 到 30 个参数，也可以使用单一数组（即对数组区域的引用）来代替由逗号分隔的参数。

说明：

参数可以是数字，或者是包含数字的名称、数组或引用；

如果数组或引用参数包含文本、逻辑值或空白单元格，则这些值将被忽略，但包含零值的单元格将计算在内；

如果数据集合中不含有重复的数据，则 MODE 函数返回错误值 #N/A。

示例见表 3-9-5。

表 3-9-5

A1	数据
A2	5.6
A3	4
A4	4
A5	3
A6	2
A7	4
公式	说明（结果）
=MODE(A2:A7)	上面数据中的众数，也即出现频率最多的数（4）

再举个例子，要求表 3-9-6 被投诉员工次数最多的员工编号，用 MODE 函数返回结果为 985，表示员工编号为 985 的投诉次数最多。

表 3-9-6

投诉日期	员工编号
1 月 8 日	997
2 月 9 日	985
3 月 14 日	832
5 月 28 日	949
6 月 7 日	664
7 月 10 日	985
8 月 20 日	394
9 月 11 日	775
10 月 13 日	985
11 月 15 日	559
12 月 30 日	402

第131招 满足一定条件计数——COUNTIF

COUNTIF 函数是对指定区域中符合指定条件的单元格计数的函数，在 Excel 2003 及以上版本中均可使用。

该函数的语法规则如下：

```
COUNTIF (range, criteria)
```

参数：range 要计算其中非空单元格数目的区域；

参数：criteria 以数字、表达式或文本形式定义的条件。

示例 1：如图 3-9-22 所示。

	A	B	C
1	部门	姓名	工资
2	财务部	A	1000
3	人事部	B	800
4	财务部	C	1200
5	人事部	D	1500
6	销售部	E	2500
7	销售部	F	2540
8	财务部	G	1200

图 3-9-22

引用区域　计数的条件

要求财务部人数，公式为 =COUNTIF(A2:A8," 财务部 ")

工资等于 1200 的人数，公式为 =COUNTIF(C2:C8,1200)

示例 2：图 3-9-23 是原始数据。

	A	B	C	D	E	F	G
1	入库日期	入库单号码	商品代码	商品名称	入库数量	入库单价	入库金额
2	2012-1-20	000001	10001	电视21	10	1000	10000
3	2012-1-25	000001	1002	电视29	10	2300	23000
4	2012-1-30	000001	2001	空调1匹	10	990	9900
5	2012-2-4	000001	2002	空调2匹	10	2000	20000
6	2012-2-9	000002	10001	电视21	10	1000	10000
7	2012-2-14	000002	1002	电视29	10	2300	23000
8	2012-2-19	000002	2001	空调1匹	10	990	9900
9	2012-2-24	000002	2002	空调2匹	10	2000	20000
10	2012-2-29	000003	10001	电视21	5	1000	5000
11	2012-3-5	000003	1002	电视29	5	2300	11500
12	2012-3-10	000003	2001	空调1匹	5	990	4950
13	2012-3-15	000003	2002	空调2匹	5	2000	10000

图 3-9-23

COUNTIF 的几种常见公式设置如图 3-9-24 所示。

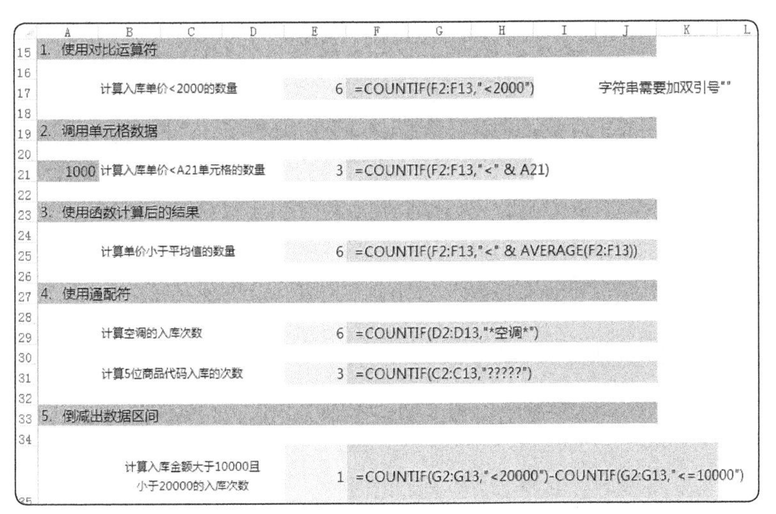

行	说明	结果	公式	备注
15	1. 使用对比运算符			
17	计算入库单价<2000的数量	6	=COUNTIF(F2:F13,"<2000")	字符串需要加双引号""
19	2. 调用单元格数据			
21	1000 计算入库单价<A21单元格的数量	3	=COUNTIF(F2:F13,"<" & A21)	
23	3. 使用函数计算后的结果			
25	计算单价小于平均值的数量	6	=COUNTIF(F2:F13,"<" & AVERAGE(F2:F13))	
27	4. 使用通配符			
29	计算空调的入库次数	6	=COUNTIF(D2:D13,"*空调*")	
31	计算5位商品代码入库的次数	3	=COUNTIF(C2:C13,"?????")	
33	5. 倒减出数据区间			
35	计算入库金额大于10000且小于20000的入库次数	1	=COUNTIF(G2:G13,"<20000")-COUNTIF(G2:G13,"<=10000")	

图 3-9-24

第132招 为什么不重复的身份证号码计数视为重复

如图 3-9-25 所示，在 B 列使用下面的公式，判断 A 列的身份证号码是否重复。

=IF(COUNTIF($A$2:$A$10,A2)>1," 重复 ","")

B4 =IF(COUNTIF($A$2:$A$10,A4)>1,"重复","")

	A	B	C	D	E	F
1	身份证号码	是否重复				
2	440305203010121301					
3	440305200805091232					
4	440304200704064569	重复				
5	440304200704064568	重复				
6	440304200704064268	重复				
7	440304200704064468	重复				

图 3-9-25

公式中 COUNTIF($A$2:$A$10,A2) 部分，用来统计 $A$2:$A$10 数据区域中等于 A2 单元格的数量。再使用 IF 函数判断，如果 $A$2:$A$10 数据区域中，等于 A2 单元格的数量大于 1，就返回指定的结果“重复”，否则返回空值。可是当我们仔细检查时就会发现，A4 和 A5、A6、A7 单元格的身份证号码不完全相同，但是公式结果判断为重复，这显然不对。我们来看一下究竟是什么原因。虽然 A 列中的身份证号码为文本型数值，但是 COUNTIF 函数在处理时，会将文本型数值识别为数值进行统计。在 Excel 中超过 15 位的数值只能保留 15 位有效数字，后 3 位全部视为 0 处理，因此 COUNTIF 函数会将 A4、A5、A6、A7 单元格中的身份证号码都识别为相同。用什么办法来解决这种误判的问题呢？可将 B2 单元格公式修改为 =IF(COUNTIF($A$2:$A$10,A2&"*")>1," 重复 ",""), 如图 3-9-26 所示。

B2 =IF(COUNTIF($A$2:$A$10,A2&"*")>1,"重复","")

	A	B	C	D	E	F	G
1	身份证号码	是否重复					
2	440305203010121301						
3	440305200805091232						
4	440304200704064569						
5	440304200704064568						
6	440304200704064268						
7	440304200704064468						
8	440305200805041232						
9	440305200805191232						
10	440305200802091232						

图 3-9-26

上面这个公式中，COUNTIF 函数的第 2 个参数使用了通配符“*”，目的是使其强行识别为文本进行统计，最终得出正确结果。

第133招 满足一定条件求和——SUMIF

SUMIF 函数的用法是根据指定条件对若干单元格、区域或引用求和。

SUMIF 函数语法是：SUMIF(range，criteria，sum_range)

SUMIF 函数的参数如下：

第一个参数：range 为条件区域，用于条件判断的单元格区域。

第二个参数：criteria 是求和条件，由数字、逻辑表达式等组成的判定条件。

第三个参数：sum_range 为实际求和区域，需要求和的单元格、区域或引用。

当省略第三个参数时，则条件区域就是实际求和区域。

criteria 参数中使用通配符（包括问号（？）和星号（*））。问号匹配任意单个字符，星号匹配任意一串字符。如果要查找实际的问号或星号，请在该字符前键入波形符（～）。

示例如图 3-9-27 所示。

	A	B	C
1	部门	姓名	工资
2	销售部	李玉	1000
3	财务部	张欣	1500
4	销售部	王蒙	1000
5	人事部	李持	900
6	财务部	王想	2400
7	人事部	张尽	600
8	销售部	吴清源	2000

图 3-9-27

SUMIF 的另类用法：

多列求和

原始数据如图 3-9-28 所示，要求数据区域的字符为 A 的和，公式为 =SUMIF(B18:F24,B27,C18:G24)。

多项求和

如图 3-9-29 所示，要求 A 和 C 的和，公式为 = SUM(SUMIF(B31:B35,{"A","C"},C31:C35))。

	A	B	C	D	E	F	G
16	2 多列求和						
17							
18		A	1	A	1	C	1
19		B	1	C	1	D	1
20		C	1	E	1	E	1
21		D	1	F	1	F	1
22		E	1	G	1	G	1
23		F	1	D	1	A	1
24		G	1	E	1	A	1
25							
26							
27		A	4				

图 3-9-28

	A	B	C
31		A	1
32		B	2
33		A	3
34		C	2
35		D	1
36			
37		A和C的和	6

图 3-9-29

第 134 招　多条件统计函数（COUNTIFS、SUMIFS、AVERAGEIFS）

Excel 2007 中增加了 AVERAGEIF、AVERAGEIFS、SUMIFS、COUNTIFS 和 IFERROR 五个函数，它们都可以在一定范围内根据条件自行计算。特别是多重条件函数 AVERAGEIFS、SUMIFS、COUNTIFS 给我们的工作带来了极大的方便。

SUMIFS 语法：

SUMIFS（求和区域，条件区域 1，条件 1，条件区域 2，条件 2，…）

COUNTIFS 语法：

COUNTIFS（条件区域 1，条件 1，条件区域 2，条件 2，…）

AVERAGEIFS（平均区域，条件区域 1，条件 1，条件区域 2，条件 2，…）

需要注意：求和或平均区域和条件区域大小和形状要一致，否则无法出结果。

如图 3-9-30 所示，原始数据有 3 列，A 列是省份，B 列是运营商，C 列是信息费。

要统计各省各运营商总信息费，如图 3-9-31 所示。

	A	B	C
1	原始数据		
2	省份	运营商	信息费
3	上海	移动	5777
4	山东	电信	2485
5	山西	电信	9788
6	广东	移动	4149
7	广东	移动	9104
8	广西	移动	2638
9	天津	移动	2693
10	云南	联通	6107
11	内蒙古	联通	7777
12	甘肃	联通	4911

图 3-9-30

F	G	H	I
省份	移动	电信	联通
北京			
天津			
黑龙江			
吉林			
辽宁			

图 3-9-31

G3 公式为 =SUMIFS(C:C,A:A,F3,B:B,$G$2)。

如果求各省各运营商出现的次数，公式为 =COUNTIFS(A:A,F3,B:B,$G$2)。

如果求各省各运营商信息费的平均值，公式为 =AVERAGEIFS(C:C,A:A,F3,B:B,$G$2)。

如果省份在原始数据中未出现，就返回 #DIV/0!，如果不希望返回错误值 #DIV/0!，可以修改公式为 =IFERROR(AVERAGEIFS(C:C,A:A,F3,B:B,$G$2),0)。

我们再来看个例子，原始数据如图 3-9-32 所示。

	A	B	C	D	E	F	G	H	I
1		深圳	北京	上海	成都	广州	天津	香港	其他
2	正式	330	609	614	618	334	840	872	569
3	外聘	208	381	735	621	863	268	893	686
4	实习	352	846	219	195	76	694	677	285
5	外包	86	233	553	952	63	968	247	485
6	合作伙伴	791	803	43	662	679	354	89	426
7	顾问	375	644	281	790	511	259	855	522
8	短期劳务工	642	194	382	56	132	191	794	482

图 3-9-32

要求统计如图 3-9-33 所示表格。

12		上海	北京	深圳	广州	成都	天津	其他	香港
13	外聘								
14	正式								
15	外包								

图 3-9-33

B13 单元格输入公式后返回 #VALUE!，如图 3-9-34 所示。

求和区域 B2:I8 和条件区域 A2:A8 形状不一致，所以统计不到结果，我们把原始数据变一下，将不同列数据全部放在一列，部分截图如图 3-9-35 所示。

B13 =SUMIFS($B$2:$I$8,$B$1:$I$1,B12,$A$2:$A$8,A13)

	A	B	C	D	E	F	G	H	I
1		深圳	北京	上海	成都	广州	天津	香港	其他
2	正式	330	609	614	618	334	840	872	569
3	外聘	208	381	735	621	863	268	893	686
4	实习	352	846	219	195	76	694	677	285
5	外包	86	233	553	952	63	968	247	485
6	合作伙伴	791	803	43	662	679	354	89	426
7	顾问	375	644	281	790	511	259	855	522
8	短期劳务工	642	194	382	56	132	191	794	482
9									
10									
11									
12		上海	北京	深圳	广州	成都	天津	其他	香港
13	外聘	#VALUE!							
14	正式								
15	外包								

图 3-9-34

10	正式	深圳	330
11	外聘	深圳	208
12	实习	深圳	352
13	外包	深圳	86
14	合作伙伴	深圳	791
15	顾问	深圳	375
16	短期劳务工	深圳	642
17	正式	北京	609
18	外聘	北京	381
19	实习	北京	846
20	外包	北京	233
21	合作伙伴	北京	803
22	顾问	北京	644

图 3-9-35

我们再来看看 F11 的公式就能统计到正确的结果，这里求和区域和条件区域 1 以及条件区域 2 对应的大小和形状一致，如图 3-9-36 所示。

F11 =SUMIFS($C$10:$C$65,$A$10:$A$65,$E$11,$B$10:$B$65,F10)

	A	B	C	D	E	F	G	H	I	J	K	L	M
1		深圳	北京	上海	成都	广州	天津	香港	其他				
2	正式	330	609	614	618	334	840	872	569				
3	外聘	208	381	735	621	863	268	893	686				
4	实习	352	846	219	195	76	694	677	285				
5	外包	86	233	553	952	63	968	247	485				
6	合作伙伴	791	803	43	662	679	354	89	426				
7	顾问	375	644	281	790	511	259	855	522				
8	短期劳务工	642	194	382	56	132	191	794	482				
9													
10	正式	深圳	330			上海	北京	深圳	广州	成都	天津	其他	香港
11	外聘	深圳	208		外聘	735	381	208	863	621	268	686	893
12	实习	深圳	352										
13	外包	深圳	86										

图 3-9-36

如果我们不改变原始数据结构，也可以用SUMPRODUCT函数统计，B14公式如图3-9-37所示。

SUMIFS 函数与 SUMPRODUCT 函数都可以实现多条件求和，但是相同的数据量，双条件求和，SUMIFS 函数比 SUMPRODUCT 要快很多，因为 SUMPRODUCT 是一个数组类型的函数，运算效率相对 SUMIFS 低。

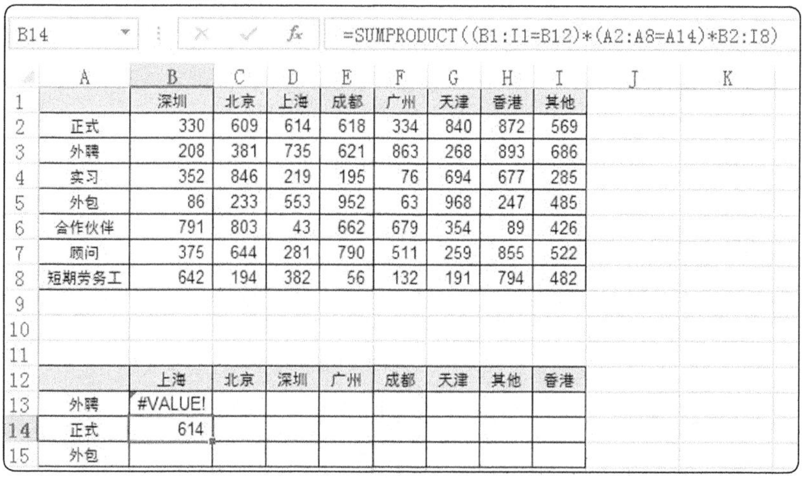

B14 =SUMPRODUCT((B1:I1=B12)*(A2:A8=A14)*B2:I8)

	A	B	C	D	E	F	G	H	I	J	K
1		深圳	北京	上海	成都	广州	天津	香港	其他		
2	正式	330	609	614	618	334	840	872	569		
3	外聘	208	381	735	621	863	268	893	686		
4	实习	352	846	219	195	76	694	677	285		
5	外包	86	233	553	952	63	968	247	485		
6	合作伙伴	791	803	43	662	679	354	89	426		
7	顾问	375	644	281	790	511	259	855	522		
8	短期劳务工	642	194	382	56	132	191	794	482		
9											
10											
11											
12		上海	北京	深圳	广州	成都	天津	其他	香港		
13	外聘	#VALUE!									
14	正式	614									
15	外包										

图 3-9-37

第135招 分类汇总——SUBTOTAL 函数

SUBTOTAL 函数返回列表或数据库中的分类汇总。通常，使用“数据”菜单中的“分类汇总”命令可以容易地创建带有分类汇总的列表。一旦创建了分类汇总，就可以通过编辑 SUBTOTAL 函数对该列表进行修改。

语法：

```
SUBTOTAL (function_num, ref1, ref2, …)
```

function_num 为 1 到 11（包含隐藏值）或 101 到 111（忽略隐藏值）之间的数字，指定使用何种函数在列表中进行分类汇总计算。不同的数字代表不同的函数，如表 3-9-7。

表 3-9-7

function_num（包含隐藏值）	function_num（忽略隐藏值）	函数
1	101	AVERAGE
2	102	COUNT
3	103	COUNTA
4	104	MAX
5	105	MIN
6	106	PRODUCT
7	107	STDEV
8	108	STDEVP
9	109	SUM
10	110	VAR
11	111	VARP

ref1, ref2, …参数为要对其进行分类汇总计算的第 1 至 29 个命名区域或引用。必须是对单元格区域的引用。

示例如图 3-9-38 所示。

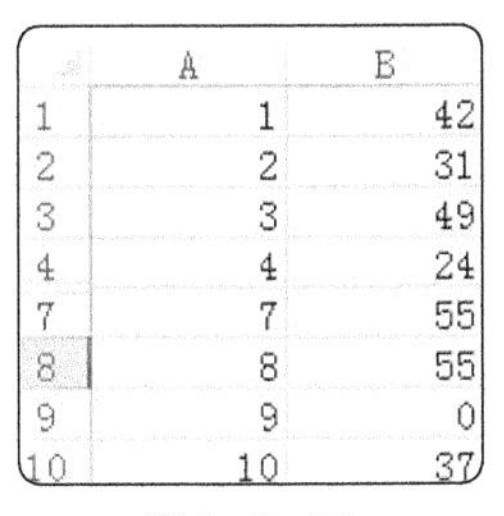

	A	B
1	1	42
2	2	31
3	3	49
4	4	24
7	7	55
8	8	55
9	9	0
10	10	37

图 3-9-38

公式 =SUBTOTAL(9,B1:B10) 返回结果是 381。

公式 =SUBTOTAL(109,B1:B10) 返回结果是 293，隐藏的 5、6 行数据就没有统计。

第 136 招 表格筛选后序号能连续显示吗

Excel 筛选估计人人都用过，原始表部分截图如图 3-9-39 所示，序号是连续的自然数列，筛选后部分截图如图 3-9-40 所示，序号不是连续的。如果要求筛选前和筛选后序号都是连续的序号，怎么办呢？

操作步骤如下：

Step1 插入辅助列，输入公式 =1，加入这列是方便在序号列用公式统计行数，如图 3-9-41 所示。

序号	城市
1	天津
2	温州
3	天津
4	天津
5	天津

图 3-9-39

序号	城市
25	深圳
27	深圳
30	深圳
40	深圳
56	深圳

图 3-9-40

序号	辅助列	城市
	1	天津
	1	温州
	1	天津
	1	天津
	1	天津
	1	天津
	1	北京

图 3-9-41

Step2 在序号列输入公式 =SUBTOTAL(2,B$1:B2)，如图 3-9-42 所示。

Step3 按组合键【Ctrl+T】创建表，这样如果表格插入空行，公式可以自动复制到空行中。至此，序号自动更新功能设置完成，之后不管你怎么筛选行或者插入删除行，序号总是连续的，筛选后效果如图 3-9-43 所示。

A2 =SUBTOTAL(2,B$1:B2)

	A	B	C	D	E	F
1	序号	辅助列	城市			
2	1	1	天津			
3	2	1	温州			
4	3	1	天津			

图 3-9-42

	A	B	C
1	序号	辅助列	城市
26	1	1	深圳
28	2	1	深圳
31	3	1	深圳
41	4	1	深圳
57	5	1	深圳

图 3-9-43

第 137 招 怎样计算给定数值的中值——MEDIAN 函数

MEDIAN 函数返回给定数值的中值。中值是在一组数值中居于中间的数值。

语法：

```
MEDIAN (number1,number2,…)
```

number1, number2, … 是要计算中值的 1 到 255 个数字。

如果参数集合中包含偶数个数字，函数 MEDIAN 将返回位于中间的两个数的平均值。例如，原始数据如图 3-9-44 所示。

公式 =MEDIAN(A1:A6) 返回的结果是 3.5，即中间 3 和 4 的平均值。

	A
1	1
2	2
3	3
4	4
5	5
6	6

图 3-9-44

参数可以是数字或者是包含数字的名称、数组或引用。

逻辑值和直接键入到参数列表中代表数字的文本被计算在内。

如果数组或引用参数包含文本、逻辑值或空白单元格，则这些值将被忽略，但包含零值的单元格将计算在内。

如果参数为错误值或为不能转换为数字的文本，将会导致错误。

MEDIAN 函数用于计算趋中性，趋中性是统计分布中一组数中间的位置。

三种最常见的趋中性计算方法是：

平均值 average。平均值是算术平均数，由一组数相加然后除以这些数的个数计算得出。

例如，2、3、3、5、7 和 10 的平均数是 30 除以 6，结果是 5。

中值 median。中值是一组数中间位置的数，即一半数的值比中值大，另一半数的值比中值小。例如，2、3、3、5、7 和 10 的中值是 4。

众数 mode。众数是一组数中最常出现的数。例如，2、3、3、5、7 和 10 的众数是 3。

对于对称分布的一组数来说，这三种趋中性计算方法是相同的。

对于偏态分布的一组数来说，这三种趋中性计算方法可能不同。

第 138 招 如何将几百号名单随机分组——借助 RAND 函数

函数 RAND() 返回 0 ~ 1 的随机小数，按 F9 键可以刷新。

如果需要在某单元格区域随机输入一批数据，可以借助 RAND 函数，而不必傻傻地一个个单元格手工输入数字。

如果需要把某几百号的人员名单随机分组，有秘书 MM 这样做，复制若干行名单，粘贴，再复制其他行，再一个个看哪些复制了，哪些没有，最后分成的小组有些人漏掉了，有些不小心重复了，这样做不仅效率低，而且容易出错。最简单的方法就是，用 RAND 函数创建辅助列，再根据辅助列排序，这样人员名单顺序就打乱了，最后再根据人数分组。

第 139 招 排序——RANK 函数

RANK 函数和 RAND 函数长得很像，但是功能不同，RANK 函数返回一个数值在一组数值中的排位（如果数据清单已经排过序了，则数值的排位就是它当前的位置）。

函数语法：

```
RANK(number, ref, order)
```

number 是需要计算其排位的一个数字；ref 是包含一组数字的数组或引用。order 为一数字，指明排位的方式。如果 order 为 0 或省略，则按降序排列的数据清单进行排位。如果 order 不为零，ref 当作按升序排列的数据清单进行排位，如图 3-9-46 所示。

注意：函数 RANK 对重复数值的排位相同。但重复数的存在将影响后续数值的排位，如图 3-9-45 所示，成绩 89 出现两次，降序排位为 2，成绩 80 的排位为 4（没有排位为 3 的成绩）。

C2 公式为 =RANK(B2,$B$2:$B$7,0)。

D2 公式为 =RANK(B2,$B$2:$B$7,1)。

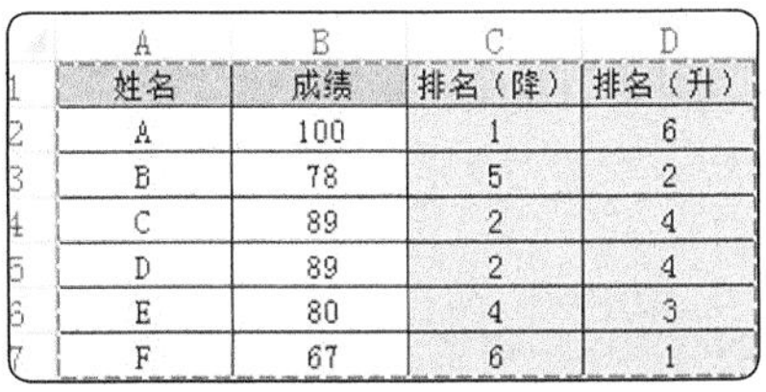

	A	B	C	D
1	姓名	成绩	排名（降）	排名（升）
2	A	100	1	6
3	B	78	5	2
4	C	89	2	4
5	D	89	2	4
6	E	80	4	3
7	F	67	6	1

图 3-9-45

引用区域
=RANK(B2, $B$2:$B$7, 0)
排名的数字
0是降序，非0是升序

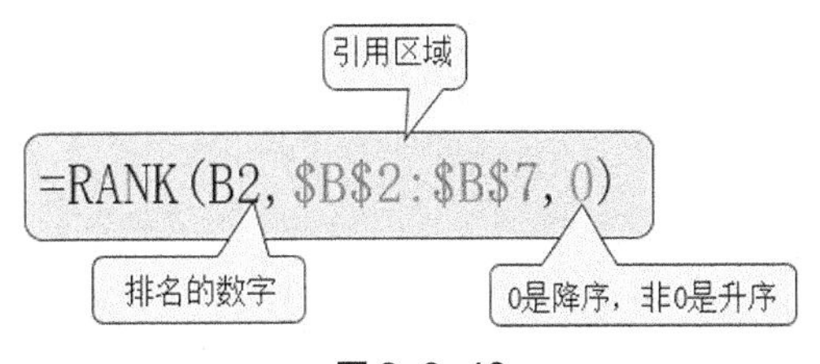

图 3-9-46

第 140 招 生成不重复随机整数

Excel 中 RAND 函数返回 0 ～ 1 的随机小数，如果要生成随机整数，且不重复，INT+RAND 函数生成随机整数，但是生成的整数可能会存在重复，怎么生成不重复随机数呢？

借助两个长相很相似的函数：RAND 函数和 RANK 函数。

RAND 函数生成随机小数。RANK 函数计算一个数在一组数中的排名。

RAND 生成的随机小数，重复的可能性非常小，所以用 RANK 求出的排名重复的可能性也非常小。在 A 列输入公式并复制 =RAND()，如图 3-9-47 所示。

B 列输入公式并复制 =RANK(A1,$A$1:$A$20)，如图 3-9-48 所示。

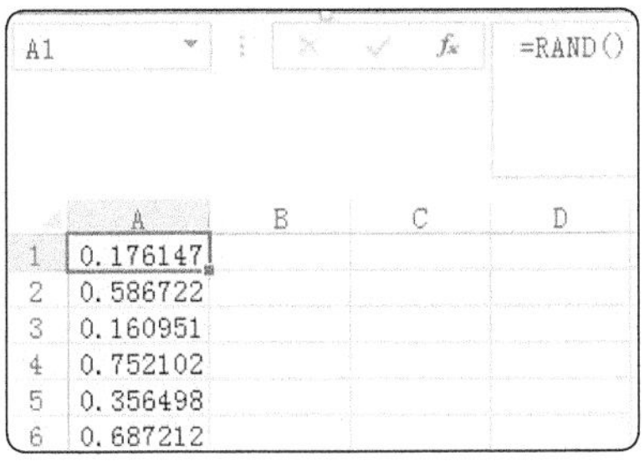

A1
=RAND()
A
B
C
D
1
0.176147
2
0.586722
3
0.160951
4
0.752102
5
0.356498
6
0.687212

图 3-9-47

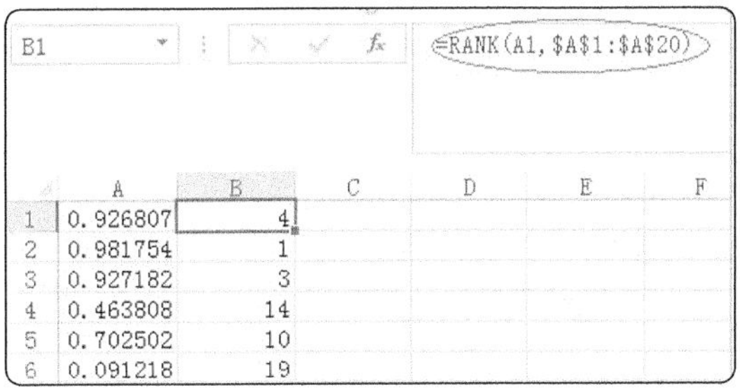

B1
=RANK(A1,$A$1:$A$20)
A
B
C
D
E
F
1
0.926807
4
2
0.981754
1
3
0.927182
3
4
0.463808
14
5
0.702502
10
6
0.091218
19

图 3-9-48

B 列生成的即是不重复的随机整数。可能有很多人不知道不重复随机整数有什么用，利用这个技巧可以在一两分钟内把一个部门的几百号员工随机分成若干组。

第 10 章　文本函数

本章介绍文本函数，主要内容包含 LEN、LEFT、RIGHT 三剑客、美颜大师 TRIM 和 CLEAN、查找 FIND、替换函数 SUBSTITUTE 和 REPLACE、数据格式转换函数 TEXT 等。

第 141 招　怎样根据身份证号码提取出生日期、地区代码、性别

居民身份证的号码是按照国家的标准编制的，由 18 位组成：前 6 位为行政区划代码，第 7 至第 14 位为出生日期码，第 15 至第 17 位为顺序码，第 17 位代表性别（奇数为男，偶数为女），第 18 位为校验码。怎样根据身份证号码提取出生日期、地区代码、性别呢？我们先看看表 3-10-1 文本函数的功能。

表 3-10-1

函数	功能
LEN	返回文本串中的字符数。不论中英文字符都按 1 计数
LENB	返回文本串中的字节数。汉字、全角状态下的标点符号，每个字符按 2 计数，数字和半角状态下的标点符号按 1 计数
LEFT	根据指定的字符数返回文本中的第一个或前几个字符
LEFTB	根据指定的字节数返回文本中的第一个或前几个字节
RIGHT	根据指定的字符数返回文本中的最后一个或多个字符
RIGHTB	根据指定的字节数返回文本中的最后一个或多个字节
MID	返回文本串中从指定位置开始的特定数目的字符
MIDB	返回文本串中从指定位置开始的特定数目的字节

根据身份证号码提取出生日期、地区代码、性别的公式如图 3-10-1 所示。

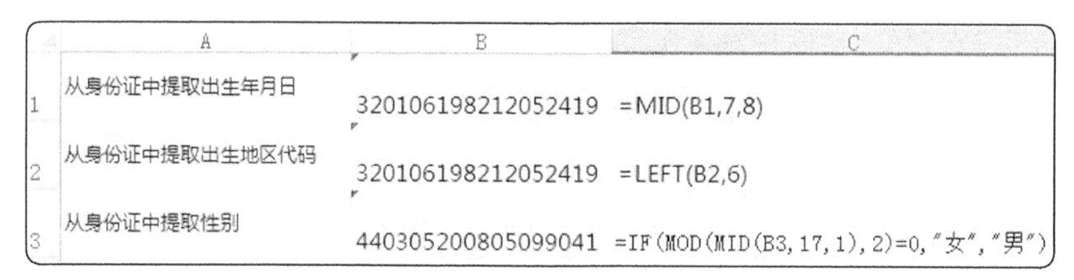

	A	B	C
1	从身份证中提取出生年月日	320106198212052419	=MID(B1,7,8)
2	从身份证中提取出生地区代码	320106198212052419	=LEFT(B2,6)
3	从身份证中提取性别	440305200805099041	=IF(MOD(MID(B3,17,1),2)=0,"女","男")

图 3-10-1

公式解析：

出生年月日从身份证号码第 7 位开始，字符长度为 8，用 MID 函数；

地区代码为身份证号码前 6 位，所以用 LEFT 函数；

性别位于身份证号码第 17 位，先用 MID 函数提取第 17 位的字符，再用 MOD 函数判断奇数还是偶数，MOD 函数是求 2 个数相除的余数，如果被 2 整除，余数为 0，则为偶数，否则为奇数，再用 IF 函数判断性别。

公式返回结果如图 3-10-2 所示。

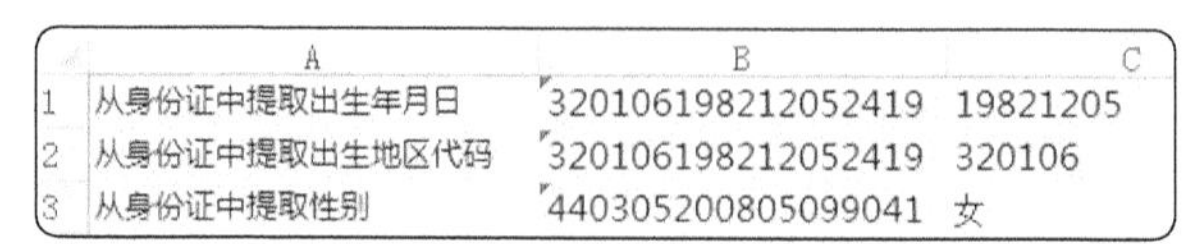

	A	B	C
1	从身份证中提取出生年月日	320106198212052419	19821205
2	从身份证中提取出生地区代码	320106198212052419	320106
3	从身份证中提取性别	440305200805099041	女

图 3-10-2

第142招 怎样把中英文分开

需要把图 3-10-3 中的 A 列中英文分开，B1 公式为 =RIGHT(A1,LENB(A1)-LEN(A1))。

	A	B	C
1	Afghanistan阿富汗	阿富汗	Afghanistan
2	Albania阿尔巴尼亚	阿尔巴尼亚	Albania
3	Algeria阿尔及利亚	阿尔及利亚	Algeria
4	America美国	美国	America
5	American Samoa美属萨摩亚	美属萨摩亚	American Samoa
6	Andorra安道尔	安道尔	Andorra
7	Angola安哥拉	安哥拉	Angola

图 3-10-3

公式解析：LENB 按字节数计算，LEN 按字符数计算，一个汉字算 2 个字节，公式 =LEN(" 腾讯 ") 返回结果是 2，公式 =LENB(" 腾讯 ") 返回结果是 4，因此 LENB 与 LEN 函数结果相减得到中文汉字字符数，再用 RIGHT 函数提取位于右边的中文字符。

C1 公式为 =LEFT(A1,LEN(A1)-(LENB(A1)-LEN(A1)))

公式解析：LENB(A1)-LEN(A1) 得到中文汉字字符数，再用总字符数 LEN(A1) 减去中文汉字字符数就得到英文字符数，再用 LEFT 函数提取位于左边的英文字符。

这个问题也可以用第 1 章第 10 招介绍的快速填充功能实现，用公式的好处是如果 A 列原始数据变了，分开的中英文自动跟着变，而快速填充则需要重新操作，这充分体现了函数的魅力。

第143招 怎样统计字符串中分隔字符的个数

一列带有分隔符号的数据，需要分列，分列后按照列数由多到少排序，这个问题可以转化为怎样统计字符串中的分隔符号的个数，例如，A 列存放原始数据，要统计 A 列每个单元格逗号个数，如图 3-10-4 所示。

	A
1	原始数据
2	123,4567,5789
3	123,4567,5789,690

图 3-10-4

先用 LEN 函数计算 A 列字符串字符数，计算结果放在 B 列，再用查找替换，把逗号全部替换为空，结果放在 C 列，再用 LEN 函数计算去掉逗号之后的字符串字符数，结果放在 D 列，B 列 -D 列得到的结果就是字符串中逗号的个数，如图 3-10-5 所示。

	A	B	C	D	E
1	原始数据	总长度	去掉逗号	去掉逗号后的长度	逗号个数
2	123,4567,5789	13	12345675789	11	2
3	123,4567,5789,690	17	12345675789690	14	3

图 3-10-5

第144招 清除空格的美颜大师——TRIM 函数

TRIM 函数功能除去字符串开头和末尾的空格或其他字符。函数执行成功时返回删除了字符串首部和尾部空格的字符串，发生错误时返回空字符串（""）。如果任何参数的值为 NULL,TRIM() 函数返回 NULL。

=TRIM(" My name is Mary   ") 返回 My name is Mary

第145招 清除不可见字符的美颜大师——CLEAN函数

Excel表格原始数据部分截图如图3-10-6所示，复制粘贴到记事本中，显示如图3-10-7所示，原始数据看不见双引号，为什么粘贴到文本文件中带有双引号呢？怎么解决呢？

服务器	平台	分区ID
1	0	22004
1	0	22004
1	0	22004
1	0	22004
1	1	21001
1	0	22003
1	0	22001
1	0	22001
1	0	22001

图3-10-6

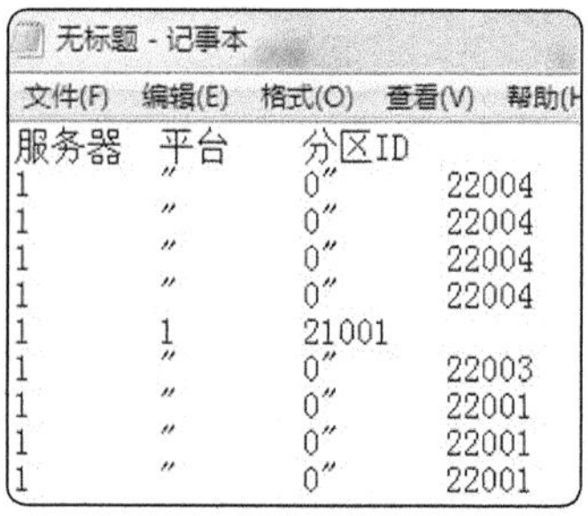

无标题 - 记事本

文件(F) 编辑(E) 格式(O) 查看(V) 帮助(H

```
服务器  平台    分区ID
1       "       0"      22004
1       "       0"      22004
1       "       0"      22004
1       "       0"      22004
1       1       21001
1       "       0"      22003
1       "       0"      22001
1       "       0"      22001
1       "       0"      22001
```

图3-10-7

这种情况一般是原始Excel文件中带有不可见字符，用CLEAN函数清除不可见字符，公式如图3-10-8所示，因为带有公式，我们先复制再选择性粘贴为数值，再复制粘贴到文本文件中就不会出现双引号了。

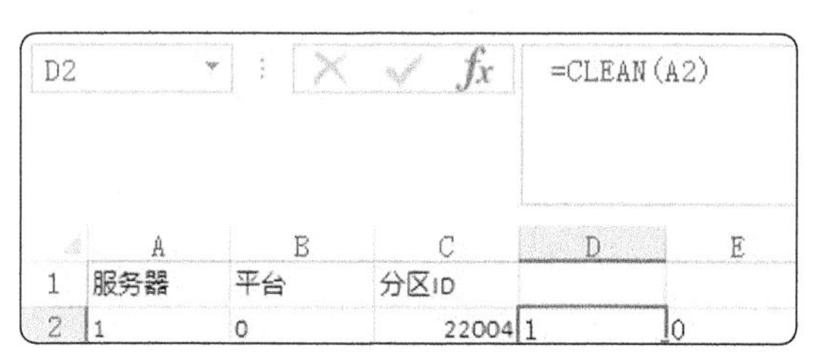

图3-10-8

第146招 字母大小写的转换——LOWER、UPPER、PROPER函数

LOWER将文本变为小写；UPPER将文本变为大写；PROPER将文本中第一个字母变为大写。表3-10-2是不同函数返回的结果。

表3-10-2

	LOWER	UPPER	PROPER
pLease ComE	please come	PLEASE COME	Please Come
please come	please come	PLEASE COME	Please Come
PLEASE COME	please come	PLEASE COME	Please Come

第147招 如何判断2个字符串是否完全相同——EXACT函数

EXACT函数功能是用来测试2个字符串是否完全相同，如图3-10-9所示。

A1单元格文本内容后面有空格，而B1没有，=EXACT(A1,B1)返回结果为FALSE，表示2个字符串内容不相同。

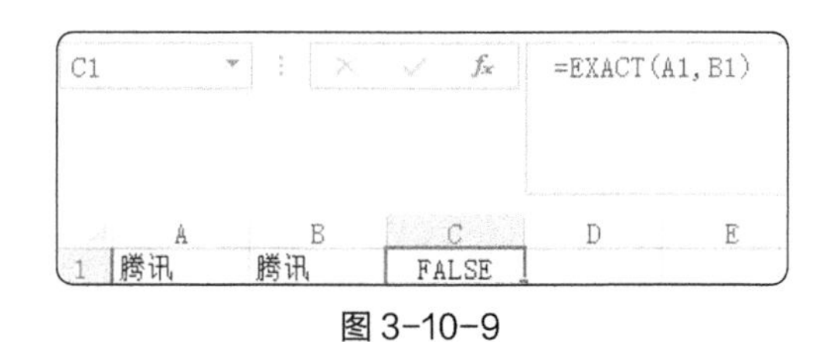

图 3-10-9

第148招 多个文本合并——CONCATENATE 函数、& 和 PHONETIC 函数

CONCATENATE 函数、&、PHONETIC 函数都可以将多个单元格内容合并为一个单元格，3 个函数的区别在于：

（1）CONCATENATE 函数最多只能合并 255 个文本字符串，可以是字符串、数字或单元格的引用，如 A1 中 ab，B1 中 cd，那么公式 =CONCATENATE(A1,B1) 返回值为 abcd。

（2）“&”合并字符串的个数不受限制。

（3）PHONETIC 函数可以对一个或多个值执行运算，并返回一个或多个值。函数可以简化和缩短工作表中的公式，尤其在用公式执行很长或复杂的计算时。

要实现 A1、B1、C1 单元格合并，传统的方法单元格合并只能保留 A1 的值，而 B1、C1 的值会被删除掉。用 PHONETIC 函数可以实现 3 个单元格值保留合并。具体操作在 D1 单元格输入 =PHONETIC（A1: C1) 回车即可。

函数语法：PHONETIC (reference)

如果 reference 为不相邻单元格的区域，将返回错误值 #N/A。

函数会忽略空白单元格，不支持数字、日期、时间以及任何公式生成的值的连接。

如图 3-10-10 所示，公式 =PHONETIC (A1:C1) 返回结果为 12（文本数字）。

如图 3-10-11 所示，公式 =PHONETIC (A1:C1) 返回结果为空。

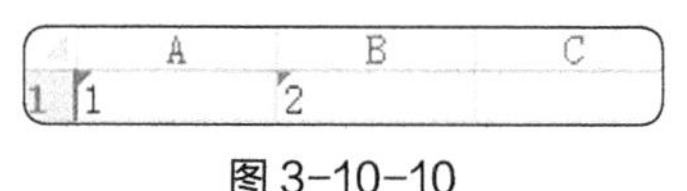

图 3-10-10

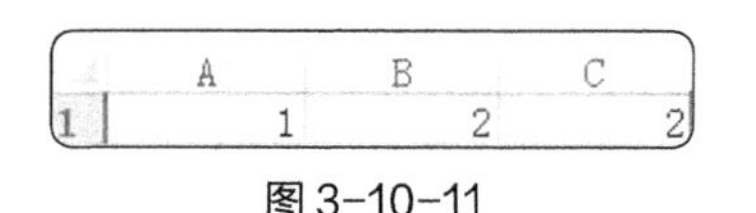

图 3-10-11

那么是不是所有的文本型数字均能用该函数连接呢?

我们再在单元格中输入 =LEFT(456) 或者 =TEXT(123,”@”)，然后对生成的文本型数字进行 PHONETIC 的连接，同样发现，得出的值为空。这也进一步印证了凡是公式生成的值均不能通过 PHONETIC 连接。

我们可以利用这种忽略公式值的特性进行一些函数或技巧上的操作和处理。

上面的例子是针对 3 个单元格内容的合并，如果需要合并的单元格有上千个，PHONETIC 函数的魅力就体现出来了，比如，如果需要合并 A1:A1000 的内容，只需要用公式 =PHONETIC (A1:A1000) 就可以实现，如果用“&”合并，公式会很长，用 PHONETIC 函数节约了公式中的字符数。Excel 2013 对公式内容的长度是有限制的，不能超过 8192 个字符，参阅附录 1。

再看一个例子，A 列是城市名称，要把这些内容合并到一个单元格，并且中间加顿号、在 B 列输入辅助列，内容为顿号、C列公式以及结果如图3-10-12所示。

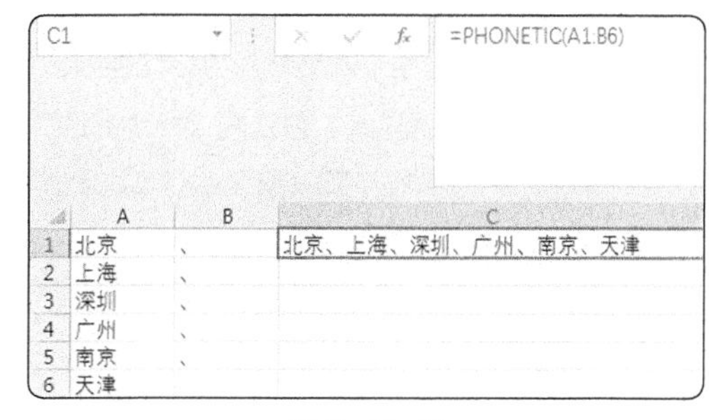

图 3-10-12

第149招 如何查找某个字符串的位置——FIND 和 FINDB 函数

FIND 函数用来对原始数据中某个字符串进行定位，以确定其位置。FIND 函数进行定位时，总是从指定位置开始，返回找到的第一个匹配字符串的位置，而不管其后是否还有相匹配的字符串。

FIND 函数语法：

```
FIND (find_text, within_text, start_num)
```

find_text 是要查找的文本，区分大小写。

within_text 是包含要查找文本的文本。

start_num 指定开始进行查找的字符。within_text 中的首字符是编号为 1 的字符。如果忽略 start_num，则假设其为 1。

注意：使用 start_num 可跳过指定数目的字符。例如，假定使用文本字符串“Tencent”，如果要查找文本字符串中第一个“c”的位置，则可将 start_num 设置为 3，这样就不会查找开头的 2 个字符。FIND 将从第 3 个字符开始查找，而在下一个字符处即可找到 find_text，于是返回编号 4，如图 3-10-13 所示。FIND 总是从 within_text 的起始处返回字符编号，如果 start_num 大于 1，也会对跳过的字符进行计数。

如果 find_text 是空文本 ()，则 FIND 会返回数值 1，如图 3-10-14 所示。

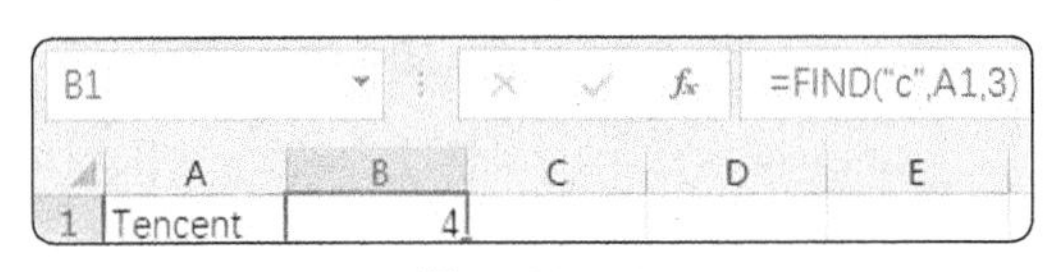

图 3-10-13

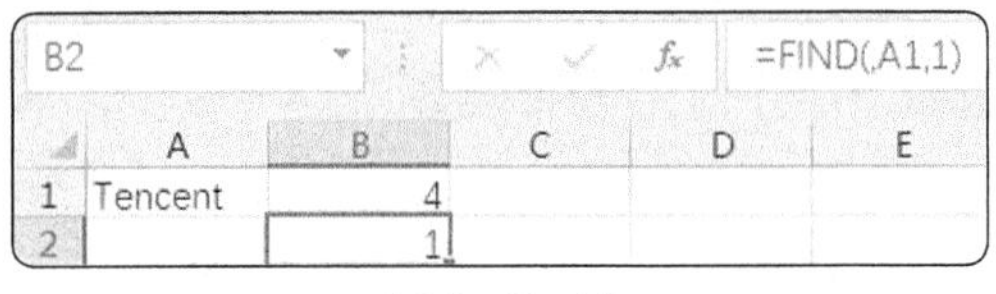

图 3-10-14

find_text 中不能包含通配符。

如果 within_text 中没有 find_text，则 FIND 返回错误值 #VALUE!。

如果 start_num 不大于 0，则 FIND 返回错误值 #VALUE!。

如果 start_num 大于 within_text 的长度，则 FIND 返回错误值 #VALUE!。

FINDB 用于查找其他文本串 (within_text) 内的文本串 (find_text)，并根据每个字符使用的字节数从 within_text 的首字符开始返回 find_text 的起始位置编号。

FIND 与 FINDB 的区别在于：前者是以字符数为单位返回起始位置编号，后者是以字节数为单位返回起始位置编号。

语法：

```
FINDB(find_text, within_text, start_num)
```

参数：find_text 是待查找的目标文本；within_text 是包含待查找文本的源文本；start_num 指定从其开始进行查找的字符，即 within_text 中编号为 1 的字符。如果忽略 start_num，则假设其为 1。

注意：此函数适用于双字节字符，它能区分大小写但不允许使用通配符。其他事项与 FIND 函数相同。

实例：如果 A1= 腾讯，则公式“=FINDB("讯", A1, 1)”返回 3。因为每个字符均按字节进行计算，而一个汉字为 2 个字节，所以第二个汉字“讯”从第 3 个字节开始，如图 3-10-15 所示。

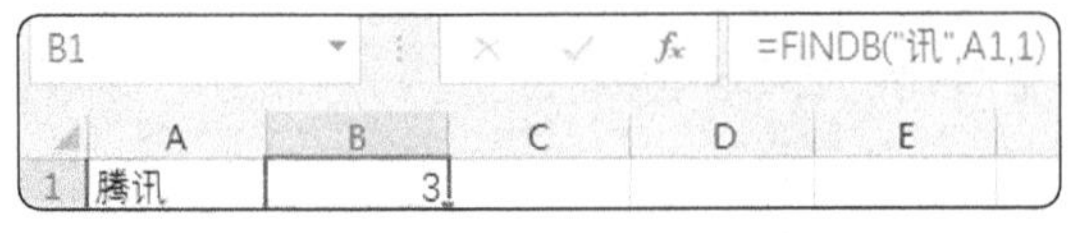

图 3-10-15

第150招 查找第一个字符串在第二个中起始位置编号——SEARCH和SEARCHB函数

SEARCH和SEARCHB函数可在第二个文本字符串中查找第一个文本字符串，并返回第一个文本字符串的起始位置的编号，该编号从第二个文本字符串的第一个字符算起。例如，若要查找字母“n”在单词“printer”中的位置，可以使用以下函数：

=SEARCH ("n","printer")。此函数会返回4，因为“n”是单词“printer”的第4个字符。也可以在一个单词中搜索另一个单词。例如，以下函数：=SEARCH ("base","database")会返回5，因为单词“base”是从单词“database”的第5个字符开始的。

函数语法同FIND和FINDB，SEARCH和SEARCHB函数不区分大小写。如果要执行区分大小写的搜索，可以使用FIND和FINDB函数。可以在find_text参数中使用通配符，问号匹配任意单个字符；星号匹配任意字符序列。如果要查找实际的问号或星号，请在该字符前键入波形符（～）。

原始数据如图3-10-16所示。

相应公式和结果如表3-10-3所示。

	A	B	C
1	片区	销售人员	销售收入
2	华南	张勇(black4)	9438
3	华北	陈峰(black5)	2140

图3-10-16

表3-10-3

公式	结果	说明
=SEARCH(4,B2)	9	从第1字符开始找，第一个4在第9位
=SEARCH(4,B2,8)	9	从第8个字符开始找，第一个4在字符串的第9位
=SEARCH("勇",B2,1)	2	以字符为单位
=SEARCHB("勇",B2,1)	3	以字节为单位
=SEARCHB("?",B2,1)	5	使用了通配符，查找第一个单字节的位置

第151招 怎样分离姓名和电话号码

如图3-10-17所示，要把A列内容拆分到B列和C列。这个问题可以用第1章第10招介绍的快速填充一秒钟搞定，如果A列内容变了，B列和C列要自动变化就得用公式与函数了。

	A	B	C
1		姓名	电话号码
2	姚笛133****3333	姚笛	133****3333
3	文章138****8888	文章	138****8888
4	马伊俐136****6666	马伊俐	136****6666

图3-10-17

如果A列姓名都是2个汉字，电话号码都是11位固定长度，我们可以通过分列实现，第一步选择固定宽度，第二步建立分列线，直接下一步就可以实现分开，如图3-10-18所示。

上如例子姓名长度不固定，要拆分姓名和电话号码可以用公式与函数实现，汉字是双字节，而字母和数字是单字节。而在Excel函数中有一类是带B的函数LENB，LEFTB，RIGHTB，MIDB，SEARCHB，它们可以区分单双字节，所以我们就可以利用带B的函数来解决这个问题。

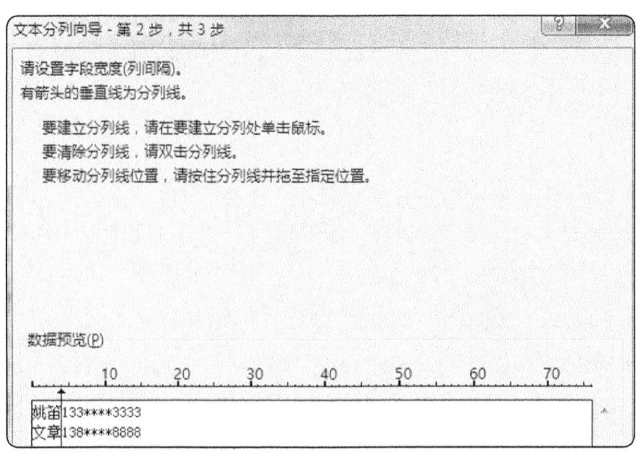

图 3-10-18

B2 公式：=LEFTB(A2,SEARCHB("?",A2)-1)

C2 公式：=MIDB(A2,SEARCHB("?",A2),11)

公式说明：SEARCHB 是在一个字符串中查找特定字符位置的函数，而且可以区分单双字节，它和 FIND 的区别是可以使用通配符。公式中的？就是表示任意一个单字节的字符，属通配符，不是真的查找问号。MIDB 是按字节数截取。一个汉字算两个字节，字母和数字分别算一个。

也可以用下面的公式来实现，LEN 函数返回字符数（char），LENB 返回字节数 (byte)，2 个函数返回值相减就得到汉字的个数，再用 LEFT 和 RIGHT 函数截取姓名和电话号码。

D2 公式：=LEFT(A2,LENB(A2)-LEN(A2))

E2 公式：=RIGHT(A2,LEN(A2)-(LENB(A2)-LEN(A2)))

如图 3-10-19 所示，公式说明：LENB(A2)-LEN(A2) 得到姓名的字符数，姓名在左边，用 LEFT 函数截取姓名。LEN(A2)-(LENB(A2)-LEN(A2)) A2 单元格内容总长度减去姓名的字符数就得到电话号码的字符数，电话号码在右边，再用 RIGHT 函数截取电话号码。

	A	B	C	D	E
1		姓名	电话号码	姓名	电话号码
2	姚笛13333333333	=LEFTB(A2, SEARCHB("?", A2)-1)	=MIDB(A2, SEARCHB("?", A2), 11)	=LEFT(A2, LENB(A2)-LEN(A2))	=RIGHT(A2, LEN(A2)-(LENB(A2)-LEN(A2)))
3	文章13888888888	=LEFTB(A3, SEARCHB("?", A3)-1)	=MIDB(A3, SEARCHB("?", A3), 11)	=LEFT(A3, LENB(A3)-LEN(A3))	=RIGHT(A3, LEN(A3)-(LENB(A3)-LEN(A3)))
4	马伊俐13666666666	=LEFTB(A4, SEARCHB("?", A4)-1)	=MIDB(A4, SEARCHB("?", A4), 11)	=LEFT(A4, LENB(A4)-LEN(A4))	=RIGHT(A4, LEN(A4)-(LENB(A4)-LEN(A4)))

图 3-10-19

第 152 招 文本字符串的替换——SUBSTITUTE 函数

SUBSTITUTE 函数在文本字符串中用 new_text 替代 old_text。如果需要在某一文本字符串中替换指定的文本，请使用函数 SUBSTITUTE；如果需要在某一文本字符串中替换指定位置处的任意文本，请使用函数 REPLACE。

语法：

```
SUBSTITUTE (text,old_text,new_text,[instance_num])
```

text 为需要替换其中字符的文本或对含有文本的单元格的引用。

old_text 为需要替换的旧文本。

new_text 用于替换 old_text 的文本。

instance_num 为一数值，用来指定以 new_text 替换第几次出现的 old_text。如果指定了 instance_num，则只有满足要求的 old_text 被替换；如果缺省则将用 new_text 替换 text 中出现的所有 old_text。

例如，A1 单元格内容为腾迅，公式 =SUBSTITUTE (A1," 迅 "," 讯 ") 返回结果腾讯。

第 153 招 文本字符串指定次数的替换——REPLACE 函数

REPLACE 意思是“代替”，标志着它是一个标识替换的函数。返回一个字符串，该字符串中指定的子字符串已被替换成另一子字符串，并且替换发生的次数也是指定的。

语法　REPLACE(old_text,start_num,num_chars,new_text)

REPLACE 函数的语法有以下参数，如表 3-10-4 所示。

表 3-10-4

参数	描述
old_text	需要替换字符原字符串所在单元格
start_num	需替换字符串在原字符串中的开始位置
num_chars	需要替换字符串的总字符数
new_text	新替换字符具体内容

例如，A1 单元格内容为腾迅，公式 =REPLACE (A1,2,1," 讯 ") 返回结果腾讯。

公式 =REPLACE (A1,1,2,"tencent") 返回 tencent，如表 3-10-5 所示。

表 3-10-5

公式	结果	说明
=SUBSTITUTE(A1," 迅 "," 讯 ")	腾讯	用“讯”替换“迅”
=REPLACE(A1,2,1," 讯 ")	腾讯	从第 2 个字符开始用“讯”替换“迅”
=REPLACE(A1,1,2,"tencent")	tencent	从第 1 个字符开始把 2 个字符替换为“tencent”

第 154 招 长相相似但功能相反的两个函数——CODE 和 CHAR 函数

在计算机数据表示中，每一个字符都有对应的 ASCII 码与其对应，我们可以借助 CHAR 函数将 ASCII 码转换成对应的字符，该函数在编程及循环操作时常见。反过来，如果要将字符转换为对应的 ASCII 码，则借助函数 CODE。下面就一起来了解一下这两个函数的使用方法。

首先来看一下 CHAR 函数的语法：CHAR(number)。

number：代表用于转换的 ASCII 码字符代码，使用的是当前计算机字符集中的字符。

在 A2 单元格中输入“65”，然后在 B2 单元格中输入公式“=CHAR(A2)”即可生成大写字母 A，将 A 列 ASCII 码依次增加，同时对 B 列进行公式的复制，就会发现自动生成后续字母。在 C 列输入 97 到 122，D 列输入公式“=CHAR(C2)”，向下复制公式，可以自动生成小写字母，如图 3-10-20 所示。

	A	B	C	D
1	ASCII码	字符	ASCII码	字符
2	65	A	97	a
3	66	B	98	b
4	67	C	99	c
5	68	D	100	d
6	69	E	101	e
7	70	F	102	f
8	71	G	103	g
9	72	H	104	h
10	73	I	105	i
11	74	J	106	j
12	75	K	107	k
13	76	L	108	l
14	77	M	109	m
15	78	N	110	n
16	79	O	111	o
17	80	P	112	p
18	81	Q	113	q
19	82	R	114	r
20	83	S	115	s
21	84	T	116	t
22	85	U	117	u
23	86	V	118	v
24	87	W	119	w
25	88	X	120	x
26	89	Y	121	y
27	90	Z	122	z

图 3-10-20

如果需要输入圆圈内带数字的字符，输入数字代码，借助函数

CHAR 就可以得到，如图 3-10-21 所示。

再看看汉字，比如，我的姓名对应的数字代码如图 3-10-22 所示。

ASCII码	字符
41689	①
41690	②
41691	③
41692	④
41693	⑤
41694	⑥
41695	⑦
41696	⑧
41697	⑨
41698	⑩

图 3-10-21

ASCII码	字符
50420	聂
46266	春
53180	霞

图 3-10-22

几个数字就代表一个汉字，是不是感觉很神奇？这就是计算机强大的记忆功能。

再看看 CODE 函数，这个函数的功能是用于返回与字符相对应的字符编码，如图 3-10-23 和图 3-10-24 所示。

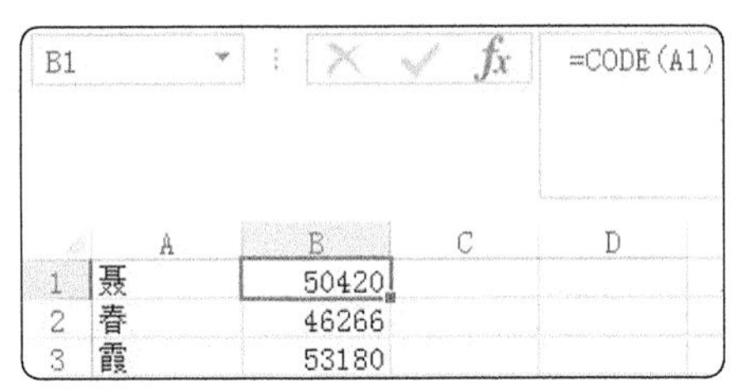

图 3-10-23

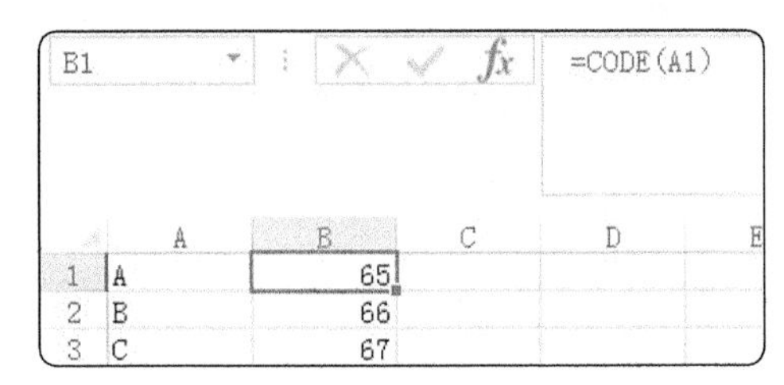

图 3-10-24

第 155 招 将数值转换为指定的数字格式——TEXT 函数

TEXT 函数将数值转换为指定数字格式表示的文本。

比如，A1 单元格数字 41420，用 TEXT 函数转换为日期格式，公式 =TEXT(A1,"yyyy-mm-dd") 返回 2013-05-26，如图 3-10-25 所示。

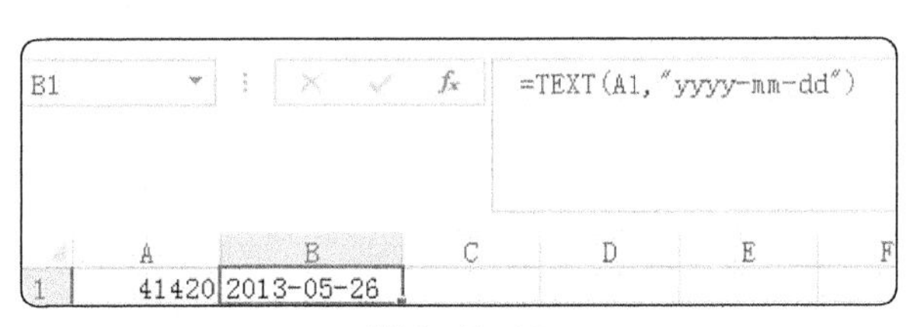

图 3-10-25

例如，公式设置如图 3-10-26 所示。

	A	B	C
1	值	公式	数字格式代码
2	8341.787	=TEXT(A2,C2)	000000.00
3	6342.787	=TEXT(A3,C3)	#####,###.##
4	37627	=TEXT(A4,C4)	yyyy-mm-dd
5	郑州	=TEXT(A5,C5)	河南@
6	1290	=TEXT(A6,"[DBNUM2]")	[DBNUM2]
7	50	=TEXT(A7,"[>60]及格;不及格")	[>60]及格;不及格
8	{1;-1;4;-7}	=TEXT({1;-1;4;-7},C8)	0;!0
9	{1;-1;"我";-7;"你"}	=TEXT({1;-1;"我";-7;"你"},C9)	!0;;;\1
10	0.423009259259259	=TEXT(A10,C10)	hh:mm

图 3-10-26

返回结果如表 3-10-6。

表 3-10-6

值	结果	数字格式代码	说明
8341.787	008341.79	000000.00	0 是单个占位符
6342.787	6,342.79	#####,###.##	# 也是单个占位符，不显示无意义的零，“,”是千位分隔符
37627	2003-01-6	yyyy-mm-dd	y 是年，m 是月，d 是天
郑州	河南郑州	河南 @	@ 表示单元格中的文本
1290	壹仟贰佰玖拾	[DBNUM2]	[DBNUM2] 数字大写
50	不及格	[>60] 及格 ; 不及格	[条件 1] 条件 1 显示的值 ;[条件 2] 条件 2 显示的值 ; 其他值
{1;-1;4;-7}	1	0;!0	! 后可以强制显示字符，也可以用 \
{1;-1;" 我 ";-7;" 你 "}	0	!0;;;\1	自定义格式分为四个用 ; 号分隔的部分：正数 ; 负数 ; 零 ; 文本
10:09:08	10:09	hh:mm	h 小时 m 分钟 s 是秒

第 156 招 怎样将带有小数点的小写数字转化为大写

Excel 中要将人民币小写金额转换成大写格式，将自定义格式类型中的“G/ 通用格式”改为“G/ 通用格式 " 元 "”来实现。但在转换小数时却出现了问题，比如 123.45 元只能转换为“壹佰贰拾叁 . 肆伍”。那怎么解决这一先天不足呢?

我们可以利用公式和函数解决，A1 单元格是小写数字，我们在 B1 单元格输入公式 =TEXT(INT(A1),"[DBNum2]G/ 通用格式 ")&" 元 " & TEXT(MOD(A1,1)*100,"[DBNum2]0 角 0 分 ") 就可以将 A1 单元格的小写数字转换为大写数字，如图 3-10-27 所示。

B1 =TEXT(INT(A1),"[DBNum2]G/通用格式")&"元" & TEXT(MOD(A1,1)*100,"[DBNum2]0角0分")

	A	B	C	D	E	F	G	H
1	2110410.14元	贰佰壹拾壹万零肆佰壹拾元壹角肆分						

图 3-10-27

公式里用到了 4 个函数，TEXT,INT,DBNum2,MOD，我们来一一解释这 4 个函数的功能。TEXT 函数是将数值转换为指定数字格式表示的文本，语法是：TEXT(数值，指定格式的文本)。

[DBNum2] 是格式函数 , 小写数字转中文大写。

例如，公式 =TEXT(123, "[DBNum2] ") 返回的结果是壹佰贰拾叁。

INT 函数是将任意实数向下取整为最接近的整数。例如，INT（123.56）返回结果是 123。

MOD 函数是两数相除的余数，语法是：MOD(被除数，除数)，例如，MOD(25,2) 返回结果是 1。了解了函数的功能，我们再来看看公式前面一部分 =TEXT(INT(A1),"[DBNum2]G/ 通用格式 ")，是将小数点前面的整数部分转换为大写，后面一部分 TEXT(MOD(A1,1)*100,"[DBNum2]0 角 0 分 ") 是将小数点后面的小数部分放大 100 倍后再转换为大写。

第 11 章 查找与引用函数

本章介绍查找与引用函数，主要内容包含 VLOOKUP、INDEX 和 MATCH、LOOKUP、OFFSET、CHOOSE 等函数。

第 157 招 VLOOKUP 函数基本用法

函数语法：

```
VLOOKUP(lookup_value,table_array,col_index_num,range_lookup)
```

参数以及说明见表 3-11-1。

表 3-11-1

参数	简单说明	输入数据类型
lookup_value	要查找的值	数值、引用或文本字符串
table_array	要查找的区域	数据表区域
col_index_num	返回数据在查找区域的第几列数	正整数
range_lookup	模糊匹配	TRUE（或不填）/FALSE

4 个参数可以这样记忆：找什么；在哪里找；找到了拿回家；找不到如何交差。按照这样的逻辑比较容易记住。相信大家都有这样的生活经历，小时候妈妈叫你去邻居家借东西，你跑到邻居家，借到东西拿回家给妈妈。我们把这 4 个参数按照这样的生活经历去记忆，很快就能记住，如图 3-11-1 所示。

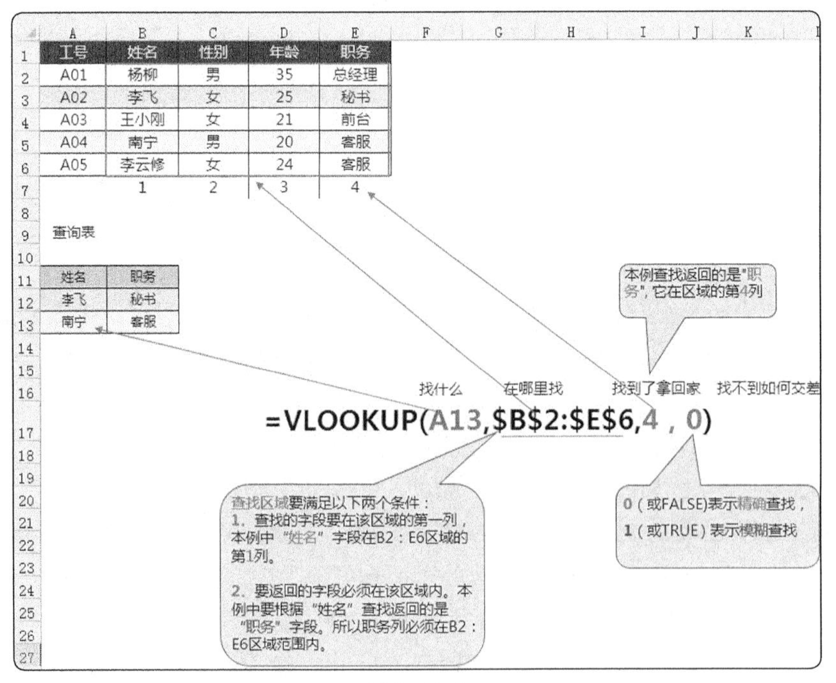

图 3-11-1

第158招 VLOOKUP函数多列查找

当需要查找的列很多，第3个参数如果一个个手工输入，公式要写很多次，如果第3个参数用COLUMN()就不用一个个输入。例如，要查找序号为1的姓名、部门等多个字段内容。

查找姓名公式为=VLOOKUP($A$31,$A$22:$N$23,COLUMN(B23),0)。

鼠标放在单元格右下角，单击+，向右拖动鼠标，就可以填充其他字段公式，如图3-11-2所示。

B31 =VLOOKUP($A$31,$A$22:$N$23,COLUMN(B23),0)

	A	B	C	D	E	F	G	H	I	J	K	L	M	N
22	序号	姓名	部门	入职日期	工资级别	应出勤天数	实际出勤天数	基本工资	工龄工资	提成工资	缺勤扣	应发合计	个人所得税	实发合计
23	1	A1	服务部	2004-01-04	6级	26	26	2500	120	250	0	2870	102	2768
24	2	A2	服务部	2004-01-02	8级	26	26	2100	120	1300	0	3520	167	3353
25	3	A3	服务部	2005-02-10	4级	24	24	3500	40	284	0	3824	208.6	3615.4
26	4	A4	服务部	2005-03-22	2级	26	26	4500	40	2160	0	6700	645	6055
27	5	A5	服务部	2005-05-01	3级	24	24	4000	40	350	0	4390	293.5	4096.5
28		合计						16600	360	4344	0	21304	1416.1	19887.9
29														
30	序号	姓名	部门	入职日期	工资级别	应出勤天数	实际出勤天数	基本工资	工龄工资	提成工资	缺勤扣	应发合计	个人所得税	实发合计
31	1	A1	服务部	2004-1-4	6级	26	26	2500	120	250	0	2870	102	2768

图3-11-2

第159招 VLOOKUP函数多条件查找

将不同条件用&连接起来，使多个条件变为一个条件。

如图3-11-3所示，要查找产品名称和型号都匹配的单价，可以把产品名称和型号2个字段合并为一个字段，即辅助列内容，再用VLOOKUP查找。

D11 =VLOOKUP(B11&C11,$A$2:$D$6,4,0)

	A	B	C	D	E	F
1	辅助列	产品名称	型号	单价		
2	AER	A	ER	3		
3	BEC	B	EC	5		
4	AA3	A	A3	3		
5	CEW	C	EW	2		
6	QRW	Q	RW	1		
7						
8						
9						
10		产品名称	型号	单价		
11		A	A3	3		
12		C	EW	2		

图3-11-3

第160招 VLOOKUP函数模糊查找

例如，要计算不同的销售额对应的提成比例，如果用IF函数，公式会很长，用VLOOKUP模糊查找最后一个参数省略或者为 TRUE 或 1，表明该查找模式为模糊查找；如果找不到精确匹配值，则返回小于 lookup_value 的最大数值。table_array 第一列中的值必须以升序排序，否则 VLOOKUP 可能无法返回正确的值。D3 公式为 =VLOOKUP(B3,$G$3:$H$11,2)，如图 3-11-4 所示。

D3 =VLOOKUP(B3,$G$3:$H$11,2)

	A	B	C	D	E	F	G	H	I	J	K
1	提成表					提成比率表					
2	姓名	销售额	提成额	适用的比率		说明	销售额	提成比率			
3	张三	15000	300	2%		<10000	0	1%			
4	李四	36000	1440	4%		10000=<且<20000	10000	2%			
5	王五	100000	9000	9%		20000=<且<30000	20000	3%			
6	孙六	45000	2250	5%		30000=<且<40000	30000	4%	从大向小找，找到第一个比36000小的数		
7	李七	21000	630	3%		40000=<且<50000	40000	5%			
8						50000=<且<60000	50000	6%			
9						60000=<且<70000	60000	7%			
10						70000=<且<80000	70000	8%			
11						>=80000	80000	9%			

图 3-11-4

第 161 招 VLOOKUP 函数一对多查找

Excel 中 VLOOKUP 函数可查询符合条件的一行数据，但如果查询结果符合条件的是多行数据怎么办？例如下面的表格中要查找姓名为“李飞”对应的职务，有 3 行符合条件的记录，怎样把这符号条件的 3 行记录都找出来呢？如图 3-11-5 所示。

	A	B	C	D	E
1	工号	姓名	性别	年龄	职务
2	A01	杨柳	女	23	总经理
3	A02	李飞	男	46	开发
4	A03	李飞	女	35	秘书
5	A04	王小刚	男	47	前台
6	A05	南宁	女	32	客服
7	A06	李飞	女	25	测试
8	A07	李云修	女	37	客服

图 3-11-5

要得到的结果为红色方框内内容，如图 3-11-6 所示。

	A	B	C	D	E	F	G	H
1	工号	姓名	性别	年龄	职务		姓名	职务
2	A01	杨柳	女	23	总经理		李飞	开发
3	A02	李飞	男	46	开发			秘书
4	A03	李飞	女	35	秘书			测试
5	A04	王小刚	男	47	前台			
6	A05	南宁	女	32	客服			
7	A06	李飞	女	25	测试			
8	A07	李云修	女	37	客服			
9								
10								

图 3-11-6

方法一：数据透视表

把姓名和职务依次拉到行标签，如图 3-11-7 所示。

得到结果如图 3-11-8 所示。

图 3-11-7

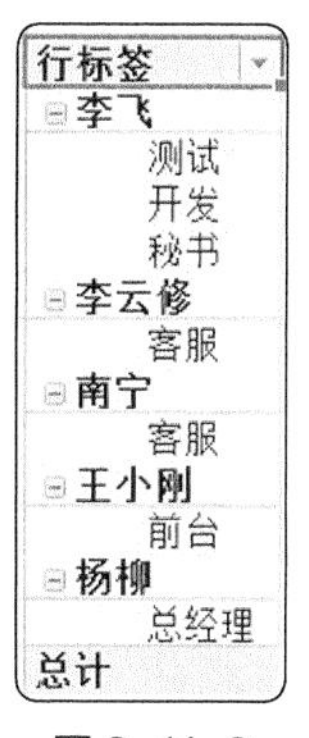

图 3-11-8

在数据透视表的设计菜单下“报表布局”中选择“以表格形式显示”，如图 3-11-9 所示。

结果如图 3-11-10 所示。

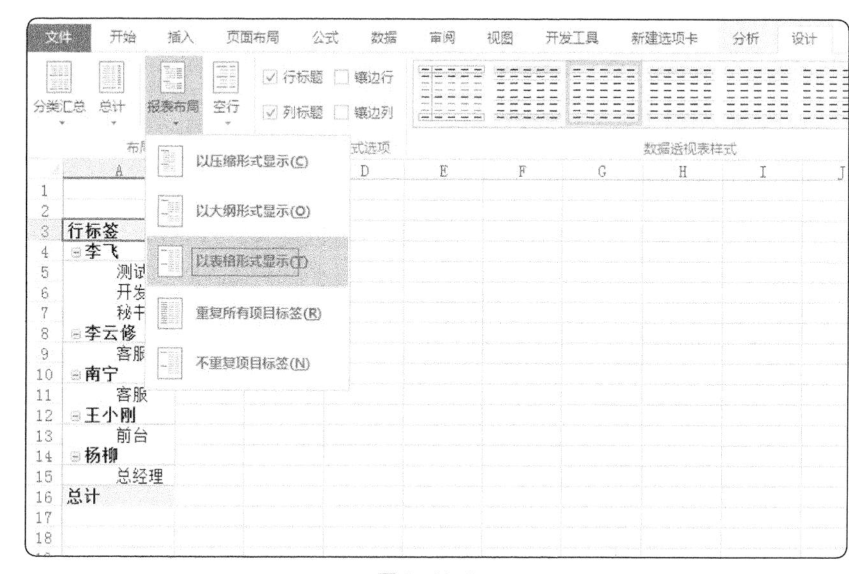

图 3-11-9

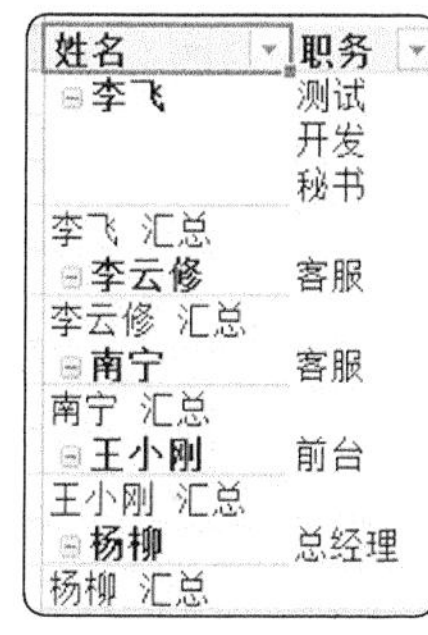

图 3-11-10

方法二：添加辅助列

操作步骤如下：

Step1 在姓名前面插入一个辅助列，A2 输入公式 =B2&COUNTIF($B$2:B2,B2)，下拉填充到表格末端。这样相当于给姓名加了编号，如图 3-11-11 所示。

A2 =B2&COUNTIF($B$2:B2,B2)

	A	B	C	D	E
1	辅助列	姓名	性别	年龄	职务
2	杨柳1	杨柳	女	23	总经理
3	李飞1	李飞	男	46	开发
4	李飞2	李飞	女	35	秘书
5	王小刚1	王小刚	男	47	前台
6	南宁1	南宁	女	32	客服
7	李飞3	李飞	女	25	测试
8	李云修1	李云修	女	37	客服

图 3-11-11

Step2 在 H2 输入公式 =IFERROR(VLOOKUP($G$2&ROW(A1),A:E,5,0),"")，下拉到表格末端。

$G$2&ROW(A1) 相当于将 VLOOKUP 函数的查询值加上了不同的序号，如图 3-11-12 所示。

H2 =IFERROR(VLOOKUP($G$2&ROW(A1),A:E,5,0),"")

	A	B	C	D	E	F	G	H
1	辅助列	姓名	性别	年龄	职务		姓名	职务
2	杨柳1	杨柳	女	23	总经理		李飞	开发
3	李飞1	李飞	男	46	开发			秘书
4	李飞2	李飞	女	35	秘书			测试
5	王小刚1	王小刚	男	47	前台			
6	南宁1	南宁	女	32	客服			
7	李飞3	李飞	女	25	测试			
8	李云修1	李云修	女	37	客服			

图 3-11-12

方法三：数组公式

用函数 INDEX+SMALL 组合实现，公式为：

={INDEX($B$1:$E$8,SMALL(IF($B$1:$B$8=$G$2,ROW($B$1:$B$8),2^20),ROW(1:1)),4)&""}

花括号 {} 指数组公式，用【Ctrl+Shift+Enter】输入，再向下填充，直到结果为错误值 #REF!。

公式分解：

Step1 先找出符合条件的数据所在行。

ROW() 返回的是行号，2^20=1048576，即 Excel 2007 以及 2010、2013 版本承载的最多的行号。

IF($B$1:$B$8=$G$2,ROW(),2^20) 这个意思是如果找到符合条件的记录就返回那个记录所在的行号，否则就返回 Excel 能承载的最大行号。

公式返回结果得到数组 { 1048576,3,4,1048576, 1048576,7,1048576 }。

Step2 添加辅助列，找出数据区域除字段名之外的行号，用公式 ROW(1:1) 实现，得到数组 { 1,2,3,4,5,6,7 }。

Step3 在第一步计算得到的数组中找出第二步数组的最小值，公式为 =SMALL($I$2:$I$8,J2)，如图 3-11-13 所示。

如图 3-11-14 所示，SMALL 函数返回数组中第 k 个最小值。

I	J	K	L	
第一步	第二步	第三步	最后结果	
1048576	1	=SMALL($I$2:$I$8,J2)		
3	2	4	秘书	秘
4	3	7	测试	测
1048576	4	1048576	#REF!	#
1048576	5	1048576	#REF!	
7	6	1048576	#REF!	
1048576	7	1048576	#REF!	

图 3-11-13

SMALL(array,k)
返回数据组中第 k 个最小值

图 3-11-14

例如，J2=1，公式返回 I 列数组第 1 小的数据，J3=2，公式返回第 2 小的数据。

公式返回得到的数组为 {3,4,7,1048576,1048576,1048576,1048576}。

Step4 用 INDEX 函数查找符合条件的记录。

我们要查找的职务对应第 4 列，姓名为“李飞”的对应行号是 3、4、7 行，即第 3 步公式返回的结果，如图 3-11-15 和图 3-11-16 所示。

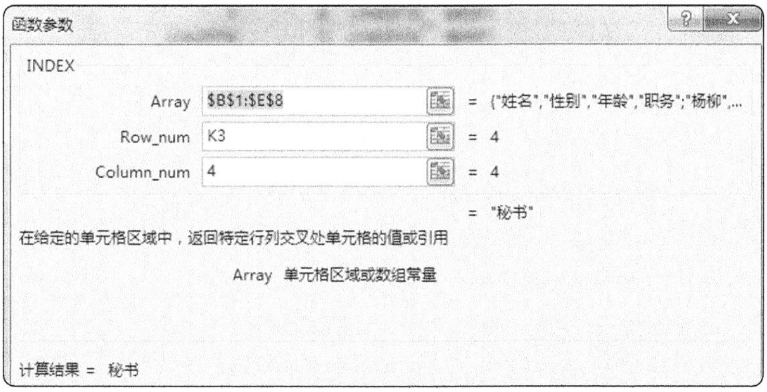

函数参数

INDEX

Array $B$1:$E$8 = {"姓名","性别","年龄","职务";"杨柳",...

Row_num K3 = 4

Column_num 4 = 4

= "秘书"

在给定的单元格区域中，返回特定行列交叉处单元格的值或引用

Array 单元格区域或数组常量

计算结果 = 秘书

图 3-11-15

I	J	K	L	M
第一步	第二步	第三步	最后结果	
1048576	1	3	=INDEX($B$1:$E$8,K2,4)	
3	2	4	秘	
4	3	7	源	
1048576	4	1048576	#REF!	#REF!
1048576	5	1048576	#REF!	
7	6	1048576	#REF!	
1048576	7	1048576	#REF!	

INDEX(array, row_num, [column_num])
INDEX(reference, row_num, [column_num], [area_num])

图 3-11-16

第 162 招 怎样通过简称或关键字模糊匹配查找全称

在日常工作中，很多时候为了录入方便将某些内容只录入关键字或者简称，比如说公司名称“深圳市腾讯计算机系统有限公司”，在录入时只录入“腾讯”两个字，这样在后期数据统计时由于名称不是全称可能造成很多麻烦，本招介绍如何用 VLOOKUP 函数通配符用法来实现模糊匹配，通过简称或者关键字查找全称，如图 3-11-17 所示，要看 B 列的游戏名称在 A 列是否存在，B 列游戏名称是 A 列的一部分，在 B 列游戏名称前后加上通配符 *，再用 VLOOKUP 查找，C2 公式 =VLOOKUP("*"&B2&"*",$A$1:$A$10,1,0)，注意，这里最后一个参数要用0，精确查找。从要查找的内容看是模糊匹配，但是从公式看是精确查找，这里的模糊匹配不同于 160 招介绍的模糊查找。

C2 =VLOOKUP("*"&B2&"*",$A$1:$A$10,1,0)

	A	B	C
1	游戏名称	游戏名称	
2	腾讯游戏守卫城堡2元特殊技能道具	3D真人花式台球	#N/A
3	腾讯游戏永远的超级玛丽2元原地复活道具	疯狂炸弹堂-百战天宠	#N/A
4	腾讯游戏变型机甲之金钢咆哮2元关卡道具	幻想天空战记水晶之翼	#N/A
5	腾讯游戏丛林奇兵2原地复活道具1元	变型机甲之金钢咆哮	腾讯游戏变型机甲之金钢咆哮2元关卡道具
6	腾讯游戏反恐特警3正版验证道具4元	永远的玛丽2	#N/A
7	腾讯游戏反恐特警3购买金钱道具1元	怒之铁拳	#N/A
8	腾讯游戏反恐特警3十倍金钱道具2元	Q版冒险王之袋鼠闯关	#N/A
9	腾讯游戏劲舞团2元开通舞曲道具	实习医生风云	#N/A
10	腾讯游戏劲舞团2元开通所有游戏模式和游戏舞	守卫城堡	腾讯游戏守卫城堡2元特殊技能道具

图 3-11-17

第 163 招 VLOOKUP 查询常见错误

VLOOKUP 函数查找经常会出现 #N/A 等错误值，有时候明明要查找的内容有，但还是报错，究竟是什么原因呢？本招介绍 VLOOKUP 查找常见错误以及解决方法。

第一类：函数参数使用错误。

（1）第 2 个参数区域设置错误之 1。

例 1：如图 3-11-18 所示，根据姓名查找年龄时产生错误。

错误原因：VLOOKUP 函数第二个参数是查找区域，该区域的第 1 列有一个必备条件，就是查找的对象（A9）必须对应于区域的第 1 列。本例中是根据姓名查找的，那么，第一个参数姓名必须是在区域的第 1 列位置，而公式中姓名列是在区域 A1：E6 的第 2 列。所以公式应改为 =VLOOKUP(A9,B1:E6,3,0)。

	A	B	C	D	E
1	工号	姓名	性别	年龄	职务
2	A01	杨柳	女	23	总经理
3	A02	李飞	男	46	秘书
4	A03	王小刚	男	47	前台
5	A04	南宁	女	32	客服
6	A05	李云修	女	37	客服
7					
8	姓名	年龄			
9	李飞	#N/A			
10					
11	B9公式：=VLOOKUP(A9, A1:E6, 3, 0)				

图 3-11-18

（2）第 2 个参数区域设置错误之 2。

例 2：如图 3-11-19 所示，根据姓名查找职务时产生查找错误。

错误原因：本例是根据姓名查找职务，第 2 个参数 B1:D6 根本就没有包括 E 列的职务，当然会产生错误了。所以公式应改为 =VLOOKUP(A9,B1:E6,4,0)。

（3）第 4 个参数少了或设置错误。

例 3：如图 3-11-20 所示，根据工号查找姓名。

	A	B	C	D	E
1	工号	姓名	性别	年龄	职务
2	A01	杨柳	女	23	总经理
3	A02	李飞	男	46	秘书
4	A03	王小刚	男	47	前台
16	A04	南宁	女	32	客服
6	A05	李云修	女	37	客服
18					
8	姓名	职务			
9	李飞	#REF!			
21					
22	B9公式：=VLOOKUP(A9, B1:D6, 4, 0)				

图 3-11-19

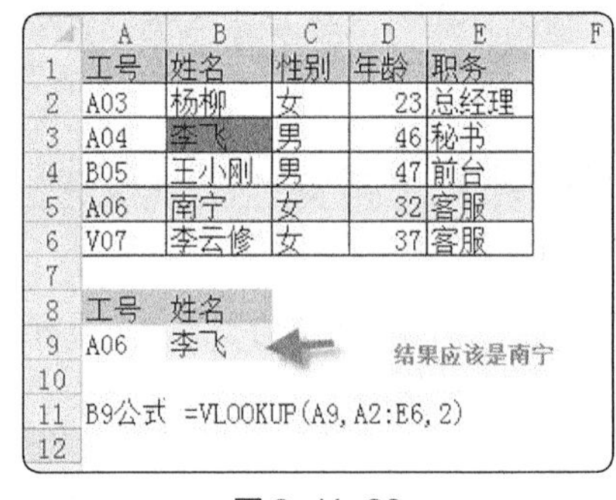

	A	B	C	D	E
1	工号	姓名	性别	年龄	职务
2	A03	杨柳	女	23	总经理
3	A04	李飞	男	46	秘书
4	B05	王小刚	男	47	前台
5	A06	南宁	女	32	客服
6	V07	李云修	女	37	客服
7					
8	工号	姓名			
9	A06	李飞			
10					
11	B9公式 =VLOOKUP(A9, A2:E6, 2)				
12					

图 3-11-20

错误原因：VLOOKUP 第四个参数为 0 时表示精确查找，为 1 或省略时表示模糊查找。如果忘了设置第 4 个参数则会被公式误以为是故意省略，按模糊查找进行。当区域也不符合模糊查找规则时，公式就会返回错误值。所以公式应改为 =VLOOKUP(A9,A1:D6,2,0) 或 =VLOOKUP(A9,A1:D6,2,) 。

注：当参数为 0 时可以省略，但必须保留“,”号。

（4）对模糊匹配理解错误。

例 4：第 162 招根据简称或关键字查找全称，很多人以为模糊查找，最后一个参数设为 1，此模糊匹配非模糊查找。第 160 招模糊查找是根据销售额在不同区间查找对应的提成比率。

而第 162 招是根据字段内容模糊匹配。

第二类：数字格式不同，造成查找错误。

（5）查找为数字，被查找区域为文本型数字。

例 5：如图 3-11-21 所示，根据工号查找姓名，查找出现错误。

错误原因：在 VLOOKUP 函数查找过程中，文本型数字和数值型数字会被认为不同的字符。所以造成无法成功查找。

解决方案：把查找的数字在公式中转换成文本型，然后再查找。即：=VLOOKUP(A9&"",A1:D6,2,0)，或者用分列，前 2 步默认，第 3 步把“常规”改为“文本”，如图 3-11-22 所示。

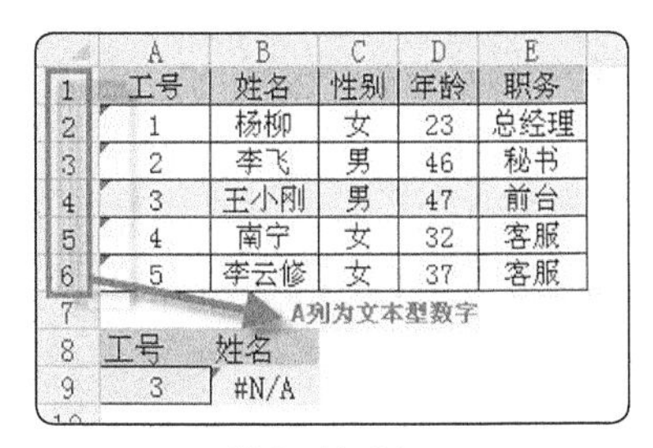

图 3-11-21

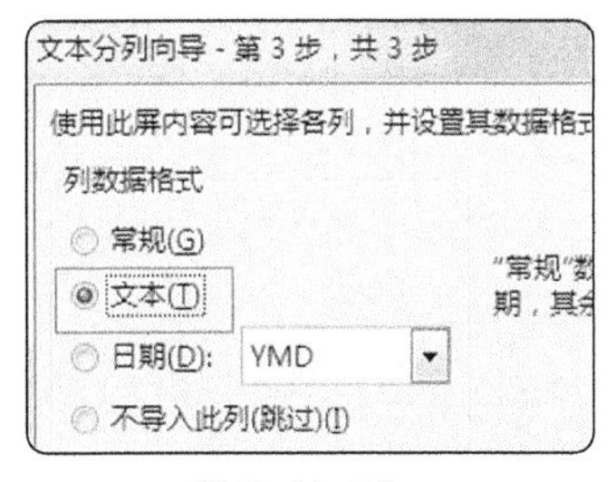

图 3-11-22

（6）查找格式为文本型数字，被查找区域为数值型数字。

例 6：如图 3-11-23 所示，根据工号查找姓名，查找出现错误。

错误原因：同 5。

解决方法：把文本型数字转换成数值型。即：

=VLOOKUP(A9*1,A1:D6,2,0)

或者直接选中要转换为数值的单元格或区域，单击下拉框的转换为数字，如图 3-11-24 所示。

	A	B	C	D	E
1	工号	姓名	性别	年龄	职务
13	1	杨柳	女	23	总经理
3	2	李飞	男	46	秘书
15	3	王小刚	男	47	前台
5	4	南宁	女	32	客服
6	5	李云修	女	37	客服
18					
19	工号	姓名			
9	3	#N/A			
10		A9为文本型数字			
11	B9公式： =VLOOKUP(A9, A1:D6, 2)				

图 3-11-23

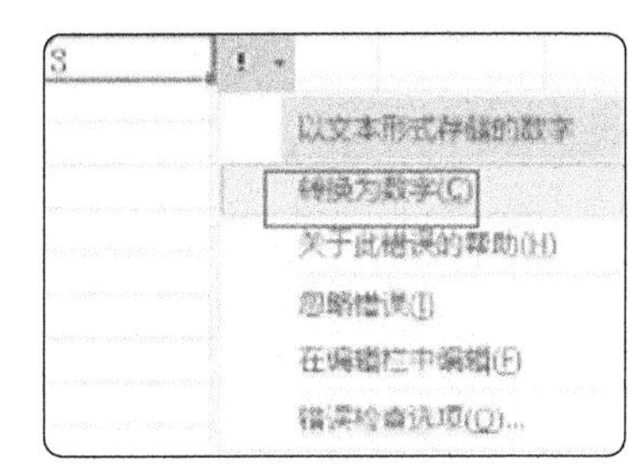

图 3-11-24

文本与数字格式的相互转换请参考第 2 章第 24 招内容。

第三类：引用方式使公式复制后产生错误。

（7）没有正确使用引用方式，造成在复制公式后区域发生变动引起错误。

例 7：如图 3-11-25 所示，当 B9 的公式复制到 B10 和 B11 后，B10 公式返回错误值。

错误原因：由于第二个参数 A2:D6 是相对引用，所以向下复制公式后会自动更改为 A3:D7，而 A10 中的工号 A01 所在的行，不在 A3:D7 区域中，从而造成查找失败。

	A	B	C	D	E	F
1	工号	姓名	性别	年龄	职务	
2	A01	杨柳	女	23	总经理	
3	V02	李飞	男	46	秘书	
4	A03	王小刚	男	47	前台	
5	B03	南宁	女	32	客服	
6	B06	李云修	女	37	客服	
7						
8	工号	姓名				
9	A03	王小刚	B9公式 =VLOOKUP(A9, A2:D6, 2, 0)			
10	A01	#N/A	B10公式 =VLOOKUP(A10, A3:D7, 2, 0)			
11	B06	李云修	B11公式 =VLOOKUP(A11, A4:D8, 2, 0)			
23						

图 3-11-25

解决方案：把第二个参数的引用方式由相对引用改为绝对引用即可。B9 公式改为 =VLOOKUP(A9,$A$2:$D$6,2,0)。

第四类：多余的空格或不可见字符。

（8）数据表中含有多余的空格。

例 8：如图 3-11-26 所示，由于 A 列工号含有多余的空格，造成查找错误。

错误原因：多一个空格，用不带空格的字符查找当然会出错了。

解决方案：① 手工替换掉空格，建议用这个方法。

② 在公式中用 TRIM 函数替换空格而必须要用数据公式形式输入。

即：=VLOOKUP (A9,TRIM(A1:D6),2,0)，按组合键【Ctrl+Shift+Enter】输入后数组形式为{=VLOOKUP (A9, TRIM(A1:D6),2,0)}。

（9）类空格但非空格的字符。

例 9：在表格存在大量的“空格”，但又用空格无法替换掉时，这些就是类空格的不可见字符，这时可以“以其人之道还治其人之身”，直接在单元格中复制不可见字符粘贴到替换窗口，替换即可，如图 3-11-27 所示。

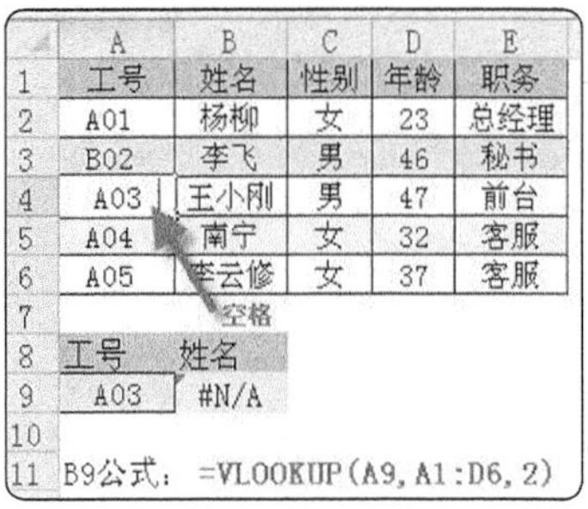

图 3-11-26

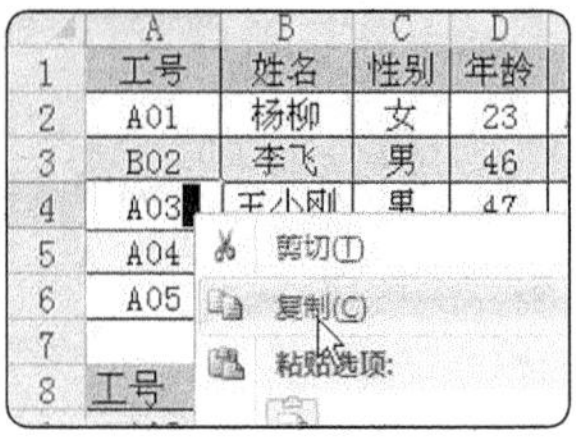

图 3-11-27

（10）不可见字符的影响。

例 10：如图 3-11-28 所示的 A 列中，A 列看上去不存在空格和类空格字符，但查找结果还是出错。我们可以用 EXACT 函数判断单元格内容是否完全一致，当返回结果为 TRUE，表示结果完全相同，当结果为 FALSE，表示单元格内容不完全一致。

公式 =EXACT（A4,A9）返回结果为 FALSE，说明表面看上去内容相同的 A4 和 A9 单元格实际上内容不一致。

出错原因：这是从网页或数据库中导入数据时带来的不可见字符，造成了查找的错误。

解决方案：在 A 列后插入几列空列，然后对 A 列进行分列操作，即可把不可见字符分离出去，如图 3-11-29 所示。

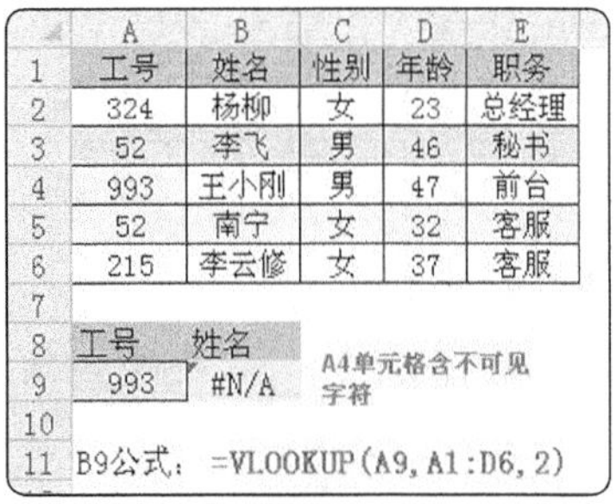

图 3-11-28

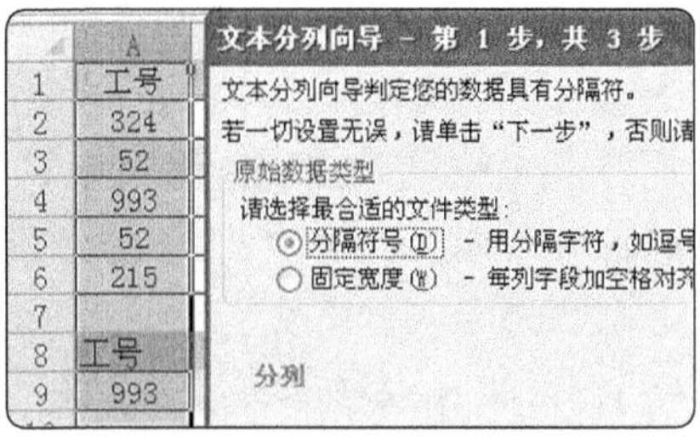

图 3-11-29

（11）反向查找 VLOOKUP 不支持产生的错误。

例 11：如图 3-11-30 所示的表中，根据姓名查找工号，结果返回了错误。

错误原因：VLOOKUP 不支持反向查找。

解决方法：

① 用 IF 函数重组区域，让两列颠倒位置，或者直接通过复制粘贴把两列位置互换。

=VLOOKUP(D8,IF({0,1},D2:D4,E2:E4),2,0)

② 用 INDEX + MATCH 组合实现。

=INDEX(D2:D4,MATCH(D8,E2:E4,0))

（12）通配符引起的查找错误。

例 12：如图 3-11-31 所示，根据区间查找提成返回错误值。

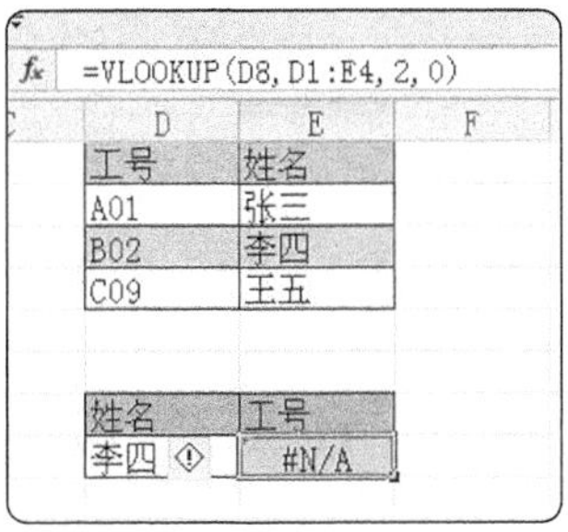

图 3-11-30

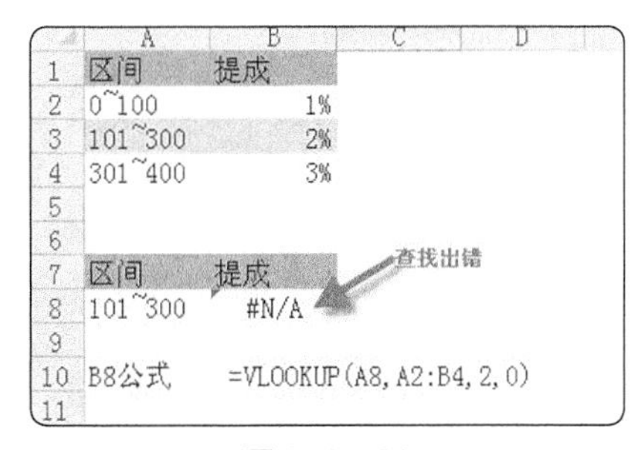

图 3-11-31

错误原因：~用于查找通配符，如果在 VLOOKUP 公式中出现，会被认为特定用途，非真正的~。如在表格中查找 3*6，356、376 也被查找到，如图 3-11-32 所示。

如果精确查找 3*6，需要使用~，如图 3-11-33 所示。

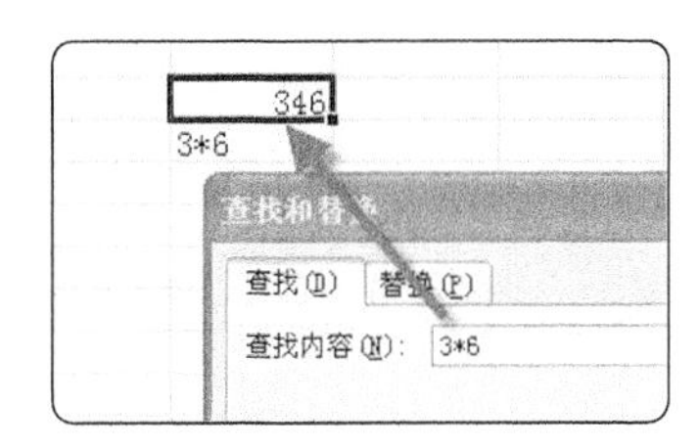

图 3-11-32

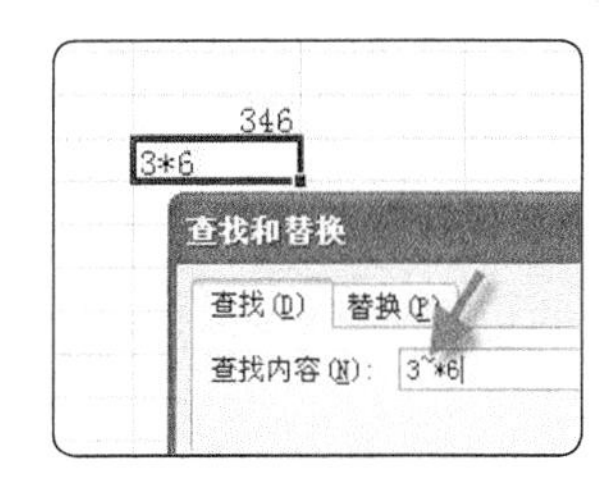

图 3-11-33

解决方法：用~~就可以表示查找~了。所以公式可以修改为

=VLOOKUP(SUBSTITUTE(A8," ~ "," ~ ~ "),A2:B4,2,0)。

（13）VLOOKUP 函数第 1 个参数不直接支持数组形式产生的错误。

例 13：如图 3-11-34 所示，同时查找 A 和 C 产品的和，然后用 SUM 求和。

错误原因：VLOOKUP 第 1 个参数不能直接用于数组。

解决方法：利用 N/T+IF 结构转化一下数组，公式修改为 =SUM(VLOOKUP(T(IF({1},A8:B8)),A2:B5,2,))。

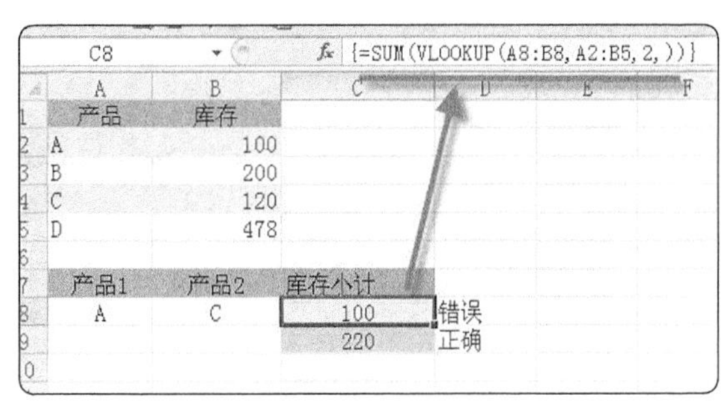

图 3-11-34

或者用 SUMIF 函数解决，

公式为 =SUM(SUMIF(A2:A5,{"A","C"},B2:B5))。

第五类：跨表引用不同版本引用无效。

（14）在 Excel 2003 版本引用 Excel 2007 或者以上版本提示无效。

例 14：工作簿 1 要查找的数据是 Excel 2003 版本，数据源在工作簿 2，版本为 Excel 2007 或者以上版本，在工作簿 1 的 B2 单元格输入公式 =VLOOKUP(A2,[工作簿 2]Sheet1!$A:$B,2,0)，提示错误，如图 3-11-35 所示。

图 3-11-35

如果公式改为 = VLOOKUP(A2,[工作簿 2]Sheet1!$A$1:$B$65536,2,0) 则不会提示错误，这是因为 Excel 2003 版本最多只能承载 256 列 65536 行数据，而 Excel 2007 或者以上版本可以承载 1048576 行 16384 列数据，当数据源引用的行数超过了要查找的数据所在工作表最多能承载的行数引用就无效了。

解决方法：把低版本的 Excel 文件转换为高版本的文件，单击左上方的文件或 Office 按钮，可以看到最下面的菜单“选项”，单击“转换”，就可以把 2003 版本的文件转换为 2007 或以上版本的文件。参考第 5 章第 78 招内容。

第 164 招 天生绝配——INDEX 函数和 MATCH 函数

MATCH 函数返回在指定方式下与指定数值匹配的数组中元素的相应位置。如果需要找出匹配元素的位置而不是匹配元素本身，则应该使用 MATCH 函数。

INDEX 函数返回表格或区域中的数值或对数值的引用。函数 INDEX () 有两种形式：数组和引用。数组形式通常返回数值或数值数组；引用形式通常返回引用。

例如，原始数据如图 3-11-36 所示。

B15 内容为 A004, C15 公式 =MATCH(B15,B2:B8,) 返回结果为 4，表示 B15 内容在 B2 到 B8 中的位置是 4。公式 =INDEX(B2:B8,C15) 返回 A004, 公式 =INDEX(B2:D8,4,2) 返回 C。

利用 MATCH+INDEX 组合实现反向查找，如图 3-11-37 所示。

编号	姓名	年龄
A001	A	23
A002	B	45
A003	F	25
A004	C	64
A005	D	37
A006	B	45
A007	G	28

B15	C15
A004	4

图 3-11-36

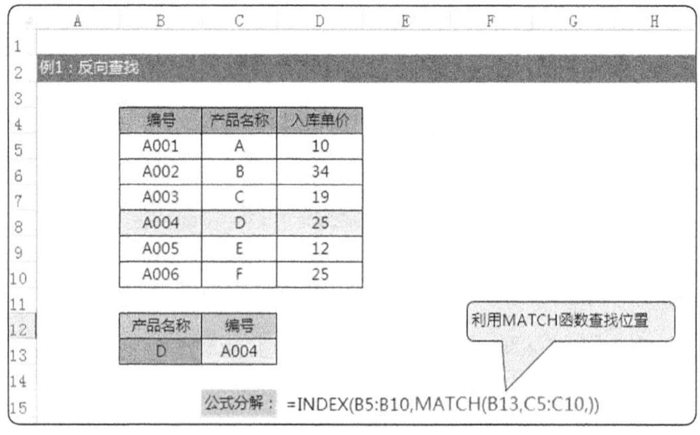

编号	产品名称	入库单价
A001	A	10
A002	B	34
A003	C	19
A004	D	25
A005	E	12
A006	F	25

产品名称	编号
D	A004

图 3-11-37

还可以实现多条件查找，如图 3-11-38 所示。

C35 {=INDEX(D25:D30,MATCH(C33&C34,B25:B30&C25:C30,))}

例2：多条件查找

入库时间	产品名称	销售量	
2012-1-2	A	2	40910A
2012-1-3	B	34	40911B
2012-1-4	A	45	40912A
2012-1-5	E	3	40913E
2012-1-6	A	24	40914A
2012-1-7	C	56	40915C

入库时间	2012-1-4	40912A
产品名称	A	
入库单价	45	

=INDEX(D25:D30,MATCH(C33&C34,B25:B30&C25:C30,))

图 3-11-38

第 165 招 从多个列表中选中指定的数值——CHOOSE 函数

CHOOSE 函数从参数列表中选择并返回一个值。

函数语法：

```
CHOOSE(index_num, value1, [value2], …)
```

index_num 必要参数，数值表达式或字段，它的运算结果是一个数值，且界于 1 和 254 之间的数字，或者为公式或对包含 1 到 254 之间某个数字的单元格的引用。

如果 index_num 为 1，函数 CHOOSE 返回 value1；如果为 2，函数 CHOOSE 返回 value2，以此类推。

如果 index_num 小于 1 或大于列表中最后一个值的序号，函数 CHOOSE 返回错误值 #VALUE!。

如果 index_num 为小数，则在使用前将被截尾取整。

value1, value2,… value1 是必需的，后续值是可选的。这些值参数的个数介于 1 到 254 之间，函数 CHOOSE 基于 index_num 从这些值参数中选择一个数值或一项要执行的操作。参数可以为数字、单元格引用、已定义名称、公式、函数或文本。

例如，C4 单元格为 3，则公式 =CHOOSE(C4," 壹 "," 贰 "," 叁 "," 肆 "," 伍 "," 陆 "," 柒 "," 捌 "," 玖 "," 拾 ") 返回结果为叁，如图 3-11-39 所示。

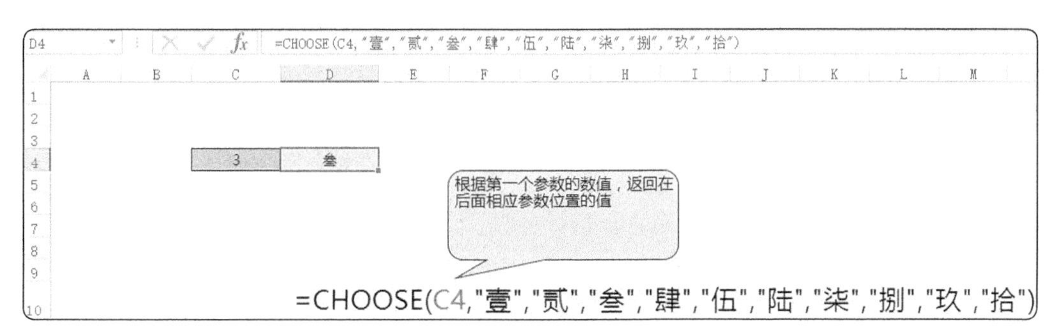

图 3-11-39

如果 index_num 为一个数组，则在计算函数 CHOOSE 时，将计算每一个值。函数 CHOOSE 的数值参数不仅可以为单个数值，也可以为区域引用。例如，公式 =SUM(CHOOSE(2,A1:A10,B1:B10,C1:C10)) 相当于 =SUM(B1:B10)，然后基于区域 B1:B10 中的数值返回值。

函数 CHOOSE 先被计算，返回引用 B1:B10。然后函数 SUM 用 B1:B10 进行求和计算。即函数 CHOOSE 的结果是函数 SUM 的参数。

第 166 招 VLOOKUP 函数的兄弟——LOOKUP 函数

LOOKUP 函数是 VLOOKUP 的兄弟，都能做常规查找、多条件查找、分区间模糊查找，不同的是 LOOKUP 函数是从一行中或一列中找数据，VLOOKUP 函数从连续的几个列构成的区域中找数据，在普通常规查找时 VLOOKUP 优势比较明显，但在很多方面如查找最后一列非空值 LOOKUP 查找能力更强。LOOKUP 函数语法以及常见的用法如下。

LOOKUP 函数返回向量 (单行区域或单列区域) 或数组中的数值。

函数 LOOKUP 有两种语法形式：向量和数组。

函数 LOOKUP 的向量形式是在单行区域或单列区域（向量）中查找数值，然后返回第二个单行区域或单列区域中相同位置的数值。

向量形式：=LOOKUP (LOOKUP_value,LOOKUP_vector,result_vector)

翻译成容易理解和记住的语法：LOOKUP (要查找的值，在哪里查找，相对位置的值)，如图 3-11-40 所示。

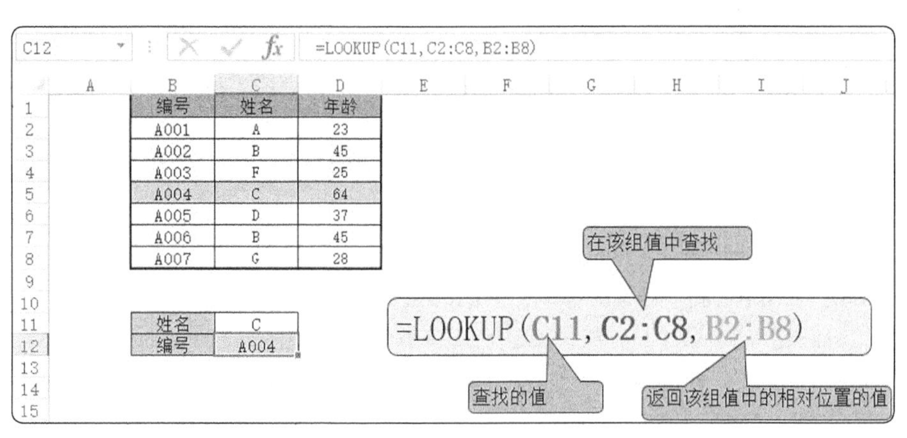

图 3-11-40

lookup_value 是在第一个向量中所要查找的数值，它可以为数字、文本、逻辑值或包含数值的名称或引用；lookup_vector 只包含一行或一列的区域，lookup_vector 的数值可以为文本、数字或逻辑值；result_vector 只包含一行或一列的区域，其大小必须与 lookup_vector 相同。

函数 LOOKUP 的数组形式在数组的第一行或第一列查找指定的数值，然后返回数组的最后一行或最后一列中相同位置的数值。

数组形式：= LOOKUP (lookup_value,array)

array 包含文本、数字或逻辑值的单元格区域或数组，它的值用于与 lookup_value 进行比较。

例如：LOOKUP (5.2,{4.2,5,7,9,10})=5。

注意：array 的数值必须按升序排列，否则函数 LOOKUP 不能返回正确的结果。文本不区分大小写。如果函数 LOOKUP 找不到 lookup_value，则查找 array 中小于或等于 lookup_value 的最大数值。如果 lookup_value 小于 array 中的最小值，函数 LOOKUP 返回错误值 #N/A。

第 160 招的 VLOOKUP 函数模糊查找也可以用 LOOKUP 函数实现，D3 公式 =LOOKUP($B$3:$B$7, $G$3:$H$11)，如图 3-11-41 所示。

D3　=LOOKUP($B$3:$B$7,$G$3:$H$11)

	A	B	C	D	E	F	G	H
1	提成表					提成比率表		
2	姓名	销售额	提成额	适用的比率		说明	销售额	提成比率
3	张三	15000	300	2%		<10000	0	1%
4	李四	36000	1440	4%		10000=<且<20000	10000	2%
5	王五	100000	9000	9%		20000=<且<30000	20000	3%
6	孙六	45000	2250	5%		30000=<且<40000	30000	4%
7	李七	21000	630	3%		40000=<且<50000	40000	5%
8						50000=<且<60000	50000	6%
9						60000=<且<70000	60000	7%
10						70000=<且<80000	70000	8%
11						>=80000	80000	9%

从大向小找，找到第一个比36000小的数

图 3-11-41

第 167 招　怎样提取最后一列非空单元格内容——LOOKUP 函数

怎样提取如图 3-11-42 所示最后一列非空单元格内容，比如，第 2 行最后一列非空单元格是 B2，就把 B2 的内容提取出来，第 5 行最后一列非空单元格是 A5，当行数很多的时候，一个个手工提取就非常慢，怎样快速提取呢？用函数 LOOKUP 轻松实现。

	A	B	C
1	201401	201402	201403
2	68.17%	76.76%	
3	97.27%	99.53%	58.19%
4	82.82%	78.77%	42.54%
5	56.45%		
6	112.74%	85.40%	43.73%
7	112.94%	116.14%	53.94%

图 3-11-42

我们在 D 列输入公式 =LOOKUP(2,1/(A2:C2<>""),A2:C2)

我们再来看这个公式分解。

（1）以第 2 行公式为例，公式 A2:C2<>""，返回的是数组 TRUE, TRUE, FALSE, =LOOKUP(2,1/(A2:C2<>""),A2:C2) 选中公式标红的部分按 F9 键可以看到 =LOOKUP(2,1/{TRUE,TRUE,FALSE},A2:C2)。

（2）1/(TRUE, TRUE, FALSE), 得到数组（1，1，#DIV/0!），=LOOKUP(2,1/{TRUE,TRUE,FALSE},A2:C2) 选中公式中标红的部分按 F9 键可以看到 =LOOKUP(2,{1,1,#DIV/0!},A2:C2)。

（3）在数组（1，1，#DIV/0!）中查找第一个参数 2，查找不到 2，返回比 2 小的值，错误值可以忽略，所以返回的是最后的 1 对应的 B2 单元格内容。

关于 LOOKUP 函数有些通用的公式返回对应的内容，汇总如下。

A1:A20 存放着数字、文本、错误值等，下列公式将返回：

=LOOKUP(9E+307,A1:A20) 返回数值

=LOOKUP(9E+307,A1:A20,ROW(A1:A20)) 返回数值对应的行号

=LOOKUP(2,1/(A1:A20<>""),A1:A20) 返回非空单元格

=LOOKUP(2,1/(A1:A20<>""),ROW(A1:A20)) 返回非空单元格的行号

=LOOKUP(2,1/(A1:A20<>0),A1:A20) 返回非零单元格

=LOOKUP(2,1/(A1:A20<>0),ROW(A1:A20)) 返回非零单元格的行号

=LOOKUP(2,1/(A1:A20="a"),A1:A20) 返回指定文本单元格

=LOOKUP(2,1/(A1:A20="a"),ROW(A1:A20)) 返回指定文本单元格的行号

=LOOKUP(2,1/(1-ISBLANK(A1:A20)),A1:A20) 返回非空单元格

=LOOKUP(2,1/(1-ISBLANK(A1:A20)),ROW(A1:A20)) 返回非空单元格的行号

=LOOKUP(2,1/((A1:A20<>0)*ISNUMBER(A1:A20)),A1:A20) 返回不为零非空单元格

=LOOKUP(2,1/((A1:A20<>0)*ISNUMBER(A1:A20)),ROW(A1:A20)) 返回不为零非空单元格的行号

注 1：为了确保公式通用，第 1 个参数始终比第 2 个大，所以上面的公式第一个参数都是 2。

注 2：9E+307 表示 Excel 中最大的数值，我们在 Excel 中按 F1 键，输入规范与限制，可以看到 Excel 2013 最大正数如图 3-11-43 所示。

Excel 帮助

规范与限制

返回页首

计算规范与限制

功能	最大限制
数字精度	15 位
最小负数	-2.2251E-308
最小正数	2.2251E-308
最大正数	9.99999999999999E+307
最大负数	-9.99999999999999E+307
公式允许的最大正数	1.7976931348623158e+308
公式允许的最大负数	-1.7976931348623158e+308
公式内容的长度	8,192 个字符
公式的内部长度	16,384 个字节

图 3-11-43

第 168 招 会漂移的函数——OFFSET 函数

OFFSET 函数功能：以指定的引用为参照系，通过给定偏移量得到新的引用。返回的引用可以是一个单元格或单元格区域，并可以指定返回的行数或列数。函数解释如图 3-11-44 所示。

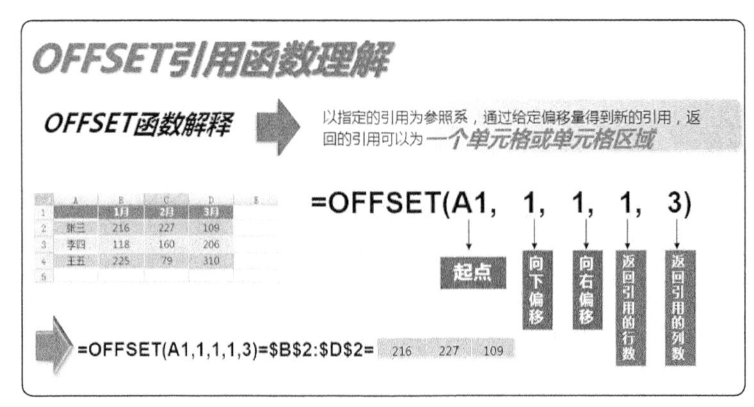

图 3-11-44

函数语法：OFFSET(reference, rows, cols, height, width)

reference ：作为偏移量参照系的引用区域。必须为对单元格或相连单元格区域的引用。

rows：相对偏移量参照系的上下偏移量，正数向下，负数向上。

cols：相对偏移量参照系的左右偏移量，正数向右，负数向左。

height：要返回引用区域的行数，必须为正数。

width：要返回引用区域的列数，必须为正数。

为什么不直接引用单元格或单元格区域而要用 OFFSET 函数呢？原因是偏移量可能是变量，当用公式的时候，如果不用 OFFSET 函数，偏移量发生变化，公式也要跟着改变，而用了这个函数，原始数据发生变化，公式不用改变。比如，有 2 列数据，A 列是日期，B 列是销售数据，要统计最近一周的销售数量，用公式 SUM 当然可以计算出来，但是当 A 列和 B 列增加了新的数据，最近一周的引用区域就发生变化了，公式也得变，如果用 OFFSET 函数实现动态引用偏移量，公式就不用改变。

第 12 章　日期与时间函数

本章介绍日期与时间函数，主要内容包含工作日计算函数 WORKDAY 和 NETWORKDAYS、星期计算函数 WEEKDAY 和 WEEKNUM 等。

第 169 招　日期与时间函数——TODAY、NOW、YEAR、MONTH、DAY

TODAY 函数返回系统当前日期的序列号。

NOW 函数返回当前日期和时间所对应的序列号。

YEAR 函数返回某日期的年份。其结果为 1900 到 9999 之间的一个整数。

MONTH 函数返回以序列号表示的日期中的月份，它是介于 1(一月) 和 12(十二月) 之间的整数。

DAY 函数返回用序列号表示的某日期的天数，用整数 1 到 31 表示。

各函数返回结果如图 3-12-1 所示。

	A	B	C	D	E
1	today	now	year	month	day
2	2014-9-29	2014-9-29 15:45	2014	9	29

图 3-12-1

第 170 招　距离某天的第 20 个工作日是哪一天——WORKDAY 函数

WORKDAY 函数返回某日期 (起始日期) 之前或之后相隔指定工作日 (不包括周末和专门指定的假日) 的某一日期的值，并扣除周末或假日。

函数语法：WORKDAY(start_date,days,holidays)

start_date 为一个代表开始日期的日期。

days 为 start_date 之前或之后不含周末及节假日的天数。days 为正值将产生未来日期，为负值产生过去日期。

holidays 为可选的列表，表示需要从工作日历中排除的日期值，如法定假日或非法定假日。此列表可以是包含日期的单元格区域，也可以是由代表日期的序列号所构成的数组常量。

例如，要计算 2014-9-29 后第 10 个工作日是哪天，由于国庆节放假 7 天，我们剔除这 7 天，如图 3-12-2 所示。

如果要计算 2014-9-29 前第 10 个工作日是哪天，公式如图 3-12-3 所示。

C1　=WORKDAY(A1,10,B1:B7)

	A	B	C	D	E
1	2014-9-29	2014-10-1	2014-10-20		
2		2014-10-2			
3		2014-10-3			
4		2014-10-4			
5		2014-10-5			
6		2014-10-6			
7		2014-10-7			

图 3-12-2

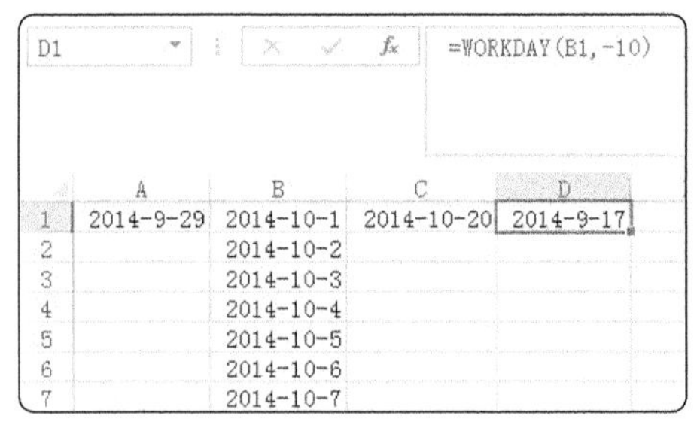

D1　=WORKDAY(B1,-10)

	A	B	C	D
1	2014-9-29	2014-10-1	2014-10-20	2014-9-17
2		2014-10-2		
3		2014-10-3		
4		2014-10-4		
5		2014-10-5		
6		2014-10-6		
7		2014-10-7		

图 3-12-3

这里第 3 个参数省略，表示不用剔除其他法定节假日。

第 171 招 员工工作了多少个工作日——NETWORKDAYS 函数

NETWORKDAYS 函数，用于返回开始日期和结束日期之间的所有工作日数，不包括周末和专门指定的假期。

函数语法：

```
NETWORKDAYS (start_date,end_date,holidays)
```

参数说明：

start_date：表示开始日期。

end_date：表示结束日期。

holidays：在工作日中排除的特定日期。

比如，HR 要计算离职员工最后一个月工作了多少工作日，按工作日计算工资。假如员工离职时间是 2014-9-25 日，那 9 月工作了多少工作日呢？因为 9 月有中秋节法定节假日放假，在 B 列输入法定节假日，C 列输入公式 =NETWORKDAYS(A1,A2,B1)，可以计算出从 9 月 1 日到 9 月 25 日的工作日是 18 天，如图 3-12-4 所示。

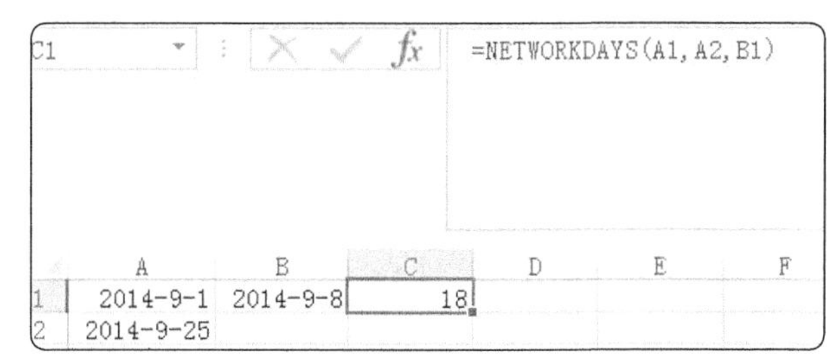

图 3-12-4

第 172 招 某日期是星期几——WEEKDAY 函数

WEEKDAY 函数返回某日期的星期数。在默认情况下，它的值为 1(星期天) 到 7(星期六) 之间的一个整数。

函数语法：

```
WEEKDAY(serial_number, return_type)
```

return_type 为确定返回值类型的数字，数字 1 或省略则 1 至 7 代表星期天到星期六，数字 2 则 1 至 7 代表星期一到星期天，数字 3 则 0 至 6 代表星期一到星期天，见表 3-12-1。

表 3-12-1

公式	结果
=WEEKDAY("2014-9-29",1)	2（星期一）
=WEEKDAY("2014-9-29",2)	1（星期一）
=WEEKDAY("2014-9-29",3)	0（星期一）

第173招 某天是一年中的第几周——WEEKNUM 函数

WEEKNUM 函数返回一个数字，该数字代表一年中的第几周。

函数语法：

```
WEEKNUM(serial_num, return_type)
```

参数 serial_num 代表要确定它位于一年中的第几周的特定日期。参数 return_type 为一数字，它确定星期计算从哪一天开始，其默认值为 1，参数具体含义如表 3-12-2 所示。

表 3-12-2

return_type	星期开始于
1	星期从星期日开始。星期内的天数从 1 到 7 记数
2	星期从星期一开始。星期内的天数从 1 到 7 记数

例如：2014-9-28 是星期日，不同参数返回结果不一样，如表 3-12-3 所示。

表 3-12-3

公式	结果
=WEEKNUM("2014-9-28",1)	40
=WEEKNUM("2014-9-28",2)	39

第174招 返回特定日期的序列号——DATE 函数

DATE 函数返回代表特定日期的序列号。

函数语法：

```
DATE(year,month,day)
```

示例如图 3-12-5 所示。

=DATE(C2,D2,E2)

姓名	身份证	出生年	出生月	出生日	出生日期
A	412316197907128936	1979	07	12	1979-7-12
B	412316198904233553	1989	04	23	1989-4-23
C	412316196802188936	1968	02	18	1968-2-18

图 3-12-5

第175招 如何统计两个日期之间的年数、月数、天数——DATEDIF 函数

DATEDIF 函数用于计算两个日期之间的年数、月数和天数。

函数语法：

```
DATEDIF(date1,date2,code)
```

date1：表示开始日期，date2: 表示结束日期，code：表示返回两个日期的参数代码。

例如，开始日期和结束日期如图 3-12-6 所示。

计算 2 个日期之间间隔的天数、年数、月份数，公式如图 3-12-7 所示。

	A	B
1	开始日期	结束日期
2	2011-3-1	2014-9-29

图 3-12-6

间隔天数	1308	=B2-A2
间隔天数	1308	=DATEDIF(A2,B2,"D")
间隔年数	3	=DATEDIF(A$2,B$2,"Y")
间隔月份	42	=DATEDIF(A$2,B$2,"m")

图 3-12-7

第 176 招 根据日期计算季度（8 种方法）

根据日期快速计算归属的季度，分享 8 种方法。

A 列是日期，部分内容截图如图 3-12-8 所示。

	A
1	2016/1/5
2	2016/4/6
3	2016/5/7
4	2016/2/8
5	2016/3/9
6	2016/7/10
7	2016/8/11
8	2016/9/12
9	2016/10/13
10	2016/11/14
11	2016/12/15
12	2016/6/8

图 3-12-8

方法一: INT 函数

B1 公式 =INT((MONTH(A1)+2)/3)，双击 B1 单元格右下角黑色 + 可以自动填充其他单元格公式。

公式解释说明：

先用 MONTH 函数计算日期对应的月份，再用 INT 函数求季度，INT 函数功能是将数字向下舍入到最接近的整数。比如，如果月份是 12 月，（12+2）/3=4.67, INT(4.67)=4。

方法二: ROUNDUP 函数

B1 公式 =ROUNDUP(MONTH(A1)/3,0)

公式解释说明：

ROUNDUP 函数功能是向上舍入，即将数字朝远离 0 的方向舍入。比如 ROUNDUP(1/3,0)=1。

和这个函数功能相反的函数是 ROUNDDOWN, ROUNDDOWN(1/3,0)=0。

方法三: CEILING函数

B1 公式 =CEILING(MONTH(A2),3)/3

公式解释说明：

CEILING 函数功能是将数字向上舍入为最接近的整数，和 ROUNDUP 不同的是，ROUNDUP 是按照小数位数取舍，CEILING 是按照指定基数的整数倍取舍。比如，CEILING(4,3) 结果是 6，就是按照 3 的整数倍向上取整，所以结果是 6。

方法四: FLOOR 函数

B1 公式 =FLOOR((MONTH(A1)+2)/3,1)

公式解释说明：

FLOOR 函数功能是将数字向下舍入为最接近的整数，和 ROUNDDOWN 不同的是，ROUNDDOWN 是按照小数位数取舍，FLOOR 是按照指定基数的整数倍取舍。比如，FLOOR(4.67,1) 结果是 4。

方法五：LEN 函数

B1 公式 =LEN(2^MONTH(A1))

公式解释说明：

LEN 函数是求文本的长度，如果月份是 12 月，2^12=4096,LEN(4096)=4。如果是 8 月，2^8=256，LEN(256)=3。

方法六：只用 MONTH 函数

B1 公式 =MONTH(MONTH(A1)*10)

公式解释说明：

月份 *10 得到结果是 2 位数或 3 位数，Excel 默认的是 1900 年的日期系统，如果月份是 12，那 120 对应的日期是 1900 年 4 月 29 日，再对这个日期求月份就是 4。我们可以看看分步计算的结果，C 列是计算原始日期的月份，D 列是月份 *10，结果转换为日期格式，E 列是对 D 列结果求月份，如图 3-12-9 所示。

D1 =C1*10

	A	B	C	D	E
1	2016/1/5	1	1	1900/1/10	1
2	2016/4/6	2	4	1900/2/9	2
3	2016/5/7	2	5	1900/2/19	2
4	2016/2/8	1	2	1900/1/20	1
5	2016/3/9	1	3	1900/1/30	1
6	2016/7/10	3	7	1900/3/10	3
7	2016/8/11	3	8	1900/3/20	3
8	2016/9/12	3	9	1900/3/30	3
9	2016/10/13	4	10	1900/4/9	4
10	2016/11/14	4	11	1900/4/19	4
11	2016/12/15	4	12	1900/4/29	4
12	2016/6/8	2	6	1900/2/29	2

图 3-12-9

方法七：LOOKUP 函数

B1 公式 =MONTH(A1),C1 公式 =LOOKUP(B1,{1,4,7,10},{1,2,3,4})

公式解释说明：

LOOKUP 函数功能是返回向量（单行区域或单列区域）或数组中的数值，有 3 个参数，函数语法 LOOKUP(要查找的值，在哪里查找，相对位置的值)。

如果是找不到要查找的，会从后向前查找到比它小的值，如果找不到，则返回错误值。

需要提醒的是：

（1）查找的区域必须按升序排列。

…、-2、-1、0、1、2、…、A ～ Z、FALSE、TRUE

（2）查找的区域可以有错误值，但在查找时会被忽略。

我们再来看看公式 =LOOKUP(B1,{1,4,7,10},{1,2,3,4})，如果 B1 等于 5，在 {1,4,7,10} 中查找，没有这个数，就返回比 5 小的最大值 4，而月份 4 对应的是第 2 季度。

方法八：IF 函数

B1 公式 =IF(MONTH(A1)<4,"1",IF(MONTH(A1)<7,"2",IF(MONTH(A1)<10,"3","4")))

公式解释说明：

如果月份小于 4，就返回 1，如果在 4 ～ 6 就返回 2，7 ～ 9 返回 3，10 ～ 12 返回 4。

第177招 根据日期判断闰年还是平年

怎样自动计算某日期所在年的天数，即判断是闰年还是平年。

方法一：DATE 函数

公式 =DATE(YEAR(A1),12,31)-DATE(YEAR(A1),1,1)+1

A1 单元格为日期，YEAR 函数取该日期所在的年份，用该年的 12 月 31 日减去 1 月 1 日便是从年初到年末的间隔天数，加 1 就是该年的总天数。

方法二：IF 函数

公式 =IF(OR(AND(MOD(YEAR(A1),4)=0,MOD(YEAR(A1),100)<>0),MOD(YEAR(A1),400)=0),"366","365")

用 IF 函数判断该日期所在年份是闰年还是平年，闰年 366 天，平年 365 天。

闰年特点：四年一闰，百年不闰，四百年再闰。即能被 4 整除而不能被 100 整除；能被 400 整除。MOD 函数是求余数。OR 是逻辑函数，多个条件只要有一个成立就返回 TRUE。AND 函数是多个条件同时成立。

第 13 章　其他函数的应用

本章介绍逻辑函数 IF 和 IFERROR、转置函数 TRANSPOSE、IS 类信息函数以及其他不是非常常用的函数、宏表函数等。

第 178 招　逻辑函数 IF 和 IFERROR

1. IF 函数

IF 函数执行真假值判断，根据逻辑计算的真假值，返回不同结果。

语法：

```
IF(logical_test,value_if_true,value_if_false)
```

logical_test 表示计算结果为 TRUE 或 FALSE 的任意值或表达式。

如果单元格为非空数值，返回条件后第一个参数结果，如果为空，返回条件后第二个参数的结果。例如，A1 内容为 1，公式 =IF(A1,"123","234") 返回 123。

示例如图 3-13-1 所示，公式解释如图 3-13-2 所示。

	A	B	C	D
1	项目	计划	实际	比率
2	A	1000	1200	120.00%
3	B	1300	120	9.23%
4	C		3000	
5	D	400	800	200.00%
6	E		100	
7	F	6000	5600	93.33%

图 3-13-1

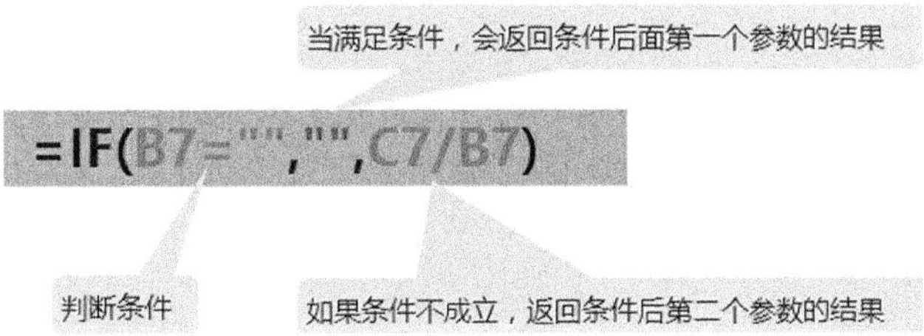

图 3-13-2

在 Excel 2003 及以前的版本中，最多允许 7 层 IF 函数嵌套，在 Excel 2007 中允许使用 64 层 IF 函数嵌套。在设置 IF 多层判断时，每一层需要一个 IF 函数，每个 IF 后面跟一个条件和符合条件的返回结果，在设置数字区间时，用<号要设置数字递增，用>时要用设置递减。例如，逻辑条件如表 3-13-1 所示。

表 3-13-1

逻辑条件	判断结果
小于 60 分	不及格
大于等于 60 分小于 70 分	及格
大于等于 70 分小于 85 分	良好
大于等于 85	优秀

B2 单元格是分数，C2 公式为：

=IF(B2<60," 不及格 ",IF(B2<70," 及格 ",IF(B2<85," 良好 "," 优秀 ")))

2. IFERROR 函数

语法：

```
IFERROR(value, value_if_error)
```

value 检查是否存在错误的参数。如果公式的计算结果为错误，则返回指定的值，否则将返回公式的结果。使用 IFERROR 函数来捕获和处理公式中的错误。

value_if_error 必需，公式的计算结果为错误时要返回的值。计算得到的错误类型有：#N/A、#VALUE!、#REF!、#DIV/0!、#NUM!、#NAME? 或 #NULL!。

比如，用 VLOOKUP 函数查找如果找不到结果返回 #N/A，如果不想显示 #N/A，用“无”表示，就可以用函数 IFERROR。公式 =IFERROR(VLOOKUP(I:2, 人力信息 !$A:$C,3,0),"无")，如图 3-13-3 所示。

函数参数
IFERROR
Value
VLOOKUP(I2,人力信息!$A:$C,3
= 13811119638
Value_if_error
无
=
= 13811119638
如果表达式是一个错误，则返回 value_if_error，否则返回表达式自身的值
Value_if_error 是任意值、表达式或引用

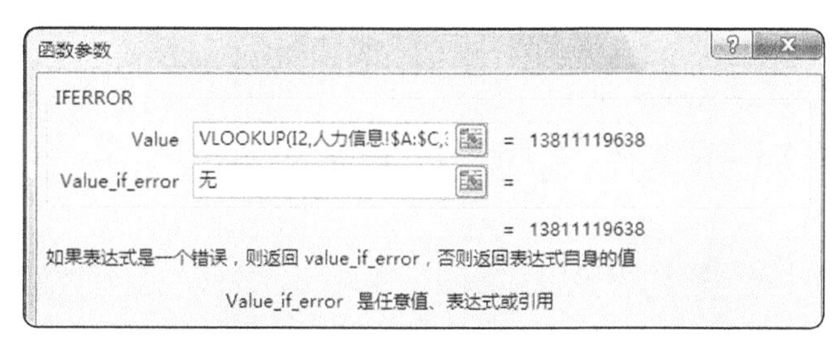

图 3-13-3

第 179 招 Excel 中如何把全角字符转换为半角字符——ASC 函数

全角字符，字符间距大，如图 3-13-4 所示。

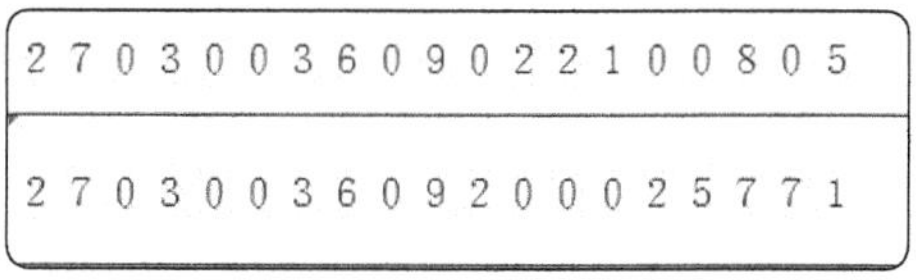

２７０３００３６０９０２２１００８０５
２７０３００３６０９２０００２５７７１

图 3-13-4

用函数 ASC 可以把全角字符转换为半角字符，如图 3-13-5 所示。

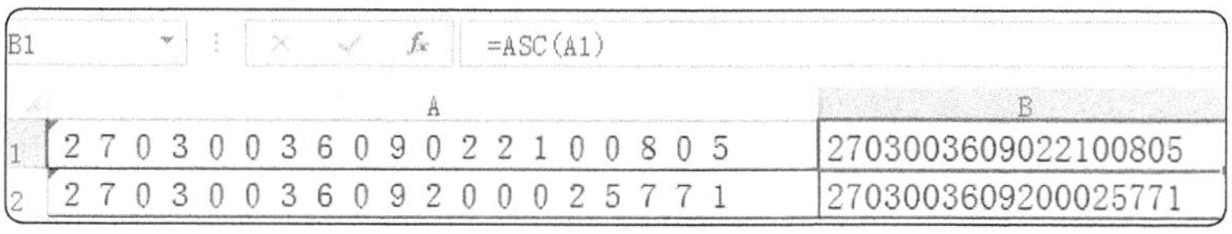

B1
=ASC(A1)
A
B
1
２７０３００３６０９０２２１００８０５
270300360902210080５
2
２７０３００３６０９２０００２５７７１
270300360920002577１

图 3-13-5

ASC 函数功能：对于双字节字符集 (DBCS) 语言，将全角（双字节）字符更改为半角（单字节）字符。

语法：

```
ASC(text)
```

text 为文本或对包含要更改文本的单元格的引用。如果文本中不包含任何全角字母，则文本不会更改。反之，如果要把半角字符转为全角字符，用 WIDECHAR 函数，在 C1 输入公式 =WIDECHAR(B1)，得到的结果就是全角字符。

第 180 招 怎样使公式中不出现 #N/A 等错误值——Excel IS 类函数介绍

用来检验数值或引用类型的 12 个工作表函数，如表 3-13-2，概括为 IS 类函数。可以检验数值的类型并根据参数取值返回 TRUE 或 FALSE。例如，如果数值为对空白单元格的引用，函数 ISBLANK 返回逻辑值 TRUE，否则返回 FALSE。

表 3-13-2

函数	功能	语法
	其中包括用来检验数值或引用类型的 12 个工作表函数	
ISBLANK	空白单元格	ISBLANK(value)
ISERR	任意错误值（除去 #N/A）	ISERR(value)
ISERROR	任意错误值（#N/A、#VALUE!、#REF!、#DIV/0!、#NUM!、#NAME? 或 #NULL!）	ISERROR(value)
ISEVEN	如果参数 value 为偶数，返回 TRUE，否则返回 FALSE	ISEVEN(value)
ISLOGICAL	逻辑值	ISLOGICAL(value)
ISNA	错误值 #N/A（值不存在）	ISNA(value)
ISNONTEXT	任意不是文本的项（注意此函数在值为空白单元格时返回 TRUE）	ISNONTEXT(value)
ISNUMBER	数字	ISNUMBER(value)
ISODD	如果参数 value 为奇数，返回 TRUE，否则返回 FALSE	ISODD(value)
ISPMT	计算特定投资期内要支付的利息	ISPMT(rate, per, nper, pv)
ISREF	引用	ISREF(value)
ISTEXT	文本	ISTEXT(value)

value 为需要进行检验的数值。

说明：IS 类函数的参数 value 是不可转换的。例如，在其他大多数需要数字的函数中，文本值“19”会被转换成数字 19。然而在公式 ISNUMBER ("19") 中，“19”并不由文本值转换成别的类型的值，函数 ISNUMBER 返回 FALSE。IS 类函数在用公式检验计算结果时十分有用。当它与函数 IF 结合在一起使用时，可以提供一种方法用来在公式中查出错误值（参阅下面的示例）。

示例：

（1）在一个工作表中，假设需要计算 A1:A4 区域的平均值，但不能确定单元格内是否包含数字。如果 A1:A4 不包含任何数字，公式 AVERAGE(A1:A4) 返回错误值 #DIV/0!。为了应付这种情况，可以使用下面的公式来查出潜在的错误值：

IF(ISERROR(AVERAGE(A1:A4)),"No Numbers",AVERAGE(A1:A4))

（2）在下面的表格中，当分母为 0，除法运算结果显示 #DIV/0!，如图 3-13-6 所示。

	A	B	C	D
1	产品	销售收入	销售数量	单价（=销售收入/销售数量）
2	A	105	5	21
3	B	80	40	2
4	C	66	11	6
5	D	0	0	#DIV/0!
6	E	46	23	2
7	合计	297	79	3.76

图 3-13-6

怎么让结果不显示 #DIV/0!，而显示“无数据”？输入公式 =IF(ISERR(B11/C11)，" 无数据 "，B11/C11)，就可以显示想要的结果，如图 3-13-7 所示。

（3）用 VLOOKUP 查找如果找不到会显示 #N/A，如下表中 F 列和 G 列是用 VLOOKUP 函数在 A1:C19 区域内查找，结果有 #N/A 出现，如图 3-13-8 所示。

10	产品	销售收入	销售数量	单价（=销售收入/销售数量）
11	A	105	5	21
12	B	80	40	2
13	C	66	11	6
14	D	0	0	无数据
15	E	46	23	2
16	合计	297	79	3.76

图 3-13-7

	A	B	C	D	E	F	G
1	姓名	部门	电话		责任人	责任部门	电话
2	石峰(black13)	互娱	138****9638		石峰(black13)	互娱	138****9638
3	赵晋(black16)	互娱	138****9641		赵晋(black16)	互娱	138****9641
4	倪张春(black2)	互娱	137****8753		倪张春(black2)	互娱	137****8753
5	胡铁山(black3)	互娱	0451-88***852		胡铁山(black3)	互娱	0451-88***852
6	张勇(black4)	互娱	138****9629		张勇(black4)	互娱	138****9629
7	陈峰(black5)	互娱	138****9630		陈峰(black5)	互娱	138****9630
8	梁斯博(black6)	财经	138****9631		梁斯博(black6)	财经	138****9631
9	钱东(black7)	财经	138****9632		钱东(black7)	财经	138****9632
10	陈超(black1)	财经	139****9663		陈超(black1)	财经	139****9663
11	孔令哲(black8)	财经	138****9633		孔令哲(black8)	财经	138****9633
12	梅强(black9)	财经	138****9634		梅强(black9)	财经	138****9634
13	任冰(black10)	财经	138****9635		任冰(black10)	财经	138****9635
14	袁建华(black11)	互娱	138****9636		袁建华(black11)	互娱	138****9636
15	王承礼(black18)	互娱	138****9643		刘小刚(black12)	#N/A	#N/A
16	秦国强(black19)	互娱	138****9644		曹誉仁(black17)	#N/A	#N/A
17	于贤成(black20)	互娱	138****9645				
18	黄廷(black1)	互娱	0451-113***52				
19	张光玲(black15)	互娱	138****9640				

图 3-13-8

F 列和 G 列用 ISNA 函数，如 G 列公式 =IF(ISNA(VLOOKUP($E$2:$E$16,$A$2:$C$19,3,0)), " 无 ",VLOOKUP($E$2:$E$16,$A$2:$C$19,3,0))，显示结果如图 3-13-9 所示。

责任人	责任部门	电话
石峰(black13)	互娱	138****9638
赵晋(black16)	互娱	138****9641
倪张春(black2)	互娱	137****8753
胡铁山(black3)	互娱	0451-88***85
张勇(black4)	互娱	138****9629
陈峰(black5)	互娱	138****9630
梁斯博(black6)	财经	138****9631
钱东(black7)	财经	138****9632
陈超(black1)	财经	139****9663
孔令哲(black8)	财经	138****9633
梅强(black9)	财经	138****9634
任冰(black10)	财经	138****9635
袁建华(black11)	互娱	138****9636
刘小刚(black12)	无	无
曹誉仁(black17)	无	无

图 3-13-9

第 181 招 计算贷款的月偿还金额——PMT 函数

对于年轻一族来说，贷款买房买车很常见，怎样计算贷款的月偿还金额呢？Excel 提供的 PMT 函数是完成这个任务的好工具。

PMT 函数的定义以及说明：

PMT 是基于固定利率以及等额分期付款方式，返回贷款的每期付款额，语法为：

```
PMT(rate, nper, pv, fv, type)
```

参数：rate 贷款利率，nper 该项贷款的付款总数，pv 为现值（也称为本金），fv 为未来值（或最后一次付款后希望得到的现金余额），type 指定各期的付款时间是在期初还是期末（1 为期初，0 或省略为期末）。

说明：PMT 返回的支付款项包含本金和利息，但不包括税款，保留支付或某些与贷款有关的费用。rate 和 nper 单位要一致，例如，同样是 4 年期年利率 10% 的贷款，如果按月支付，rate 应为 10%/12，nper 应为 4*12；如果按年支付，rate 应为 10%，nper 应为 4。

例 1：利用 PMT 函数计算每月还款额，如图 3-13-10 所示。

	A	B
1	贷款金额（元）	100000
2	年利率	8%
3	贷款期限（月）	120
4	每月应付款（元）	

图 3-13-10

B4 公式参数设置如图 3-13-11 所示。

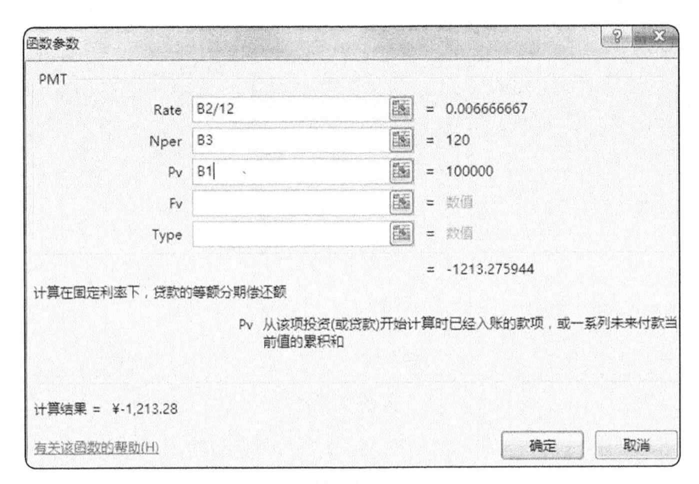

图 3-13-11

注意：给定的利率是年利率，一定要改为月利率。单击确定后，得到图 3-13-12。

	A	B
1	贷款金额（元）	100000
2	年利率	8%
3	贷款期限（月）	120
4	每月应付款（元）	¥-1,213.28

图 3-13-12

例 2：PMT 函数结合模拟运算表，分析计算出还款期限为 60 个月，每月“应付款”随着“贷款额”和“年利率”的变化而相应变化的结果，如图 3-13-13 所示。

	A	B	C	D	E
1	根据贷款期限（60个月）以及贷款额、贷款年利率计算每月付款额				
2		7.50%	7.00%	6.50%	6.00%
3	¥90,000.00				
4	¥80,000.00				
5	¥70,000.00				
6	¥60,000.00				
7	¥50,000.00				
8	¥40,000.00				

图 3-13-13

单击 A2 单元格，选中 PMT 函数，参数设置如图 3-13-14 所示。

单击确定，计算结果如图 3-13-15 所示。

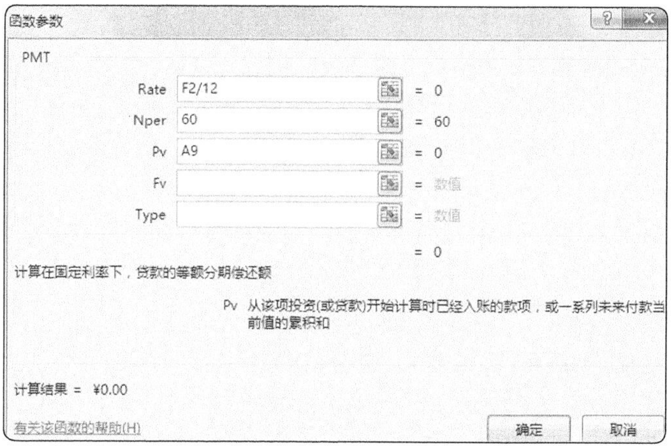

函数参数
PMT
Rate F2/12 = 0
Nper 60 = 60
Pv A9 = 0
Fv = 数值
Type = 数值
= 0
计算在固定利率下，贷款的等额分期偿还额
Pv 从该项投资(或贷款)开始计算时已经入账的款项，或一系列未来付款当前值的累积和
计算结果 = ¥0.00
有关该函数的帮助(H)
确定
取消

图 3-13-14

	A	B	C	D	E
1	根据贷款期限（60个月）以及贷款额、贷款年利率计算每月付款额				
2	¥0.00	7.50%	7.00%	6.50%	6.00%
3	¥90,000.00				
4	¥80,000.00				
5	¥70,000.00				
6	¥60,000.00				
7	¥50,000.00				
8	¥40,000.00				

图 3-13-15

鼠标选中 A2:E8，选中数据菜单下的“模拟分析”中的“模拟运算表”，如图 3-13-16 所示。

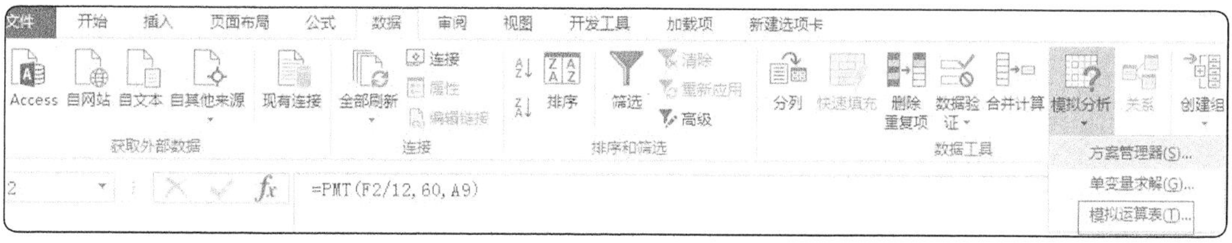

文件 开始 插入 页面布局 公式 数据 审阅 视图 开发工具 加载项 新建选项卡
Access 自网站 自文本 自其他来源 现有连接 全部刷新 连接 属性 编辑链接 排序 筛选 清除 重新应用 高级 分列 快速填充 删除重复项 数据验证 合并计算 模拟分析 关系 创建组
获取外部数据 连接 排序和筛选 数据工具
方案管理器(S)...
单变量求解(G)...
模拟运算表(T)...
=PMT(F2/12,60,A9)

图 3-13-16

模拟运算表设置如图 3-13-17 所示。

单击“确定”，得到结果，如图 3-13-18 所示。

模拟运算表
输入引用行的单元格(R): $F$2
输入引用列的单元格(C): $A$9
确定
取消

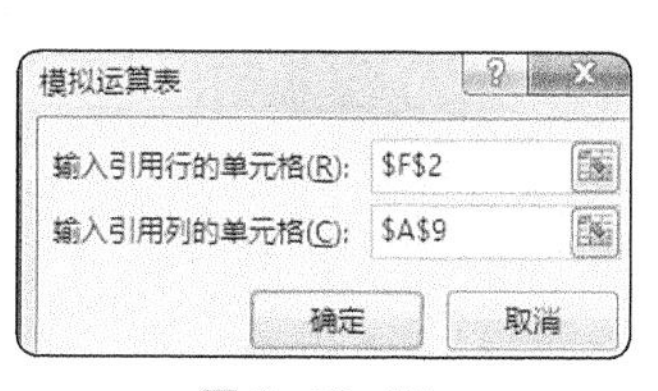

图 3-13-17

	A	B	C	D	E
1	根据贷款期限（60个月）以及贷款额、贷款年利率计算每月付款额				
2	¥0.00	7.50%	7.00%	6.50%	6.00%
3	¥90,000.00	¥-1,803.42	¥-1,782.11	¥-1,760.95	¥-1,739.95
4	¥80,000.00	¥-1,603.04	¥-1,584.10	¥-1,565.29	¥-1,546.62
5	¥70,000.00	¥-1,402.66	¥-1,386.08	¥-1,369.63	¥-1,353.30
6	¥60,000.00	¥-1,202.28	¥-1,188.07	¥-1,173.97	¥-1,159.97
7	¥50,000.00	¥-1,001.90	¥-990.06	¥-978.31	¥-966.64
8	¥40,000.00	¥-801.52	¥-792.05	¥-782.65	¥-773.31

图 3-13-18

从上面的例子看来，只要掌握好 PMT 参数的使用，就很好使用 PMT 函数，千万别忘了利率是年还是月，这个很重要。

第 182 招 转置函数——TRANSPOSE 函数

Excel 里数据转置功能可能很多人用过，选择性粘贴，把“转置”打钩就可以，如图 3-13-19 所示。

然而，实际工作中转置之前的数据可能会经常发生变化，如果数据变化了，又得重新转置，怎样能做到转置之前的数据发生变化，转置后的数据也跟着自动变化呢？TRANSPOSE 函数可以将表格中的行列进行转置。这个函数与其他函数用法有点不一样，一般来说，我们在单元格输入公式就行了，这个函数需要在写公式之前选中转置后数据存放的区域。比如，要把图3-13-20的表格行列互换，这个表格 7 行 4 列，我们先选中 4 行 7 列空白区域，如 H1:K7，再在单元格 H1 输入公式 =TRANSPOSE(A1:G4)，公式输入完之后在编辑栏按组合键【Ctrl+Shift+Enter】，转置前后结果如图 3-13-21 所示。

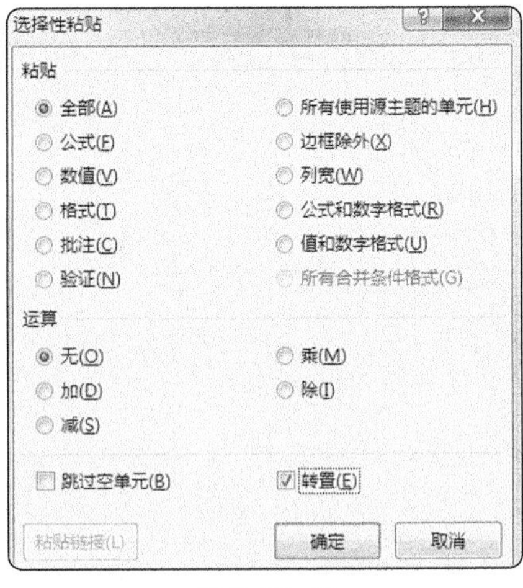

图 3-13-19

	A	B	C	D	E	F	G
1	月份	会员	黄钻	绿钻	蓝钻	红钻	好莱坞
2	1月	625	775	218	172	982	810
3	2月	801	560	23	534	309	138
4	3月	623	859	671	96	633	197

图 3-13-20

H1　{=TRANSPOSE(A1:G4)}

	A	B	C	D	E	F	G	H	I	J	K
1	月份	会员	黄钻	绿钻	蓝钻	红钻	好莱坞	月份	1月	2月	3月
2	1月	625	775	218	172	982	810	会员	625	801	623
3	2月	801	560	23	534	309	138	黄钻	775	560	859
4	3月	623	859	671	96	633	197	绿钻	218	23	671
5								蓝钻	172	534	96
6								红钻	982	309	633
7								好莱坞	810	138	197

图 3-13-21

第183招 怎样批量给单元格地址添加超链接

单元格网址部分截图如图 3-13-22 所示，每个单元格必须双击才能变成超链接模式，怎样给这些地址批量添加超链接呢？

	A
1	地址
2	http://epo.oa.com/rap_p2p/#/pr/view/auth?guid=d6dd3e2f327e4acca6ced7d6c6ff8a94
3	http://epo.oa.com/rap_p2p/#/pr/view/auth?guid=145a0fa7625947728001930c3e313454
4	http://epo.oa.com/rap_p2p/#/pr/view/auth?guid=00bd05d07b6b43e3873c28073bc77c9b
5	http://epo.oa.com/rap_p2p/#/pr/view/auth?guid=3129cd050a5c40eba0e07ae038c13a52
6	http://epo.oa.com/rap_p2p/#/pr/view/auth?guid=9d8931af0348430ba127d9948439fb12
7	http://epo.oa.com/rap_p2p/#/pr/view/auth?guid=36b9b7173c4f4f3d92c971b46b9e7841
8	http://epo.oa.com/rap_p2p/#/pr/view/auth?guid=5209ad3fdb1f4df6af9c02cd79d40e18
9	http://epo.oa.com/rap_p2p/#/pr/view/auth?guid=6b7a29b036fd4337b2820bf6efdd156d
10	http://epo.oa.com/rap_p2p/#/pr/view/auth?guid=6bf0b22ee22648209a3a042e67850126

图 3-13-22

也许有人说可以用 VBA 解决啊，可是 VBA 对于大多数人来说还是太高深了。其实一个函数就可以解决，非常简单，在 B2 单元格输入公式 =HYPERLINK(A2)，如图 3-13-23 所示。

图 3-13-23

HYPERLINK，即跳转，用来打开存储在网络服务器、Intranet 或 Internet 中的文件，或跳转到指定工作表的单元格。当单击函数 HYPERLINK 所在的单元格时，Excel 将打开存储在链接位置中的文件或跳转到指定的单元格位置。

第 184 招 在单元格中提取当前文件的路径、文件名或工作表

1. 提取文件所在的路径

在 A1 单元格输入公式 =CELL("filename")

公式返回结果如图 3-13-24 所示。

这个公式得到的信息包含了当前工作表的名称，且文件名是用“[ ]”括起来的。

如果不想要这些信息，只要文件路径名，公式改为：

=SUBSTITUTE(LEFT(CELL("filename"),FIND("]",CELL("filename"))-1),"[","")

公式返回结果如图 3-13-25 所示。

图 3-13-24

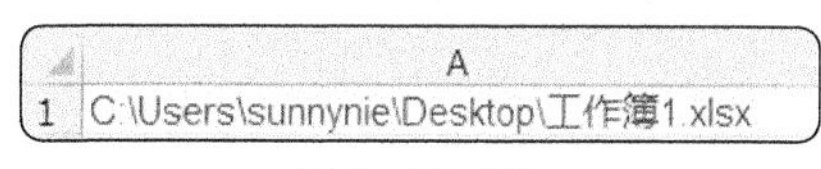

图 3-13-25

2. 提取文件名（含后缀）

方法一：函数与公式

公式如下：

=MID(CELL("filename"),FIND("[",CELL("filename"))+1,FIND("]",CELL("filename"))-FIND("[",CELL("filename"))-1)

公式返回结果如图 3-13-26 所示。

图 3-13-26

方法二：用宏表函数定义名称

单击公式→名称管理器，引用位置输入公式 =GET.CELL(66,A1)，如图 3-13-27 所示。

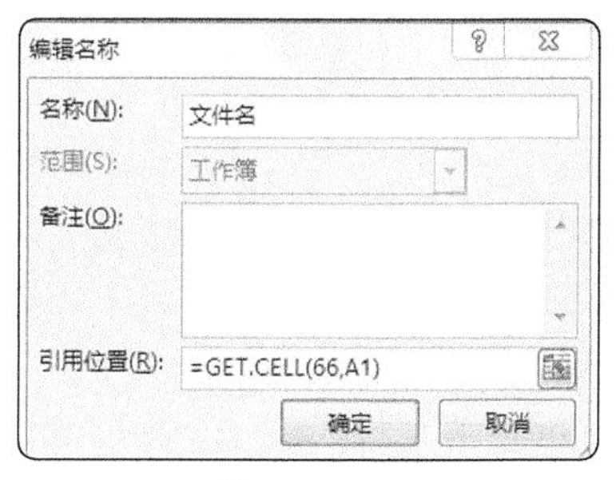

图 3-13-27

在 A1 单元格输入公式 = 文件名，即可得到图 3-13-26 结果。

方法三：VBA 代码

按组合键【Alt+F11】进入 VBE 编辑环境，输入以下代码：

```
Sub 宏 1()
[A1] = Mid(ThisWorkbook.Name, InStrRev(ThisWorkbook.Name, "\") + 1)
End Sub
```

再按 F5 键执行宏，如图 3-13-28 所示，A1 单元格就出现图 3-13-26 结果。

图 3-13-28

3. 提取文件名（不含后缀）

公式如下：

=MID(CELL("filename"),FIND("[",CELL("filename"))+1,FIND(".xls", CELL("filename"))-FIND("[",CELL("filename"))-1)

公式返回结果如图 3-13-29 所示。

4. 提取工作表名称

公式如下：

=RIGHT(CELL("filename",$A$1),LEN(CELL("filename",$A$1))-FIND("]",CELL("filename",$A$1)))

公式返回结果如图 3-13-30 所示。

5. 提取当前文件名和工作表的名称

公式如下：

=RIGHT(CELL("filename"),LEN(CELL("filename"))- MAX(IF(NOT(ISERR(SEARCH("\", CELL("filename"), ROW(1:255)))),SEARCH("\",CELL("filename"),ROW(1:255)))))

要将公式作为数组公式输入，按组合键【Ctrl+Shift+Enter】。

数组公式返回结果如图 3-13-31 所示。

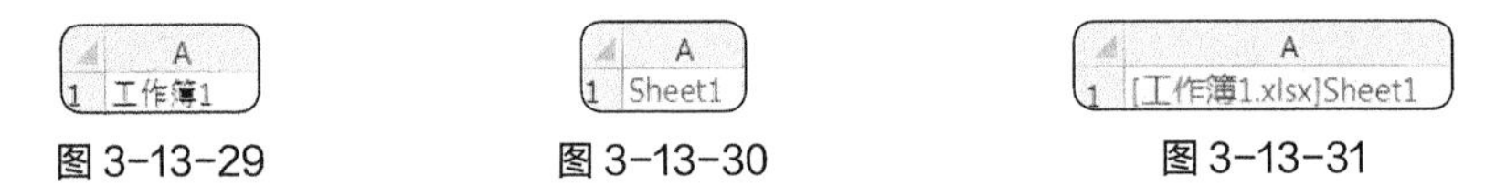

图 3-13-29　　图 3-13-30　　图 3-13-31

第 185 招　什么是宏表函数

也许你用过很多类型的函数，但是对于宏表函数，可能觉得很陌生，很难学。什么是宏表函数？有哪些宏表函数？都有什么功能？为什么要学习它呢？宏表函数是个“老古董”，实际上是现在广泛使用的 VBA 的“前身”。虽然后来的各版本已经不再使用它，但还能支持，可以实现现有版本的函数或技巧无法完成的功能。宏表函数的最“原始”的使用是要建立一个“宏表”（类似于现在的 VBE），在宏表中写下宏代码，然后运行。在现在各版本的 Excel 中，按组合键【Ctrl+F11】就可建立这样一个“宏表”，或者在工作表标签右键单击“插入”，选择“MS Excel 4.0 宏表”，如图 3-13-32 所示。

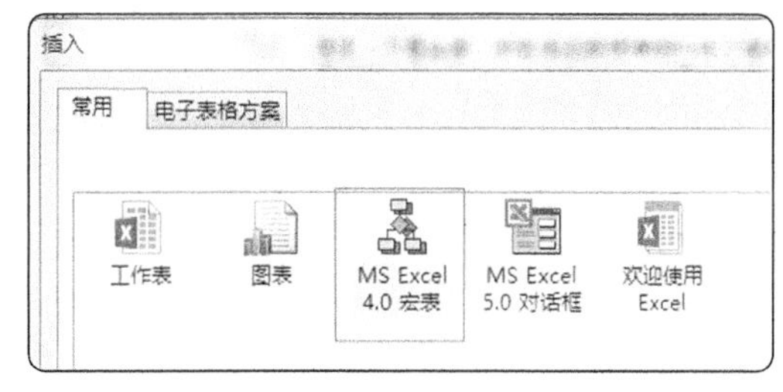

图 3-13-32

关于宏表函数有几点规则和问题如下。

（1）在公式中使用宏表函数，最重要的一点就是：不能在公式中直接使用，而必须定义成名称。

（2）很多（不是全部）的宏表函数即使按 F9 键也不能自动更新，而必须按组合键【Alt+Ctrl+F9】才能更新。解决办法：在定义名称时加入一个易失函数，利用其易失性强迫结果更新。例如，定义 X=GET.CELL(63,A1)，当背景颜色改变时，公式结果不能自动更新，必须按组合键【Alt+Ctrl+F9】才能更新。而如果定义为 X=GET.CELL(63,A1)&T(NOW())，则只需按 F9 键或激活当前工作表的任一单元格即可以立即更新。连接的易失函数有多种形式，除了上面的例子，还有 &T(RAND())< 适用文本 >、+TODAY()*0< 适用数值 > 等。

（3）宏表函数对公式长度有限制。特别是 EVALUATE，它的长度限制为 251 字符。在对长公式求值的时候这点往往不能满足要求。其他一些函数对数量也有一些限制。如 FILES() 函数只能显示 256 个文件。

（4）最后就是速度问题。宏表函数的运行速度是比较慢的，这在应用时应予注意。

常用的宏表函数有以下 10 个函数，如表 3-13-3 所示。

表 3-13-3

宏表函数	功能
GET.CELL	返回关于格式化，位置或单元格内容的信息，有 66 种类型
GET.DOCUMENT	有关工作表的信息，88 种类型
GET.WORKBOOK	有关工作簿的信息，38 种类型
EVALUATE	计算文本算式
FILES	指定目录所有文件名（水平数组）
DOCUMENTS	以文字形式的水平数组返回指定的已打开工作簿中按字母顺序排列的名字
LINKS	作为文字数值的一个水平数组，返回指定工作簿中的外部引用提及的所有工作簿的名字。使用 LINKS 和 OPEN.LINKS 一起打开源工作簿
GET.FORMULA	返回出现在编辑栏中的单元格的内容。这些内容以文字形式给出，如“=2*PI()/360”。如果公式包含引用单元格，将以 R1C1 式样引用返回，如“=RC[1]*(1+R1C1)”
ACTIVE.CELL	作为外部引用返回选择中的活动单元格的引用
REFTEXT	将一个引用转化为文字形式的绝对引用。当需要用文字函数操作引用时，可使用 REFTEXT 函数。操作此文字引用以后，可以使用 TEXTREF 函数将其转化为一般的引用

第 186 招 常用宏表函数的应用

1. 最常用的宏表函数 GET.CELL

语法：

```
GET.CELL(type_num, reference)
```

type_num 指明单元格中信息的类型。表 3-13-4 列出 type_num 的可能值与其对应的结果。

reference 是提供信息的单元格或单元格范围。参数形式为 [ABC.XLS]sheet1!A1。

如果引用的是单元格范围，使用引用中第一个范围的左上角的单元格。如果引用被省略，默认为活动单元格。

表 3-13-4

参数	返回结果
6	返回单元格公式
7	单元格数字格式
24	字体颜色
62	返回工作簿和工作表名
63	背景颜色

应用案例见第 16 章第 228 招。

2. 计算文本算式的宏表函数 EVALUATE

如图 3-13-33 所示，文本算式如何计算呢?

单击菜单公式→名称管理器，定义名称“计算”，如图 3-13-34 所示。

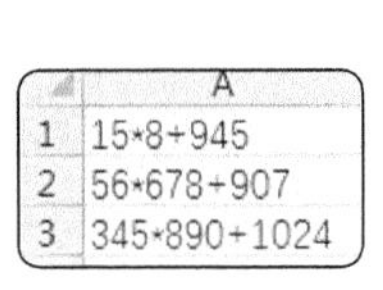

图 3-13-33

图 3-13-34

在 B1 输入公式 = 计算，单击 B1 单元格右下角 +，就可以自动计算 A 列其他单元格文本算式的结果，如图 3-13-35 所示。

这个问题也可以不用宏表函数解决，我们在 C 列输入 =，再用 & 合并 C 列和 A 列，D1 公式为 =C1&A1，如图 3-13-36 所示，D 列公式复制，选择性粘贴数值到 E 列，如图 3-13-37 所示。

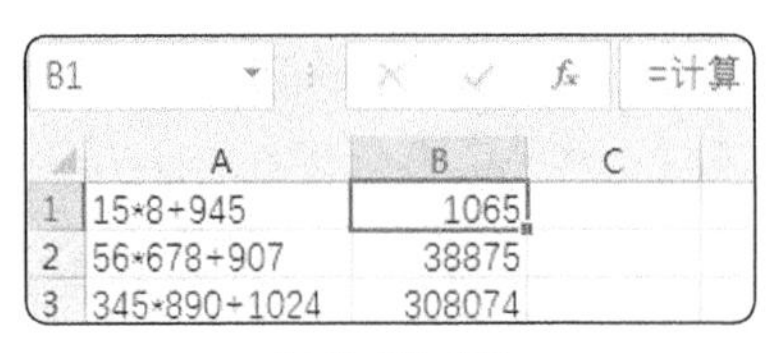

图 3-13-35

D1 =C1&A1

	A	B	C	D
1	15*8+945	1065	=	=15*8+945
2	56*678+907	38875	=	=56*678+907
3	345*890+1024	308074	=	=345*890+1024

图 3-13-36

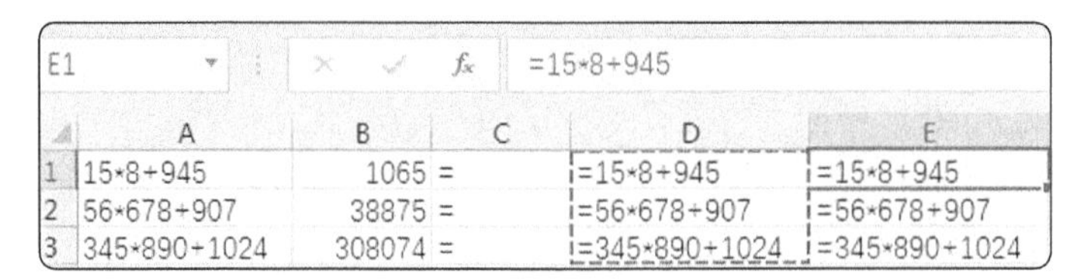

图 3-13-37

单击菜单数据→分列，按照默认的一步步操作，最后一步选择默认的常规，就可以得到结果，如图 3-13-38 所示。

	A	B	C	D	E
1	15*8+945	1065	=	=15*8+945	1065
2	56*678+907	38875	=	=56*678+907	38875
3	345*890+1024	308074	=	=345*890+1024	308074

图 3-13-38

3. 获取工作簿的信息 GET.WORKBOOK

一个工作簿有多张工作表，为了查看方便，建立目录工作表，提取所有工作表名称，定义名称如图 3-13-39 所示。

图 3-13-39

第四篇　图表制作

本篇介绍图表制作的基本理论知识和柱形图、条形图、折线图、饼图、散点图等常用图表的制作方法以及组合图的制作技巧、图表的美化、动态图表的制作等技巧。

第 14 章　常用图表制作以及图表优化

本章介绍图表制作的基本思路和图表元素的设置以及常见图表的制作和优化技巧。

第 187 招　图表制作的基本理论知识

“一图胜千言”，图表比文字和表格更容易让人记住，字不如表，表不如画，说的就是这个道理。图表的作用有以下几点。

（1）迅速传达信息；

（2）直接关注重点；

（3）更明确显示其相互关系；

（4）使信息的表达更鲜明生动。

制作图表的基本思路：

Step1　确定你要表达的信息。

（1）不同图表表达的意思不尽相同；

（2）关注点不同，表达的信息也不相同；

（3）标题要体现你想表达的关键信息。

Step2　选择最适合的图形表述。

Step3　优化图形效果。

原始数据如图 4-14-1 所示。

1月份每个地区的销售百分比

	公司A	公司B
北部	13%	39%
南部	35%	6%
东部	27%	27%
西部	25%	28%

图 4-14-1

表达一：图 4-14-2 饼图强调的是 A 公司和 B 公司的组合销售量不同。

表达二：图 4-14-3 条形图强调的是 A 公司和 B 公司的销售额所占的百分比随着地域的不同而改变。

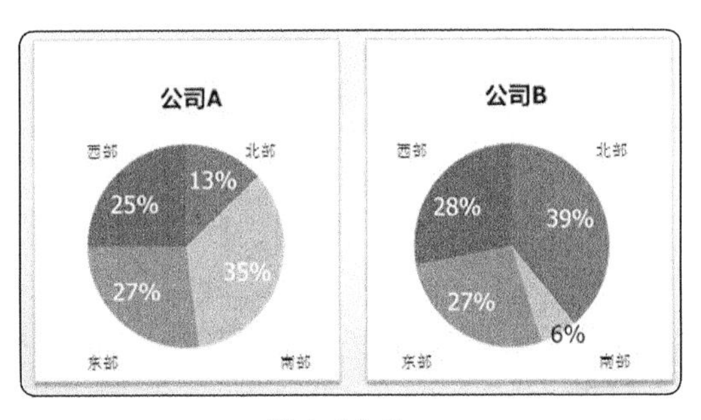

图 4-14-2

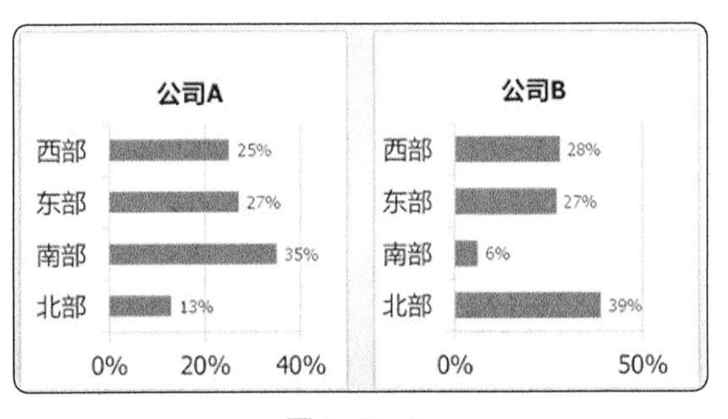

图 4-14-3

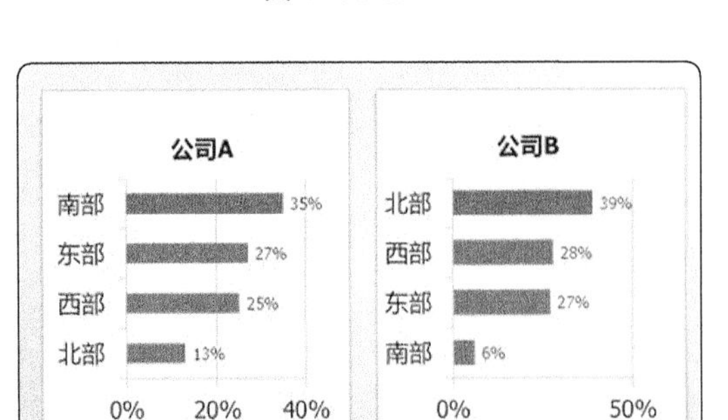

图 4-14-4

表达三：图 4-14-4 表达 A 公司销售额是南部最高，B 公司的销售额是北部最高（颜色的应用）。

表达四：图 4-14-5 表达 A 公司销售额是南部最高，而 B 公司在南部的销售额最低。

表达五：在南部地区，A 公司与 B 公司相比在利润上以一个巨大的差额领先；在东部地区，A 公司与 B 公司势均力敌；在北部地区，A 公司则明显落后于 B 公司，如图 4-14-6 所示。

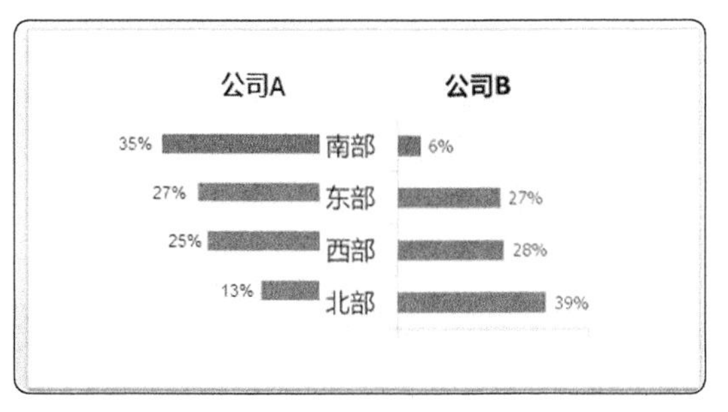

图 4-14-5

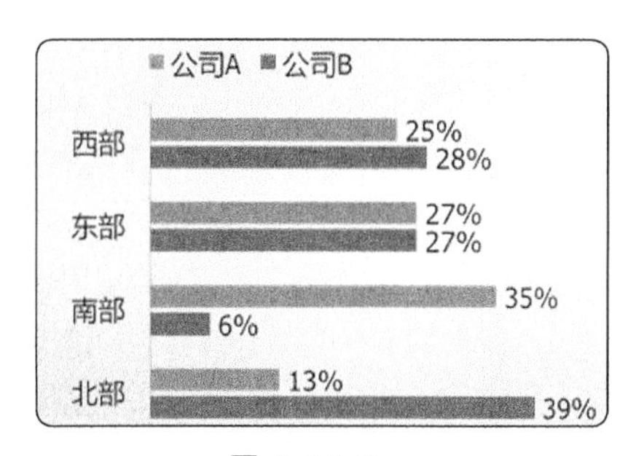

图 4-14-6

从上面例子可以看出，同样的原始数据，不同图表表达的意思不尽相同。

图 4-14-7 你的注意可能集中在 1 月至 5 月的总销售额变化趋势以及销售额随时间变化的规律，那么你的信息就是：自 1 月以来销售额正在稳步提升。

图 4-14-8 给你的信息是：在 5 月里，产品 A 的销售额大幅领先产品 B 和 C。

产品销售量，单位：千美元

	产品A	产品B	产品C	总计
1月	88	26	7	121
2月	94	30	8	132
3月	103	36	8	147
4月	113	39	7	159
5月	122	40	13	175

图 4-14-7

产品销售量，单位：千美元

	产品A	产品B	产品C	总计
1月	88	26	7	121
2月	94	30	8	132
3月	103	36	8	147
4月	113	39	7	159
5月	122	40	13	175

图 4-14-8

使用相同的数据却得到完全不同的信息，强调的内容是你决定的，而这个决定就是你要表达的信息。

用“各地区所占利润的百分比”来做图表标题，不如用图 4-14-9 红色字来做标题，最好还把你想表达的数据着重表达出来，例如换一种颜色。

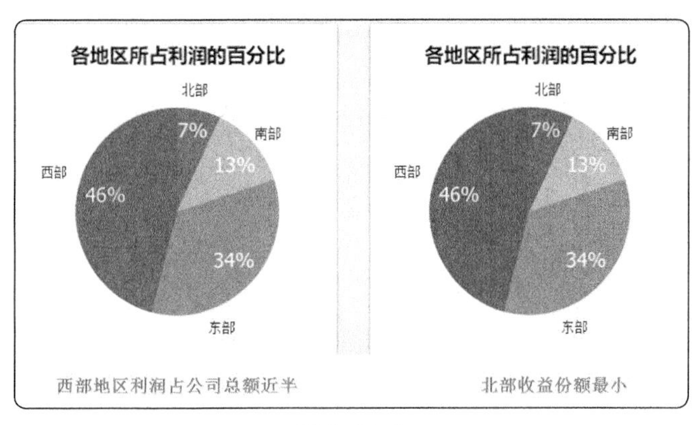

图 4-14-9

标题的要求：反映了最主要的信息；简洁而且必须切中关键点。

几种常见图表制作注意事项如图 4-14-10 所示。

序号	1	2	3	4	5
图形名称	饼图	条形图	柱形图	折线图	散点图
图形样例					
属性	成分（占总体百分比）	项目（对比） 相对性（需要变形）	时间序列 频率分布	时间序列（随着时间的变化） 频率分布（项目的分布情况）	相对性（变量之间的关系）
注意事项	1．不宜多于六种，超过六种用“其他”表示； 2．将最重要的部分放在紧靠12点钟的位置，并且使用强烈的颜色对比以显示突出； 3．饼图比条图优越在于能够清晰展示一个整体。如果，一旦需要比较2个或者2个以上整体时，马上选择条形图	1．一般是对比的时候，建议使用条形图，原因是：项目名称冗长，条形图有足够的空间； 2．为了突显数值，可在顶端（或者在底端）使用一个刻度尺，或者在条形末尾标注数字，但是注意不要两者同时使用； 3．如果是对比，建议由高到低排序	如果你的图表中只有少的几个点（如7到8个），那么就使用柱形图；反之，如果你必须在图中展示20多年来每个季度的变化趋势，你最好还是使用折线图	常用图形 左右坐标的使用问题	1．显示两种变量符合或是不符合你所希望出现的模板。成对条形图方案只在数据组较少时才会起作用； 2．如果数据超过了15组甚至更多时，那么你最好不要再标记出每个点，应该换为使用一个更加紧密的散点图

图 4-14-10

第188招 基本图表的制作，柱形图、条形图、折线图、饼图、散点图等制作

1. 柱形图

当有多个数据系列并且希望强调总数值时，或者显示整体的各个部分如何随时间变化，可以使用堆积柱形图。如果要比较各个值占总计的百分比，或显示每个值的百分比如何随时间变化，可以使用百分比堆积柱形图。

原始数据如图 4-14-11 所示。

	A	B	C	D	E	F	G
1		互娱	无线	互联网	平台	财经	新人
2	致命	4	1	2	1	1	1
3	严重	11	7	6	5	2	3
4	一般	15	13	14	8	3	2
5	提示	22	15	12	14	15	13
6	建议	5	4	3	3	5	0
7	总计	57	40	37	31	26	19

图 4-14-11

堆积柱形图制作步骤如下：

Step1 选中 A1:G6 数据，插入二维柱形图的第 2 种，如图 4-14-12。得到如图 4-14-13 图表。

二维柱形图

图 4-14-12

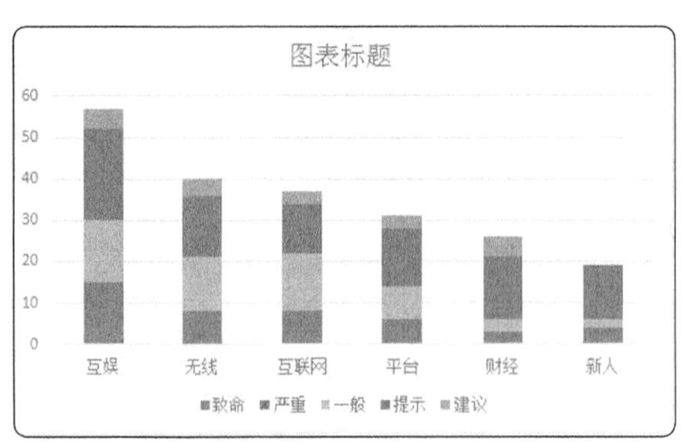

图 4-14-13

Step2 在快速布局里找到布局 5，如图 4-14-14 所示。得到图 4-14-15 所示的图表。

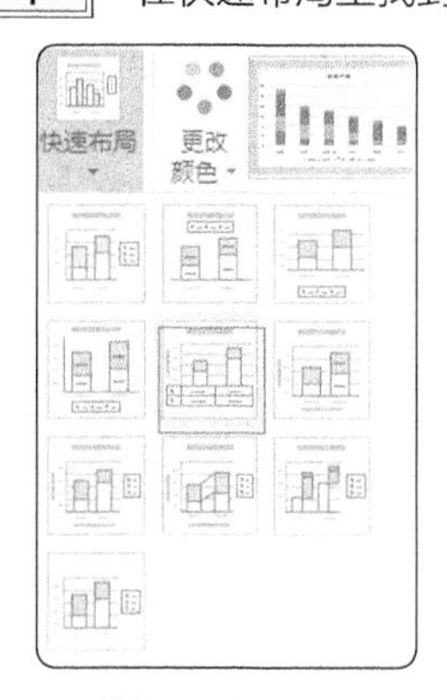

图 4-14-14

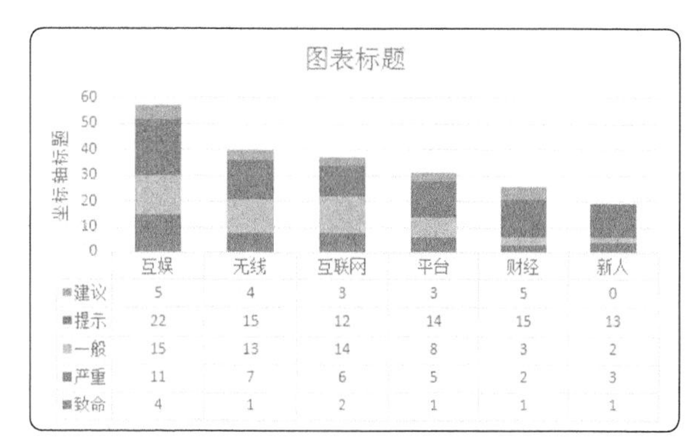

	互娱	无线	互联网	平台	财经	新人
建议	5	4	3	3	5	0
提示	22	15	12	14	15	13
一般	15	13	14	8	3	2
严重	11	7	6	5	2	3
致命	4	1	2	1	1	1

图 4-14-15

Step3 删除左边的坐标轴标题，选中图表，单击上面菜单的设计菜单，找到最后一个图表样式，如图 4-14-16。得到如图 4-14-17 图表。

图 4-14-16

Step4 删除背景网格线，修改图表标题，如图 4-14-18 所示。

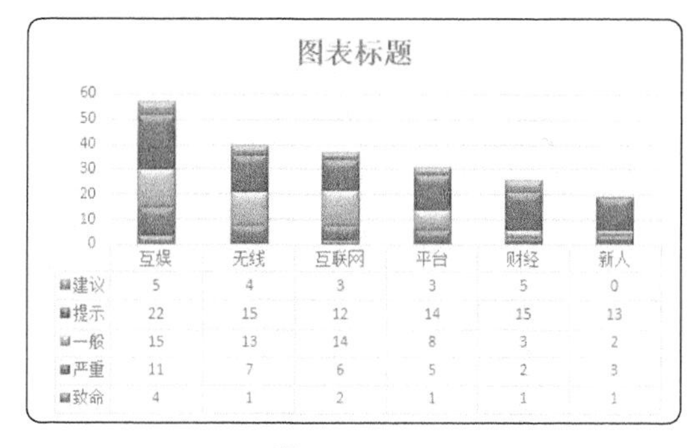

	互娱	无线	互联网	平台	财经	新人
建议	5	4	3	3	5	0
提示	22	15	12	14	15	13
一般	15	13	14	8	3	2
严重	11	7	6	5	2	3
致命	4	1	2	1	1	1

图 4-14-17

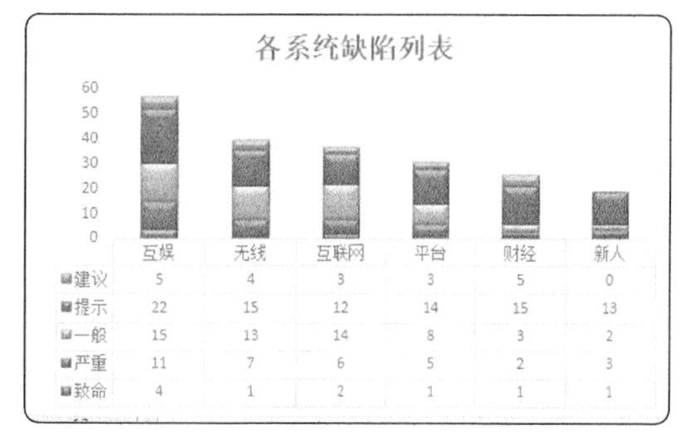

	互娱	无线	互联网	平台	财经	新人
建议	5	4	3	3	5	0
提示	22	15	12	14	15	13
一般	15	13	14	8	3	2
严重	11	7	6	5	2	3
致命	4	1	2	1	1	1

图 4-14-18

Step5 右键设置图表区域格式，填充改为渐变填充，得到最终图表如图 4-14-19 所示。

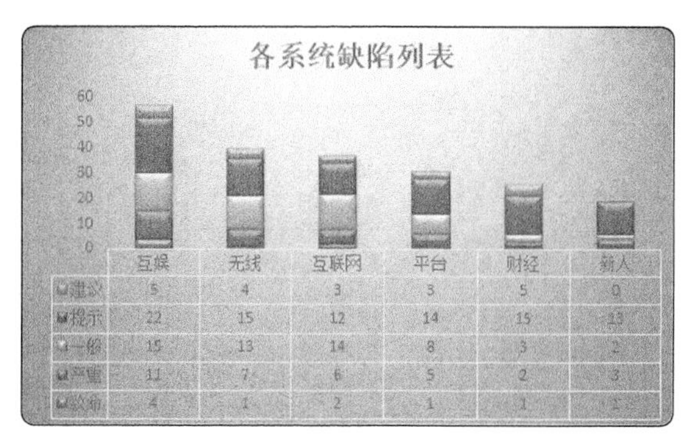

	互娱	无线	互联网	平台	财经	新人
建议	5	4	3	3	5	0
提示	22	15	12	14	15	13
一般	15	13	14	8	3	2
严重	11	7	6	5	2	3
致命	4	1	2	1	1	1

图 4-14-19

百分比堆积柱形图制作步骤如下：

Step1 选中数据源，选择二维柱形图的百分比堆积柱形图，如图 4-14-20 所示。快速布局选择布局 8，图表样式选择最后一种，删除网格线，如图 4-14-21 所示。

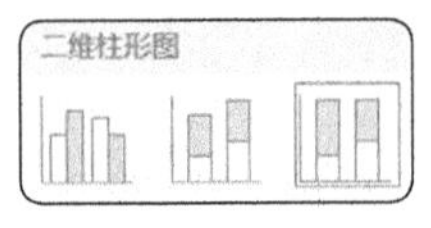

图 4-14-20

图 4-14-21

得到图 4-14-22 所示图表。

Step2 添加数据标签，设置绘图区域格式，得到图 4-14-23 所示图表。

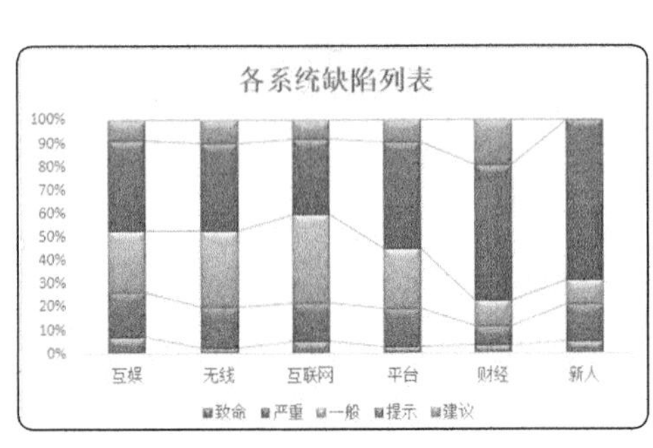

图 4-14-22

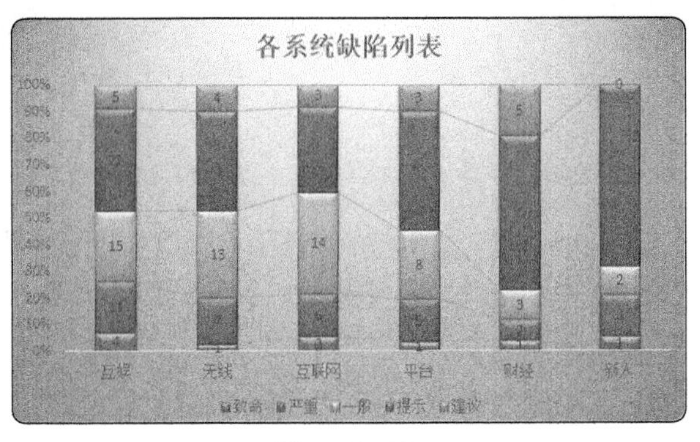

图 4-14-23

2. 条形图

原始数据如表 4-14-1 所示。

选中数据源，单击“插入”，选择条形图，删除网格线，得到图 4-14-24 所示图表。

表 4-14-1

公司	端口数量
公司 1	12
公司 2	10
公司 3	9
公司 4	8
公司 5	4
公司 6	3
公司 7	2
公司 8	1
公司 9	1
公司 10	1
公司 11	1
公司 12	1
公司 13	1
公司 14	1

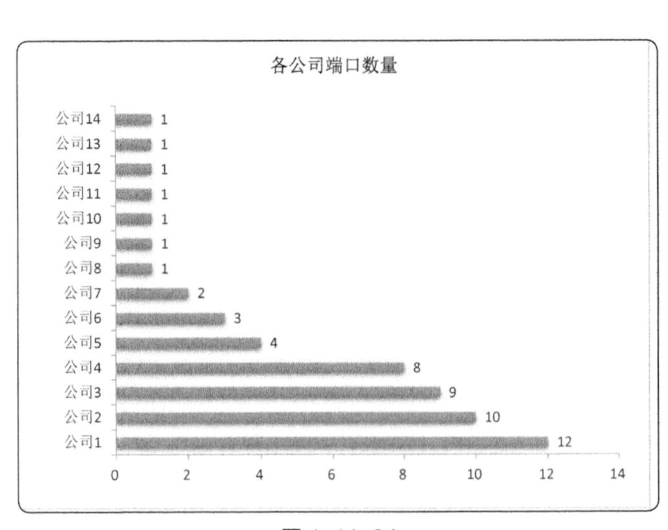

图 4-14-24

3. 折线图

原始数据如表 4-14-2 所示。

选中数据源，单击“插入”，选择折线图，删除网格线，得到图 4-14-25 所示图表。

表 4-14-2

	销售额
1	77
2	76
3	73
4	66
5	35
6	32
7	44
8	83
9	70
10	99

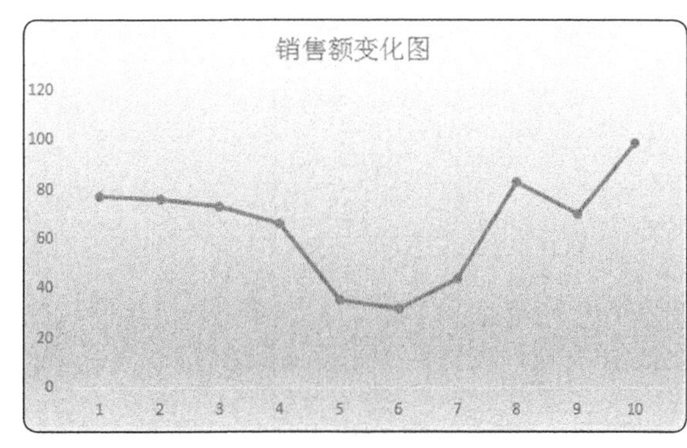

图 4-14-25

有时候做出的折线图看上去波动不大，可以通过修改坐标轴的最小值为数据源中的最小值或比较接近最小值的数据，使得折线图波动较大。坐标轴不合适的刻度尺会造成误解甚至错误，产生不真实的信息，如图 4-14-26，同样的原始数据只因为坐标轴刻度不一样，图表展示的信息完全不一样，左图得到的结论是数据变化平稳，右图则是数据变化比较大。

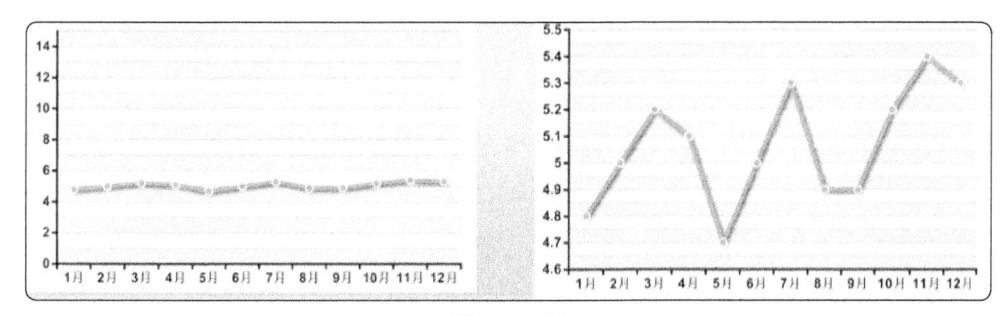

图 4-14-26

折线图中的折点除了 Excel 自带的内置类型，还可以自选图片，图 4-14-25 的折点换成爱心图后得到的图表如图 4-14-27 所示。

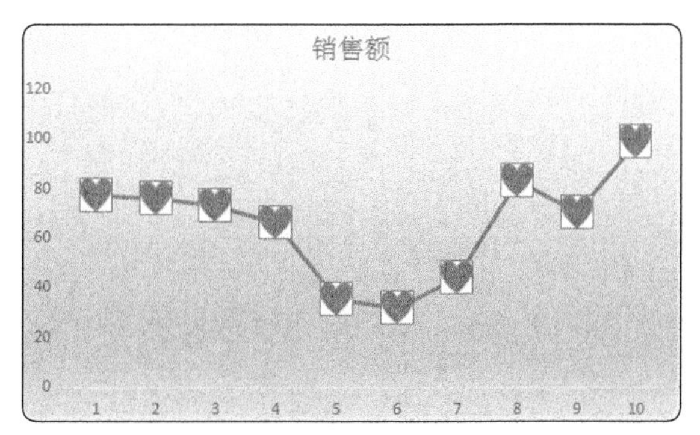

图 4-14-27

设置方法：选中折线图的折点，鼠标右键设置数据系列格式，数据标记选项选择最下面的那个图形，如图 4-14-28 所示，填充选中图片或纹理填充，插入图片来自，单击文件，如图 4-14-29 所示，从计算机中选择爱心图片就可以得到上面的图表。

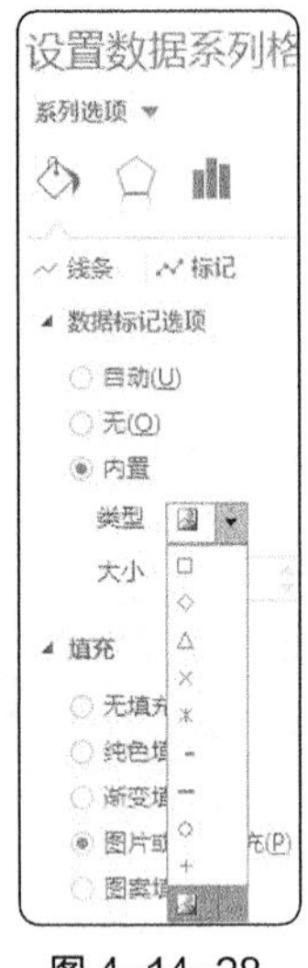

图 4-14-28

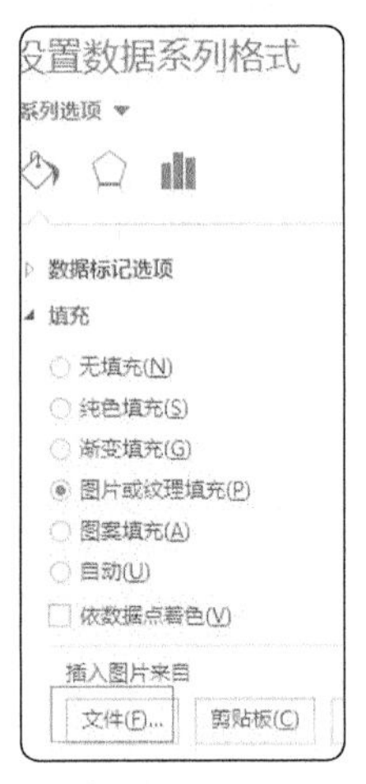

图 4-14-29

4. 饼图

原始数据如表 4-14-3 所示。

表 4-14-3

互娱	无线	互联网	平台	财经	新人
27.14%	19.05%	17.62%	14.76%	12.38%	9.05%

选中数据源，插入三维饼图，右键添加数据标签，把“类别名称”打钩，如图 4-14-30 所示。

如果想突出显示某一部分，用鼠标左键选中该部分，往外拖动，如图 4-14-31 所示。

因数据标签显示了各个序列的名称，最后删除图例。

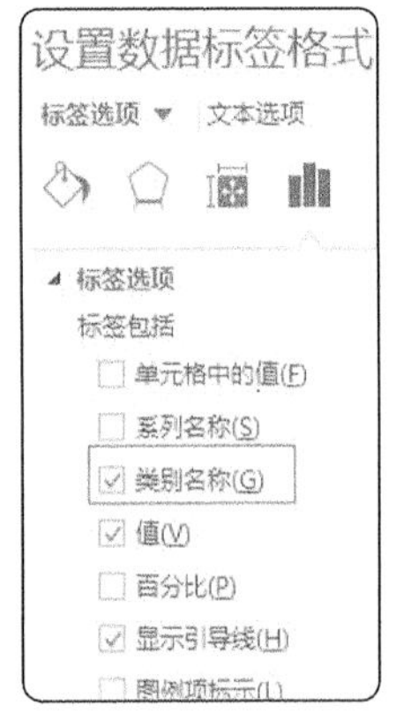

图 4-14-30

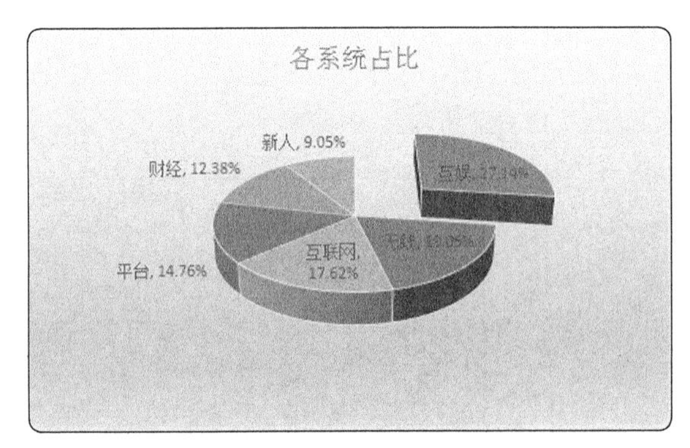

图 4-14-31

5. 散点图

普通的散点图选中数据源，插入散点图即可。散点图主要用途有以下几方面。

（1）衡量变量间的关系，如图 4-14-32 所示。

（2）绘制自由曲线，如图 4-14-33 所示。

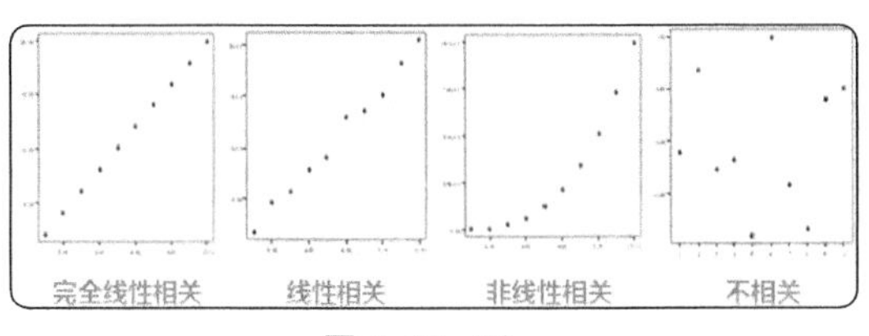

图 4-14-32

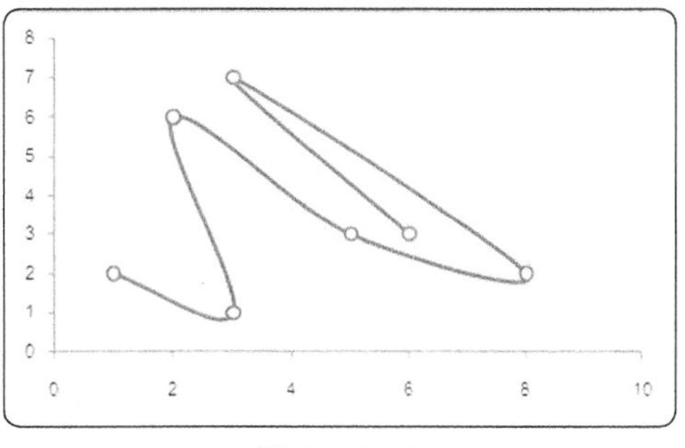

图 4-14-33

（3）添加参考线，如图 4-14-34 所示。

（4）矩阵关联分析，如图 4-14-35 所示。

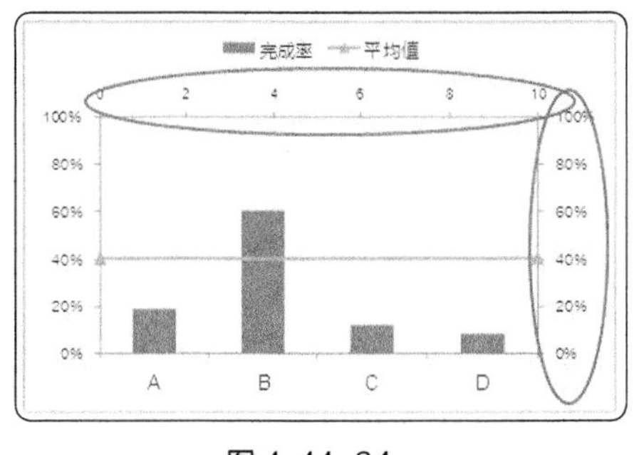

图 4-14-34

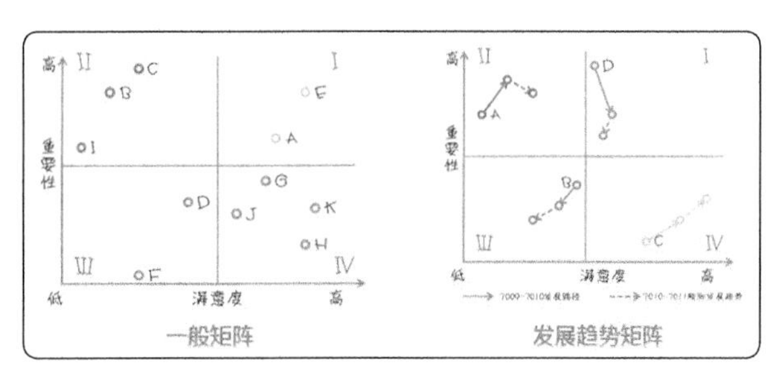

图 4-14-35

6. 雷达图

显示各系列在各种指标上的数值，具有多条坐标轴，能轻易地处理不同维度单位不同的情况。即使在每个维度单位、范围相同的情况下，雷达图也比传统的条形图具有更强的视觉冲击力，能给枯燥单调的数据增色不少，如图 4-14-36 所示。

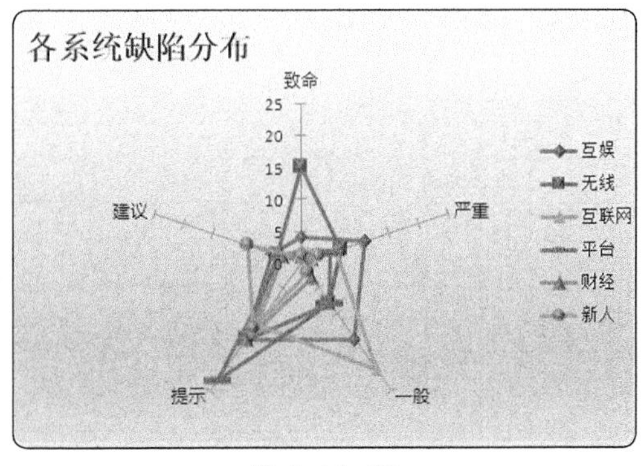

图 4-14-36

第 189 招 给 Excel 条形图添加参考线

Excel 条形图可以直观地反映各序列的数据，如果需要更清楚地展示各序列高于和低于平均值的序列，可以添加参考线，如下是根据原始数据表格制作的条形图，橙色那条线是 10 个序列的平均值。原始数据表格如图 4-14-37 所示，图表效果如图 4-14-38 所示。

	A	B
1		指标
2	公司1	88
3	公司2	68
4	公司3	41
5	公司4	21
6	公司5	11
7	公司6	6
8	公司7	4
9	公司8	4
10	公司9	3
11	公司10	2

图 4-14-37

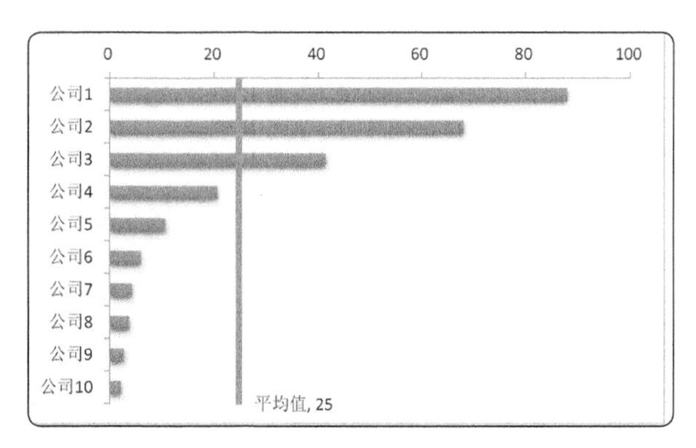

图 4-14-38

下面详细介绍参考线的制作步骤。

Step1 根据原始数据制作条形图，删除网格线，逆序排序。如图 4-14-39 和图 4-14-40 所示。

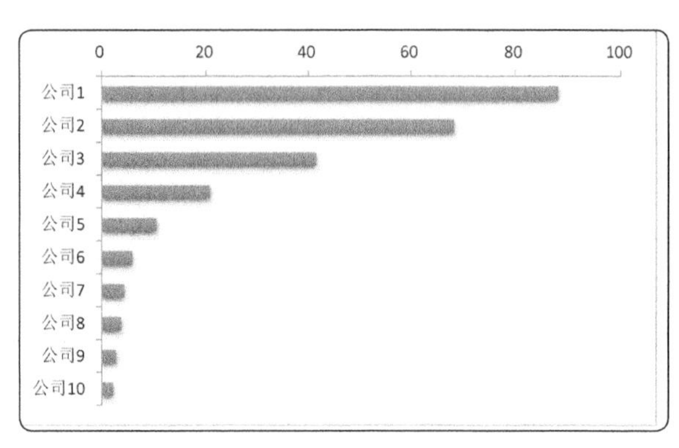

图 4-14-39

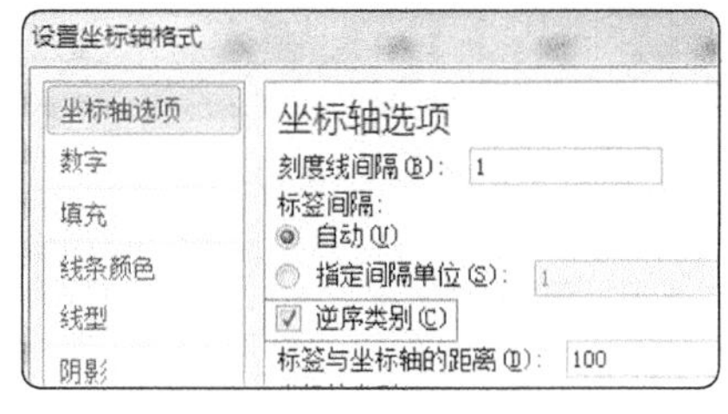

图 4-14-40

Step2 原始数据表格添加辅助列 C 列和 D 列，C 列为 B 列数据的平均值，如图 4-14-41 所示。

Step3 在条形图中添加序列，如图 4-14-42 所示。

	A	B	C	D
1		指标	x	y
2	公司1	88	25	0
3	公司2	68	25	1
4	公司3	41	25	2
5	公司4	21	25	3
6	公司5	11	25	4
7	公司6	6	25	5
8	公司7	4	25	6
9	公司8	4	25	7
10	公司9	3	25	8
11	公司10	2	25	9

图 4-14-41

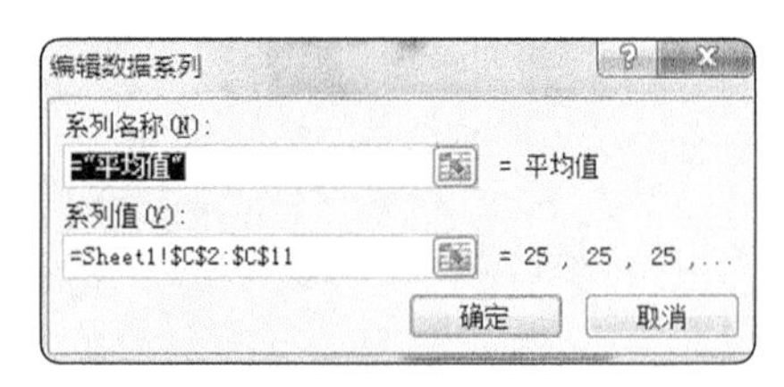

图 4-14-42

Step4 更改红色序列图表类型为散点图，如图 4-14-43 所示。

修改红色序列 X,Y 数值，如图 4-14-44 所示。

Step5 更改次坐标轴最大值为 9，添加红色序列数据标签，选中最后一个数据点添加数据标签，如图 4-14-45 所示，设置数据标签格式，如图 4-14-46 所示。

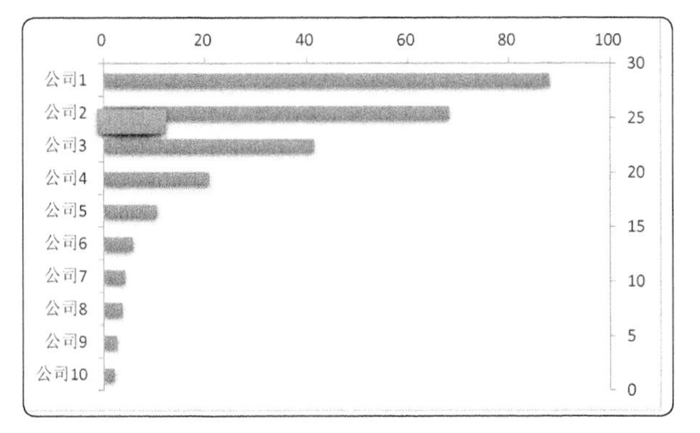

图 4-14-43

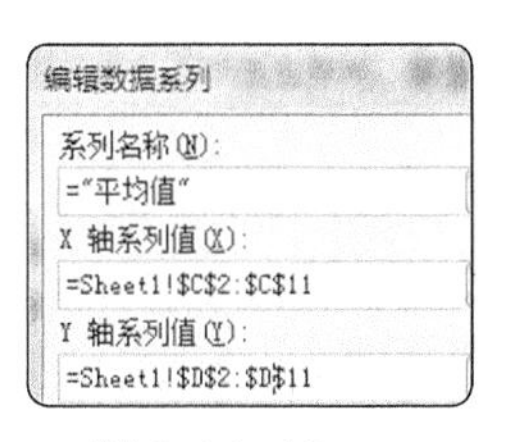

图 4-14-44

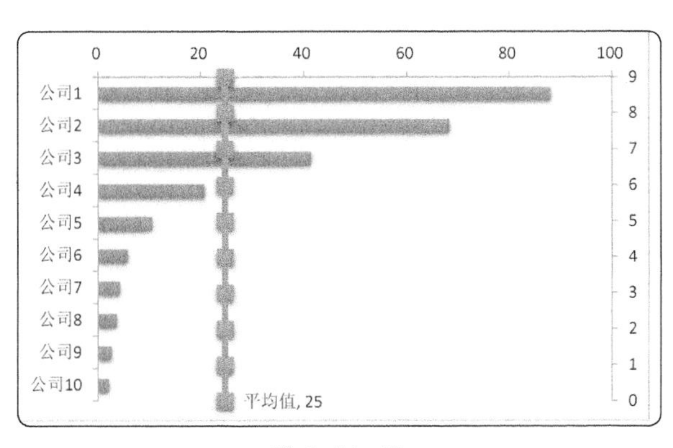

图 4-14-45

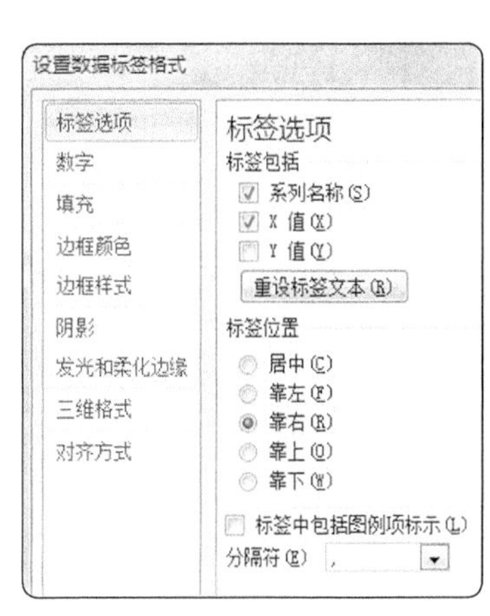

图 4-14-46

Step6 删除右边的坐标轴，平均值序列数据标记选项为无，如图 4-14-47 所示，效果如图 4-14-48 所示。

图 4-14-47

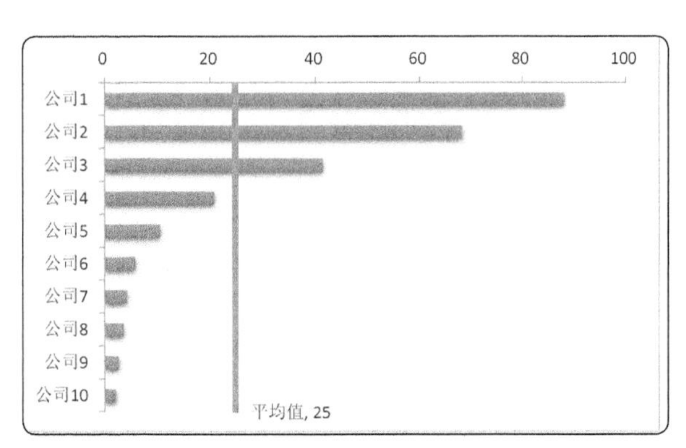

图 4-14-48

上述参考线的制作方法也可以用于柱形图，例如，根据图 4-14-49 的表格添加辅助列 C、D、E。制作柱形图，添加 3 条参考线，如图 4-14-50 所示。

	A	B	C	D	E
1		指标	优秀	良好	差
2	公司1	4	95	80	70
3	公司2	67	95	80	70
4	公司3	61	95	80	70
5	公司4	59	95	80	70
6	公司5	97	95	80	70
7	公司6	48	95	80	70
8	公司7	31	95	80	70
9	公司8	37	95	80	70
10	公司9	63	95	80	70
11	公司0	97	95	80	70

图 4-14-49

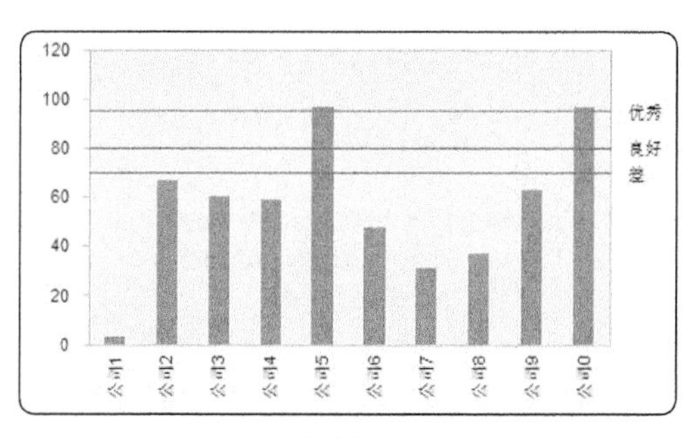

图 4-14-50

第190招 一个横坐标两个纵坐标图表

在日常工作中，我们有时需要 Excel 绘制同时有主、次纵坐标轴的图表，以在同一张图表里表达更丰富的内容。例如，图 4-14-51 中有账期、应收、实收、实收率 4 个字段，我们想在一张图表展现出来，账期为横坐标，主纵坐标为应收和实收，以柱形图展现，次纵坐标为实收率，以折线图展现。

制作方法如下：

Step1 插入柱形图，选中表格数据，去掉网格线，得到的图表如图 4-14-52 所示。

	A	B	C	D
1	账期	应收	实收	实收率
2	201101	1100000	800000	73%
3	201102	1250000	1000000	80%
4	201103	1300000	1100000	85%
5	201104	1400000	1200000	86%
6	201105	1550000	1300000	84%
7	201106	1600000	1400000	88%

图 4-14-51

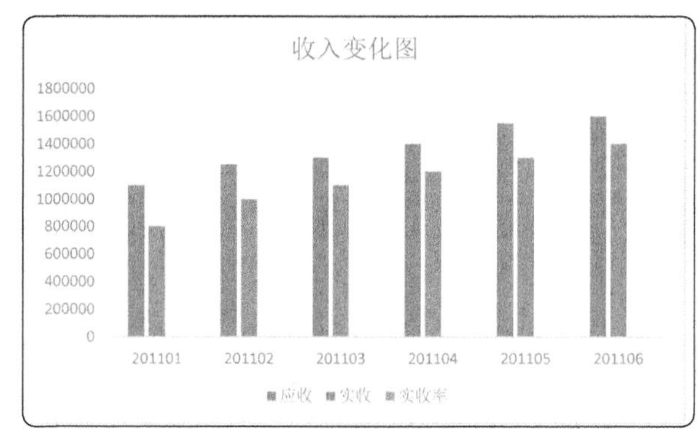

图 4-14-52

Step2 鼠标左键选中图例实收率，右键设置数据系列格式，系列选项改为次坐标轴，如图 4-14-53 所示，得到图 4-14-54 所示图表。

图 4-14-53

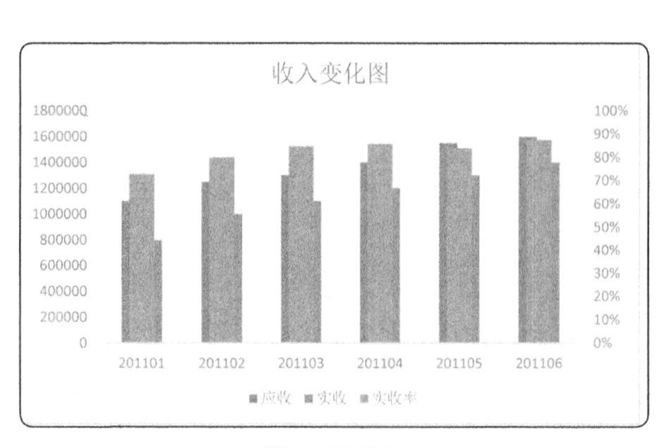

图 4-14-54

Step3 将实收率序列选中，右键更改图表类型为折线图，如图 4-14-55 所示。

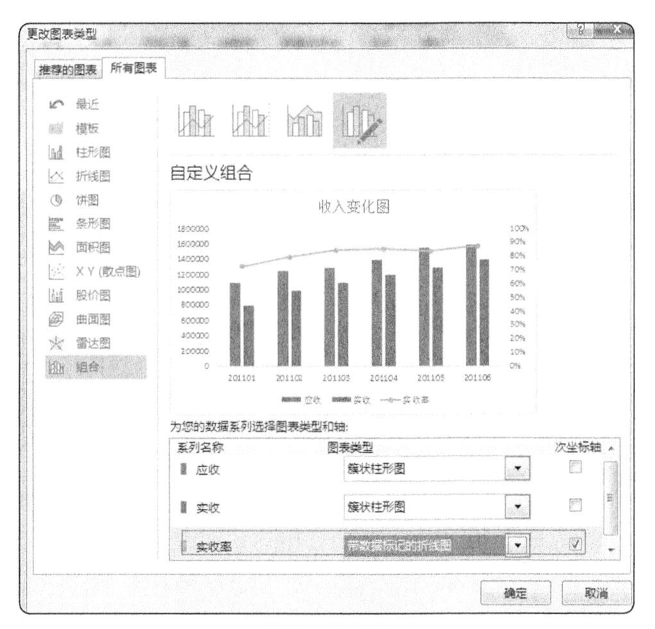

图 4-14-55

单击确定，得到图 4-14-56 所示图表。

Step4 选中次坐标，右键设置坐标轴最小值为 0.7，如图 4-14-57 所示。

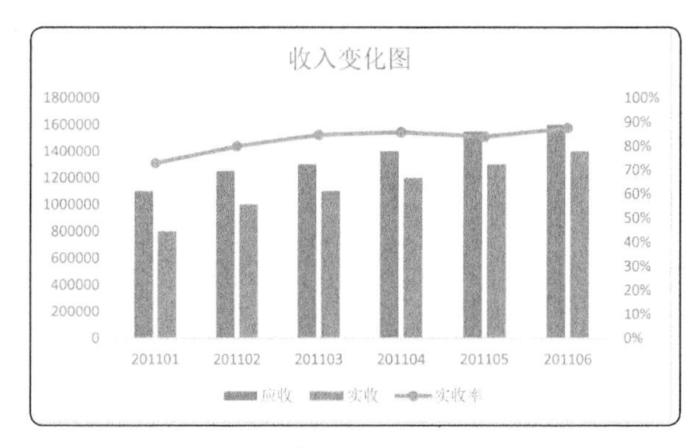

图 4-14-56

图 4-14-57

通过修改最小值使得实收率序列变化明显。效果如图 4-14-58 所示。

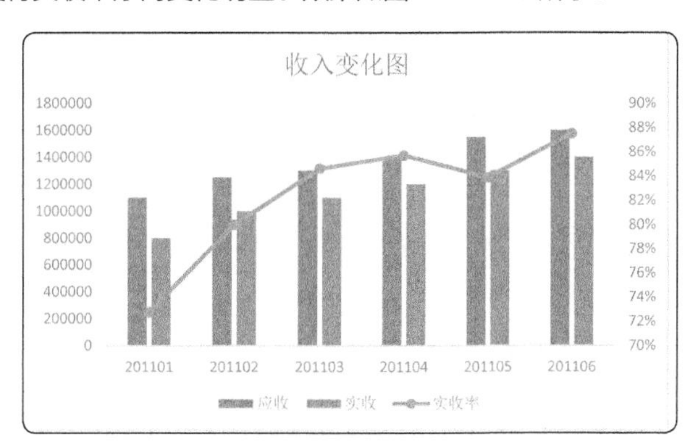

图 4-14-58

第191招 Excel复合饼图制作技巧

在使用 Excel 饼图揭示数据的比例关系时，如果有一部分数据的值远远小于其他数据，则在图表中只显示为非常狭小的扇形图，不易观察。或者扇形图太多，数据看起来不够直观。在这种情况下，使用复合饼图能很好地解决问题。复合饼图方便针对某一个饼图数据做具体成分分析。我们先以生活中的一个例子来说明这种图表的应用场景。

把图 4-14-59 的文字设计表格如图 4-14-60 所示，制作图表如图 4-14-61 所示。

生活中的烦恼，有40%是杞人忧天，30%是既定的事实，再烦恼也没有办法改变；还有12%是子虚乌有，10% 是鸡毛蒜皮的小事；社会学家认为只有8%的烦恼才是真正意义上的烦恼，因此，人的92%的烦恼都是自寻烦恼！

图 4-14-59

真正烦恼	8
杞人忧天	40
既定事实	30
子虚乌有	12
鸡毛蒜皮	10
自寻烦恼	92

图 4-14-60

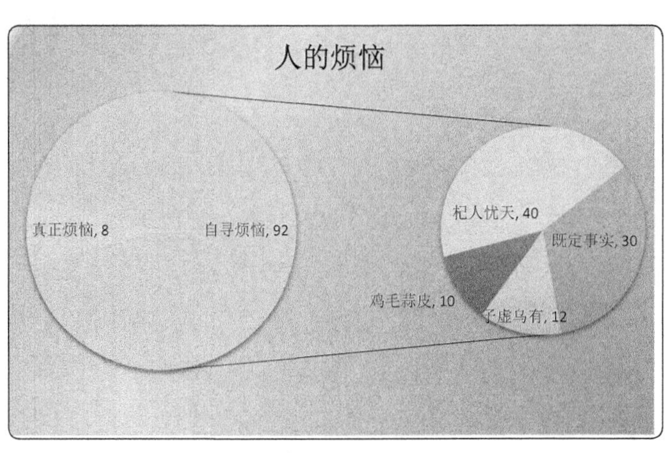

图 4-14-61

从图 4-14-59 到图 4-14-61 让人深刻体会到：字不如表，表不如图。

下面以 2 个例子来介绍复合饼图的制作步骤和方法。

实例一：各数据序列占比总和为 100%。

图 4-14-62 的饼图显示了表 4-14-4 各个部门的人数占比。

表 4-14-4

互娱	无线	互联网	平台	财经	新人	合计
27.14%	19.05%	17.62%	14.76%	12.38%	9.05%	100.00%

而改用复合饼图则显得更直观，将业务部门和职能部门分开显示，如图 4-14-63 所示。

下面以 Excel 2013 为例来进行说明。

Step1 选中数据表格，插入饼图→复合饼图，如图 4-14-64，得到图 4-14-65。

Step2 双击图表中的数据系列，弹出“设置数据系列格式”对话框，将“第二绘图区包含最后一个”右侧的数值改为“3”，调整第二绘图区的大小，然后关闭对话框，如图 4-14-66 所示。

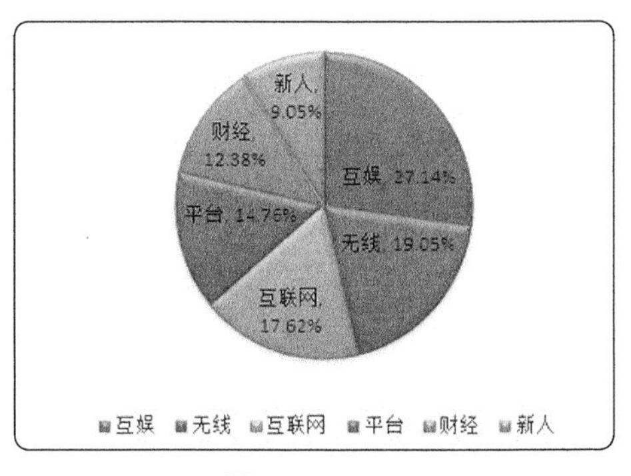

图 4-14-62

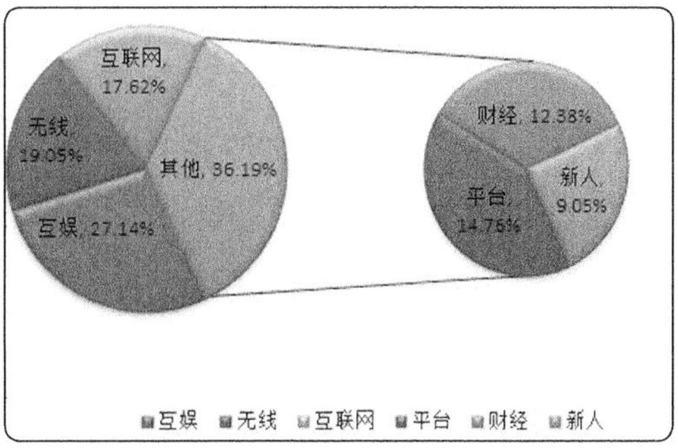

图 4-14-63

图 4-14-64

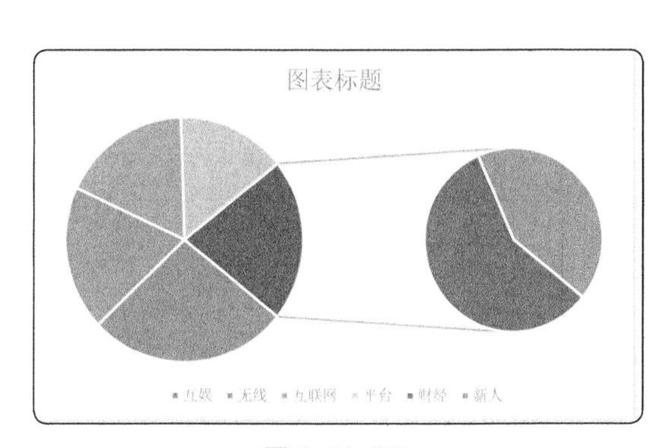

图 4-14-65

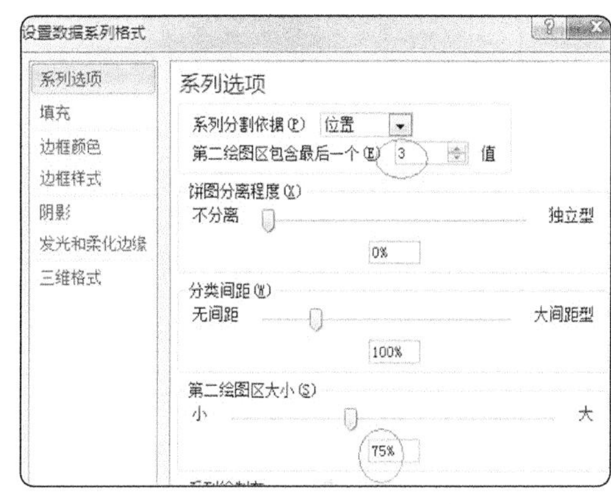

图 4-14-66

在图表的数据系列中单击右键，选择“添加数据标签”。双击图表中添加的数据标签，弹出“设置数据标签格式”对话框，在“标签选项”中把“类别名称”打钩，然后关闭对话框，如图 4-14-67 所示，得到图 4-14-68 所示图表。

图 4-14-67

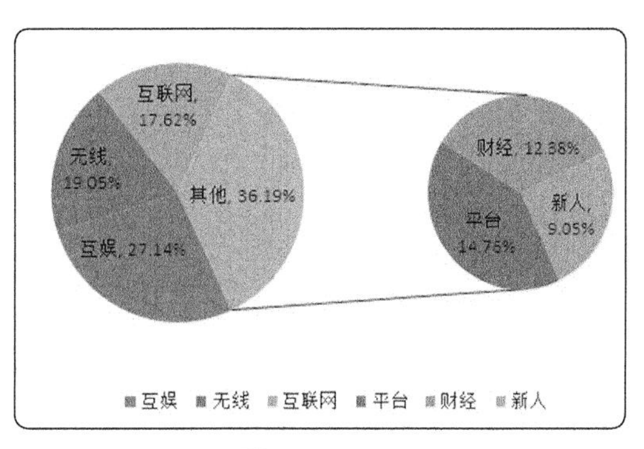

图 4-14-68

要进一步美化图表，可以在图表工具→设计选项卡中的“样式”组中选择某种样式，如本例选择“样式 12”，如图 4-14-69 所示。

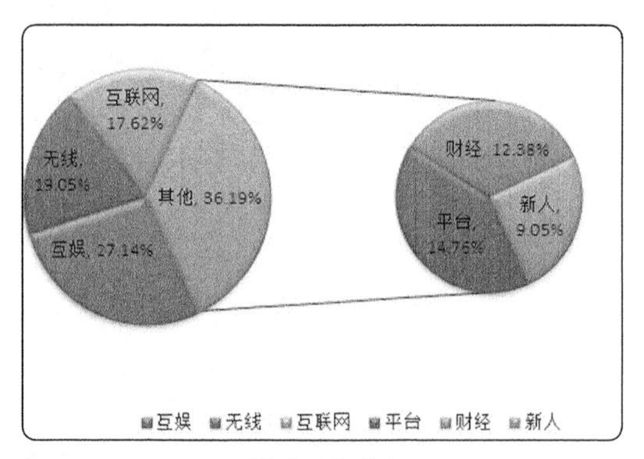

图 4-14-69

实例二：各数据序列占比总和不等于 100%。

上面的表格数据总和是 100%，假如数据总和不等于 100%，如何制作复合饼图呢？

我们来看看表 4-14-5，产品 A 和 B 合计数是 100%，但是产品 B 分为 B1 和 B2 两种，需要把产品 B1 和 B2 作为第二绘图区，该怎么做呢？

先将原始数据百分数放大 100 倍，变为数值，如表 4-14-6 所示。

表 4-14-5

产品 A	产品 B		
	产品 B1	产品 B2	产品 B 小计
66%	90%	10%	34%

表 4-14-6

产品 A	产品 B1	产品 B2
66.0	30.6	3.4

插入复合饼图，添加数据标签，得到如图 4-14-70 所示图表。

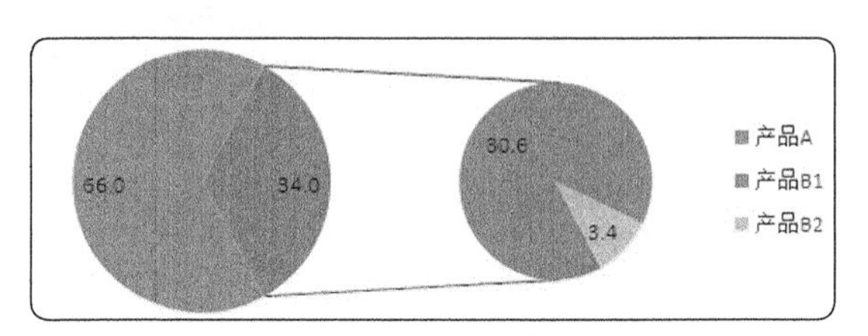

图 4-14-70

再把数据标签变回原始数据格式，有 2 种方法，一是直接选中数据标签修改为百分数，一种方法是利用自定义格式，在格式代码输入 0!%;;0，可以将数值变为百分数，如图 4-14-71 所示。

设置完成后得到的复合饼图如图 4-14-72 所示。

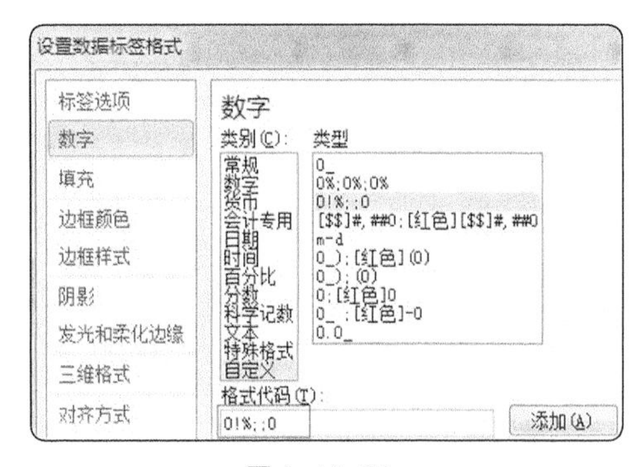

图 4-14-71

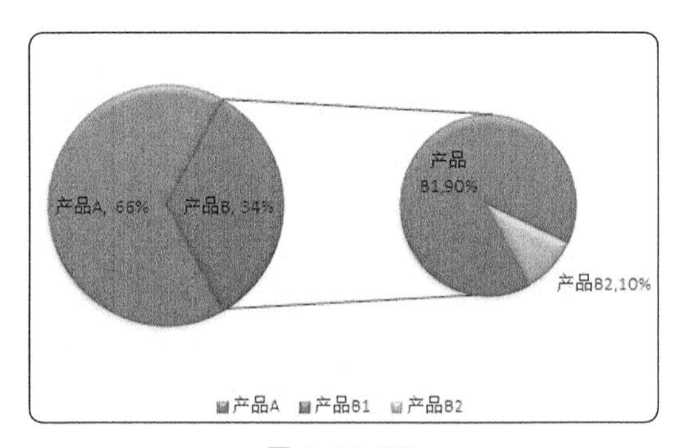

图 4-14-72

这里制作图表的思路是先将原始数据放大，再在实际图表将数据还原。

第192招 Excel 二级关系复合饼图（母子饼图）制作技巧

二级关系复合饼图也叫母子饼图，我们再来看看表 4-14-7，数据包含 2 级关系。

表 4-14-7

种类	水果			蔬菜		食品					
销售额占比	15%			20%		65%					
分项	苹果	橘子	香蕉	西红柿	黄瓜	肉	方便面	鸡蛋	面条	糖果	馒头
销售额占比	5%	5%	5%	10%	10%	10%	15%	10%	10%	5%	15%

制作步骤如下：

Step1 遇到类似 2 级关系的数据的时候，我们首先对 1 级数据进行汇总，如图 4-14-73 所示。

种类	水果			蔬菜		食品					
销售额占比	15%			20%		65%					
分项	苹果	橘子	香蕉	西红柿	黄瓜	肉	方便面	鸡蛋	面条	糖果	馒头
销售额占比	5%	5%	5%	10%	10%	10%	15%	10%	10%	5%	15%

图 4-14-73

取消上表的合并单元格，选中 1 级数据，插入饼图，如图 4-14-74 所示。

Step2 添加数据标签，设置数据标签格式，把“类别名称”打钩，如图 4-14-75 所示，得到图 4-14-76 所示图表。

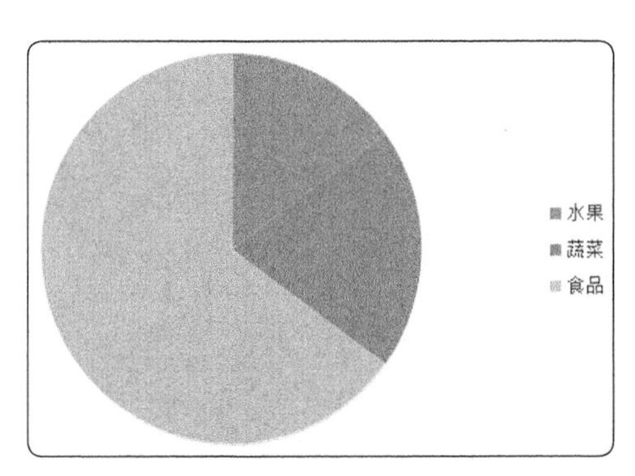

图 4-14-74

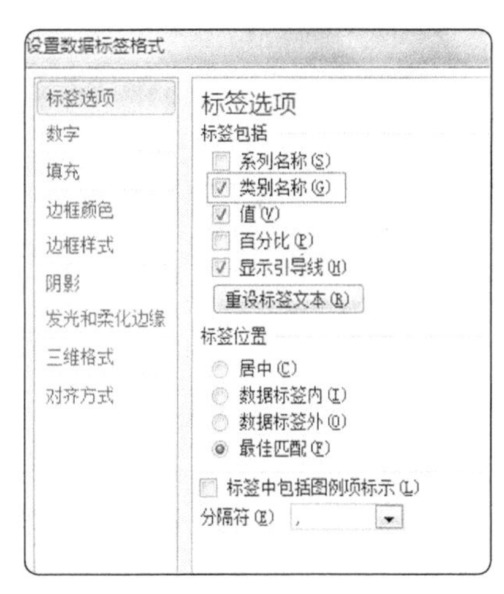

图 4-14-75

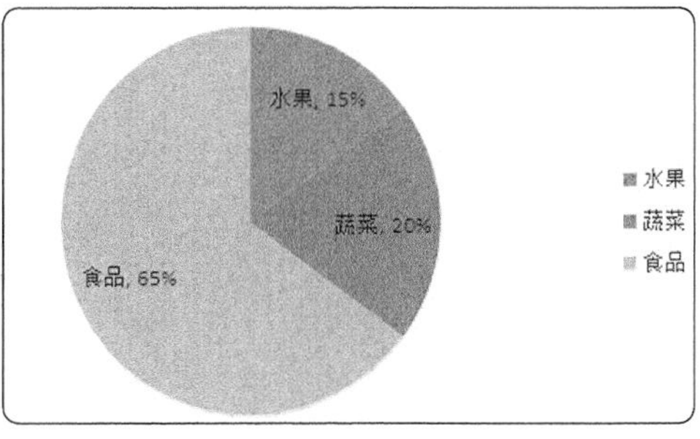

图 4-14-76

Step3 选中图表，右键选择数据源，单击添加序列2，编辑序列2数据为2级数据，如图4-14-77所示。

Step4 接下来需要对第一步的数据进行调整，将坐标轴改为次坐标轴，这样就会有两个坐标轴显示。选择饼图，单击右键选择“数据系列格式”，如图4-14-78所示。

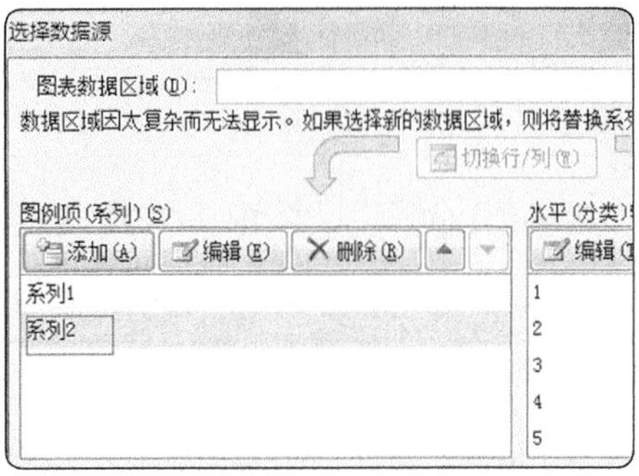

选择数据源
图表数据区域(D)：
数据区域因太复杂而无法显示。如果选择新的数据区域，则将替换系
切换行/列(W)
图例项(系列)(S)
添加(A) 编辑(E) 删除(R)
系列1
系列2
水平(分类)
编辑
1
2
3
4
5

图4-14-77

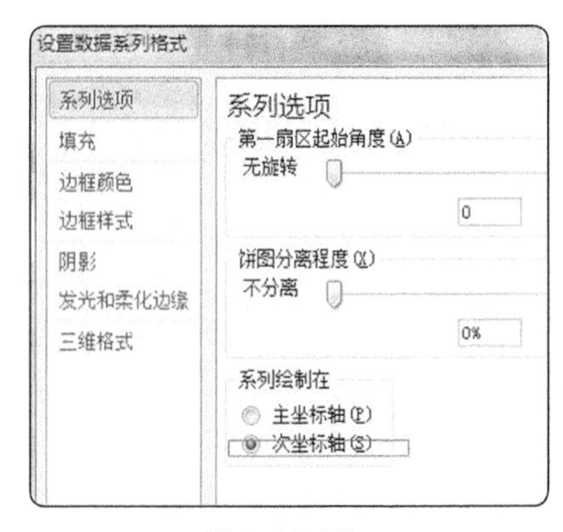

图4-14-78

Step5 把饼图向外拉动，此时出现两个饼图，效果基本出来了，如图4-14-79所示。

然后我们把1级数据所在的块进行调整，分别选中“食品”“水果”“蔬菜”所在的模块，分别向中心移动，就形成复合饼图的雏形了，如图4-14-80所示。也可以把图4-14-78饼图分离程度改为60%，也能达到这个效果。

Step6 对序列2添加数据标签，在图表样式中选择样式8，修改序列颜色，最终完成复合饼图的设计，如图4-14-81所示。

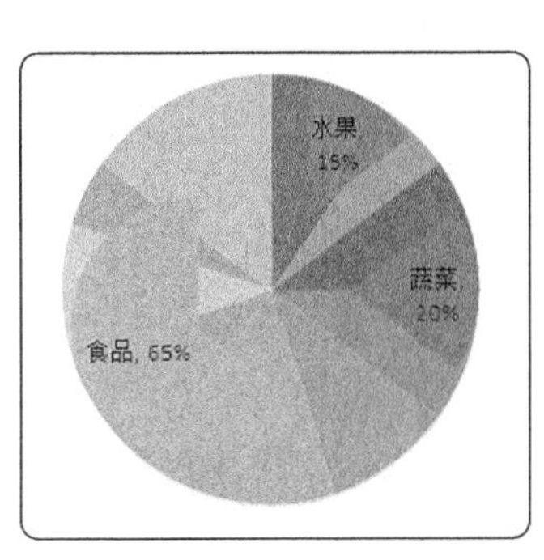

图4-14-79

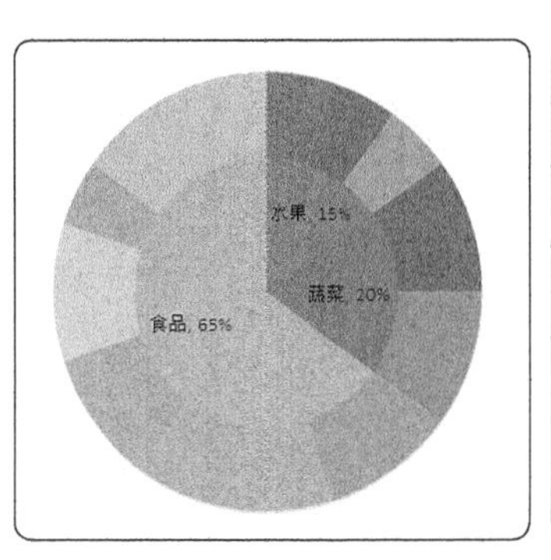

图4-14-80

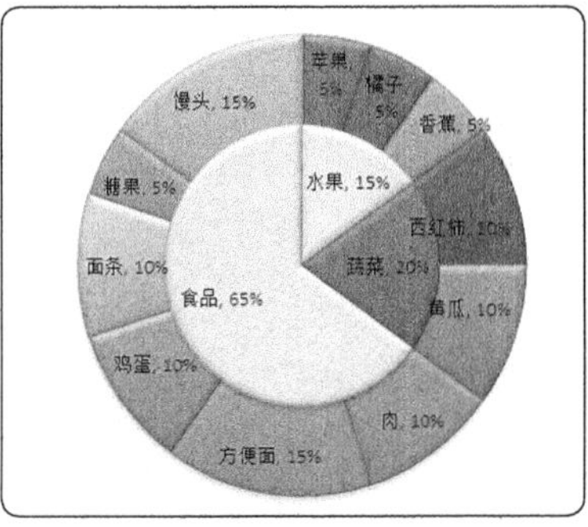

图4-14-81

第193招 Excel预算与实绩对比图表（温度计式柱形图）

将实绩与预算进行比较，分析预算完成情况，这是实际工作中最常见的应用场景。下面我们看看这类图表的制作方法。

原始数据表格如图4-14-82所示。

通常情况下制作的图表如图4-14-83所示。

这种图表看上去比较凌乱，我们可以制作类似温度计式的柱形图或条形图，温度计可以清晰看出实绩与预算之间的差距。温度计式的柱形图制作步骤如下。

Step1 先制作簇状柱形图，如图4-14-84所示。

	A	B	C	D	E
1			预算	实绩	完成率
2	A	公司1	100	66	66%
3	B	公司2	100	16	16%
4	C	公司3	100	74	74%
5	D	公司4	100	29	29%
6	E	公司5	100	64	64%
7	F	公司6	100	19	19%
8	G	公司7	100	51	51%

图 4-14-82

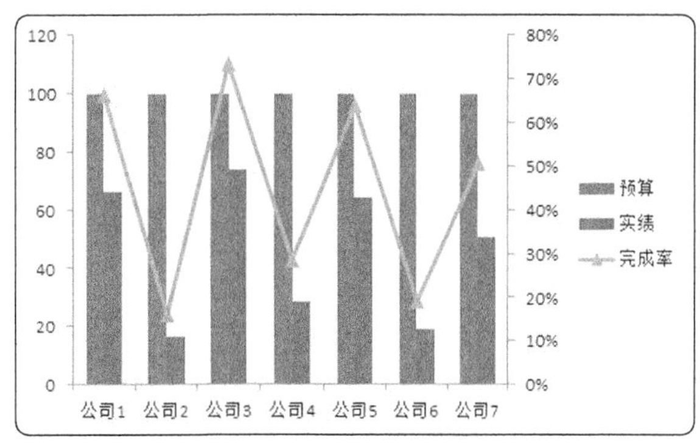

图 4-14-83

Step2 选中预算序列，系列重叠分隔改为 100%，如图 4-14-85 所示。

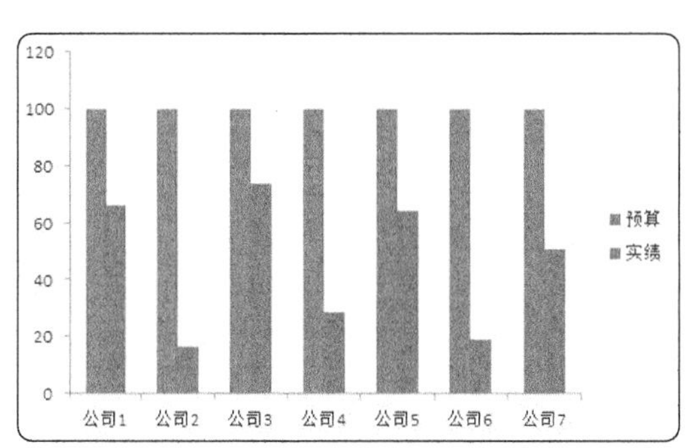

图 4-14-84

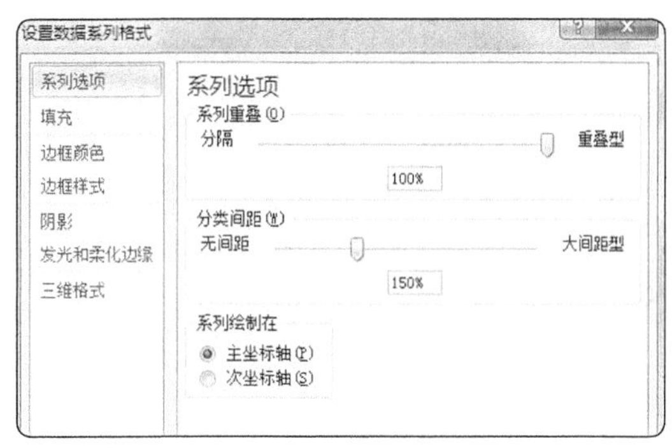

图 4-14-85

选中实绩序列，系列重叠分隔改为0%，分类间距改为220%，系列绘制在次坐标轴，如图4-14-86所示。

Step3 修改主次坐标轴最大值，使其最大值一致，如图 4-14-87 所示。

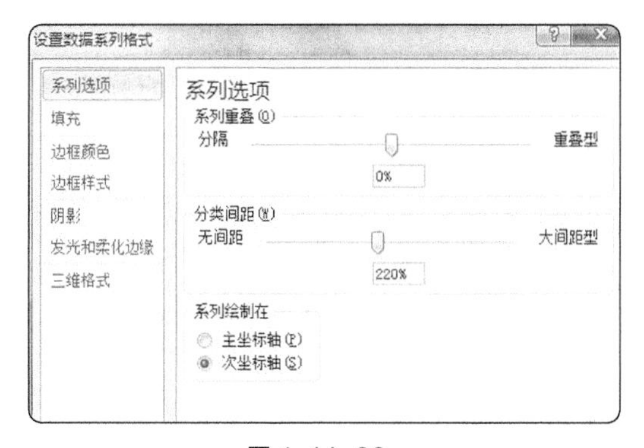

图 4-14-86

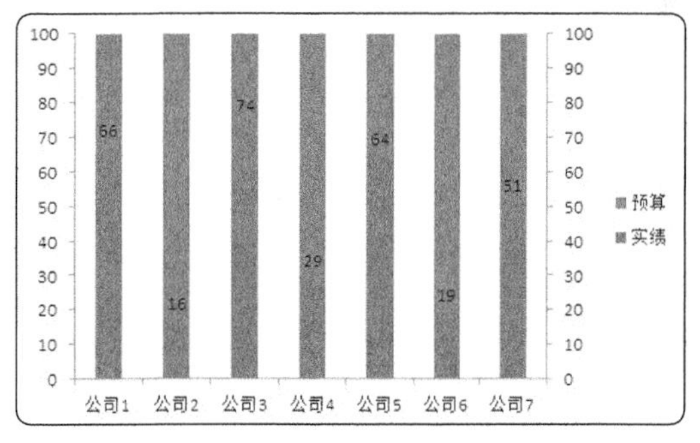

图 4-14-87

Step4 删掉次坐标轴，布局选择样式 8，添加数据标签，得到如图 4-14-88 图表。

温度计式的条形图制作步骤：

Step1 制作条形图，如图 4-14-89 所示。

Step2 对序列预算设置数据序列格式如图 4-14-90 所示。

对序列实绩设置数据序列格式如图 4-14-91 所示。

Step3 修改主次坐标轴最大值，使其最大值一致。

Step4 删掉次坐标轴，布局选择样式 8，添加数据标签。

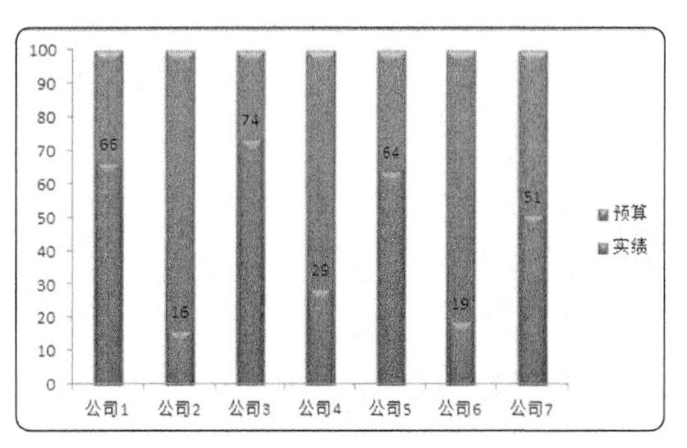

图 4-14-88

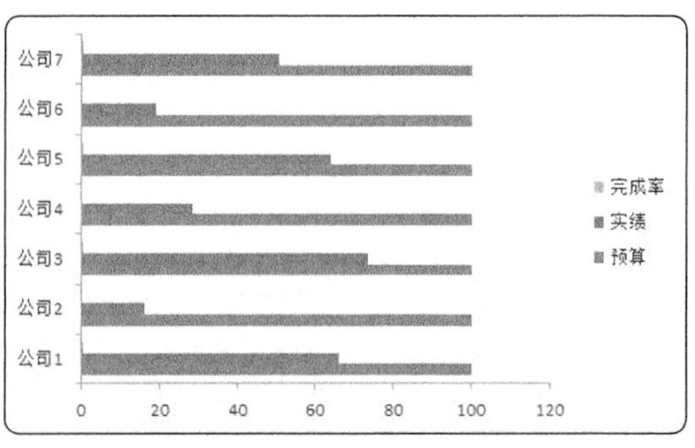

图 4-14-89

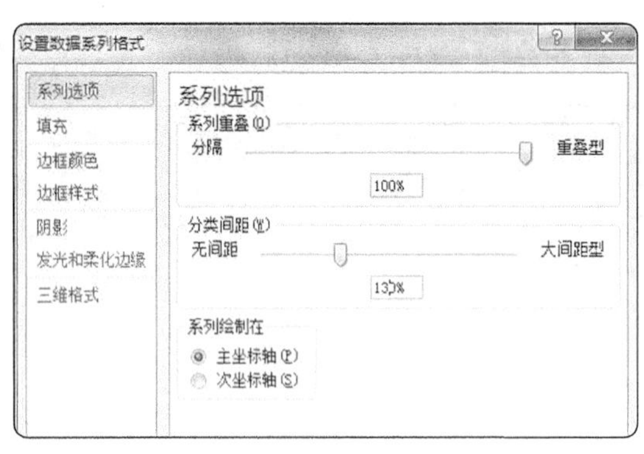

图 4-14-90

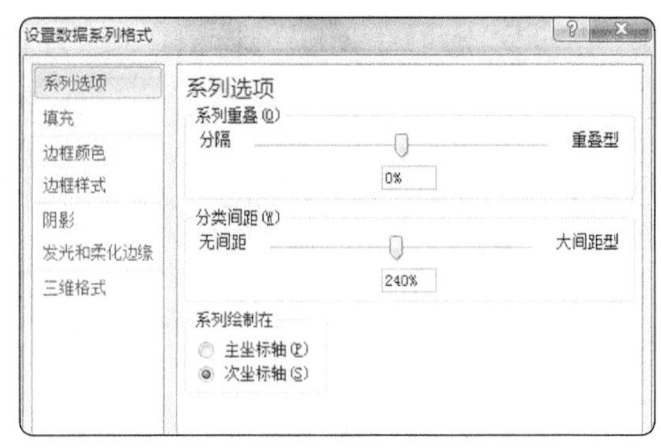

图 4-14-91

Step5 对实绩序列设置数据标签，数字格式选择自定义，0“%”，以百分数显示，如图 4-14-92 所示。得到图 4-14-93 所示图表。

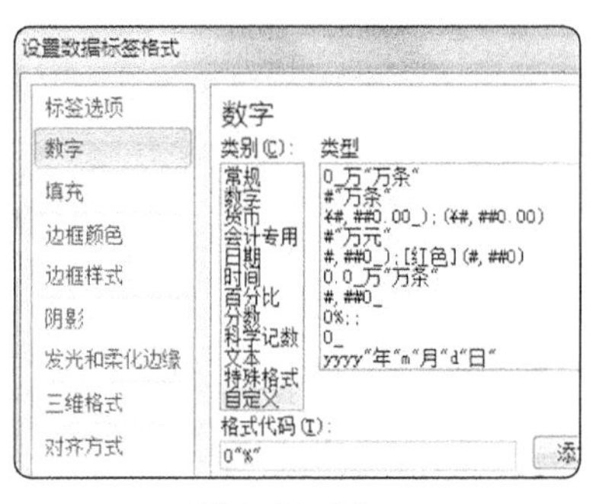

图 4-14-92

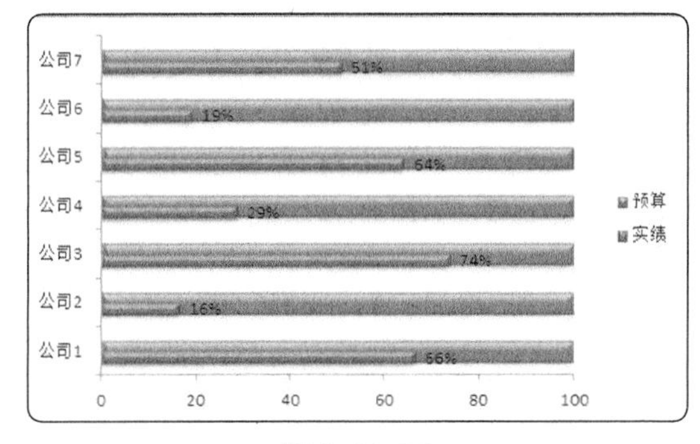

图 4-14-93

日常工作中对比某产品注册用户数和留存用户数也可以用这种图表显示，如图 4-14-94 所示。

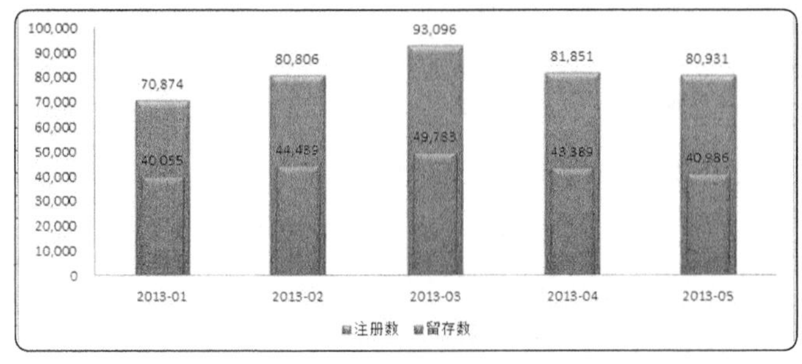

图 4-14-94

第194招 左右对比条形图（旋风图）

原始数据如表 4-14-8 所示。

选中原始数据制作柱形图如图 4-14-95 所示，这个图表看上去比较凌乱。

表 4-14-8

个人支出占比	DNF	CF
<500	4.00%	5.00%
500-1000	7.00%	10.00%
1001-2000	10.00%	20.00%
2001-3000	25.00%	14.00%
3001-4000	30.00%	15.00%
4001-5000	9.00%	20.00%
5001-10000	12.00%	12.00%
>10000	3.00%	4.00%
总计	100.00%	100.00%

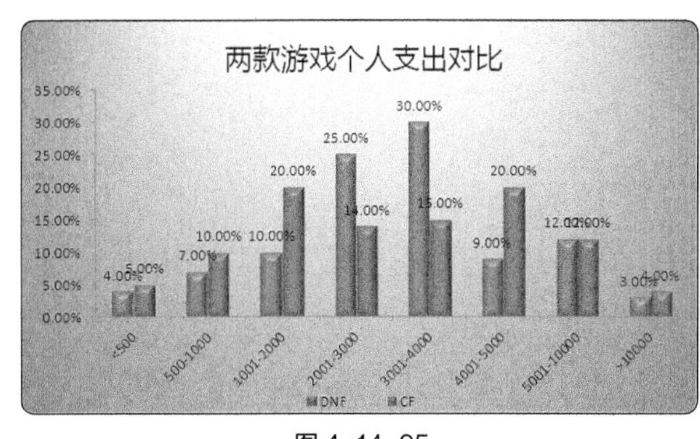

图 4-14-95

如果改为如图 4-14-96 所示的背靠背条形图展示，图表更直观、更清晰。

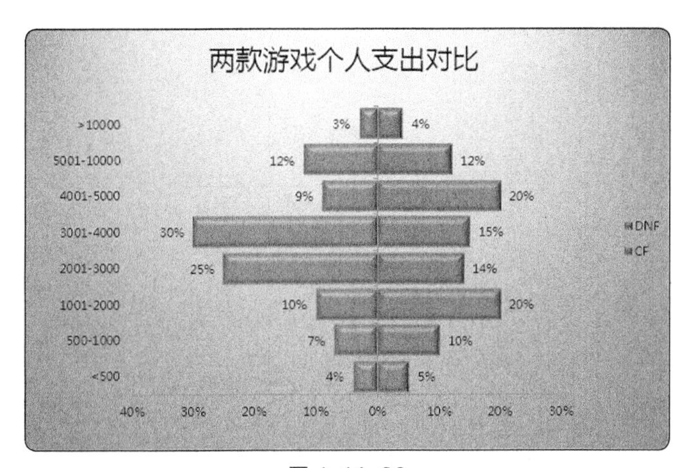

图 4-14-96

这个条形图制作步骤如下:

Step1 添加辅助列 DNF2，将 DNF 数据乘以 -1 所示。

Step2 对 CF 和 DNF2 制作条形图，如图 4-14-97 所示。

Step3 将纵坐标标签移到左边，选中坐标轴，标签位置改为低，如图4-14-98 所示。

Step4 修改 DNF2 序列，系列重叠改为 100%，如图 4-14-99 所示，得到图 4-14-100 所示图表。

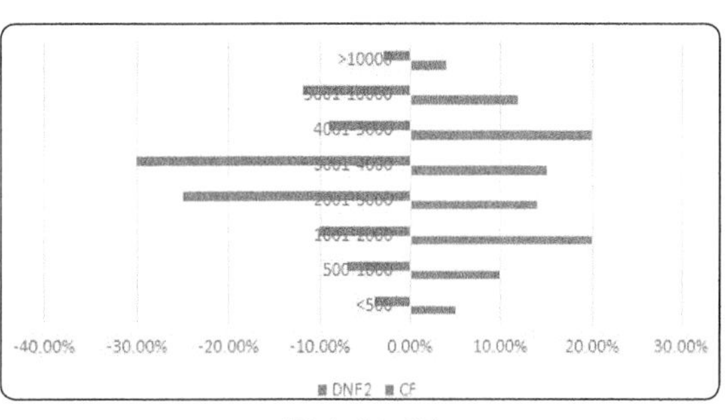

图 4-14-97

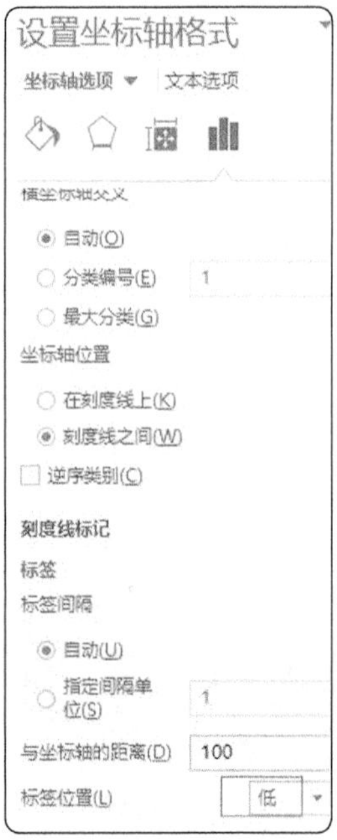

图 4-14-98

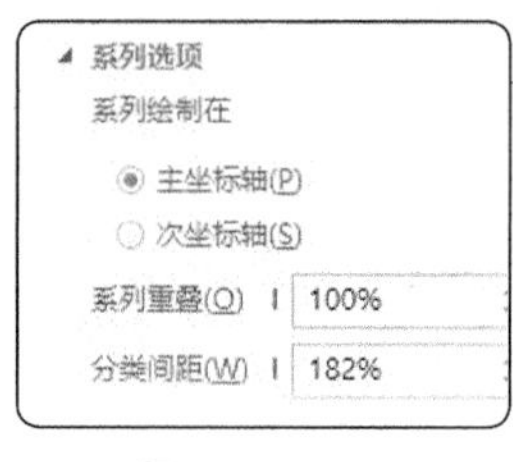

图 4-14-99

Step5 对序列添加数据标签，DNF2 序列数据标签格式改为自定义，格式代码 0%;0%;0%，将负的百分数变为正的百分数。横坐标数据坐标轴选项数字格式也改为自定义，格式代码相同，如图 4-14-101 所示。

Step6 删除网格线，修改图例 DNF2 为 DNF，如图 4-14-102 所示，就可以得到图 4-14-96 的背靠背条形图。

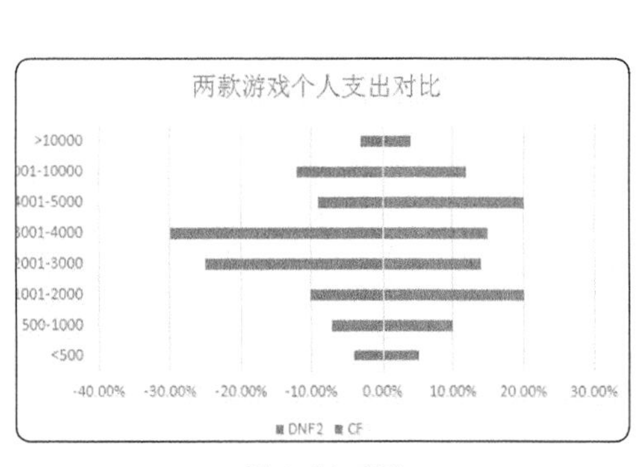

图 4-14-100

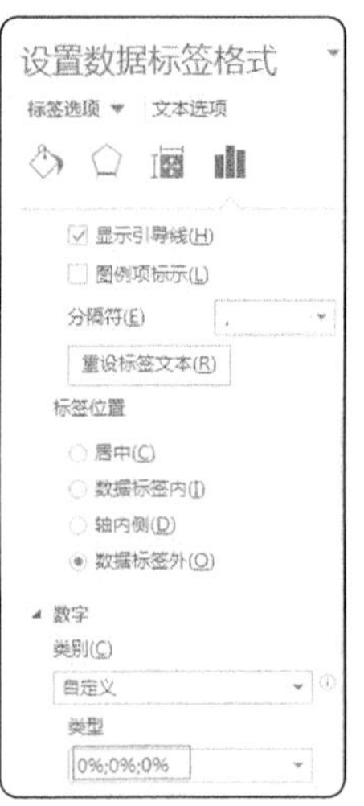

图 4-14-101

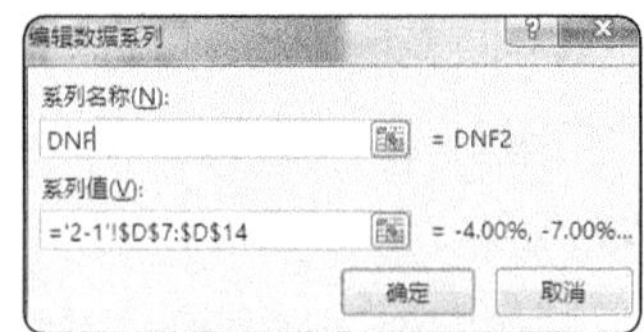

图 4-14-102

第 195 招 怎样修改 Excel 图表的图例系列次序

对含有多个系列的 Excel 图表来说，我们可以按照需要改变系列的绘制次序，更加清晰地让观看者了解图表所表达的内容，如图 4-14-103 所示，折线图上面红色的线对应的图例在下面，如果把图例中红色的序列放在上面，蓝色的序列放在下面更直观。

解决方法如下：

选中图表区域，右键选择数据，在图例项（系列）点击“下移”按钮，如图 4-14-104 所示，再单击“确定”按钮。

返回 Excel 编辑窗口，就可以看到图表中系列的绘制次序发生了变化，如图 4-14-105 所示。

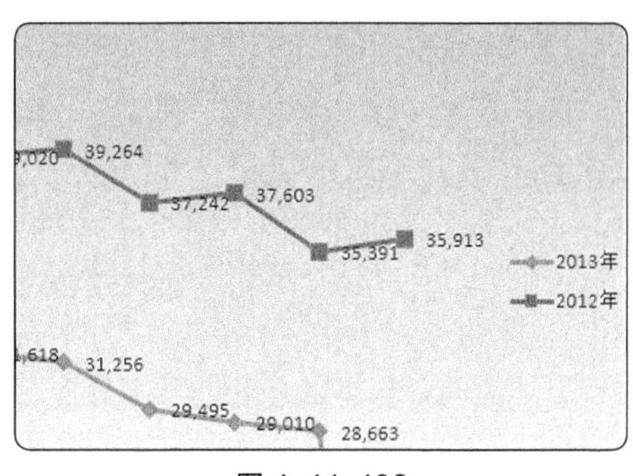

图 4-14-103

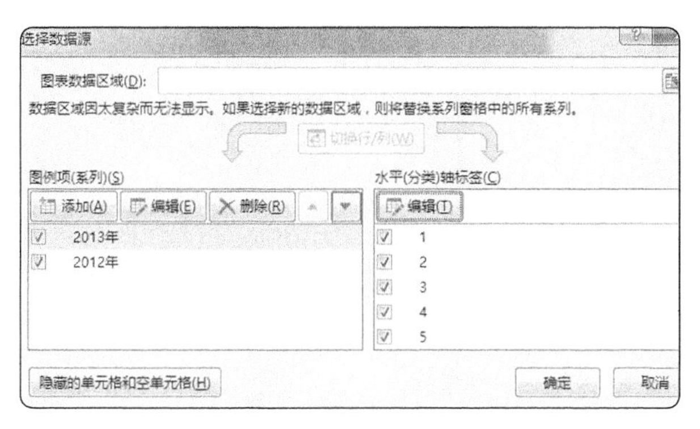

图 4-14-104

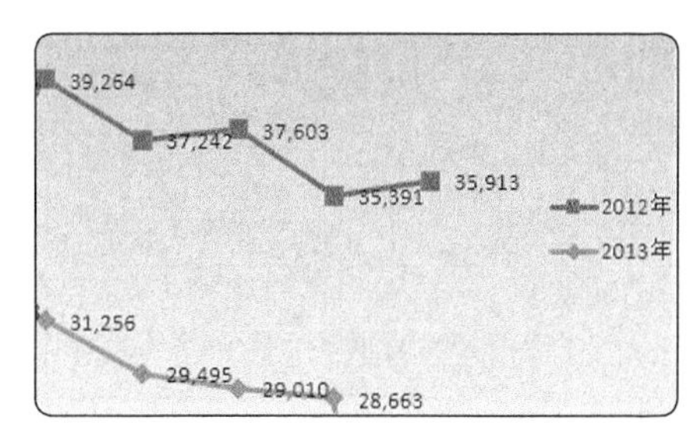

图 4-14-105

第 196 招 如何将 3 个柱形图放在一张图表中

原始数据如图 4-14-106 所示，要对 3 个产品做柱形图，并且 3 个柱形图放在一张图表中。

月份	A产品			B产品			C产品		
	销量	新增	转化率	销量	新增	转化率	销量	新增	转化率
201401	16881	1269	7.52%	3963	2709	68.36%	12644	253	2.00%
201402	98836	9955	8.95%	46157	10471	22.69%	38282	1953	5.10%
201403	318331	54,401	17.09%	216344	56,541	26.13%	68244	2,412	3.53%
201404	672894	179,496	26.68%	487742	173,369	35.55%	84924	5,809	6.84%
201405	794994	299,358	27.82%	776745	230,907	38.56%	212197	11,346	5.35%

图 4-14-106

要实现图 4-14-107 所示的图表，销量和新增用柱形图，转化率用折线图，3 个产品对应的图表放在一张图表中。

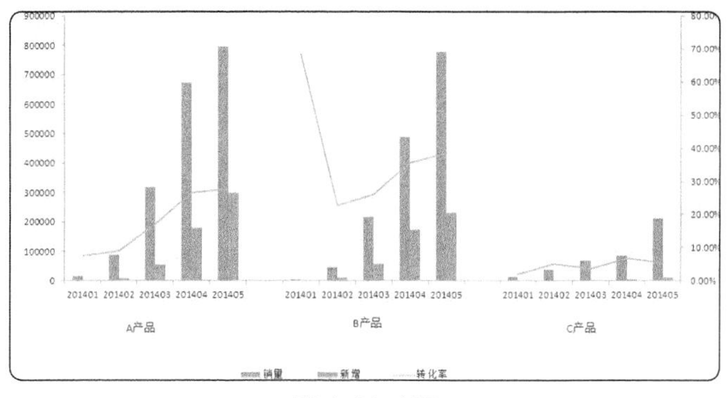

图 4-14-107

我们将原始数据稍做变化，将3个产品的数据分开展示，空间加一个空白行，如图4-14-108所示。

选中销量、新增、转化率3列数据，单击插入菜单的"推荐的图表"，选择第一种图表，自动将销量、新增做成柱形图，转化率做成折线图，而且3个产品对应的图表间隔开了，如图4-14-109所示。

	月份	销量	新增	转化率
A产品	201401	16881	1269	7.52%
	201402	88836	7955	8.95%
	201403	318331	54,401	17.09%
	201404	672894	179,496	26.68%
	201405	794994	299,358	27.82%
B产品	201401	3963	2709	68.36%
	201402	46157	10471	22.69%
	201403	216344	56,541	26.13%
	201404	487742	173,369	35.55%
	201405	776745	230,907	38.56%
C产品	201401	12644	253	2.00%
	201402	38282	1953	5.10%
	201403	68244	2,412	3.53%
	201404	84924	5,809	6.84%
	201405	212197	11,346	5.35%

图4-14-108

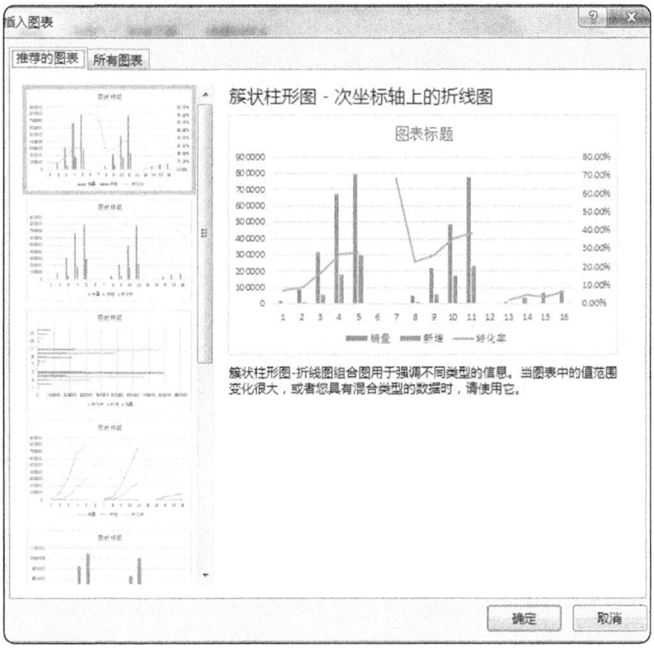

图4-14-109

再右键编辑横坐标，选择对应的月份数据，删除图表中的网格线，最后在3个柱形图下面插入文本框，编辑产品名称，就得到图4-14-107的图表。

第197招 堆积柱形图2个柱子怎样靠在一起

原始数据如图4-14-110所示。

月份	产品A			产品B		
	渠道1	渠道2	渠道3	渠道1	渠道2	渠道3
1月	7037	2725	895	9705	45	313
2月	6810	6683	179	8706	2128	7720
3月	2077	4879	4895	3103	609	5276
4月	2792	2943	6415	1444	909	8795
5月	969	3486	3947	5951	8165	8627

图4-14-110

根据产品A做的堆积柱形图如图4-14-111所示。

根据产品B做的堆积柱形图如图4-14-112所示。

要把这2个堆积柱形图放在一张图上，每月2个产品对应的堆积柱形图靠在一起，如图4-14-113所示。

这2个堆积柱形图如何靠在一起呢？操作步骤如下。

Step1 先把原始数据变化一下，把每月2种产品的数据放在一起，不同月份之间用空白行隔开，如图4-14-114所示。

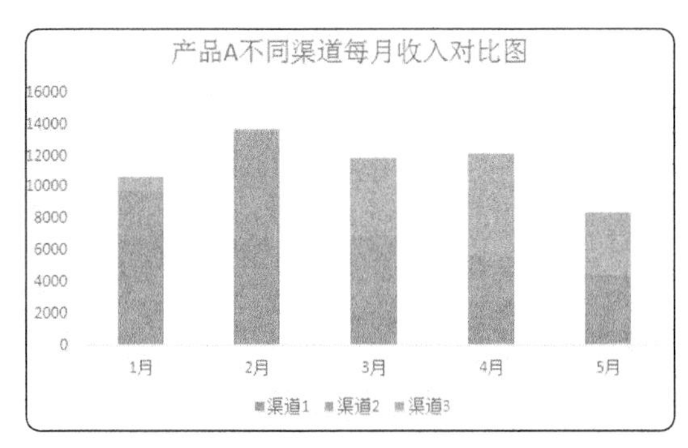

图 4-14-111

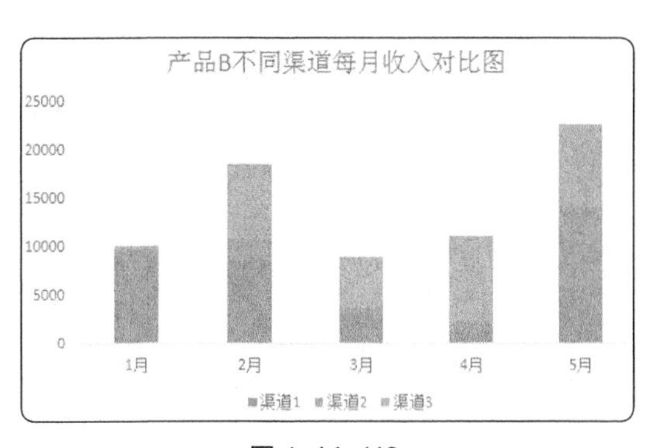

图 4-14-112

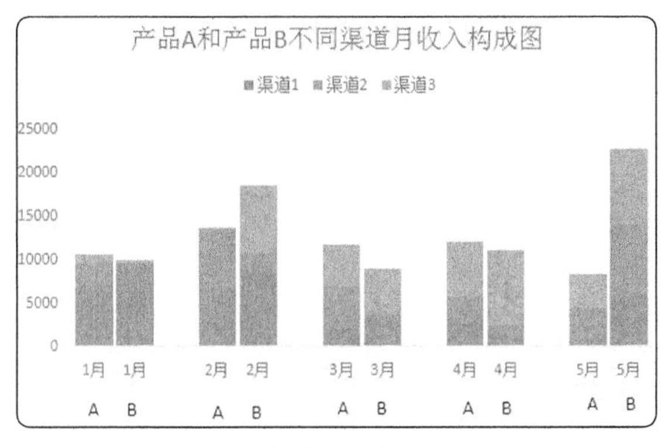

图 4-14-113

月份	渠道1	渠道2	渠道3
1月	7037	2725	895
1月	9705	45	313
2月	6810	6683	179
2月	8706	2128	7720
3月	2077	4879	4895
3月	3103	609	5276
4月	2792	2943	6415
4月	1444	909	8795
5月	969	3486	3947
5月	5951	8165	8627

图 4-14-114

Step2 根据图 4-14-114 数据插入堆积柱形图，如图 4-14-115 所示。

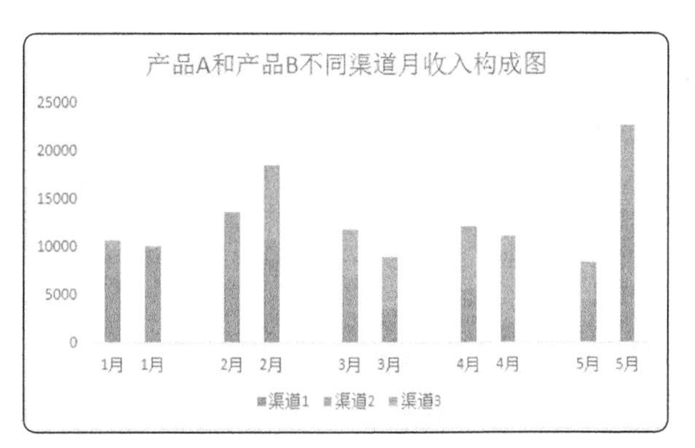

图 4-14-115

Step3 选中任意序列，右键设置数据系列格式，把分类间距默认的 150% 改为 10%，在图表下方的 2 个柱子下面添加文本框，标识 A、B 两种不同的产品，就可以得到图 4-14-113 图表。

第 198 招 动态标出折线图中的最大值、最小值

折线图中的最大值、最小值可以手工标出，但是如果数据源变化了，最大值、最小值也跟着变化，如何动态标识出折线图中的最大值、最小值呢？我们创建辅助列最大值，公式为 =IF(B3=MAX($B$3:$B$12),B3,NA())，辅助列最小值，公式为 =IF(B3=MIN($B$3:$B$12),B3,NA())，结果如

图 4-14-116 所示。

根据 B、C、D 列数据制作折线图，得到图表如图 4-14-117 所示。

	A	B	C	D
1	原始数据			
2		销售额	最大值	最小值
3	1	77	#N/A	#N/A
4	2	76	#N/A	#N/A
5	3	73	#N/A	#N/A
6	4	66	#N/A	#N/A
7	5	35	#N/A	#N/A
8	6	32	#N/A	32
9	7	44	#N/A	#N/A
10	8	83	#N/A	#N/A
11	9	70	#N/A	#N/A
12	10	99	99	#N/A

图 4-14-116

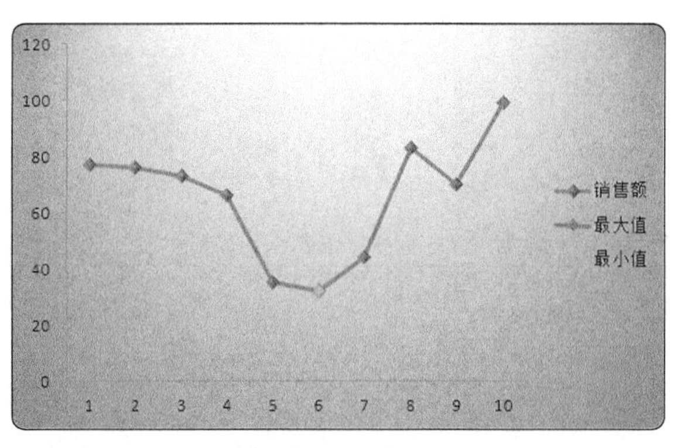

图 4-14-117

第 199 招 Excel 数据标签实用小工具

有时需要使用自己指定的单元格内容作为数据标签，而手工修改非常花时间，附件这个通用小工具非常好用，打开附件文件，这样你的 Excel 中就会出现一个工具“更改数据标签”(Office 2013 在加载项中)，先选中要修改标签的系列再点该工具，出现输入选择框后用鼠标选定放数据标签的单元格。“更改数据标签”将一直在 Excel 中，即使你关掉 Excel，下次再打开工具还在，可以直接使用，不需要再去打开那个工具文件。

功能及特点：

（1）行或列数据均可使用作为数据标签（程序自动判断）；

（2）可引用其他表的单元格；

（3）可部分（选择系列的某一点）修改；

（4）引用单元格的数量可少于系列点数；

（5）对出错的数据也能引用。

在使用前，先启用宏，否则工具没法使用。

举例如下。

英文名	中文名	得分
rob	石峰	11
susan	赵晋	35
Sunday	张勇	43
mary	胡铁山	57
daisy	倪张春	59
black	陈峰	83

图 4-14-118

原始表格如图 4-14-118 所示。

根据这个表格制作柱形图，需要把 3 个字段都在柱形图的数据标签标上，先根据得分制作柱形图，然后单击加载项的更改数据标签就可以轻松实现。如图 4-14-119 所示。

图 4-14-119

生成的图如图 4-14-120 所示。

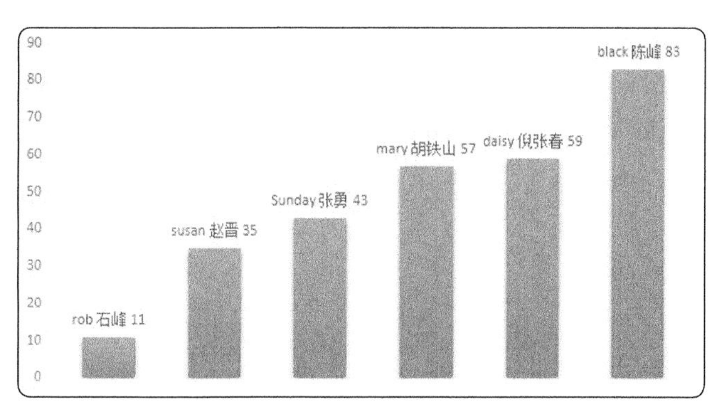

图 4-14-120

第200招 Excel 图表绘图区背景按网格线隔行填色

美国《商业周刊》图表有个经典风格，绘图区背景按网格线隔行填色，如图 4-14-121 所示。

这种图是怎么实现的呢？本招介绍利用辅助序列做个条形图来模拟隔行填色。

Step1 原始数据在 A 列到 E 列，在 F 列添加辅助列，辅助数据按 0、1、0、1 交替变换，对应交替填色的效果，如图 4-14-122 所示。

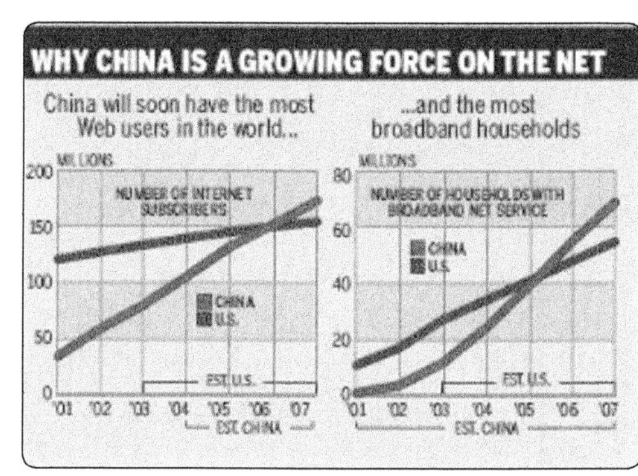

图 4-14-121

	A	B	C	D	E	F
1	账期	腾讯	网典	英克必成	掌中星	
2	201401	94.1%	87.9%	89.2%	79.4%	0
3	201402	91.7%	88.0%	84.7%	74.6%	1
4	201403	93.8%	87.2%	77.4%	70.7%	0
5	201404	97.6%	91.1%	89.6%	80.1%	1
6	201405	95.3%	89.6%	90.2%	77.6%	0
7	201406	97.9%	83.5%	89.7%	76.6%	1
8	201407	98.2%	94.9%	88.5%	75.8%	0
9	201408	104.4%	95.2%	85.0%	76.2%	1
10	201409	97.6%	92.9%	83.8%	73.8%	0
11	201410	96.5%	93.5%	79.0%	76.1%	1
12	201411	97.3%	90.3%	77.2%	70.9%	0
13	201412	95.7%	89.8%	72.6%	66.2%	1

图 4-14-122

Step2 用 F 列辅助列数据制作簇状条形图，如图 4-14-123 所示，修改横坐标最大值为 1，得到图 4-14-124，选中图表，单击右键选择“设置数据系列格式”，分类间距改为 0，如图 4-14-125 所示，修改序列填充色为浅绿色，得到图 4-14-126，这样隔行填色的效果就显示出来了。

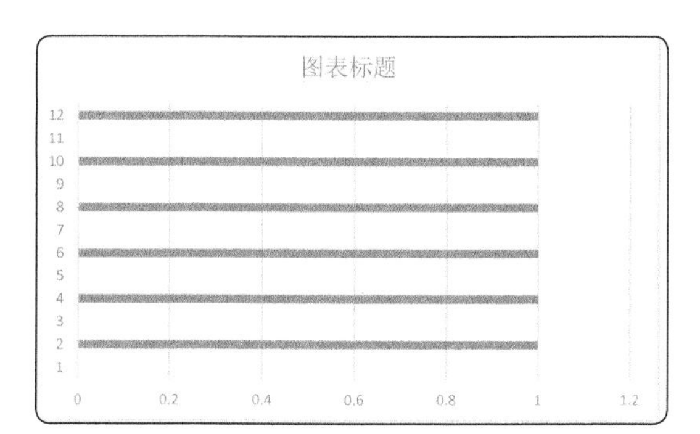

图 4-14-123

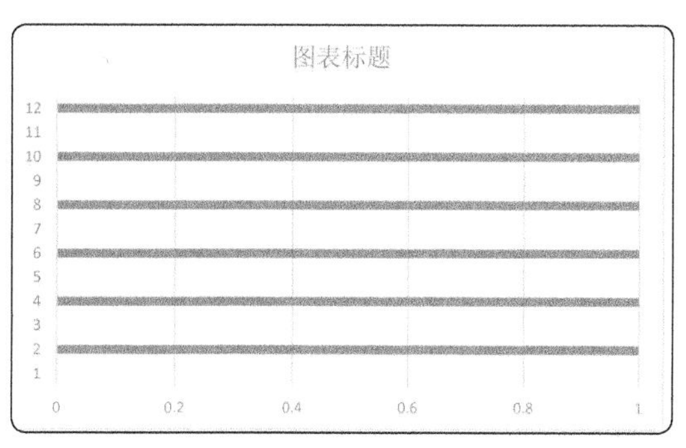

图 4-14-124

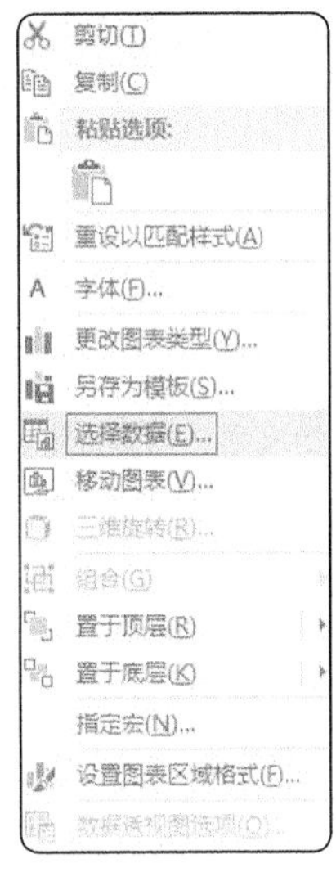

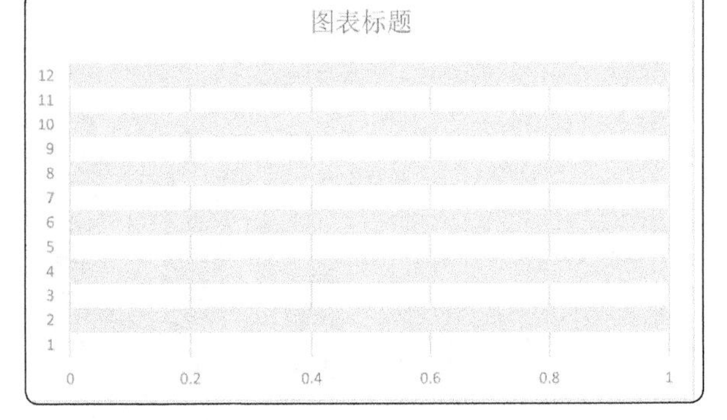

设置数据系列格式

系列选项

系列选项

系列绘制在

主坐标轴(P)

次坐标轴(S)

系列重叠(O) .00%

分类间距(W) 0%

图 4-14-125　　　　图 4-14-126

Step3 选中图表区域，单击右键选择“选择数据”，如图 4-14-127 所示，依次添加原始数据的 4 个序列，如图 4-14-128 所示，得到图 4-14-129 所示图表。

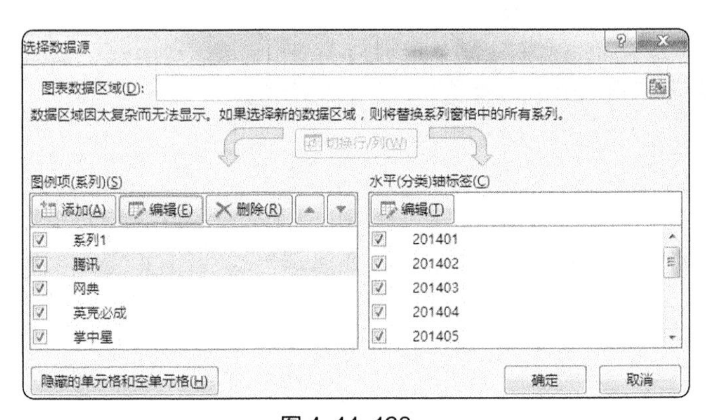

图 4-14-127　　　　图 4-14-128

Step4 选中图表，单击右键选择“更改系列图表类型”，如图 4-14-130 所示，将原始数据的 4 个序列改为折线图，如图 4-14-131 所示，得到图 4-14-132 所示图表。

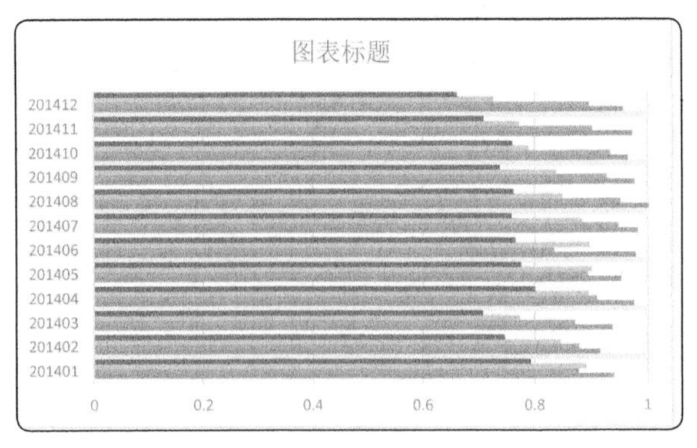

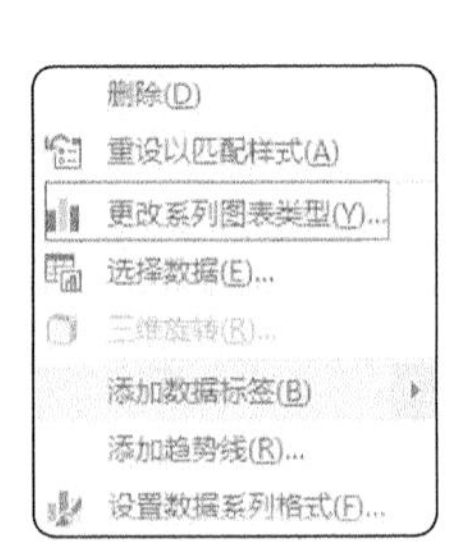

图 4-14-129　　　　图 4-14-130

Step5 选中图表，单击“设计”菜单下的添加图表元素→坐标轴→次要纵坐标轴，如图 4-14-133

所示，得到图 4-14-134 所示图表。

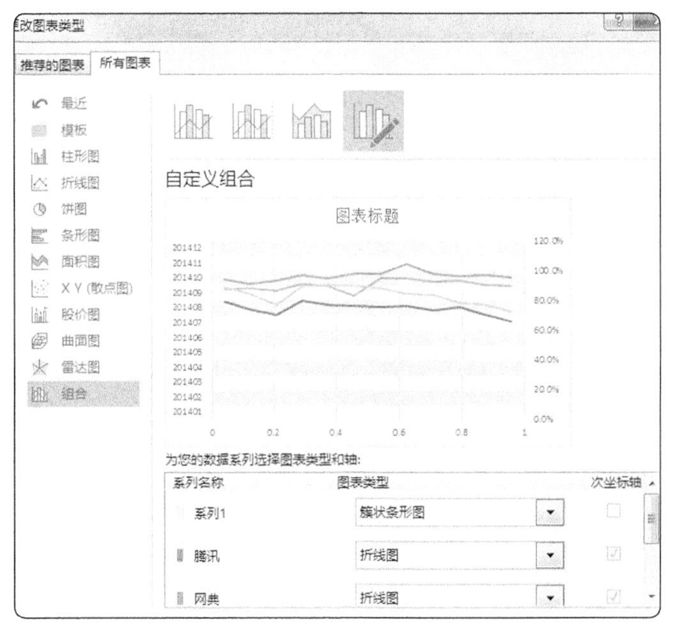

图 4-14-131

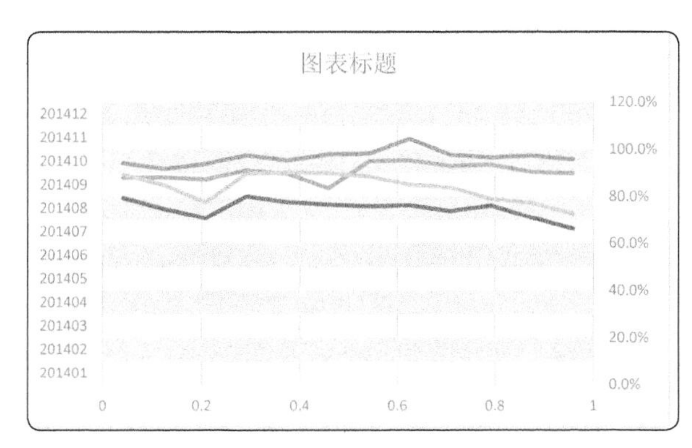

图 4-14-132

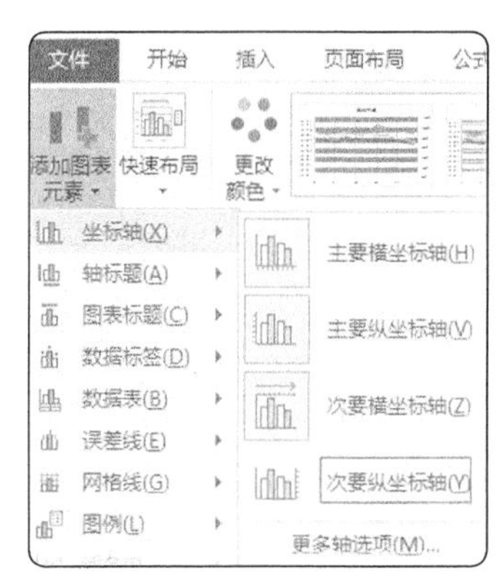

图 4-14-133

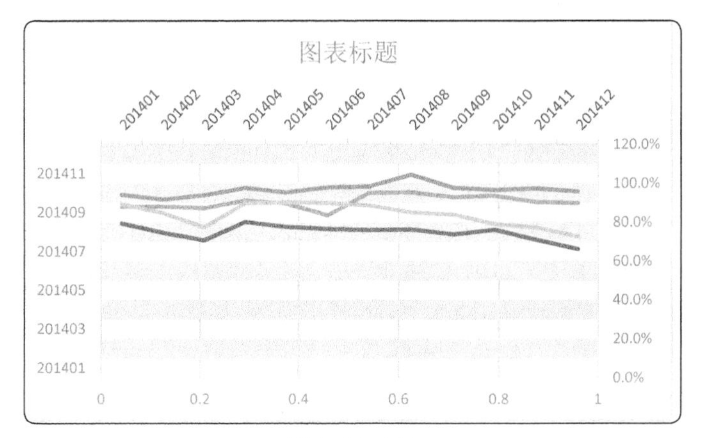

图 4-14-134

Step6 删掉图表下边的横坐标和左边的纵坐标，修改上边和右边的坐标轴标签位置为低，如图 4-14-135 所示，修改纵坐标最小值为 0.6，使折线图变化趋势变得更加明显，单击“设计”菜单下的添加图表元素→图例→顶部，再选中图例，鼠标左键单击选中序列 1，删除不需要的序列 1，得到图 4-14-136，最后修改图表标题即可。

设置坐标轴格式
坐标轴选项 ▼ 文本选项
▲ 坐标轴选项
坐标轴类型
◉ 根据数据自动选择(Y)
○ 文本坐标轴(T)
○ 日期坐标轴(X)
纵坐标轴交叉
○ 自动(O)
○ 分类编号(E) 12
◉ 最大分类(G)
坐标轴位置
○ 在刻度线上(K)
◉ 刻度线之间(W)
☐ 逆序类别(C)
▷ 刻度线标记
▲ 标签
标签间隔
◉ 自动(U)
○ 指定间隔单 1
与坐标轴的距离(D) 100
标签位置(L) 低

图 4-14-135

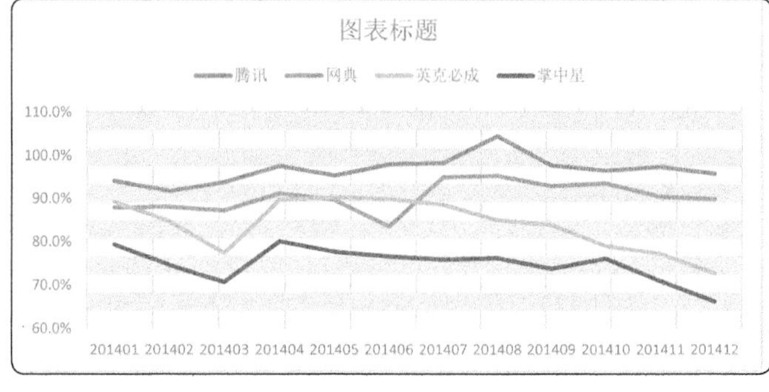

图 4-14-136

第 201 招 怎样修改折线图部分折线的颜色

折线图可以显示数据的变化趋势，如果想突出显示波动比较大的某一部分的颜色，怎么办呢？如图 4-14-137 所示，根据 A、B 列的原始数据制作的折线图，想要突出显示降幅大于 5% 的那部分折线。

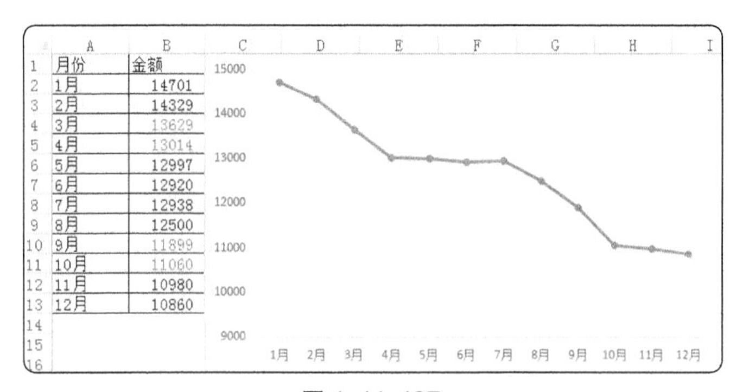

月份	金额
1月	14701
2月	14329
3月	13629
4月	13014
5月	12997
6月	12920
7月	12938
8月	12500
9月	11899
10月	11060
11月	10980
12月	10860

图 4-14-137

根据原始数据计算环比增幅，创建辅助列 C 列，将降幅达到 5% 以上的那部分数据直接复制粘贴到 C 列同行。再根据 A 列到 C 列的数据制作折线图，就可以看到降幅在 5% 以上的那部分颜色变了，如图 4-14-138 所示。

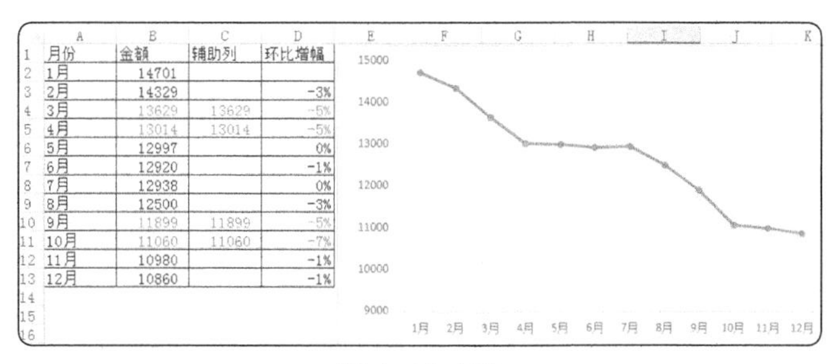

月份	金额	辅助列	环比增幅
1月	14701		
2月	14329		-3%
3月	13629	13629	-5%
4月	13014	13014	-5%
5月	12997		0%
6月	12920		-1%
7月	12938		0%
8月	12500		-3%
9月	11899	11899	-5%
10月	11060	11060	-7%
11月	10980		-1%
12月	10860		-1%

图 4-14-138

第 202 招 条形图每个条形能自动生成不同的颜色吗

根据图 4-14-139 左边的数据制作的条形图颜色只有一种，如果要想每个条形颜色不同，手工单击每个条形修改颜色很慢，怎样自动生成不同颜色呢？ 选中图表的系列，右键设置数据系列格式，如图 4-14-140 所示，把填充→依数据点着色打钩，如图 4-14-141 所示，得到图 4-14-142 所示图表。

地区	销量
江苏	17
湖南	74
湖北	95
广西	117
内蒙古	202
河南	215
福建	226
宁夏	310
浙江	324
新疆	383
重庆	441
安徽	555
北京	556
黑龙江	559
云南	562
海南	568
河北	572
陕西	613
江西	618
青海	644
吉林	663
辽宁	794
山东	815
天津	847
西藏	867
甘肃	878
山西	897
贵州	937
四川	956
上海	967
广东	989

各省销量排行榜

0 200 400 600 800 1000

图 4-14-139

如果把条形图或柱形图部分条形或柱形自动变色，需要创建辅助列，例如根据图 4-14-143 左边的表格生成的右边的图表，由于 1 ~ 8 月数据是实际发生数据，9 ~ 12 月是预测数据，希望把实际数据和预测数据用不同的颜色展示。只需要把实际数据和预测数据分 2 列展示，就可以自动生成不同颜色的图表，如图 4-14-144 所示。

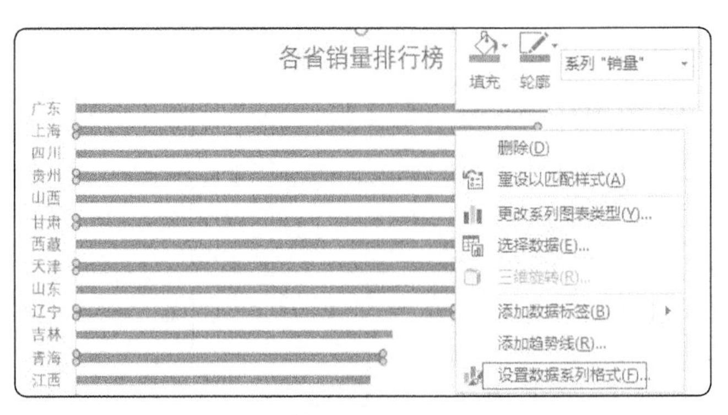

图 4-14-140

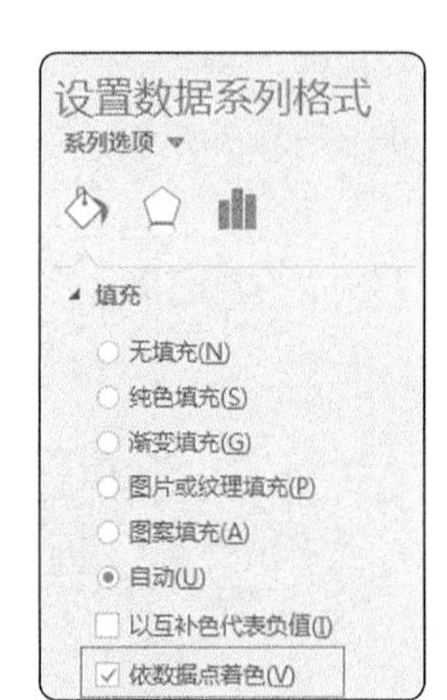

图 4-14-141

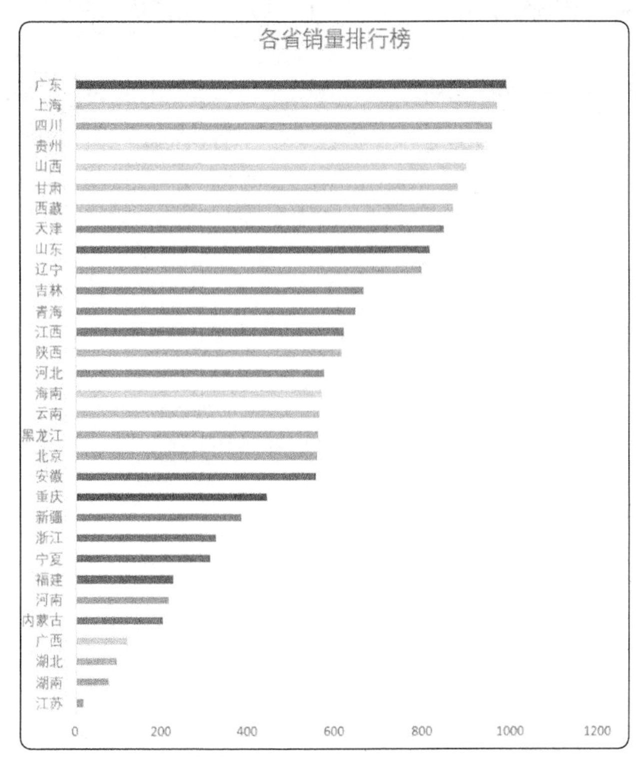

图 4-14-142

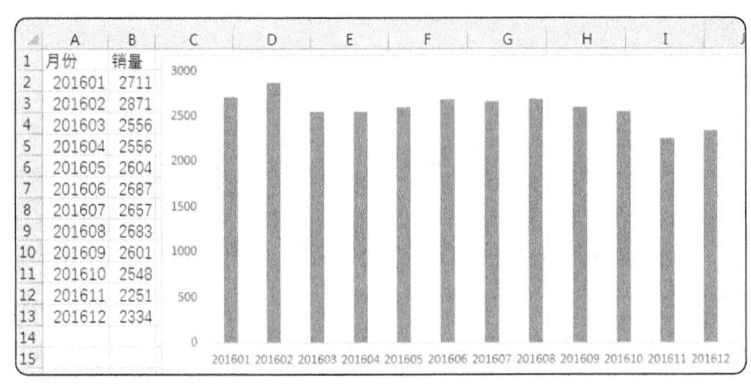

	A	B
1	月份	销量
2	201601	2711
3	201602	2871
4	201603	2556
5	201604	2556
6	201605	2604
7	201606	2687
8	201607	2657
9	201608	2683
10	201609	2601
11	201610	2548
12	201611	2251
13	201612	2334
14		
15		

图 4-14-143

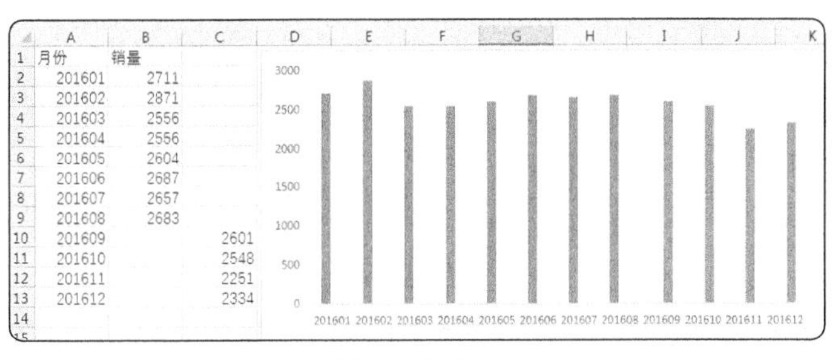

	A	B	C
1	月份	销量	
2	201601	2711	
3	201602	2871	
4	201603	2556	
5	201604	2556	
6	201605	2604	
7	201606	2687	
8	201607	2657	
9	201608	2683	
10	201609		2601
11	201610		2548
12	201611		2251
13	201612		2334

图 4-14-144

第203招 一个纵坐标两个横坐标的柱形图

原始数据截图如图 4-14-145 所示。

要制作一个纵坐标两个横坐标的温度计式柱形图，如图 4-14-146 所示。

	A	B	C	D
1		目标	完成	片区
2	1月	4059	4800	华南
3	2月	9167	6321	华北
4	3月	4178	2216	华东
5	4月	921	500	西北
6	5月	4650	4950	西南
7	6月	1606	1600	东南

图 4-14-145

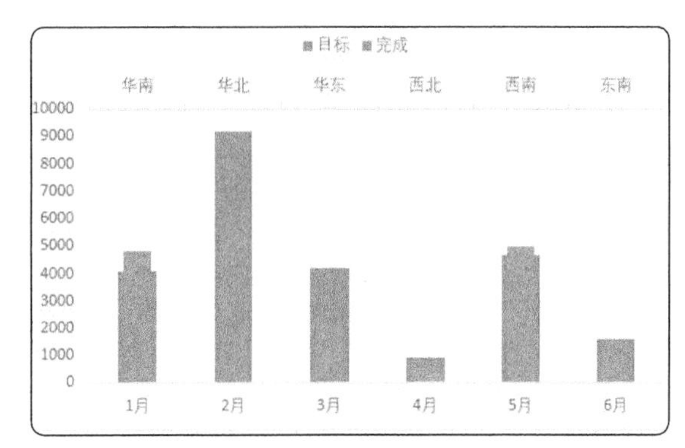

图 4-14-146

制作步骤如下：

Step1 选中 A1:C7 数据，插入堆积柱形图，如图 4-14-147 所示。

Step2 选中图例中的“完成”序列设置为次坐标轴，系列重叠改为 0%，分类间距改为 250%，如图 4-14-148 所示。修改次纵坐标轴最大值，使最大值和主纵坐标轴最大值一样，如图 4-14-149 所示，得到图 4-14-150 所示图表。

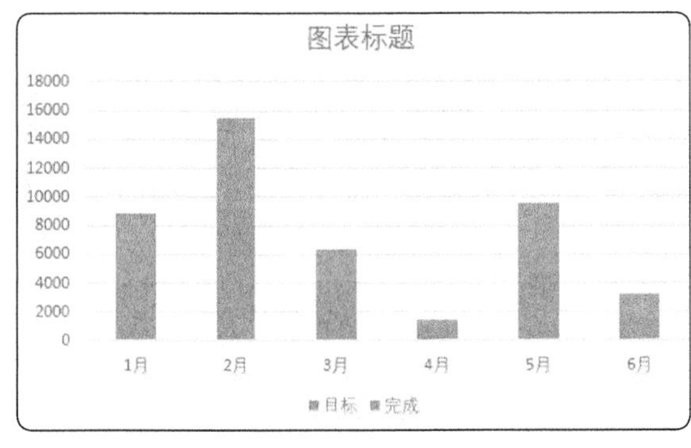

图 4-14-147

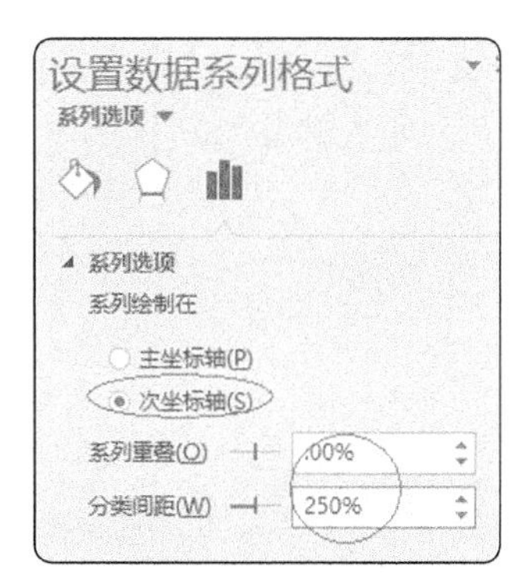

图 4-14-148

Step3 选中图表，单击添加图表元素→次要横坐标轴，如图 4-14-151 所示，得到图 4-14-152 所示图表。

图 4-14-149

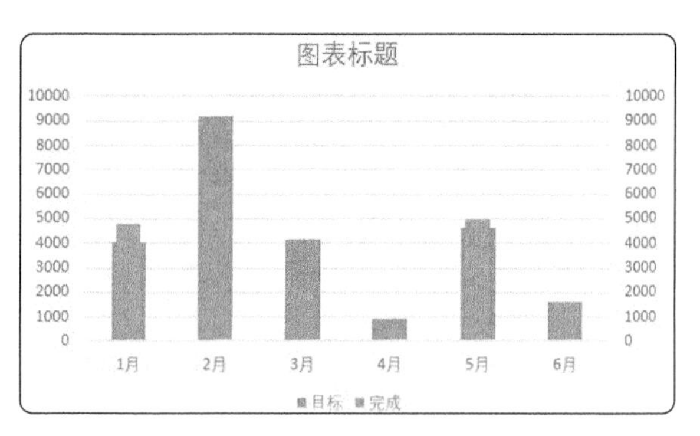

图 4-14-150

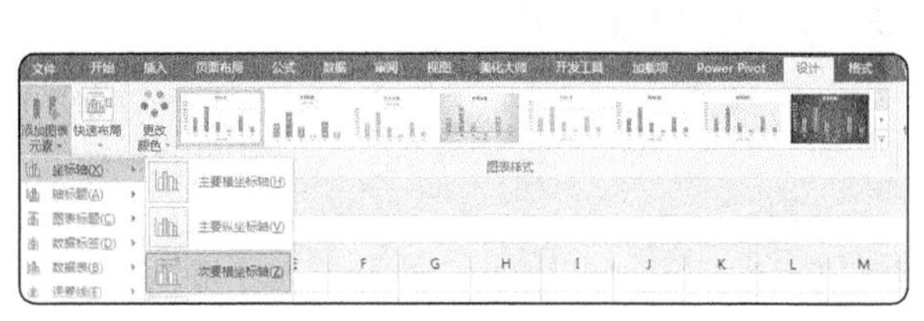

图 4-14-151

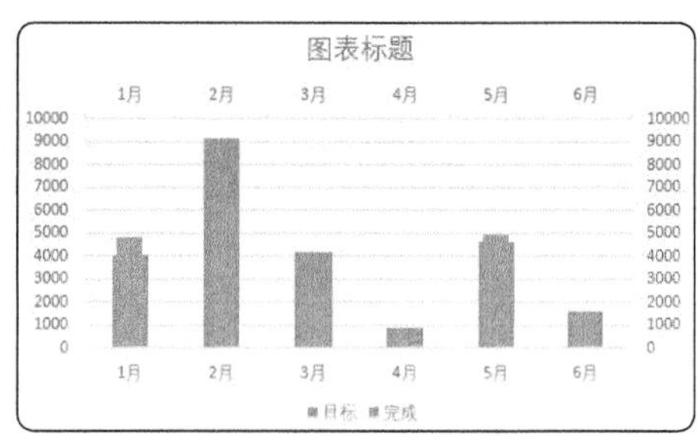

图 4-14-152

Step4 选中图 4-14-152 的横坐标，修改数据源为 D 列片区，设置标签位置为低。再选中下面的月份横坐标，设置标签位置为高。删除次纵坐标轴，修改图例位置为靠上，得到图 4-14-146 所示图表。

第 15 章　高级图表的制作

本章介绍高级图表的制作，主要内容包含漏斗图、四象限散点图、甘特图、动态图表、玫瑰图以及 2016 版本新增的瀑布图、树状图、旭日图、直方图等。

第 204 招　年报图表

原始数据如表 4-15-1 所示。

表 4-15-1

	各 BG 销售额	去年同期
互娱	100	80
无线	120	135
互联网	130	120
平台	180	200
财经	110	140
其他	120	140

图 4-15-1

要制作如图 4-15-1 的年报图表。

制作步骤如下：

Step1　先对原始数据构造辅助列，增加今年与去年的同比增长率，去年同期（辅助），以及模拟行（对应图表的黑色区域）。同比增长率 =（各 BG 销售额 − 去年同期）/ 去年同期，辅助的去年同期 = 去年同期的最大值 − 各 BG 销售额。见表 4-15-2。

表 4-15-2

	各 BG 销售额	去年同期	同比增长	去年同期（辅助）	模拟行
互娱	100	80	25.00%	100	45
无线	120	135	-11.11%	80	45
互联网	130	120	8.33%	70	45
平台	180	200	-10.00%	20	45
财经	110	140	-21.43%	90	45
其他	120	140	-14.29%	80	45

Step2　选中表 4-15-2 中的前 2 列和后 2 列（红色字体部分），插入二维条形图中的百分比堆积条形图，得到图表如图 4-15-2 所示。

Step3　修改 3 个序列的颜色，分别为红色、灰色、黑色。设置坐标轴格式，把“逆序类别”打钩，这样图表上的类别顺序和原始表格对应一致，如图 4-15-3 所示。删除横坐标和图例，得到图 4-15-4 所示图表。

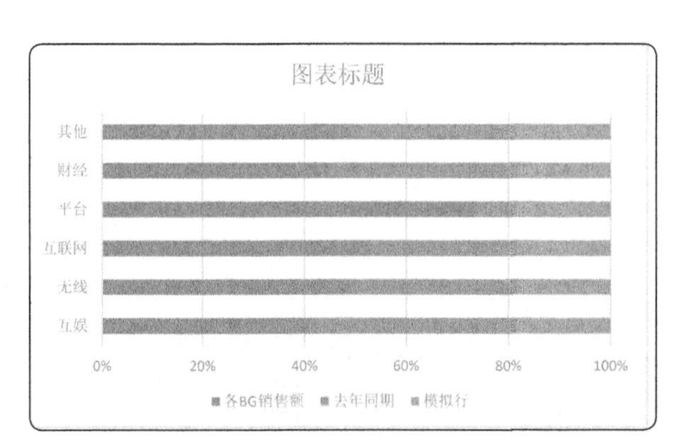

图 4-15-2

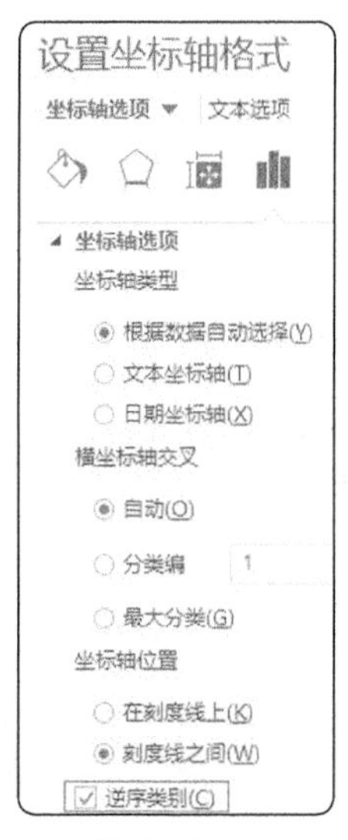

图 4-15-3

Step4 给红色序列和黑色添加数据标签。红色序列数据标签格式数字类别改为货币，选中美元符号，小数位数为 0，如图 4-15-5 所示，修改字体颜色为白色，如图 4-15-6 所示。

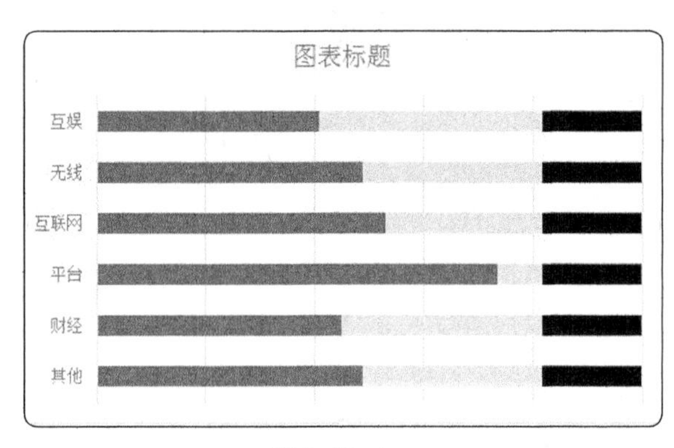

图 4-15-4

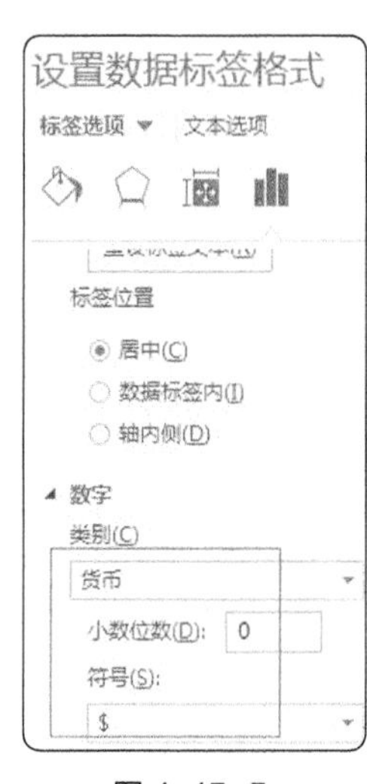

图 4-15-5

得到图 4-15-7 所示图表。

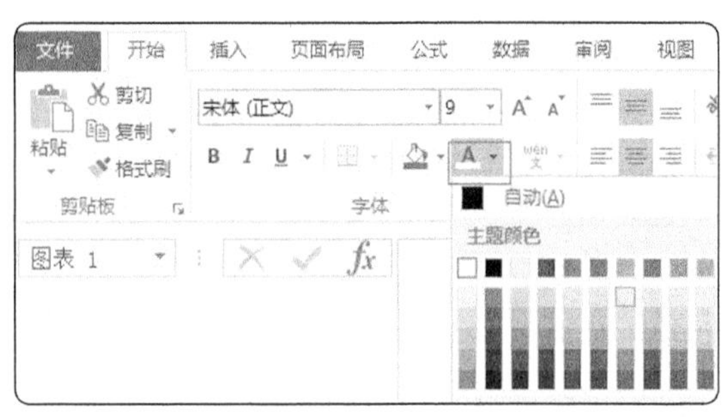

图 4-15-6

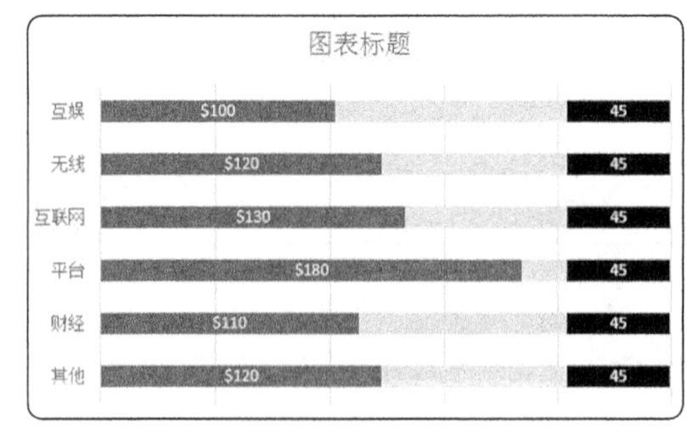

图 4-15-7

Step5 修改黑色序列数据标签，单击加载项的更改数据标签，如图 4-15-8 所示，标签引用区域选中表格中的同比增长那列数据。数据标签的设置方法见第 14 章第 199 招内容，得到图 4-15-9 所示图表。

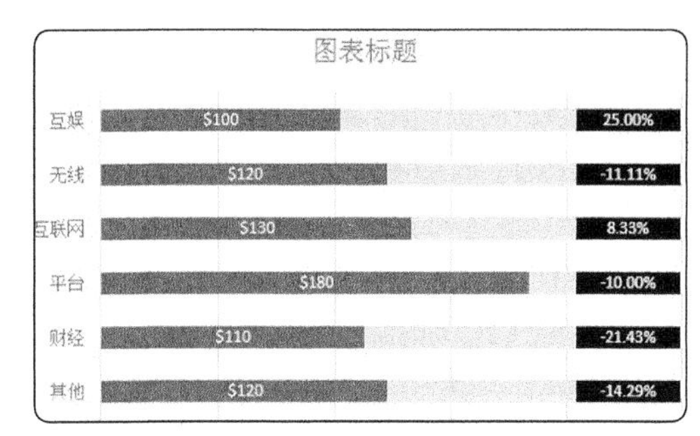

图 4-15-8

图 4-15-9

Step6 修改图表标题，在图表区域上方插入文本框，写上对报表数据的一个总结，图表区域下方插入文本框，如图 4-15-10 所示，写上数据来源和日期，就得到想要的年报图表。

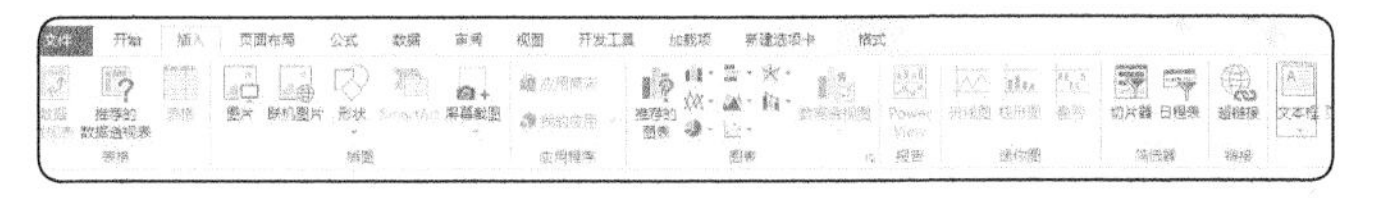

图 4-15-10

第 205 招 矩阵式百分比图

矩阵式百分比图制作步骤如下：

Step1 单击“视图”，把“网格线”前面的钩去掉，目的是取消网格线，让整个表格变白。

Step2 调整 E5:N14 区域行列的宽高度，让每个单元格都变成一个均匀的小方格。

Step3 选中 E5，单击开始→条件格式，然后按如图 4-15-11 至图 4-15-12 所示设置条件格式。

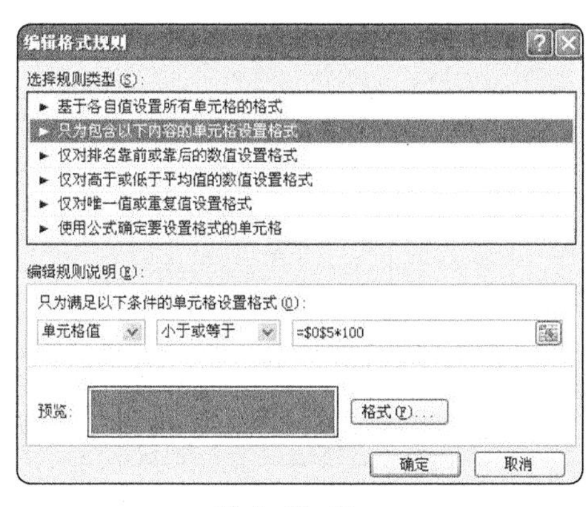

图 4-15-11

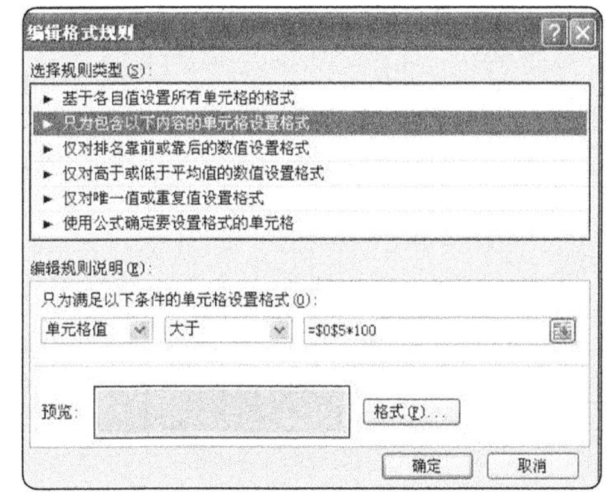

图 4-15-12

注：设置两条，另外一条为灰色，即大于 05*100 的显示色。

Step4 将 E5 的条件格式复制到 E5:N14 区域。注：此处用格式刷。

Step5 将右侧的 O5:O12 区域合并单元格，并适当调整其列宽，同时设置其单元格内显示字体的大小。

Step6 顺次在 E5:N14 区域填入 1 ~ 100 的数字，填入顺序，从下到上，从左至右。

得到图 4-15-13 所示图表。

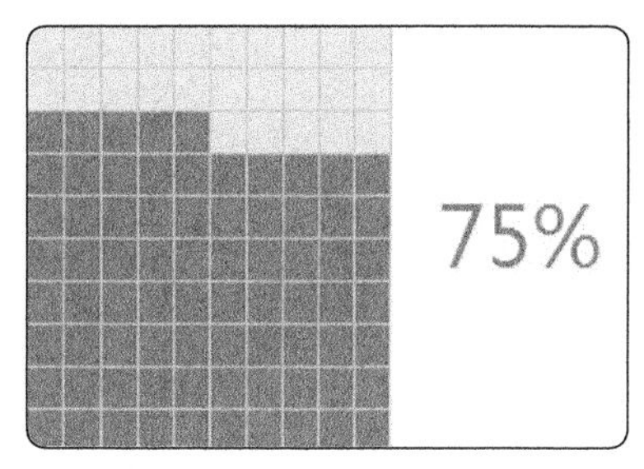

图 4-15-13

第206招 多轴坐标图

原始数据如表 4-15-3 所示。

生产效率、产品数量、总价是 3 个不同数量级的数据，我们想创建 3 个坐标轴，对应 3 个字段，制作步骤如下。

Step1 将生产效率放大 100 倍，根据最新的数据制作散点图，如图 4-15-14 所示。

表 4-15-3

月份	生产效率	产品数量	总价
1	30.00%	20	100
2	40.00%	30	120
3	45.00%	25	130
4	40.00%	40	180
5	50.00%	30	110
6	40.00%	25	120

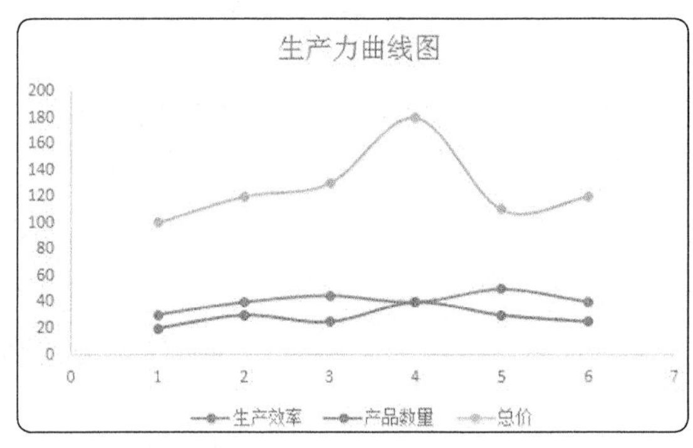

图 4-15-14

Step2 鼠标左键选中图例中的生产效率和产品数量，都改为次坐标轴，得到图 4-15-15 所示图表。

Step3 构造数据，如表 4-15-4 所示，选中图表，右键选择数据，添加序列，序列 X 轴为构造的数据轴标签字段，Y 轴为构造的数值，结果如图 4-15-16 所示。

表 4-15-4

轴标签	数值
6.2	0
6.2	10
6.2	20
6.2	30
6.2	40
6.2	50
6.2	60
6.2	70

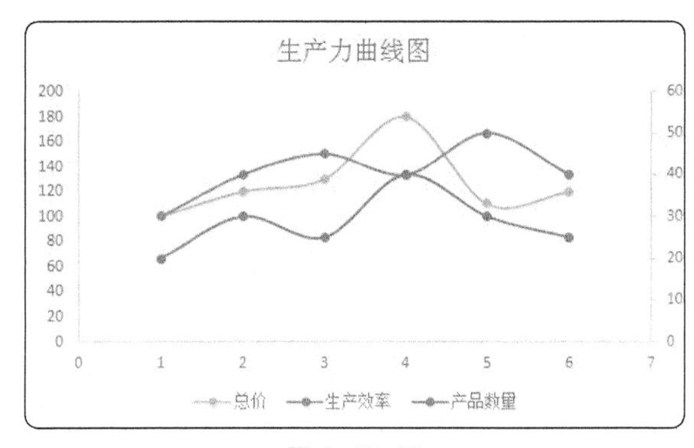

图 4-15-15

Step4 将次坐标轴最大值改为 70，使得与创建的序列等高，如图 4-15-17 所示。

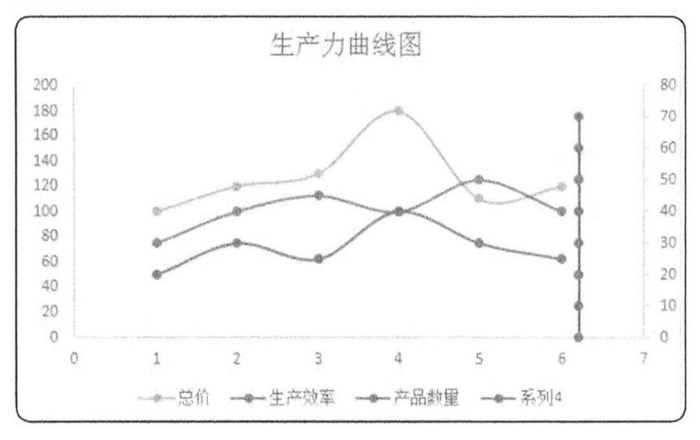

图 4-15-16

图 4-15-17

Step5 选中新创建的序列，右键添加数据标签，设置数据标签格式为自定义格式，格式代码为

0!%;;0，如图 4-15-18 所示。

选中序列，右键设置数据系列格式，填充改为无填充，边框改为无线条，如图 4-15-19 所示，得到图 4-15-20 所示图表。

Step6 设置主次坐标轴的颜色，使之与对应序列颜色一致，调整宽度，如图 4-15-21 所示。

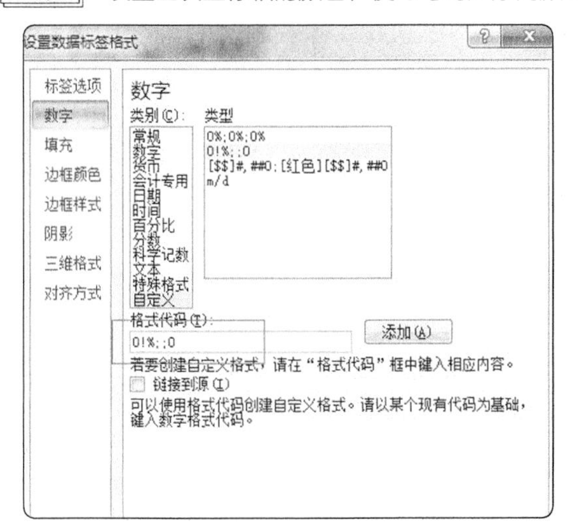

图 4-15-18

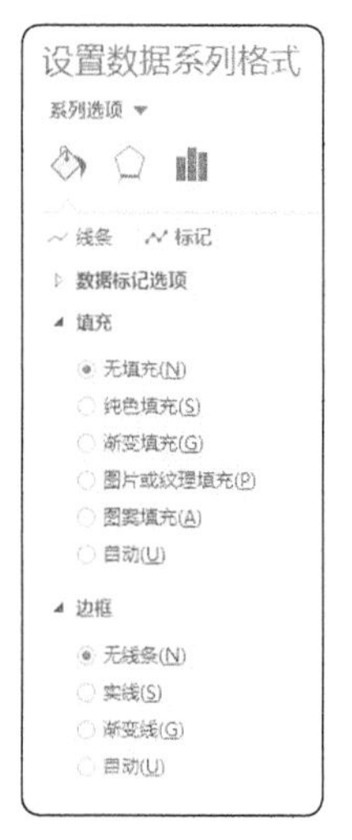

图 4-15-19

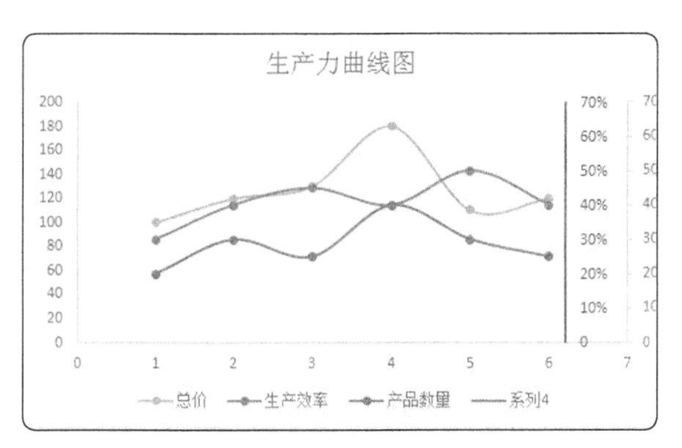

图 4-15-20

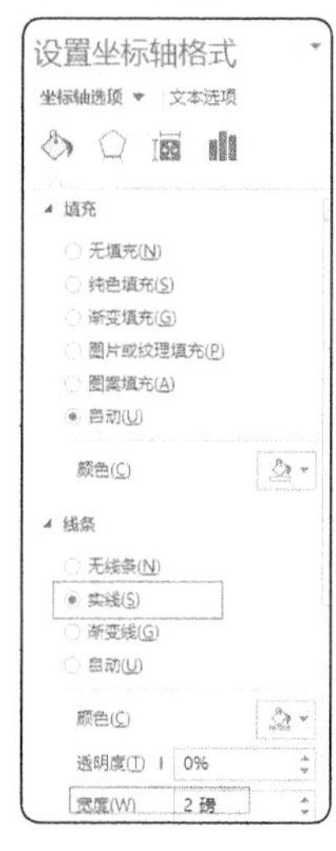

图 4-15-21

Step7 最后删除图例中创建的序列，得到图 4-15-22 所示图表。

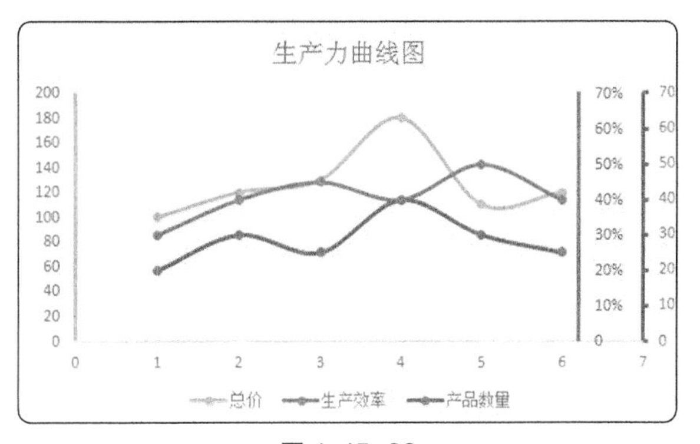

图 4-15-22

第207招 四象限散点图

在战略规划报告里，SWOT 分析是一个众所周知的工具，SWOT 分析代表分析企业优势（strength）、劣势（weakness）、机会（opportunity）和威胁（threats），常见的 SWOT 分析图如图 4-15-23 所示。

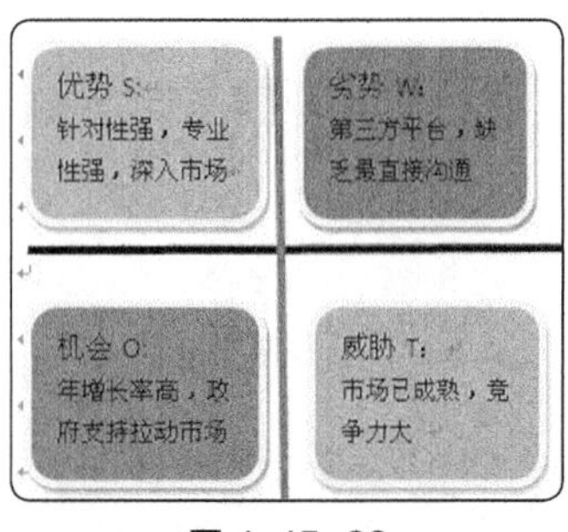

图 4-15-23

类似这种 SWOT 四象限图表在 Excel 中如何制作呢？

四象限图主要是实现对象的差异化分类管理。判断同一象限对象之间的强弱，作为各种策略调整的依据。四象限分析方法的标准表示图就是我们在 Excel 中看见的 XY 散点图。

Excel 四象限图有 2 种，一种为坐标轴刻度有正负值，另一种为坐标轴刻度从某个特定值开始，无负值。散点图表示因变量随自变量而变化的大致趋势，它用两组数据构成多个坐标点，根据坐标点的分布，判断两个变量之间是否存在某种关联或总结坐标点的分布模式。

例如，原始数据如表 4-15-5 所示。

要制作如图 4-15-24 的四象限散点图。

表 4-15-5

地区	指标 1	指标 2
地区 1	12	10
地区 2	33	47
地区 3	36	17
地区 4	28	9
地区 5	8	42
地区 6	34	54
地区 7	29	44
地区 8	25	32
地区 9	31	18
地区 10	12	16
地区 11	32	42
地区 12	18	46
地区 13	24	45
地区 14	24	38

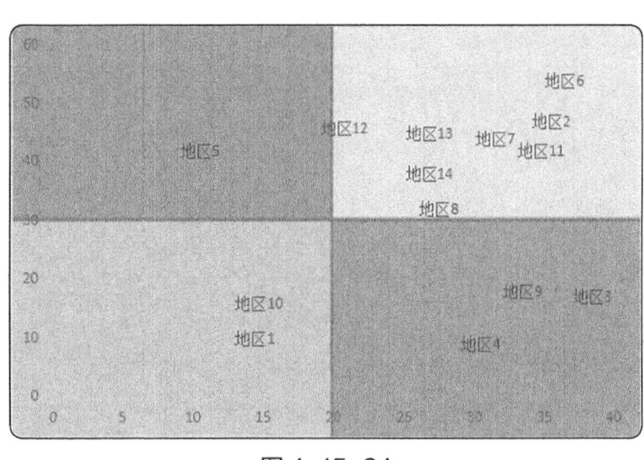

图 4-15-24

制作步骤如下：

Step1 散点图的做法与其他图表的做法不同的一点是：不要选择标题行或列，仅选择数据项，插入散点图，系统自动生成图表，如图 4-15-25 所示。

生成的图表如图 4-15-26 所示。

Step2 删除图表中不需要的网格线，这样会显得清爽一些，如图 4-15-27 所示。

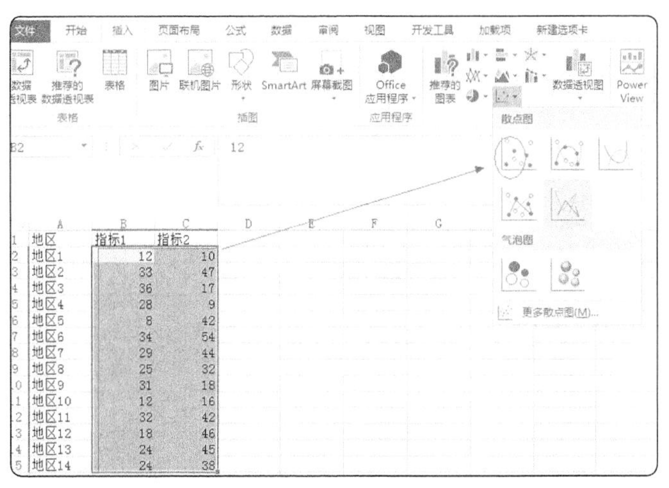

图 4-15-25

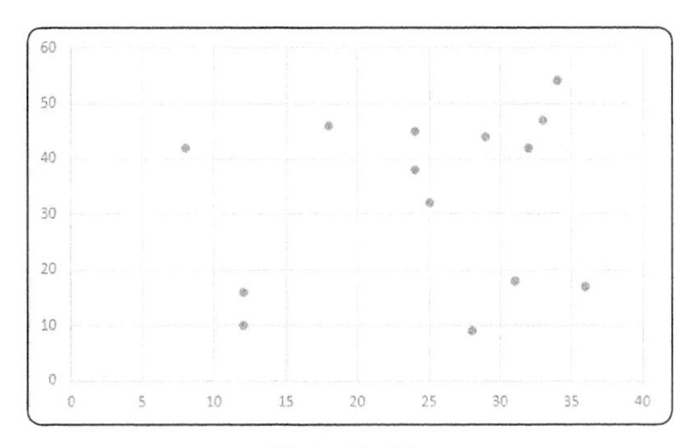
图 4-15-26

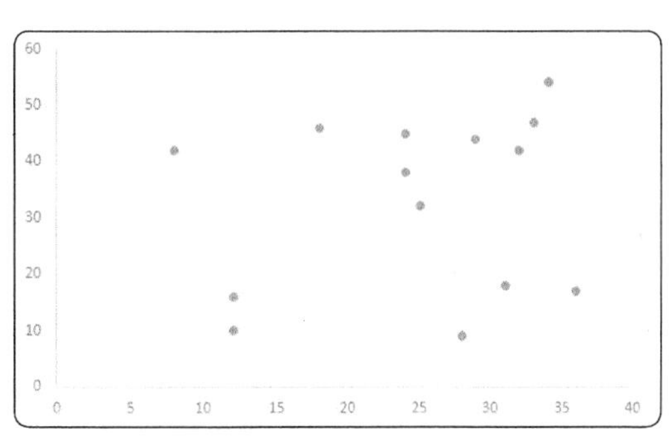
图 4-15-27

Step3 分别设置 X-Y 坐标轴格式，将 X 坐标轴交叉位置设置为 20，标签位置选择低，将 Y 轴交叉位置设置为 30，标签位置选择低，X 坐标轴格式设置如图 4-15-28 所示。Y 坐标轴格式设置如图 4-15-29 所示。

图 4-15-28

图 4-15-29

设置完后图表如图 4-15-30 所示。

Step4 在源数据中插入一个原点（20，30），如图 4-15-31 所示。

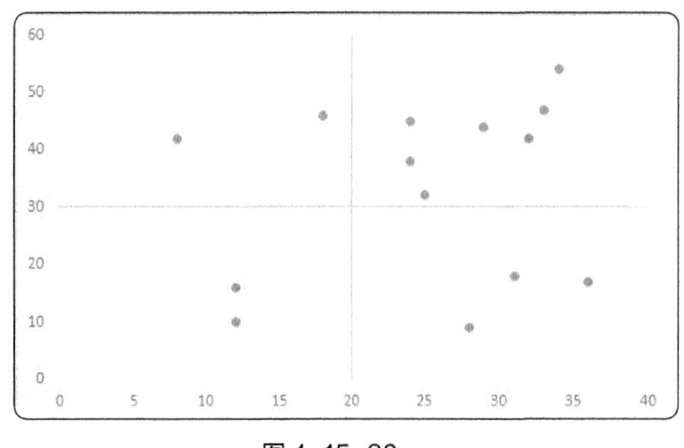

图 4-15-30

地区	指标1	指标2
地区1	12	10
地区2	33	47
地区3	36	17
地区4	28	9
地区5	8	42
地区6	34	54
地区7	29	44
地区8	25	32
地区9	31	18
地区10	12	16
地区11	32	42
地区12	18	46
地区13	24	45
原点	20	30
地区14	24	38

图 4-15-31

图表中间增加了一个点，如图 4-15-32 所示。

Step5 画 4 个长方形，每个填充为不同颜色，如图 4-15-33 所示。

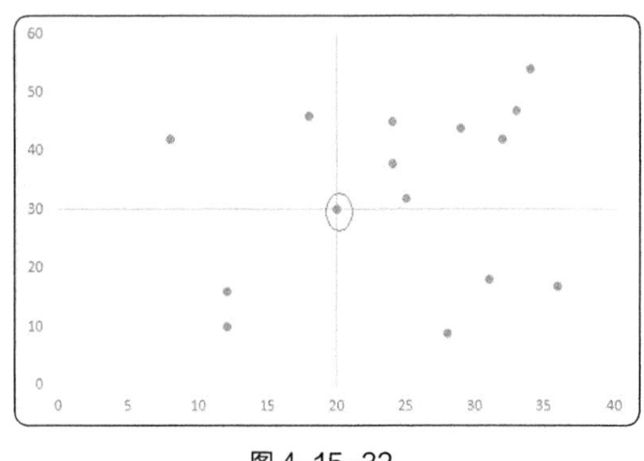

图 4-15-32

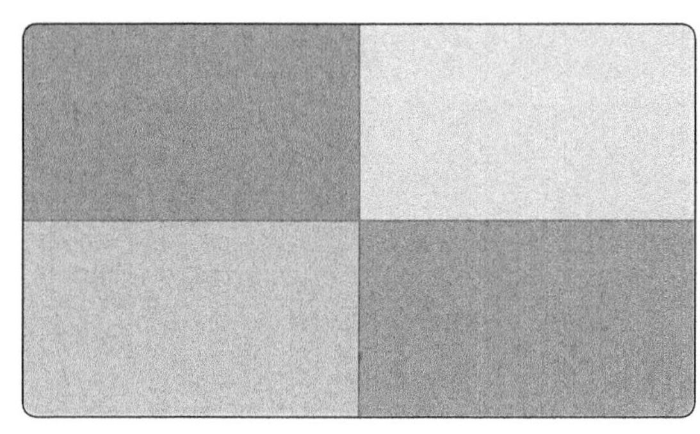

图 4-15-33

Step6 选中画好的 4 个长方形，【Ctrl+C】，选中图表中设置的原点，按组合键【Ctrl+V】，得到图 4-15-34 所示图表。

Step7 添加数据标签，如图 4-15-35 所示。

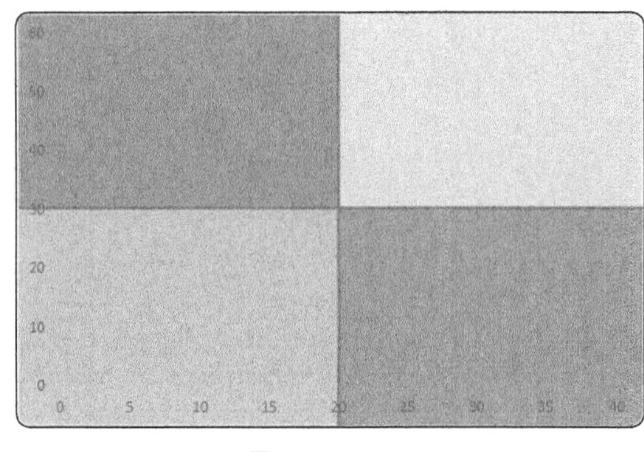

图 4-15-34

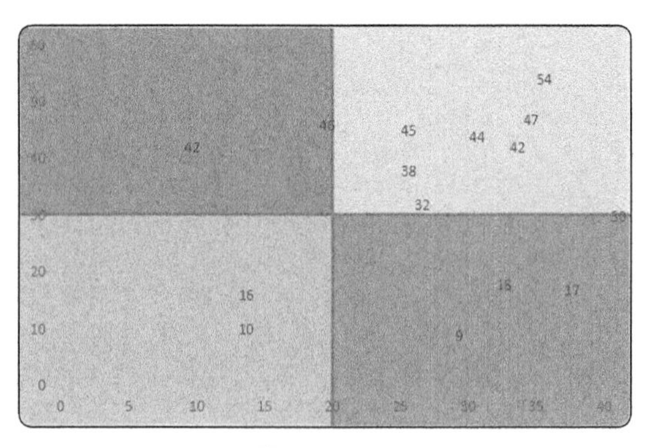

图 4-15-35

Step8 选中数据标签，用数据标签小工具更改数据标签，如图 4-15-36 所示。

数据标签小工具见第 199 招内容。

四象限图表在日常工作中的应用案例如下。

图 4-15-37 是用来分析某产品在客户满意度和重要度方面的数据指标。

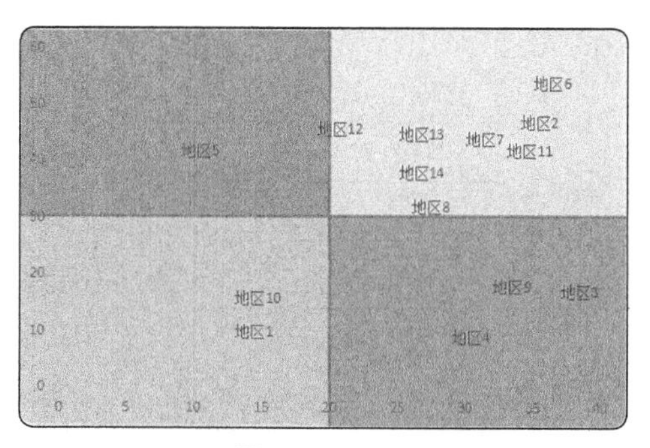

图 4-15-36

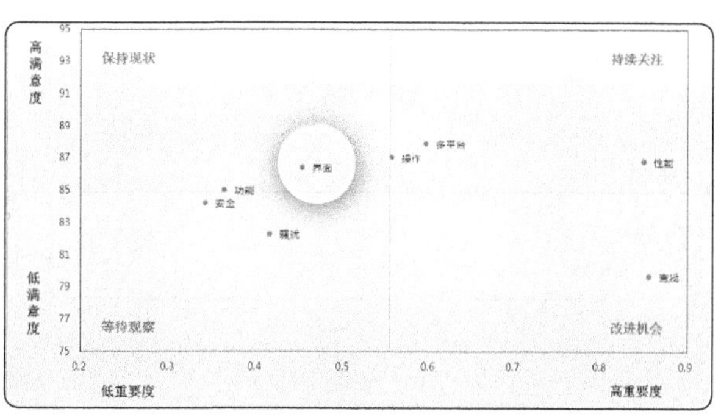

图 4-15-37

图 4-15-38 是用来分析移动支付在市场执行能力和产品创新能力方面的数据指标。

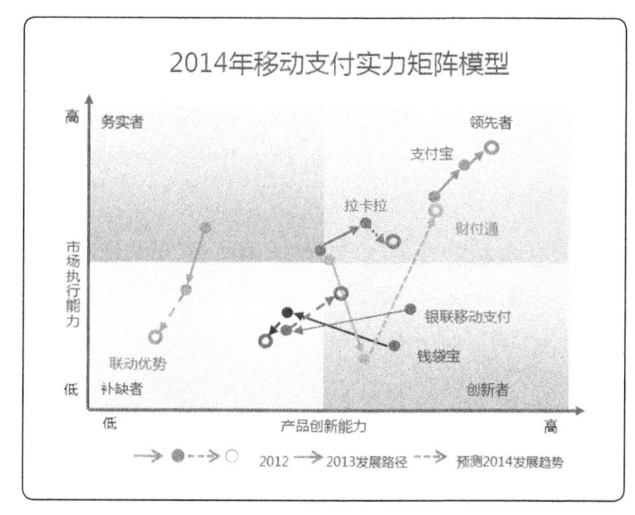

图 4-15-38

第 208 招 漏斗图

漏斗模型是非常常用的一种分析方法，它不仅展示了用户在进入流程到实现目标的最终转化率，同时还可以展示整个关键路径中每一步的转化率，重点通过这些转化率，判断当前问题节点在哪里，快速问题定位，实现运营效率快速提升。常用于各大网站的运营分析（尤其是电商）、各大 APP 的关键点分析、用户流失分析等。例如，某网站商品转化率如图 4-15-39 所示。

这种图是怎么制作的呢?

Step1 在原始数据基础上添加辅助列，C3 公式 =（$B$2-B3）/2，结果如图 4-15-40 所示，辅助列 C3 的目的是用这个数据把实际的条形图“挤”到中间去。D3 公式 =B3/B2, E3=B3/$B$2，公式截图如图 4-15-41 所示。

Step2 选择 A1:C6 范围的数据，单击“插入”选项卡，在图表中选择“堆积条形图”，效果如果 4-15-42 所示。

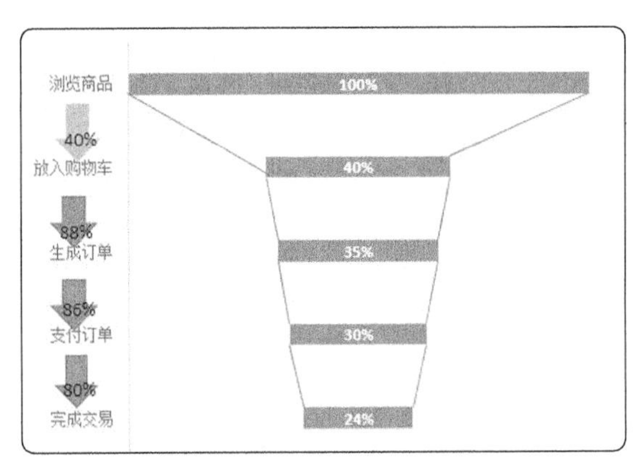

图 4-15-39

	A	B	C	D	E
1	环节	人数	辅助列	每环节转化率	总体转化率
2	浏览商品	1000		100%	100%
3	放入购物车	400	300	40%	40%
4	生成订单	350	325	88%	35%
5	支付订单	300	350	86%	30%
6	完成交易	240	380	80%	24%

图 4-15-40

	A	B	C	D	E
1	环节	人数	辅助列	每环节转化率	总体转化率
2	浏览商品	1000		1	=B2/$B$2
3	放入购物车	400	=($B$2-B3)/2	=B3/B2	=B3/$B$2
4	生成订单	350	=($B$2-B4)/2	=B4/B3	=B4/$B$2
5	支付订单	300	=($B$2-B5)/2	=B5/B4	=B5/$B$2
6	完成交易	240	=($B$2-B6)/2	=B6/B5	=B6/$B$2

图 4-15-41

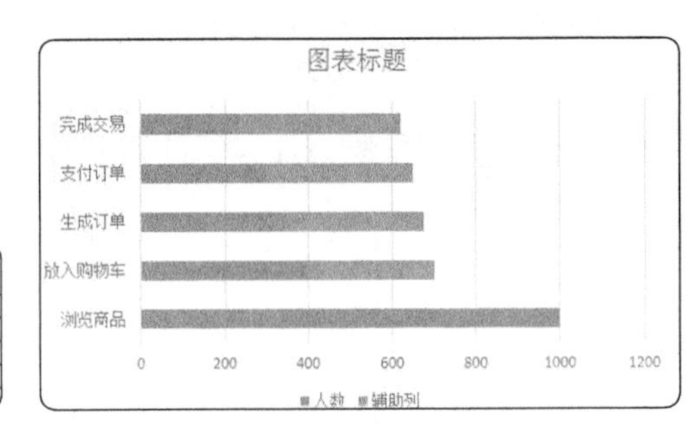

图 4-15-42

Step3 选中纵坐标轴，右键设置坐标轴格式，把“逆序类别”打钩，如图 4-15-43 所示。

在图表上单击右键，选择“选择数据”，单击“下移”按钮，把人数和辅助列上下位置顺序互换，如图 4-15-44 所示，删除图例和横坐标轴以及网格线得到图 4-15-45 图表。

图 4-15-43

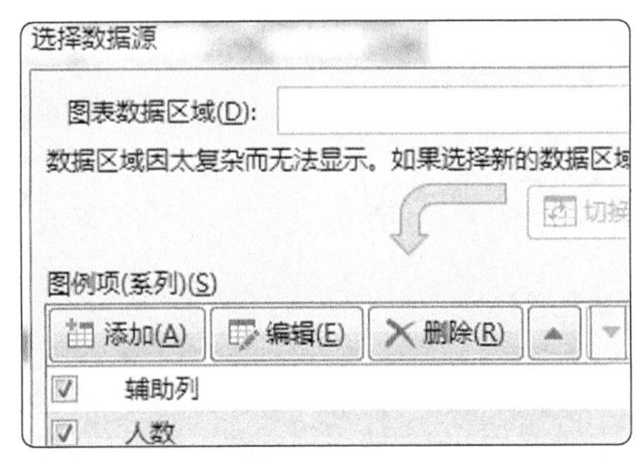

图 4-15-44

Step4 选中辅助列的黄色条形，单击鼠标右键，选择“设置数据系列格式”，把填充颜色以及边框颜色都设置为“无”，这样就把它们隐藏起来，如图 4-15-46 所示。结果如图 4-15-47 所示。

Step5 选中整个图表，单击“设计”，选择“快速布局”中的“布局 8”，如图 4-15-48 所示，设置系列颜色与条形图颜色一致。最后添加数据标签，用数据标签小工具修改数据标签为 E 列内容。

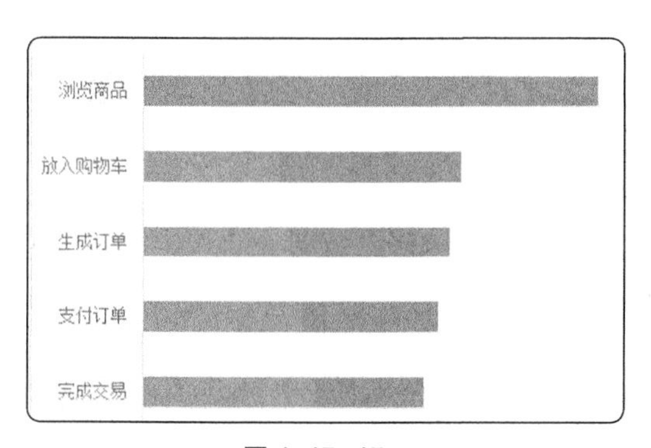

图 4-15-45

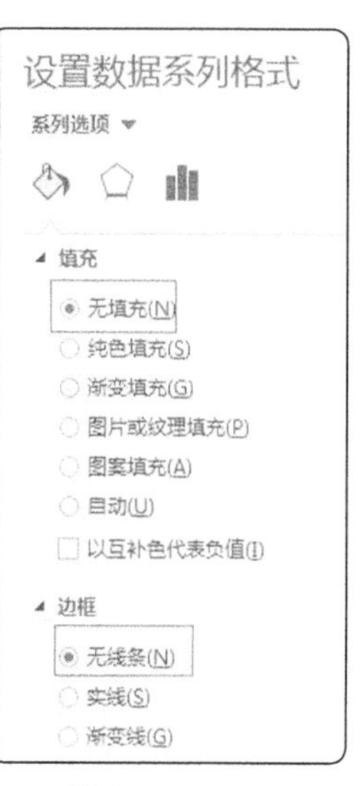

图 4-15-46

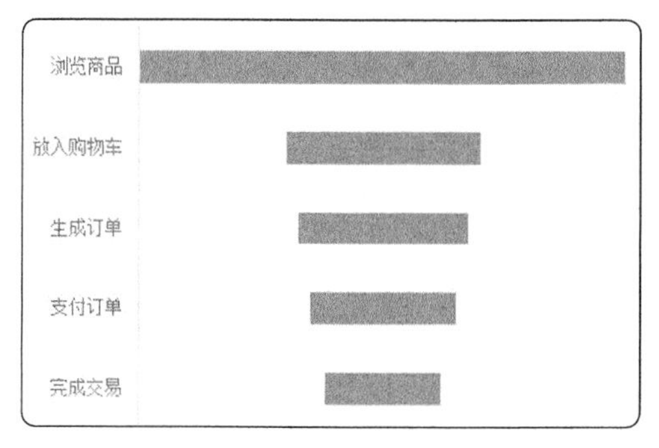

图 4-15-47

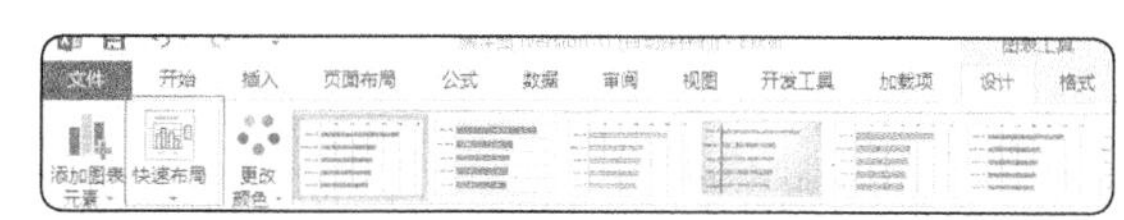

图 4-15-48

Step6 通过插入形状和插入文本框添加每环节转化率。第一环节转化率最低用黄色箭头标明，以便快速注意到。最终得到图 4-15-39 所示的漏斗图。

第 209 招 迷你图

分析数据时常常用图表的形式来直观展示，有时图线过多，容易出现重叠，Excel 2010 及以上版本可以在单元格中插入迷你图来更清楚展示。例如，原始表格如图 4-15-49 所示，根据表格数据制作的折线图如图 4-15-50 所示。

	A	B	C	D	E	F	G
1	产品名称	201601	201602	201603	201604	201605	201606
2	产品A	698	728	564	522	531	582
3	产品B	948	437	513	517	667	595
4	产品E	910	723	685	651	315	562
5	产品D	360	693	492	585	607	440
6	产品F	731	422	553	508	667	515
7	产品C	758	916	663	632	920	646

图 4-15-49

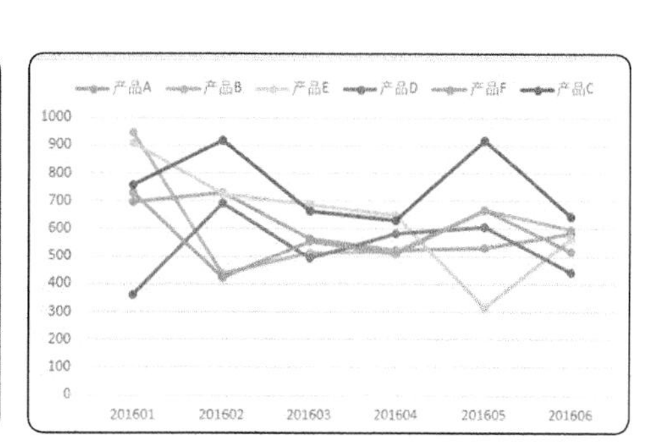

图 4-15-50

我们来看看在单元格内怎样插入迷你折线图，操作步骤如下。

Step1 鼠标放在 H2 单元格，单击插入→迷你图→折线图，如图 4-15-51 所示。

Step2 选中数据范围，创建迷你图，如图 4-15-52 所示，拖动 H2 单元格右下角黑色 +，自动填充其他单元格图表，生成的迷你图如图 4-15-53 所示。

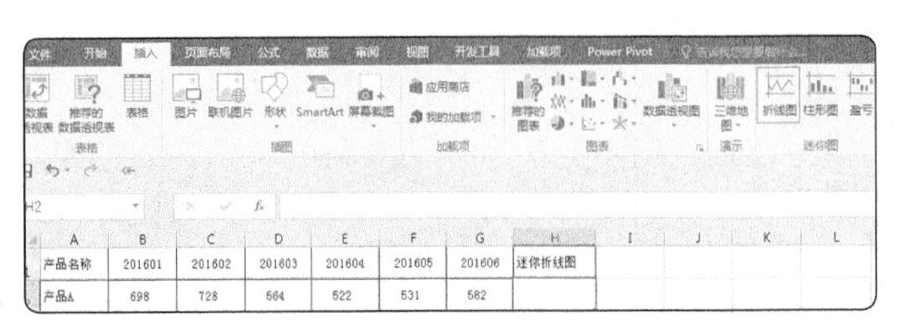

图 4-15-51

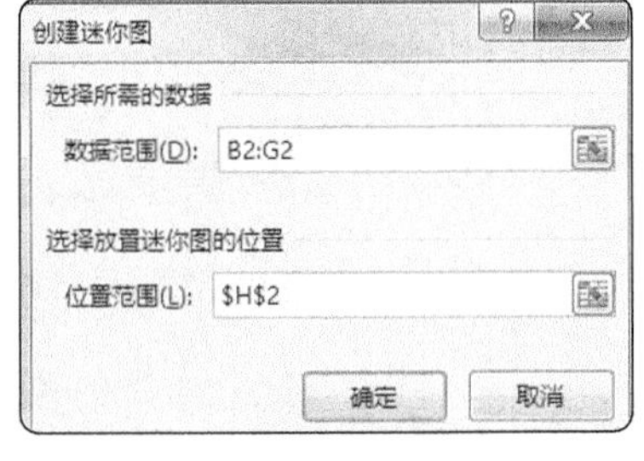

图 4-15-52

	A	B	C	D	E	F	G	H
1	产品名称	201601	201602	201603	201604	201605	201606	迷你折线图
2	产品A	698	728	564	522	531	582	
3	产品B	948	437	513	517	667	595	
4	产品E	910	723	685	651	315	562	
5	产品D	360	693	492	585	607	440	
6	产品F	731	422	553	508	667	515	
7	产品C	758	916	663	632	920	646	

图 4-15-53

Step3 美化图表，单击 H 列任意迷你图，单击迷你图工具→设计→标记颜色→高点，选择高点的颜色，再选择低点的颜色，如图 4-15-54 所示，单击迷你图工具→设计→迷你图颜色，选择图表的颜色紫色，粗细选择 1.5 磅，如图 4-15-55 所示，得到图 4-15-56 所示图表。

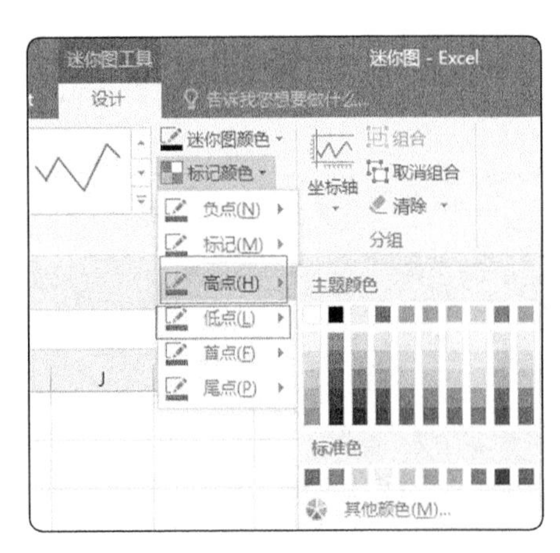

图 4-15-54

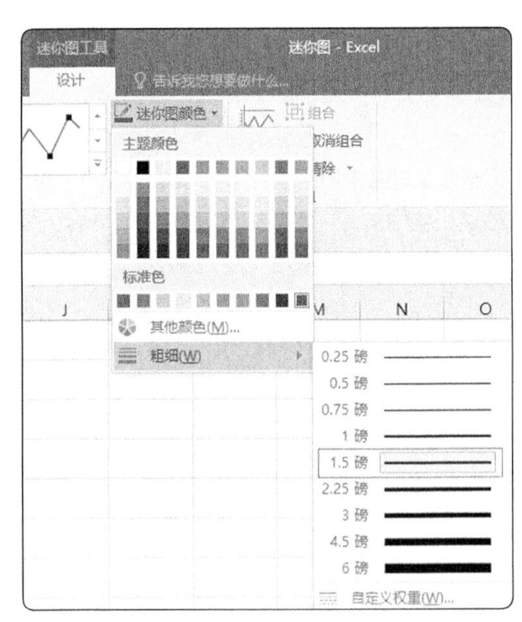

图 4-15-55

	A	B	C	D	E	F	G	H
1	产品名称	201601	201602	201603	201604	201605	201606	迷你折线图
2	产品A	698	728	564	522	531	582	
3	产品B	948	437	513	517	667	595	
4	产品E	910	723	685	651	315	562	
5	产品D	360	693	492	585	607	440	
6	产品F	731	422	553	508	667	515	
7	产品C	758	916	663	632	920	646	

图 4-15-56

第210招 瀑布图（Excel 2013 版本）

瀑布图就是看起来像瀑布，图如其名，瀑布图是指通过巧妙的设置，使图表中数据点的排列形状看似瀑布悬空，它可以直观显示在总计中各个部分的组成成分和大小，有点饼图的功能。以图 4-15-57 所示数据为例，一起学习在 Excel 2013 版本里如何制作瀑布图。这个图上半部分是着色的，而下半部分是透明的，这样的图表是用到不同的数据系列，通过对不同系列的颜色设置来实现数据系列的悬空效果。具体操作步骤如下。

Step1 在 C 列添加辅助列“占位”，C2 单元格输入 0，C3 单元格输入公式 =B$2-SUM(B$3:B3)，向下复制。公式的目的是计算累加和。

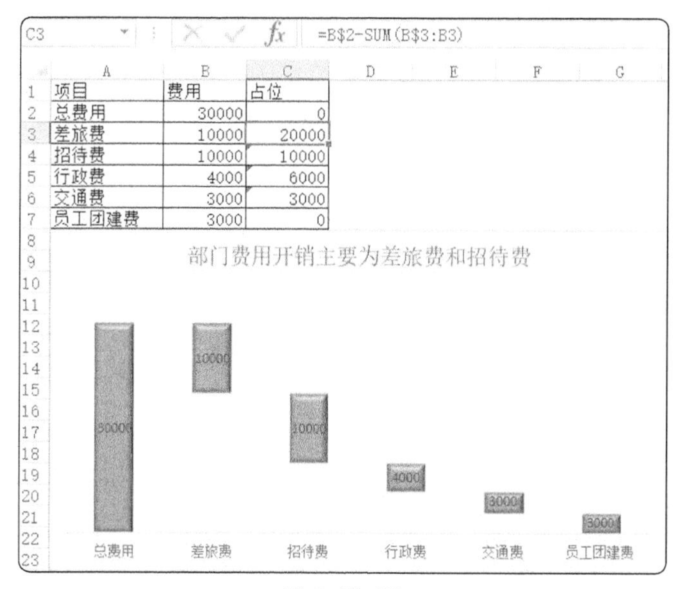

C3 =B$2-SUM(B$3:B3)

	A	B	C
1	项目	费用	占位
2	总费用	30000	0
3	差旅费	10000	20000
4	招待费	10000	10000
5	行政费	4000	6000
6	交通费	3000	3000
7	员工团建费	3000	0

图 4-15-57

Step2 选中数据，单击“插入”，选择二维柱形图中的“堆积柱形图”，效果如图 4-15-58 所示。

Step3 单击图例，按 Delete 键删除，单击网格线，按 Delete 键删除，单击纵坐标轴，按 Delete 键删除，效果如图 4-15-59 所示。

Step4 右键单击“占位”序列，“选择数据”，在“选择数据源”对话框中调整数据系列的顺序，将“占位”数据系列调整到上层，如图 4-15-60 所示。

右键单击“占位”序列，设置数据系列格式，“填充”选择“无填充”，如图 4-15-61 所示，效果如图 4-15-62 所示。

Step5 设置形状格式为三维格式，如图 4-15-63 所示，添加数据标签，修改图表标题，得到

图 4-15-64 所示图表。

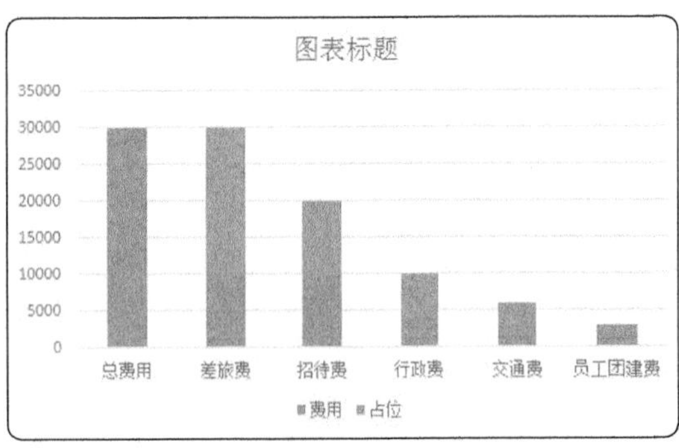

图 4-15-58

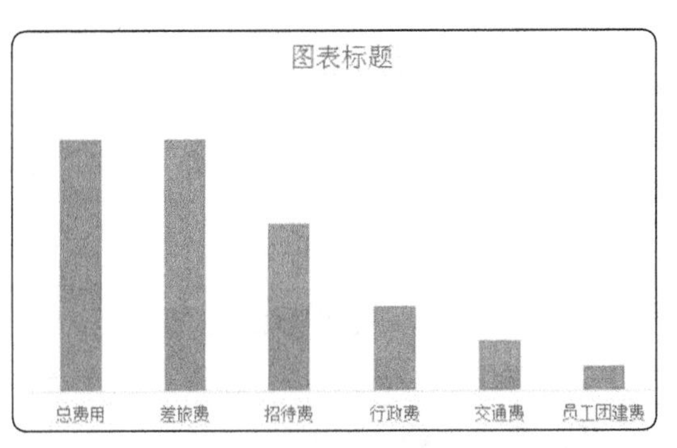

图 4-15-59

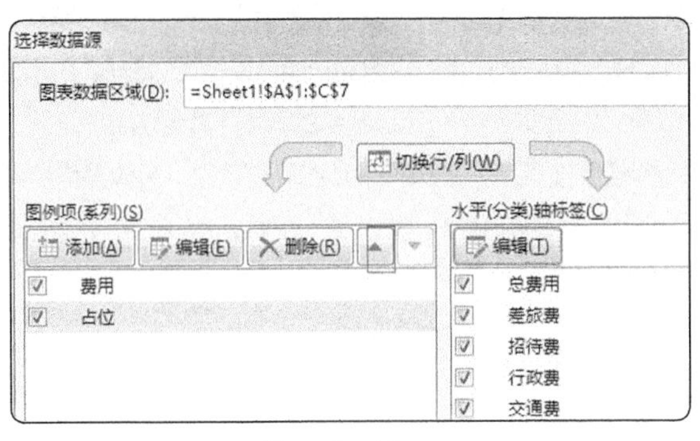

图 4-15-60

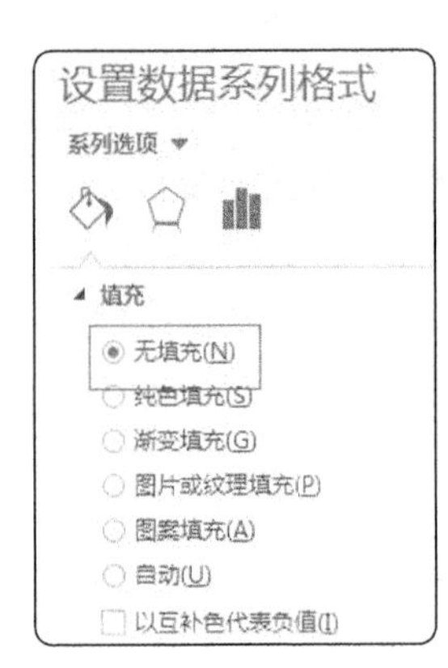

图 4-15-61

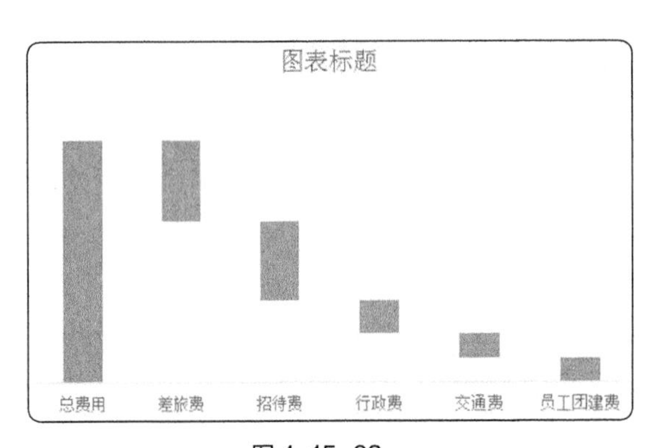

图 4-15-62

图 4-15-63

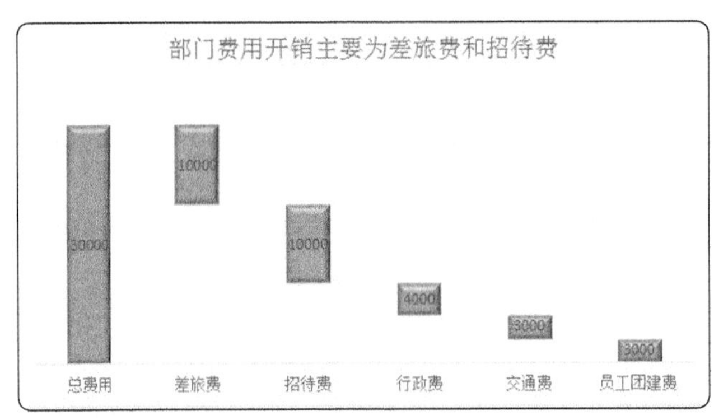

图 4-15-64

第211招 瀑布图（Excel 2016 版本）

上一招我们介绍在 Excel 2013 版本瀑布图的制作方法，本招介绍 2016 版本的制作方法。对比就知道在 2016 版本制作要简单多了。在 Excel 2016 中输入数据注意负数，正数表示增加，负数表示减少，如表 4-15-6 所示。

制作瀑布图步骤如下：

Step1 选中数据，插入瀑布图，如图 4-15-65 所示，一秒钟就可以得到一个瀑布图，如图 4-15-66 所示，系统默认正数设置为增加，负数设置为减少。

表 4-15-6

项目	金额
发工资	10000
买衣服	-1000
吃饭	-600
房租	-3000
娱乐	-1000
报销款	600
买手机	-5000
存进银行	0

图 4-15-65

Step2 手动把瀑布“发工资”和“存进银行”的数据设置为汇总数据。

单击“发工资”柱子，右键→设置数据点格式→设置为总计，如图 4-15-67 所示，最后再修改图表标题得到图 4-15-68。

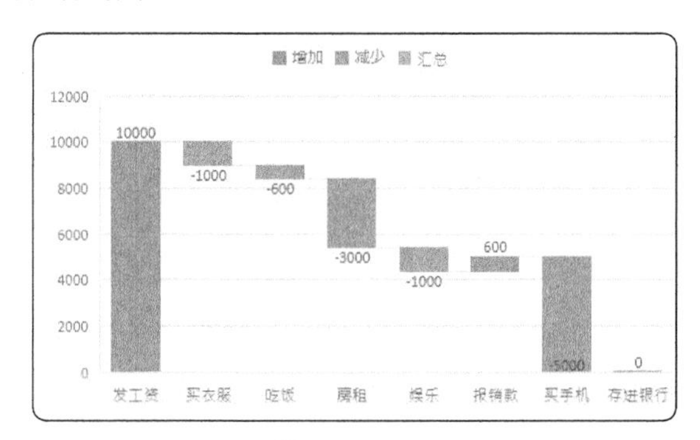

图 4-15-66

图 4-15-67

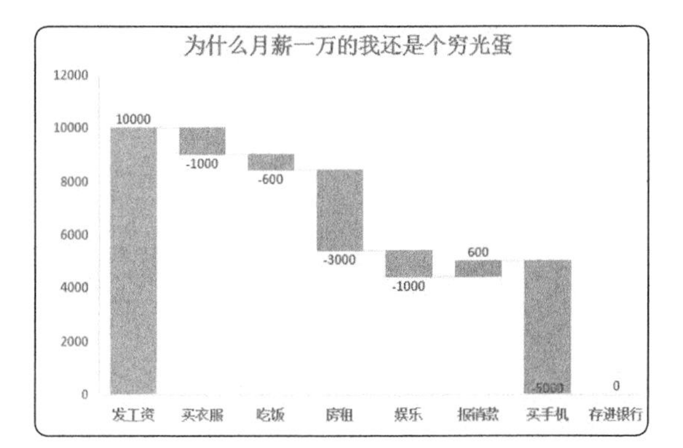

图 4-15-68

是不是感觉太简单了，比起 2013 版本步骤少多了。

第 212 招 超霸气的 Excel 2016 新图表——树状图

树状图提供数据的分层视图，按颜色和距离显示类别，可以轻松显示其他图表类型很难显示的大量数据，一般用于展示数据之间的层级和占比关系，矩形的面积代表数据大小。

原始数据如图 4-15-69 所示。

树状图制作步骤如下：

Step1 单击“插入”，选择图表中的树状图，如图 4-15-70 所示，得到图 4-15-71 所示图表。

季度	月份	销量
Q1	1月	273
Q1	2月	2082
Q1	3月	982
Q2	4月	618
Q2	5月	846
Q2	6月	340
Q3	7月	570
Q3	8月	353
Q3	9月	747
Q4	10月	687
Q4	11月	427
Q4	12月	81

图 4-15-69

图 4-15-70

Step2 选中图表，单击右键选择“设置数据系列格式”，系列选项由“重叠”改为“横幅”，如图 4-15-72 所示，添加图表标题，得到图 4-15-73 所示图表。

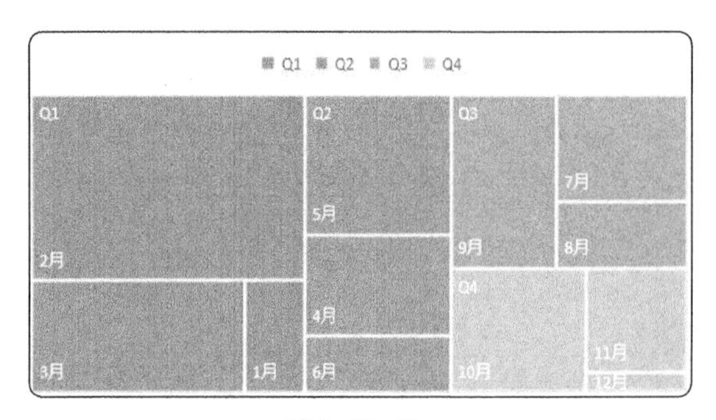

图 4-15-71

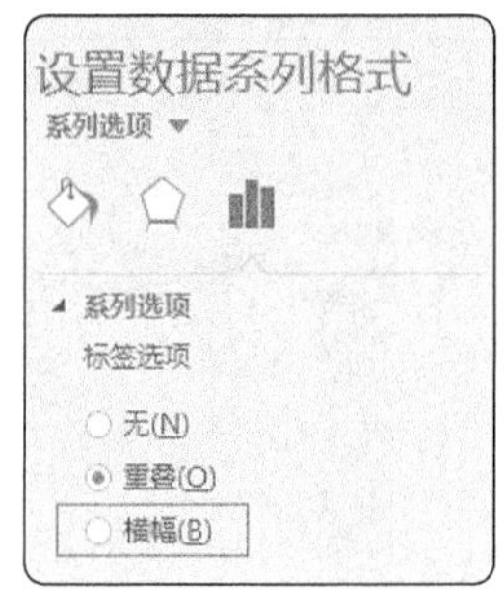

图 4-15-72

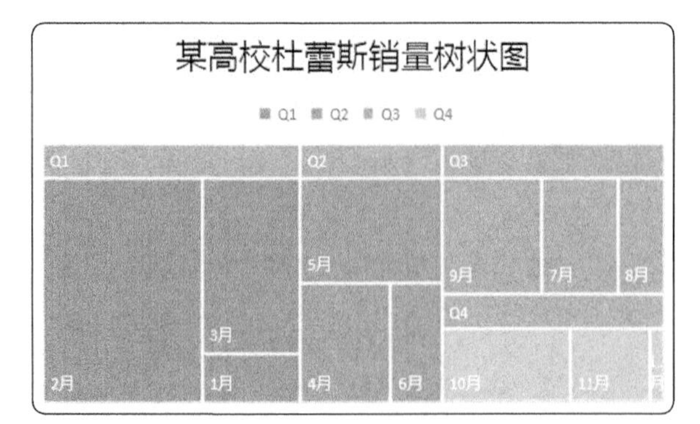

图 4-15-73

当超过两个层级之后，树状图就没有太大的优势了，需要另一种层级图表——旭日图。

第 213 招 超霸气的 Excel 2016 新图表——旭日图

有一张杜蕾斯产品年度销量汇总表，我们希望以更直观的方式，看到不同时间段的分段销量及其占比情况。要想实现这一需求，没有比 Excel 2016 新增的旭日图更合适的了。旭日图主要用于展示数据之间的层级和占比关系，从环形内向外，层级逐渐细分，想分几层就分几层。

季度	月份	周	销量
Q1	1月		273
Q1	2月	第一周	703
Q1	2月	第二周	2082
Q1	2月	第三周	637
Q1	2月	第四周	658
Q1	3月		982
Q2	4月		618
Q2	5月		846
Q2	6月		340
Q3	7月		570
Q3	8月		353
Q3	9月		747
Q4	10月		687
Q4	11月		427
Q4	12月		81

图 4-15-74

原始数据如图 4-15-74 所示。

旭日图制作步骤如下：

Step1 单击“插入”，选择图表中的旭日图，如图 4-15-75 所示，得到图 4-15-76 所示图表。

Step2 选中做好的旭日图，单击“图表工具”的“设计”，在“图表样式”中找到第 3 个样式，如图 4-15-77 所示，在“快速布局”选择布局 2，如图 4-15-78 所示，添加图表标题，得到图 4-15-79 所示图表。

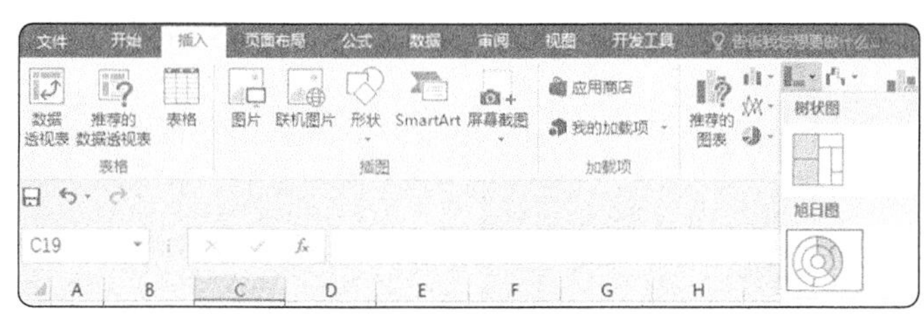

图 4-15-75

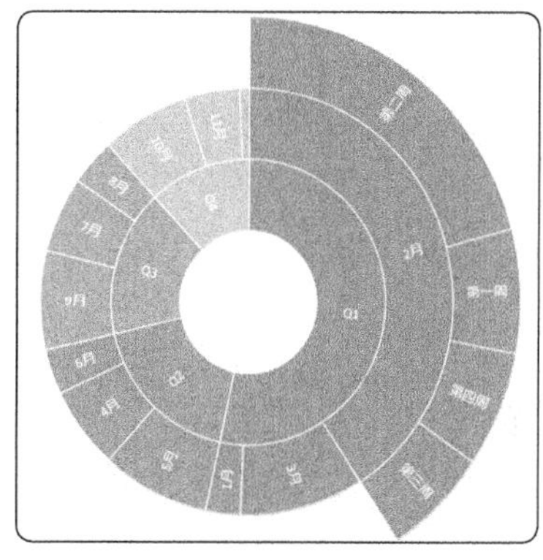

图 4-15-76

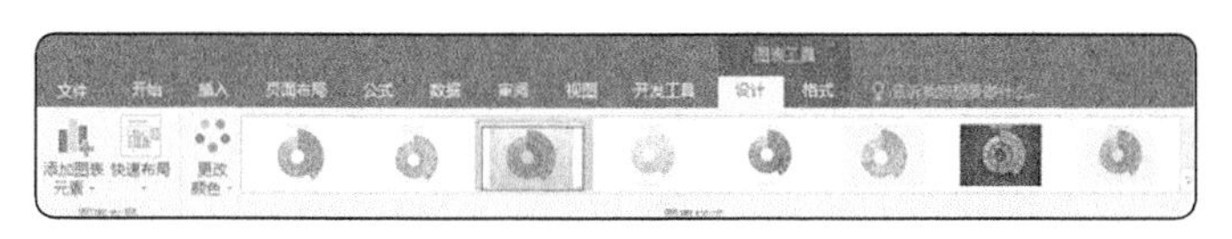

图 4-15-77

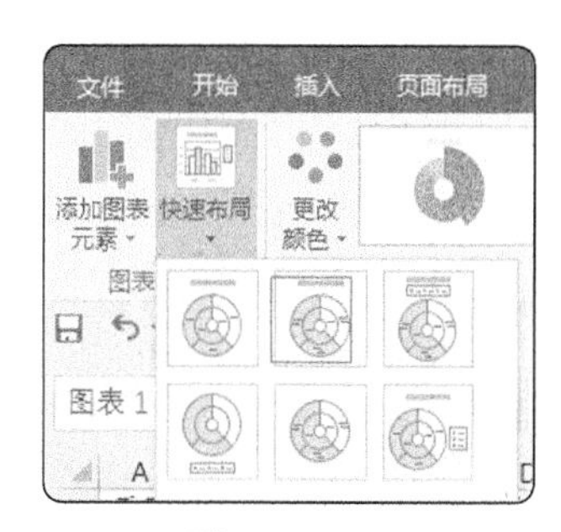

图 4-15-78

同理，如果加入每日的数据，甚至可以拆分到具体某一天，看，意味深长的 2 月 14 日，如图 4-15-80 所示。

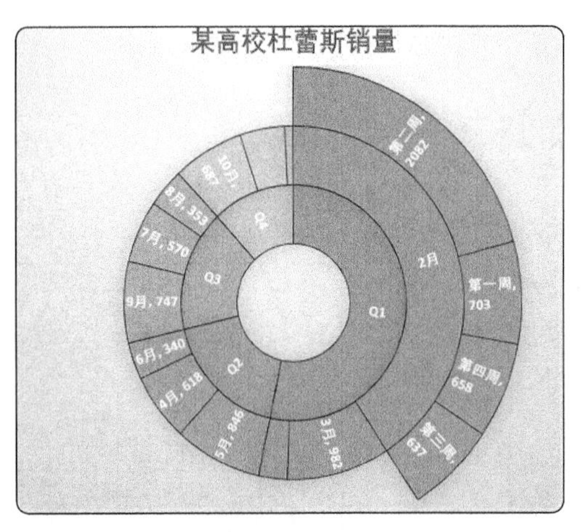

图 4-15-79

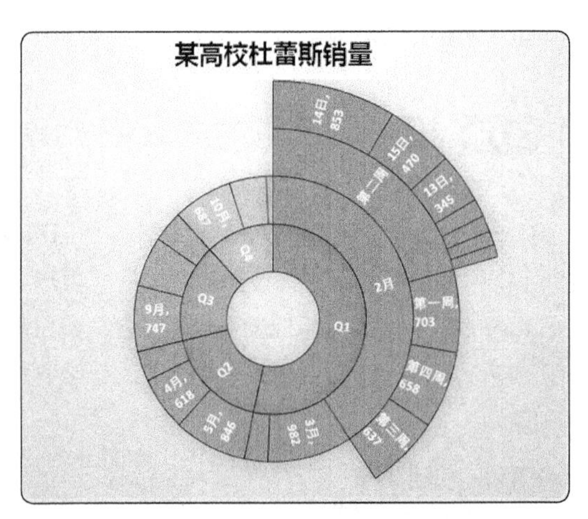

图 4-15-80

第214招 Excel 2016 新图表——直方图

直方图是分析数据分布比重和分布频率的利器，一般用于分析数据在各个区段分布的比例，比如学生成绩或身高、销售业绩、年龄等，不一而足。在以前的 Excel 版本里没有直方图，但是擅长数据分析的高手运用各种工具，也能做出来。Excel 2016 新增了直方图类型，使得制作图表变得简单了很多。

案例：某部门员工绩效考核分数部分截图如图 4-15-81 所示。

	A	B
1	姓名	考核分数
2	牛召明	89
3	王俊东	87
4	王浦泉	99
5	刘蔚	85
6	孙安才	86

图 4-15-81

如何一眼看出考核分数分布情况？直方图可以明显看出。

操作步骤如下：

Step1 选中全部数据，插入图表，找到“直方图”，如图 4-15-82 所示。得到图 4-15-83 所示图表。

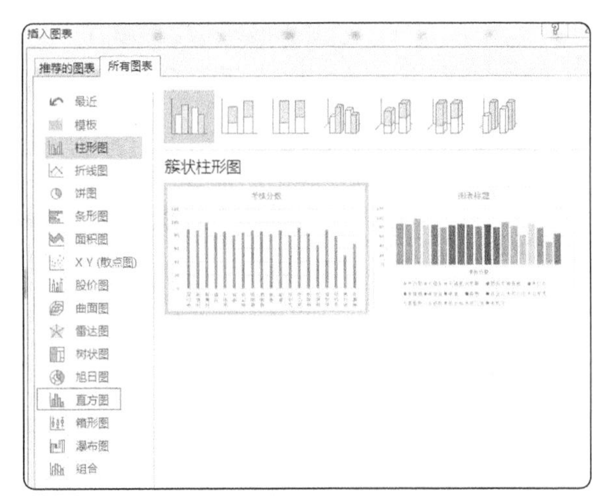

图 4-15-82

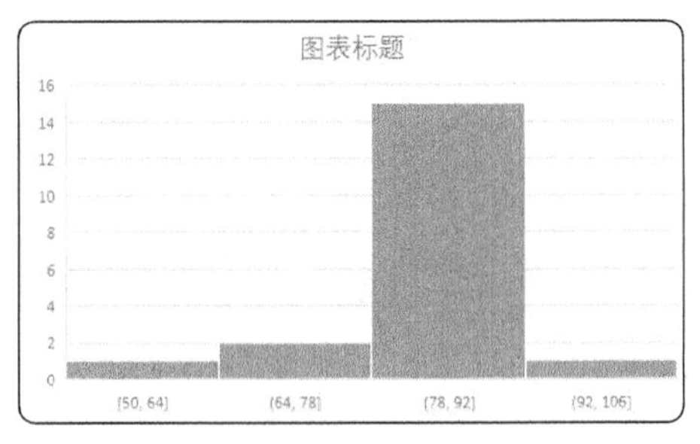

图 4-15-83

Step2 这个间隔细分不符合 HR 规定的区间，没关系，可以修改，选中横坐标，单击右键，设置坐标轴格式，把“自动”（如图 4-15-84 所示）改为“箱宽度”（如图 4-15-85 所示）。

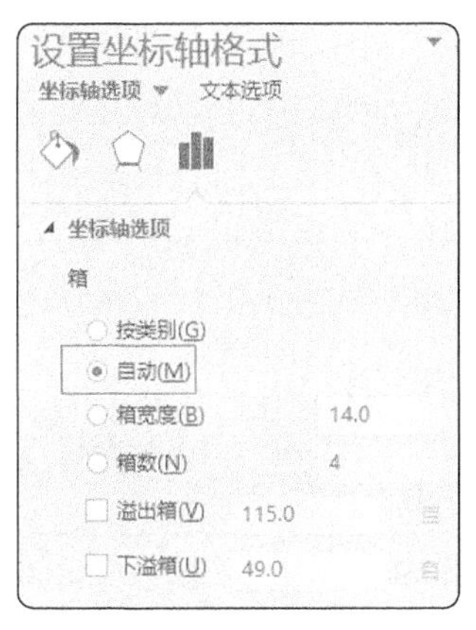

图 4-15-84

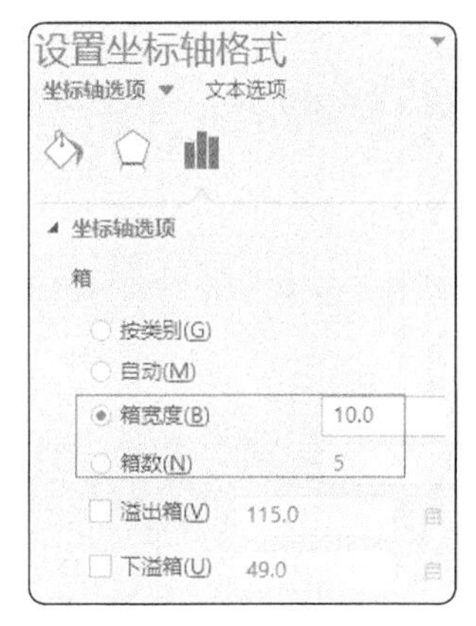

图 4-15-85

最后再删除网格线，修改图表标题，得到图表如图 4-15-86 所示。

假如数据中增加了新的数据，不在图表中的数据范围，比如增加一个员工考核分数 105，要怎么处理？很简单，利用溢出箱。这里设定溢出箱为 100，如图 4-15-87 所示，得到图 4-15-88 所示图表。

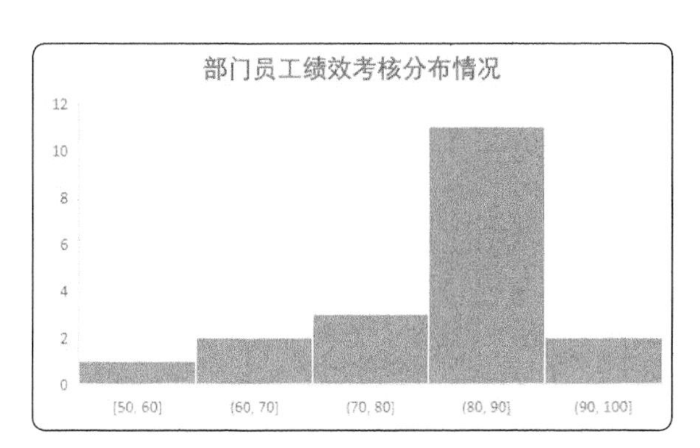

图 4-15-86

图 4-15-87

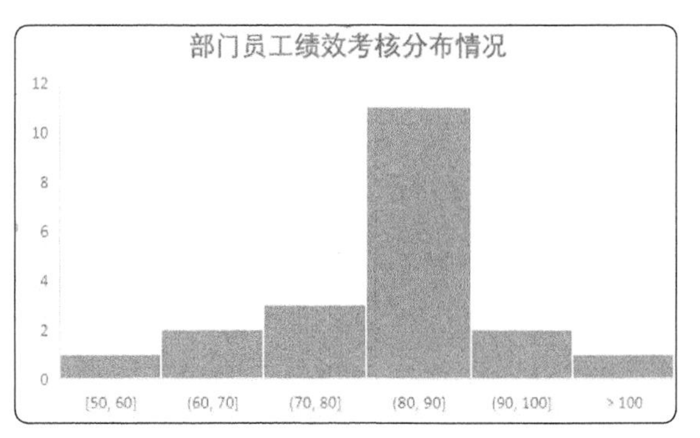

图 4-15-88

第 215 招 玫瑰图

玫瑰图是很多圈的变体环形图，通过扇区半径长短展示数据的多少。数据源截图如图 4-15-89 所示。制作步骤如下：

Step1 重构数据源，数据降序排序，呈阶梯式，如图 4-15-90 所示。

地区	收入
云南	625万元
广东	595万元
湖南	565万元
辽宁	535万元
山东	505万元
河南	475万元
甘肃	445万元
内蒙古	415万元
江苏	385万元
四川	355万元
山西	325万元
福建	295万元
天津	265万元
江西	235万元
青海	205万元

图 4-15-89

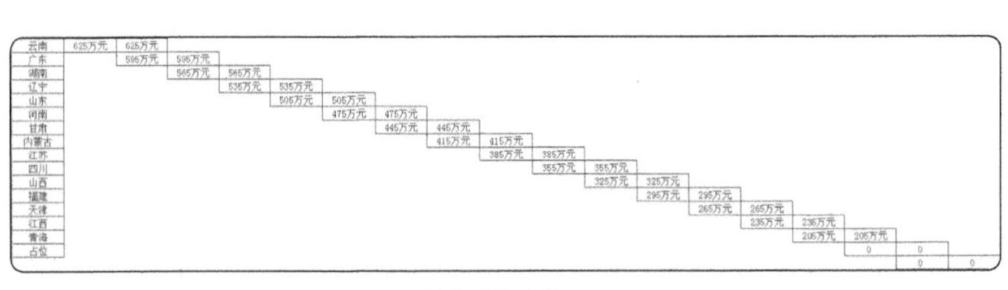

云南	625万元	625万元																
广东		595万元	595万元															
湖南			565万元	565万元														
辽宁				535万元	535万元													
山东					505万元	505万元												
河南						475万元	475万元											
甘肃							445万元	445万元										
内蒙古								415万元	415万元									
江苏									385万元	385万元								
四川										355万元	355万元							
山西											325万元	325万元						
福建												295万元	295万元					
天津													265万元	265万元				
江西														235万元	235万元			
青海															205万元	205万元		
占位																0	0	
																	0	0

图 4-15-90

Step2 选中重构后的数据源，插入图表，选择“填充雷达图”，如图 4-15-91 所示，生成初始图表如图 4-15-92 所示。

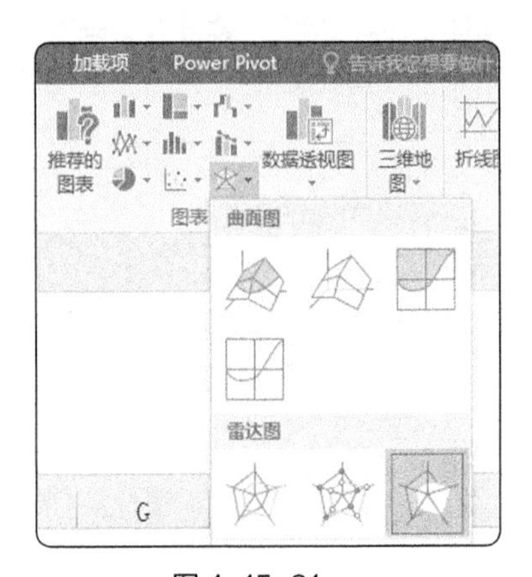

图 4-15-91

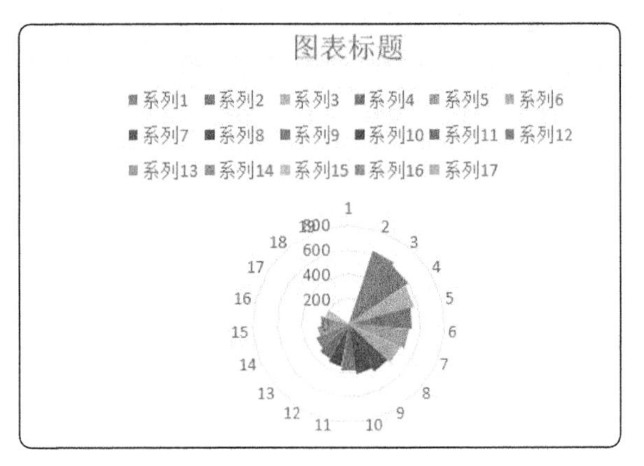

图 4-15-92

Step3 图表的美化。删除图表的标题、网格线、图例，设置坐标轴格式，标签设置为无，数据系列格式填充颜色渐变式填充颜色，如图 4-15-93 和图 4-15-94 所示。

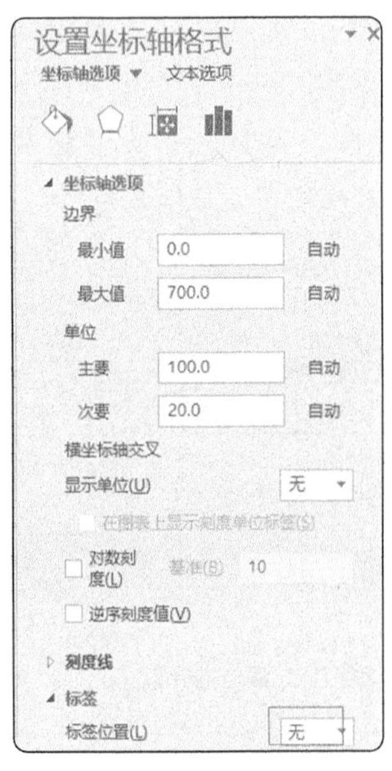

图 4-15-93

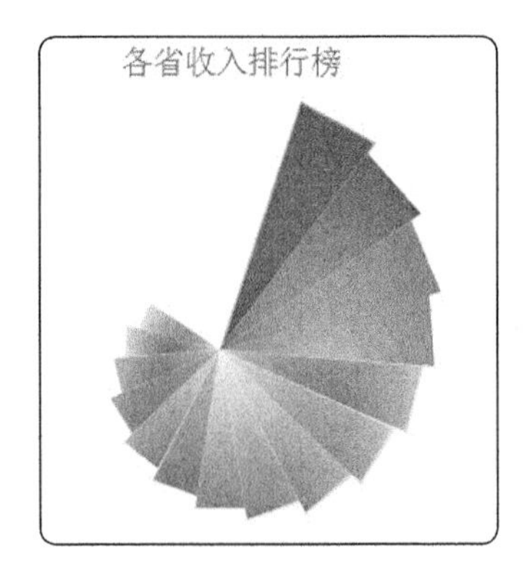

图 4-15-94

第216招 半圆饼图

饼图常用于各序列之间的百分比占比情况，而半圆饼图看起来样式新颖，更容易吸引读者的兴趣。效果图如图 4-15-95 所示。

在 Excel 中制作半圆饼图的主要技巧是将总计的值也加入到数据系列中，起到占位的作用，再将总计的数据点的填充颜色设置为透明，即可实现半圆饼图的效果。

下面以图 4-15-96 数据作为数据源，一起制作半圆饼图。

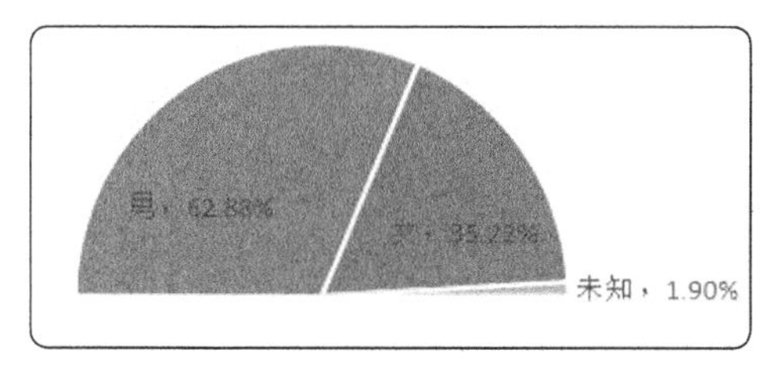

图 4-15-95

	人数	占比
男	1168409	62.88%
女	654474	35.22%
未知	35394	1.90%
合计	1858277	100.00%

图 4-15-96

Step1 在数据源的下面插入合计项，插入二维饼图，如图 4-15-97 所示。

Step2 选中紫色“合计”数据点，右键设置数据点格式，把颜色填充改为无填充，如图 4-15-98 所示，效果如图 4-15-99 所示。

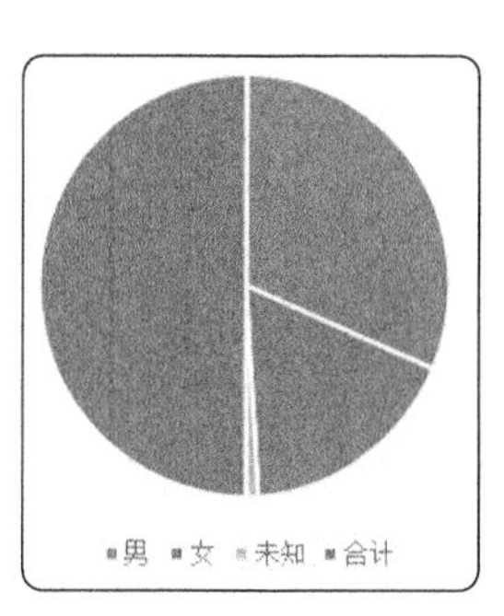

图 4-15-97

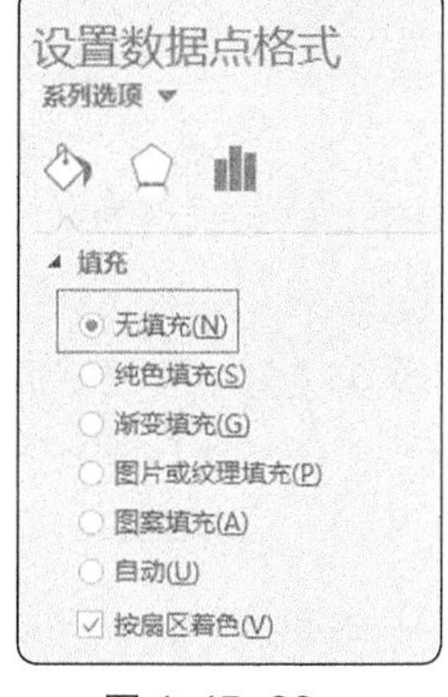

图 4-15-98

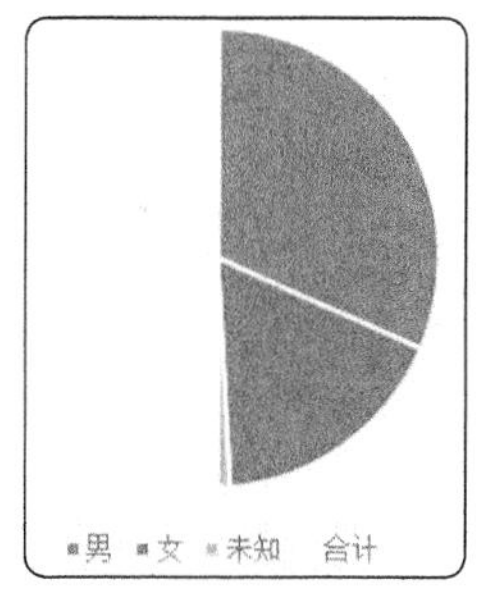

图 4-15-99

Step3 右键设置数据系列格式，第一扇区起始角度改为 270 度，如图 4-15-100 所示，效果图如图 4-15-101 所示。

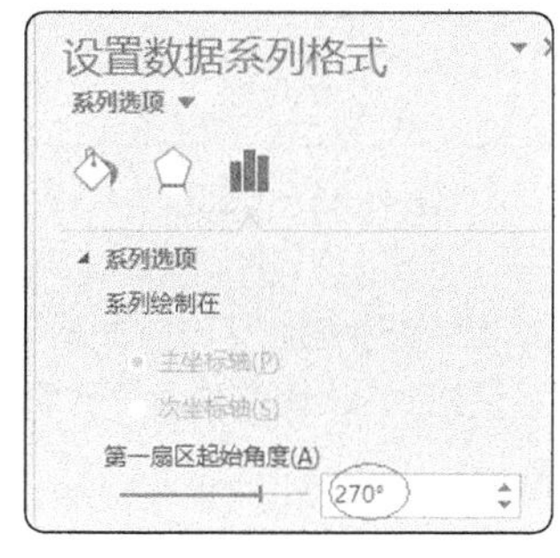

图 4-15-100

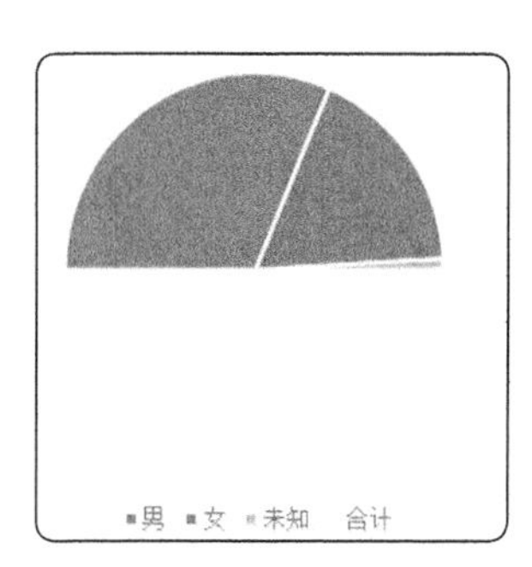

图 4-15-101

Step4 添加数据标签，可以手动添加，也可以用数据标签工具。

第217招 甘特图

甘特图（Gantt chart）又叫横道图、条状图（bar chart），以提出者亨利 · L. 甘特先生的名字命名，被广泛应用于项目管理中。甘特图内在思想简单，即以图示的方式通过活动列表和时间刻度形象地表示出任何特定项目的活动顺序与持续时间。基本是一条线条图，横轴表示时间，纵轴表示活动（项目），线条表示在整个期间上计划和实际的活动完成情况。它直观地表明任务计划在什么时候进行及实际进展与计划要求的对比。管理者由此可便利地弄清一项任务（项目）还剩下哪些工作要做，并可评估工作进度。

如何用 Excel 制作项目管理甘特图呢?

先准备好数据源，如图 4-15-102 所示。

要做成的图如图 4-15-103 所示。

	A	B	C
1		起始日期	项目时间
2	信息搜集	2015-3-1	3
3	设计	2015-3-4	3
4	编程	2015-3-7	8
5	部分测试	2015-3-15	3
6	系统测试	2015-3-18	2
7	灰度上线	2015-3-20	5
8	意见完善	2015-3-25	3
9	全面上线	2015-3-28	3

图 4-15-102

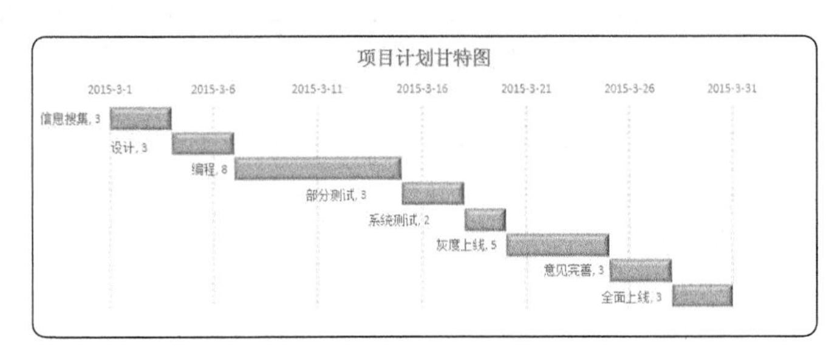

图 4-15-103

基本思路：用堆积条形图，将起始日期和项目时间作为 2 个系列，隐藏起始日期系列。

具体步骤：

Step1 选中 A1:C9 数据源，单击菜单“插入”，选择图表中的堆积条形图，如图 4-15-104 所示，得到图 4-15-105 所示图表。

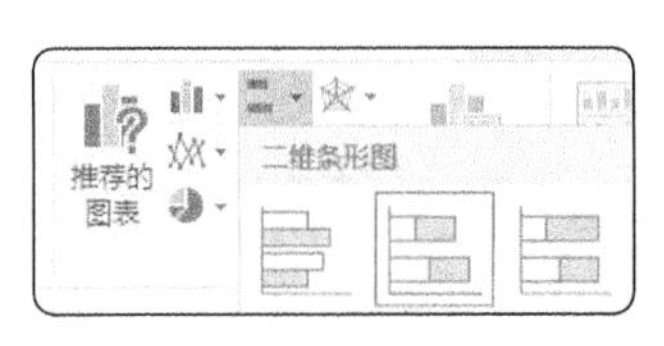

图 4-15-104

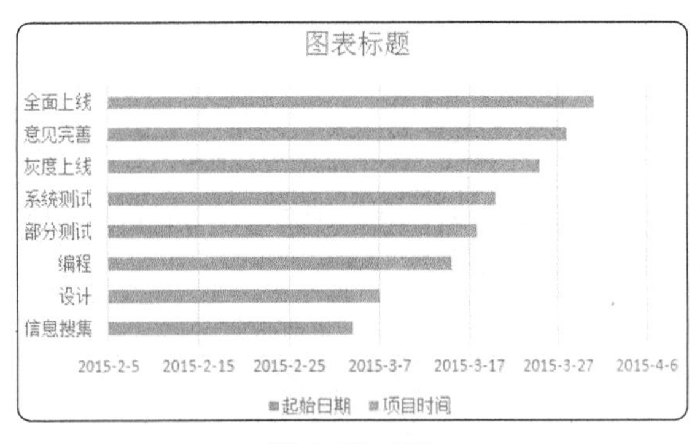

图 4-15-105

Step2 选中纵坐标轴，单击右键选择“设置坐标轴格式”，把“逆序类别”打钩，如图 4-15-106 所示。

选中蓝色“起始日期”序列，单击右键选择“设置数据系列格式”，填充改为“无填充”，边框选择“无线条”，如图 4-15-107 所示，得到图 4-15-108 所示图表。

Step3 选中起始日期横坐标，右键设置坐标轴格式，修改最小值为项目的启动日期和最大值为项目的结束日期，如图 4-15-109 所示，得到图 4-15-110 所示图表。最小值 42064 是日期 2015-3-1 的序号，42095 是 2015-3-31 的序号，右键单元格格式把“日期”格式改为“常规”就可以看到这个序号，这个序号表示该日期距离 1900-1-1 的天数。

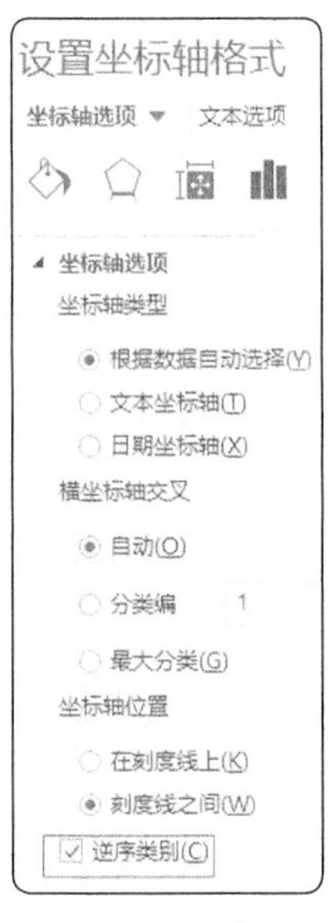

图 4-15-106

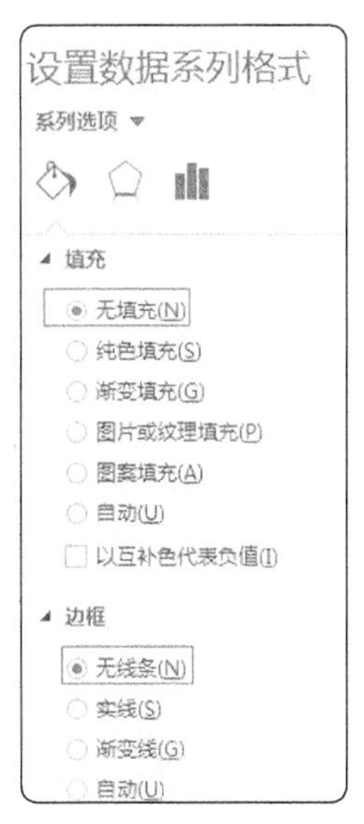

图 4-15-107

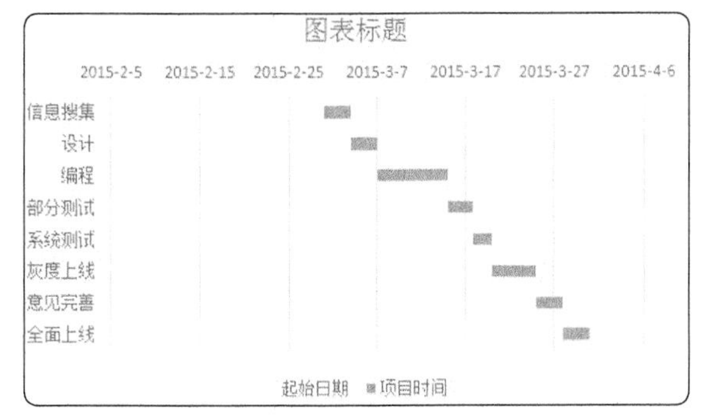

图 4-15-108

图 4-15-109

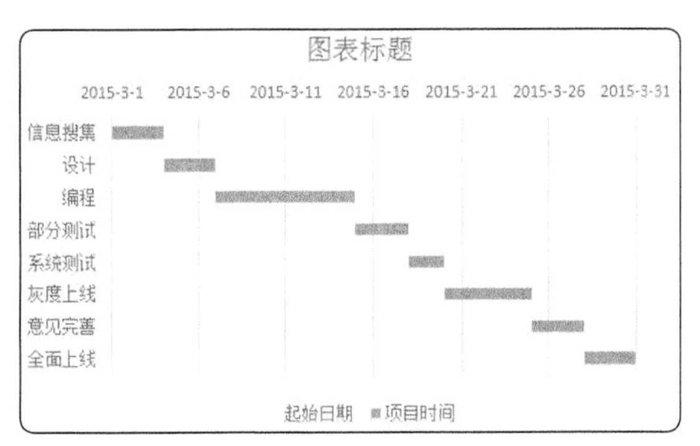

图 4-15-110

Step4 删除纵坐标轴和图例，选中项目时间序列，右键“添加数据标签”，再选中数据标签，右键“设置数据标签格式”，把“类别名称”打钩。再选中项目时间序列，右键“设置数据系列格式”，把分类间距改为 10%，如图 4-15-111 所示，修改“三维格式”的宽度和高度，如图 4-15-112 所示。

Step5 最后设置网格线的颜色，宽度和短划线类型，如图 4-15-113 所示，修改图表名称得到图 4-15-103 所示图表。

图 4-15-111

图 4-15-112

图 4-15-113

第 218 招 动态甘特图

上一招我们介绍了甘特图的制作方法，实际工作中我们需要制作动态甘特图，如何用 Excel 制作项目管理动态甘特图呢？

先准备好数据源，原始数据如图 4-15-114 所示。

在原始数据基础上添加辅助列已完成（E 列）和未完成（F 列），G2 单元格输入公式 =TODAY()，表示今天的日期，H 列是春节放假时间。添加辅助列后的数据源如图 4-15-115 所示。

	A	B	C	D
1		计划开始日期	工作日	计划结束日期
2	立项	1月4日	3	1月7日
3	项目调研	1月8日	7	1月19日
4	方案设计	1月20日	5	1月27日
5	审批	1月28日	5	2月4日
6	项目执行	2月5日	15	3月9日
7	项目验收	3月10日	7	3月19日
8	文档整理	3月20日	5	3月27日
9	结项	3月30日	3	4月2日

图 4-15-114

	A	B	C	D	E	F	G	H
1		计划开始日期	工作日	计划结束日期	已完成	未完成	今天	春节放假时间
2	立项	1月4日	3	1月7日	3	0	2月28日	2015-2-17
3	项目调研	1月8日	7	1月19日	7	0		2015-2-18
4	方案设计	1月20日	5	1月27日	5	0		2015-2-19
5	审批	1月28日	5	2月4日	5	0		2015-2-20
6	项目执行	2月5日	15	3月9日	10	5		2015-2-21
7	项目验收	3月10日	7	3月19日	FALSE	7		2015-2-22
8	文档整理	3月20日	5	3月27日	FALSE	5		2015-2-23
9	结项	3月30日	3	4月2日	FALSE	3		2015-2-24
10								2015-2-25

图 4-15-115

E2 公式为 =IF($G$2>D2,C2,IF($G$2>B2,NETWORKDAYS(B2,$G$2,$H$2:$H$10)))。

F2 公式为 =IF(D2<$G$2,0,IF(B2<$G$2,C2-E2,C2))。

E2 公式意思是如果计划结束日期在今天之前，表示已经完成了，返回 C 列时间；如果计划结束日期在今天之后，表示未完成。

F2 公式意思是如果计划结束日期在今天之后表示未完成，未完成有两种情况，一种是还没开始，一种是完成了一部分，如果计划开始日期在今天之前表示完成了一部分，如果计划开始日期在今天之后表示还没开始。

数据源准备好了，我们现在开始制作图表，操作步骤如下。

Step1 选中 A、B、E、F 列数据，单击“插入”，选择图表的堆积条形图，如图 4-15-116 所示，得到图 4-15-117 所示图表。

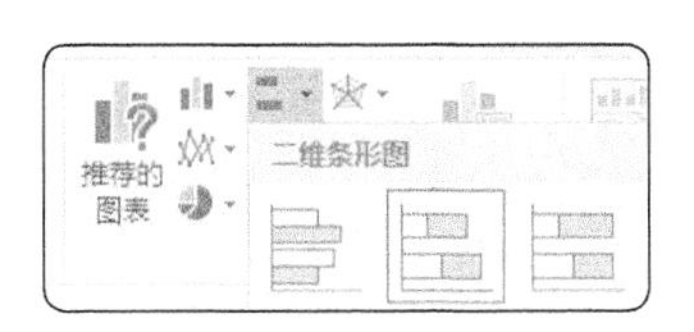

图 4-15-116

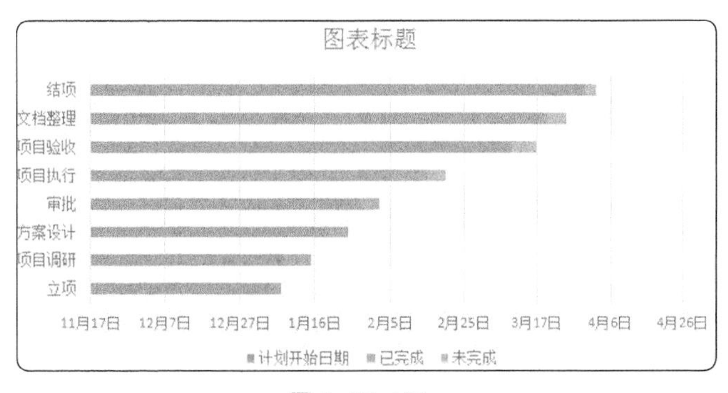

图 4-15-117

Step2 选中纵坐标轴，单击右键选择“设置坐标轴格式”，把“逆序类别”打钩，如图 4-15-118 所示。

选中蓝色“计划开始日期”序列，单击右键选择“设置数据系列格式”，填充改为“无填充”，边框选择“无线条”，如图 4-15-119 所示，得到图 4-15-120 所示图表。

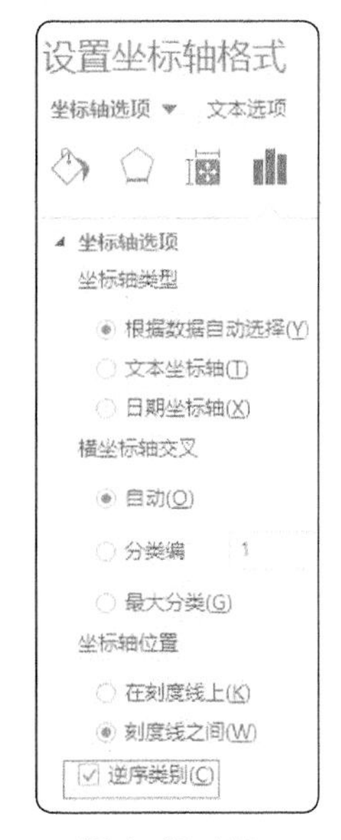

图 4-15-118

图 4-15-119

Step3 选中计划开始日期横坐标，右键设置坐标轴格式，修改最小值为项目的启动日期和最大值为项目的结束日期，如图 4-15-121 所示，修改数字格式为日期格式，得到图 4-15-122 所示图表。最小值 42008 是日期 2015-1-4 的序号，42096 是 2015-4-2 的序号，右键单元格格式把“日期”格式改为“常规”就可以看到这个序号，这个序号表示该日期距离 1900-1-1 的天数。

Step4 删除图例中的计划开始日期，选中已完成和未完成序列右键“设置数据系列格式”，把分类间距改为 10%，如图 4-15-123 所示，修改“三维格式”的宽度和高度，如图 4-15-124 所示。

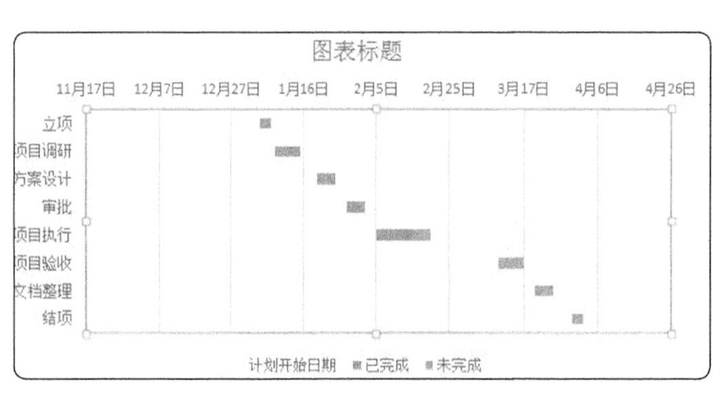

图 4-15-120

图 4-15-121

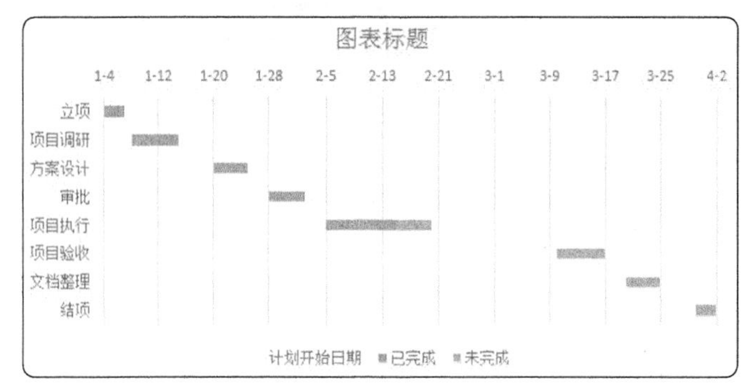

图 4-15-122

图 4-15-123

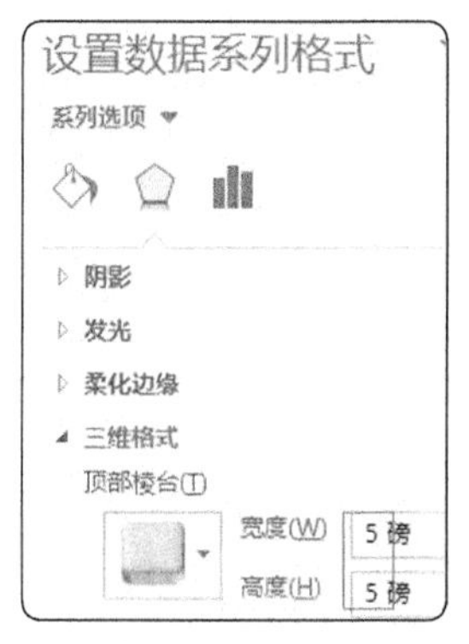

图 4-15-124

Step5 最后设置网格线的颜色，宽度和短划线类型，如图 4-15-125 所示，修改图表名称和序列的颜色得到图 4-15-126 所示图表。

这样我们每天打开表格就可以自动显示截至当前时间的甘特图。

如果想制作带有滚动条的动态甘特图，如图 4-15-127 所示，拖动左边的滚动条图表自动变化，并且当前日期显示今天的日期。

往下拖动图表区域，使得图表标题和图表区域有空余地方放滚动条，单击“开发工具”选项卡，插入表单控件，如图 4-15-128 所示，选中滚动条，右键“设置控件格式”，如图 4-15-129 所示。

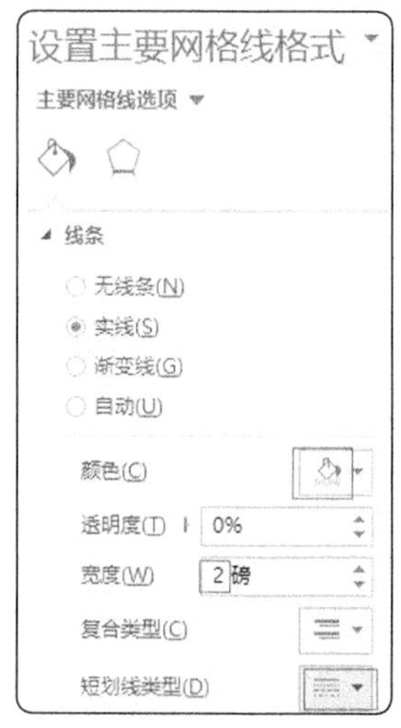

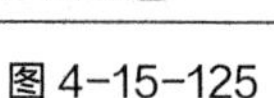

图 4-15-125

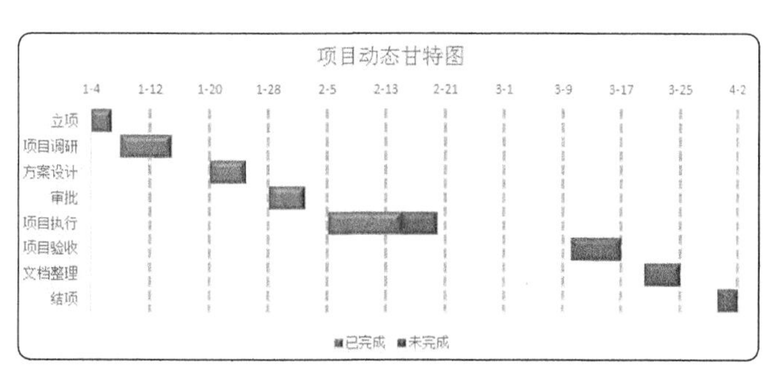

图 4-15-126

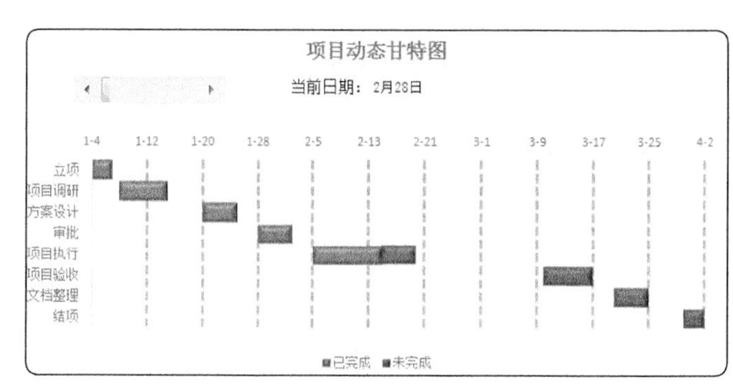

图 4-15-127

图 4-15-128

G2 单元格公式 =TODAY()+G3，控件最大值为 50，因为整个项目周期 50 个工作日。再看看当期日期怎么设置，单击“插入”，选择“文本”中的“横排文本框”，选中文本框，在地址栏输入 =G2，如图 4-15-130 所示，这样文本框中的日期就会随着滚动条的变化而变化。

G	设置控件格式
今天	大小　保护　属性　可选文字　控制
2月28日	当前值(C)：0
0	最小值(M)：0
	最大值(X)：50
	步长(I)：1
	页步长(P)：10
	单元格链接(L)：$G$3
	三维阴影(3)

图 4-15-129

图 4-15-130

第219招 利用 CHOOSE 函数制作 Excel 动态饼图

原始数据如图 4-15-131 所示。

要生成如图 4-15-132 所示的图表。

单击下拉框，选择不同的序列，图表自动变化。

	A	B	C
1			
2		互娱	互联网
3	产品	26	68
4	开发	45	20
5	测试	56	99

图 4-15-131

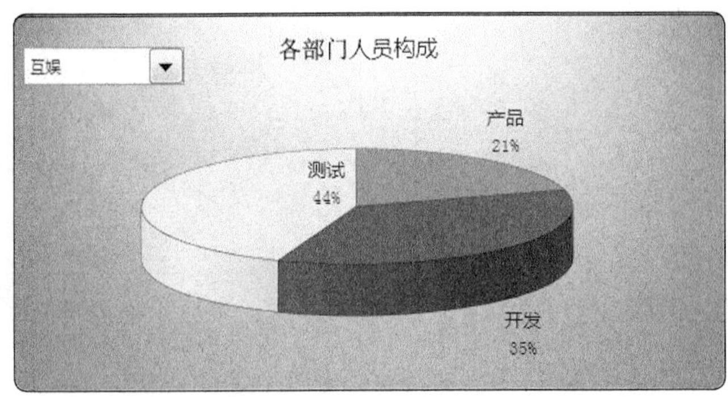

图 4-15-132

制作步骤如下：

Step1 单击开发工具菜单，插入表单控件，用鼠标拖动，形成下拉框，如图 4-15-133 所示。

Step2 将部门名 B2:C2，转置复制到 H2:H3 区域。同时设置单元格 I2=1。

设置第一步制作的控件格式，如图 4-15-134 所示。

图 4-15-133

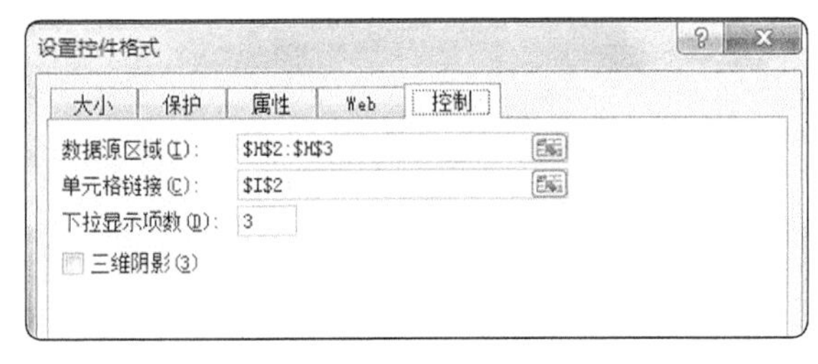

图 4-15-134

Step3 将 A3:A5 复制到 E3:E5，将 F2:F5，用公式设置，以 F2 为例，F2=CHOOSE($I$2,B2,C2)，如图 4-15-135 所示。

注：CHOOSE 是在后端数据集中选择数值，此处当 $I$2 为 1 时，等于 B2；为 2 时，等于 C2。

F3 =CHOOSE($I$2,B3,C3)

	A	B	C	D	E	F
1						
2		互娱	互联网			互娱
3	产品	26	68		产品	26
4	开发	45	20		开发	45
5	测试	56	99		测试	56

图 4-15-135

Step4 根据 E2:F5 做饼状图。移动饼状图使控件在图表左上方。

这个动态图也可以通过数据透视表的切片器制作数据透视图。

第 220 招 巧妙利用 OFFSET 函数制作 Excel 动态图表

或许你每月要写总结，比如根据最近半年的收入或流量制作图表，如果每月手动修改数据源，很麻烦。而如果每天要制作最近一周的销量图，每天都要修改图表的数据源，那就更费时间了，怎样做到每天打开表格，自动展现最近一周的销量图呢？制作一个动态图表，不管数据源如何变化，图表永远自动展现，一劳永逸。

日常工作中我们在做数据分析工作的时候通常会用到 Excel 的图表功能，普通的 Excel 图表不具备交互作用，所以在遇到要反映的数据量很大的时候，用户只能通过手动改变图表的源数据，或制作多个图表来展示更多的信息。但在实际应用中，有时候需要一种具有智慧的图表，只需通过简单的操作便能对其加以控制，来反映更多的信息。

什么是动态图表呢？动态图表也称交互式图表，是图表利用数据源选取的变更实现快速随选择类别改变而进行改变的一种图表，用户可以通过操控图表的交互功能轻松地改变图表所反映的内容，以适应多变的应用需求。

Excel 动态图表的作用：极大地增强数据分析的效率和效果；优秀统计分析模型必不能缺少的元素。

下面我们来一起看看如何利用 OFFSET 函数制作动态图表。关于 OFFSET 函数的解释见第 168 招。

图 4-15-136 左边的表格是每天的销量，我们要想制作最近 7 天的销量折线图，当左边表格的数据变化时，右边图表也跟着自动变化。

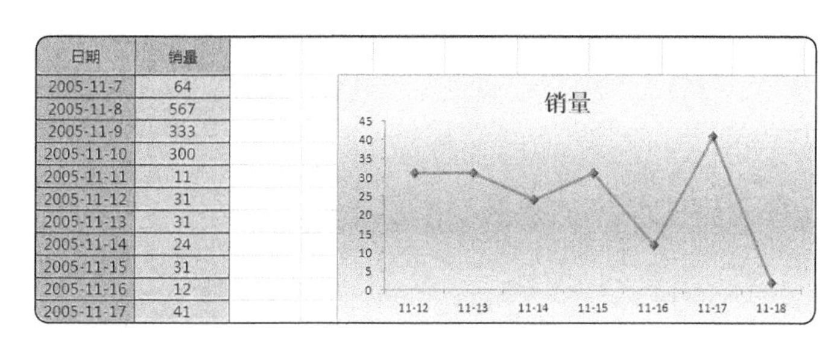

日期	销量
2005-11-7	64
2005-11-8	567
2005-11-9	333
2005-11-10	300
2005-11-11	11
2005-11-12	31
2005-11-13	31
2005-11-14	24
2005-11-15	31
2005-11-16	12
2005-11-17	41

图 4-15-136

操作步骤如下：

Step1 先定义 2 个名称。

使用 Ctrl+F3，定义两个新的名称：

Y =OFFSET('93'!$B$1,COUNTA('93'!$B:$B)-7,,7)

X =OFFSET(Y,,-1)

（注：93 是工作表名称）

名称 Y 的函数解释：作为偏移量参照系的引用区域是 B1 单元格，向下偏移量是 B 列非空单元格的数量减去 7，向右偏移量为 0，引用区域长度为 7，函数返回结果是 B 列最后 7 行有数据的单元格区域。

名称 X 的函数解释：作为偏移量参照系的引用区域是名称 Y，向下偏移量是 0，向左偏移量是 1，函数返回结果是 A 列最后 7 行日期。

Step2 新增折线图。

Step3 在新增的折线图中，右键选择数据，单击图 4-15-137 中圆框处，设置其值为“93！

Y”，单击图 4-15-137 中方框处，设置其值为“93！ X”。

注：必须写表名否则不能用，如图 4-15-137 所示。

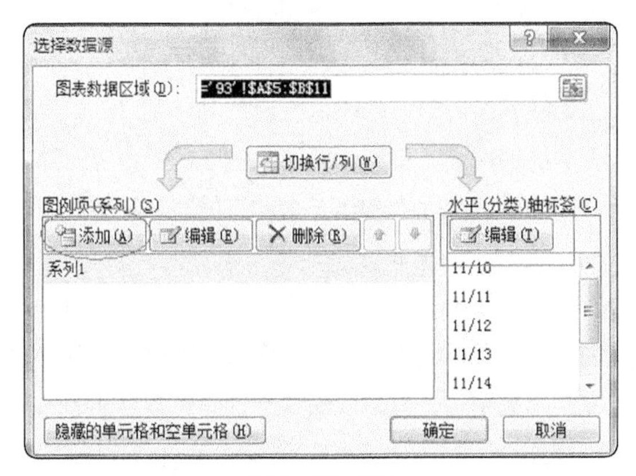

图 4-15-137

第 221 招 折线图乱如麻，怎么破？（动态图表）

你是否做过这样的图表，如图 4-15-138 所示，折线太多，看上去乱如麻，读者看了估计要崩溃，怎么破？如果加上复选框后可以选择性显示任意一年的数据，图表显示就清晰多了。

制作步骤如下：

Step1 添加辅助表，在表中设置公式 =IF(OR($A$28,B$28),B2,NA())，如图 4-15-139 所示。

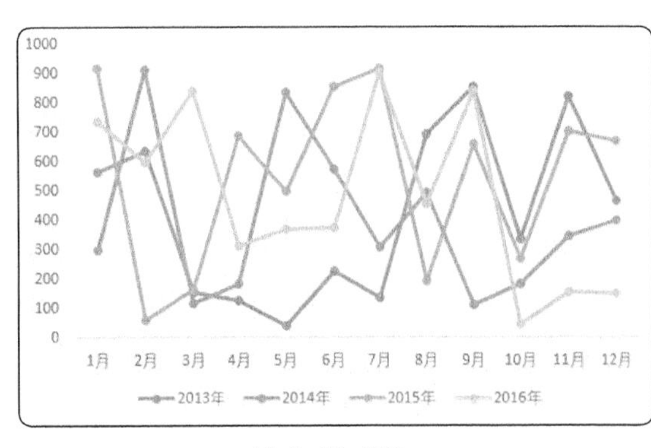

图 4-15-138

	A	B	C	D	E
1	月份	2013年	2014年	2015年	2016年
2	1月	562	298	914	733
3	2月	634	910	60	598
4	3月	156	114	162	838
5	4月	128	181	688	312
6	5月	40	836	497	370
7	6月	225	573	852	375
8	7月	134	305	916	902
9	8月	690	492	192	455
10	9月	852	110	659	839
11	10月	335	185	270	47
12	11月	820	344	702	155
13	12月	465	399	667	152
14					
15	月份	2013年	2014年	2015年	2016年
16	1月	#VALUE!	#VALUE!	#VALUE!	#VALUE!
17	2月	#VALUE!	#VALUE!	#VALUE!	#VALUE!
18	3月	#VALUE!	#VALUE!	#VALUE!	#VALUE!
19	4月	#VALUE!	#VALUE!	#VALUE!	#VALUE!
20	5月	#VALUE!	#VALUE!	#VALUE!	#VALUE!
21	6月	#VALUE!	#VALUE!	#VALUE!	#VALUE!
22	7月	#VALUE!	#VALUE!	#VALUE!	#VALUE!
23	8月	#VALUE!	#VALUE!	#VALUE!	#VALUE!
24	9月	#VALUE!	#VALUE!	#VALUE!	#VALUE!
25	10月	#VALUE!	#VALUE!	#VALUE!	#VALUE!
26	11月	#VALUE!	#VALUE!	#VALUE!	#VALUE!
27	12月	#VALUE!	#VALUE!	#VALUE!	#VALUE!
28					

图 4-15-139

Step2 添加表单控件。单击开发工具→插入→表单控件→复选框，修改显示文字和设置单元格链接，如图 4-15-140 所示。2013 年链接 B28，2014 年链接 C28，2015 年链接 D28，2016 年链接

E28，全部链接 A28，如图 4-15-141 所示。

图 4-15-140

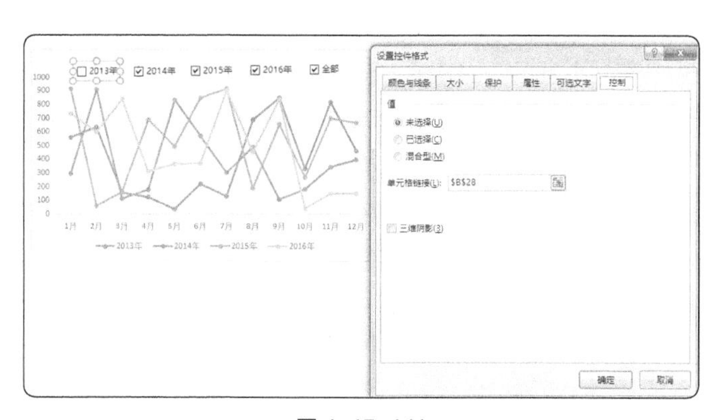

图 4-15-141

Step3 根据 A15:E27 制作折线图，并设置为置于底层（单击图表，右键设置置于底层），再把复选框放在图表上面即可，如图 4-15-142 所示。

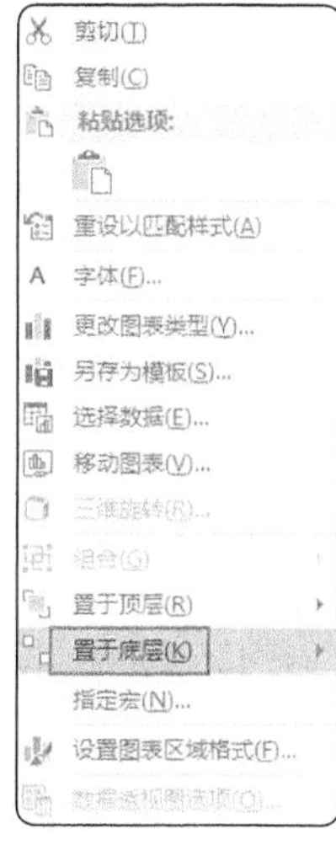

图 4-15-142

第 222 招 折线图乱如麻，怎么破？（静态图表）

原始数据如图 4-15-143 所示，根据这个数据插入折线图如图 4-15-144 所示。

月份	产品A	产品B	产品C	产品D
1月	562	298	914	733
2月	634	910	360	598
3月	556	114	162	838
4月	428	181	688	312

图 4-15-143

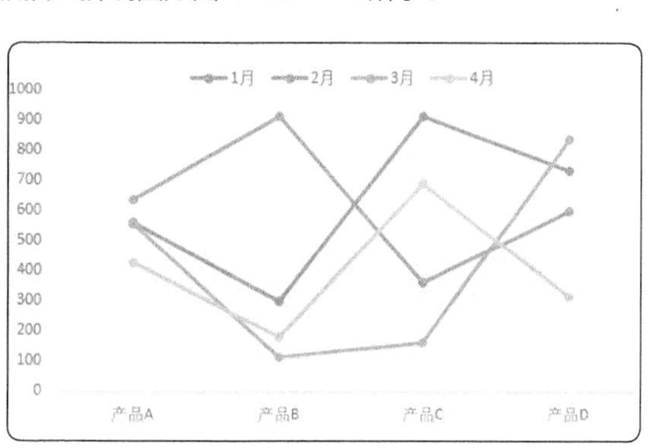

图 4-15-144

多条折线混在一起眼花缭乱，这样的图表你也做过吧。

下面我们换一种思路，让各个产品的图形分开显示在同一图表中。

操作步骤如下：

Step1 把图 4-15-143 表格转换为图 4-15-145 格式，不同的产品数据之间加一空行，不同产品数据呈阶梯状。

Step2 直接插入图表，如图 4-15-146 所示。

	产品A	产品B	产品C	产品D
1月	562			
2月	634			
3月	556			
4月	428			
1月		298		
2月		910		
3月		114		
4月		181		
1月			914	
2月			360	
3月			162	
4月			688	
1月				733
2月				598
3月				838
4月				312

图 4-15-145

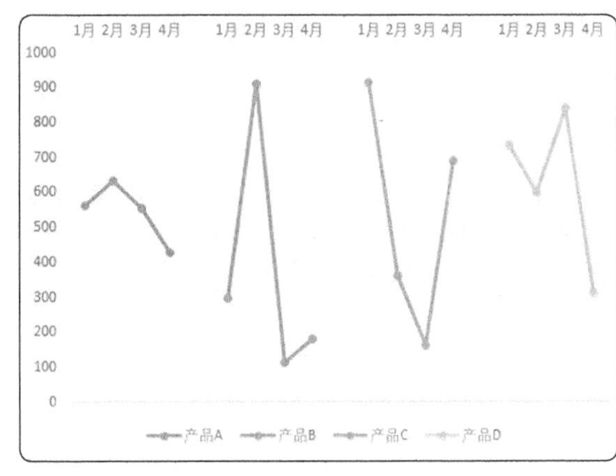

图 4-15-146

怎么样，图 4-15-146 比图 4-15-144 看上去清晰多了吧。

第 223 招 仪表盘式图表

你坐过汽车吗？当然！你观察过显示车速的仪表盘吗？在商业演示文件中，我们经常需要用到这种仪表盘式图表来反映预算完成率、收入增长率等指标，简单直观，生动新颖，有决策分析的商务感。用 Excel 可以做一个用高度仿真、可灵活自定义的仪表盘，但需要创建辅助列，比较麻烦，分享一个非常简单的方法，也许有点投机取巧，但绝对实用。

打开网址 http://tushuo.baidu.com/，单击开始制作图表，如图 4-15-147 所示，单击创建图表，单击仪表盘，如图 4-15-148 所示，再单击数据编辑，编辑好数据后图表自动生成，如图 4-15-149 所示。

图 4-15-147

图 4-15-148

单击参数调整，如图 4-15-150 所示，还可以将图表变大或变小，如图 4-15-151 所示。

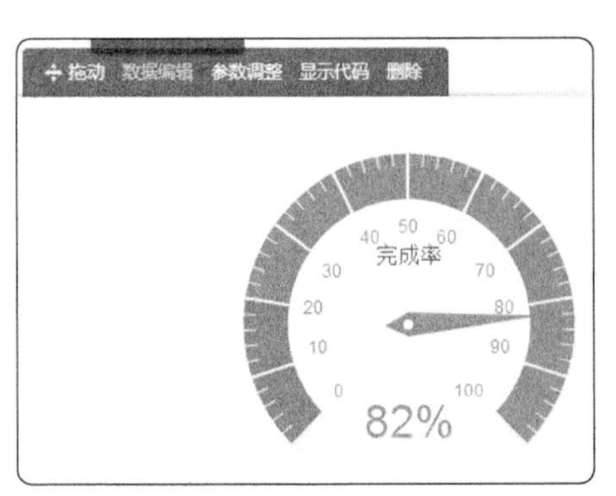

图 4-15-149

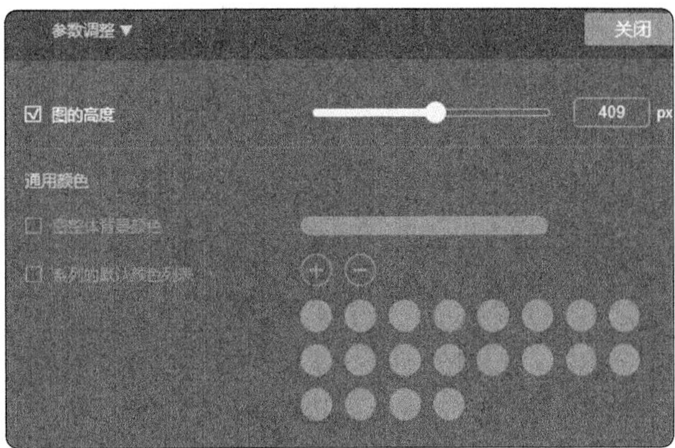

图 4-15-150

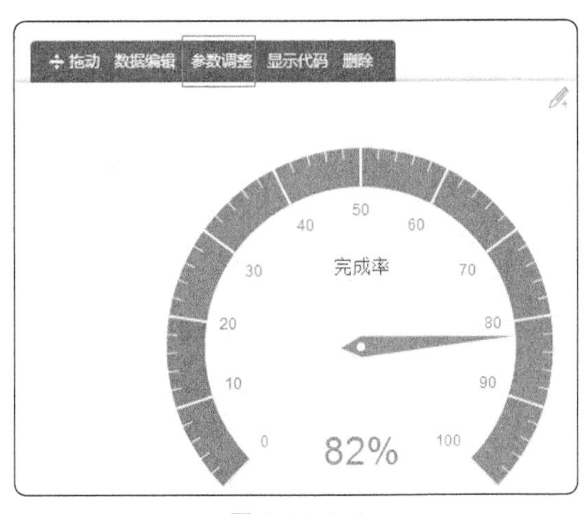

图 4-15-151

简单吧，零基础都可以分分钟就学会了。

第五篇　高级应用与综合应用

本篇主要介绍 Excel 的高级应用宏与 VBA、Excel 与 Access 相结合在处理数据量比较大时的应用以及多个技巧综合运用。

第16章　宏与VBA

本章简单介绍了宏的用途和宏脚本结构、常用语句，以及日常需要用到宏的几个案例。

第224招　Excel中的宏是什么意思？有什么用途？

宏是在应用程序中可以自动运行的一连串功能指令，能够完成大量重复的操作。这种方法将常用的、有时较长的一系列操作替换为一个很短的操作，从而可以节省时间。

宏属于个人信息。若安全性设置过高，则无法使用。VBA（Visual Basic for Application）是微软公司为了加强Office软件的二次开发能力而附加于其中的编程语言。VBA的确非常强大，其与VB完全一致的语法结构，高效控制Office对象模型的能力，令无数人为之折腰。利用VBA，几乎可以在Office里面做任何其他程序能做的事情。

也许你会说我不会写VBA程序，没关系，利用Excel的内置功能足以完成工作中90%以上的Excel问题。尽量发挥Excel自身的威力，不到万不得已的时候不用VBA。

第225招　宏脚本结构和常用语句

宏脚本结构如图5-16-1所示。

常用语句如图5-16-2所示。

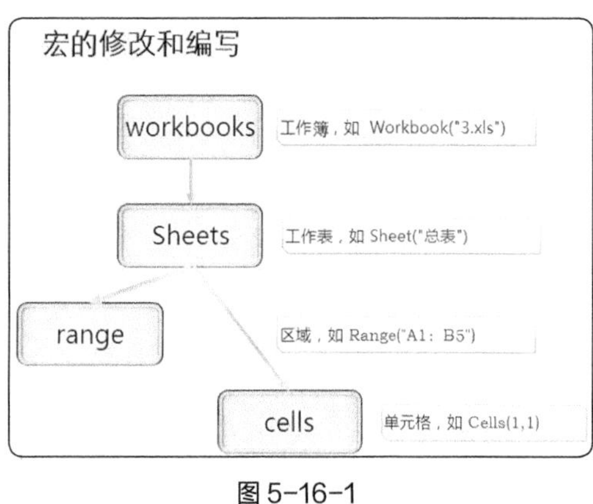

图5-16-1

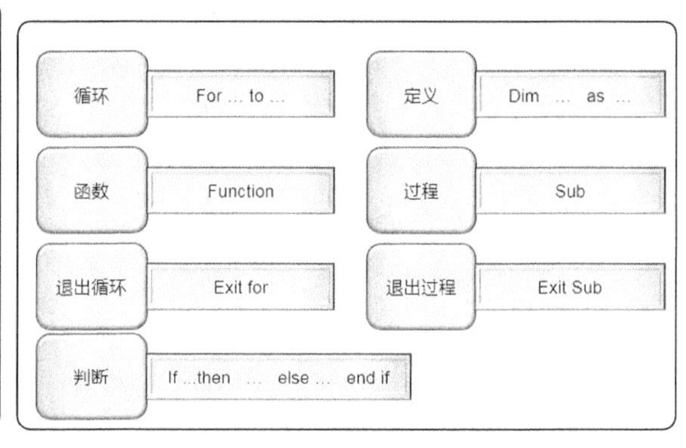

图5-16-2

第226招　在Excel中如何实现选择日历控件

利用Excel日历控件快速输入日期，实现友好用户界面。在Excel中如何实现选择日历控件呢？下面介绍插入日历控件的操作方法。

Step1　打开文件菜单，在Excel选项自定义功能区把开发工具打钩，设置方法见第5章第74招。

Step2　下载“Mscomct2.OCX”控件。下载后把文件“Mscomct2.OCX”放在系统盘下设文件夹中C:\windows\system32，在C:\windows\system32\cmd.exe上单击右键使用“以管理员身份运行”，打开CMD时输入“regsvr32.exe Mscomct2.ocx”，按回车，系统提示已成功注册。

Windows XP：在“开始”菜单的“运行”中输入 regsvr32.exe C:\windows\system32\mscomct2.ocx;

Win7 系统：要在 system32 中找到 cmd.exe，单击右键选择用管理员身份运行，再输入 regsvr32.exe C:\windows\system32\ mscomct2.ocx，如图 5-16-3 所示。

图 5-16-3

Step3 打开 Excel，选择“开发工具”选项卡，选择“插入”，选择“其他控件”，如图 5-16-4 所示，弹出“其他控件”对话框，选择“Microsoft Date and Time Picker Control, version 6.0”，单击“确定”，如图 5-16-5 所示。如果没有找到“Microsoft Date and Time Picker Control, version 6.0”，就选择“注册自定义控件”，查找到“Mscomct2.OCX”文件注册一下即可。

图 5-16-4

图 5-16-5

Step4 单击“确定”后会出现画形状图时出现的“+”，鼠标左键拖动画出想要的形状后松手，一般画个单元格大小的方块居多。

2012-11-01

Step5 在“开发工具”选项卡中选择“设计模式”，单击“查看代码”，输入以下代码：

```
Private Sub DTPicker1_CloseUp()
ActiveCell.Value = Me.DTPicker1.Value
Me.DTPicker1.Visible = False
End Sub

Private Sub Worksheet_Change(ByVal Target As Range)
    If Target.Count = 1 Then
        If Target.Column = 3 And Target = "" Then
            Me.DTPicker1.Visible = False
        End If
    End If
End Sub

Private Sub Worksheet_SelectionChange(ByVal Target As Range)
    If Target.Count = 1 Then
        If Target.Column = 3 Then
            With Me.DTPicker1
                If Target <> "" Then
                    .Value = Target
                Else
                    .Value = Date
```

```
                End If
                .Visible = True
                .Top = Target.Top
                .Left = Target.Left
                ActiveCell.Value = Me.DTPicker1.Value
            End With
        Else
            Me.DTPicker1.Visible = False
        End If
    End If
End Sub
```

Step6 关闭Excel，重新打开后，单击插入时间框的下拉箭头，即可看到如图5-16-6所示效果。

如希望其他单元格也能出现这样的格式，使用复制、粘贴即可完成。

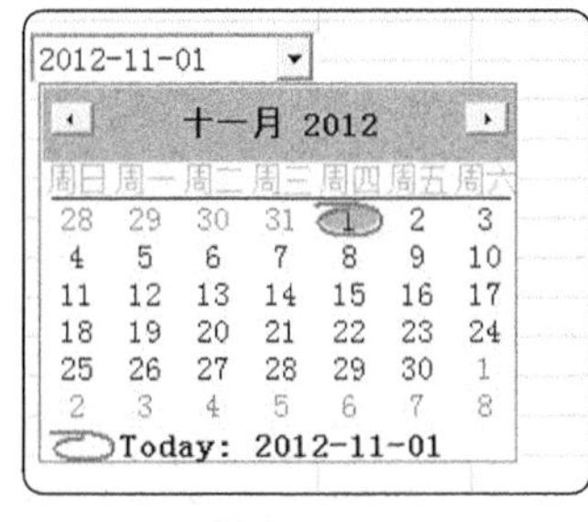

图5-16-6

第227招 会唱歌的Excel文档

在Excel中插入歌曲播放音乐，是否闻所未闻？赶紧动手试试吧。

Step1 先准备好“开发工具”选项卡，单击“文件”菜单下的“Excel选项”，把“开发工具”打钩，如图5-16-7所示。

图5-16-7

Step2 单击菜单开发工具→插入ActiveX控件→其他控件→Windows Media Player，按住左键不放画一个，这样就把该控件插入到Excel窗口内，如图5-16-8～图5-16-10所示。

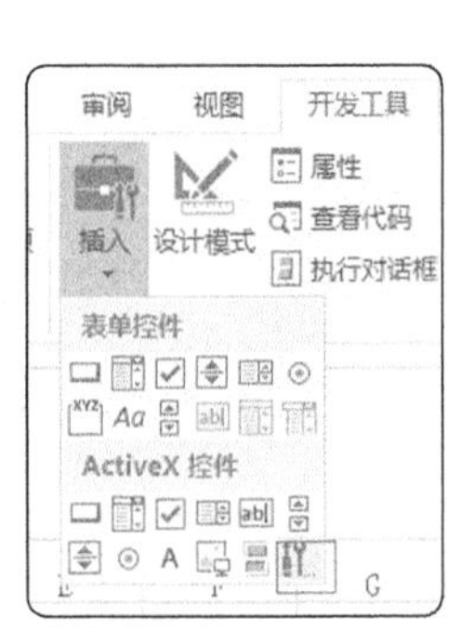

图5-16-8

图5-16-9

Step3 在控件单击右键，选择“属性”，如图5-16-11所示，选择“自定义”，如图5-16-12所示，单击“浏览”，如图5-6-13所示，选择一首歌，单击“设计模式”就可以听到音乐了，如图5-16-14所示。

图 5-16-10

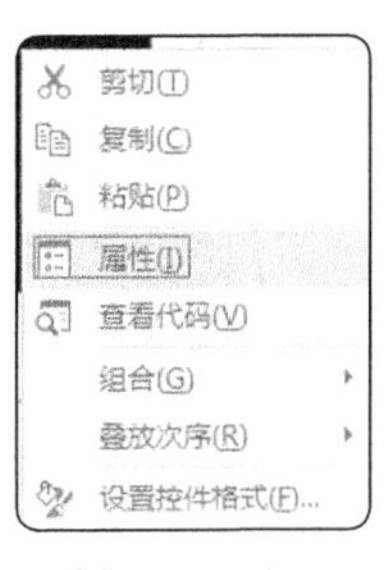

图 5-16-11

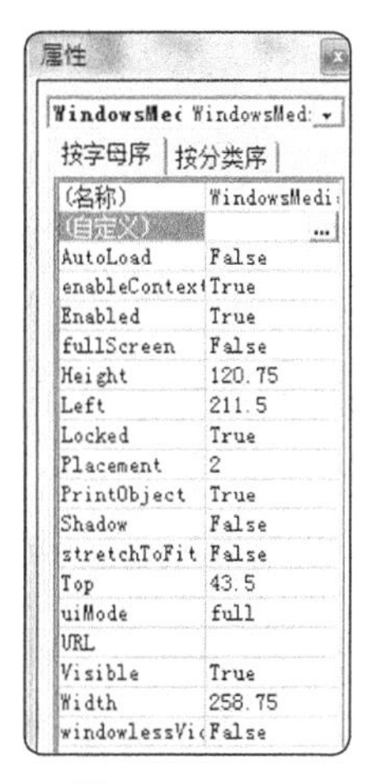

图 5-16-12

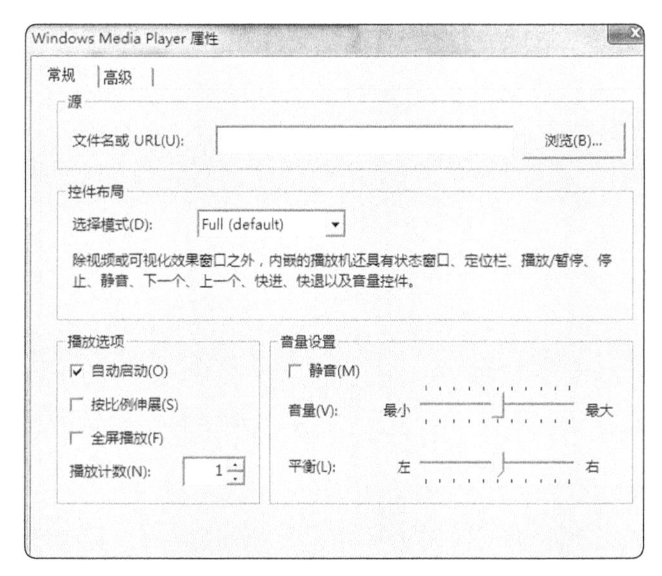

图 5-16-13

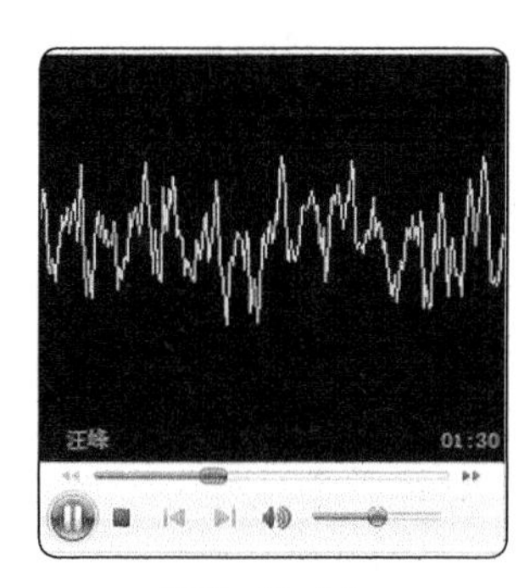

图 5-16-14

第228招 Excel 中如何根据单元格的背景颜色来计数和求和

Excel 中如何根据单元格的背景颜色来计数和求和呢?

方法一：可以利用自定义函数实现，按组合键【Alt+F11】，进入 VB 编辑器，输入以下代码

```
Function Countcolor(col As Range, countrange As Range)
 Dim icell As Range
 Application.Volatile
 For Each icell In countrange
     If icell.Interior.ColorIndex = col.Interior.ColorIndex Then
          Countcolor = Countcolor + 1
```

```
        End If
    Next icell
  End Function
  Function Sumcolor(col As Range, sumrange As Range)
    Dim icell As Range
    Application.Volatile
    For Each icell In sumrange
         If icell.Interior.ColorIndex = col.Interior.ColorIndex Then
              Sumcolor = Application.Sum(icell) + Sumcolor
         End If
    Next icell
  End Function
```

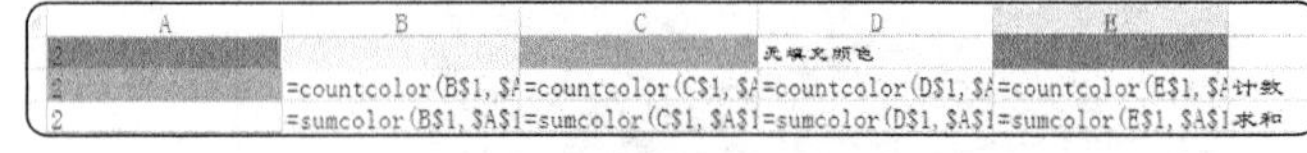

图 5-16-15

定义完函数后，就可以用函数来统计了，例如，要计算单元格背景不同颜色的单元格数量或求和，就可以这样统计，如图 5-16-15 所示。

方法二：利用宏表函数 GET.CELL 定义名称

宏表函数 GET.CELL 是在早期低版本 Excel 中使用的函数，其作用是返回引用单元格的信息。它仍可以在高版本的工作表中使用，不过不能直接用在单元格中，而只能通过定义名称的方式来使用。

语法：

GET.CELL(type_num, reference)

type_num 指明单元格中信息的类型。用数字表示，范围为 1 ~ 66。

reference 为引用的单元格或区域。

Step1 先定义名称颜色 A，如图 5-16-16 所示。

在 C 列输入 = 颜色 A，如图 5-16-17 所示。

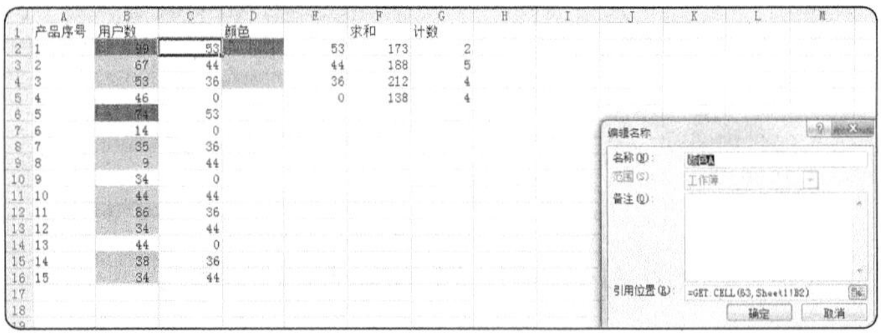

图 5-16-16

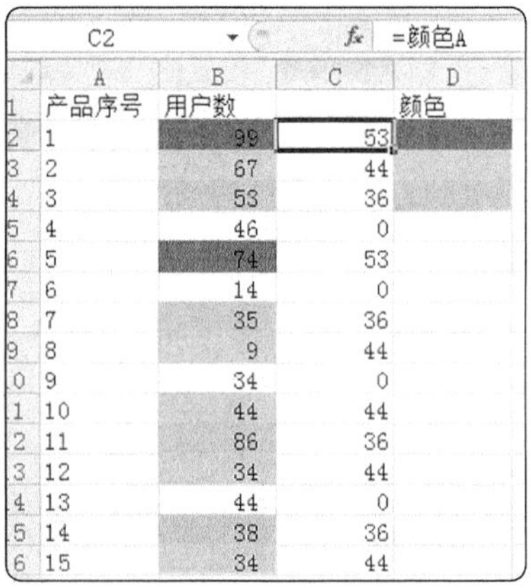

C2 =颜色A

	A	B	C	D
1	产品序号	用户数		颜色
2	1	99	53	
3	2	67	44	
4	3	53	36	
5	4	46	0	
6	5	74	53	
7	6	14	0	
8	7	35	36	
9	8	9	44	
10	9	34	0	
11	10	44	44	
12	11	86	36	
13	12	34	44	
14	13	44	0	
15	14	38	36	
16	15	34	44	

图 5-16-17

Step2 定义名称颜色 B，如图 5-16-18 所示。

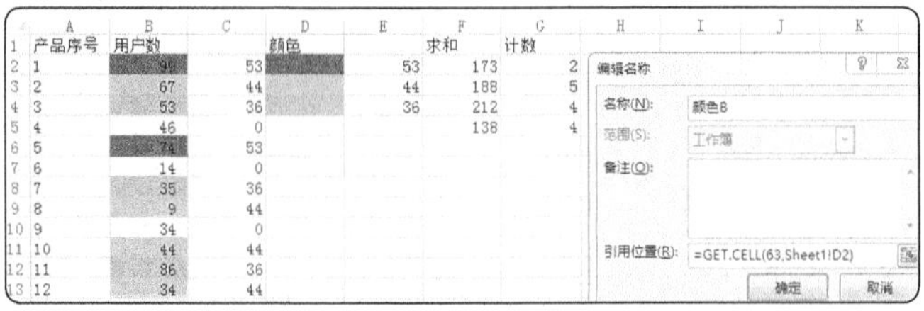

图 5-16-18

在 E 列输入 = 颜色 B。

Step3 再用 SUMIF 和 COUNTIF 进行求和和计数，如图 5-16-19 所示。

F2 =SUMIF($C$2:$C$16,E2,$B$2:$B$16)

	A	B	C	D	E	F	G
1	产品序号	用户数		颜色		求和	计数
2	1	99	53		53	173	2
3	2	67	44		44	188	5
4	3	53	36		36	212	4
5	4	46	0		0	138	4
6	5	74	53				
7	6	14	0				
8	7	35	36				
9	8	9	44				
10	9	34	0				
11	10	44	44				
12	11	86	36				
13	12	34	44				
14	13	44	0				
15	14	38	36				
16	15	34	44				

图 5-16-19

type_num 参数常见用法见第 13 章第 186 招。

第 229 招 怎样快速给多个工作表创建超链接目录

在工作中常常遇到这种情况，一个工作簿中有很多个格式类似的工作表，比如，每个项目单位都提供一个工作表，一共是几十个甚至上百个，要用鼠标选择其中的某个工作表查阅数据，会很费力，于是希望能够为这些工作表制作出一个带超链接的目录，只要在目录上找到这个表的名字并单击，就可以直接跳转到想要的工作表了。多个工作表如何快速创建超链接目录？

Step1 定义公式名称。

打开 Excel，在第一张工作表标签单击右键选择重命名，把它重命名为目录工作表。选中 B1 单元格，切换到公式选项卡，单击定义名称，在弹出的新建名称窗口中输入名称工作表名，在引用位置中则输入公式 =INDEX(GET.WORKBOOK(1)，目录 !$A1)&T(NOW())，如图 5-16-20 所示。

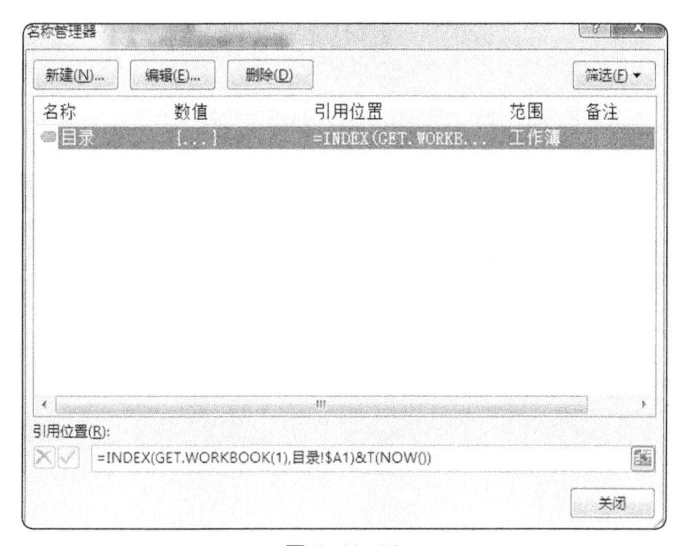

图 5-16-20

单击确定即可定义出一个名为工作表名的名称，在建立公式名后，直接在A1列写序列号，在B1列使用公式菜单中的“用于公式”选项，利用刚才创建的公式，然后按住Ctrl拖出很多行（有几个Sheet就拖出几行）。这时候在B1到Bn列，会显示出每个Sheet的字符串名称。

上述函数公式解释如下：公式中GET.WORKBOOK(1)用于提取当前工作簿中所有工作表名称，INDEX函数则按A1中的数字决定要显示第几张工作表的名称。此外，由于宏表函数GET.WORKBOOK(1)在数据变动时不会自动重算，而NOW()是易失性函数，任何变动都会强制计算，因此我们需要在公式中加上NOW()函数才能让公式自动重算。函数T()则是将NOW()产生的数值转为空文本以免影响原公式结果。注：宏表函数GET.WORKBOOK，不能直接在单元格公式中使用，必须通过定义名称才能起作用 。

去掉Sheet名称中的不必要字符（括号和英文）。

在C1列写公式=RIGHT(B1,(LEN(B1)-FIND("]",B1)))，这段函数的作用是除去工作表名中]以前的内容，效果如图5-16-21所示。

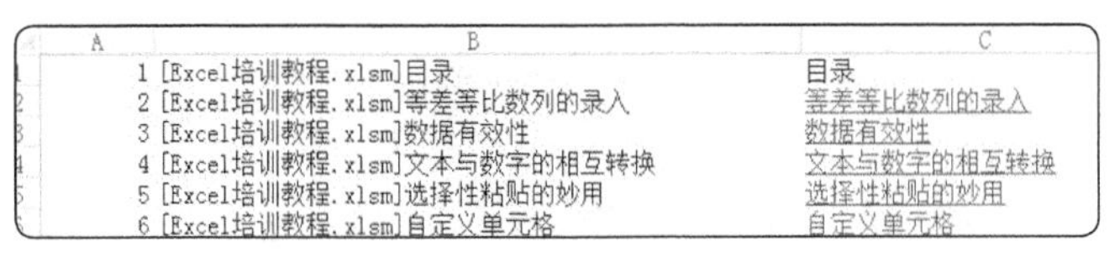

A	B	C
1	[Excel培训教程.xlsm]目录	目录
2	[Excel培训教程.xlsm]等差等比数列的录入	等差等比数列的录入
3	[Excel培训教程.xlsm]数据有效性	数据有效性
4	[Excel培训教程.xlsm]文本与数字的相互转换	文本与数字的相互转换
5	[Excel培训教程.xlsm]选择性粘贴的妙用	选择性粘贴的妙用
6	[Excel培训教程.xlsm]自定义单元格	自定义单元格

图5-16-21

Step2 建立超链接。

公式=HYPERLINK("#"&C1&"!A1",C1)

由于宏表函数GET.WORKBOOK(1)是通过宏功能起作用的，所以插入了工作表目录的文档最后都必须以Excel启用宏的工作簿(*.xlsm)格式另存，这样下次打开时才能正常显示工作表目录。此外，打开工作簿时，Excel默认会禁用宏，得单击警告栏中的选项按钮，选中启用此内容单选项，确定后才能显示工作表目录。

第230招 多个工作簿合并到一个工作簿多个工作表

工作中有时需要将多个工作簿中数据（每个工作簿只有一张工作表）合并到一个工作簿中，方便统计和保存，保留原来Excel工作簿中的名称和结构。如果量少，可以打开一个个复制，若有100多份Excel文件要合并到一个工作簿中，就需要批量处理多个工作簿的合并。步骤如下。

Step1 将需要合并的Excel工作簿放在一个文件夹中。

Step2 在该文件夹中新建一个工作簿。

Step3 打开新建立的Excel工作簿，按组合键【Alt+F11】，在Visual Basic编辑器中选择插入→模块，在代码窗口输入以下代码，单击菜单栏运行，运行子过程/用户窗体，弹出需要合并的文件，关闭代码输入窗口。打开Excel工作簿，可以看到将选中的工作簿中的工作表都复制到了新建工作簿中。

```
Sub Books2Sheets()
    '定义对话框变量
    Dim fd As FileDialog
    Set fd = Application.FileDialog(msoFileDialogFilePicker)

    '新建一个工作簿
    Dim newwb As Workbook
    Set newwb = Workbooks.Add
```

```
        With fd
            If .Show = -1 Then
                '定义单个文件变量
                Dim vrtSelectedItem As Variant

                '定义循环变量
                Dim i As Integer
                i = 1

                '开始文件检索
                For Each vrtSelectedItem In .SelectedItems
                    '打开被合并工作簿
                    Dim tempwb As Workbook
                    Set tempwb = Workbooks.Open(vrtSelectedItem)

                    '复制工作表
                    tempwb.Worksheets(1).Copy Before:=newwb.Worksheets(i)

                    '把新工作簿的工作表名字改成被复制工作簿文件名，这应用于 xls 文件，即
Excel 97-2003 的文件，如果是 Excel 2007，需要改成 xlsx
                    newwb.Worksheets(i).Name = VBA.Replace(tempwb.Name, ".xls", "")

                    '关闭被合并工作簿
                    tempwb.Close SaveChanges:=False

                    i = i + 1
                Next vrtSelectedItem
            End If
        End With

        Set fd = Nothing
End Sub
```

第231招 多个工作簿合并到一个工作簿一个工作表

工作中有时候需要把多个工作簿合并到一个工作簿的一张工作表，操作步骤与上一招内容一样，只需把代码修改如下：

```
Sub 合并汇总()
Application.DisplayAlerts = False
Application.ScreenUpdating = False
FileToOpen_N = Application.GetOpenFilename("xlsx 文件 ,*.xlsx", _
Title:=" 请选择要合并工作簿 ", MultiSelect:=True)
Newbz = 0
On Error Resume Next
For Each FileToOpen In FileToOpen_N
```

```
If FileToOpen <> False Then
If Newbz = 0 Then
Booknum = Application.SheetsInNewWorkbook
Application.SheetsInNewWorkbook = 1
Workbooks.Add
Application.SheetsInNewWorkbook = Booknum
NewBookName = ActiveWorkbook.Name
Sheets(1).Name = "sheet_tmp"
Newbz = 1
End If
Set OpenBook = Workbooks.Open(FileToOpen)
For Each Xlsheet In OpenBook.Sheets
Xlsheet.Copy Before:=Workbooks(NewBookName).Sheets("sheet_tmp")
Next
OpenBook.Close SaveChanges:=False
End If
Next
Workbooks(NewBookName).Sheets("sheet_tmp").Delete
Application.ScreenUpdating = True
Application.DisplayAlerts = True

Dim sht As Worksheet, lstRowZb As Integer, lstRow As Integer
'lstRowZb:总表的 lastrow
Worksheets("1").Select
Worksheets("1").Range("a1:h1").Copy Destination:=Range("a1")
'复制表头
For Each sht In Worksheets
lstRowZb = Range("a1048576").End(xlUp).Row '每次 COPY 前取总表的最后一行
With sht
If .Name <> "1" Then
lstRow = .Range("a1048576").End(xlUp).Row
.Range("a2:h" & lstRow).Copy Destination:=Cells(lstRowZb + 1, "a")
End If
End With
Next sht
End Sub
```


第232招 怪哉，Excel的A列跑到最右边了

正常情况下Excel表格从左到右为A,B,C,D,E，…，如图5-16-22所示，但图5-16-23表格反过来了，从右到左为A,B,C,D,E，…。

这是怎么回事呢？按组合键【Alt+F11】进入VBE编辑器，再按组合键【Ctrl+G】，调出立即窗口，输入下面的代码，按回车，表格就恢复原形了，如图5-16-24所示。

ActiveSheet.DisplayRightToLeft = false

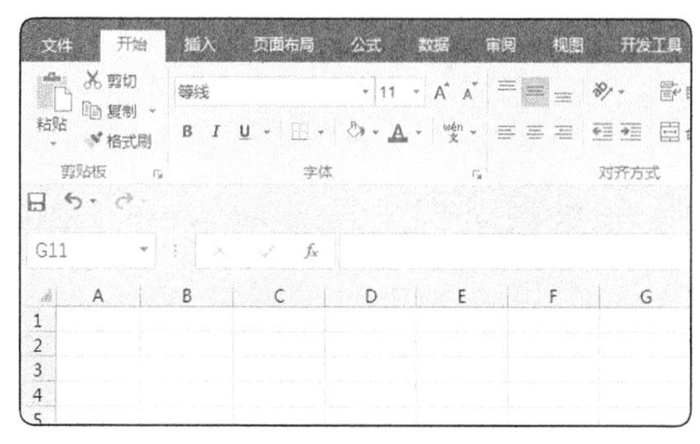

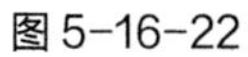
图 5-16-22

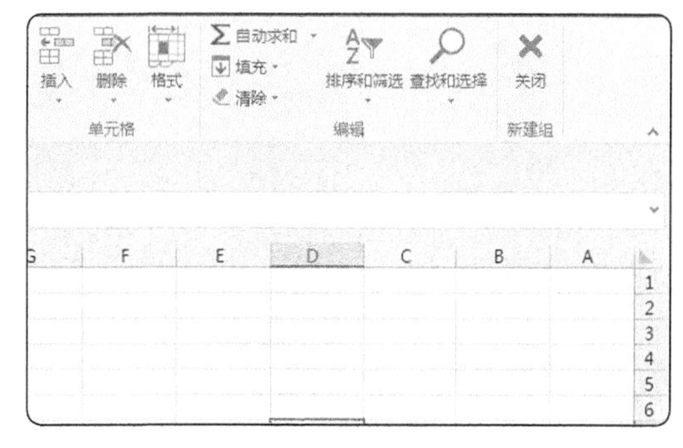

图 5-16-23

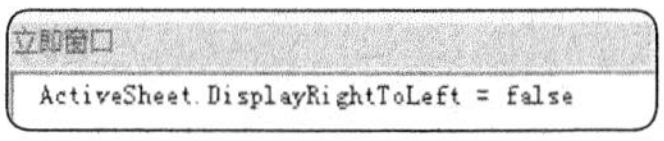

立即窗口

```
ActiveSheet.DisplayRightToLeft = false
```

图 5-16-24

第 17 章　Excel 与 Access 双剑合璧

本章主要介绍 Excel 与 Access 相结合在数据处理与分析中的运用，2 个工具完美地合作，达到双剑合璧的效果。

第 233 招　初识 Access

你是否曾遇到这样的问题，打开一个很大的 Excel 工作簿很慢甚至死机？是否遇到在 Excel 表格做一些数据统计与分析，发现有时候用公式与函数或者数据透视表以及其他菜单命令也难得到想要的数据？如果你了解 Access，在 Excel 很难处理的数据分析用 Access 很容易实现。作为 Microsoft Office 五大主件之一的 Microsoft Access，一出世好像就受到了“偏见”和“虐待”，它的名声远没有 Word、Excel 那么大。然而 Access 在管理信息系统中散发的迷人芳香却是无法抗拒的，你想了解它吗？好，那就让我们走近它，揭开它美丽伊人的面纱吧！

1. 初识 Access 2013

Access 数据库简介

什么是“数据库”呢？我们举个例子来说明这个问题：每个人都有很多亲戚和朋友，为了保持与他们的联系，我们常常用一个笔记本将他们的姓名、地址、电话等信息都记录下来，这样要查谁的电话或地址就很方便了。这个“通讯录”就是一个最简单的“数据库”，每个人的姓名、地址、电话等信息就是这个数据库中的“数据”。我们可以在笔记本这个“数据库”中添加新朋友的个人信息，也可以由于某个朋友的电话变动而修改他的电话号码这个“数据”。

Access 数据库是 Microsoft 于 1994 年推出的微机数据库管理系统，它具有界面友好、易学易用、开发简单、接口灵活等特点，主要特点如下。

（1）完善地管理各种数据库对象，具有强大的数据组织、用户管理、安全检查等功能；

（2）强大的数据处理功能；

（3）可以方便地生成各种数据对象，利用存储的数据建立窗体和报表，可视性好；

（4）作为 Office 套件的一部分，可以与 Office 集成，实现无缝连接。

能够通过发布数据，实现与 Internet 的连接。

Access 数据库的用途非常广泛，不仅可以作为个人的关系数据库管理系统使用，还可以为企业管理大型的数据库。

2. 创建数据库

创建数据库的两种方法：使用模板创建数据库文件；直接创建空数据库文件。

打开 Access，界面如图 5-17-1 所示，新建空白数据库。

单击“创建”就可以建立空白数据库，然后就可以创建数据表了，界面如图 5-17-2 所示。

使用模板创建数据库操作方法：单击本地模板，选择想要的模板，单击“创建”即可。

3. 数据库查询

使用查询向导创建查询

查询是依据一定的查询条件，对数据库中的数据进行查找的一种方式，它与表一样都是数据库对象。举例如下。

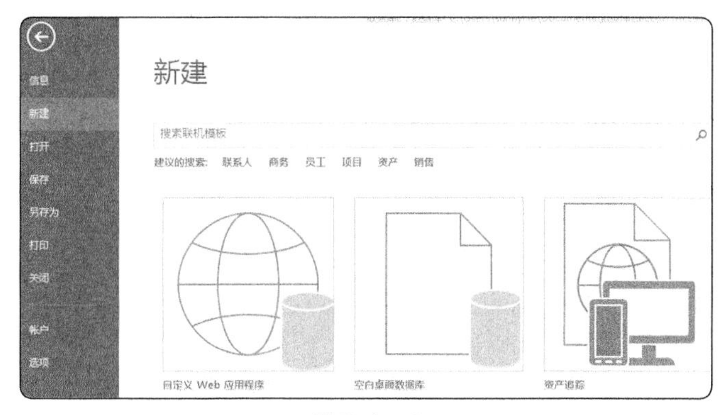

图 5-17-1

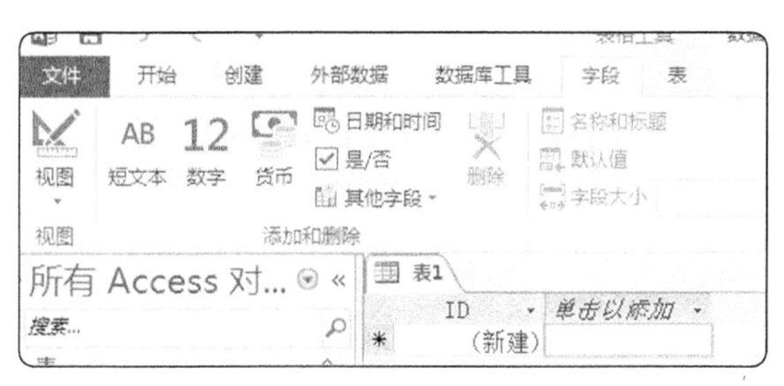

图 5-17-2

假如需要找出一个表中某一字段相同值出现的频率，单击“创建”，再单击查询向导，选择查找重复项查询向导，截图如图 5-17-3 所示。

选中要查询的表，如图 5-17-4 所示。

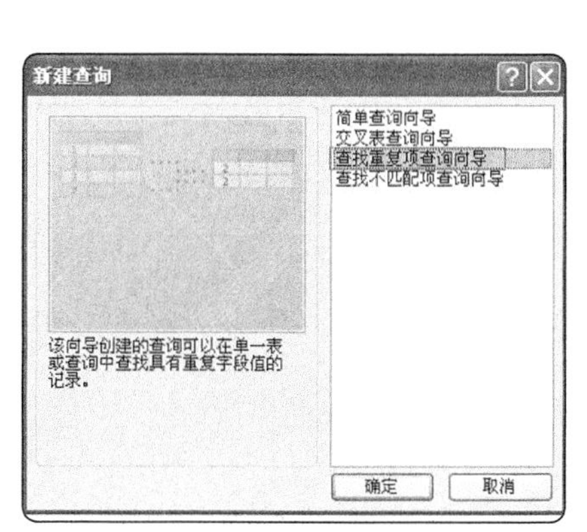

图 5-17-3

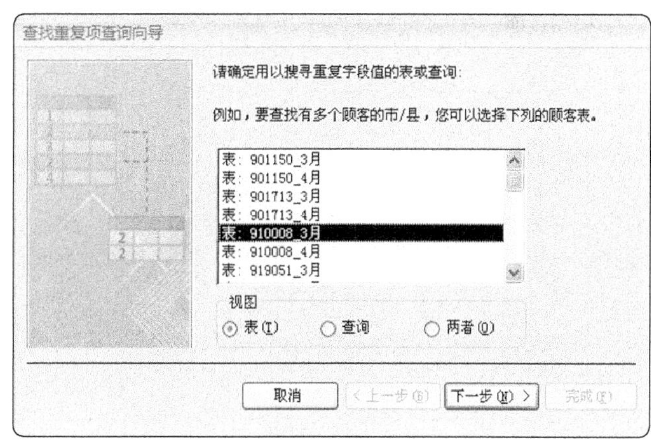

图 5-17-4

选择表中要查询的字段，如图 5-17-5 所示。

单击“完成”，得到结果即为该表中手机号码出现的次数，如图 5-17-6 所示。

设计查询条件

单击创建→查询设计，如图 5-17-7 至图 5-17-9 所示。

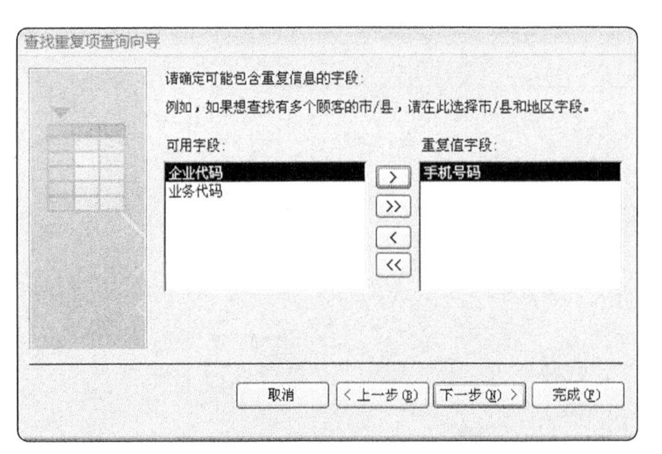

图 5-17-5

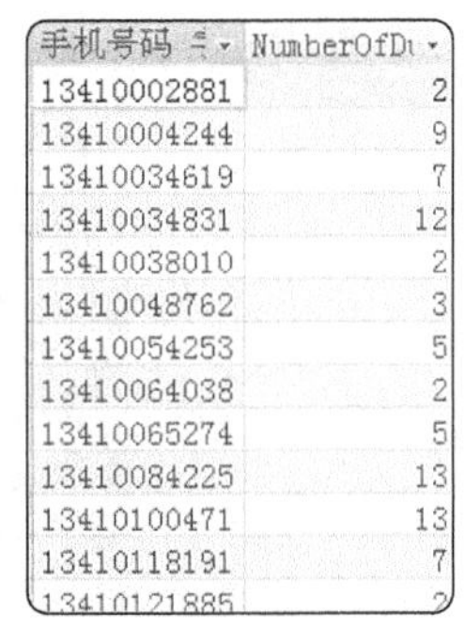

手机号码	NumberOfDu
13410002881	2
13410004244	9
13410034619	7
13410034831	12
13410038010	2
13410048762	3
13410054253	5
13410064038	2
13410065274	5
13410084225	13
13410100471	13
13410118191	7
13410121885	2

图 5-17-6

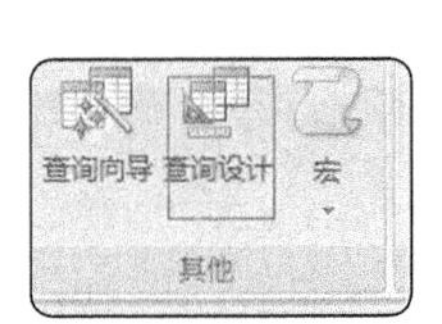

图 5-17-7

图 5-17-8

单击运行后得到查询结果如图 5-17-10 所示。

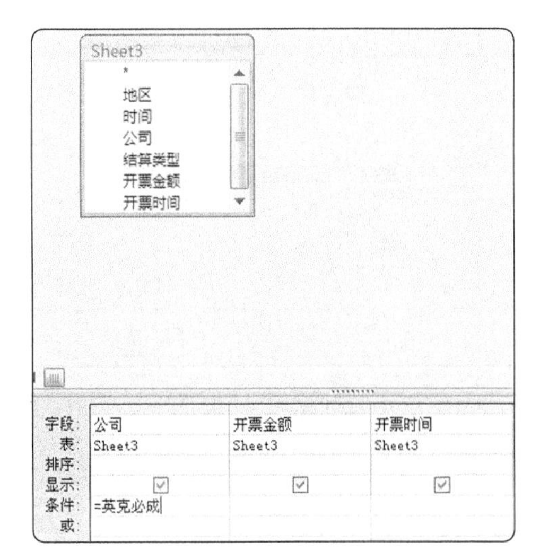

图 5-17-9

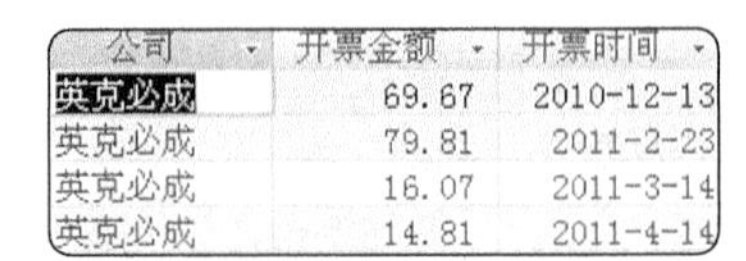

公司	开票金额	开票时间
英克必成	69.67	2010-12-13
英克必成	79.81	2011-2-23
英克必成	16.07	2011-3-14
英克必成	14.81	2011-4-14

图 5-17-10

多表查询

当查询 2 个或 2 个以上的表相同字段相同值时，创建查询方法如下。

单击创建→查询设计，选择要查询的表，这里选择 2 张表，如图 5-17-11 所示。

单击添加要查询的表，用鼠标左键将 2 个表中的手机号码进行关联，如图 5-17-12 所示。

单击“运行”按钮就可以得到 2 个表中都存在的手机号码的记录，如图 5-17-13 所示。

图 5-17-11

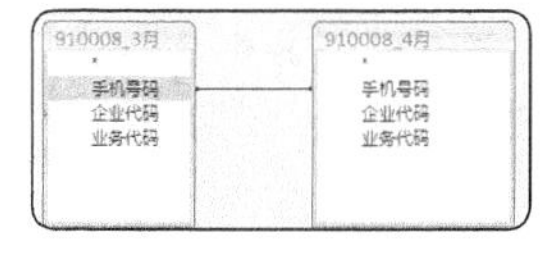

图 5-17-12

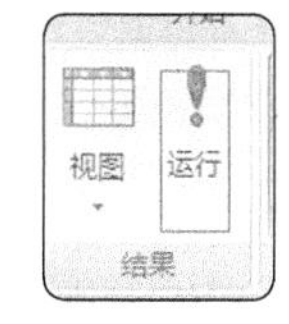

图 5-17-13

第 234 招 SQL 语句基础

SQL 是英文 Structured Query Language 的缩写，意思为结构化查询语言。SQL 语言的主要功能就是同各种数据库建立联系，进行沟通。按照 ANSI（美国国家标准协会）的规定，SQL 被作为关系型数据库管理系统的标准语言。SQL 语句可以用来执行各种各样的操作。SQL 语句命令以及功能如表 5-17-1 所示。

表 5-17-1

命令	功能
SELECT	从一个表或多个表中查询记录数据
INSERT	向一个表中增加记录数据
UPDATE	更新表中已存在的记录数据
DELETE	从一个表中删除数据

1. SELECT 语句

语法：

SELECT [限定词] 字段名列表 FROM 数据表列表

[WHERE 条件][GROUP BY 字段名][HAVING 条件]

[ORDER BY 字段名 [ASC ｜ DESC]][WITH OWNERACCESS OPTION]

说明：

限定词表示可以输入谓词之一，如 ALL,DISTINCT,DISTINCTROW 或 TOP，如果不指定默认为 ALL, SELECT * 表示选择所有字段。DISTINCT 忽略所选字段中包含重复数据的记录。

DISTINCTROW 根据整个重复记录而不是某些重复字段来忽略数据。TOP 返回指定范围内靠前的某些记录。

简单查询举例如下。

例：根据学生数据库中的学生表写出下列 SELECT 语句。

查询所有学生的资料

SELECT * FROM 学生

查询所有学生的姓名

SELECT 姓名 FROM 学生

条件查询举例如下。

例：根据学生数据库中的学生表写出下列 SELECT 语句。

① 查询所有男同学的资料；

② 查询所有王姓同学的姓名及性别；

③ 查询姓李、吴、张同学的姓名及家庭住址；

④ 查询出生年份大于 1982 年的同学姓名及联系电话；

⑤ 查询女团员的姓名及出生日期。

对应 SQL 语句如下：

① SELECT * FROM 学生 WHERE 性别 =" 男 "

② SELECT 姓名，性别 FROM 学生 WHERE 姓名 like " 王 "&"*"

③ SELECT 姓名，住址 FROM 学生 WHERE LEFT(姓名，1) IN (" 李 "，" 吴 "，" 张 ")

④ SELECT 姓名，电话号码 FROM 学生 WHERE YEAR(出生日期)>1982

⑤ SELECT 姓名，出生日期 FROM 学生 WHERE 团员 AND 性别 =" 女 "

2. INSERT 语句

语法：INSERT into target[(field1[,field2[,…]])]

values (values1[,values2[,…]])

target 是将记录或查询追加到表中的名称。

field1,field2 ,…是将数据追加到其中的字段名称。

values1, values2 ,…是插入新记录特定字段的值。values1 与 field1 相对应，其他类推。

例如：向表 910008_3 月插入一条记录。

INSERT into 910008_3 月 (手机号码，企业端口，业务代码)

values ('13826574595','910008','-JYTF')

批量插入：将 910008_4 月中所有记录插入到表 910008_3 月中，

INSERT into 910008_3 月 (手机号码 , 企业端口 , 业务代码)

SELECT 手机号码，企业端口，业务代码 FROM 910008_4 月 ;

3. UPDATE 语句

语法：UPDATE 表名 SET newvalue WHERE 条件表达式

UPDATE 910008_3 月 SET 业务代码 ='-JYWTO' WHERE 手机号码 ='13826574595'

4. DELETE 语句

该语句可以从一个或多个表中删除符合指定条件的记录。

语法：DELETE [table.*] FROM table WHERE 条件表达式

DELETE FROM 910008_3 月 WHERE 手机号码 ='13807559999'

5. 使用聚合函数

常用的聚合函数：

Avg 求平均数。

Count 计数。

sum 求和。

first, last 从查询所返回的结果集的第一个或最后一个记录返回字段值。

min, max 求最小值，最大值。

stdev, stdevp 对总体样本抽样进行计算标准偏差，对总体样本进行计算标准偏差。

var, varp 对总体样本抽样求方差，对总体样本求方差。

举例如下：

SELECT TOP 10 * FROM table

SELECT count(*) as 记录总行数 FROM table

6. 联合查询

联合查询使用 union 运算符来合并两个或更多选择查询的结果。

```
select statement
union all select statement
[union all select statement][…n]
```

statement 为待联合的 select 查询语句，all 选项表示将所有行合并到结果集中，不指定该项时，则重复行将只保留一行结果集，合并成一个结果集合显示。

在使用 union 运算符时，应保证每个联合查询语句的选择列表中有相同数量的表达式，并且每个查询选择表达式应具有相同的数据类型，或是可以自动将它们转换为相同的数据类型。在自动转换时，对于数值类型，系统将低精度的数据类型转换为高精度的数据类型。

SELECT * FROM 910008_3 月 union SELECT * FROM 910008_4 月；该语句将表 910008_3 月和 910008_4 月所有记录合并，剔除重复的行；

SELECT * FROM 910008_3 月 union all SELECT * FROM 910008_4 月；该语句将表 910008_3 月和 910008_4 月所有记录合并，保留两张表重复的行。

第 235 招 实际工作中的案例

案例一：Excel 表格中有 2 列数据，一列是手机号码，一列是退费的数据，文件很大，100M，要想形成一个新的表格，一列是手机号码，一列是该号码出现的次数，一列是退费总数。表格部分数据截图如图 5-17-14 所示。

如果用 Excel 处理，打开文件非常慢，用 Access 处理非常快，操作方法和步骤如下。

Step1 创建空白数据库，如图 5-17-15 所示。

13400120253	22
13400120253	29
13400120253	2
13400120443	3
13400121238	2
13400125798	9
13400125798	2
13400131351	0
13400155142	0
13400162669	3
13400162669	1

图 5-17-14

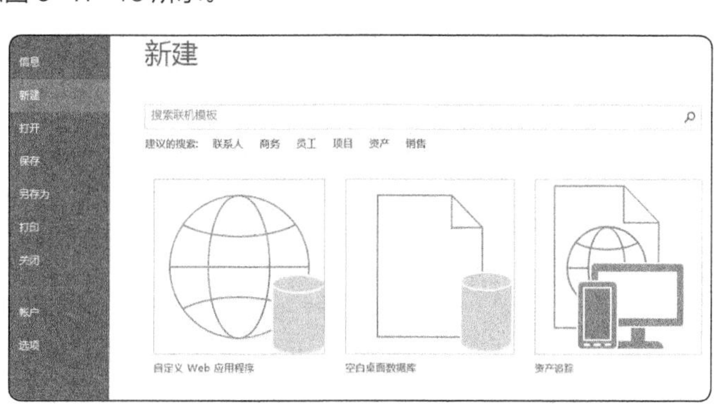

图 5-17-15

Step2 单击“外部数据”，选择 Excel，如图 5-17-16 所示，将 Excel 文件导入数据库中。

先获取外部数据，如图 5-17-17 所示。

文件 开始 创建 外部数据 数据库工具

已保存的导入 链接表管理器 Excel Access ODBC 数据库 文本文件 XML 文件 其他

图 5-17-16

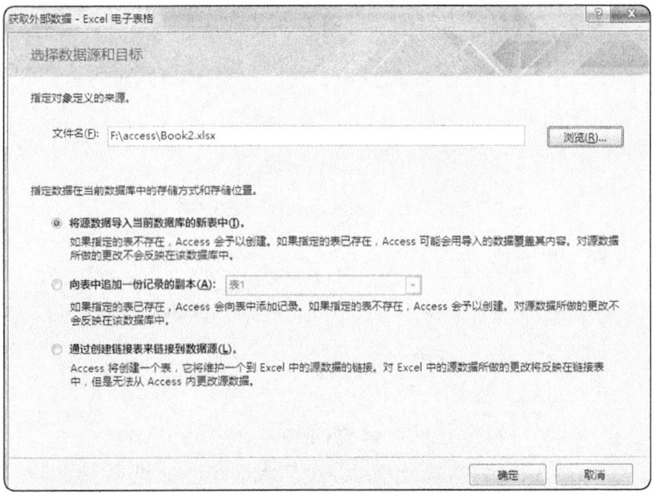

获取外部数据 - Excel 电子表格

选择数据源和目标

指定对象定义的来源。

文件名(F): F:\access\Book2.xlsx 浏览(R)...

指定数据在当前数据库中的存储方式和存储位置。

将源数据导入当前数据库的新表中(I)。

如果指定的表不存在，Access 会予以创建。如果指定的表已存在，Access 可能会用导入的数据覆盖其内容。对源数据所做的更改不会反映在该数据库中。

向表中追加一份记录的副本(A): 表1

如果指定的表已存在，Access 会向表中添加记录。如果指定的表不存在，Access 会予以创建。对源数据所做的更改不会反映在该数据库中。

通过创建链接表来链接到数据源(L)。

Access 将创建一个表，它将维护一个到 Excel 中的源数据的链接。对 Excel 中的源数据所做的更改将反映在链接表中，但是无法从 Access 内更改源数据。

确定 取消

图 5-17-17

再按照操作提示一步步导入，如图 5-17-18 所示。

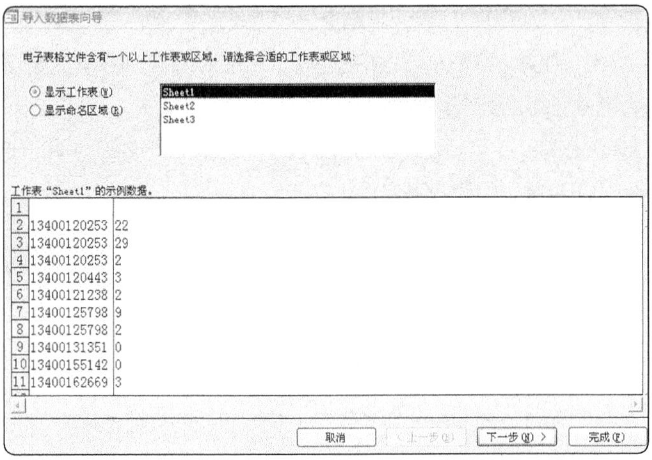

导入数据表向导

电子表格文件含有一个以上工作表或区域。请选择合适的工作表或区域：

显示工作表(W) 显示命名区域(R)

Sheet1
Sheet2
Sheet3

工作表“Sheet1”的示例数据。

1		
2	13400120253	22
3	13400120253	29
4	13400120253	2
5	13400120443	3
6	13400121238	2
7	13400125798	9
8	13400125798	2
9	13400131351	0
10	13400155142	0
11	13400162669	3

取消 < 上一步(B) 下一步(N) > 完成(F)

图 5-17-18

单击“下一步”，结果如图 5-17-19 所示。

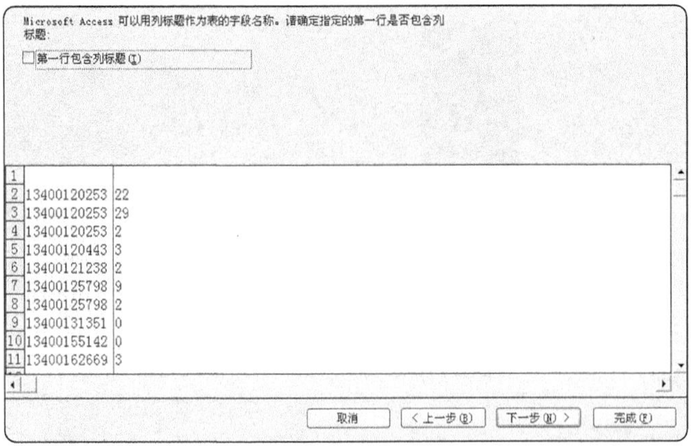

Microsoft Access 可以用列标题作为表的字段名称。请确定指定的第一行是否包含列标题：

第一行包含列标题(I)

1		
2	13400120253	22
3	13400120253	29
4	13400120253	2
5	13400120443	3
6	13400121238	2
7	13400125798	9
8	13400125798	2
9	13400131351	0
10	13400155142	0
11	13400162669	3

取消 < 上一步(B) 下一步(N) > 完成(F)

图 5-17-19

再单击“下一步”，如图 5-17-20 所示。

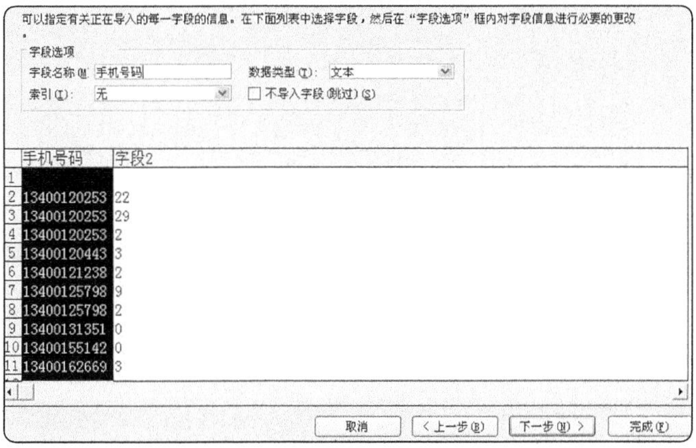

可以指定有关正在导入的每一字段的信息。在下面列表中选择字段，然后在“字段选项”框内对字段信息进行必要的更改。

字段选项

字段名称(M): 手机号码　数据类型(T): 文本

索引(I): 无　□ 不导入字段(跳过)(S)

	手机号码	字段2
1		
2	13400120253	22
3	13400120253	29
4	13400120253	2
5	13400120443	3
6	13400121238	2
7	13400125798	9
8	13400125798	2
9	13400131351	0
10	13400155142	0
11	13400162669	3

取消　< 上一步(B)　下一步(N) >　完成(F)

图 5-17-20

再单击“下一步”，选择“不要主键”，如图 5-17-21 所示。

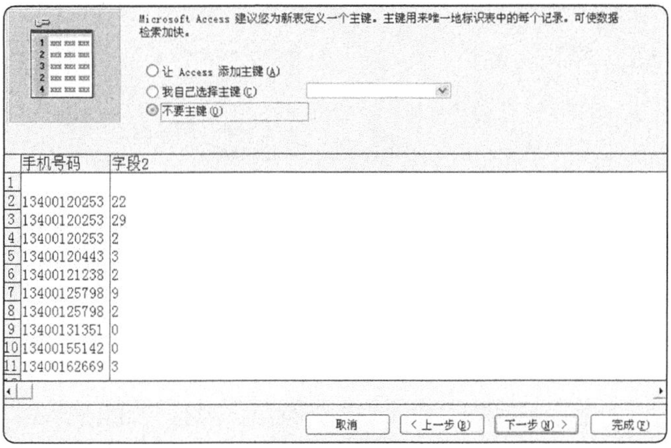

Microsoft Access 建议您为新表定义一个主键。主键用来唯一地标识表中的每个记录。可使数据检索加快。

○ 让 Access 添加主键(A)

○ 我自己选择主键(C)

◎ 不要主键(O)

	手机号码	字段2
1		
2	13400120253	22
3	13400120253	29
4	13400120253	2
5	13400120443	3
6	13400121238	2
7	13400125798	9
8	13400125798	2
9	13400131351	0
10	13400155142	0
11	13400162669	3

取消　< 上一步(B)　下一步(N) >　完成(F)

图 5-17-21

单击“完成”就完成了数据的导入，如图 5-17-22 所示。这时就可以看到导入的数据表如图 5-17-23 所示。

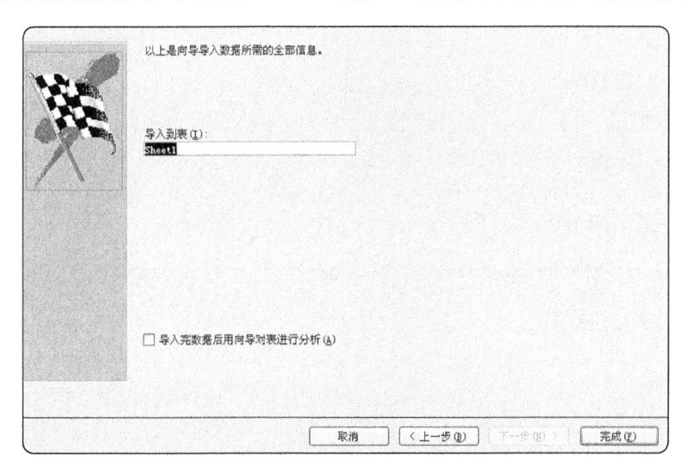

图 5-17-22

单击创建→查询设计，切换到 SQL 视图，编写 SQL 语句如下：

SELECT sheet1. 手机号码，Count(*) as 出现次数，Sum(sheet1. 信息费) AS 信息费之总计

FROM sheet1

GROUP BY sheet1. 手机号码;

单击“运行”，就可以得到想要的结果，操作界面如图 5-17-24 所示。

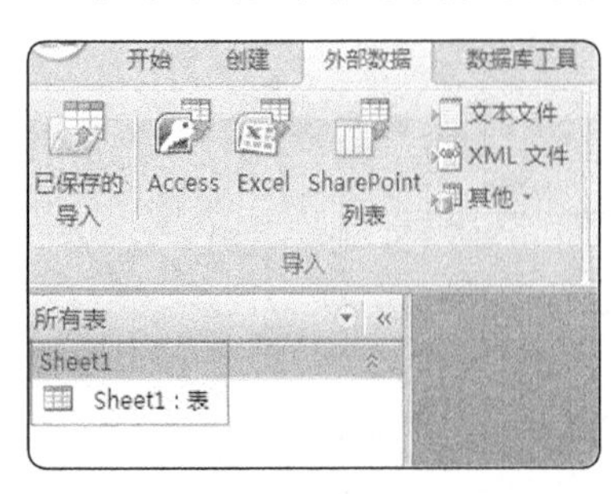

图 5-17-23

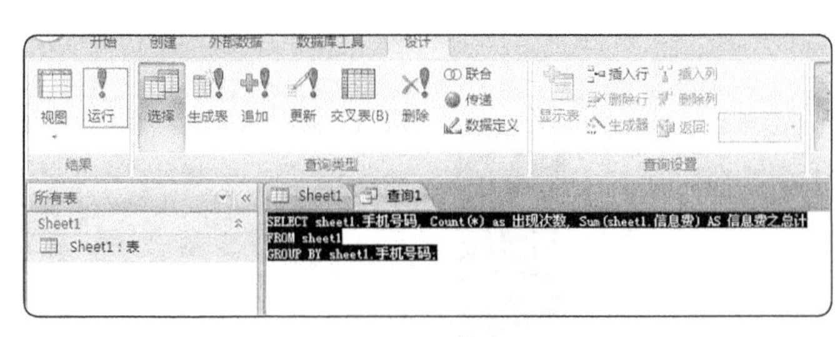

图 5-17-24

结果部分截图如图 5-17-25 所示。

案例二：现有某省退费明细数据，文本文件有 394MB，如图 5-17-26 所示，用 Excel 一打开就死机，要统计这些明细数据各个业务代码的信息费总数，各个手机号码出现的次数以及退费的总信息费。

Sheet1 | 查询1

手机号码	出现次数	信息费之总
	32507	
	1	297
13400120253	3	53
13400120443	1	3
13400121238	1	2
13400125798	2	11
13400131351	1	0
13400155142	1	0
13400162669	2	4
13400163135	2	17

图 5-17-25

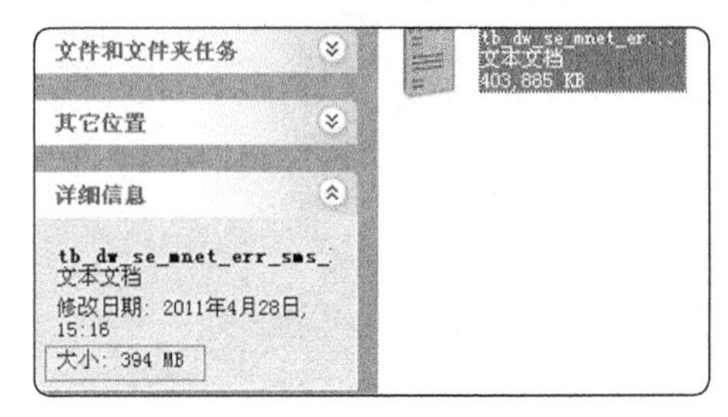

图 5-17-26

用 Access 处理，首先创建空白数据库，将这个文本文件导入数据库，外部数据选择文本文件，如图 5-17-27 所示，导入的过程中需要把要求和的字段设置为长整型，如果是文本就不能计算。

导入了之后就能看到这个文本文件如图 5-17-28 所示。

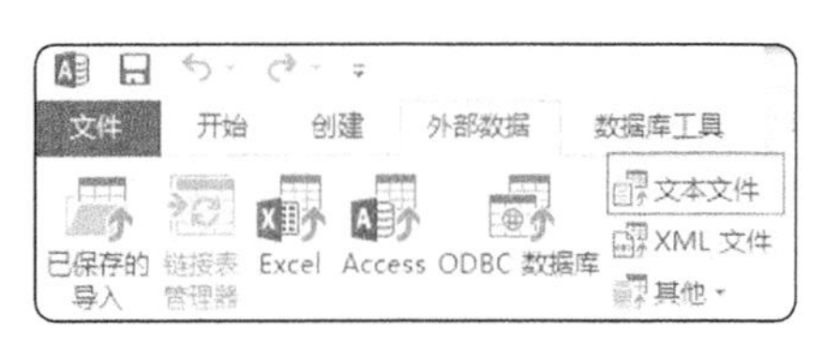

图 5-17-27

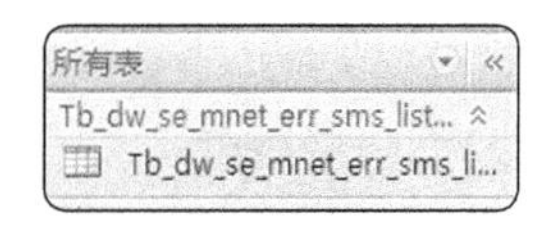

图 5-17-28

创建查询，SQL 语句如图 5-17-29 所示。

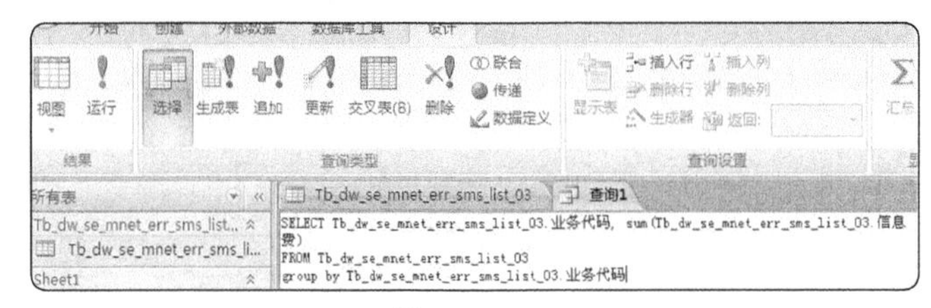

图 5-17-29

运行后就可以得到各个业务代码的总信息费。

各个手机号码出现的次数以及退费的总信息费的 SQL 语句参照案例一。

第 18 章　多种技巧综合运用

本章综合运用前面 17 章提到的技巧，解决一个问题用到前面介绍的 2 种或 2 种以上技巧。同一个问题提供多种解决方法，例如，如何在多个工作簿找相同的数据，介绍了数据透视表、高级筛选、VLOOKUP 函数、Access 数据库等 4 种方法。多表合并介绍了借助 Power Query 工具、SQL、函数与公式、VBA 等 4 种方法。

第 236 招　如何批量实现 Excel 合并相同内容的单元格

要把图 5-18-1 中相同的内容合并单元格，形成图 5-18-2，我们只要选中相同内容的单元格，单击合并居中按钮就可以实现。

	A	B	C
1	伪码	业务代码	时间
2	100799138	HZYXJD	2013-8-7 13:16:34
3	100799138	HZYXJD	2013-9-30 15:21:43
4	100799138	HZYXJD	2013-10-3 20:11:51
5	100799138	HZYXJD	2013-9-16 10:47:45
6	100799138	HZYXJD	2013-10-2 10:48:50
7	100799138	HZYXJD	2013-10-14 22:36:14

图 5-18-1

<table>
<tr><th></th><th>A</th><th>B</th><th>C</th></tr>
<tr><td>1</td><td>伪码</td><td>业务代码</td><td>时间</td></tr>
<tr><td>2</td><td rowspan="6">100799138</td><td rowspan="6">HZYXJD</td><td>2013-8-7 13:16:34</td></tr>
<tr><td>3</td><td>2013-9-30 15:21:43</td></tr>
<tr><td>4</td><td>2013-10-3 20:11:51</td></tr>
<tr><td>5</td><td>2013-9-16 10:47:45</td></tr>
<tr><td>6</td><td>2013-10-2 10:48:50</td></tr>
<tr><td>7</td><td>2013-10-14 22:36:14</td></tr>
</table>

图 5-18-2

但是如果数据量很大，有成千上万个单元格需要合并，我们要单击成千上万次合并单元格，这里介绍用公式与函数实现的简单方法。

在 D2 单元格输入公式 =IF(A2=A1,D1,D1+1)，公式的意思是如果当前行内容和上一行内容相同编号就不变，否则加 1，这样我们的编号就随着不同内容自动加 1 得到一个等差数列。如图 5-18-3 所示。

在 E 列输入公式 =IF(MOD(D2,2)=0,"A",0)，公式意思是如果 D 列数据为奇数返回数字 0，偶数返回文本字符 A，结果如图 5-18-4 所示。

	A	B	C	D
1	伪码	业务代码	时间	
2	100799138	HZYXJD	2013-8-7 13:16:34	1
3	100799138	HZYXJD	2013-9-30 15:21:43	1
4	100799138	HZYXJD	2013-10-3 20:11:51	1
5	100799138	HZYXJD	2013-9-16 10:47:45	1
6	100799138	HZYXJD	2013-10-2 10:48:50	1
7	100799138	HZYXJD	2013-10-14 22:36:14	1
8	1043715270	XXSQQXK	2013-10-14 10:41:32	2
9	1043715270	XXSQQXK	2013-10-13 10:50:56	2
10	1044885602	HZYXJD	2013-10-12 21:51:6	3
11	1044885602	HZYXJD	2013-10-12 21:53:5	3
12	1051574889	XXSQQXK	2013-6-10 20:26:54	4
13	1051574889	XXSQQXK	2013-9-26 14:42:14	4
14	1051574889	XXSQQXK	2013-8-9 11:4:31	4
15	1051574889	XXSQQXK	2013-9-9 11:38:44	4
16	1051574889	XXSQQXK	2013-9-10 11:38:46	4
17	1051574889	XXSQQXK	2013-9-11 11:39:33	4
18	1051574889	XXSQQXK	2013-9-12 11:40:28	4
19	1051574889	XXSQQXK	2013-9-13 11:39:54	4
20	1051574889	XXSQQXK	2013-9-14 11:47:47	4
21	1051574889	XXSQQXK	2013-9-15 11:42:33	4
22	1051574889	XXSQQXK	2013-10-11 16:44:21	4

图 5-18-3

	A	B	C	D	E
1	伪码	业务代码	时间		
2	100799138	HZYXJD	2013-8-7 13:16:34	1	0
3	100799138	HZYXJD	2013-9-30 15:21:43	1	0
4	100799138	HZYXJD	2013-10-3 20:11:51	1	0
5	100799138	HZYXJD	2013-9-16 10:47:45	1	0
6	100799138	HZYXJD	2013-10-2 10:48:50	1	0
7	100799138	HZYXJD	2013-10-14 22:36:14	1	0
8	1043715270	XXSQQXK	2013-10-14 10:41:32	2	A
9	1043715270	XXSQQXK	2013-10-13 10:50:56	2	A
10	1044885602	HZYXJD	2013-10-12 21:51:6	3	0
11	1044885602	HZYXJD	2013-10-12 21:53:5	3	0

图 5-18-4

选中 E 列，按 F5 键定位，定位条件选择“公式”，把“数字”打钩，如图 5-18-5 所示。

这样 E 列内容为数字的全部被选中了，单击 合并后居中，由于我们要处理的合并单元格内容很多，这时会弹出很多如图 5-18-6 所示的对话框。

图 5-18-5

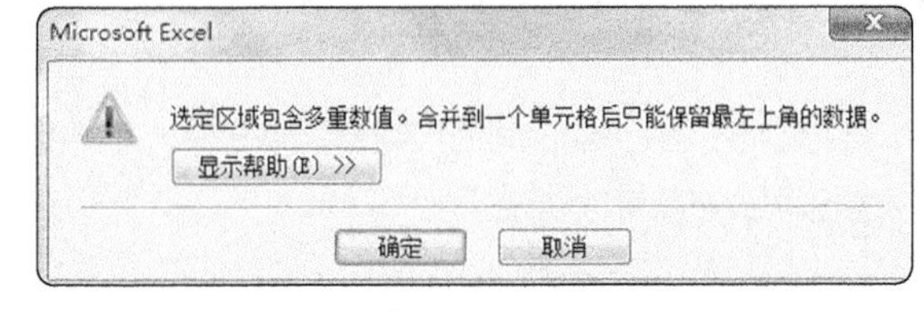

图 5-18-6

按住 Enter 键不放，直到不再弹出对话框为止。这样我们就将序列为奇数的批量合并单元格了，结果如图 5-18-7 所示。

接下来对序列为偶数的批量合并单元格。

按 F5 键定位，定位条件选择“公式”，把“文本”打钩，如图 5-18-8 所示。

	A	B	C	D	E
1	伪码	业务代码	时间		
2	100799138	HZYXJD	2013-8-7 13:16:34	1	
3	100799138	HZYXJD	2013-9-30 15:21:43	1	
4	100799138	HZYXJD	2013-10-3 20:11:51	1	0
5	100799138	HZYXJD	2013-9-16 10:47:45	1	
6	100799138	HZYXJD	2013-10-2 10:48:50	1	
7	100799138	HZYXJD	2013-10-14 22:36:14	1	
8	1043715270	XXSQQXK	2013-10-14 10:41:32	2	A
9	1043715270	XXSQQXK	2013-10-13 10:50:56	2	A
10	1044885602	HZYXJD	2013-10-12 21:51:6	3	0
11	1044885602	HZYXJD	2013-10-12 21:53:5	3	
12	1051574889	XXSQQXK	2013-6-10 20:26:54	4	A
13	1051574889	XXSQQXK	2013-9-26 14:42:14	4	A
14	1051574889	XXSQQXK	2013-8-9 11:4:31	4	A
15	1051574889	XXSQQXK	2013-9-9 11:38:44	4	A
16	1051574889	XXSQQXK	2013-9-10 11:38:46	4	A
17	1051574889	XXSQQXK	2013-9-11 11:39:33	4	A
18	1051574889	XXSQQXK	2013-9-12 11:40:28	4	A
19	1051574889	XXSQQXK	2013-9-13 11:39:54	4	A
20	1051574889	XXSQQXK	2013-9-14 11:47:47	4	A
21	1051574889	XXSQQXK	2013-9-15 11:42:33	4	A
22	1051574889	XXSQQXK	2013-10-11 16:44:21	4	A

图 5-18-7

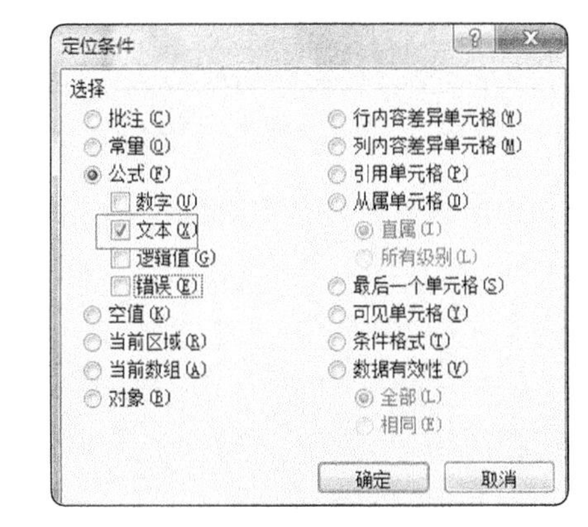

图 5-18-8

和刚才同样的方法，单击 合并后居中，按住 Enter 键不放，直到不再弹出对话框为止，得到结果如图 5-19-9 所示。

选择 E 列并复制，选中 A 列，选择性粘贴格式，如图 5-18-10 所示。

再对 B 列同样选择性粘贴格式，得到结果，如图 5-18-11 所示。

这样就批量实现了相同内容合并单元格。

	A	B	C	D	E
1	伪码	业务代码	时间		
2	100799138	HZYXJD	2013-8-7 13:16:34	1	
3	100799138	HZYXJD	2013-9-30 15:21:43	1	
4	100799138	HZYXJD	2013-10-3 20:11:51	1	0
5	100799138	HZYXJD	2013-9-16 10:47:45	1	
6	100799138	HZYXJD	2013-10-2 10:48:50	1	
7	100799138	HZYXJD	2013-10-14 22:36:14	1	
8	1043715270	XXSQQXK	2013-10-14 10:41:32	2	A
9	1043715270	XXSQQXK	2013-10-13 10:50:56	2	
10	1044885602	HZYXJD	2013-10-12 21:51:6	3	0
11	1044885602	HZYXJD	2013-10-12 21:53:5	3	
12	1051574889	XXSQQXK	2013-6-10 20:26:54	4	
13	1051574889	XXSQQXK	2013-9-26 14:42:14	4	
14	1051574889	XXSQQXK	2013-8-9 11:4:31	4	
15	1051574889	XXSQQXK	2013-9-9 11:38:44	4	
16	1051574889	XXSQQXK	2013-9-10 11:38:46	4	
17	1051574889	XXSQQXK	2013-9-11 11:39:33	4	A
18	1051574889	XXSQQXK	2013-9-12 11:40:28	4	
19	1051574889	XXSQQXK	2013-9-13 11:39:54	4	
20	1051574889	XXSQQXK	2013-9-14 11:47:47	4	
21	1051574889	XXSQQXK	2013-9-15 11:42:33	4	
22	1051574889	XXSQQXK	2013-10-11 16:44:21	4	

图 5-18-9

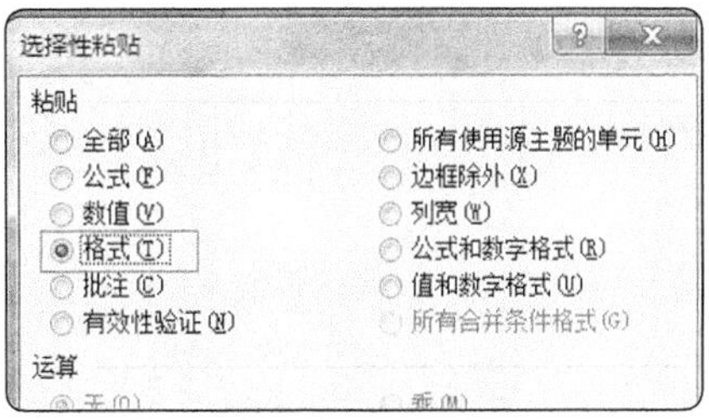

选择性粘贴

粘贴

○ 全部(A)	○ 所有使用源主题的单元(H)
○ 公式(F)	○ 边框除外(X)
○ 数值(V)	○ 列宽(W)
◉ 格式(T)	○ 公式和数字格式(R)
○ 批注(C)	○ 值和数字格式(U)
○ 有效性验证(N)	○ 所有合并条件格式(G)

运算

○ 无(O) ○ 乘(M)

图 5-18-10

	A	B	C	D	E
1	伪码	业务代码	(Ctrl)▾		
2			2013-8-7 13:16:34	1	
3			2013-9-30 15:21:43	1	
4	100799138	HZYXJD	2013-10-3 20:11:51	1	0
5			2013-9-16 10:47:45	1	
6			2013-10-2 10:48:50	1	
7			2013-10-14 22:36:14	1	
8	1043715270	XXSQQXK	2013-10-14 10:41:32	2	A
9			2013-10-13 10:50:56	2	
10	1044885602	HZYXJD	2013-10-12 21:51:6	3	0
11			2013-10-12 21:53:5	3	
12			2013-6-10 20:26:54	4	
13			2013-9-26 14:42:14	4	
14			2013-8-9 11:4:31	4	
15			2013-9-9 11:38:44	4	
16			2013-9-10 11:38:46	4	
17	1051574889	XXSQQXK	2013-9-11 11:39:33	4	A
18			2013-9-12 11:40:28	4	
19			2013-9-13 11:39:54	4	
20			2013-9-14 11:47:47	4	
21			2013-9-15 11:42:33	4	
22			2013-10-11 16:44:21	4	

图 5-18-11

第 237 招 如何批量实现 Excel 多个单元格内容合并到一个单元格并且换行

如图 5-18-12 所示，C 列时间在多个单元格内，我们要把 A 列和 B 列内容同时相同的 C 列合并到一个单元格内，并且在一个单元格内实现换行，即实现图 5-18-12 到图 5-18-13 的转换。

	A	B	C
1	伪码	业务代码	时间
2	100799138	HZYXJD	2013-8-7 13:16:34
3	100799138	HZYXJD	2013-9-30 15:21:43
4	100799138	HZYXJD	2013-10-3 20:11:51
5	100799138	HZYXJD	2013-9-16 10:47:45
6	100799138	HZYXJD	2013-10-2 10:48:50
7	100799138	HZYXJD	2013-10-14 22:36:14

图 5-18-12

	A	B	C
1	伪码	业务代码	时间
2	100799138	HZYXJD	2013/8/7 13:16:34 2013/9/30 15:21:43 2013/10/3 20:11:51 2013/9/16 10:47:45 2013/10/2 10:48:50 2013/10/14 22:36:14

图 5-18-13

这样的数据如果量很少，可以先把 C 列内容复制到剪贴板，再双击目标单元格，选择性粘贴格式就可以实现，如图 5-18-14 所示。

可是，如果是批量的数据这种办法就太麻烦了，这里介绍用公式和函数实现批量 Excel 多个单元格内容合并到一个单元格并且在单元格内换行。

在 D1 单元格输入公式 =CHAR(10)，返回结果是换行符，如图 5-18-15 所示。

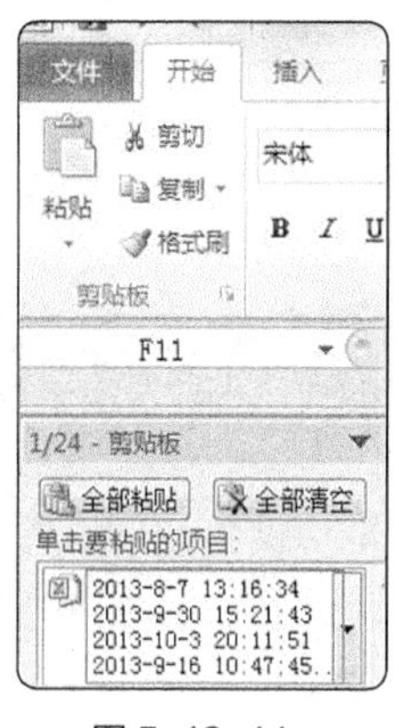

图 5-18-14

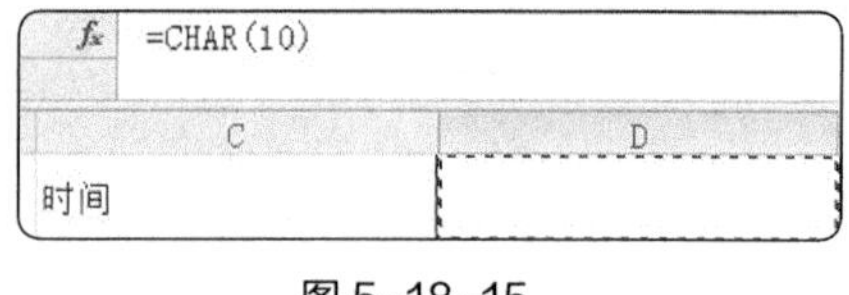

图 5-18-15

关于 CHAR 函数介绍见第 10 章第 154 招。

在 D2 单元格输入公式 =IF(B1<>B2,C2,CONCATENATE(D1,$D$1,C2))，公式解读：

如果 B1<> B2，说明 C2 不需要合并，直接返回 C2；

如果 B1=B2，需要把 C1 和 C2 合并，且 C1 和 C2 之间要换行，CONCATENATE 函数是将多个文本字符串内容合并。双击 D2 单元格将整列数据公式自动全部填充。D 列结果如图 5-18-16 所示。

	A	B	C	D
1	伪码	业务代码	时间	
2	100799138	HZYXJD	2013/8/7 13:16:34	2013/8/7 13:16:34
3	100799138	HZYXJD	2013/9/30 15:21:43	2013/8/7 13:16:34 2013/9/30 15:21:43
4	100799138	HZYXJD	2013/10/3 20:11:51	2013/8/7 13:16:34 2013/9/30 15:21:43 2013/10/3 20:11:51
5	100799138	HZYXJD	2013/9/16 10:47:45	2013/8/7 13:16:34 2013/9/30 15:21:43 2013/10/3 20:11:51 2013/9/16 10:47:45
6	100799138	HZYXJD	2013/10/2 10:48:50	2013/8/7 13:16:34 2013/9/30 15:21:43 2013/10/3 20:11:51 2013/9/16 10:47:45 2013/10/2 10:48:50
7	100799138	HZYXJD	2013/10/14 22:36:14	2013/8/7 13:16:34 2013/9/30 15:21:43 2013/10/3 20:11:51 2013/9/16 10:47:45 2013/10/2 10:48:50 2013/10/14 22:36:14

图 5-18-16

这个结果第 2 ~ 6 行是多余的，我们只需保留第 7 行内容。在 E 列添加辅助列，E2 公式为：=IF(B2=B3,IF(LEN(D3)>LEN(D2),1,0),0)。

公式解读：

如果 B2<>B3，则说明 C2 和 C3 不需要合并或者合并结束了，返回 0；

如果 B2=B3，则 C2 和 C3 需要合并，合并到什么时候结束呢？我们看 D2 和 D3 的字符串长度，如果 D3 长度大于 D2 说明没有合并完，用 1 表示，如果 D3 长度小于等于 D2 说明合并结束，用 0 表示，即公式 IF(LEN(D3)>LEN(D2),1,0)。

双击 E2 单元格将整列数据公式自动全部填充。得到结果如图 5-18-17 所示。

	A	B	C	D	E
1	伪码	业务代码	时间		非零的删除
2	100799138	HZYXJD	2013/8/7 13:16:34	2013/8/7 13:16:34	1
3	100799138	HZYXJD	2013/9/30 15:21:43	2013/8/7 13:16:34 2013/9/30 15:21:43	1
4	100799138	HZYXJD	2013/10/3 20:11:51	2013/8/7 13:16:34 2013/9/30 15:21:43 2013/10/3 20:11:51	1
5	100799138	HZYXJD	2013/9/16 10:47:45	2013/8/7 13:16:34 2013/9/30 15:21:43 2013/10/3 20:11:51 2013/9/16 10:47:45	1
6	100799138	HZYXJD	2013/10/2 10:48:50	2013/8/7 13:16:34 2013/9/30 15:21:43 2013/10/3 20:11:51 2013/9/16 10:47:45 2013/10/2 10:48:50	1
7	100799138	HZYXJD	2013/10/14 22:36:14	2013/8/7 13:16:34 2013/9/30 15:21:43 2013/10/3 20:11:51 2013/9/16 10:47:45 2013/10/2 10:48:50 2013/10/14 22:36:14	0

图 5-18-17

最后根据 E 列结果筛选出结果为 0 的即是我们想要的结果，如图 5-18-18 所示。

	A	B	C	D	E
1	伪码	业务代码	时间		非零的删除
7	100799138	HZYXJD	2013/10/14 22:36:14	2013/8/7 13:16:34 2013/9/30 15:21:43 2013/10/3 20:11:51 2013/9/16 10:47:45 2013/10/2 10:48:50 2013/10/14 22:36:14	0
9	1043715270	XXSQQXK	2013/10/13 10:50:56	2013/10/14 10:41:32 2013/10/13 10:50:56	0
1	1044885602	HZYXJD	2013/10/12 21:53:05	2013/10/12 21:51:06 2013/10/12 21:53:05	0

图 5-18-18

第 238 招 合并同类项

如图 5-18-19 所示的 A、B 两列分别为各产品每次的销售收入，要求把相同的产品记录合并到一起，用逗号隔开。如果一个个复制粘贴，当记录数成百上千的时候效率太低了。

	A	B	C	D	E
1	产品	销售收入		产品	销售收入
2	A	97		A	97, 57, 100, 66
3	B	40		B	40, 20, 15
4	C	77		C	77, 30, 28
5	B	20			
6	A	57			
7	C	30			
8	A	100			
9	C	28			
10	B	15			
11	A	66			

图 5-18-19

操作步骤如下：

Step1 把 A、B 列数据按 A 列排序。

Step2 再分类汇总，汇总项选择产品，不选择销售收入，如图 5-18-20 所示，这样做是希望通过分类汇总把不同类别的销售收入数据中间用空行隔开，如图 5-18-21 所示。

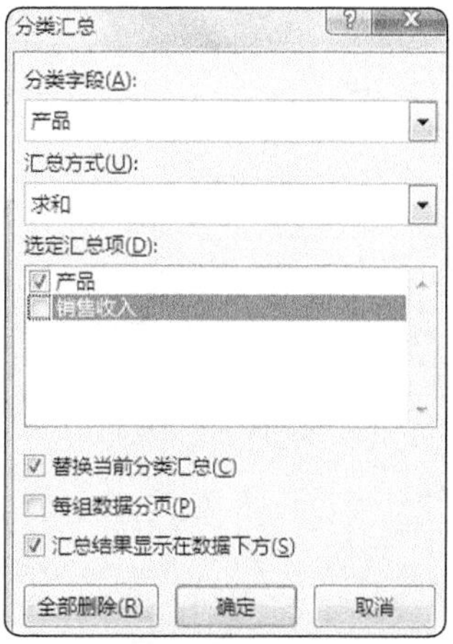

分类汇总

分类字段(A):
产品
汇总方式(U):
求和
选定汇总项(D):
☑ 产品
☐ 销售收入

☑ 替换当前分类汇总(C)
☐ 每组数据分页(P)
☑ 汇总结果显示在数据下方(S)

全部删除(R)　确定　取消

图 5-18-20

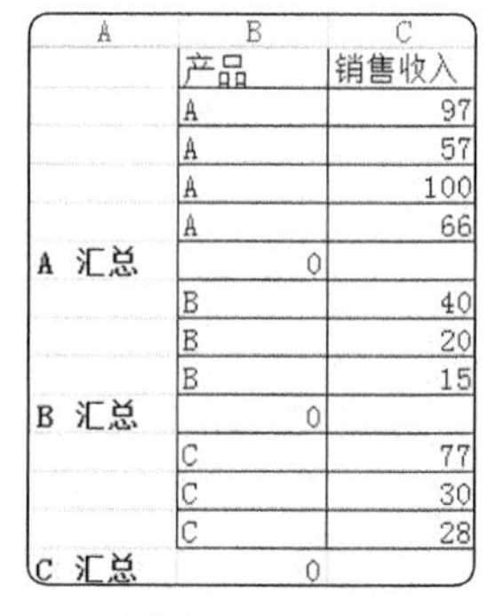

A	B	C
	产品	销售收入
	A	97
	A	57
	A	100
	A	66
A 汇总	0	
	B	40
	B	20
	B	15
B 汇总	0	
	C	77
	C	30
	C	28
C 汇总	0	

图 5-18-21

Step3 把分类汇总后的“销售收入”那列数据通过“分列”转换为“文本”(只需要第三步“常规”改为“文本”)。

Step4 选中 C2:C13 的文本型数据，把列宽调大，单击开始→填充→两端对齐，得到图 5-18-22 结果。两端对齐是以空行为分隔点，分别把多个区域单元格合并在一起，前提是这些单元格内容必须是文本，这也是第 3 步为什么要把数字改为文本。

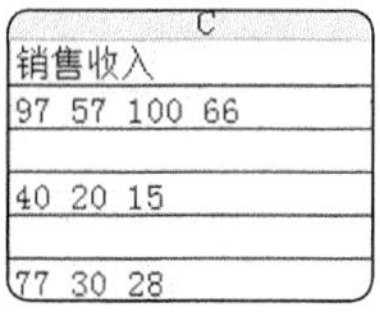

C
销售收入
97 57 100 66
40 20 15
77 30 28

图 5-18-22

Step5 按 F5 键定位，定位条件选择空值，右键删除整行，再将数字之间的空格替换为逗号。

Step6 对原始表格 A 列删除重复项，最终得到图 5-18-19 转换后的结果。

第 239 招 如何批量删除 Excel 单元格中的空格字符

工作中我们经常需要用到 VLOOKUP 查找，有时候公式和函数写得完全正确，可是匹配不出结果，仔细检查查询值和数据源，发现单元格存在空格字符，当查询值和数据源空格字符个数和位置不完全一致，即查询值和数据源内容不完全一致，就查找不到结果。例如，图 5-18-23 所示单元格文字前后都有空格字符，如何批量删除单元格中的空格字符呢？

方法一：利用查找与替换，这种方法最简单

选中单元格文字前面的一个空格，复制，如图 5-18-24 所示。

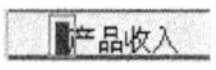

产品收入

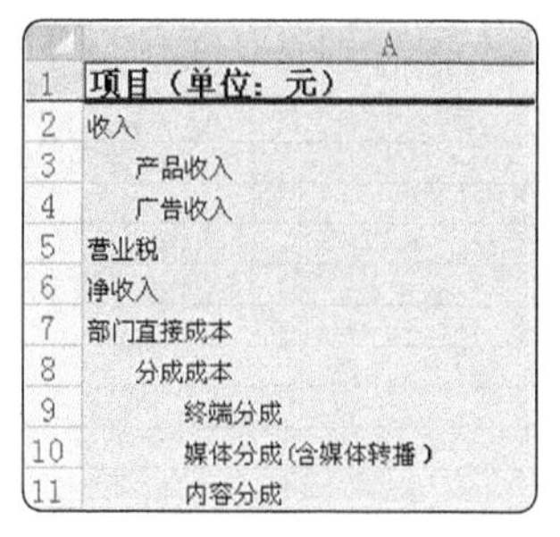

	A
1	项目（单位：元）
2	收入
3	产品收入
4	广告收入
5	营业税
6	净收入
7	部门直接成本
8	分成成本
9	终端分成
10	媒体分成(含媒体转播)
11	内容分成

图 5-18-23

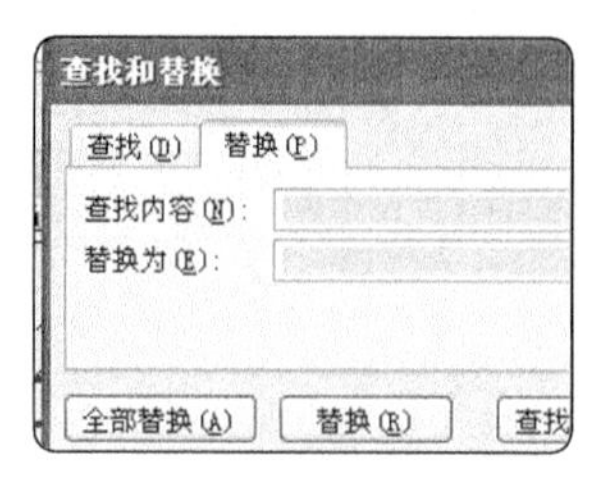

图 5-18-24

在查找内容处粘贴刚才复制的空格，替换为空，即替换为那个地方什么都不用填。如果这样操作后还有空格可能是全角空格，再替换一次全角空格即可。

方法二：利用 TRIM 函数

函数用途：除了单词之间的单个空格外，清除文本中的所有的空格。如果从其他应用程序中获得了带有不规则空格的文本，可以使用 TRIM 函数清除这些空格。

语法：TRIM (text)。参数 text 是需要清除其中空格的文本。

图 5-18-25 中的 B 列就是对 A 列用 TRIM 函数返回的结果。

方法三：利用数据分列功能

选中整列，单击菜单数据→分列，第一步选"分隔符号"，第二步选择"空格"，第三步选择"文本"，完成。第一步操作截图如图 5-18-26 所示。

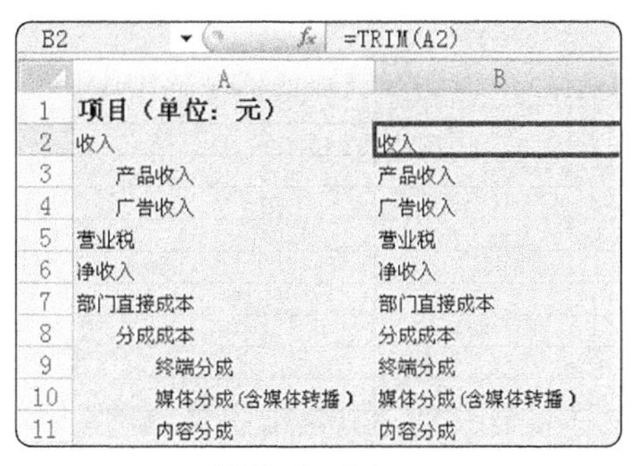

图 5-18-25

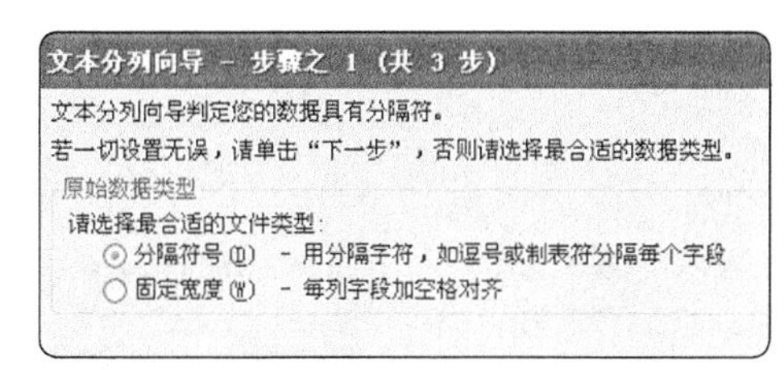

图 5-18-26

第二步操作截图如图 5-18-27 所示。

第三步操作截图如图 5-18-28 所示。

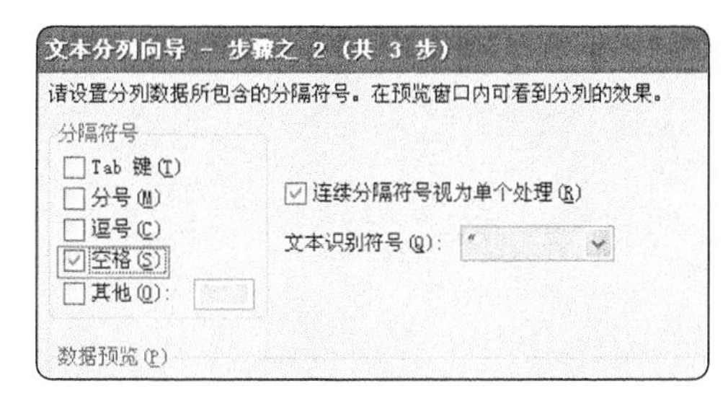

图 5-18-27

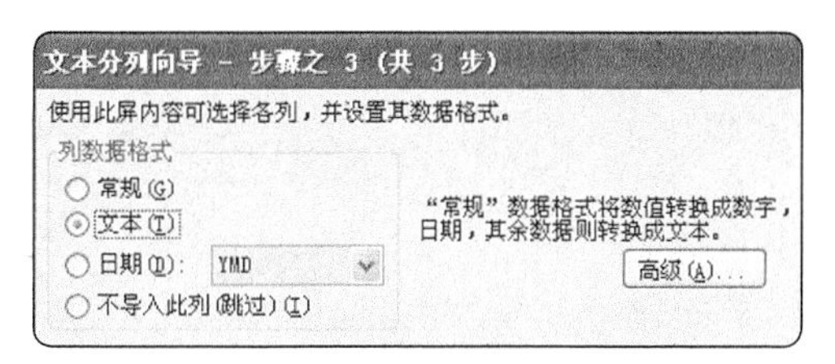

图 5-18-28

结果如图 5-18-29 所示。

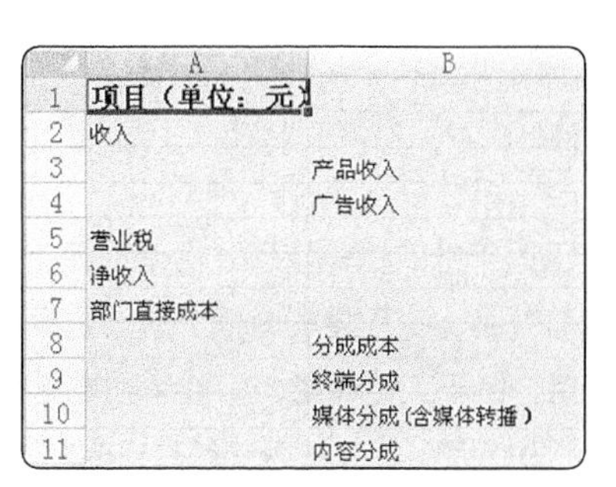

图 5-18-29

再把 A 列和 B 列内容合并即可。

方法四：利用宏与 VBA

按组合键【Alt+F11】，在 Visual Basic 编辑器中选择插入→模块，在代码窗口输入以下代码，如图 5-18-30 所示。

```
Sub 删除空格 ()
Dim i
For i = 1 To 10  //（注：单元格空格个数在 10 以内，如果超过 10 改为相应的数字。）
Cells.Replace What:=" ", Replacement:="", LookAt:=xlPart, SearchOrder:= _
xlByRows, MatchCase:=False, MatchByte:=False
Next i
End Sub
```

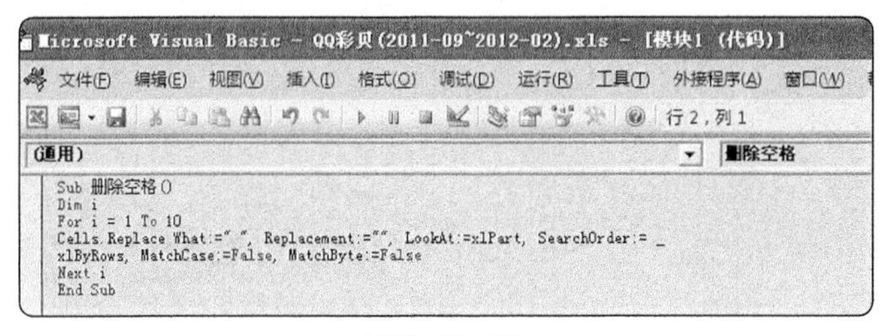

图 5-18-30

输入完成后，关闭 VBA 窗口，返回到工作表编辑窗口，在 Excel 文档中执行宏，如图 5-18-31 所示。

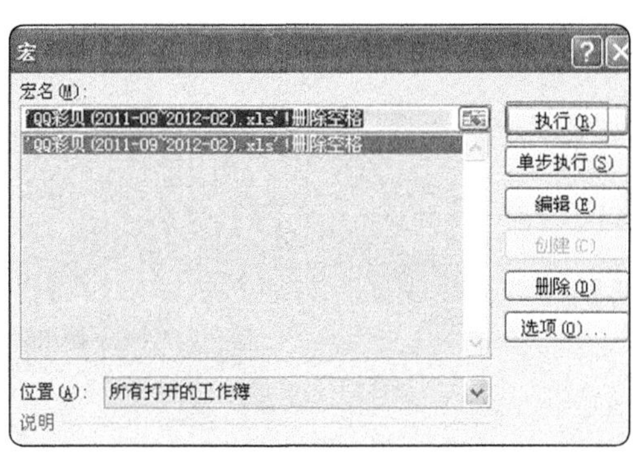

图 5-18-31

上面介绍的 4 种方法，方法 1 最简单，推荐使用这种方法。

第 240 招 Excel 与 Word 的并肩作战之邮件合并

强大的 Office 软件中，Excel 与 Word 之间的协作应用发挥着强大的功能。我们一起来看看利用 Excel 和 Word 实现的邮件合并发送及邮件合并打印。

你是否有过这样的困扰？

需要针对某一个人发送或打印仅关于她的相关信息，但是你需要这样做的事不是只对她一人，有 N 个这样的人需要你去处理。当数据量达到一定程度的时候，这一切看似简单的工作就会给你带来巨大的工作量。例如，HR 给员工发工资条，由于工资保密，只能单独发给每一个人，如果一个个发送，如果有几千号员工，那要花多少时间才能发送完啊，有没有快速高效的办法解决这一切呢？答案是当然！

只要你掌握了以下邮件合并的八步功能。

Word 中邮件→邮件合并功能的操作，这里有一个前提需要事先说明下，这样的合并邮件发送的功能要求用户使用的邮件必须是 Outlook 方可。

举例：有一批获奖的人员，要为他们每一个人发送一封祝贺邮件，邮件内容要包括仅关于他的个人信息，如姓名、名次、奖金、小组等。

Step1 整理好 Excel 名单，如下表，注意：姓名和邮箱地址是必不可少的，请务必检查好邮箱地址的正确性、与姓名的对应关系是否正确等。并做好 Excel 文档的保存，如图 5-18-32 所示。

Step2 新建一个 Word 文档，在 Word 中编辑好邮件正文，如图 5-18-33 所示。

姓名	小组	名次	奖金	邮件地址
lily	A组	1	5000	lily@tencent.com
susan	B组	2	3000	susan@tencent.com
daisy	C组	3	2000	daisy@tencent.com

图 5-18-32

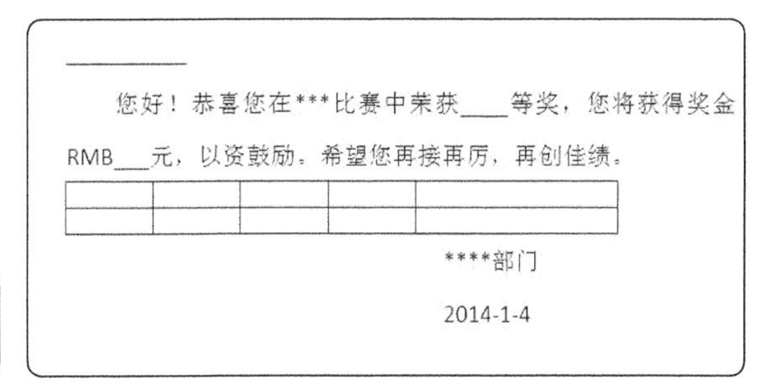
______

您好！恭喜您在***比赛中荣获____等奖，您将获得奖金RMB___元，以资鼓励。希望您再接再厉，再创佳绩。

****部门

2014-1-4

图 5-18-33

Step3 利用邮件合并功能将 Excel 中的信息嵌入 Word 文本。

在 Word 文档中，从工具栏的“邮件”中选择“开始邮件合并”，从下拉菜单中选择“电子邮件”，如图 5-18-34 所示。

Step4 从“选择收件人”中选择“使用现有列表”，从弹出的选择数据源的编辑框中选择之前编辑好的包含获奖人员名单的 Excel 文档。确定后，就建立了两者的数据关联，如图 5-18-35 所示。

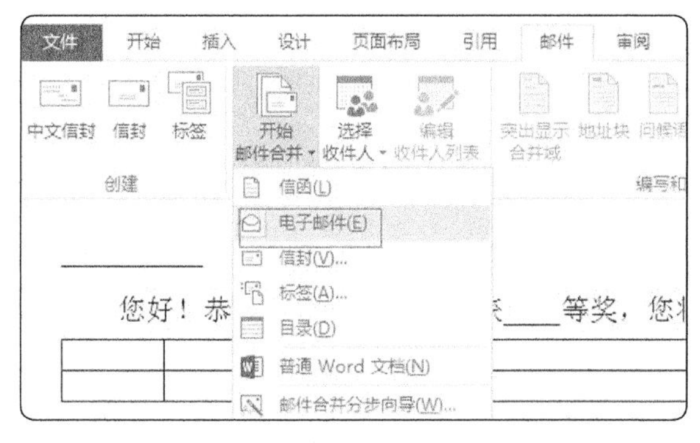

图 5-18-34

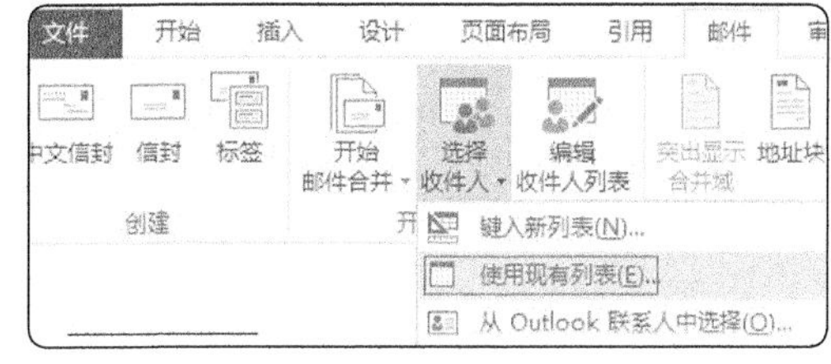

图 5-18-35

Step5 对 Word 正文中需要使用到的 Excel 文档中的关键字段进行名称的插入。在 Word 中叫作“插入域”。如将鼠标放到需要放姓名的位置，在“邮件”的“插入合并域”中选择“姓名”，如图 5-18-36 所示。

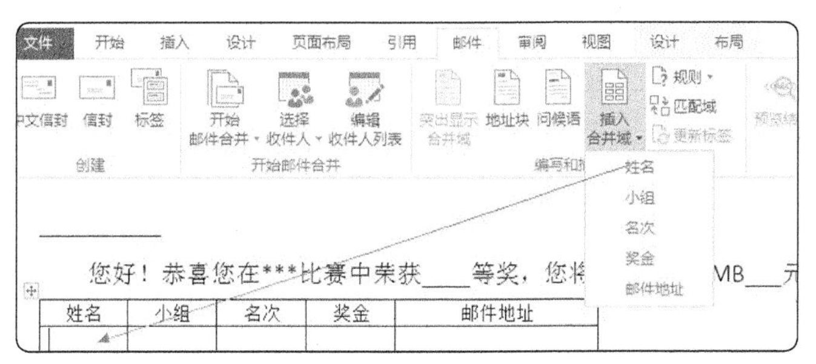

图 5-18-36

特别说明："插入合并域"中现在出现的字段清单为所关联的 Excel 文档的字段名单。

Step6 根据文本需要，逐步在 Word 正文中需要的位置插入 Excel 对应的字段"域"。完成全部域插入后如图 5-18-37 所示。

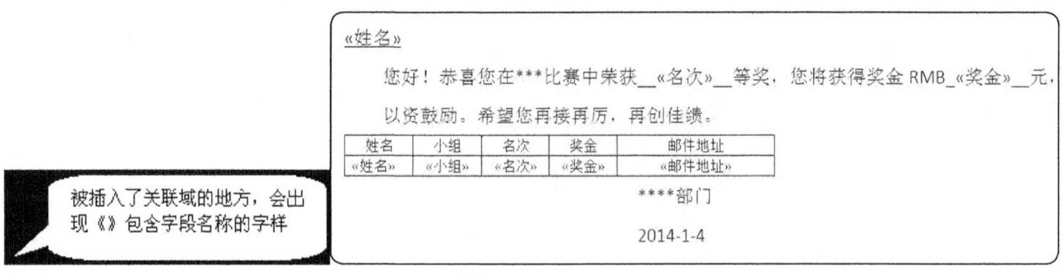
«姓名»

您好！赤喜您在***比赛中荣获__«名次»__等奖，您将获得奖金 RMB_«奖金»__元，以资鼓励。希望您再接再厉，再创佳绩。

姓名	小组	名次	奖金	邮件地址
«姓名»	«小组»	«名次»	«奖金»	«邮件地址»

****部门

2014-1-4

图 5-18-37

Step7 预览结果。

在"邮件"中单击"预览结果"，如图 5-18-38 所示，此时会出现 Excel 文档中第一笔数据的对应信息，如图 5-18-39 所示。选择"预览结果"旁边的递进按钮，如图 5-18-40 所示，可以查看其他数据的嵌入结果。

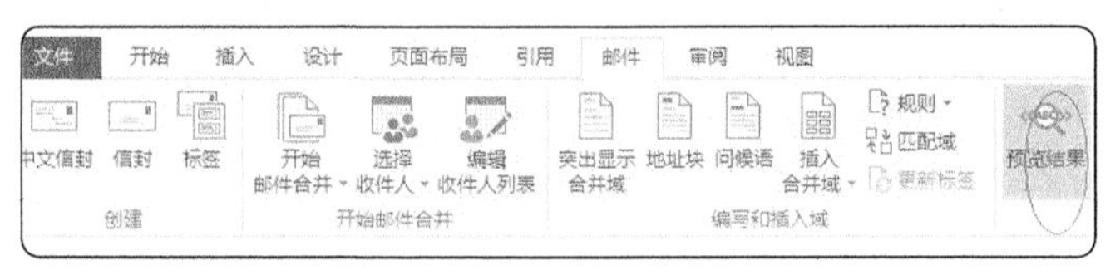

图 5-18-38

lily

您好！赤喜您在***比赛中荣获__1__等奖，您将获得奖金 RMB_5000__元，以资鼓励。希望您再接再厉，再创佳绩。

姓名	小组	名次	奖金	邮件地址
lily	A组	1	5000	lily@tencent.com

****部门

2014-1-4

图 5-18-39

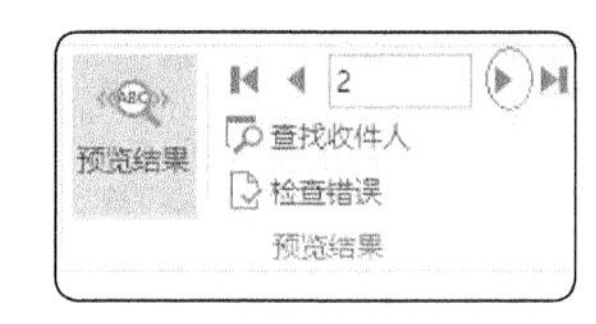

图 5-18-40

自此，我们基本已经完成文本的编辑和嵌套了。

Step8 邮件合并发送或打印。

这是最后的一个步骤，这里要强调的是，其他的环节都可以重新进行编辑和调整，而此环节一旦做出了发送的操作，则 Word 自动会立即关联 Outlook 发送邮件。这个不是演习！所以需要各位亲，在此环节之前对文档内容做好仔细检查。检查好之后，在"邮件"中选择"完成并合并"，如果是发送邮件请选择"发送电子邮件"，如图 5-18-41 所示。

图 5-18-41

在弹出的编辑框中进行编辑如图 5-18-42 所示。

完成编辑后单击确定，您的 Outlook 将自动帮助您为这些收件人逐个发送只属于她的邮件，一切在几秒或几十秒内即可完成。为您轻松分担工作。如果您需要的是打印结果，则在"邮件"中选择"完成并合并”，选择“打印文档”即可。

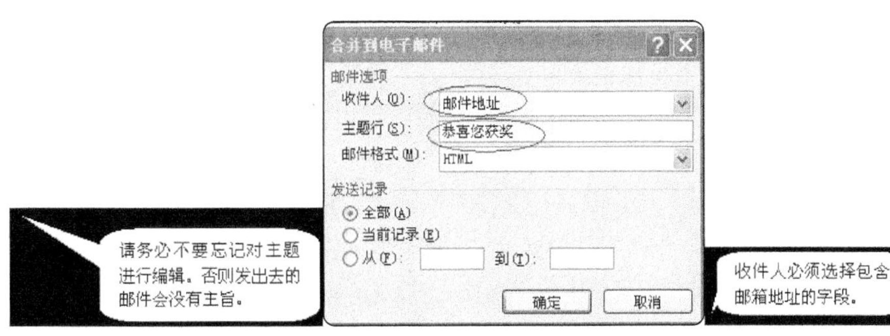

图 5-18-42

第241招 创建动态数据透视表的五种方法

创建数据透视表后，如果在数据区域以外的空白行或空白列增加了新的数据记录或者新的字段，即使刷新数据透视表，新增的数据也无法显示在数据透视表中。面对这种情况时，可以通过创建动态数据透视表来解决。这里介绍创建动态数据透视表的 5 种方法：定义名称法、创建列表法、引用外部数据法、使用“Microsoft Query”数据查询、通过导入外部数据“编辑 OLE DB 查询”(后面 2 种方法可以看作引用外部数据法的特例)。

方法一：定义名称法

例如，原始数据部分截图如图 5-18-43 所示。

数据透视表如图 5-18-44 所示。

	A	B	C	D	E
1	日期	业务员	部门	单价	数量
2	2014-1-1	aiai	技术部	1	10
3	2014-1-2	D-小妮子	技术部	2	20
4	2014-1-3	EXCEL-冰雨	生产部	3	30
5	2014-1-4	kiss	生产部	4	40
6	2014-1-5	TY	业务部	5	50
7	2014-1-6	XuanXuan	业务部	6	60
8	2014-1-7	陈生	质检部	7	70

图 5-18-43

	A	B
1	行标签	求和项:数量
2	aiai	4000
3	D-小妮子	2370
4	EXCEL-冰雨	1650
5	kiss	2480
6	TY	2540
7	XuanXuan	2600
8	陈生	2660
9	电脑之家	2720
10	可逆反应	2780

图 5-18-44

如果在数据区域之外的 F 列增加一个字段产品，刷新数据透视表后，在数据透视表字段看不到增加的字段产品，如图 5-18-45 所示。

图 5-18-45

如何实现增加字段数据透视表自动更新呢？我们单击公式菜单的名称管理器，定义名称 data，这个名称是自己起的名字，利用 OFFSET 和 COUNTA 函数实现。

公式为 =OFFSET(数据!$A$1,0,0,COUNTA(数据!$A:$A),COUNTA(数据!$1:$1))，如图 5-18-46 所示。

名称定义好了之后，创建数据透视表的时候，选择一个表或区域，这里就输入定义的名称 data，如图 5-18-47 所示。

关于 OFFSET 函数在第 168 招介绍了。

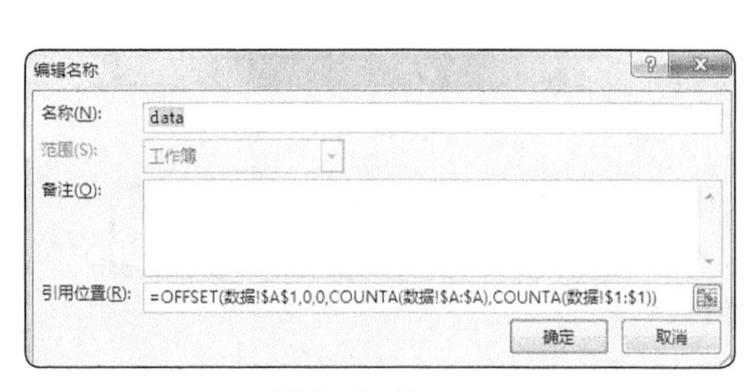

图 5-18-46

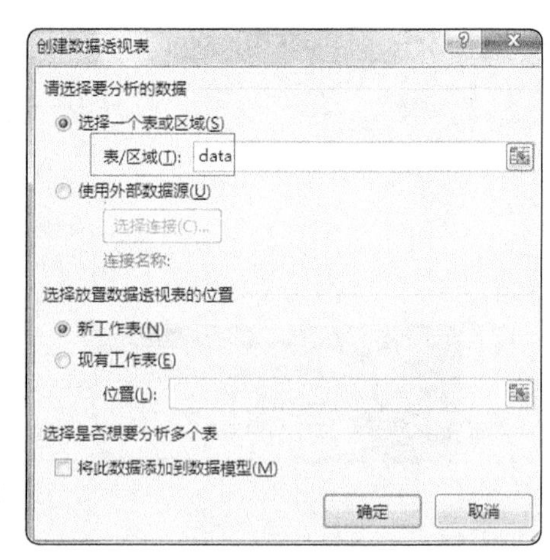

图 5-18-47

方法二：创建列表法（最简单）

还是上面的例子，鼠标放在原始数据任意单元格，单击插入→表格，如图 5-18-48 所示。

表数据的来源默认是表格的全部数据，读者可以自行修改引用的范围，如这里的 =$A:$H 引用的是 A 列到 H 列整列的内容，由于把表格所有行都引用了，而最大行数是 1048576，数据量太大，导致后续插入数据透视表比较慢，因此，建议引用可能出现的最大行数，如 20 万行，表数据的来源就可以修改为 =$A$1:$H$200000。如果引用的列数需要增加，可以把引用的列增加几列，如 =$A$1:k200000。表数据的来源修改好后，单击“确定”按钮，进入表格设计，可以看到表名称显示表 1，如图 5-18-49 所示。

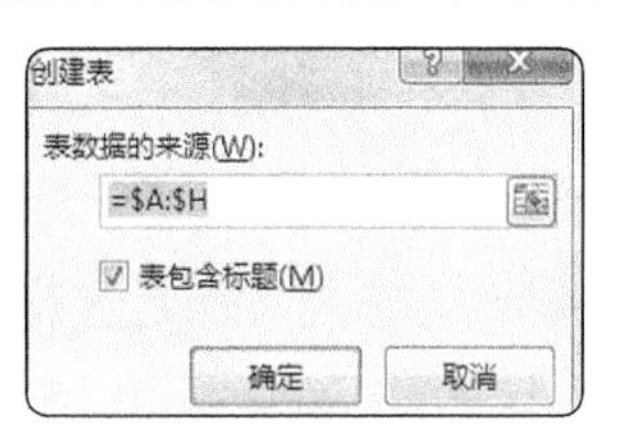

图 5-18-48

图 5-18-49

创建数据透视表，表 / 区域自动显示创建的表 1，如图 5-18-50 所示。

这种方法最简单。

方法三：引用外部数据法

单击数据→现有连接，单击“浏览更多”，找到硬盘上相应的文件，如图 5-18-51 所示。

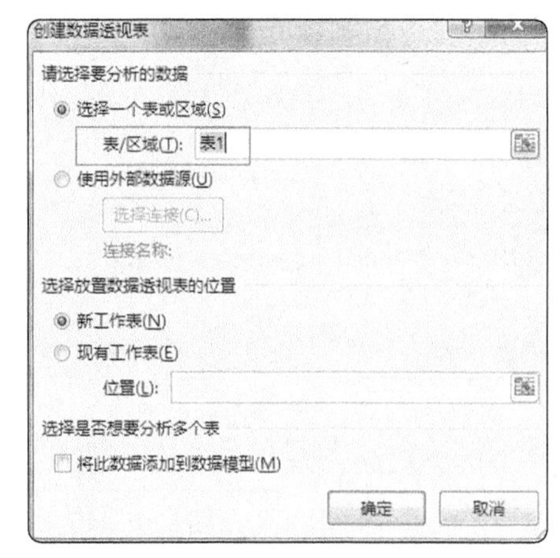

图 5-18-50

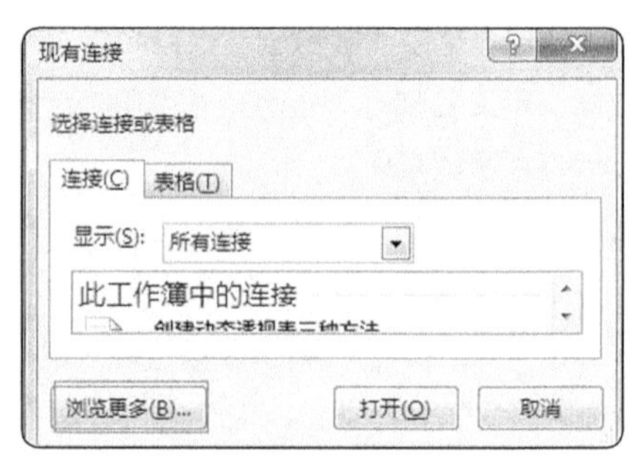

图 5-18-51

选择表格中的数据表，如图 5-18-52 所示。

导入数据选择数据透视表，如图 5-18-53 所示。

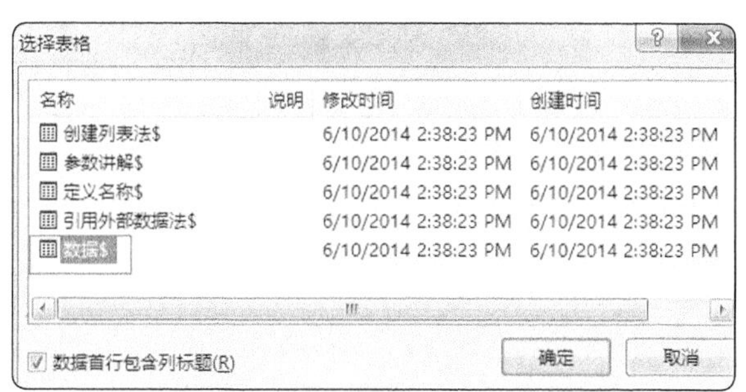

图 5-18-52

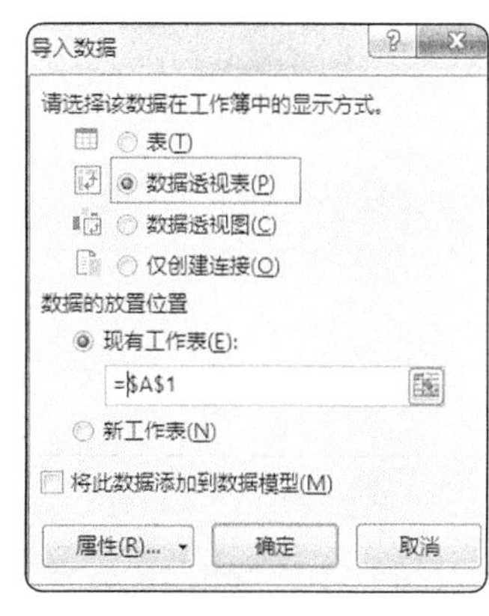

图 5-18-53

方法四：使用“Microsoft Query”数据查询创建数据透视表

运用“Microsoft Query”数据查询，将不同工作表，甚至不同工作簿中的多个 Excel 数据列表进行合并汇总，生成动态数据透视表。操作步骤如下。

Step1 打开原始数据表格，在工作簿内重命名一个工作表为“数据透视表”。

Step2 打开数据→自其他来源→ Microsoft Query，如图 5-18-54 所示。

Step3 选择数据源 :Excel files*，不要勾选“使用查询向导”，单击“确定”按钮，如图 5-18-55 所示。

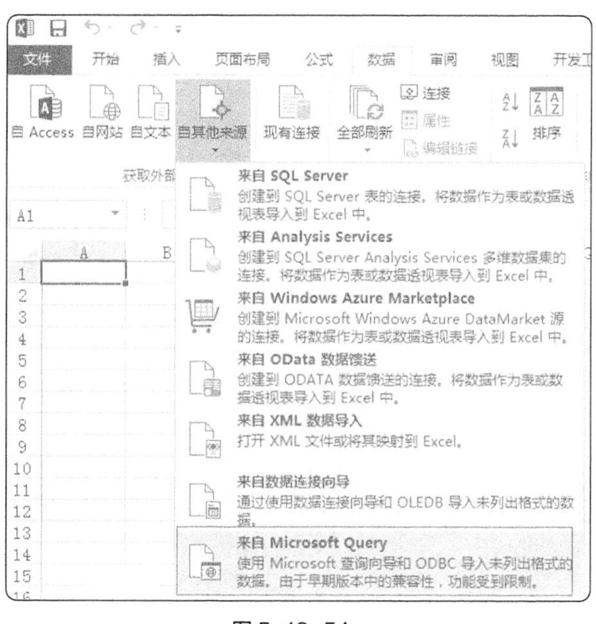

图 5-18-54

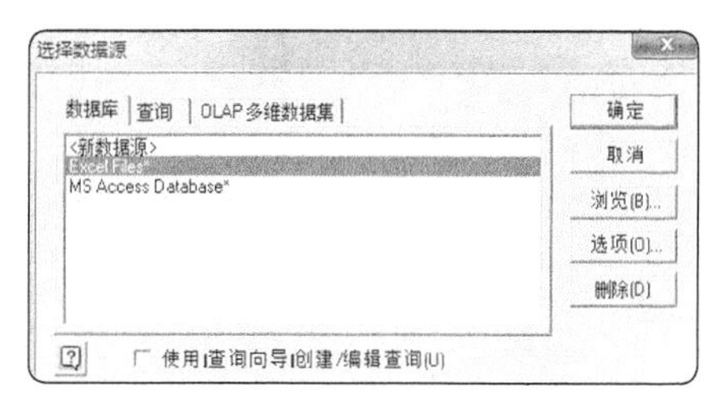

图 5-18-55

Step4 打开存在 F 盘的 Excel 文件，作为外部数据源，如图 5-18-56 所示。

Step5 添加“数据透视表 $”工作表到 Query，并关闭，如图 5-18-57 所示。

Step6 单击 Query 工具栏中“SQL”按钮，填写如下 SQL 语句：SELECT * from sheet1$，如图 5-18-58 所示。

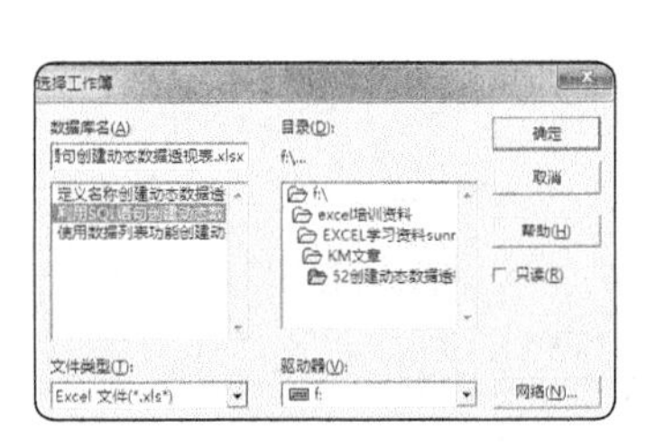

图 5-18-56

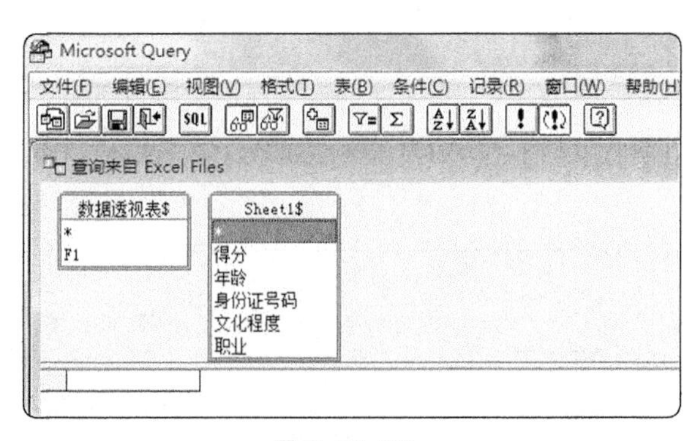

图 5-18-57

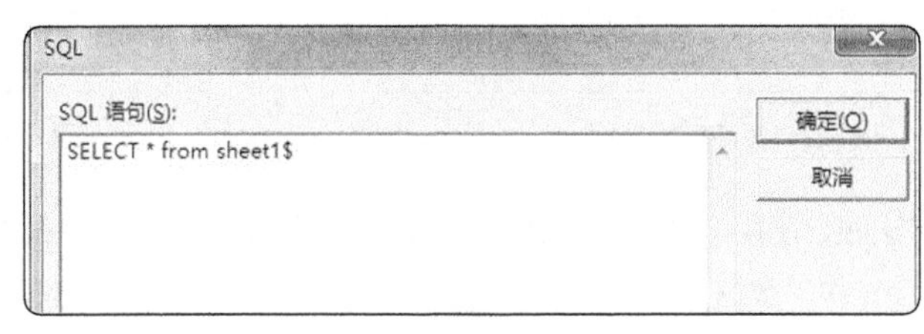

图 5-18-58

单击“确定”，系统会把满足条件数据全部显示出来，如图 5-18-59 所示。

Step7 最后选择 Query“文件”菜单下“将数据返回到 Excel”选项。

Step8 弹出“导入数据”对话框，鼠标单击 A1 单元格，确认数据导入在 A1 单元格，并选中“数据透视表”选项，最后单击“确定”按钮，如图 5-18-60 所示。

身份证号码	文化程度	职业	年龄	得分
100106420304106	大学专科	医生	35.0	5.9
100112530808580	研究生	医生	44.0	7.6
100207560912151	大学本科	公务员	55.0	6.5
101207490816106	文盲	店员	31.0	8.6
101501490616359	研究生	医生	27.0	5.2
101711310509245	文盲	农民	34.0	7.2
101902670418543	初中	司机	29.0	5.1
110612411127477	文盲	店员	33.0	8.7
110701500129452	小学	公务员	27.0	9.7
111111670101130	初中	店员	43.0	7.2
111912760131325	大学专科	演员	31.0	8.5
111913460830326	文盲	司机	36.0	4.3
120301700730578	大学本科	公务员	37.0	4.1
121612731110349	大学专科	演员	31.0	9.9
130111680111544	大学本科	教师	29.0	5.4
130711740120353	研究生	学生	32.0	4.4
130807390318220	大学本科	教师	32.0	7.6
130904360629256	文盲	司机	49.0	8.3
131105430131207	文盲	农民	42.0	9.1

图 5-18-59

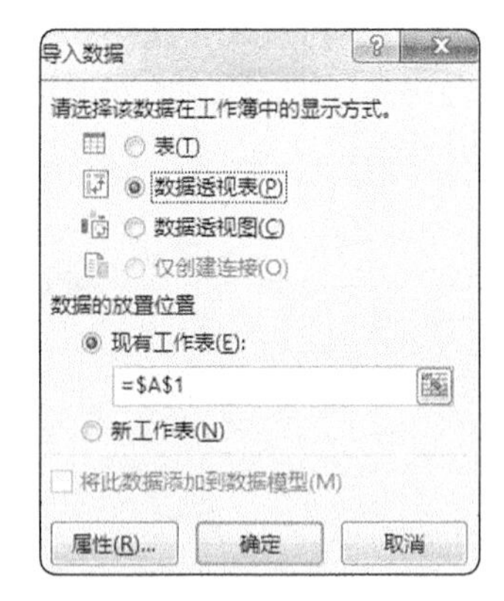

图 5-18-60

Step9 出现数据透视表框架，如图 5-18-61 所示。

Step10 把右侧添加到表格中的字段打钩，完成透视表的制作，如图 5-18-62 所示。

当 Sheet1 有数据录入与变化后，可以单击数据透视表中任何一个单元格，单击“数据”选项卡下的“全部更新”按钮，这样就实现了数据的动态更新，确保 Sheet1 与数据透视表数据的同步。

图 5-18-61

图 5-18-62

方法五：通过导入外部数据“编辑 OLE DB 查询”创建数据透视表

例如，一个工作簿有 3 张字段结构完全一样的工作表，需要对这 3 张工作表创建动态数据透视表，步骤如下：

Step1 单击数据→现有连接→浏览更多，找到硬盘上对应的原始数据，“选择表格”选择默认，单击“确定”按钮，如图 5-18-63 所示。

Step2 导入数据选择“数据透视表”，单击“属性”，把“打开文件时刷新数据”打钩，如图 5-18-64 和图 5-18-65 所示。

图 5-18-63

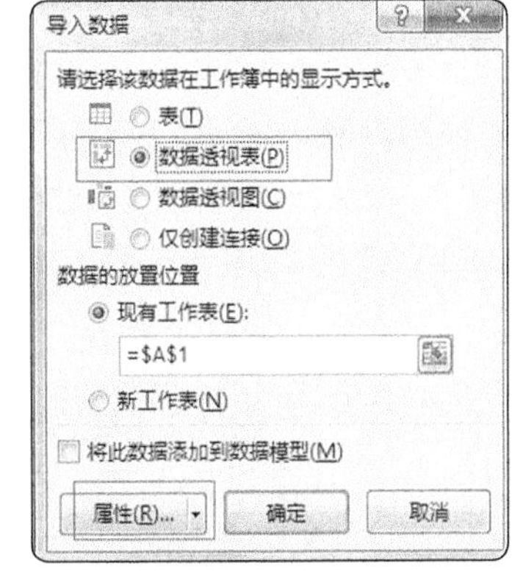

图 5-18-64

Step3 在属性中单击“定义”，输入 SQL 语句：

select " 号码 1",* from [Sheet1$] union all

select " 号码 2",* from [Sheet2$] union all

select " 号码 3",* from [Sheet3$]

如图 5-18-66 所示。

单击“确定”后布局数据透视表。

如果这 3 张工作表分布在 3 个不同的工作簿，我们只需要修改 SQL 语句，在工作表名之前加上文件路径。

图 5-18-65

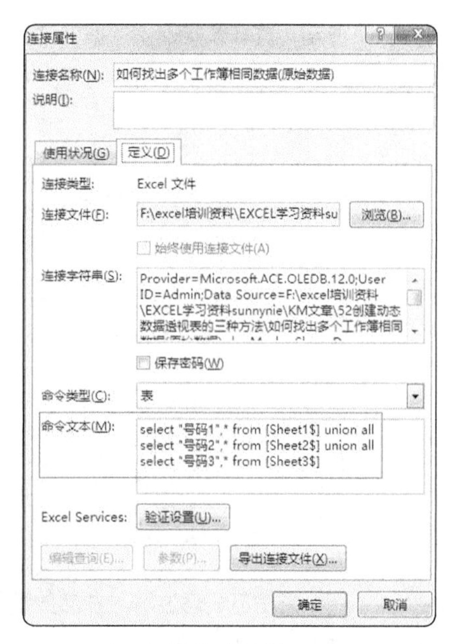

图 5-18-66

第 242 招 怎样在一张 Excel 工作表（含多个字段）找出重复的记录

在一张工作表中，Excel 高级筛选把“选择不重复的记录”打钩可以筛选出不重复的记录，如果要找出重复的记录要如何实现呢？这里介绍两种简单的方法。

方法一：数据透视表

如果数据只有一个字段，用数据透视表可以快速查找重复的记录，比如下表只有一个字段姓名，要找出这个字段重复的记录，就可以用数据透视表，如图 5-18-67 所示。

把姓名拖到行标签和数值，对姓名计数，如图 5-18-68 所示。

	A
1	姓名
2	石峰(black13)
3	赵晋(black16)
4	倪张春(black2)
5	胡铁山(black3)
6	张勇(black4)

图 5-18-67

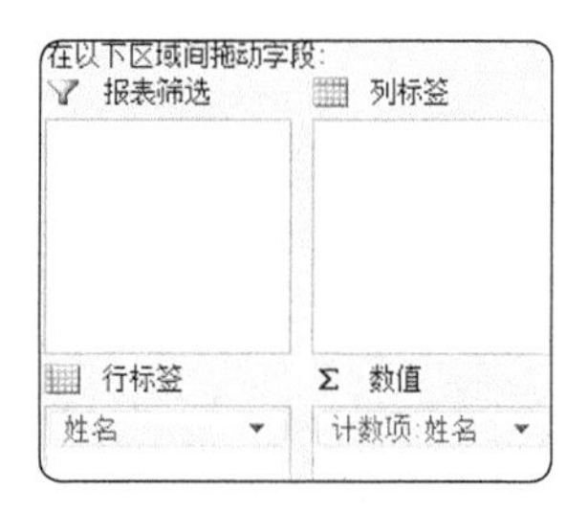

图 5-18-68

得到结果部分截图如图 5-18-69 所示。

再在这个结果中筛选计数项大于 1 的结果就可以找到重复的记录，如图 5-18-70 所示。

行标签	计数项:姓名
曹誉仁(black17)	2
陈超(black1)	1
陈峰(black5)	1
胡铁山(black3)	1
黄廷(black1)	1

图 5-18-69

3	行标签	计数项:姓名
4	曹誉仁(black17)	2
11	刘小刚(black12)	2
12	梅强(black9)	2
16	任冰(black10)	2
17	石峰(black13)	2
20	袁建华(black11)	2
22	张勇(black4)	2

图 5-18-70

方法二：添加辅助列

如果数据有多个字段，用数据透视表可以找出重复的记录，但是得到的结果和原来的表格形式不完全一样，我们可以通过添加辅助列查找重复的记录。

用高级筛选找出不重复的记录，如图 5-18-71 所示，重复的记录在隐藏行，如图 5-18-72 所示，怎样把隐藏行的内容一次性找出来？

图 5-18-71

	A	B	C	D	E
1	部门	姓名	地址	电话	职务
2	互娱	石峰(black13)	西安	138****9638	测试人员
3	互联网	倪张春(black2)	上海	137****8753	产品经理
4	无线	赵晋(black16)	西安	138****9641	测试人员
6	互联网	胡铁山(black3)	哈尔滨	137****8754	产品经理

图 5-18-72

在 F 列添加辅助列，内容全部为 1，如图 5-18-73 所示。

单击“清除”，显示全部数据，如图 5-18-74 所示，重复的记录那些行 F 列是空白的，如图 5-18-75 所示。

	A	B	C	D	E	F
1	部门	姓名	地址	电话	职务	辅助列
2	互娱	石峰(black13)	西安	138****9638	测试人员	1
3	互联网	倪张春(black2)	上海	137****8753	产品经理	1
4	无线	赵晋(black16)	西安	138****9641	测试人员	1
6	互联网	胡铁山(black3)	哈尔滨	137****8754	产品经理	1

图 5-18-73

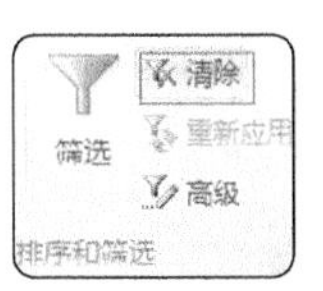

图 5-18-74

	A	B	C	D	E	F
1	部门	姓名	地址	电话	职务	辅助列
2	互娱	石峰(black13)	西安	138****9638	测试人员	1
3	互联网	倪张春(black2)	上海	137****8753	产品经理	1
4	无线	赵晋(black16)	西安	138****9641	测试人员	1
5	互联网	倪张春(black2)	上海	137****8753	产品经理	
6	互联网	胡铁山(black3)	哈尔滨	137****8754	产品经理	1

图 5-18-75

选中 F 列按 F5 键定位，定位条件选择空值，在空值的任意单元格输入 0，再按组合键【Ctrl+Enter】，可以快速填充空值区域，得到的结果如图 5-18-76 所示。

	A	B	C	D	E	F
1	部门	姓名	地址	电话	职务	辅助列
2	互娱	石峰(black13)	西安	138****9638	测试人员	1
3	互联网	倪张春(black2)	上海	137****8753	产品经理	1
4	无线	赵晋(black16)	西安	138****9641	测试人员	1
5	互联网	倪张春(black2)	上海	137****8753	产品经理	0
6	互联网	胡铁山(black3)	哈尔滨	137****8754	产品经理	1

图 5-18-76

对 F 列筛选，筛选结果为 0 的就是要查找的重复记录，结果如图 5-18-77 所示。

	A	B	C	D	E	F
1	部门	姓名	地址	电话	职务	辅助列
5	互联网	倪张春(black2)	上海	137****8753	产品经理	0
9	互娱	石峰(black13)	西安	138****9638	测试人员	0
15	互联网	钱东(black7)	沈阳	138****9632	产品经理	0
20	互娱	袁建华(black11)	阳江	138****9636	开发人员	0

图 5-18-77

第243招 如何在多个Excel工作簿中查找相同的数据——数据透视表方法

有3张工作簿，内容都是QQ号码，怎样对3张表进行比较，找出3张表都出现过一次或多次以上的QQ号码？这里介绍四种方法供参考，见表5-18-1。本招介绍数据透视表方法。

表5-18-1

	各种方法的优缺点以及需要注意的地方	适用情况
方法一：数据透视表	优点：通过数据透视表简单拖拉就可以很快得到结果。 需要注意：添加辅助列	数据量不是很大
方法二：VLOOKUP函数	优点：适用于对函数掌握非常熟练的人群。 缺点：数据处理速度很慢甚至死机。需要进行3次匹配。 需要注意：数据匹配的时候公式需要拖到要查询的那列最后一行	数据量较小，微云例子中的原始数据不到2万行，执行速度都很慢
方法三：高级筛选	优点：不需要添加辅助列 缺点：数据量大的时候处理速度慢。 需要注意：字段名要完全一样，条件区域不能选择整列，要选择有数据的区域	数据量不是很大
方法四：Access数据库	优点：数据处理速度非常快。 缺点：Access数据库不像Excel那么普遍使用	数据量非常大，比如几十万甚至上百万行数据

Step1 先将3张工作表内容复制粘贴到一张表，分3列显示，如图5-18-78所示。

Step2 添加辅助列，号码1标记为A，号码2标记为B，号码3标记为C，部分截图如图5-18-79所示。

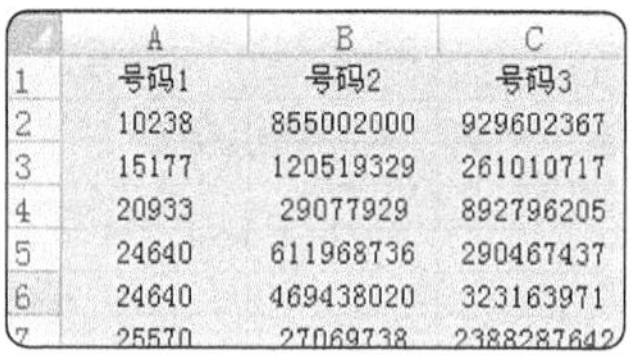

	A	B	C
1	号码1	号码2	号码3
2	10238	855002000	929602367
3	15177	120519329	261010717
4	20933	29077929	892796205
5	24640	611968736	290467437
6	24640	469438020	323163971
7	25570	27069738	2388287642

图5-18-78

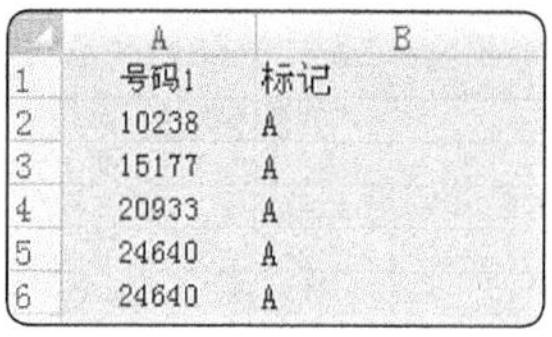

	A	B
1	号码1	标记
2	10238	A
3	15177	A
4	20933	A
5	24640	A
6	24640	A

图5-18-79

Step3 插入"数据透视表"，如图5-18-80所示。

Step4 最后选中B、C、D三列，单击"筛选"，筛选出标记A、B、C都大于等于1且总计大于等于3的记录，这样的结果就是在3个工作表都出现过一次的相同号码，如图5-18-81所示。

图5-18-80

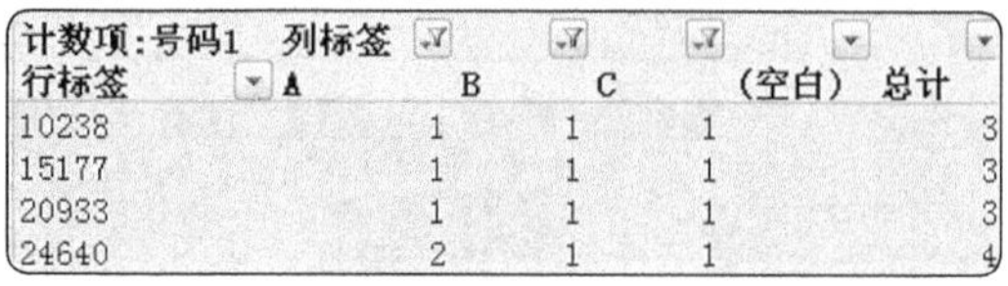

计数项:号码1	列标签				
行标签	A	B	C	(空白)	总计
10238	1	1	1		3
15177	1	1	1		3
20933	1	1	1		3
24640	2	1	1		4

图5-18-81

第244招 如何在多个 Excel 工作簿中查找相同的数据——VLOOKUP 函数方法

思路：先对 A 列与 B 列求交集，得到交集 D，再对 B 列与 C 列求交集，得到交集 E，再对交集 D 和 E 再次求交集，得到交集 F，交集 F 就是 A,B,C 都出现的数据。

Step1 先对 A 列与 B 列号码匹配，公式如图 5-18-82 所示。

D2 　=IF(ISNA(VLOOKUP(A:A,B:B,1,0)),"无数据",A2)

	A	B	C	D	E
1	号码1	号码2	号码3	号码1和号码2重复号码	号码2和号码3重复号码
2	10238	855002000	929602367	10238	855002000

图 5-18-82

Step2 再对 B 列和 C 列匹配，公式如图 5-18-83 所示。

E2 　=IF(ISNA(VLOOKUP(B:B,C:C,1,0)),"无",B2)

A	B	C	D	E
号码1	号码2	号码3	号码1和号码2重复号码	号码2和号码3重复号码
10238	855002000	929602367	10238	855002000

图 5-18-83

这里有个小问题提醒注意，使用公式如果双击单元格右下角出现的实心 + 号，D 列最后一行会是 A、B、C3 列行数最少的那一行，需要手动拖动到 A 列最后一行，否则匹配出来的数据不全。E 列也是同样的情况。

Step3 对 D 列和 E 列结果复制粘贴到新工作表，对这两列数据进行最后匹配，得到 3 列数据都相同的结果，公式如图 5-18-84 所示。

C2 　=IF(ISNA(VLOOKUP(A:A,B:B,1,0)),"无相同数据",A2)

	A	B	C	D
1	号码1和号码2重复号码	号码2和号码3重复号码	3列均出现1次以上的相同号码	
2	10238	855002000	10238	

图 5-18-84

最后对 3 次匹配的结果进行筛选，就可以得到最终结果。

第245招 如何在多个 Excel 工作簿中查找相同的数据——高级筛选方法

将 3 列数据字段名改为完全一样的名称，因为高级筛选条件区域与列表区域字段名要一样，如图 5-18-85 所示。

	A	B	C
1	号码	号码	号码
2	10238	855002000	929602367
3	15177	120519329	261010717
4	20933	29077929	892796205
5	24640	611968736	290467437
6	24640	469438020	323163971

图 5-18-85

用高级筛选找出 A 列与 B 列相同的号码，列表区域为 A 列或者 A 列有数据的区域，条件区域为 B 列有数据的区域（这里不能选中 B 列，用组合键【Ctrl + Shift + 向下键↓】快速选中 B 列有数据的区域），复制到 E 列，如图 5-18-86 所示。

再筛选出 B 列和 C 列相同的号码，列表区域为 B 列或者 B 列有数据的区域，条件区域为 C 列有数据的区域（这里不能选中 C 列），复制到 F 列，如图 5-18-87 所示。

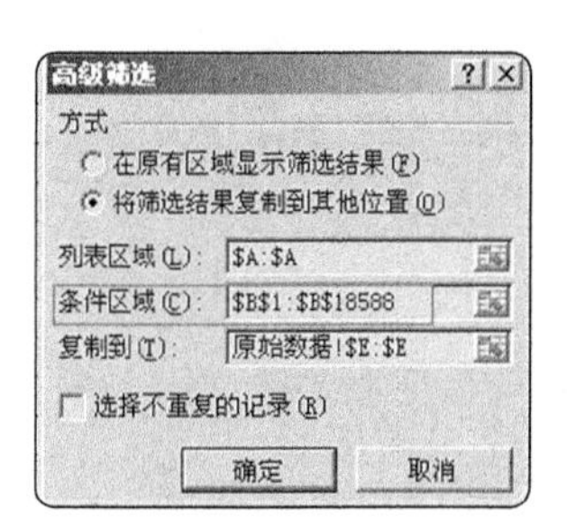

图 5-18-86

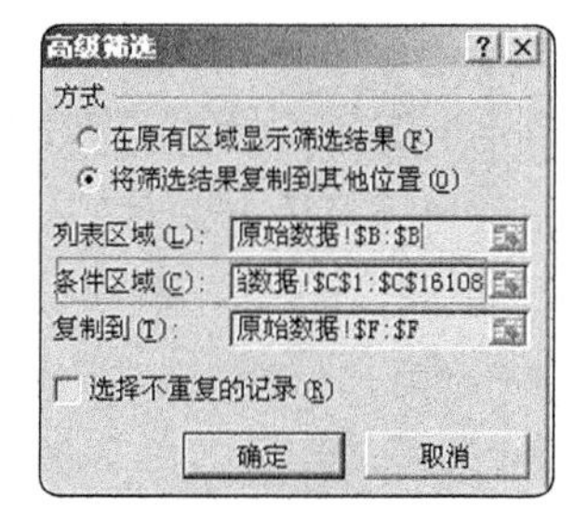

图 5-18-87

最后再次用高级筛选 E 列和 F 列相同结果，复制到 G 列。

对 G 列结果删除重复项。

第 246 招 如何在多个 Excel 工作簿中查找相同的数据——借助 Access 数据库处理

操作步骤如下：

Step1 打开 Office 2013 组件 Access 2013，新建空白数据库，如图 5-18-88，再单击创建。

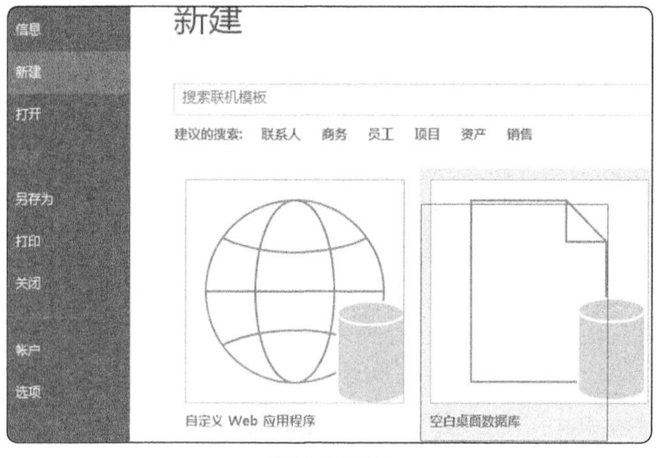

图 5-18-88

Step2 选择“外部数据”，选择 Excel，按照操作提示一步步将原始 Excel 表格导入数据库中，如图 5-18-89 所示。

导入完毕后的表格，如图 5-18-90 所示。

图 5-18-89

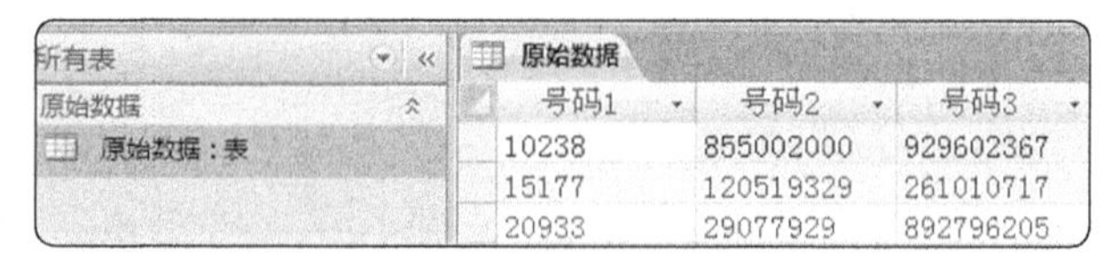

图 5-18-90

Step3 单击创建→查询设计，选中表格，右键截图中的查询 1，选中 SQL 视图，如图 5-18-91 所示。

编辑 SQL 语句如下：

select 号码 1 from 原始数据 where

号码 1 in (select 号码 2 from 原始数据) and

号码 1 in (select 号码 3 from 原始数据)；

Step4 单击设计→运行，很快就出检索结果，如图 5-18-92 所示。

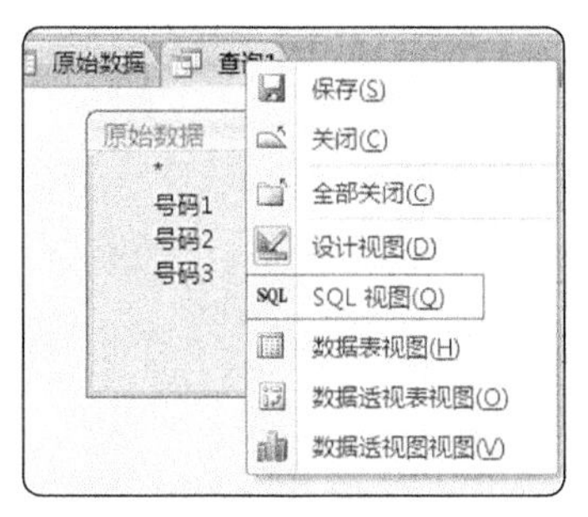

图 5-18-91

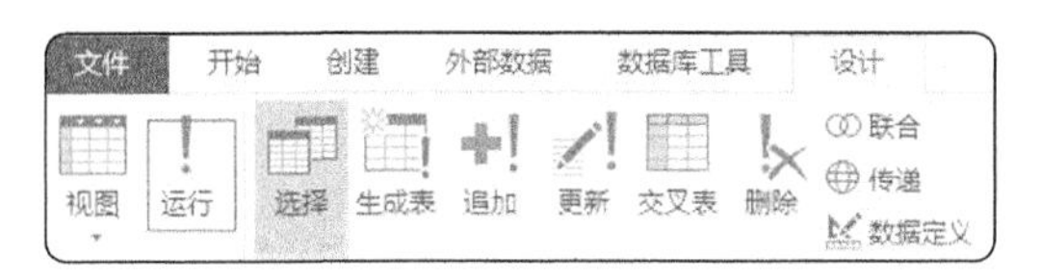

图 5-18-92

Step5 右键查询 1，单击保存，对查询结果进行保存，如图 5-18-93 所示。

Step6 将查询结果导出，选择需要的文件格式，如 Excel，如图 5-18-94 所示。最后在 Excel 中删除重复项即可。

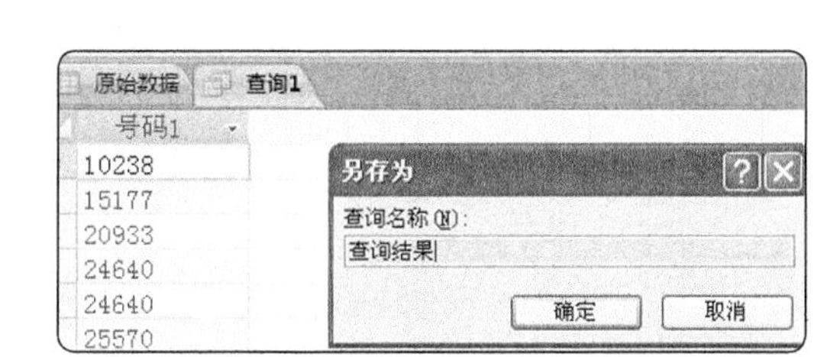

图 5-18-93

图 5-18-94

比较上述 4 种方法，各有优缺点，我们可以根据数据量的大小和自身对工具掌握的熟练程度选择合适的方法。

第 247 招 多表合并——借助 Power Query 工具

工作中有时候需要将多张工作表合并到一张工作表，这里总结了四种方法：Power Query 工具、SQL、函数与公式、VBA，四种方法难度依次递增。本招介绍第一种方法：借助 Power Query 工具。

有 N 多个以月份命名的 Excel 工作表（为演示方便以 6 个为例），每张表字段名相同，现需要把表格全部合并到一个表中去。

工作表名如图 5-18-95 所示。

1月	2月	3月	4月	5月	6月	汇总表

图 5-18-95

每张表字段名如图 5-18-96 所示。

Power Query 是 Excel 2016 标配的功能。下面我们看看怎么利用这个工具实现多表合并。

操作步骤如下：

Step1 单击菜单数据→新建查询→从文件→从工作簿，如图 5-18-97 所示，找到当前文件的位置并导入，如图 5-18-98 所示。

	A	B	C
1	产品	销售数量	销售额
2	产品A	3	57.95
3	产品B	20	397.85
4	产品C	53	1,052.04
5	产品D	57	1,135.58
6	产品E	96	1,918.79
7	产品F	73	1,463.27
8	产品G	79	1,586.18

图 5-18-96

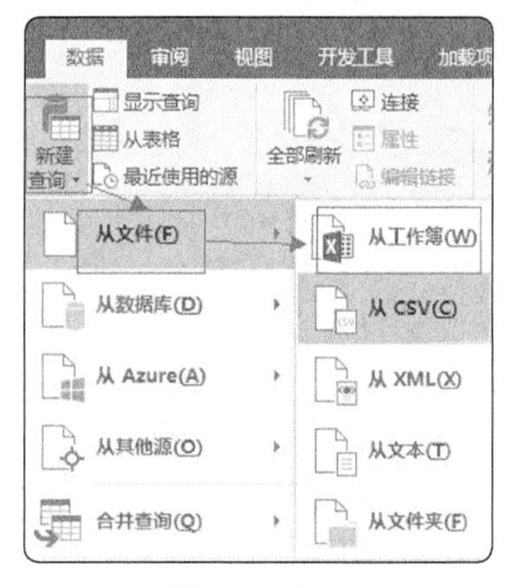

图 5-18-97

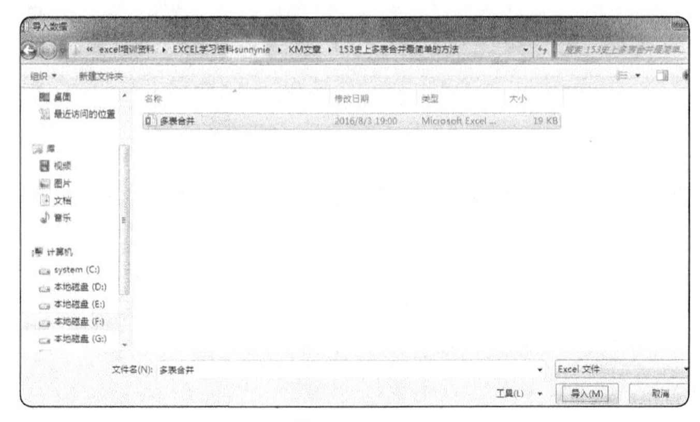

图 5-18-98

Step2 在打开的导航器，选择要合并的多个工作表，再单击“编辑”，如图 5-18-99 所示。

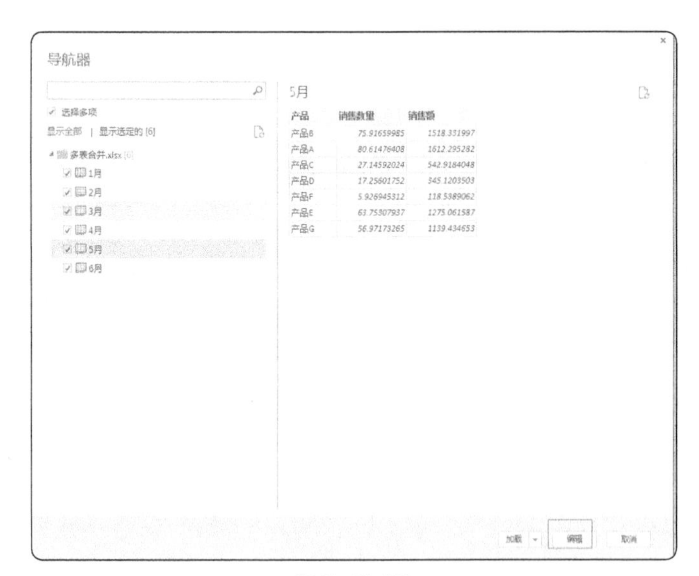

图 5-18-99

Step3 在打开的“查询编辑器”中单击“追加查询”，选择要合并的工作表，单击“确定”，如图 5-18-100 所示。

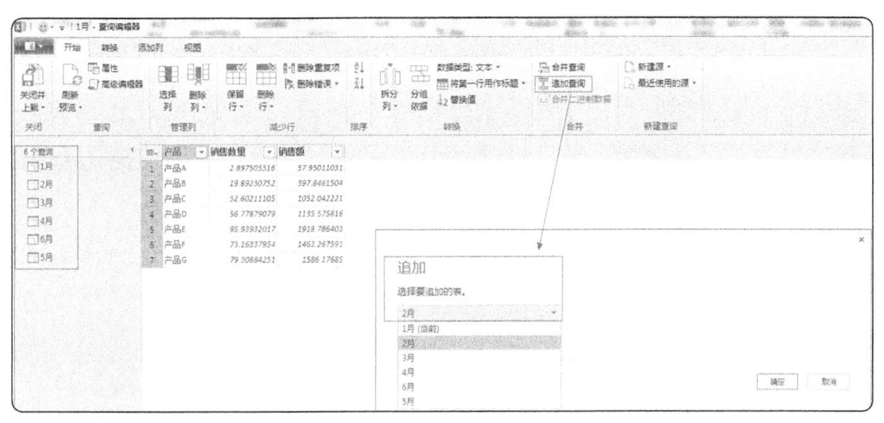

图 5-18-100

Step4 单击“关闭并上载”，如图5-18-101所示，瞬间生成了6张工作表，如图5-18-102所示，Sheet1 就是把 6 个月的报表合并后的汇总表，Sheet2 到 Sheet6 是多余无用的表，单击 Sheet2，按住 Shift 键选中 Sheet2 到 Sheet6 工作表，右键“删除”，如图 5-18-103 所示。

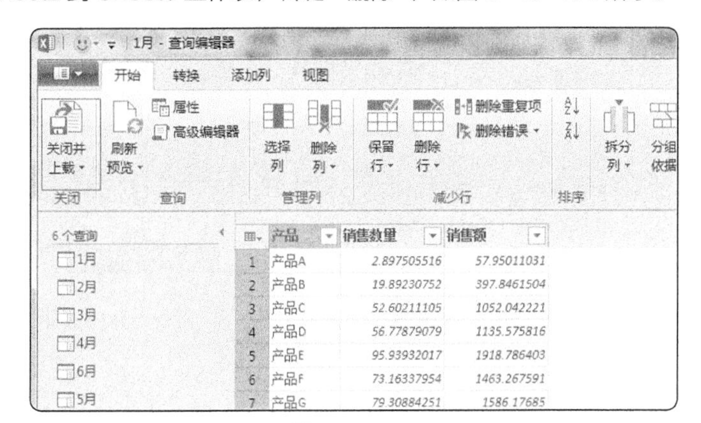

图 5-18-101

1月 | 2月 | 3月 | 4月 | 5月 | 6月 | Sheet1 | Sheet2 | Sheet3 | Sheet4 | Sheet5 | Sheet6

图 5-18-102

图 5-18-103

第248招 多表合并——SQL 方法

Step1 打开多表合并后需要存放的工作表，单击菜单数据→现有连接→浏览更多，找到需要合并的文件，单击“打开”，如图 5-18-104 所示。

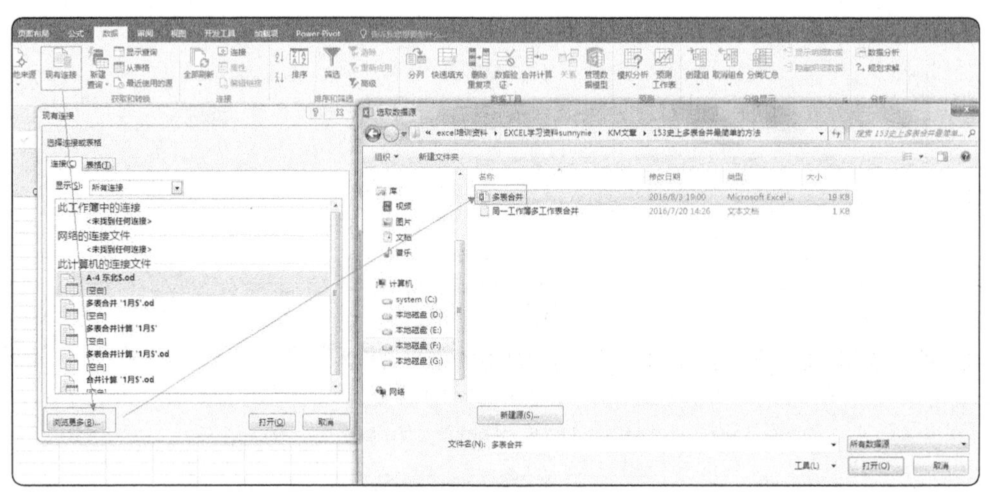

图 5-18-104

Step2 在选择表格页面单击“确定”，如图 5-18-105 所示，进入“导入数据”，单击“属性”，如图 5-18-106 所示。

图 5-18-105

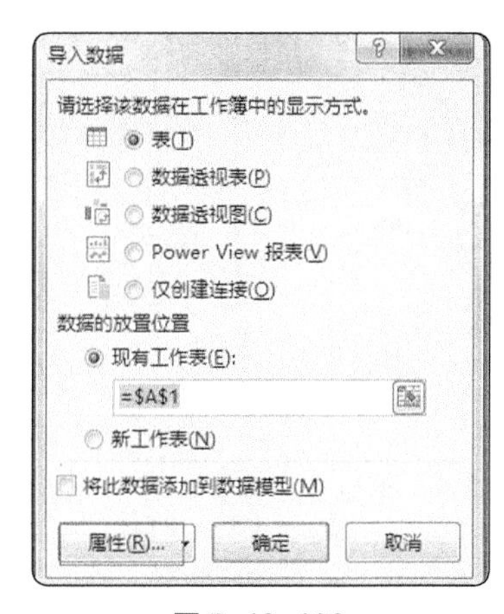

图 5-18-106

Step3 在连接属性→定义→命令文本处输入 SQL 语句，如图 5-18-107 所示。

select "1 月 " as 月份，* from [1 月 $] union all

select "2 月 " as 月份，* from [2 月 $] union all

select "3 月 " as 月份，* from [3 月 $] union all

select "4 月 " as 月份，* from [4 月 $] union all

select "5 月 " as 月份，* from [5 月 $] union all

select "6 月 " as 月份，* from [6 月 $]

单击“确定”，返回图 5-18-106 界面，再单击“确定”，瞬间即把 6 张表汇总到一张表，并且增加一个字段月份，部分数据截图如图 5-18-108 所示。

连接属性

连接名称(N): 多表合并

说明(I):

使用状况(G) 定义(D)

连接类型: Excel 文件

连接文件(F): F:\excel培训资料\EXCEL学习资料sunnynie\ 浏览(B)...

始终使用连接文件(A)

连接字符串(S): Provider=Microsoft.ACE.OLEDB.12.0;Password="";User ID=Admin;Data Source=F:\excel培训资料\EXCEL学习资料sunnynie\KM文章\153史上多表合并最简单的方法\多表合并.xlsx;Mode=Share Deny Write;Extended Properties="HDR=YES;";Jet OLEDB:System database="";Jet OLEDB:Registry Path="";Jet OLEDB:Database Password="";Jet

保存密码(W)

命令类型(C): 表

命令文本(M):

```
select "1月" as 月份, * from [1月$] union all
select "2月" as 月份, * from [2月$] union all
select "3月" as 月份, * from [3月$] union all
select "4月" as 月份, * from [4月$] union all
select "5月" as 月份, * from [5月$] union all
select "6月" as 月份, * from [6月$]
```

Excel Services: 验证设置(U)...

编辑查询(E)... 参数(P)... 导出连接文件(X)...

确定 取消

图 5-18-107

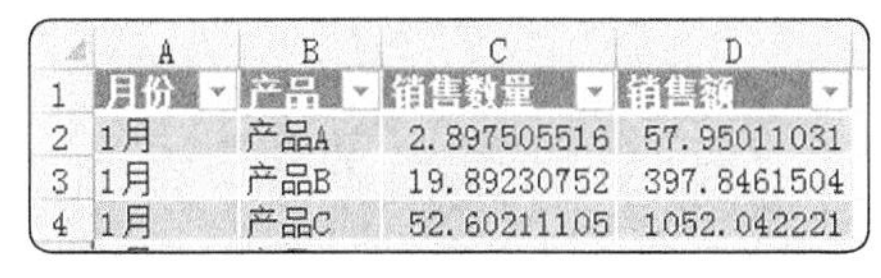

	A	B	C	D
1	月份	产品	销售数量	销售额
2	1月	产品A	2.897505516	57.95011031
3	1月	产品B	19.89230752	397.8461504
4	1月	产品C	52.60211105	1052.042221

图 5-18-108

如果不需要增加字段月份，SQL 语句修改为：

select * from [1 月 $] union all

select * from [2 月 $] union all

select * from [3 月 $] union all

select * from [4 月 $] union all

select * from [5 月 $] union all

select * from [6 月 $]

如果月份更多，SQL 语句可以在 Excel 中录入，录入 1 月的 SQL 语句，单击单元格右下角的黑色 +，用鼠标往下拖动自动生成其他月份的 SQL 语句，删掉最后一个 union all，再复制粘贴到记事本。

第 249 招 多表合并——函数与公式方法

Step1 在汇总表输入字段名，A2 单元格手工输入第一张工作表 1 月，单击单元格右下角 + 往下拖动到 A7，如图 5-18-109 所示。

Step2 在 B2 单元格输入公式 =INDIRECT($A2&"!"&ADDRESS(INT(ROW(A1)-1)/6+2, COLUMN(A1)))，向右拖动公式，再向下拖动公式，得到结果如图 5-18-110 所示。

公式说明：

把 /6 中数字 6 修改为要合并的工作表实际个数。$A2 是工作表名称所在列（本例是 A 列）。

INT((ROW(A1)-1)/6)+2：目的是生成 2,2,2,2,2,2,3,3,3,3,3,3,4,4,4,4,4,4,…序列。

	A	B	C	D
1	月份	产品	销售数量	销售额
2	1月			
3	2月			
4	3月			
5	4月			
6	5月			
7	6月			

图 5-18-109

	A	B	C	D
1	月份	产品	销售数量	销售额
2	1月	产品A	3	57.95
3	2月	产品A	42	835.21
4	3月	产品A	28	562.35
5	4月	产品A	84	1683.66
6	5月	产品B	76	1518.33
7	6月	产品C	39	784.88

图 5-18-110

ADDRESS（ ）：动态生成引用的单元格地址。

Step3 复制 A:D 列区域（如果有 100 张表就选取 A2：D101），然后选取下面的空行粘贴即可完成全部数据提取。

如果工作表名称没规律怎么办？用宏表 GET.WORKBOOK 函数提取工作表名称，见第 229 招。

第 250 招 多表合并——VBA 方法

打开汇总表，单击开发工具→查看代码，输入以下代码，如图 5-18-111 所示。

```
Option Explicit
Sub Test() '多工作表合并
    Dim Ws As Worksheet, k%, SumWs As Worksheet, 最后&
    Set SumWs = Sheets("汇总表")
    For Each Ws In Sheets
        If Ws.Name <> "汇总表" Then
            k = k + 1
            If k = 1 Then
                '复制表头
                 Ws.Range(“A1”).CurrentRegion.Copy SumWs.[A1]
            Else
                '不复制表头
                最后 = SumWs.Cells(Rows.Count, 1).End(xlUp).Row + 1
                Ws.Range(“A1”).CurrentRegion.Offset(1, 0).Copy SumWs.Cells(最后, 1)
            End If
        End If
    Next Ws
End Sub
```

图 5-18-111

按 F5 键执行代码，瞬间完成多表合并。

第 251 招　用 Excel 做线性回归预测分析

Excel 是一个功能强大的数据管理与分析软件，我们可以用 Excel 函数与数据分析进行回归预测分析。回归分析法是根据事物的因果关系对变量的预测方法，是定量预测方法的一种。

例如，图 5-18-112 是 1 ～ 6 月每月销量数据，根据这个数据预测 7 ～ 12 月销量数据。

预测方法：

运用数据分析工具

Step1　根据原始数据制作折线图，如图 5-18-113 所示。

月份	销量
1	24621
2	24339
3	23902
4	23657
5	22819
6	22101

图 5-18-112

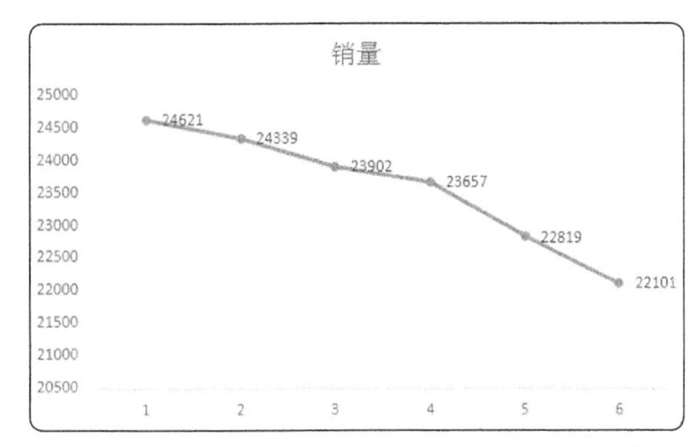

图 5-18-113

Step2　通过相关分析判断变量之间的相关程度，并建立回归模型。单击折线图，右键添加趋势线，如图 5-18-114 所示。

Step3　选中趋势线，右键设置趋势线格式，趋势线选项选择线，趋势预测中把“显示公式”和“显示 R 平方值”打钩，如图 5-18-115 所示，在图表中可以看到回归模型 y=kx+b 和 R 平方值，如图 5-18-116 所示。R 平方值越接近 1，回归模型越优。

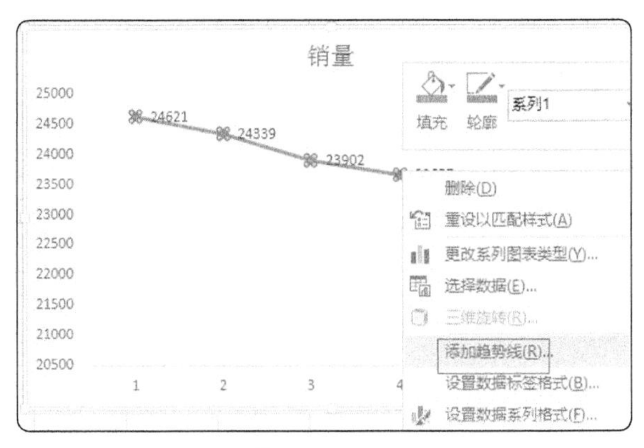

图 5-18-114

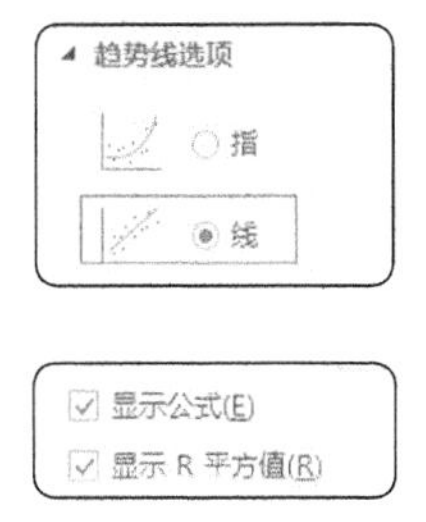

图 5-18-115

Step4　根据回归模型计算 7 ～ 12 月的预测值，如图 5-18-117 所示。

运用函数

我们可以用 FORECAST 函数预测，FORECAST 用途：根据一条线性回归拟合线返回一个预测值。使用此函数可以对未来销量或消费趋势进行预测。

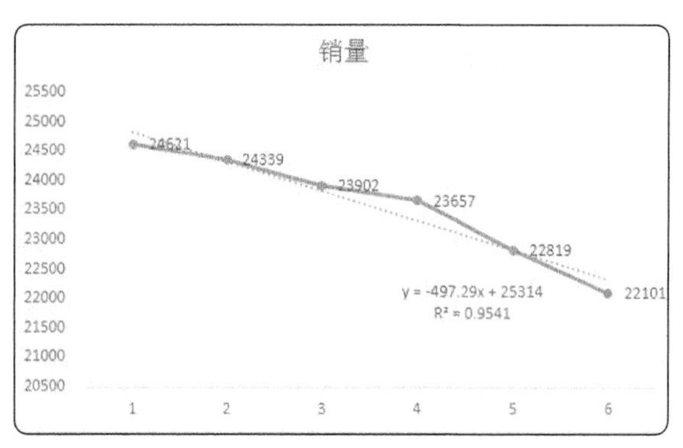

图 5-18-116

C2 =-497.29*A2+25314

	A	B	C
1	月份	销量	预测值
2	1	24621	24817
3	2	24339	24319
4	3	23902	23822
5	4	23657	23325
6	5	22819	22828
7	6	22101	22330
8	7		21833
9	8		21336
10	9		20838
11	10		20341
12	11		19844
13	12		19347

图 5-18-117

语法：

FORECAST(x，known_y's，known_x's)

参数：x 为需要进行预测的数据点的 X 坐标（自变量值）。

known_y's 是从满足线性拟合直线 y=kx+b 的点集合中选出的一组已知的 y 值，known_x's 是从满足线性拟合直线y=kx+b的点集合中选出的一组已知的x 值。

公式为 =INT(FORECAST(A8,B$2:B7,A$2:A7))，如图 5-18-118 所示。

在用 FORECAST 预测之前可以用 CORREL 函数查看月份和销量之间的相关程度。

CORREL 函数用途：返回单元格区域 array1 和 array2 之间的相关系数，它可以确定两个不同事物之间的关系。

=INT(FORECAST(A8,B$2:B7,A$2:A7))

A	B	C	D
月份	销量	预测值	
1	24621	24817	
2	24339	24319	
3	23902	23822	
4	23657	23325	
5	22819	22828	
6	22101	22330	
7		21833	21832
8		21336	21335
9		20838	20838
10		20341	20340
11		19844	19843
12		19347	19346

图 5-18-118

语法：

CORREL(array1，array2)

参数：array1 第一组数值单元格区域。array2 第二组数值单元格区域。

函数返回结果在 -1 和 1 之间，如果题数，表示负相关；如果是正数表示正相关。绝对值在 0.8 以上表示 Array1 和 Array2 有很强的线性相关性，绝对值越接近 0，相关越不密切。

图 5-18-119 公式 =CORREL(A2:A7,B2:B7) 返回结果是 -0.9768，说明月份和销量之间存在很强的相关性，结果为负数表示负相关，意味着月份越大销量越低。

E2 =CORREL(A2:A7,B2:B7)

	A	B	C	D	E
1	月份	销量	预测值		
2	1	24621	24817		-0.9768
3	2	24339	24319		
4	3	23902	23822		
5	4	23657	23325		
6	5	22819	22828		
7	6	22101	22330		

图 5-18-119

第 252 招 Excel 2016 预测工作表

Excel 2016 预测工作表功能，可以从历史数据分析出事物发展的未来趋势，并以图表的形式展现出来，直观地观察事物发展方向或发展趋势。

操作步骤如下：

Step1　单击数据表中的任意单元格，单击菜单数据→预测工作表，如图 5-18-120 所示。

图 5-18-120

Step2　选择“预测结束”日期，单击“创建”，如图 5-18-121 所示。

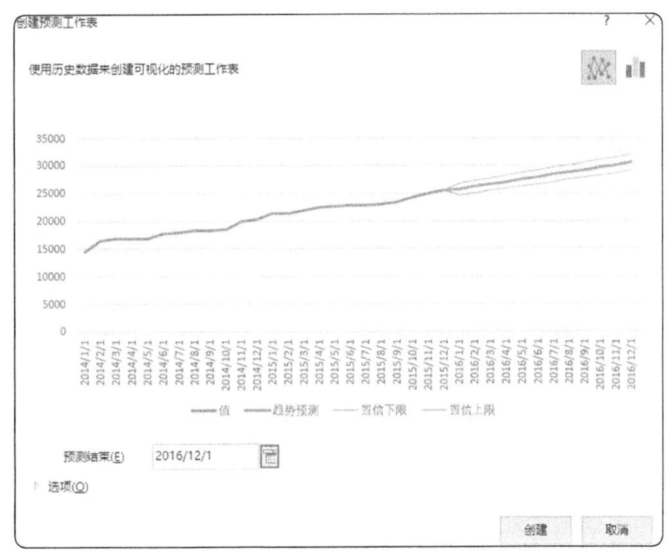

图 5-18-121

Step3　预测结果在新的工作表中呈现，预测结果图表如图 5-18-122 所示，数据如图 5-18-123 所示。

图 5-18-122 蓝色折线是历史数据，橙色折线是未来预测数据。可以看到，表示未来预测数据的橙色折线基本上是平直的，没有得到正确的预测。出现这种情况，原因是没有设置正确的“季节性”参数。

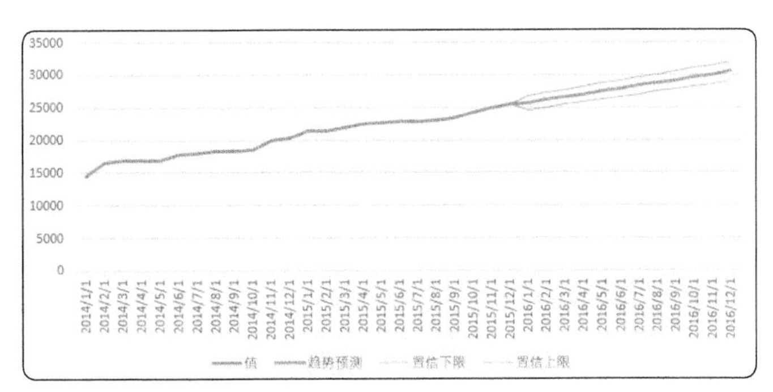

图 5-18-122

Step4　单击预测工作表向导窗口左下角的“选项”按钮，查看预测的更多参数。将“预测结束”日期选定到“2016/12/1”，将“季节性”由“自动检测”改为“手动设置”并将其值设置为“12”，如图 5-18-124 所示。这样改的原因是，我们的原始数据范围从 2014 年 1 月份开始，至 2015 年 12 月份结束，每个周期为 12 个月，而且需要从最后一期数据（2015 年 12 月份）开始，向后预测 1 年以内的数据。得到新的结果如图 5-18-125 和图 5-18-126 所示。

	A	B	C	D	E
1	日程表	值	趋势预测	置信下限	置信上限
20	2015/7/1	22889			
21	2015/8/1	23025			
22	2015/9/1	23394			
23	2015/10/1	24230			
24	2015/11/1	25040			
25	2015/12/1	25503	25503	25503	25503
26	2016/1/1		25717	24626	26808
27	2016/2/1		26150	25025	27275
28	2016/3/1		26583	25425	27741
29	2016/4/1		27016	25826	28207
30	2016/5/1		27449	26227	28672
31	2016/6/1		27882	26629	29136
32	2016/7/1		28316	27031	29600
33	2016/8/1		28749	27434	30063
34	2016/9/1		29182	27837	30526
35	2016/10/1		29615	28241	30988
36	2016/11/1		30048	28645	31450
37	2016/12/1		30481	29049	31912

图 5-18-123

图 5-18-124

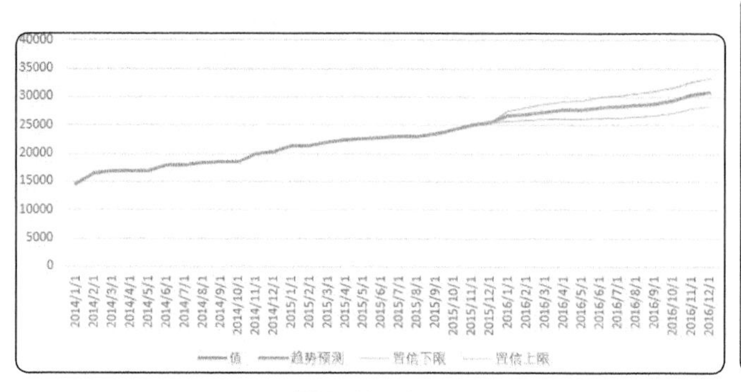

图 5-18-125

	A	B	C	D	E
1	日程表	值	趋势预测	置信下限	置信上限
20	2015/7/1	22889			
21	2015/8/1	23025			
22	2015/9/1	23394			
23	2015/10/1	24230			
24	2015/11/1	25040			
25	2015/12/1	25503	25503	25503	25503
26	2016/1/1		26586	25665	27507
27	2016/2/1		26978	25827	28130
28	2016/3/1		27310	25966	28653
29	2016/4/1		27611	26099	29123
30	2016/5/1		27697	26033	29361
31	2016/6/1		28171	26368	29975
32	2016/7/1		28291	26357	30224
33	2016/8/1		28539	26483	30594
34	2016/9/1		28796	26626	30966
35	2016/10/1		29302	27021	31582
36	2016/11/1		30331	27946	32716
37	2016/12/1		30866	28380	33352

图 5-18-126

为了进一步了解 Excel 数据预测工作表的运行机制，下面让我们来仔细看看其他选项。除了上面提到的“预测结束”和“季节性”之外，Excel 的预测工作表还有以下几个主要参数。

预测开始：从历史数据中的哪一期数据开始预测。

置信区间：设置预测值的上限和下限；该值越小，则上下限之间的范围越小。

图 5-18-127 和图 5-18-128 分别是置信区间 70% 和 95% 的预测趋势和置信上下限结果。

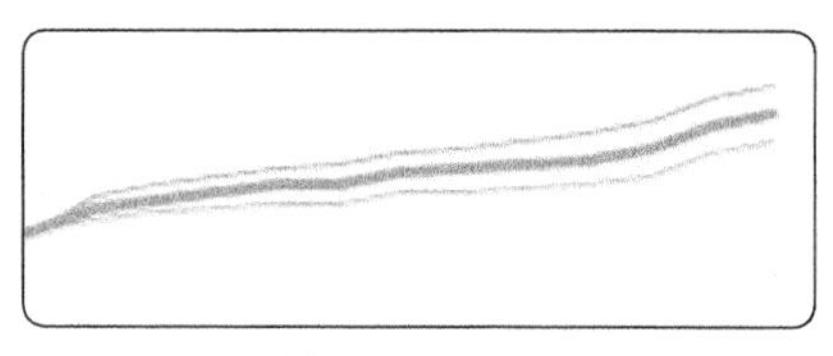

图 5-18-127

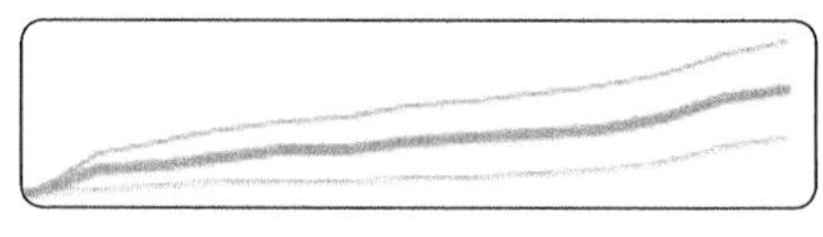

图 5-18-128

使用以下方式填充缺失点：默认为“内插”，是根据数据的加权平均值计算出的插值，也可以将其置为“0”，即不进行缺值的插值计算。

使用以下方式聚合重复项：以本数据为例，如果 2015 年 1 月有好几个数据，Excel 在计算预测值时会将一个月内的多个值进行“聚合”，“聚合”的方式包括平均（默认）、计数、最大 / 最小 / 中值等。

以上面提到的“预测开始”为例，如果历史数据周期性比较强，可以将开始预测的时间设置为早于最后一期历史数据，这样做可以检测预测的准确性。在提前到周期末尾的那一期时（如第二年的最后一期数字），也有助于提高预测的准确性。

如图 5-18-129 所示，我们将“预测开始”定在 2014 年 12 月 1 日，它是第 1 个数据周期的最后一期。

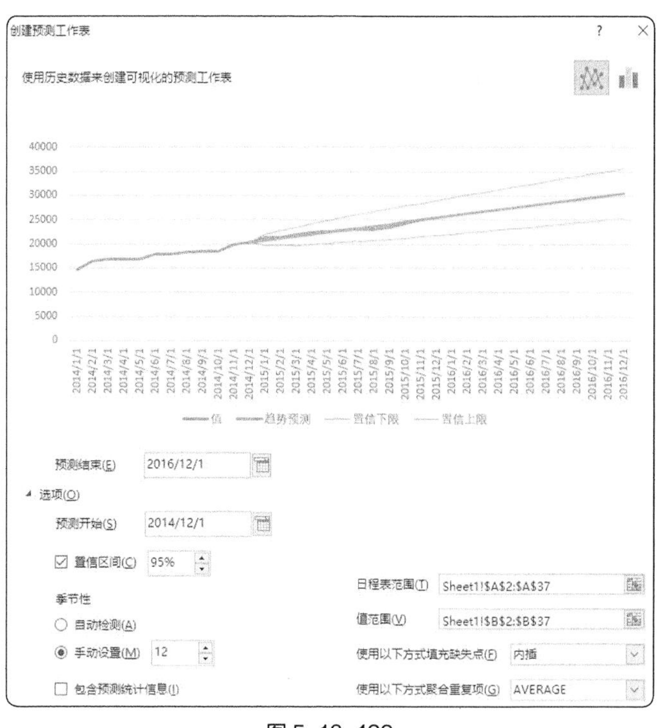

图 5-18-129

可以看到，Excel 预测的数据（橙色折线），与实际存在的 2015 年 12 个月份的数据（蓝色折线），基本保持一致，有一定的预测准确性。Excel 预测工作表的功能，是基于一个叫 FORECAST.ETS 的功能实现的，是 2016 版本新增的一个函数，单击预测结果数据表可以看到公式，如图 5-18-130 所示。

C26 =FORECAST.ETS(A26,$B$2:$B$25,$A$2:$A$25,12,1)

	A	B	C	D	E
1	日程表	值	趋势预测	置信下限	置信上限
23	2015/10/1	24230			
24	2015/11/1	25040			
25	2015/12/1	25503	25503	25503	25503
26	2016/1/1		26586	25665	27507

图 5-18-130

FORECAST.ETS 函数的功能：通过使用指数平滑 (ETS) 算法的 AAA 版本计算或预测基于现有（历史）值得出的未来值。

FORECAST.ETS 的语法：Forecast.ETS(Arg1, Arg2, Arg3, Arg4, Arg5, Arg6)

参数说明如表 5-18-2 所示。

表 5-18-2

Arg1	必需	DOUBLE	目标日期：想要预测值的数据点。目标日期可以是日期 / 时间或数字
Arg2	必需	VARIANT	值：要预测下一个点的历史值
Arg3	必需	VARIANT	时间线：日期或数值数据的独立数组或范围。时间线中的值之间必须具有一致步长，不能为零
Arg4	可选	VARIANT	季节性：一个数值
Arg5	可选	VARIANT	数据完成功能：尽管时间线需要数据点之间的固定步长，但是 Forecast.ETS 支持多达 30% 的缺少数据，并会自动对其进行调整
Arg6	可选	VARIANT	聚合：尽管时间线需要数据点之间的固定步长，但是 Forecast.ETS 聚合具有相同时间戳的多个点

不懂函数也没有关系，知道如何使用预测工作表得到预测值即可。

第253招 Excel 中的规划求解

故事场景：

公司销售经理经过几番辛苦催款，客户终于付款了，只知道付款总金额为 1268626.53 元，但是不知道由哪几笔应收款组成，需要从很多的应收款列表中找出哪些款项已经到账。

如图 5-18-131 所示。

	A	B
1	1	810423.85
2	2	4016.23
3	3	176517.46
4	4	281383.67
5	5	26579.47
6	6	843357.73
7	7	729980.91
8	8	40987.18
9	9	763973.63
10	10	22462.75
11	11	627734.5
12	12	1462293
13	13	880982.29
14	14	901398.62
15	15	23164.5
16	16	654395.5
17	17	0.03
18	18	1480127.97
19	19	908608.22
20	20	18234.56
21	21	296357.76
22	22	4806.76
23	23	215768.25
24	24	649881.96
25	25	5490.04
26	26	141794.55
27	27	266109.8
28	28	46959.56
29	29	47624.25
30	30	5969.53

图 5-18-131

尽管只有 30 笔应收款，但是学过高中数学的同学都知道，如果一单一单去凑数，就是一个排列组合问题，如果运气好的话，可能很快就凑出来了，但如果运气不好呢？ Excel 的规划求解功能正好解决了这个难题，具体操作步骤如下。

Step1 调出规划求解。

单击菜单文件→ Excel 选项→加载项，单击“转到”，如图 5-18-132 所示，打开加载宏窗口，把“规划求解加载项”打钩，单击“确定”，如图 5-18-133 所示，就可以看到在菜单“数据”下面有个“规划求解”，如图 5-18-134 所示。

Step2 设置规划求解选项。

在 D1 单元格输入公式 =SUMPRODUCT(B1:B30*C1:C30)。

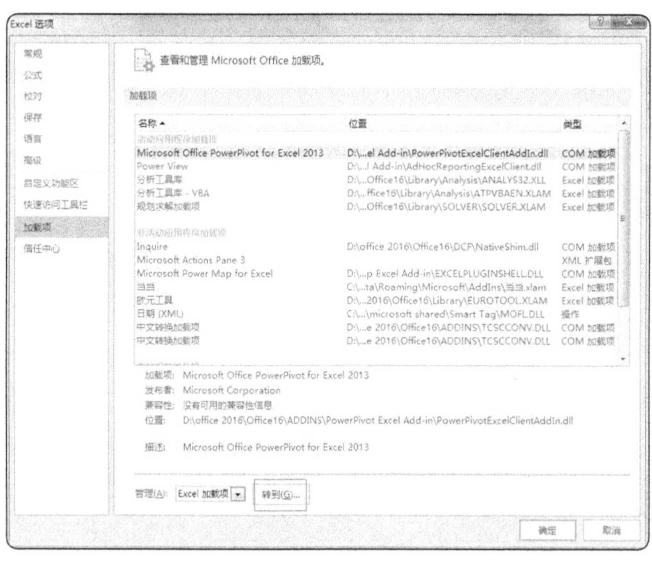

图 5-18-132

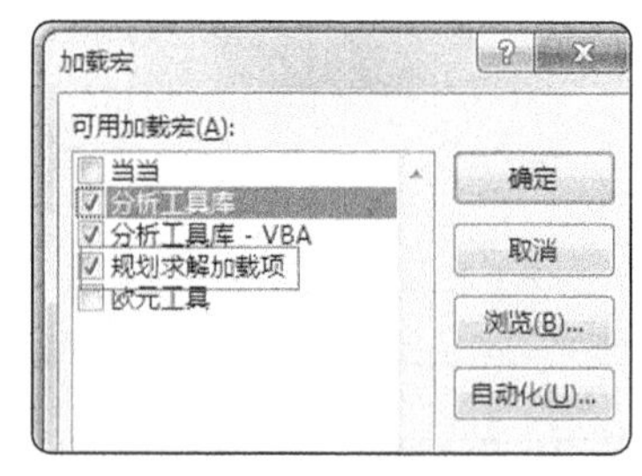

图 5-18-133

单击“规划求解”，设置目标为 $D$1 单元格，目标值就是付款总金额 1268626.53，“通过更改可变单元格”为 $C$1:$C$30，如图 5-18-135 所示，单击“添加”约束，对 C1:C30 单元格约束为二进制（只有 0 和 1 两个数字），如图 5-18-136 所示，单击“添加”按钮，结果如图 5-18-137 所示。

Step3 规划求解参数设置完了之后单击“求解”，如图 5-18-138 所示，得到结果，C 列结果为 1 的就是对应的已经到账的应收款。单击筛选，即可找到相应数据，如图 5-18-139 所示。

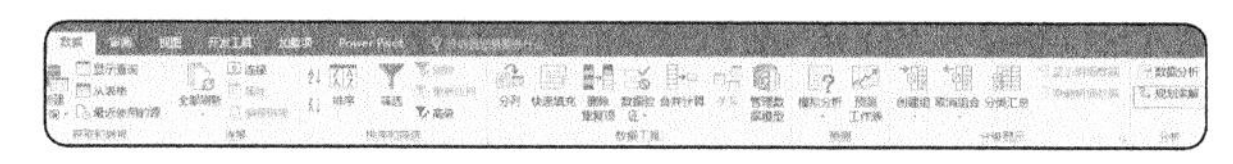

图 5-18-134

规划求解参数
设置目标:(T)
$D$1
到:
最大值(M)
最小值(N
目标值:(V)
1268626.53
通过更改可变单元格:(B)
$C$1:$C$30

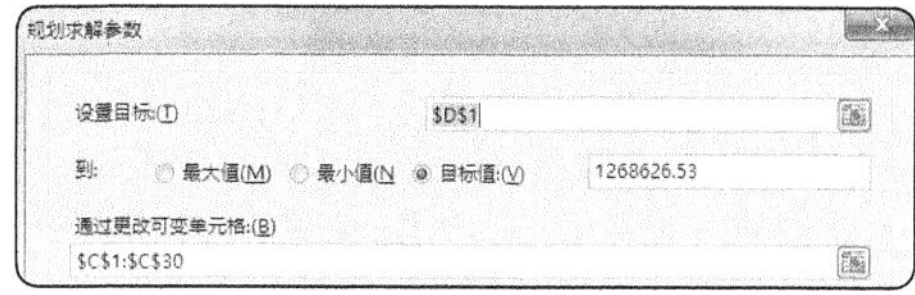

图 5-18-135

规划求解参数
设置目标:(T)
$D$1
到:
最大值(M)
最小值(N
目标值:(V)
1268626.53
通过更改可变单元格:(B)
$C$1:$C$30
遵守约束:(U)
$C$1:$C$30 = 二进制
添加(A)
更改(C)
删除(D)
全部重置(R)
装入/保存(L)
使无约束变量为非负数(K)
选择求解方法:(E)
非线性 GRG
选项(P)
求解方法
为光滑非线性规划求解问题选择 GRG 非线性引擎。为线性规划求解问题选择单纯线性规划引擎，并为非光滑规划求解问题选择演化引擎。
帮助(H)
求解(S)
关闭(O)

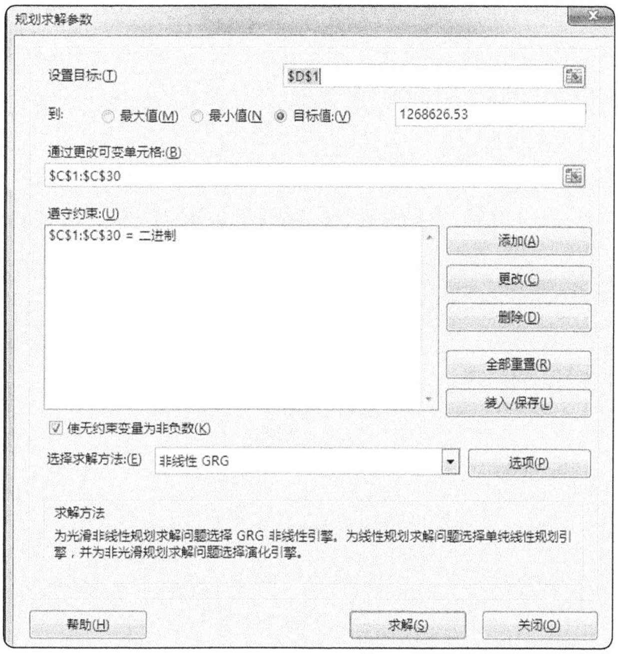

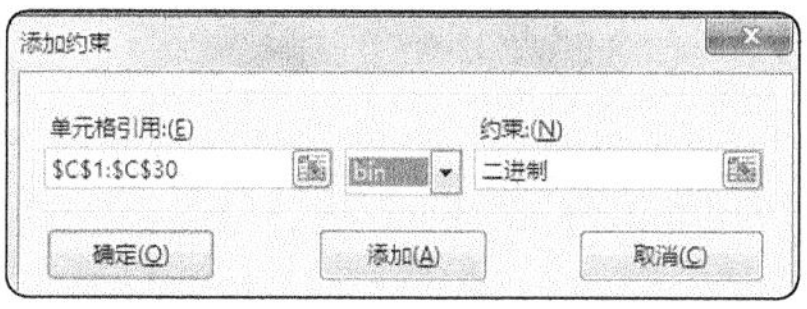

添加约束
单元格引用:(E)
约束:(N)
$C$1:$C$30
bin
二进制
确定(O)
添加(A)
取消(C)

图 5-18-136

图 5-18-137

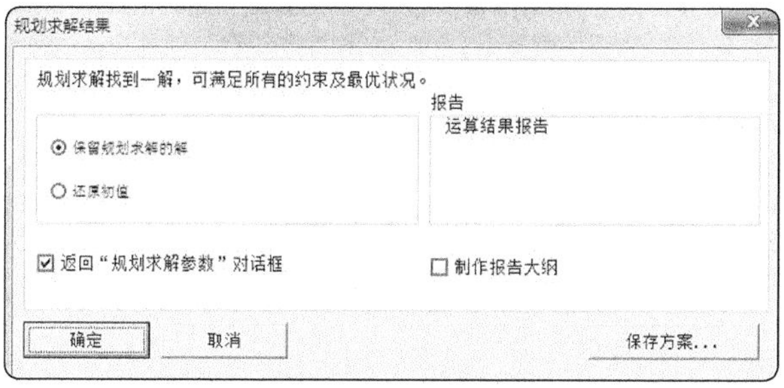

规划求解结果
规划求解找到一解，可满足所有的约束及最优状况。
报告
运算结果报告
保留规划求解的解
还原初值
返回“规划求解参数”对话框
制作报告大纲
确定
取消
保存方案...

图 5-18-138

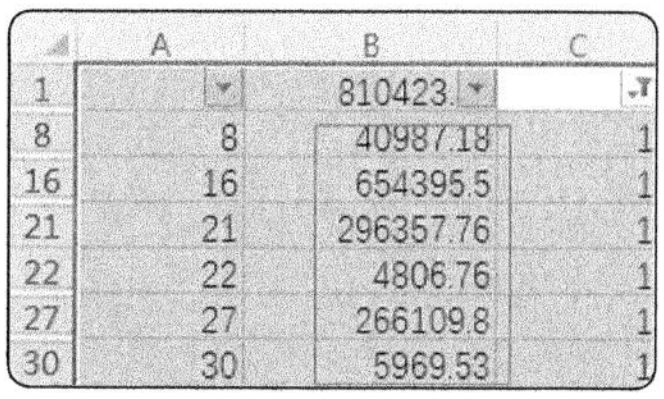

A
B
C
1
810423.
8
8
40987.18
1
16
16
654395.5
1
21
21
296357.76
1
22
22
4806.76
1
27
27
266109.8
1
30
30
5969.53
1

图 5-18-139

第 254 招 Excel 二级联动下列菜单

Excel 中下拉菜单功能可以帮助我们节省输入时间，通过选取下拉菜单中的值来实现输入数据，非常快捷、方便。但是日常工作中，我们常需要一个下拉菜单，让后面的下拉菜单依据前面的下拉菜单的内容的改变而改变（也就是联动的下拉菜单）。

首先看一下原始数据，原始信息在一张工作表，第一行是省市名称，下面的若干行为对应省市下面的地名和区名，如图 5-18-140 所示。需要在另外一张工作表中 A 列和 B 列建立联动的二级下拉菜单，如图 5-18-141 所示。

	A	B
1	深圳市	北京市
2	罗湖区	丰台区
3	福田区	海淀区
4	南山区	东城区
5	宝安区	西城区
6	龙岗区	朝阳区

图 5-18-140

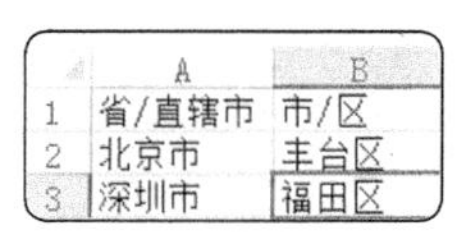

	A	B
1	省/直辖市	市/区
2	北京市	丰台区
3	深圳市	福田区

图 5-18-141

操作步骤如下：

Step1 选中原始表所有数据，按 F5 键调出定位对话框，定位条件选择“常量”，单击“确定”按钮，这样所有非空单元格被选中，如图 5-18-142 所示。

Step2 单击功能区菜单公式→根据所选内容创建，如图 5-18-143 所示，因为标题在首行，所以选择“首行”作为名称，单击“确定”按钮，如图 5-18-144 所示。操作完毕后在菜单“公式”下的“名称管理器”就可以看到定义的名称了，如图 5-18-145 所示。

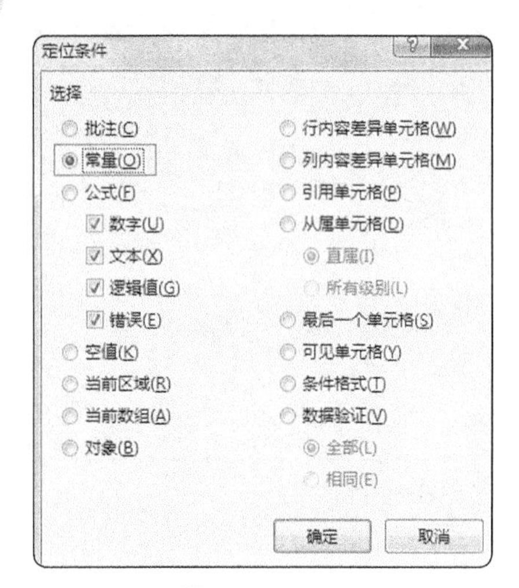

图 5-18-142

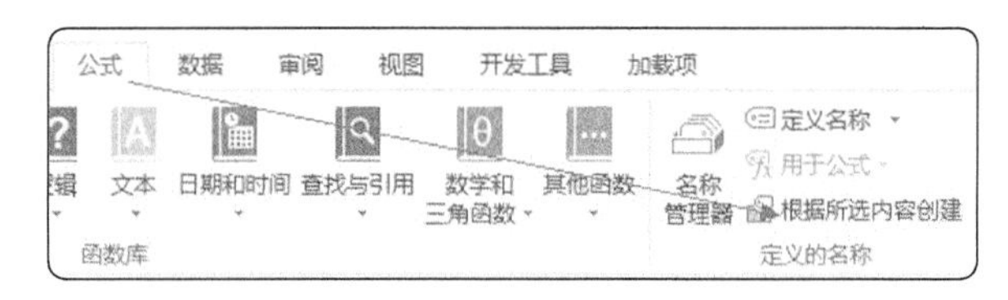

图 5-18-143

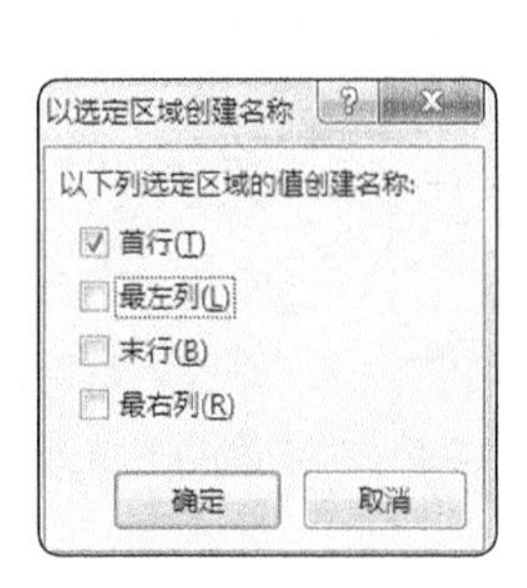

图 5-18-144

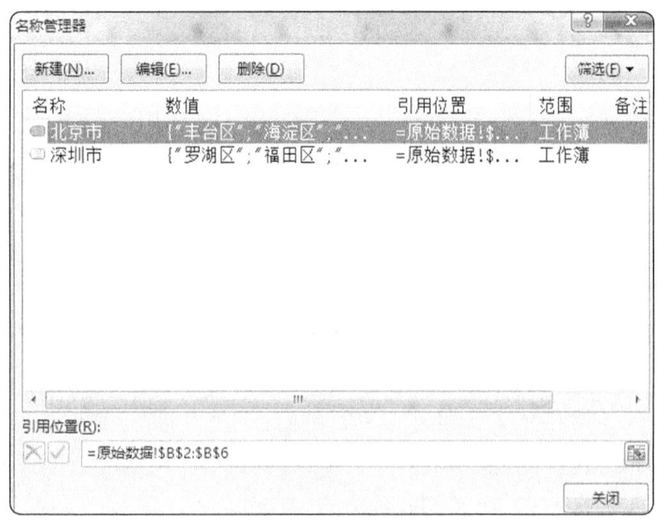

图 5-18-145

Step3 在另外一张工作表创建标题行，省 / 直辖市和市 / 区，选中 A2 单元格，单击菜单数据→数据验证（注：2013 版本的“数据验证”在 2003、2007、2010 版本是“数据有效性”），验证条件选择“序列”，来源选中原始数据表的首行数据，如图 5-18-146 所示。这样，在 A2 菜单就生成了省市下拉菜单，如图 5-18-147 所示。如果需要在更多的单元格区域设置下拉菜单，就选中更多的单元格区域，比如A2：A20，切忌选中整列区域，如果选中整列，会导致在很多没有用的区域设置了数据有效性，增加了文件的虚拟内存，使得文件变大，文件变大会导致打开和各种操作都会非常慢。

图 5-18-146

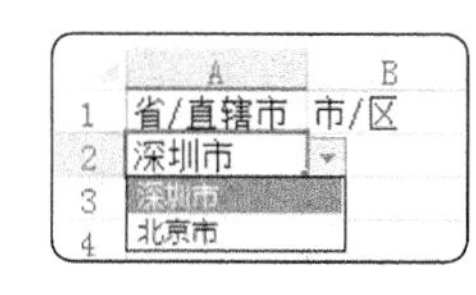

图 5-18-147

Step4 同样的方法，选中 B2 单元格，单击数据验证，在“来源”处输入公式 =INDIRECT($A$2)，单击“确定”按钮，如图 5-18-148 所示。设置完毕后，A2 单元格选择“深圳市”时 B2 的下拉菜单返回“深圳市”的信息，如图 5-18-149 所示；A2 单元格选择“北京市”时 B2 的下拉菜单返回“北京市”的信息，如图 5-18-150 所示。

图 5-18-148

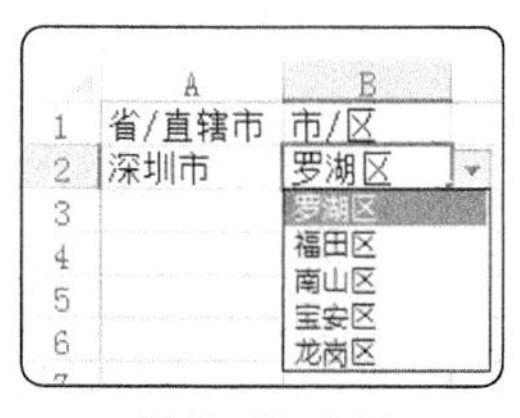

图 5-18-149

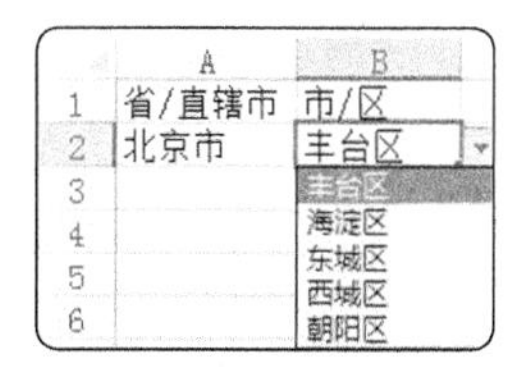

图 5-18-150

注意：

上述二级下拉菜单设置的公式采取了行列都绝对引用，如果要使二级下拉菜单对更多的单元格区域均可用，将公式更改为：=INDIRECT($A2) 即可。

INDIRECT 函数功能是返回并显示指定引用的内容，可引用其他工作簿的名称、工作表名称和单元格引用。制作多级下拉菜单的原理就是利用定义名称，然后在单元格输入与定义名称相同的字符，再对含有这种字符的单元格用 INDIRECT 作引用。

第255招 Excel 三、四级甚至更多级联动下拉菜单

上一招介绍了二级联动下拉菜单的制作方法，如果要制作更多级别的下拉列表，操作方法如下。

数据源按图 5-18-151 顺序排序。

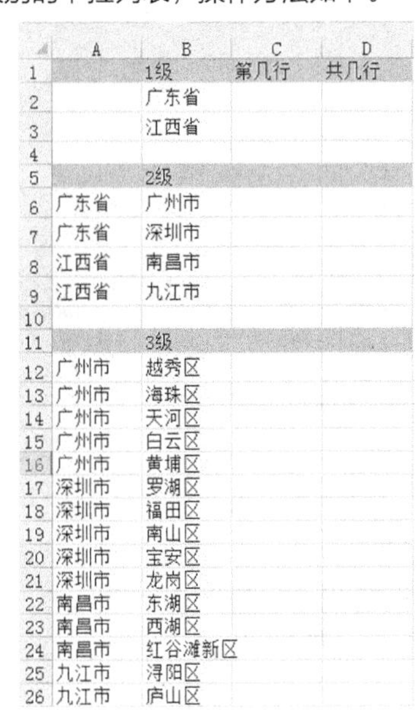

	A	B	C	D
1		1级	第几行	共几行
2		广东省		
3		江西省		
4				
5		2级		
6	广东省	广州市		
7	广东省	深圳市		
8	江西省	南昌市		
9	江西省	九江市		
10				
11		3级		
12	广州市	越秀区		
13	广州市	海珠区		
14	广州市	天河区		
15	广州市	白云区		
16	广州市	黄埔区		
17	深圳市	罗湖区		
18	深圳市	福田区		
19	深圳市	南山区		
20	深圳市	宝安区		
21	深圳市	龙岗区		
22	南昌市	东湖区		
23	南昌市	西湖区		
24	南昌市	红谷滩新区		
25	九江市	浔阳区		
26	九江市	庐山区		

图 5-18-151

操作步骤如下：

Step1 在 C2 单元格借助于 MATCH 函数，计算“广东省”在 A 列中的位置，因此该公式为 =MATCH(B2,A:A,0)。随后将该公式分别复制至 C3、C6、C7、C8、C9 单元格即可计算对应的项在 A 列中的起始位置，该数值用于指导 OFFSET 函数往下偏移几行。

Step2 接下来要计算每个项目共有几个小项，在 D2 中利用 COUNTIF 函数计算个数，此处的公式为 =COUNTIF(A:A,B2)。该数值可以用在 OFFSET 函数中的返回行数中。

Step3 最后在 G 列设置一级省份下拉列表，如图 5-18-152 所示。

Step4 对二级“地市”设置数据有效性。因为我们需要根据一级 G2 单元格选择的不同，设置不一样的下拉列表，而每个一级“省份”会有不一样个数的二级“地市”，所以借助 OFFSET 函数来完成。在 H2 单元格设置数据有效性的“来源”位置，输入以下公式 =OFFSET($B$1,VLOOKUP(G2,$B:$D,2,0)-1,0,VLOOKUP (G2,$B:$D,3,0),1)，如图 5-18-153 所示。

图 5-18-152

图 5-18-153

该公式的意思为：以 B1 单元格为基准，往下偏移几行，往右不偏移列，返回引用区域的行数，返回一列的数据。那么往下偏移几行，要根据前面的 G2 单元格的内容变化，所以利用 VLOOKUP 函数来查找 G2 单元格的内容，位于 B:D 范围中第二列的结果，我们便可以从 B1 单元格往下偏移 6 行至 B7 单元格，再减去 1，得到“广州市”的 B6 单元格；同样地，返回引用区域的行数，也借助 VLOOKUP 函数来得到，如此一来，二级下拉列表的“地市”也就完成了，如图 5-18-154 所示。

Step5 接下来，我们就用同样的 OFFSET 函数来制作三级下拉列表，因此在 I2 单元格的数据有效性的公式为 =OFFSET($B$1,VLOOKUP($H$2,$B:$D,2,0)-1,0,VLOOKUP($H$2,$B:$D,3,0))，如图 5-18-155 所示。

最后的效果如图 5-18-156 所示。

	G	H
	省份	地市
	广东省	深圳市
		广州市
		深圳市

图 5-18-154

图 5-18-155

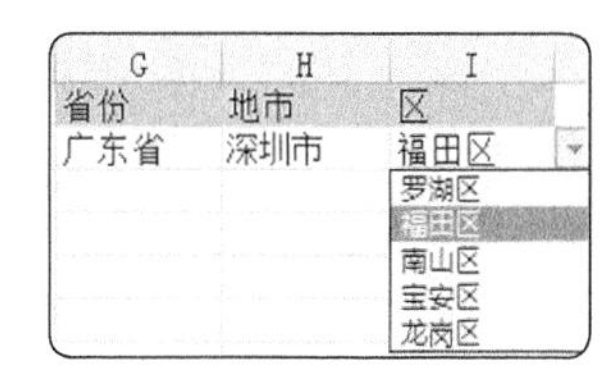

图 5-18-156

那么有了这种方法以后，我们想设置任意级别的下拉列表都可以实现了。

第 256 招 怎样把一列数据每个数据复制 3 次

要把 A 列每个数据复制 3 次，得到 B 列，如图 5-18-157 所示，怎样实现？

解决思路：先在 A 列每行数据下面插入 2 个空白行，再批量填充空白行内容为上一行内容。那怎样快速在 A 列每行数据下面插入 2 个空白行呢？巧妙利用等差数列和排序功能。

在 B 列输入自然数列 1，2，3，…，复制输入的自然数列 2 次，再对 B 列进行排序，排序前截图如图 5-18-158 所示，排序后如图 5-18-159 所示。

	A	B
1	111	111
2	222	111
3	333	111
4		222
5		222
6		222
7		333
8		333
9		333

图 5-18-157

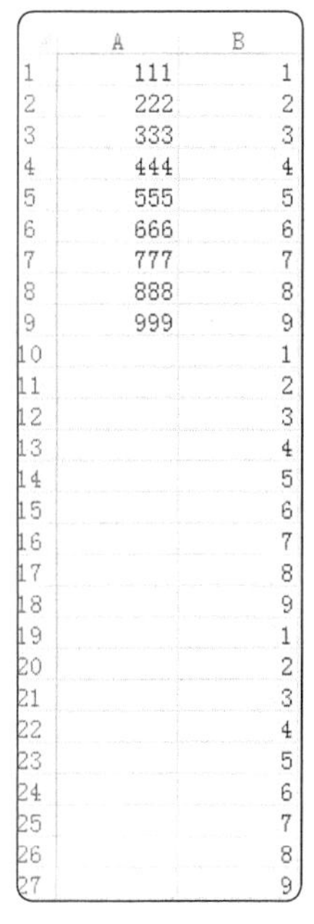

	A	B
1	111	1
2	222	2
3	333	3
4	444	4
5	555	5
6	666	6
7	777	7
8	888	8
9	999	9
10		1
11		2
12		3
13		4
14		5
15		6
16		7
17		8
18		9
19		1
20		2
21		3
22		4
23		5
24		6
25		7
26		8
27		9

图 5-18-158

再选中 A 列，按 F5 键，定位条件选择空值，在 A2 单元格输入公式 =A1，如图 5-18-160 所示，再按组合键【Ctrl + Enter】，可以批量填充空白区域，这样就实现了每个数据复制 3 次。

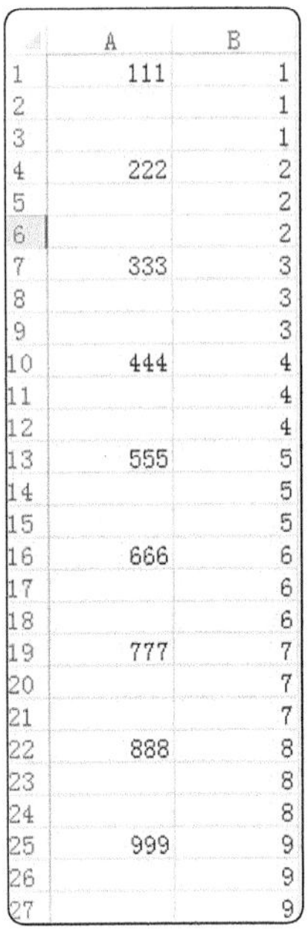

	A	B
1	111	1
2		1
3		1
4	222	2
5		2
6		2
7	333	3
8		3
9		3
10	444	4
11		4
12		4
13	555	5
14		5
15		5
16	666	6
17		6
18		6
19	777	7
20		7
21		7
22	888	8
23		8
24		8
25	999	9
26		9
27		9

图 5-18-159

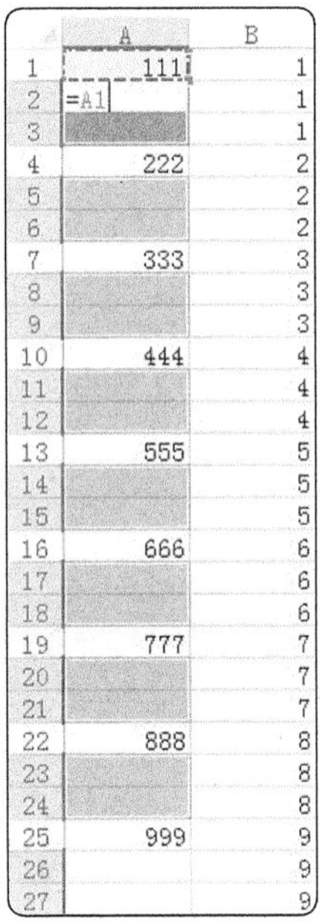

	A	B
1	111	1
2	=A1	1
3		1
4	222	2
5		2
6		2
7	333	3
8		3
9		3
10	444	4
11		4
12		4
13	555	5
14		5
15		5
16	666	6
17		6
18		6
19	777	7
20		7
21		7
22	888	8
23		8
24		8
25	999	9
26		9
27		9

图 5-18-160

第 257 招 怎样批量修改文件名

工作中有时候我们需要批量修改文件名，比如我们需要把 Iphone 手机里的照片文件批量重命名，如果一个个手工修改文件名非常慢，这里介绍批量修改文件名的方法，操作步骤如下。

Step1 在 C 盘建立一个文件夹，将 Iphone 手机里的照片文件放置于该文件夹中，如图 5-18-161 所示。

Step2 单击开始→运行→在对话框中输入字母“cmd”，进入 DOS 模式，如图 5-18-162 所示。

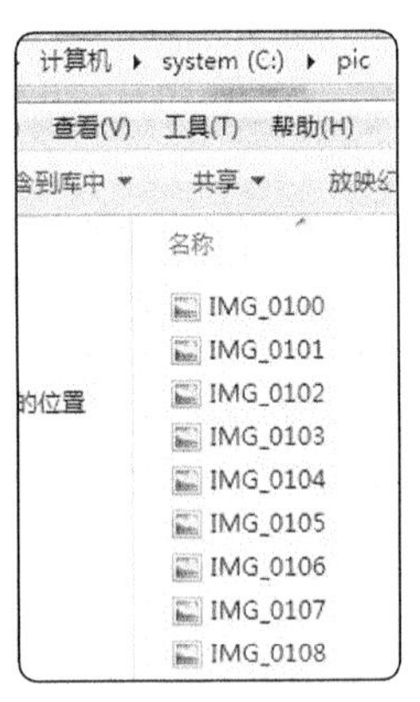

图 5-18-161

图 5-18-162

Step3 在 DOS 模式输入命令行“cd c:\pic”然后回车，再输入命令行“dir /b>rename.xls”，如图 5-18-163 所示，可将文件夹中的文件名在 rename.xls 文件中列出，结果如图 5-18-164 所示。

图 5-18-163

图 5-18-164

Step4 用 Excel 打开 c:\pic 文件夹中的 rename.xls，你会发现文件名全部罗列在 A 列中，你可以在 B1 列中输入 1.jpg 作为第一个文件文件名，如图 5-18-165 所示。

Step5 鼠标选中 B1 单元格，并在 B1 列的右下方，使鼠标指针变为 + 号时，拖动使所有 jpg 文件的右侧 B 列中都有文件名。再将 A10 单元格中没有用的文件名删除，如图 5-18-166 所示。

	A	B
1	IMG_0100.JPG	1.jpg
2	IMG_0101.JPG	
3	IMG_0102.JPG	
4	IMG_0103.JPG	
5	IMG_0104.JPG	
6	IMG_0105.JPG	
7	IMG_0106.JPG	
8	IMG_0107.JPG	
9	IMG_0108.JPG	

图 5-18-165

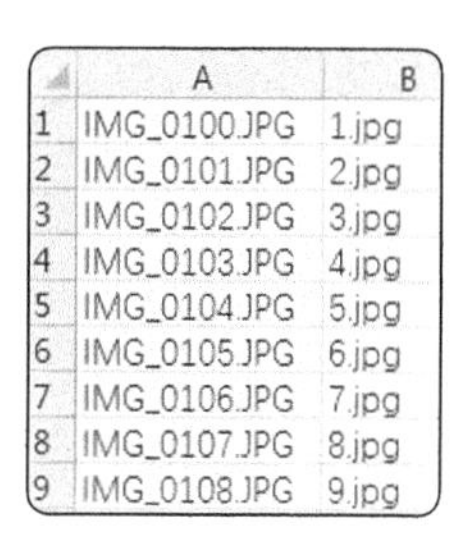

	A	B
1	IMG_0100.JPG	1.jpg
2	IMG_0101.JPG	2.jpg
3	IMG_0102.JPG	3.jpg
4	IMG_0103.JPG	4.jpg
5	IMG_0104.JPG	5.jpg
6	IMG_0105.JPG	6.jpg
7	IMG_0106.JPG	7.jpg
8	IMG_0107.JPG	8.jpg
9	IMG_0108.JPG	9.jpg

图 5-18-166

Step6 鼠标选中 C1 单元格，并在编辑框中输入公式 ="ren"&A1&" "&B1，继续用鼠标拖动 C1 单元格右下方的句柄，使剩余的单元格填充如图 5-18-167 所示。

Step7 鼠标选中 C 列，鼠标右键复制，在记事本中，粘贴刚才的命令行，如图 5-18-168 所示。

	A	B	C
1	IMG_0100.JPG	1.jpg	ren IMG_0100.JPG 1.jpg
2	IMG_0101.JPG	2.jpg	ren IMG_0101.JPG 2.jpg
3	IMG_0102.JPG	3.jpg	ren IMG_0102.JPG 3.jpg
4	IMG_0103.JPG	4.jpg	ren IMG_0103.JPG 4.jpg
5	IMG_0104.JPG	5.jpg	ren IMG_0104.JPG 5.jpg
6	IMG_0105.JPG	6.jpg	ren IMG_0105.JPG 6.jpg
7	IMG_0106.JPG	7.jpg	ren IMG_0106.JPG 7.jpg
8	IMG_0107.JPG	8.jpg	ren IMG_0107.JPG 8.jpg
9	IMG_0108.JPG	9.jpg	ren IMG_0108.JPG 9.jpg

图 5-18-167

图 5-18-168

Step8 单击菜单文件→另存为，输入文件名 ren.bat，要注意图 5-18-169 所示的路径及扩展名选项。

Step9 打开 C 盘 pic 文件夹，鼠标双击 ren.bat 这个批处理文件，如图 5-18-170 所示，即可将该文件夹下的图片按照刚才 rename.xls 中的顺序和文件名批量修改文件名，如图 5-18-171 所示。

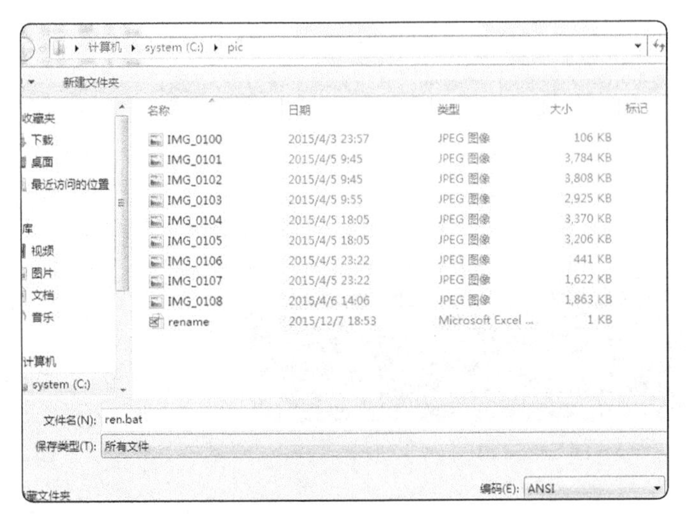

图 5-18-169

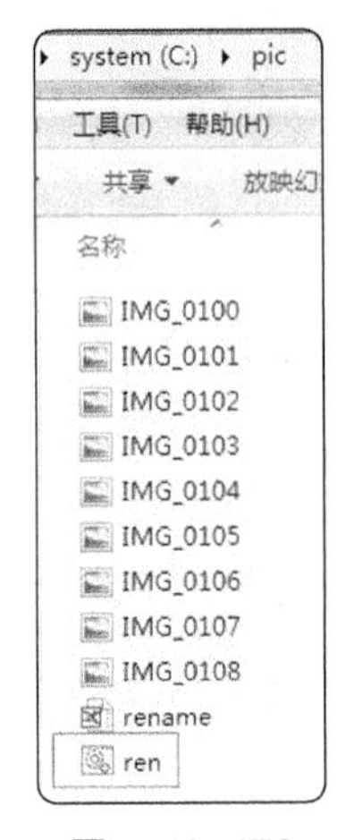

图 5-18-170

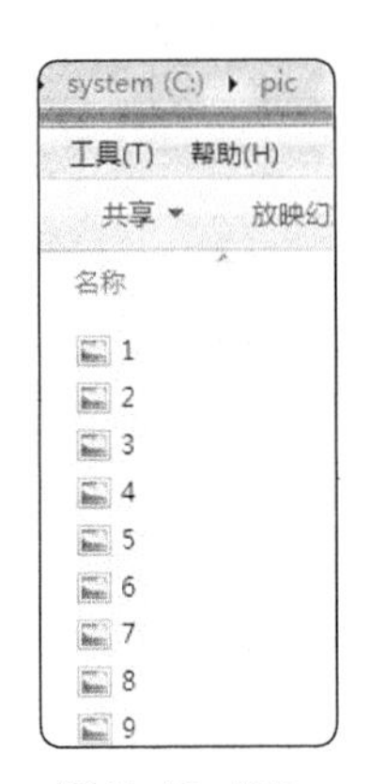

图 5-18-171

至此，已经完成了批量修改文件名的操作。我们运用了 DOS 命令技巧、Excel 技巧以及批处理 3 个知识点来达到批量修改文件名的效果。

第 258 招 Excel 中强大的翻译功能

日常工作中有时候需要把报表中英文互译，在 Excel 中有时候也会遇到陌生的英文单词，大多数人都是打开浏览器，打开百度翻译等工具。其实，Excel 中就提供翻译功能，只是你没有关注过它。

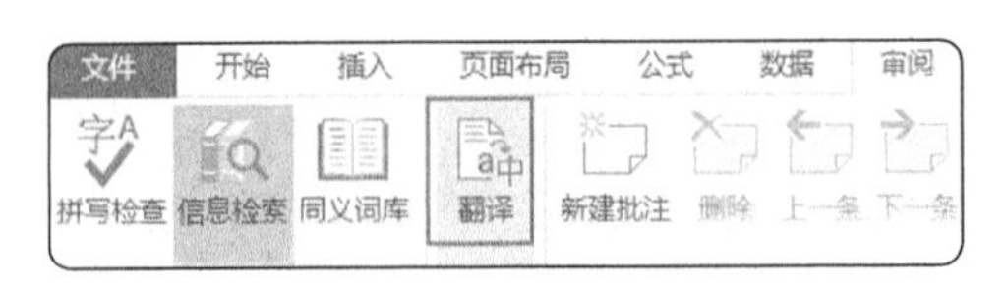

图 5-18-172

如图 5-18-172 所示，选中要翻译的单元格，单击菜单审阅→翻译，即可打开右侧的翻译窗口，单元格的英文已经翻译成中文，结果会显示到下面。选取空单元格，单击“插入”按钮，如图 5-18-173 所示，翻译的结果即填充到单元格中，如图 5-18-174 所示。

如果你想翻译成其他语言，只需在“翻译为”下拉框选中你想要的语种就可以，比如日语，如图 5-18-175 和图 5-18-176 所示。

图 5-18-173

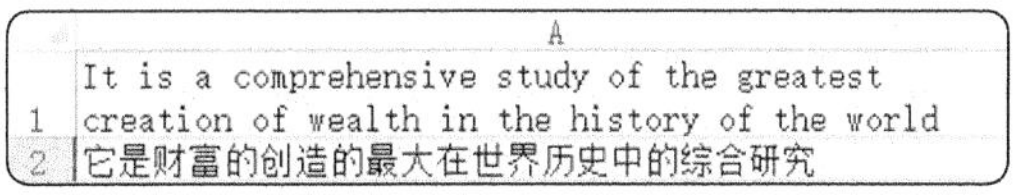

图 5-18-174

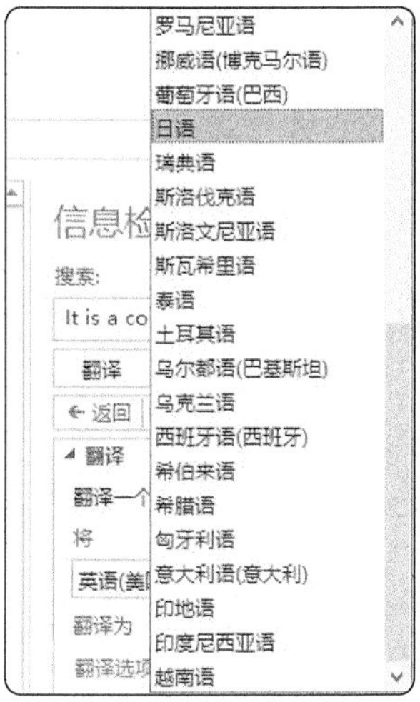

图 5-18-175

图 5-18-176

上面的例子是针对单个单元格的翻译，如果要对整列内容翻译，一个个单击插入效率很低，怎样批量翻译呢？借助 Excel 2013 版本新增加的 Web 类函数可以轻松实现，如图 5-18-177 所示，A 列是中文，要在 B 列翻译成英文，在 B1 单元格输入公式 =FILTERXML(WEBSERVICE("http://fanyi.youdao.com/translate?&i="&A1&"&doctype=xml&version"),"//translation")，双击 B1 单元格右下角的黑色 +，即可对 A 列批量翻译。

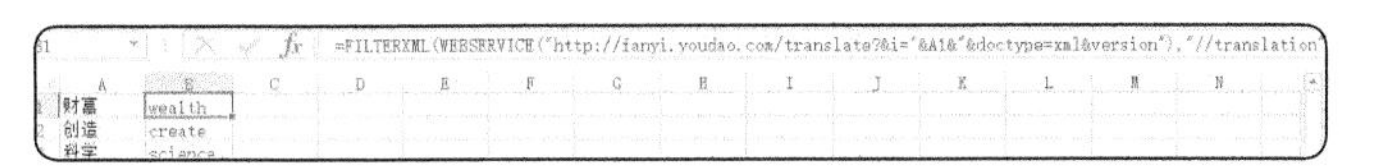

图 5-18-177

第 259 招 怎样找出不同类别前 5 位最大数值

有 2 列数据，A 列是不同类别，B 列是数值，部分截图如图 5-18-178 所示，要找出不同类别前 5 位的最大数值。

方法一：数据透视表

操作步骤如下：

Step1 单击菜单插入→数据透视表，把“类别”和“数值”两个字段拉到行标签，“数值”字段拉到数值处，值字段设置为最大值，如图 5-18-179 所示，得到结果部分截图如图 5-18-180 所示。

	A	B
1	类别	数值
2	A	435,345
3	A	7,657
4	A	4,545
5	A	4,543
6	A	3,455
7	A	456
8	A	435
9	A	345
10	A	324
11	A	213
12	B	789,768

图 5-18-178

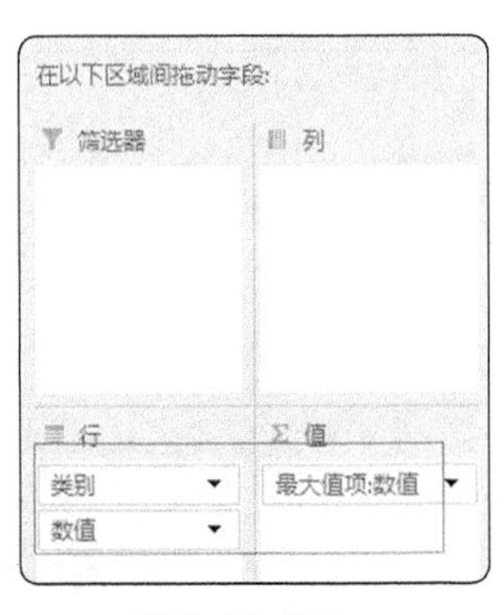

图 5-18-179

	A	B
1	行标签	最大值项:数值
2	⊟A	435345
3	213	213
4	324	324
5	345	345
6	435	435
7	456	456
8	3455	3455
9	4543	4543
10	4545	4545
11	7657	7657
12	435345	435345
13	⊟B	789768
14	123	123
15	234	234

图 5-18-180

Step2 单击数据透视表工具→设计→布局→报表布局→以表格形式显示，如图 5-18-181 和图 5-18-182 所示，得到的结果部分截图如图 5-18-183 所示。

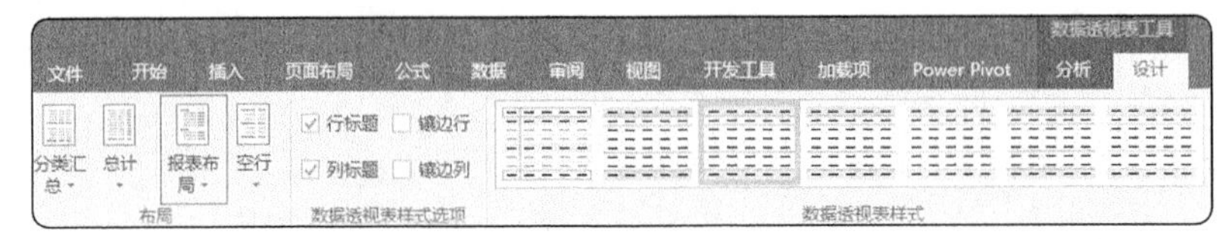

图 5-18-181

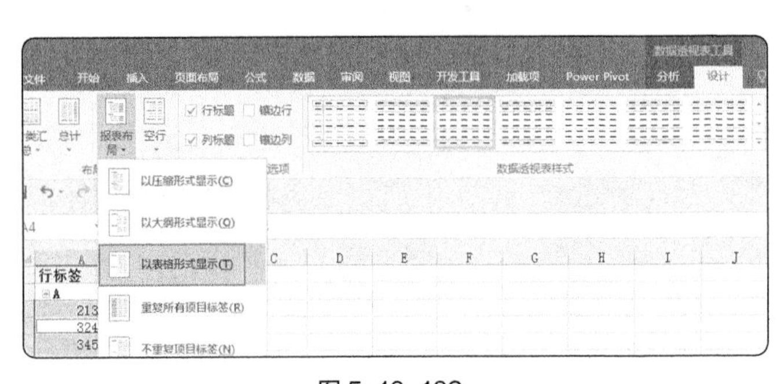

图 5-18-182

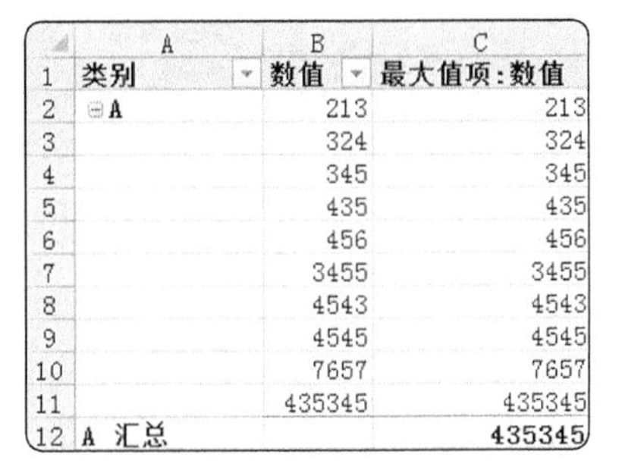

	A	B	C
1	类别	数值	最大值项:数值
2	⊟A	213	213
3		324	324
4		345	345
5		435	435
6		456	456
7		3455	3455
8		4543	4543
9		4545	4545
10		7657	7657
11		435345	435345
12	A 汇总		435345

图 5-18-183

Step3 单击图 5-18-183 结果的 B 列数值下拉框，选择值筛选→前 10 项，如图 5-18-184 所示，把 10 改为 5，如图 5-18-185 所示。

Step4 再单击 B 列数值下方的降序，就可以得到不同类别前 5 大数据，并且按照降序排序。如图 5-18-186 所示。

Step5 最后再单击数据透视表工具→设计→分类汇总→不显示分类汇总，如图 5-18-187 所示，得到图 5-18-188 所示结果。

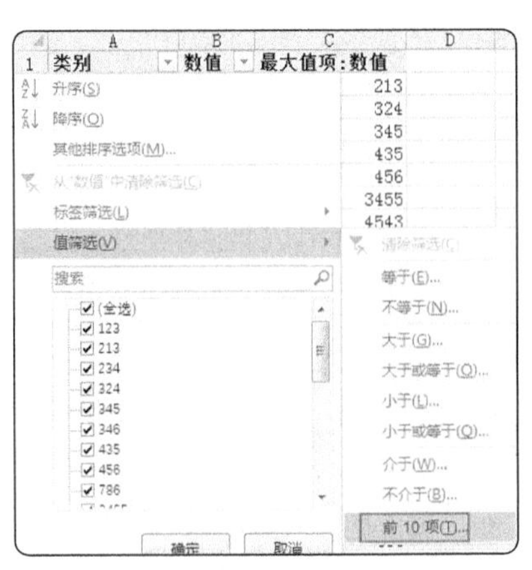

图 5-18-184

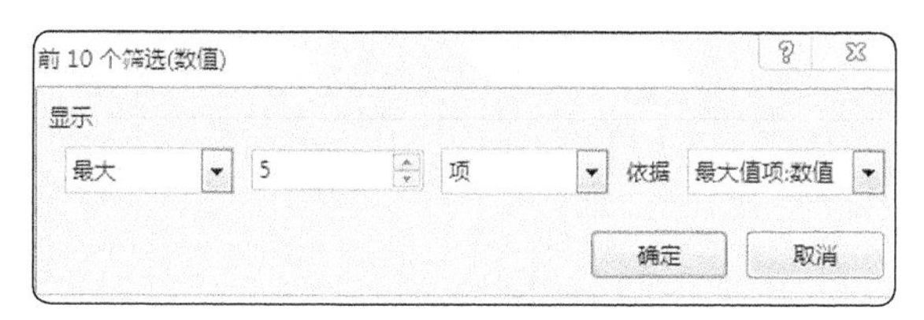

图 5-18-185

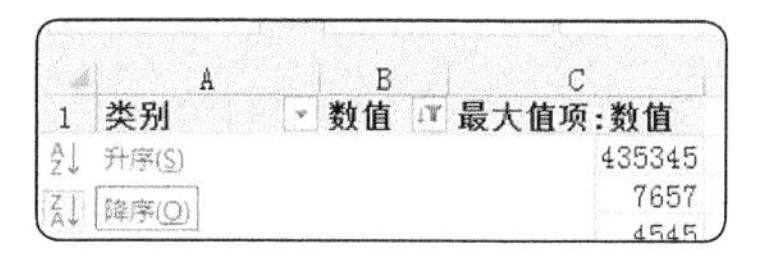

图 5-18-186

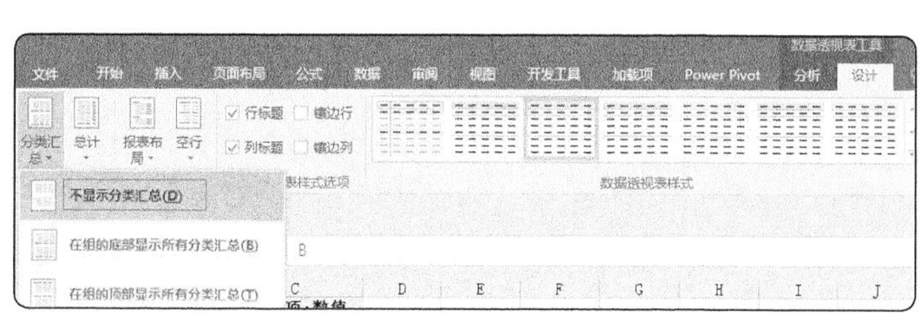

图 5-18-187

	A	B
1	类别	数值
2	⊟A	435345
3		7657
4		4545
5		4543
6		3455
7	⊟B	789768
8		56456
9		7657
10		456
11		346
12	⊟C	234234
13		45546
14		45345
15		34234
16		24324

图 5-18-188

方法二：公式与函数

解决思路：先找出不同类别前 5 大数据所在的行，再用 INDEX 函数取具体的数据。

Step1 在 D2 单元格输入公式 =IF(A:A=$D$1,ROW(),2^20)，E2、F2 公式类似，如图 5-18-189 所示。公式意思是如果 A 列类别和 D1 单元格内容相同就取行号，否则就返回 Excel 承载的最大行号 1048576。

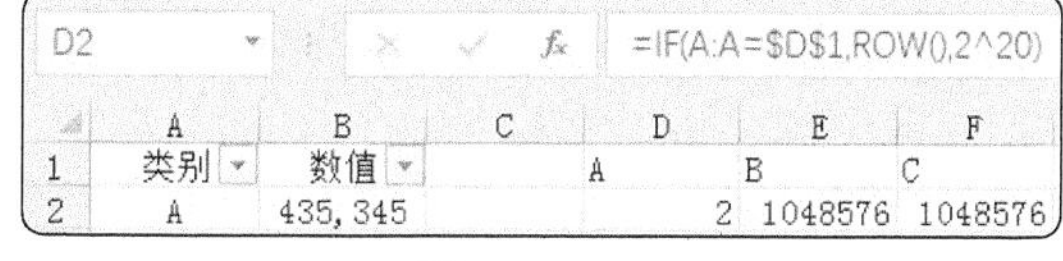

	A	B	C	D	E	F
1	类别	数值		A	B	C
2	A	435, 345		2	1048576	1048576

图 5-18-189

Step2 在 H2 单元格输入公式：=SMALL(D$2:D$32,ROW(1:1))，单击单元格右下角黑色 + 向下拖动 5 行，这样就可以把前 5 大数据所在的行放在一起。I 列和 J 列公式类似，如图 5-18-190 所示。

H2 =SMALL(D$2:D$32,ROW(1:1))

	A	B	C	D	E	F	G	H	I	J
1	类别	数值		A	B	C		A	B	C
2	A	435, 345		2	1048576	1048576		2	12	21
3	A	7, 657		3	1048576	1048576		3	13	22
4	A	4, 545		4	1048576	1048576		4	14	23
5	A	4, 543		5	1048576	1048576		5	15	24
6	A	3, 455		6	1048576	1048576		6	16	25

图 5-18-190

Step3 在 L2 单元格输入公式：=INDEX($B:$B,H2)，单击单元格右下角黑色 + 向下拖动 5 行就可以找出类别 A 的前 5 大数据，如图 5-18-191 所示，其他类别同样的方法。

L2 =INDEX($B:$B,H2)

	A	B	C	D	E	F	G	H	I	J	K	L	M	N
1	类别	数值		A	B	C		A	B	C		A	B	C
2	A	435, 345		2	1048576	1048576		2	12	21		435345	789768	234234
3	A	7, 657		3	1048576	1048576		3	13	22		7657	56456	45546
4	A	4, 545		4	1048576	1048576		4	14	23		4545	7657	45345
5	A	4, 543		5	1048576	1048576		5	15	24		4543	456	34234
6	A	3, 455		6	1048576	1048576		6	16	25		3455	346	24324

图 5-18-191

第260招 HR工作中常用的Excel操作

本招介绍HR工作中常用的Excel操作技巧。

一、与身份证有关的操作

1. 身份证号码的录入

在Excel中输入大于11位数字，会以科学记数法显示，大于15位，后面的数字全转换为0，所以不能直接在Excel中输入身份证号。

解决方法：先把要录入的那列设置为文本型格式，或输入前先输入单引号(')再输入身份证号码。见第4招。

2. 身份证号码长度验证

在输入身份证号码时，数字个数看起来很费劲。用数据验证可以限制身份证号码输入必须是18位。见第11招。

3. 身份证号码的导入

从Word、网页、数据库中复制含身份证信息的表格时，如果直接粘贴到Excel中，身份证号码列后3位同样会变成0。

解决方法：粘贴或导入前把Excel表中存放身份证号码的列设置为文本类型。

4. 身份证号码的分列

如图5-18-192所示的员工信息在一列中，我们可以用分列的方式分隔成多列，但分列后身份证号码后3位会变成0。

解决方法：在分列的第3步，选取身份证号码列，选取文本类型即可。见第61招。

5. 提取生日

有三种方法：快速填充（见第10招）、函数（见第141招）、分列。

分列第一步选固定宽度，第二步建立分列线，如图5-18-193所示，第三步结果再次分列，前2步默认，第三步常规改为日期（见第162招）。

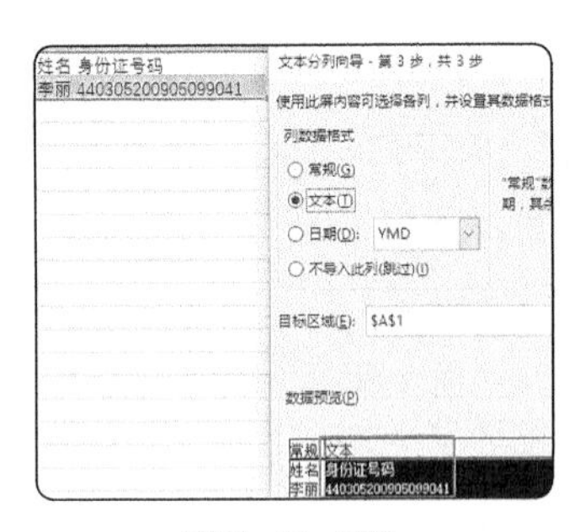

图5-18-192

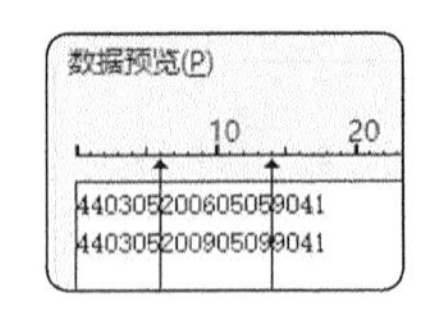

图5-18-193

6. 提取性别、地区代码

A1为身份证号码，提取性别公式=IF(MOD(MID(A1,17,1),2)=0,"女","男")。

提取地区代码公式=LEFT(A1,6)。

见第 141 招。

7. 提取年龄

公式 =YEAR(TODAY())-MID(A1,7,4)。

8. 提取属相

公式 =CHOOSE(MOD(MID(A1,7,4)-1900,12)+1," 鼠 "," 牛 "," 虎 "," 兔 "," 龙 "," 蛇 "," 马 "," 羊 "," 猴 "," 鸡 "," 狗 "," 猪 ")，如图 5-18-194 所示。

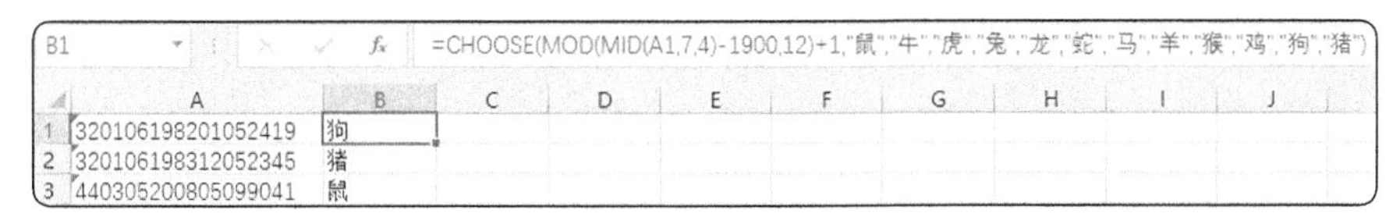

图 5-18-194

9. 提取星座

=VLOOKUP(--TEXT(MID(A1,11,4),"2015-00-00"),{0," 摩 羯 ";42024," 水 瓶 ";42054," 双 鱼 ";42084," 白 羊 ";42114," 金 牛 ";42145," 双 子 ";42177," 巨 蟹 ";42208," 狮 子 ";42239," 处 女 ";42270," 天秤 ";42301," 天蝎 ";42331," 射手 ";42360," 摩羯 "},2)，如图 5-18-195 所示。

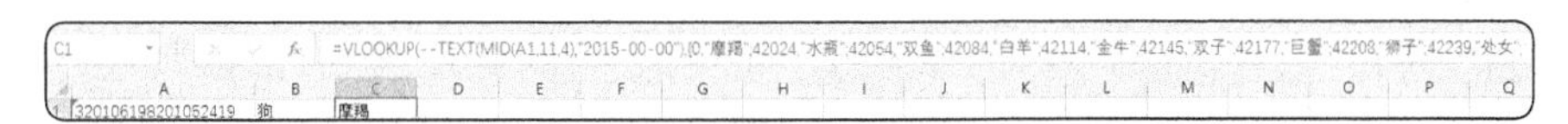

图 5-18-195

这里用到 VLOOKUP 函数的模糊查找。见第 160 招。

公式中的 42024 等数字是日期的序列，表示距离 1900 年 1 月 1 日的天数，公式中的数字序列对应的日期以及星座如图 5-18-196 所示，各星座起始日期如图 5-18-197 所示。

序列	日期	星座
42024	2015/1/20	水瓶
42054	2015/2/19	双鱼
42084	2015/3/21	白羊
42114	2015/4/20	金牛
42145	2015/5/21	双子
42177	2015/6/22	巨蟹
42208	2015/7/23	狮子
42239	2015/8/23	处女
42270	2015/9/23	天秤
42301	2015/10/24	天蝎
42331	2015/11/23	射手
42360	2015/12/22	摩羯

图 5-18-196

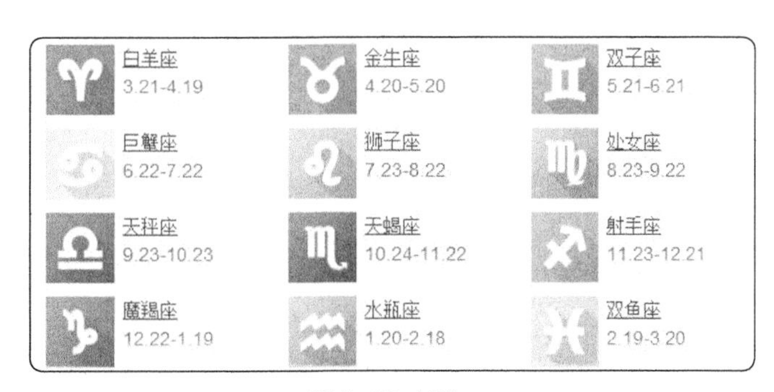

图 5-18-197

10. COUNTIF 函数统计身份证号码出错的解决方法

由于 Excel 中数字只能识别 15 位内的，在 COUNTIF 统计时也只会统计前 15 位，所以很容易出错。不过只需要用 &"*" 转换为文本型即可正确统计。见第 132 招。

公式 =COUNTIF(A:A,A2&"*")。

二、入职计算

A1 是入职日期。

1. 入职年数

公式 =DATEDIF(A1,TODAY(),"Y")，如图 5-18-198 所示。参考第 175 招。

2. 入职月数

公式 =DATEDIF(A1,TODAY(),"M")，如图 5-18-199 所示。

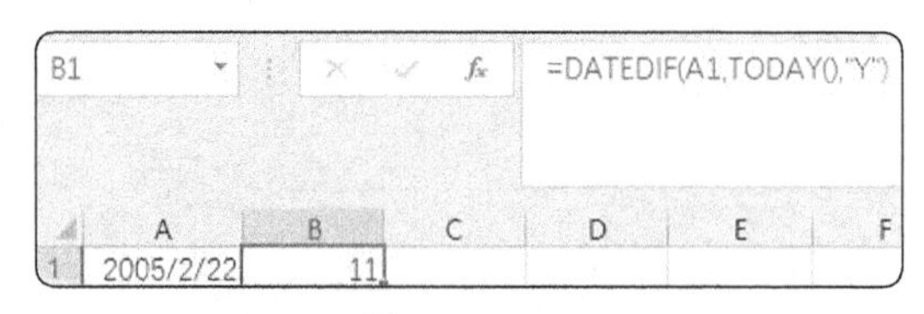

图 5-18-198

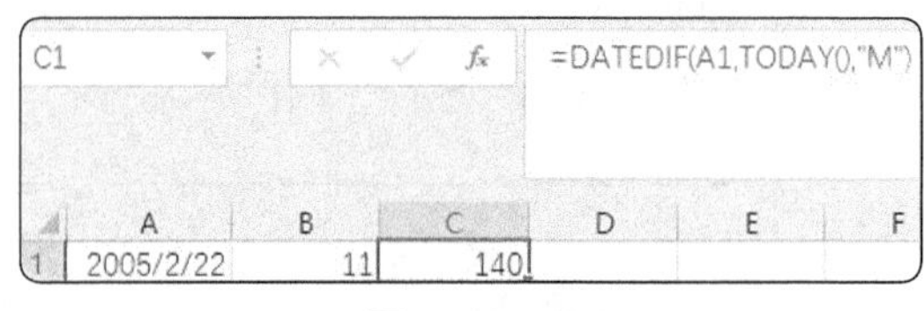

图 5-18-199

三、工资计算

1. 本月工作日天数计算

图 5-18-200 是 2016 年 10 月工资表部分截图，要计算当月工作日天数，根据天数计算工资。B2 公式 =NETWORKDAYS(IF(A2<DATE(2016,10,1),DATE(2016,10,1),A2),DATE(2016,10,31),$C$2:$C$8)，公式意思是如果入职时间在 2016 年 10 月 1 日之前就计算 2016 年 10 月 1 日到 10 月 31 日的工作日天数，如果在 2016 年 10 月 1 日之后，则计算入职日期到 10 月 31 日的工作日天数。由于 10 月有法定节假日 10 月 1 日到 7 日，所以剔除法定节假日。关于 NETWORKDAYS 函数见第 171 招。

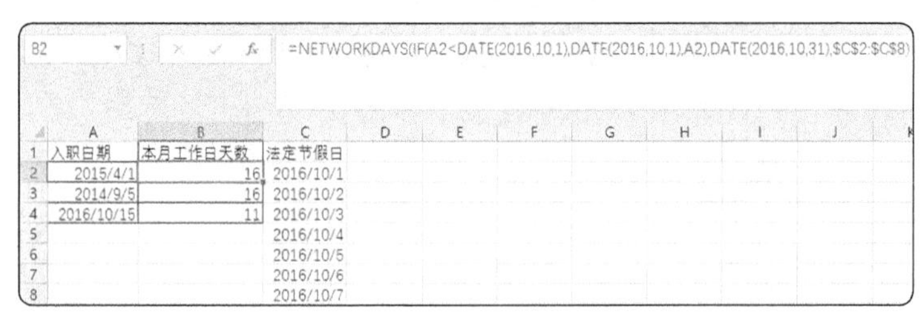

图 5-18-200

2. 个人所得税计算

如图 5-18-201 所示，个税计算公式 =5*MAX(A2*{0.6,2,4,5,6,7,9}%-{21,91,251,376,761,1346,3016},)。

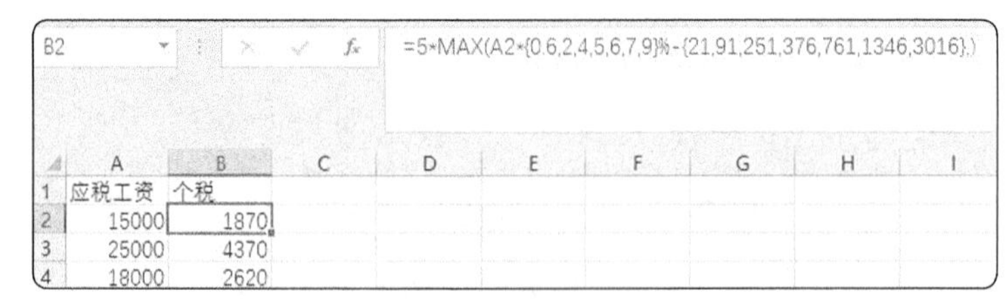

图 5-18-201

应税工资 = 应发工资 - 个人社保 - 法定扣除金额 3500，然后按适用的税率缴纳个人所得税。

3. 根据个税倒推工资

如图 5-18-202 所示，根据个税倒推工资计算公式 =ROUND(MIN(((A3+5*{0,21,111,201,551,1101,

2701})/({0.3,1,2,2.5,3,3.5,4.5}/10))+3500),2)

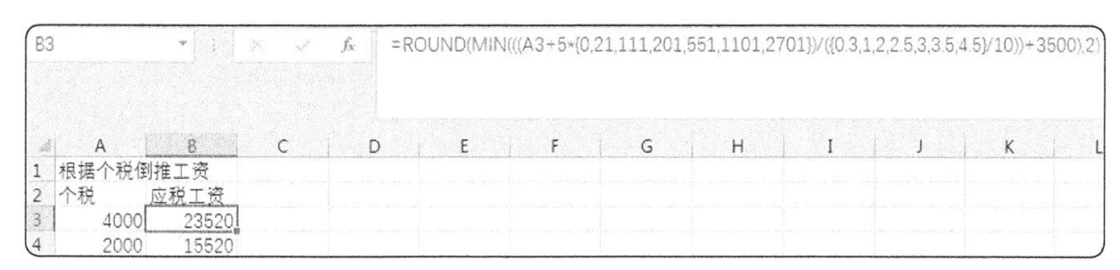

图 5-18-202

4. 生成工资条

工资表部分截图如图 5-18-203 所示，要生成每人一张工资条，每张工资条中间空一行。

	A	B	C	D	E	F	G	H	I	J
1	部门	姓名	基本工资	养老保险	医疗保险	失业保险	住房公积金	业绩	奖金	合计
2	销售部	钟开祥	¥ 6,200.00	¥ 189.00	¥ 80.00	¥ 25.00	¥ 277.00	¥ 263,726.00	¥ 9,230.41	¥ 16,001.41
3	销售部	刘鹏辉	¥ 4,300.00	¥ 218.00	¥ 70.00	¥ 49.00	¥ 217.00	¥ 299,283.00	¥ 10,474.91	¥ 15,328.91
4	销售部	林鹏飞	¥ 3,590.00	¥ 262.00	¥ 154.00	¥ 37.00	¥ 241.00	¥ 229,667.00	¥ 6,890.01	¥ 11,174.01
5	销售部	陆言庄	¥ 4,800.00	¥ 207.00	¥ 66.00	¥ 36.00	¥ 270.00	¥ 248,374.00	¥ 7,451.22	¥ 12,830.22
6	销售部	梁振森	¥ 4,800.00	¥ 273.00	¥ 154.00	¥ 22.00	¥ 240.00	¥ 270,321.00	¥ 9,461.24	¥ 14,950.24
7	销售部	伊金柱	¥ 3,000.00	¥ 244.00	¥ 171.00	¥ 28.00	¥ 240.00	¥ 102,028.00	¥ 1,020.28	¥ 4,703.28
8	销售部	张丽燕	¥ 3,500.00	¥ 219.00	¥ 174.00	¥ 43.00	¥ 199.00	¥ 247,913.00	¥ 7,437.39	¥ 11,572.39
9	销售部	曹海云	¥ 5,100.00	¥ 194.00	¥ 141.00	¥ 28.00	¥ 235.00	¥ 163,121.00	¥ 3,262.42	¥ 8,960.42
10	销售部	邓春梅	¥ 5,800.00	¥ 209.00	¥ 116.00	¥ 26.00	¥ 231.00	¥ 164,163.00	¥ 3,283.26	¥ 9,665.26
11	办公室	廖利珠	¥ 6,200.00	¥ 218.00	¥ 101.00	¥ 48.00	¥ 230.00	—	¥ 4,960.00	¥ 11,757.00

图 5-18-203

Step1 选中第 3 行到最后一行，插入空白行，复制第一行标题行，如图 5-18-204 所示。

	A	B	C	D	E	F	G	H	I	J
1	部门	姓名	基本工资	养老保险	医疗保险	失业保险	住房公积金	业绩	奖金	合计
2	部门	姓名	基本工资	养老保险	医疗保险	失业保险	住房公积金	业绩	奖金	合计
3	部门	姓名	基本工资	养老保险	医疗保险	失业保险	住房公积金	业绩	奖金	合计
4	部门	姓名	基本工资	养老保险	医疗保险	失业保险	住房公积金	业绩	奖金	合计
5	部门	姓名	基本工资	养老保险	医疗保险	失业保险	住房公积金	业绩	奖金	合计
6	部门	姓名	基本工资	养老保险	医疗保险	失业保险	住房公积金	业绩	奖金	合计
7	部门	姓名	基本工资	养老保险	医疗保险	失业保险	住房公积金	业绩	奖金	合计
8	部门	姓名	基本工资	养老保险	医疗保险	失业保险	住房公积金	业绩	奖金	合计
9	部门	姓名	基本工资	养老保险	医疗保险	失业保险	住房公积金	业绩	奖金	合计
10	部门	姓名	基本工资	养老保险	医疗保险	失业保险	住房公积金	业绩	奖金	合计

图 5-18-204

Step2 在 K 列添加辅助列，输入自然数列，输入方法见第 7 招。

Step3 复制自然数列 2 次，粘贴到下面空白行，如图 5-18-205 所示。

	A	B	C	D	E	F	G	H	I	J	K
1	部门	姓名	基本工资	养老保险	医疗保险	失业保险	住房公积金	业绩	奖金	合计	1
2	部门	姓名	基本工资	养老保险	医疗保险	失业保险	住房公积金	业绩	奖金	合计	2
3	部门	姓名	基本工资	养老保险	医疗保险	失业保险	住房公积金	业绩	奖金	合计	3
4	部门	姓名	基本工资	养老保险	医疗保险	失业保险	住房公积金	业绩	奖金	合计	4
5	部门	姓名	基本工资	养老保险	医疗保险	失业保险	住房公积金	业绩	奖金	合计	5
6	部门	姓名	基本工资	养老保险	医疗保险	失业保险	住房公积金	业绩	奖金	合计	6
7	部门	姓名	基本工资	养老保险	医疗保险	失业保险	住房公积金	业绩	奖金	合计	7
8	部门	姓名	基本工资	养老保险	医疗保险	失业保险	住房公积金	业绩	奖金	合计	8
9	部门	姓名	基本工资	养老保险	医疗保险	失业保险	住房公积金	业绩	奖金	合计	9
10	部门	姓名	基本工资	养老保险	医疗保险	失业保险	住房公积金	业绩	奖金	合计	10
11	销售部	钟开祥	¥ 6,200.00	¥ 189.00	¥ 80.00	¥ 25.00	¥ 277.00	¥ 263,726.00	¥ 9,230.41	¥ 16,001.41	1
12	销售部	刘鹏辉	¥ 4,300.00	¥ 218.00	¥ 70.00	¥ 49.00	¥ 217.00	¥ 299,283.00	¥ 10,474.91	¥ 15,328.91	2
13	销售部	林鹏飞	¥ 3,590.00	¥ 262.00	¥ 154.00	¥ 37.00	¥ 241.00	¥ 229,667.00	¥ 6,890.01	¥ 11,174.01	3
14	销售部	陆言庄	¥ 4,800.00	¥ 207.00	¥ 66.00	¥ 36.00	¥ 270.00	¥ 248,374.00	¥ 7,451.22	¥ 12,830.22	4
15	销售部	梁振森	¥ 4,800.00	¥ 273.00	¥ 154.00	¥ 22.00	¥ 240.00	¥ 270,321.00	¥ 9,461.24	¥ 14,950.24	5
16	销售部	伊金柱	¥ 3,000.00	¥ 244.00	¥ 171.00	¥ 28.00	¥ 240.00	¥ 102,028.00	¥ 1,020.28	¥ 4,703.28	6
17	销售部	张丽燕	¥ 3,500.00	¥ 219.00	¥ 174.00	¥ 43.00	¥ 199.00	¥ 247,913.00	¥ 7,437.39	¥ 11,572.39	7
18	销售部	曹海云	¥ 5,100.00	¥ 194.00	¥ 141.00	¥ 28.00	¥ 235.00	¥ 163,121.00	¥ 3,262.42	¥ 8,960.42	8
19	销售部	邓春梅	¥ 5,800.00	¥ 209.00	¥ 116.00	¥ 26.00	¥ 231.00	¥ 164,163.00	¥ 3,283.26	¥ 9,665.26	9
20	办公室	廖利珠	¥ 6,200.00	¥ 218.00	¥ 101.00	¥ 48.00	¥ 230.00	—	¥ 4,960.00	¥ 11,757.00	10

图 5-18-205

Step4 选中表格，对K列排序，如图5-18-206所示，瞬间生成工资条了，效果如图5-18-207所示。

图 5-18-206

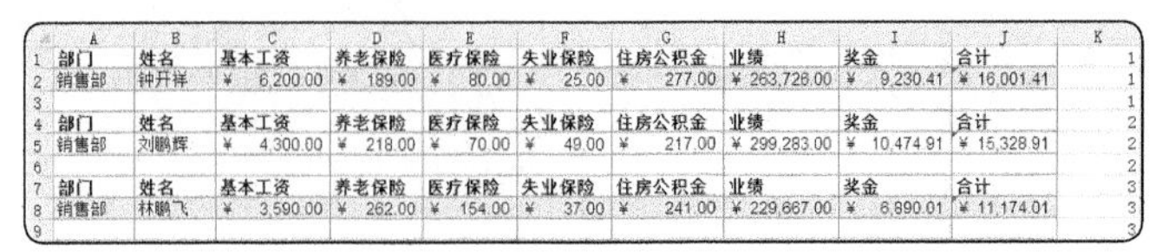

	A	B	C	D	E	F	G	H	I	J	K
1	部门	姓名	基本工资	养老保险	医疗保险	失业保险	住房公积金	业绩	奖金	合计	1
2	销售部	钟开祥	¥ 6,200.00	¥ 189.00	¥ 80.00	¥ 25.00	¥ 277.00	¥ 263,726.00	¥ 9,230.41	¥ 16,001.41	1
3											1
4	部门	姓名	基本工资	养老保险	医疗保险	失业保险	住房公积金	业绩	奖金	合计	2
5	销售部	刘鹏辉	¥ 4,300.00	¥ 218.00	¥ 70.00	¥ 49.00	¥ 217.00	¥ 299,283.00	¥ 10,474.91	¥ 15,328.91	2
6											2
7	部门	姓名	基本工资	养老保险	医疗保险	失业保险	住房公积金	业绩	奖金	合计	3
8	销售部	林鹏飞	¥ 3,590.00	¥ 262.00	¥ 154.00	¥ 37.00	¥ 241.00	¥ 229,667.00	¥ 6,890.01	¥ 11,174.01	3
9											3

图 5-18-207

这里非常巧妙地通过输入三次自然数列，排序后生成每位员工的工资标题行、工资表以及空白行。

附录

附录 1 Excel 限制和规范

Excel 2013 规范与限制

本文内容

工作表和工作簿规范与限制

计算规范与限制

图表绘制规范与限制

数据透视表和数据透视图报表规范与限制

共享工作簿规范与限制

工作表和工作簿规范与限制

功能	最大限制
打开的工作簿个数	受可用内存和系统资源的限制
工作表大小	1 048 576 行乘以 16 384 列
列宽	255 个字符
行高	409 磅
分页符	水平方向和垂直方向各 1 026 个
单元格可以包含的字符总数	32 767 个字符
页眉或页脚中的字符数	255
工作簿中的工作表个数	受可用内存的限制（默认值为 1 个工作表）
工作簿中的颜色数	1600 万种颜色（32 位，具有到 24 位色谱的完整通道）
工作簿中的命名视图个数	受可用内存限制
唯一单元格格式个数 / 单元格样式个数	64 000
填充样式个数	256
线条粗细和样式个数	256
唯一字体个数	1 024 个全局字体可供使用；每个工作簿 512 个
工作簿中的数字格式数	200 和 250 之间，取决于所安装的 Excel 的语言版本
工作簿中的名称个数	受可用内存限制
工作簿中的窗口个数	受可用内存限制
工作表中的超链接	66 530 个超链接
窗口中的窗格个数	4
链接的工作表个数	受可用内存限制
方案个数	受可用内存的限制；汇总报表只显示前 251 个方案
方案中的可变单元格个数	32
规划求解中的可调单元格个数	200
自定义函数个数	受可用内存限制
缩放范围	10% 到 400%
报表	受可用内存限制

续表

功能	最大限制
排序引用的个数	单个排序中为 64。如果使用连续排序，则没有限制
撤销级别	100
数据窗体中的字段个数	32
工作簿参数个数	每个工作簿 255 个参数
筛选下拉列表中显示的项目个数	10 000
可选的非连续单元格个数	2 147 483 648 个单元格
数据模型工作簿的内存存储和文件大小的最大限制	32 位环境限制为同一进程内运行的 Excel、工作簿和加载项最多共用 2 千兆字节 (GB) 虚拟地址空间。数据模型的地址空间共享可能最多运行 500 ~ 700 MB，如果加载其他数据模型和加载项则可能会减少。 64 位环境对文件大小不作硬性限制。工作簿大小仅受可用内存和系统资源的限制。 注释：将表添加到数据模型会增加文件大小。 如果您未计划在工作簿中使用多种数据源和数据类型创建复杂的数据模型关系，请在导入或创建表、数据透视表或数据连接时清除“将此数据添加到数据模型”框。

计算规范与限制

功能	最大限制
数字精度	15 位
最小负数	-2.2251E-308
最小正数	2.2251E-308
最大正数	9.99999999999999E+307
最大负数	-9.99999999999999E+307
公式允许的最大正数	1.7976931348623158e+308
公式允许的最大负数	-1.7976931348623158e+308
公式内容的长度	8 192 个字符
公式的内部长度	16 384 个字节
迭代次数	32 767
工作表数组个数	受可用内存限制
选定区域个数	2 048
函数的参数个数	255
函数的嵌套层数	64
用户定义的函数类别个数	255
可用工作表函数的个数	341
操作数堆栈的大小	1 024
交叉工作表相关性	64 000 个可以引用其他工作表的工作表

功能	最大限制
交叉工作表数组公式相关性	受可用内存限制
区域相关性	受可用内存限制
每个工作表的区域相关性	受可用内存限制
对单个单元格的依赖性	40 亿个可以依赖单个单元格的公式
已关闭的工作簿中的链接单元格内容长度	32 767
计算允许的最早日期	1900 年 1 月 1 日（如果使用 1904 年日期系统，则为 1904 年 1 月 1 日）
计算允许的最晚日期	9999 年 12 月 31 日
可以输入的最长时间	9999:59:59

图表绘制规范与限制

功能	最大限制
与工作表链接的图表个数	受可用内存限制
图表引用的工作表个数	255
一个图表中的数据系列个数	255
二维图表的数据系列中数据点个数	受可用内存限制
三维图表的数据系列中的数据点个数	受可用内存限制
图表中所有数据系列的数据点个数	受可用内存限制

数据透视表和数据透视图报表规范与限制

功能	最大限制
工作表上的数据透视表个数	受可用内存限制
每个字段中唯一项的个数	1 048 576
数据透视表中的行字段或列字段个数	受可用内存限制
数据透视表中的报表过滤器个数	256（可能会受可用内存的限制）
数据透视表中的数值字段个数	256
数据透视表中的计算项公式个数	受可用内存限制
数据透视图中的报表筛选个数	256（可能会受可用内存的限制）
数据透视图中的数值字段个数	256
数据透视图中的计算项公式个数	受可用内存限制
数据透视表项目的 MDX 名称的长度	32 767
关系数据透视表字符串的长度	32 767
筛选下拉列表中显示的项目个数	10 000

共享工作簿规范与限制

功能	最大限制
可同时打开和共享共享工作簿的用户人数	256
共享工作簿中的个人视图个数	受可用内存限制
修订记录保留的天数	32 767（默认为 30 天）
可一次合并的工作簿个数	受可用内存限制
在共享工作簿中可突出显示的单元格个数	32 767
突出显示修订处于打开状态时，用于标识不同用户所做的更改的颜色种数	32（每个用户用一种颜色标识。当前用户所做的更改用深蓝色突出显示）
共享工作簿中的 Excel 表	0（零） 注释：含有一个或多个 Excel 表的工作簿无法共享

附录 2 Excel 常用快捷键

快捷键类型	快捷键	功能说明
处理工作表	Shift+F11	插入新工作表
	Alt+Shift+F1	插入新工作表
	Ctrl+PageDown	移动到工作簿中的下一张工作表
	Ctrl+PageUp	移动到工作簿中的上一张工作表
	Shift+Ctrl+PageDown	选定当前工作表和下一张工作表
	Shift+Ctrl+PageUp	选定当前工作表和上一张工作表
	Ctrl+PageDown	取消选定多张工作表
	Alt+ O H R	对当前工作表重命名
	Alt+ E M	移动或复制当前工作表
	Alt+ E L	删除当前工作表
在工作表内移动和滚动	Ctrl+ 箭头键	移动到当前数据区域的边缘
	Home	移动到行首
	Ctrl+Home	移动到工作表的表头
	Ctrl+End	移动到工作表的最后一个单元格，位于数据中的最右列的最下行
	PageDown	向下移动一屏
	PageUp	向上移动一屏
	Alt+PageDown	向右移动一屏
	Alt+PageUp	向左移动一屏
	Ctrl+F6	切换到被拆分的工作表的下一个窗格
	Shift+F6	切换到被拆分的工作表的上一个窗格
	Ctrl+Backspace	滚动以显示活动单元格
	F5	定位
	Shift+F5	查找
	Ctrl+F	查找
	Tab	在受保护的工作表上的非锁定单元格之间移动

续表

快捷键类型	快捷键	功能说明
在选定区域内移动	Enter	在选定区域内从上往下移动
	Shift+Enter	在选定区域内从下往上移动
	Tab	在选定区域中从左向右移动，如果选定单列中的单元格，则向下移动
	Shift+Tab	在选定区域中从右向左移动，如果选定单列中的单元格，则向上移动
	Ctrl+ 句号	按顺时针方向移动到选定区域的下一个角
	Ctrl+Alt+ 向右键→	在不相邻的选定区域中，向右切换到下一个选定区域
	Ctrl+Alt+ 向左键←	在不相邻的选定区域中，向左切换到下一个选定区域
以“结束”模式移动或滚动	End	打开或关闭“结束”模式
	End+ 箭头键	在一行或一列内以数据块为单位移动
	End+Home	移动到工作表的最后一个单元格，在数据中的最右列的最下一行中
	End+Enter	移动到当前行中最右边的非空单元格
在 ScrollLock 打开的状态下移动和滚动	ScrollLock	打开或关闭“结束”模式
	Home	移动到窗口左上角的单元格
	End	移动到窗口右下角的单元格
	向上键或向下键	向上或向下滚动一行
	向左键或向右键	向左或向右滚动一列
选定单元格、行和列以及对象	Ctrl+Shift+End+ 向下键↓	选定整列
	Ctrl+Shift+End+ 向右键→	选定整行
	Ctrl+A	选定整张工作表
	Shift+Backspace	在选定了多个单元格的情况下，只选定活动单元格
	Ctrl+6	在隐藏对象、显示对象和显示对象占位符之间切换
选定具有特定特征的单元格	Ctrl+Shift+*	选定活动单元格周围的当前区域
	Ctrl+/	选定包含活动单元格的数组
	Ctrl+Shift+O（字母 O）	选定含有批注的所有单元格
	Ctrl+\	在选定的行中，选取与活动单元格中的值不匹配的单元格
	Ctrl+Shift+|	在选定的列中，选取与活动单元格中的值不匹配的单元格
	Ctrl+[	选取由选定区域中的公式直接引用的所有单元格
	Ctrl+Shift+ {	选取由选定区域中的公式直接或间接引用的所有单元格
	Ctrl+]	选取包含直接引用活动单元格的公式的单元格
	Alt+;	选取当前选定区域中的可见单元格

续表

快捷键类型	快捷键	功能说明
扩展选定区域	F8	打开或关闭扩展模式
	Shift+ 箭头键	将选定区域扩展到一个单元格
	Ctrl+Shift+ 向下键↓	将选定区域扩展到与活动单元格在同一列最下面一个非空单元格
	Ctrl+Shift+ 向上键↑	将选定区域扩展到与活动单元格在同一列最上面一个非空单元格
	Ctrl+Shift+ 向左键←	将选定区域扩展到与活动单元格在同一行最左边一个非空单元格
	Ctrl+Shift+ 向右键→	将选定区域扩展到与活动单元格在同一行最右边一个非空单元格
	Shift+Home	将选定区域扩展到行首
	Ctrl+Shift+Home	将选定区域扩展到工作表的开始处
	Ctrl+Shift+End	将选定区域扩展到工作表最后一个使用的单元格（右下角）
输入、编辑、设置格式和计算数据	Alt+Enter	在单元格内换行
	Ctrl+Enter	用当前输入项填充选定的单元格区域，即多个单元格输入相同内容
	Enter	在选定区域内从上往下移动
	Shift+Enter	在选定区域内从下往上移动
	Tab	在选定区域内从左往右移动
	Shift+Tab	在选定区域内从右往左移动
	Ctrl+~	切换公式和结果
	Ctrl+；（分号）	输入当前日期
	Ctrl+Shift+；（分号）	输入当前时间
	Esc	取消单元格输入
	Home	移到行首
	F4/Ctrl+Y	重复上一次操作
	F4	切换单元格引用类型（绝对引用、相对引用、混合引用）
	Ctrl+D	向下填充
	Ctrl+R	向右填充
	Ctrl+F3	定义名称
	Ctrl+K	插入超链接
	Ctrl+Z	撤销上一次操作
	Ctrl+C	复制选定的单元格
	Ctrl+V	粘贴复制的单元格
	Ctrl+X	剪切选定的单元格
	Ctrl+E	快速填充

续表

快捷键类型	快捷键	功能说明
输入、编辑、设置格式和计算数据	Ctrl+S	保存
	Ctrl+O	打开
	F2	编辑活动单元格，并将插入点放置到单元格内容末尾
	Shift+F2	编辑单元格批注
	Ctrl+Shift+)	取消隐藏列
	Ctrl+Shift+(	取消隐藏行
	Ctrl+ 减号（-）	删除整行或整列
	Ctrl+Shift+ 加号	插入整行或整列
	Ctrl+Shift+1	按千分位分隔符显示单元格数值
	Ctrl+Shift+3	按日期格式显示单元格数值
	Ctrl+Shift+5	按百分比格式显示单元格数值
	Ctrl+Shift+!	单元格数值显示两位小数
	Ctrl+Shift+$	单元格数值显示美元
	Ctrl+Shift+%	单元格数值显示百分比
	Ctrl+9	隐藏选定的行
	Ctrl+0	隐藏选定的列
	Ctrl+1	设置单元格格式
	Shift+F2	编辑单元格批注
	Shift+F6	切换到已拆分的工作表中的上一个窗格
	Shift+F8	可以使用箭头键将非邻近单元格或范围添加到单元格的选定范围
	Shift+F10	显示选定项目的快捷菜单
	Shift+F11	插入一个新工作表
	Alt+=	自动求和
	Alt+D+P	数据透视表多重合并计算数据区域
	Alt+F11	进入 VB 编辑器
	F11/Alt + F1	创建当前区域中数据的图表
	Ctrl+ 鼠标滚轮	调整工作表显示比例，快速缩放视图
	Ctrl+Shift+Enter	数组运算公式，显示为 {}
Windows 快捷键	Alt+Tab	切换窗口
	Windows+R	打开运行界面
	Windows+D	显示桌面
	Windows+L	锁屏
	Windows+M	收起所有窗口
	Windows+E	打开资源管理器找文件

Alt 快捷键

Alt+171	«	Alt+41468	↑	Alt+41423	∠	Alt+185	¹
Alt+187	»	Alt+41469	↓	Alt+41424	⌒	Alt+178	²
Alt+41398	《	Alt+41466	→	Alt+41425	⊙	Alt+179	³
Alt+41399	》	Alt+41467	←	Alt+41388	‖	Alt+170	ª
Alt+155	›	Alt+145	‘	Alt+41389	…	Alt+188	¼
Alt+139	‹	Alt+146	’	Alt+41416	∪	Alt+189	½
Alt+40	(	Alt+147	“	Alt+41417	∩	Alt+190	¾
Alt+41	)	Alt+148	”	Alt+41418	∈	Alt+176	°
Alt+125	}	Alt+41430	≈	Alt+41414	∑	Alt+186	º
Alt+123	{	Alt+41431	∽	Alt+41415	∏	Alt+168	¨
Alt+41394	〔	Alt+41432	∝	Alt+34148	卍	Alt+42	*
Alt+41395	〕	Alt+41433	≠	Alt+34149	卐	Alt+41465	※
Alt+41404	〖	Alt+41434	≮	Alt+216	Ø	Alt+41410	÷
Alt+41405	〗	Alt+41435	≯	Alt+34144	卄	Alt+215	×
Alt+41406	【	Alt+41436	≤	Alt+41411	∶	Alt+41428	≡
Alt+41407	】	Alt+41437	≥	Alt+63	?	Alt+41429	≌
Alt+41412	∧	Alt+41438	∞	Alt+35	#	Alt+41400	「
Alt+41413	∨	Alt+41439	∵	Alt+177	±	Alt+41401	」
Alt+41396	〈	Alt+41440	∴	Alt+37	%	Alt+41402	『
Alt+41397	〉	Alt+41419	∷	Alt+137	‰	Alt+41403	』
Alt+60	<	Alt+41420	√	Alt+36	$	Alt+41387	～
Alt+62	>	Alt+41421	⊥	Alt+167	§	Alt+126	~
Alt+165	¥	Alt+41422	∥	Alt+181	µ	Alt+152	˜
Alt+151	—	Alt+41446	℃	Alt+43127	╳	Alt+128	€
Alt+173		Alt+41458	◎	Alt+43128	▁	Alt+172	¬
Alt+95	_	Alt+41459	◇	Alt+43129	▂	Alt+174	®
Alt+175	¯	Alt+41460	◆	Alt+43130	▃	Alt+169	©
Alt+150	–	Alt+41461	□	Alt+43131	▄	Alt+134	†
Alt+124	|	Alt+41462	■	Alt+43132	▅	Alt+135	‡
Alt+34	"	Alt+41463	△	Alt+43133	▆	Alt+158	ž
Alt+43156	‵	Alt+41464	▲	Alt+43134	▇	Alt+207	Ï
Alt+94	^	Alt+43147	▼	Alt+43144	▓	Alt+208	Ð
Alt+180	´	Alt+43148	▽	Alt+43145	▔	Alt+209	Ñ
Alt+96	`	Alt+41449	¢	Alt+43146	▕	Alt+210	Ò
Alt+183	·	Alt+41450	£	Alt+41441	♂	Alt+156	œ
Alt+46	.	Alt+41453	№	Alt+41442	♀	Alt+41470	〓

续表

Alt+149	•	Alt+41454	☆	Alt+43113	╥	Alt+43149	◢
Alt+166	¦	Alt+41455	★	Alt+43114	╤	Alt+43151	◤
Alt+33	!	Alt+41456	○	Alt+43115	╧	Alt+43152	◥
Alt+132	„	Alt+41457	●	Alt+43116	╨	Alt+159	Ÿ
Alt+41444	′	Alt+43121	╭	Alt+43117	╩	Alt+182	¶
Alt+41445	″	Alt+43122	╮	Alt+43118	╪	Alt+161	¡
Alt+43153	⊙	Alt+43123	╯	Alt+43119	╫	Alt+38	&
Alt+43154	⊕	Alt+43124	╰	Alt+43120	╬	Alt+41426	∫
Alt+43155	〒	Alt+43125	╱	Alt+92	\	Alt+191	¿
Alt+41427	∮	Alt+43126	╲	Alt+93	]	Alt+192	À
Alt+41669	⑴	Alt+41686	⒅	Alt+41693	⑤	Alt+41724	Ⅻ
Alt+41670	⑵	Alt+41687	⒆	Alt+41694	⑥	Alt+131	ƒ
Alt+41671	⑶	Alt+41688	⒇	Alt+41695	⑦	Alt+153	™
Alt+41672	⑷	Alt+41701	㈠	Alt+41696	⑧	Alt+154	š
Alt+41673	⑸	Alt+41702	㈡	Alt+41697	⑨	Alt+162	¢
Alt+41674	⑹	Alt+41703	㈢	Alt+41698	⑩	Alt+163	£
Alt+41675	⑺	Alt+41704	㈣	Alt+41713	Ⅰ	Alt+164	¤
Alt+41676	⑻	Alt+41705	㈤	Alt+41714	Ⅱ	Alt+64	@
Alt+41677	⑼	Alt+41706	㈥	Alt+41715	Ⅲ	Alt+204	Ì
Alt+41678	⑽	Alt+41707	㈦	Alt+41716	Ⅳ	Alt+198	Æ
Alt+41679	⑾	Alt+41708	㈧	Alt+41717	Ⅴ	Alt+200	È
Alt+41680	⑿	Alt+41709	㈨	Alt+41718	Ⅵ	Alt+Enter：在单元格中强制换行	
Alt+41681	⒀	Alt+41710	㈩	Alt+41719	Ⅶ		
Alt+41682	⒁	Alt+41689	①	Alt+41720	Ⅷ	Alt+PageDown：向右移动一屏	
Alt+41683	⒂	Alt+41690	②	Alt+41721	Ⅸ		
Alt+41684	⒃	Alt+41691	③	Alt+41722	Ⅹ	Alt+PageUp：向左移动一屏	
Alt+41685	⒄	Alt+41692	④	Alt+41723	Ⅺ		
Alt+41409	×						

欢迎来到异步社区！

异步社区的来历

异步社区（www.epubit.com.cn）是人民邮电出版社旗下 IT 专业图书旗舰社区，于 2015 年 8 月上线运营。

异步社区依托于人民邮电出版社 20 余年的 IT 专业优质出版资源和编辑策划团队，打造传统出版与电子出版和自出版结合、纸质书与电子书结合、传统印刷与 POD 按需印刷结合的出版平台，提供最新技术资讯，为作者和读者打造交流互动的平台。

社区里都有什么？

购买图书

我们出版的图书涵盖主流 IT 技术，在编程语言、Web 技术、数据科学等领域有众多经典畅销图书。社区现已上线图书 1000 余种，电子书 400 多种，部分新书实现纸书、电子书同步出版。我们还会定期发布新书书讯。

下载资源

社区内提供随书附赠的资源，如书中的案例或程序源代码。

另外，社区还提供了大量的免费电子书，只要注册成为社区用户就可以免费下载。

与作译者互动

很多图书的作译者已经入驻社区，您可以关注他们，咨询技术问题；可以阅读不断更新的技术文章，听作译者和编辑畅聊好书背后有趣的故事；还可以参与社区的作者访谈栏目，向您关注的作者提出采访题目。

灵活优惠的购书

您可以方便地下单购买纸质图书或电子图书，纸质图书直接从人民邮电出版社书库发货，电子书提供多种阅读格式。

对于重磅新书，社区提供预售和新书首发服务，用户可以第一时间买到心仪的新书。

用户账户中的积分可以用于购书优惠。100 积分 =1 元，购买图书时，在 0 使用积分 里填入可使用的积分数值，即可扣减相应金额。

特 别 优 惠

购买本书的读者专享异步社区购书优惠券。

使用方法：注册成为社区用户，在下单购书时输入 S4XC5 使用优惠码，然后点击“使用优惠码”，即可在原折扣基础上享受全单9折优惠。（订单满39元即可使用，本优惠券只可使用一次）

纸电图书组合购买

社区独家提供纸质图书和电子书组合购买方式，价格优惠，一次购买，多种阅读选择。

社区里还可以做什么？

提交勘误

您可以在图书页面下方提交勘误，每条勘误被确认后可以获得100积分。热心勘误的读者还有机会参与书稿的审校和翻译工作。

写作

社区提供基于 Markdown 的写作环境，喜欢写作的您可以在此一试身手，在社区里分享您的技术心得和读书体会，更可以体验自出版的乐趣，轻松实现出版的梦想。

如果成为社区认证作译者，还可以享受异步社区提供的作者专享特色服务。

会议活动早知道

您可以掌握 IT 圈的技术会议资讯，更有机会免费获赠大会门票。

加入异步

扫描任意二维码都能找到我们：

异步社区	微信服务号	微信订阅号	官方微博	QQ 群：436746675

社区网址：www.epubit.com.cn

投稿 & 咨询：contact@epubit.com.cn